U0252870

自然语言处理原理与实战

陈敬雷◎编著

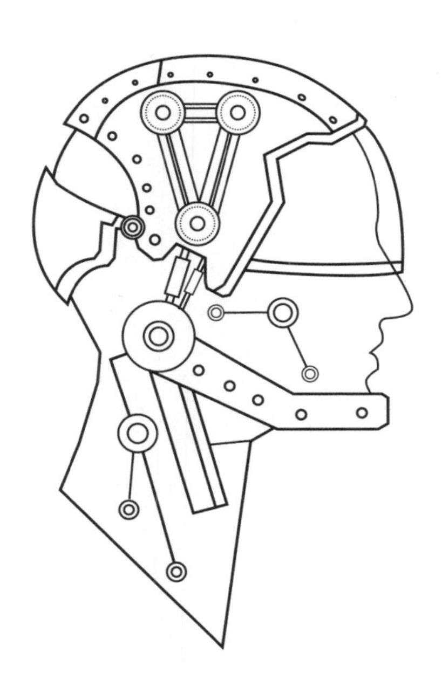

清華大学出版社
北京

内容简介

本书从自然语言处理基础开始，逐步深入各种自然语言处理的热点前沿技术，使用了 Java 和 Python 两门语言精心编排了大量代码实例，契合公司实际工作场景技能，侧重实战。

全书共 19 章，详细讲解中文分词、词性标注、命名实体识别、依存句法分析、语义角色标注、文本相似度算法、语义相似度计算等内容，同时提供配套完整实战项目，例如对话机器人实战、搜索引擎项目实战、推荐算法系统实战。

本书理论联系实践，深入浅出，知识点全面。通过阅读本书，读者不仅可以理解自然语言处理知识，还能通过实战项目案例更好地将理论融入实际工作中。

本书适合自然语言处理的初学者阅读，有一定经验的算法工程师也可从书中获取很多有价值的知识，并通过实战项目更好地理解自然语言处理的核心内容。

图书在版编目(CIP)数据

自然语言处理原理与实战/陈敬雷编著. —北京：清华大学出版社，2023.11
(人工智能科学与技术丛书)
ISBN 978-7-302-63272-6

Ⅰ. ①自… Ⅱ. ①陈… Ⅲ. ①自然语言处理 Ⅳ. ①TP391

中国国家版本馆 CIP 数据核字(2023)第 059825 号

责任编辑：赵 凯 李 晔
封面设计：李召霞
责任校对：李建庄
责任印制：丛怀宇

出版发行：清华大学出版社
网　　址：https://www.tup.com.cn，https://www.wqxuetang.com
地　　址：北京清华大学学研大厦 A 座　　**邮　　编**：100084
社 总 机：010-83470000　　**邮　　购**：010-62786544
投稿与读者服务：010-62776969，c-service@tup.tsinghua.edu.cn
质量反馈：010-62772015，zhiliang@tup.tsinghua.edu.cn
课件下载：https://www.tup.com.cn，010-83470236
印 装 者：北京同文印刷有限责任公司
经　　销：全国新华书店
开　　本：185mm×260mm　　**印　　张**：26.25　　**字　　数**：687 千字
版　　次：2023 年 11 月第 1 版　　**印　　次**：2023 年 11 月第 1 次印刷
印　　数：1～1500
定　　价：99.00 元

产品编号：090505-01

前言

PREFACE

新型冠状病毒感染(COVID-19)疫情是近百年来在世界上传播速度最快、感染范围最广、防控难度最大的突发公共卫生事件。在这次新冠疫情防控中,人工智能、大数据技术大显身手并得到了广泛应用,成为本次疫情防控中的一大亮点。人工智能技术这几年本来就很火,这次的新冠肺炎疫情更是加速了人工智能技术在各应用场景的工程落地速度,同时也掀起了大家学习人工智能技术的狂潮,很多公司对人工智能岗位的人才需求也因此增加,薪资也水涨船高!

自然语言处理(NLP)目前已成为人工智能领域最热门的技术之一,在公司的项目里有着非常广泛的应用场景。目前NLP人才非常稀缺,招聘需求比较旺盛,薪资相对较高,在人工智能领域是一个非常好的就业方向。《自然语言处理原理与实战》共19章,分别为自然语言处理技术概述、中文分词、词性标注、命名实体识别、依存句法分析、语义角色标注、文本相似度算法、语义相似度计算、词频-逆文档频率(TF-IDF)、条件随机场、新词发现与短语提取、搜索引擎Solr Cloud和Elasticsearch、Word2Vec词向量模型、文本分类、文本聚类、关键词提取和文本摘要、自然语言模型(language model)、分布式深度学习实战、自然语言处理项目实战(对话机器人项目实战、搜索引擎项目实战、推荐算法系统实战)等内容。

本书第1章主要介绍NLP的入门知识以及它在公司实际工作中的岗位技能要求、薪资水平及职业规划。第2~6章介绍NLP的基础算法。第7章介绍最热门的字符串编辑距离、余弦相似度。第8章讲解的语义相似度计算是语义热门技术同时也是语义理解的难点。第9章的词频-逆文档频率(TF-IDF)在NLP中用得很普遍。第10章介绍了条件随机场最好用的工具是CRF++。第11章讲解的新词发现与短语提取是非常重要的NLP课题。第12章介绍了最流行的搜索引擎Solr Cloud和Elasticsearch。第13章介绍了Word2Vec词向量模型的Spark分布式实现和谷歌开源工具,Spark平台及更多机器学习算法可参见我编写的《分布式机器学习实战》。第14章和第15章介绍了文本分类和聚类,其中FastText和BERT模型很受欢迎。第16章讲解的关键词提取和文本摘要是重点。第17章自然语言模型的NLP高级应用场景。第18章分布式深度学习实战用到流行的TensorFlow及Mxnet框架,同时讲解了各种前沿的神经网络算法,同时也是第19章尤其是对话机器人实战项目的基础。第19章自然语言处理项目实战(对话机器人项目实战、搜索引擎项目实战、推荐算法系统实战)侧重公司级实战及工程落地,方便我们系统地巩固知识并快速融入实际工作中。

陈敬雷

2023年10月

目录

CONTENTS

第1章 自然语言处理技术概述

CHAPTER 1

自然语言处理目前已成为人工智能领域最热门的技术之一，有着非常广泛的应用场景。目前自然语言处理的人才也是十分稀缺，招聘需求比较旺盛，薪资相对较高，在人工智能领域是一个很好的就业方向！

从公司的实际工作来看，自然语言处理更侧重于对文本信息类的处理，但涉及的技术基本上可以用于任何其他算法岗位，比如机器学习、深度学习等。本书会介绍在实际工作中经常用到的热点关键技术，如中文分词、词性标注、命名实体识别、依存句法分析、语义角色标注、文本相似度算法、语义相似度计算、词频-逆文档频率（TF-IDF）、条件随机场、新词发现与短语提取、文本分类与聚类、Word2Vec词向量模型、关键词提取和文本摘要、自然语言模型等方面的知识，这些知识涉及文本处理、机器学习和深度学习技术，其中深度学习具有极度的前沿热门性，故单独用一章的篇幅介绍。自然语言处理一个很经典的应用场景就是搜索引擎，会介绍两个主流的开源搜索框架 Solr Cloud 和 Elasticsearch，最后通过几个工业级热门实战项目讲解整个项目的架构及实现过程，如搜索引擎、推荐算法系统、对话机器人等。

本章重点介绍自然语言处理需要掌握的工作技能，及它在所处的大数据部门所扮演的角色和定位、未来的职业发展规划和市场薪资水平等。

1.1 自然语言处理介绍

自然语言处理（NLP）是计算机科学领域与人工智能领域中的一个重要方向。它研究能实现人与计算机之间用自然语言进行有效通信的各种理论和方法。自然语言处理是一门融语言学、计算机科学、数学于一体的科学。因此，这一领域的研究将涉及自然语言，即人们日常使用的语言，所以它与语言学的研究有着密切的联系，但又有重要的区别。自然语言处理并不是一般地研究自然语言，而在于研制能有效实现自然语言通信的计算机系统，特别是其中的软件系统。因而它是计算机科学的一部分。自然语言处理是将计算机科学、人工智能、语言学融为一体并作用于计算机和人类（自然）语言之间相互转换的学科领域。

1.1.1 自然语言处理的定义及其在实际工作中的定位

自然语言是指人类文明传承和日常交流所使用的语言。狭义的自然语言处理是指使用计算机来完成以自然语言为载体、以非结构化信息为对象的各类信息处理任务，比如文本的理解、分类、摘要、信息提取、知识问答、生成等的技术。进一步延展场景，广义的自然语言处理技术还包含自然语言的非数字形态（如语音、文字、手语等）与数字形态之间的双向转换（识别与合成)环节。鉴于自然语言丰富地表现了人类的认知、情感和意志,潜在地使用了大量常识和大数据,在算法和模型上也多采用各种启发式线索,目前一般把自然语言处理作为人工智能的一个分支。最近,在人工智能领域出现了重大进展,人工智能应用受到各行各业热切期待,自然语言处理技术也受到普遍的重视。

在实际工作中,自然语言处理贯穿于每一个系统中,但往往是作为系统的一部分和其他算法模块配合实现整个系统。比如推荐系统,它有两大策略:一个是 CFBase,即基于用户行为的策略;另一个是 ContentBase,即基于文本挖掘的策略,基于文本挖掘的策略也就是基于自然语言处理的策略。推荐系统往往是由 CFBase 和 ContentBase 两大策略和若干子策略组成的一个完整系统。所以自然语言处理一般是作为整个系统的一部分,但有些较为侧重文本挖掘的系统也可以全部使用自然语言处理技术。

从开发角色上来看,有专门的自然语言处理工程师职位,一般是分配在算法团队里,由于自然语言处理工程师侧重文本信息类的工作,所以在算法团队里还有其他一些算法岗位,比如机器学习工程师、数据挖掘工程师、深度学习工程师、推荐算法工程师等,他们之间的工作各有侧重,但同时也有很多交叉点。这是根据系统不同模块的工作来划分和安排的。自然语言处理工程师侧重系统的后台功能实现,很多 Web 前端展现、API 接口则是由 Web 开发工程师来实现的,也就是说,自然语言处理可以作为系统的核心重要工作部分,但仍然需要其他开发角色的配合才能完成整个系统。

那么自然语言处理有哪些核心热点技术呢?具体介绍如下,在后面的章节中还会更加详细地讲解并用工程代码实现相关工作。

1. 中文分词

中文分词是指将一段没有空格的汉字序列分隔成一组有意义的词的过程。在英语中,词与词之间有自然间隔,也就是以英文单词之间的空格分隔拆分出一个个的英文单词,所以分词非常简单。而汉语句子包含很多词,词之间没有自然分隔,每个汉字都紧挨着,无法以空格分割的方式来分词,所以中文分词比较复杂。由于中文分词的词语之间没有明显的区分标记,故需要人为切分,根据其特点,可以把中文分词算法分为四大类。

1) 基于规则的分词方法

这种方法又称为机械分词方法、基于词典的分词方法,它是按照一定的策略将待分析的汉字串与一个"充分大的"机器词典中的词条进行匹配。若在词典中找到某个字符串,则匹配成功。该方法有 3 个要素,即分词词典、文本扫描顺序和匹配原则。文本扫描顺序有正向扫描、逆向扫描和双向扫描。匹配原则主要有最大匹配、逆向最大匹配、逐词遍历、设立切分标志和最佳匹配。

最大匹配法(MM)。基本思想是:假设自动分词词典中的最长词条所含汉字的个数为 i,则取被处理材料当前字符串序列中的前 i 个字符作为匹配字段,查找分词词典,若词典中有这样一个 i 字词,则匹配成功,匹配字段作为一个词被切分出来;若词典中找不到这样一个 i 字词,则匹配失败,匹配字段去掉最后一个汉字,剩下的字符作为新的匹配字段,再进行匹配,如此进行下去,直到匹配成功为止。统计结果表明,该方法的错误率为 1/169。

逆向最大匹配法(RMM)。该方法的分词过程与最大匹配法相同,不同的是从句子(或文章)末尾开始处理,每次匹配不成功时去掉的是前面的一个汉字。统计结果表明,该方法的错误率为 1/245。

逐词遍历法。该方法是把词典中的词按照由长到短递减的顺序逐字搜索整个待处理的材料,一直到把全部的词切分出来为止。不论分词词典多么大,被处理的材料多么小,都得把这个分词词典匹配一遍。

设立切分标志法。切分标志有自然和非自然之分。自然切分标志是指文章中出现的非文字符号，如标点符号等；非自然切分标志是利用词缀和不构成词的词（包括单音词、复音节词以及象声词等）。设立切分标志法首先收集众多的切分标志，分词时先找出切分标志，把句子切分为一些较短的字段，再用最大匹配法、逆向最大匹配法或其他方法进行细加工。这种方法并非真正意义上的分词方法，只是自动分词的一种前处理方式而已，它要额外消耗时间用于扫描切分标志，以及增加存储空间存放那些非自然切分标志。

最佳匹配法（OM）。该方法分为正向最佳匹配法和逆向最佳匹配法，出发点是：在词典中按词频的大小顺序排列词条，以求缩短对分词词典的检索时间，达到最佳效果，从而降低分词的时间复杂度，加快分词速度。实质上，这种方法也不是一种纯粹意义上的分词方法，它只是一种对分词词典的组织方式。最佳匹配法的分词词典中，每条词的前面必须有指明长度的数据项，所以其空间复杂度有所增加，对提高分词精度没有影响，但分词处理的时间复杂度有所降低。

基于规则的分词方法的优点是简单，易于实现。但缺点有很多，如匹配速度慢；存在交集型和组合型歧义切分问题；词本身没有一个标准的定义，没有统一标准的词集；不同词典产生的歧义也不同；缺乏自学习的智能性。

2）基于统计的分词方法

该方法的主要思想：词是稳定的组合，因此在上下文中，相邻的字同时出现的次数越多，就越有可能构成一个词。字与字相邻出现的概率或频率就能较好地反映构成词的可信度。可以对训练文本中相邻出现的各个字之间组合的频度进行统计，计算它们的互现信息。互现信息体现了汉字之间结合关系的紧密程度。当紧密程度高于某个阈值时，便可以认为此字组构成了一个词。该方法又称为无字典分词。

该方法所应用的主要统计模型有：*N* 元文法模型（*N*-Gram）、隐马尔可夫模型（hidden Markov model，HMM）、最大熵模型（ME）、条件随机场模型（conditional random fields，CRF）等。

在实际应用中，此类分词算法一般是与基于词典的分词方法结合，既发挥匹配分词切分速度快、效率高的特点，又利用了无词典分词结合上下文识别生词、自动消除歧义的优点。

3）基于语义的分词方法

语义分词法引入了语义分析，可对自然语言自身的语言信息进行更多的处理，包括扩充转移网络法、知识分词语义分析法、邻接约束法、综合匹配法、后缀分词法、特征词库法、矩阵约束法、语法分析法等。下面仅介绍扩充转移网络法和矩阵约束法。

扩充转移网络法。该方法以有限状态机概念为基础。有限状态机只能识别正则语言，对有限状态机的第一次扩充使其具有递归能力，形成递归转移网络（RTN）。在 RTN 中，弧线上的标志不仅可以是终极符（语言中的单词）或非终极符（词类），还可调用另外的子网络名字的非终极符（如字或字串的成词条件）。这样，计算机在运行某个子网络时，就可以调用另外的子网络，还可以递归调用。扩充转移网络法的使用，使分词处理和语言理解的句法处理阶段进行交互成为可能，并且有效地解决了汉语分词的歧义。

矩阵约束法。该方法的基本思想是：先建立一个语法约束矩阵和一个语义约束矩阵，其中的元素分别表明具有某词性的词和具有另一词性的词相邻是否符合语法规则，属于某语义类的词和属于另一语义类的词相邻是否符合逻辑，机器在切分时利用矩阵约束分词结果。

4）基于理解的分词方法

基于理解的分词方法是通过让计算机模拟人对句子的理解，达到识别词的效果。其基本思想就是在分词的同时进行句法、语义分析，利用句法信息和语义信息来处理歧义现象。它通常包括3个部分：分词子系统、句法语义子系统、总控部分。在总控部分的协调下，分词子系统可以获得有关词、句子等的句法和语义信息来对分词歧义进行判断，即模拟人对句子的理解过程。这种分词方法需要使用大量语言知识和信息。目前基于理解的分词方法主要有专家系统分词法和神经网络分词法等。

专家系统分词法。该方法从专家系统角度把分词的知识（包括常识性分词知识与消除歧义切分的启发性知识即歧义切分规则）从实现分词过程的推理机中独立出来，使知识库的维护与推理机的实现互不干扰，从而使知识库易于维护和管理。该方法还具有发现交集歧义字段和多义组合歧义字段的能力，以及一定的自学习能力。

神经网络分词法。该方法是通过模拟人脑并行、分布处理和建立数值计算模型来进行工作的。它将分词知识所分散隐式的方法存入神经网络内部，通过自学习和训练修改内部权值，以达到正确的分词结果，最后给出神经网络自动分词结果，如使用LSTM、GRU等神经网络模型等。

神经网络专家系统集成式分词法。该方法首先启动神经网络进行分词，当神经网络对新出现的词不能给出准确切分时，激活专家系统进行分析判断，依据知识库进行推理，得出初步分析结果，并启动学习机制对神经网络进行训练。该方法可以较充分地发挥神经网络与专家系统的优势，进一步提高分词效率。

2. 词性标注

词性标注(part-of-speech tagging，POS tagging)，又称词类标注，简称标注，是指为分词结果中的每个词标注一个正确的词性的程序，也即确定每个词是名词、动词、形容词或其他词性的过程。在汉语中，词性标注比较简单，因为汉语词汇词性多变的情况比较少见，大多词语只有一个词性，或者出现频次最高的词性远远高于出现频次第二位的词性。

词性标注算法分为两大类。一个是基于字符串匹配的字典查找算法，先对语句进行分词，然后从字典中查找每个词的词性，对其进行标注即可。另一个是基于统计的算法，通过隐马尔可夫模型(HMM)来进行词性标注。观测序列即为分词后的语句，隐藏序列即为经过标注后的词性标注序列。起始概率、发射概率和转移概率与分词中的含义大同小异，可以通过大规模语料统计得到。观测序列和隐藏序列的计算可以通过Viterbi算法，利用统计得到的起始概率、发射概率和转移概率来得到。得到隐藏序列后，就完成了词性标注过程。

3. 命名实体识别

命名实体识别(named entity recognition，NER)是信息提取、问答系统、句法分析、机器翻译等应用领域的重要基础工具，在自然语言处理技术走向实用化的过程中占有重要地位。一般来说，命名实体识别的任务就是识别出待处理文本中三大类(实体类、时间类和数字类)、七小类(人名、机构名、地名、时间、日期、货币和百分比)命名实体。

举个简单的例子，对句子“小明早上8点去学校上课。”进行命名实体识别，应该能提取信息。

人名：小明；时间：早上8点；地点：学校

4. 依存句法分析

句法分析(syntactic parsing)是自然语言处理中的关键技术之一，它是对输入的文本句子进行分析以得到句子的句法结构的处理过程。对句法结构进行分析，一方面是语言理解的自身需求，句法分析是语言理解的重要一环；另一方面也是为其他自然语言处理任务提供支持。

例如，句法驱动的统计机器翻译需要对源语言或目标语言（或者同时两种语言）进行句法分析。

语义分析通常以句法分析的输出结果作为输入以便获得更多的指示信息。根据句法结构的表示形式不同，最常见的句法分析任务可以分为以下 3 种：

（1）句法结构分析（syntactic structure parsing），又称短语结构分析（phrase structure parsing），也称成分句法分析（constituent syntactic parsing）。作用是识别出句子中的短语结构以及短语之间的层次句法关系。

（2）依存关系分析，又称依存句法分析（dependency syntactic parsing），简称依存分析。作用是识别句子中词汇与词汇之间的相互依存关系。

（3）深层文法句法分析，即利用深层文法，例如词汇化树邻接文法（lexicalized tree adjoining grammar，LTAG）、词汇功能文法（lexical functional grammar，LFG）、组合范畴文法（combinatory categorial grammar，CCG）等，对句子进行深层的句法以及语义分析。

依存句法是由法国语言学家 L. Tesniere 最先提出的。该方法将句子分析成一棵依存句法树，描述出各个词语之间的依存关系，也即指出了词语之间在句法上的搭配关系，这种搭配关系是和语义相关联的。

在自然语言处理中，用词与词之间的依存关系来描述语言结构的框架称为依存句法（dependence grammar），又称从属关系语法。利用依存句法进行句法分析是自然语言理解的重要技术之一。

5. 语义角色标注

自然语言分析技术大致分为 3 个层面：词法分析、句法分析和语义分析。语义角色标注是实现浅层语义分析的一种方式。在一个句子中，谓词是对主语的陈述或说明，指出“做什么”“是什么”或“怎么样”，代表了一个事件的核心，与谓词搭配的名词称为论元。语义角色是指论元在动词所指事件中担任的角色。主要有施事者（agent）、受事者（patient）、时间（time）、客体（theme）、经验者（experiencer）、受益者（beneficiary）、工具（instrument）、地点（location）、目标（goal）和来源（source）等。

例：“小明昨天在公园遇到了小红。”“遇到”是谓词（predicate，通常简写为 Pred），“小明”是施事者，“小红”是受事者，“昨天”是事件发生的时间，“公园”是事件发生的地点。

语义角色标注（semantic role labeling，SRL）是以句子的谓词为中心，不对句子所包含的语义信息进行深入分析，只分析句子中各成分与谓词之间的关系，即句子的谓词（predicate）-论元（argument）结构，并用语义角色来描述这些结构关系。语义角色标注是许多自然语言理解任务（如信息提取、篇章分析、深度问答等）的一个重要中间步骤。在研究中一般都假定谓词是给定的，所要做的就是找出给定谓词的各个论元和它们的语义角色。

6. 文本相似度算法

文本相似度，顾名思义是指两个文本（文章）之间的相似度，在搜索引擎、推荐系统、论文鉴定、机器翻译、自动应答、命名实体识别、拼写纠错等领域有广泛的应用。与之相对应的还有一个概念——文本距离——指的是两个文本之间的距离。文本距离和文本相似度是负相关的——距离小，“离得近”，相似度高；距离大，“离得远”，相似度低。业务上不会对这两个概念进行严格区分，有时用文本距离，有时则会用文本相似度。

度量文本相似度包括如下 3 种方法：一是基于关键词匹配的传统方法，如 *N*-Gram 相似度；二是将文本映射到向量空间，再利用余弦相似度等方法；三是深度学习的方法，如基于用户点击数据的深度学习语义匹配模型 DSSM，基于卷积神经网络的 ConvNet，以及目前最新的 Siamese LSTM 等方法。

随着深度学习的发展，度量文本相似度已经逐渐不再用基于关键词匹配的传统方法，而转向深度学习的方法，目前结合向量表示的深度学习使用较多。

7. 语义相似度

在很多自然语言处理（NLP）任务中，都涉及语义相似度的计算，例如，在搜索场景下（对话系统、问答系统、推理等），查询和文本的语义相似度；输入场景下文本和文本的语义相似度；在各种分类任务、翻译场景下，都会涉及语义相似度的计算。NLP 中语义理解一直是业内的难题。汉语不同于英语，同样一个意思，可以有很多种说法，比如你是谁的问题，就可以有如下几种：①你是谁？②你叫什么名字？③您贵姓？④介绍一下你自己，诸如此类。这些句子在语义上是十分接近的，如果做一个智能音箱，对音箱说出上述任何一句，所得结果不应该因句子形式的不同而有异，也就是说，训练出的模型不能对同义语句太敏感。在神经概率语言模型，也就是深度学习引入到 NLP 中之后，Word2Vec、LSTM、CNN 开始逐步占据主导。从最开始的由 Word2Vec 表达词向量，扩展到目前用 LSTM 表达句子的向量，还有 RCNN 应用于 NLP 可以提取出一个句子的高阶特征，这几年热度一直居高不下。

8. 词频-逆文档频率（TF-IDF）

TF-IDF（term frequency-inverse document frequency）是一种用于资讯检索与文本挖掘的常用加权技术。TF-IDF 是一种统计方法，用于评估字词对于一个文件集或一个语料库中的一份文件的重要程度。字词的重要性随着它在文件中出现的次数成正比增加，但同时会随着它在语料库中出现的频率成反比下降。TF-IDF 加权的各种形式常被搜索引擎应用，作为文件与用户查询之间相关程度的度量或评级。除了 TF-IDF 以外，互联网上的搜寻引擎还会使用基于链接分析的评级方法，以确定文件在搜寻结果中出现的顺序。

TF-IDF 的原理为：在一份给定的文件里，词频（term frequency，TF）指的是某一个给定的词语在该文件中出现的次数。这个数字通常会被归一化，以防止它偏向长的文件。同一个词语在长文件里可能会比在短文件中有更高的词频，而无论该词语重要与否。

逆向文件频率（inverse document frequency，IDF）是一个词语普遍重要性的度量。某一特定词语的 IDF，可以由总文件数目除以包含该词语的文件的数目，再对得到的商取对数得到。

某一特定文件内的高词语频率，以及该词语在整个文件集合中的低文件频率，可以产生出高权重的 TF-IDF。因此，TF-IDF 倾向于过滤掉常见的词语，而保留重要的词语。

9. 条件随机场

条件随机场（conditional random field，CRF）是一种判别式概率模型，是随机场的一种，常用于标注或分析序列资料，如自然语言文字或生物序列。CRF 是条件概率分布模型 $P(Y|X)$，表示的是给定一组输入随机变量 X 的条件下另一组输出随机变量 Y 的马尔可夫随机场，也就是说，CRF 的特点是假设输出随机变量构成马尔可夫随机场。CRF 可被看作最大熵马尔可夫模型在标注问题方面的推广。

如同马尔可夫随机场，CRF 为具有无向的图模型。在 CRF 中，随机变量 Y 的分布为条件概率，给定的观察值则为随机变量 X。原则上，CRF 的图模型布局可以任意给定，一般常用的布局是链接式架构，链结式架构不论在训练（training）、推论（inference）还是解码（decoding）上，都存在效率较高的算法可供演算。CRF 是一个典型的判别式模型，其联合概率可以写成若干势函数连乘的形式，其中最常用的是线性链 CRF。

10. 自然语言模型

对于自然语言相关的问题，比如机器翻译，最重要的问题就是文本的序列是不是符合人类的使用习惯，语言模型就是用于评估文本序列符合人类语言使用习惯程度的模型。

要让机器来评估文本是否符合人类的使用习惯，一种方式是制定一个规范的人类语言范式（规范），比如陈述句需要由主语、谓语、宾语组成，定语需要放在所要修饰的名词之前，等等。但是人类语言在实际使用的时候往往没有那么死板的规定，对于字、词的组合具有非常大的灵活性，同样的含义可以有许多种不同的表达方式，甚至很多的“双关语”“反语”是人类幽默表达的组成部分，如果完全按照字面意思理解可能会贻笑大方，故而要给一门语言制定一个完整的规则显然是不现实的。

那怎么办呢？当前的语言模型是以统计学为基础的统计语言模型。统计语言模型是基于预先人为收集的大规模语料数据，以真实的人类语言为标准，预测文本序列在语料库中可能出现的概率，并以此概率去判断文本是否“合法”，能否被人所理解。

打个比方，如果有这样一段话：

“今天我吃了西红柿炒__”

对一个优秀的语言模型，这句话后面出现的词是“鸡蛋”的概率可能为30%，“土豆”的概率为5%，“豆腐”的概率为5%，但“石头”的概率则应当几乎为零。显然，鸡蛋的概率更高，也更加符合人类的习惯和理解方式，石头的概率最低，因为人类的习惯不是这样的，这就是语言模型最直观的理解。

从语言模型的发展历史看，主要经历了3个发展阶段：*N*-Gram语言模型、神经网络语言模型和循环神经网络语言模型（目前主流的是长短期记忆神经网络）。

上文介绍了自然语言处理，以及它在公司实际工作中的技术定位和开发角色定位，接下来介绍自然语言处理的应用场景。

1.1.2 自然语言处理的经典应用场景

自然语言处理是新兴起的非常热门的行业，在互联网公司里基本上都设立了单独的自然语言处理工程师的工作岗位，可见公司对这个领域的重视程度。同时对自然语言处理人才的需求量比较大，人才相对稀缺匮乏的状态造成大批求职者争先恐后地涌入这个行业。从技术上讲，自然语言处理(NLP)属于人工智能的一个子领域，是指用计算机对自然语言的形、音、义等信息进行处理，即对字、词、句、篇章的输入、输出、识别、分析、理解、生成等的操作和加工。它对计算机和人类的交互方式有许多重要的影响。人类语言经过数千年的发展，已经成为一种微妙的交流形式，承载着丰富的信息，这些信息往往超越语言本身。自然语言处理将成为填补人类通信与数字数据鸿沟的一项重要技术。自然语言处理的一些常见应用如下。

1. 搜索引擎

搜索引擎大家并不陌生，比如常用的百度，就是搜索引擎，用户通过输入关键词搜索找到自己想要的资料，该过程看似操作简单，但后端的程序执行了十分复杂的工作，核心的技术就是自然语言处理。所以搜索引擎是自然语言处理应用非常经典并且很早出现的场景之一。

搜索引擎主要采用的是自然语言处理文本挖掘技术，是从文本中获取高质量信息的过程，同时是机器学习的一种无监督式学习方式，其目的是对原始资料进行分类，将相似的东西聚集在一起，以便了解资料内部结构（监督式学习可以在训练资料中学习或建立一个模式，并依此模式推测新的实例）。文本挖掘的一般流程为：文本数据源获取→数据预处理→数据挖掘和可视化→搭建模型→模型评估。

整个搜索过程分为检索与排序，一共有3个模型，分别是布尔模型、向量空间模型和概率模型等。布尔模型是基于数学集合论的基础用于快速筛选候选内容是否相关，向量空间模型是用于计算文档相似性的工具，而概率模型是作为文档与用户需求相关性排序的工具。搜索过程中，常用的文本分析模型是向量空间模型，文档将根据特征词出现的频率(或概率)组成多维向量，然后计算向量间的相似度。

本书的最后一章会单独详细讲解搜索引擎的架构和具体实现方法，以及和搜索引擎相关的其他模块算法的原理与实现。

2. 推荐系统

推荐系统也很常见，比如电商网站上的猜你喜欢商品推荐、招聘网站给求职者的职位推荐、新闻类网站的信息流推荐，都是常见的个性化推荐系统。推荐系统有两大策略：一个是CFBase，基于用户行为的策略；另一个是基于ContentBase的文本挖掘策略，其中自然语言处理就是推荐系统中的基于ContentBase的文本挖掘策略。除了两大策略，推荐系统也是一个完整的系统工程，从工程上来讲它是多个子系统有机的组合，包括基于Hadoop数据仓库的推荐集市、ETL数据处理子系统、离线算法、准实时算法、多策略融合算法、缓存处理、搜索引擎部分、二次排序算法、在线Web引擎服务、AB测试效果评估、推荐位管理平台等，每个子系统都扮演着非常重要的角色，虽然很多人认为算法部分是核心，这个说法毋庸置疑。推荐系统是偏算法的策略系统，但要取得非常好的推荐效果，只有算法是不够的。比如做算法需要依赖于训练数据，数据质量不好，或者数据处理没做好，再好的算法也发挥不出价值。算法上线了，如果不知道效果怎么样，那么后面的优化工作就无法进行。所以AB测试是评价推荐效果的关键，它指导着系统该何去何从。为了能够快速切换和优化策略，推荐位管理平台起着举足轻重的作用。推荐效果最终要应用到线上平台，在App或网站上以毫秒级的速度快速展示推荐结果，这就需要在线Web引擎服务来保证高性能的并发访问。这样看来，虽然算法是核心，但离不开每个子系统的配合，另外就是不同算法可以嵌入到各个子系统中，算法可以贯穿到每个子系统。

本书最后一章也会介绍推荐系统的架构和每个模块的原理与实现。

3. 智能问答/对话机器人

对话机器人是一个用来模拟人类对话或聊天的计算机程序，本质上是通过机器学习和人工智能等技术让机器理解人的语言。它包含了诸多学科方法的融合使用，是人工智能领域的一个技术集中演练营。在未来几十年，人机交互方式将发生变革。越来越多的设备将具有联网能力，这些设备如何与人进行交互将成为一个挑战。自然语言成为适应该趋势的新型交互方式，对话机器人有望取代过去的网站和如今的App，占据新一代人机交互风口。在未来对话机器人的产品形态下，不再是人类适应机器，而是机器适应人类，基于人工智能技术的对话机器人产品逐渐成为主流。

对话机器人从对话的产生方式，可以分为基于检索的模型(retrieval-based model)和生成式模型(generative model)，基于检索可以使用搜索引擎Solr Cloud或Elasticsearch的方式来做，生成式模型可以使用TensorFlow或Mxnet深度学习框架的Seq2Seq算法来实现，同时可以加入强化学习的思想来优化Seq2Seq算法。

本书最后一章也会介绍对话机器人的多种实现方式。

4. 语音识别

语音识别是自然语言处理的高级应用场景。语音识别是一门交叉学科。近二十年来，语音识别技术取得显著进步，开始从实验室走向市场。人们预计，未来十年内，语音识别技术将进入工业、家电、通信、汽车电子、医疗、家庭服务、消费电子产品等各个领域。语音识别听写机在一些领域的应用被美国新闻界评为1997年计算机发展十件大事之一。很多专家都认为语音识别技术是2000—2010年间信息技术领域十大重要的科技发展技术之一。语音识别技术所涉及的领域包括信号处理、模式识别、概率论和信息论、发声机理和听觉机理、人工智能等。

5. 舆论分析

舆论分析是指通过收集和处理海量信息，对网络舆情进行自动化分析，帮助分析哪些话题是目前的热点，同时对热点的传播路径及发展趋势进行分析判断，以便及时地应对网络舆情。

6. 知识图谱

知识图谱又称科学知识图谱，在图书情报界称为知识域可视化或知识领域映射地图，是显示知识发展进程与结构关系的一系列各种不同的图形。它以可视化技术为载体来描述知识资源及其载体，挖掘、分析、构建、绘制和显示知识及它们之间的相互联系。

7. 机器翻译

随着通信技术与互联网技术的飞速发展、信息量的急剧增加以及国际联系愈加紧密，让世界上所有人都能跨越语言障碍获取信息的挑战已经超出了人类翻译的能力范围。

机器翻译因效率高、成本低，满足了全球各国多语言信息快速翻译的需求。机器翻译属于自然语言信息处理的一个分支，它是能够将一种自然语言自动生成另一种自然语言又无需人类帮助的计算机系统。目前，谷歌翻译、百度翻译、搜狗翻译等人工智能行业巨头推出的翻译平台逐渐凭借翻译过程的高效性和准确性占据了翻译行业的主导地位。

8. 垃圾邮件识别

当前，垃圾邮件过滤器已成为抵御垃圾邮件问题的第一道防线。不过，有许多人在使用电子邮件时遇到过这些问题：不需要的电子邮件仍然被接收，或者重要的电子邮件被过滤掉。事实上，判断一封邮件是否是垃圾邮件，首先用到的方法是“关键词过滤”，如果邮件存在常见的垃圾邮件关键词，就判定为垃圾邮件。但这种方法效果很不理想，一是正常邮件中也可能有这些关键词，非常容易误判；二是将关键词进行变形，就很容易规避关键词过滤。自然语言处理通过分析邮件中的文本内容，能够相对准确地判断邮件是否为垃圾邮件。目前，贝叶斯(Bayes)垃圾邮件过滤是备受关注的技术之一，它通过学习大量的垃圾邮件和非垃圾邮件，收集邮件中的特征词生成垃圾词库和非垃圾词库，然后根据这些词库的统计频数计算邮件属于垃圾邮件的概率，以此来进行判定。

9. 文本情感分析

文本情感分析又称意见挖掘、倾向性分析等。简单地说，是对带有情感色彩的主观性文本进行分析、处理、归纳和推理的过程。互联网(如博客和论坛以及社会服务网络如大众点评)上产生了大量用户参与的，对于诸如人物、事件、产品等有价值的评论信息。这些评论信息表达了人们的各种情感色彩和情感倾向性，如喜、怒、哀、乐和批评、赞扬等。基于此，潜在的用户就可以通过浏览这些主观色彩的评论来了解大众对于某一事件或产品的看法。

对自然语言处理的技术和应用场景了解后，接下来关心的是如果从事自然语言处理开发工作，公司一般会要求做哪些工作，分配到哪个部门，未来的职业发展如何规划，以及这个方向的薪资水平如何？

1.2　自然语言处理的技能要求和职业发展路径

对于互联网公司来说，技术是核心竞争力。基于海量的用户行为数据之上，进行更深层次的大数据建模、分析可以让公司的产品再上一个台阶。让数据驱动产品设计，科学决策和指导产品。但这离不开其他各个部门的协同配合,在大数据部门内部同样离不开各个小组和职位的有机统一和协作。自然语言处理工程师通常分配在大数据部门中,除了做好本职工作,同时也需要和团队内其他人员协调配合才能完成一个大的产品系统。所以需要了解整个大数据部门的组织架构及团队成员情况,以及自然语言处理工程师在部门内所处的位置和扮演的角色,这样才能更好地和团队一起协调配合完成整个项目。

1.2.1 大数据部门组织架构和自然语言处理职位所处位置

大数据部门大体上可以分为 3 个组: 大数据平台组、算法组、数据分析组。这 3 个组之上有大数据 VP 带队,大数据 VP 就是大数据副总裁,一般是汇报给 CTO,也有的公司是直接汇报给 CEO。大数据平台组、算法组、数据分析组这 3 个组一般是由总监带队,有的公司是架构师带队,当然也可以是经理或者组长(team leader)带队。这 3 个总监是汇报给大数据 VP 的。组织架构如图 1.1 所示。

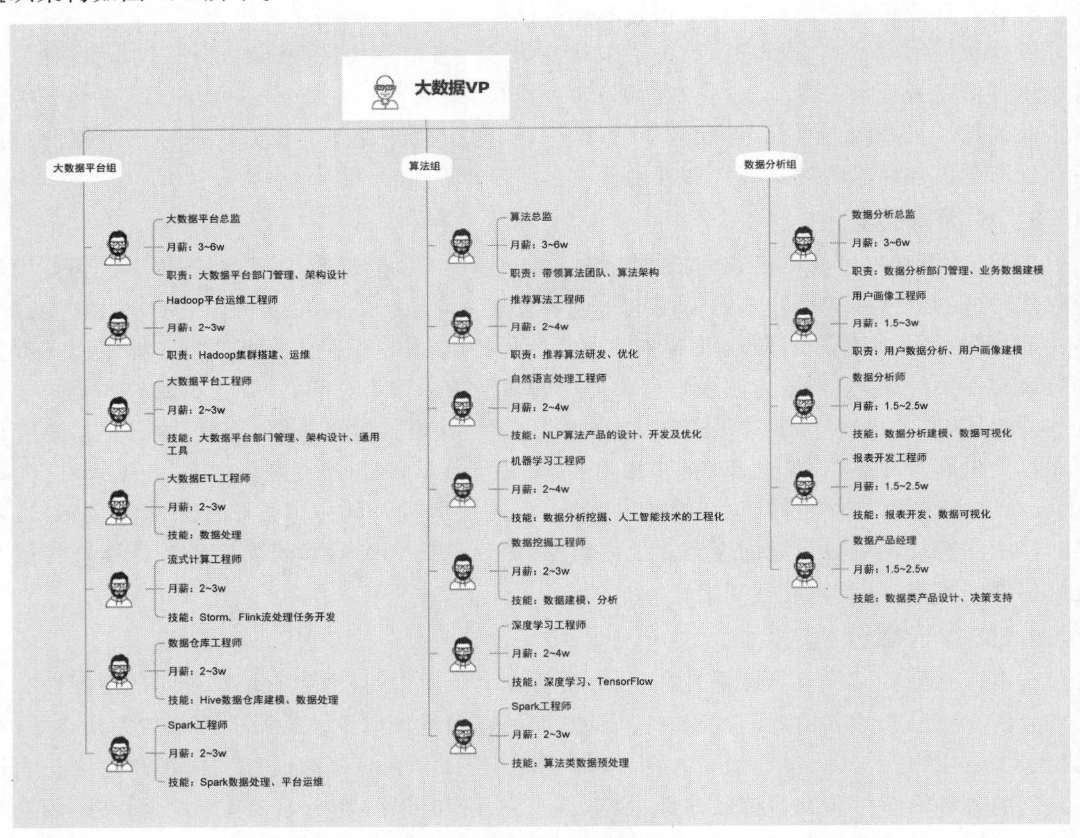

图 1.1 大数据部门组织架构图

基于图 1.1 介绍各个部门的工作分工和各个职位的职责。

大数据平台组的职责是提供基础的数据平台、数据仓库、数据埋点采集、通用工具,为算法组、数据分析组提供平台支持。

算法组的职责是基于大数据平台做数据挖掘、分析,开发公司产品如个性化推荐系统、搜索引擎、用户画像、其他算法类产品等,是偏上游的工程应用。

数据分析组的职责是基于大数据平台做数据分析统计、挖掘、数据可视化、报表开发等,和算法组有些交叉,是偏数据的分析应用,管理决策、数据洞察发现。

1. 大数据平台组

大数据平台组的职责是提供基础的数据平台、数据仓库、数据埋点采集、通用工具,为算法组、数据分析组提供平台支持。

小组下有各个职位相互配合工作,大家各尽其职,完成大数据平台的建设。

1) 大数据平台总监

大体任务是负责大数据平台部门管理、架构设计,具体工作如下:

(1) 负责结合业务需求设计大数据架构及评审迭代工作。

(2) 基于大数据处理平台的模型设计与数据资产体系搭建。

(3) 参与数据仓库建模和 ETL 架构设计,参与大数据技术难点攻关。

(4) 负责团队数据对外合作的数据核准、数据对接工作,推动合作和交流。

(5) 对大数据技术进行分析选型,培养提升团队技能。

(6) 负责公司大数据平台核心策略应用,用机器学习助力业务发展。

(7) 系统核心部分代码编写、指导和培训工程师、不断进行系统优化。

2) Hadoop 平台运维工程师

大体任务是负责 Hadoop 集群的搭建和运维工作,一般大型互联网公司可以专门设置这个职位,因为集群规则可能有上千台,而且区分为生产集群、测试集群等。如果集群不是很大,一般不需要单独设置这个职位,统一由大数据平台工程师负责就可以。具体工作如下:

(1) 负责大数据平台架构的开发和维护。

(2) 负责 Hadoop 集群运维和管理。

3) 大数据平台工程师

大体任务是负责集群搭建运维、数据仓库建设、通用工具、数据采集埋点服务等。具体工作如下:

(1) 负责大数据平台架构的开发和维护。

(2) 负责 Hadoop 集群运维和管理。

(3) 负责数据仓库建设。

(4) 数据埋点、数据采集、数据处理。

(5) 公司级别的 BI 通用工具。

4) 大数据 ETL 工程师

大体任务是负责 ETL 数据处理、配置作业依赖、定向数据采集处理等。具体工作如下:

(1) ETL 数据处理、开发、工作流调度设计。

(2) 脚本部署与配置管理,工作流异常处理,日常管理、跑批、维护、监控。

(3) 完成定向数据的采集与爬取、解析处理、入库等日常工作。

5) 流式计算工程师

大体任务是负责 Storm、Flink 等流处理的实时线上数据分析任务。具体工作如下:

(1) 实时分析线上用户行为的数据,找出异常行为用户。

(2) 根据用户实时行为,实时处理并更新 Hbase 等数据库。

(3) 追踪行业主流式计算技术进展,并结合到当前业务中。

6) 数据仓库工程师

大体任务是负责数据仓库建模、数据处理等。具体工作如下:

(1) 理解公司各类现有数据,洞察现有数据体系与客户业务匹配中的待优化点,并不断改善。

(2) 负责建设并完善数据管理体系，涵盖数据生命周期的标准、模型、质量和数据存取全流程。

(3) 负责数据仓库的分层设计、数据处理，有效管理整合各类数据。

7) Spark 工程师

大体任务是负责 Spark 数据处理。具体工作如下：

(1) 负责流式数据处理和离线处理的一站式开发。

(2) 负责基于 Spark 的数据处理，为算法模型提供数据支持。

8) 后台 Web/前端工程师

这个职位在组织架构图中没有画出来，但实际往往需要这个角色开发大数据部门的后台管理工具和通用 Web 工具，比如数据仓库管理工具、数据质量管理工具等，一部分 Web 接口服务工作。既然是 Web 开发，一般都会拆分出一个前端工程师的职位，美工通常不单独设置职位，让公司统一的设计部门代做 UI 即可。

2. 算法组

算法组的职责是基于大数据平台做很多数据挖掘、分析，开发公司产品如个性化推荐系统、搜索引擎、用户画像、其他算法类产品等，是偏上游的工程应用。具体职位职责如下。

1) 算法总监

大体任务是带领算法团队、算法系统架构，具体工作如下：

(1) 领导算法产品和研发团队，规划算法研发的方向，总体把控算法研发的工作进度。

(2) 深刻理解产品业务需求，并依据产品需求落实算法与业务的结合。

(3) 搭建优秀的算法团队，带领算法团队将技术水平提升至一流水平。

(4) 主管产品应用中涉及的推荐系统、搜索引擎、人脸识别、对话机器人、知识图谱等算法工作。

2) 推荐算法工程师

大体任务是推荐算法的开发、优化，具体工作如下：

(1) 负责推荐算法研发，通过算法优化提升整体推荐的点击率、转化率。

(2) 针对场景特征，对用户、Item 信息建模抽象业务场景，制定有效的召回算法；同时从样本、特征、模型等维度不断优化预估排序算法。

3) 自然语言处理工程师

大体任务是自然语言处理(NLP)算法产品的设计、开发和优化，具体工作如下：

(1) 负责相关 NLP 算法产品的设计、开发及优化，包括关键词提取、文本分类、情感分析、语义分析、命名体识别、文本摘要和智能问答等。

(2) NLP 基础工具的运用和改进，包括分词、词性标注、命名实体识别、新词发现、句法、语义分析和识别等。

(3) 领域意图识别、实体提取、语义槽填充等。

(4) 参与文本意图分析，包括文本分类和聚类，拼写纠错，实体识别与消歧，中心词提取，短文本理解等。

4) 机器学习工程师

大体任务是数据分析挖掘、人工智能技术的工程化，具体工作如下：

(1) 为产品应用提出人工智能解决方案和模型。

(2) 人工智能技术的工程化。

(3) 对话场景下的意图识别、智能搜索、个性化推荐算法研究及实现。

5）数据挖掘工程师

大体任务是数据建模、分析，具体工作如下：

（1）负责产品业务的数据分析等方面的数据挖掘工作。

（2）根据分析、诊断结果，建立数学模型并优化，撰写报告，为运营决策、产品方向、销售策略等提供数据支持。

6）深度学习工程师

大体任务是对深度学习相关算法进行研究和应用，具体工作如下：

（1）深度学习相关算法的调研和实现。

（2）将算法高效地实现到多种不同平台和框架上，并基于对平台和框架内部机制的理解，持续对算法和模型实现进行优化。

（3）深度学习网络的优化和手机端应用。

（4）深度学习算法的研究和应用，包括图像分类、目标检测、跟踪、语义分割等。

（5）和产品进行对接。

7）Spark 工程师

大体任务和大数据平台的 Spark 开发类似，可以共用。但更侧重于为算法开发人员提供数据处理和支持的工作。

8）后台 Web/前端工程师

这个职位在组织架构图中没有画出来，实际上算法部门也有很多的后台管理工具，比如推荐位管理平台、搜索管理后台、算法 AB 测试平台和优化的数据可视化等。还有需要给其他部门提供业务接口，比如推荐引擎 Web 服务、搜索服务等。

3. 数据分析组

数据分析组的职责是基于大数据平台做数据分析统计、挖掘、数据可视化、报表开发等，和算法组有些交叉，是偏数据的分析应用，管理决策、数据洞察发现。各个职位如下：

1）数据分析总监

大体任务是负责数据分析部门管理、业务需求调研、管理和执行数据项目、提供行业报告，具体工作如下。

（1）根据对海量数据的洞察撰写报告，为营销运营决策提供支持，并及时发现和分析实际业务中的问题，针对性给出优化建议。

（2）参与业务需求调研，根据需求及行业特点设计大数据解决方案并跟进具体项目的实施。

（3）设计并实现对 BI 分析、数据产品开发、算法开发的系统性支持，保障数据挖掘建模和工程化。

（4）管理和执行数据项目，达成客户要求目标，满足 KPI 考核指标。

（5）熟悉行业发展情况，掌握最新数据分析技术，定期提供行业性报告。

2）用户画像工程师

大体任务是用户数据分析、用户画像建模、用户标签提取，具体工作如下：

（1）基于海量用户行为数据，构建和优化用户画像，生成用户标签，用于提升推荐、搜索效果，为运营提供数据支持。

（2）负责搭建完整的用户画像挖掘系统，包括数据处理、挖掘用户画像、准确性评估等。

（3）主导用户画像需求分析，把控用户画像的建设方向，设计和构建基于用户行为特征的平台化画像服务能力。

（4）统一数据标准，建立用户画像产品的评估机制和监控体系。

3）数据分析师

大体任务是数据分析建模、数据可视化、提供行业报告，具体工作如下：

(1) 收集业务数据，进行处理和分析、数据可视化。

(2) 对多种数据源进行分析、挖掘和建模，提交有效的分析报告。

(3) 从数据分析中发现市场新动向和不同客户应用场景，提供决策支持。

4）报表开发工程师

大体任务是业务数据分析、报表开发、数据可视化展示，具体工作如下：

(1) 根据各业务部门需要，对相关数据进行清洗、分析、监控和评估，生成分析报告，对业务活动提出有效建议。

(2) 针对可视化工具(比如 Tableau)进行监控、优化、权限和性能管理，保证数据分析师和报表用户的正常使用及扩展。

(3) 根据数据分析师和报表用户分析、使用和性能要求，梳理各类数据，协助优化数据结构，丰富数据库内容，提高数据质量，完善数据管理体系。

5）数据产品经理

数据产品经理是这几年产生的新职位，懂数据分析、懂算法是对这个岗位的基本要求，该职位一般是由其他传统的产品经理转岗过来。大体任务是负责数据产品的规划与设计，业务数据需求分析、设计、落地，具体工作如下：

(1) 负责数据产品的规划与设计，业务数据需求分析、设计、落地。

(2) 协调数据来源方和数据开发工程师，通过流程化、规范化的思路，让数据对接做到灵活、高效、准确。

(3) 深入理解业务，协调数据开发团队完成需求。

4. 更细化的大数据部门划分

以上是对每个部门的职业和对应的职位介绍，这种部门架构比较大众化，一般大数据部门总人数在 20～50 时就可以这样划分。但如果有更多的人参与，比如 50 人以上，则可以把部门再细化一些。比如推荐算法组和搜索组在互联网是非常核心的团队，适合单独从算法组拆分一部分成立推荐系统组、搜索组。再就是用户画像组也是非常重要的一个团队，可以从数据分析组拆分出来，做 Web 开发、前端、后台接口的工程化的职位也可以从各个组拆分出来单独成立一个工程组。这样大数据部门就划分为以下几个组：

(1) 大数据平台组。

(2) 算法组。

(3) 推荐系统组。

(4) 搜索组。

(5) 用户画像组。

(6) 数据分析组。

(7) 工程组。

那么这几个组之间的相互配合分工是怎样的呢？根据经验总结如下：

(1) 大数据平台组是基础组，其他所有组的数据都是这个组提供的。

(2) 推荐系统组往往独立于算法组，也可以和算法组在同一组。

(3) 推荐系统组一般都会用到搜索，所以很多互联网公司搜索和推荐是同一组，并且往往也会从大数据部门独立出去，成立一个和大数据部门平行的搜索推荐组。个人见解：如果大数据部门负责人有搜索推荐的经验，建议把搜索推荐放到大数据部门下面，这样产品会做得更好。毕竟搜索推荐是建立在大数据基础之上的最经典的应用。

(4) 用户画像组依赖大数据组,可以单独建立用户画像集市。搜索推荐组和其他数据分析组也需要用户画像组的数据。

(5) 工程组可以嵌入到其他组中,也可以单独成组,工程组最重要的一点是对公司的其他部门比如前端网站、App提供Web服务。比如数据埋点采集接口、用户画像接口、搜索接口、推荐接口、其他数据接口等。

从以上大数据部门的组织架构和团队划分情况不难看出,自然语言处理工程师位于大数据部门里面的算法组,另外要完成整个系统还需要和大数据平台组以及工程团队配合。比如推荐系统产品,不是只有自然语言处理工程师就能完成整个系统,而是需要各个角色的工程师相配合才行。比如大数据平台工程师负责Hadoop集群和数据仓库,ETL工程师负责对数据仓库的数据进行处理和清洗,自然语言处理工程师负责相关的核心算法,Web开发工程师负责推荐Web接口对接各个部门,比如网站前端、App客户端的接口调用等,后台开发工程师负责推荐位管理、报表开发、推荐效果分析等,架构师负责整体系统的架构设计等。所以推荐系统是一个多角色协同配合才能完成的系统。

如上所述,在了解了整个部门的情况以及自然语言处理在项目中扮演的角色定位,下面开始介绍具体工作职责和掌握的核心技能。

1.2.2 自然语言处理的职位介绍和技能要求

了解大数据部门每个职位的技能要求有助于我们更快地投入到工作中,不管是工作需求,还是求职面试等。有针对性地去学习相关技能必定事半功倍,避免盲目地什么都学,却什么都没学会。当然在工程师阶段更需要精通一个职位的相关技术点。但是当你需要向上发展晋升时,对知识面的要求会越来越高,比如升到总监,再升到大数据VP,这就需要全面掌握所有技能,但不一定每个职位的技能都精通,这一点也很难实现,大数据和算法的框架太多了,细分了很多职位,而人的精力是有限的。我们必须有所取舍,有侧重点的选择性地去学习。哪个学得深一点,哪个学得浅一点,需要根据自身情况去衡量。但对大数据和算法的知识面必须有整体的认识和把握,这样在管理整个部门时才会胸有成竹、高瞻远瞩。下面介绍自然语言处理工程师需要掌握的技能知识点。

1. 自然语言处理工程师

1) 技能关键词

自然语言处理(NLP)算法、自然语言处理、实体识别、实体提取、意图识别、文本意图分析、关键词提取、文本分类、情感分析、语义分析、命名实体识别、文本摘要、智能问答。

2) 岗位职责

(1) 负责相关NLP算法产品的设计、开发及优化,包括关键词提取、文本分类、情感分析、语义分析、命名实体识别、文本摘要和智能问答等。

(2) NLP基础工具的运用和改进,包括分词、词性标注、命名实体识别、新词发现、句法、语义分析和识别等。

(3) 领域意图识别、实体提取、语义槽填充等。

(4) 参与文本意图分析,包括文本分类和聚类、拼写纠错、实体识别与消歧、中心词提取、短文本理解等。

3) 任职资格

(1) 扎实的机器学习和NLP基础。

(2) 精通 C/C++、Java、Python、Scala 等编程语言的一种或多种，具备良好的编码能力。

(3) 精通 Tensorflow、Mxnet、Caffe 等深度学习框架的一种或多种。

(4) 思维严谨，突出的分析和归纳能力，优秀的沟通与团队协作能力。

(5) 擅长大规模分布式系统、海量数据处理、实时分析等方面的算法设计和优化优先。

(6) 在语义分析、智能问答领域发表过论文者优先。

(7) 具有搜索/推荐/智能问答实践经验者优先。

2. 自然语言处理工程师技能要求

了解了自然语言处理工程师的技能需求后，我们应专注于掌握和学习相关核心技能，除此之外，还有必要扩展知识面，了解其他职位的技能需求，不一定要精通。因为每个职位之间需要协调配合才能完成一个系统工程，对其他职位技能的了解，有助于部门内同事间的沟通，甚至跨部门合作。随着工作经验的积累，必然面临着职位晋升发展问题，如何选择晋升方向，决定了我们最终能达到一个什么样的薪资水平。有句话说得好，选择大于努力。大致意思就是方向选择得好，加上适当的努力，就能达到很高的境界，取得很大的成就。如果方向选错了，再努力往上发展也会遇到瓶颈。下面介绍自然语言处理工程师的职业晋升生涯规划和能达到什么样的薪资水平。

1.2.3 自然语言处理的职业生涯规划和发展路径

从职业发展路径来看，通常可以分为两个路线：一个是专业技术路线，也叫 T 序列；另一个是管理路线，也叫 M 序列，每个序列都分很多级别。T 序列的职位一般从低到高是工程师、资深工程师、架构师/专家、高级架构师/高级专家、资深架构师/资深专家、首席架构师/首席专家/首席科学家等，当然每个公司的叫法可能不太一样，但大同小异。T 序列一般主攻技术，级别高了也会带团队，只是 T 序列所带的团队人数，比同级别的 M 序列所带的团队人数少而已。M 序列的职位一般从低到高是工程师、资深工程师、组长/主管、技术经理、高级技术经理、副总监、总监、高级总监、总经理、副总裁 VP、CTO。另外，无论走 T 序列还是走 M 序列，最终都有发展成为 CTO 的机会。职业生涯发展可以存在跨级跳跃式的晋升，这种情况往往是个人能力在同一个岗位的时间比较长，并且能力有大幅提升，如果再碰上一个好的机会就能跨级飞跃一次。比如从资深工程师到总监的飞跃，从技术经理到技术 VP 的飞跃，从架构师到 CTO 的飞跃等。不管是否跨级，每次晋升都需要学习很多技能来提高自己，这个技能主要是技术方面的技能，当然如果走管理 M 序列，管理方面的技能也必须有提升。

对于自然语言处理工程师的发展，给大家的建议是：如果走 T 序列，可以往上发展为算法组长，算法架构师；如果是走 M 序列可以往算法组长、算法经理、算法总监方向发展。再希望晋升为更高级别比如首席架构师、大数据副总裁，我们必须全方位提升自己，需要同时掌握大数据技术、机器学习、深度学习、Web 工程落地、高并发架构等。

1.2.4 自然语言处理的市场平均薪资水平

职位薪资与工作年限、技术水平、学历、公司背景等都有关系，所以对于同一个职位，没有一个固定的值，只能是一个大概的范围区间。再就是和市场供需情况也有关系，这些年大数据、人工智能人才紧缺，尤其是人工智能方面的人才，所以从整体行情来看，大数据比 Web 开发的薪资要高、人工智能的薪资比大数据的要高。若干年之后随着物价、市场供需的变化，市场平均薪资情况也会发生一些变化。下面列出目前的职位市场平均薪资一个大概区间，另外招聘网站往往给的是年薪，因为年薪有的是发 12 个月，有的是发 16 个月，不统一，再就是有的公司年薪结构组成是基础薪资部分+股权期权折现的价值部分之和，所以按年薪来计算不能清楚地反馈实际薪资状况，所以我们介绍的是月薪的基础薪资部分，并且这里指的是税前薪资，地区以北京为代表。以下是个人观点，仅供参考，不作为权威数据。可总体看一下每个职位的薪资情况，方便大家对比和定位自然语言处理工程师的薪资水平，这样再往上向哪个方向晋升发展就比较清楚了。

1. Hadoop 平台运维工程师

月薪 1.5～2.5W(W 代表万元，后同)。这个职位通常比大数据平台工程师薪资稍微低一点，主要原因是从事运维的工程师不一定具有开发项目代码的能力(当然个人能力很强的人除外)。

2. 大数据平台工程师

2～3W。大数据平台工程师往往同时具备集群运维和项目编程开发的能力，薪资偏高一点。一般有 3 年相关工作经验，月薪 2W 以上是比较轻松的。3W 是个分界点，突破 3W 不太容易。

3. 大数据 ETL 工程师

2～3W。薪资区间和大数据平台工程师差不多，但稍微低一点，主要原因是 ETL 工程师的工程能力一般相对偏弱一些。这是整体而言，能力强的人薪资也可以比大数据平台工程师高。ETL 工程师薪资达到 2.5W 以上时，再上涨的速度就比较慢了。3W 也是一个薪资瓶颈点，突破 3W 不太容易。

4. 流式计算工程师

2～3W。薪资区间和大数据平台工程师差不多。

5. 数据仓库工程师

数据仓库工程师一般工程能力弱，薪资能达到 2W 已经很理想，2.5W 则是很高了，突破 3W 比较难。

6. Spark 工程师

2～3W。薪资区间和大数据平台工程师差不多。

7. 搜索工程师

2～4W。搜索工程师的薪资偏高。一般工作 3 年，薪资到 2W 比较轻松。如果有 5 年相关经验，薪资突破 3W 不是难事，有 8 年以上经验薪资达到 4W 也是情理之中。最高的话薪资可以突破 5W。

8. 推荐算法工程师

一般 2～4W。推荐算法相对搜索来说更深入一些，因此推荐算法工程师的薪资相比搜索工程师偏高。

9. 用户画像工程师

2～3W。用户画像工程师可以偏数据统计，也可以偏算法工程，薪资到 2W 比较轻松。如果在算法方面做得够深入，薪资突破 3W 是有可能的。

10. 自然语言处理工程师

2～4W。这个职位是这几年新兴的职位，人才紧缺，薪资与推荐算法职位基本一致。

11. 机器学习工程师

2～4W。薪资和推荐算法职位基本一致。

12. 数据挖掘工程师

2～3W。一般的数据挖掘较偏向于数据分析，薪资达到 2.5W 就不算低了。当然有些偏向于工程，薪资突破3W也是情理之中。

13. 深度学习工程师

这是最近几年新兴的职位，人才十分稀缺。薪资2～4W，突破4W不难，资深工程师的薪资可以达到5W以上。

14. 数据分析师

1.5～2.5W。数据分析是偏数据统计，数据分析师的整体薪资比机器学习工程师稍低一点。做这方面工作的女生通常相对其他工程类岗位的女生人数偏多一些。做数据分析的女生如果能占到一半，这个比例已经很高了。数据分析水平高的工程师和做机器学习的工程师的薪资基本一致，突破3W不成问题。

15. Web开发工程师偏后台接口

1～2.5W。纯Web开发工程师薪资在2W以内比较常见，资深的工程师薪资可突破2.5W。如果水平很高就可以当架构师了，薪资3W以上很轻松。

16. 前端工程师

1～2W。前端工程师的薪资通常比Web后台工程师的低一点，往往不超过2W。

17. 大数据产品经理

1.5～2.5W。大数据产品经理是这几年的新兴职位，人才稀缺，不好招聘。因为过去大部分是做传统的产品，大数据产品经理往往是从传统的产品经理转岗过来，懂一些数据驱动和算法驱动的知识，所以薪资相对传统的产品经理偏高一些。薪资1.5W是可以比较轻松达到的，资深的大数据产品经理的薪资可达到2.5W。

18. 大数据平台总监

3～6W。总监一般起薪3W，5W是常见的，6W是个瓶颈点，不易突破。当然总监也是分级别的，有中级总监、高级总监。高级总监薪资6W以上还是比较容易的。

19. 算法总监

3～6W。和大数据平台总监相比，算法总监的薪资甚至还稍微高一些。

20. 数据分析总监

3～6W。和大数据平台总监相比，数据分析总监的薪资一般稍微低一些。

21. 大数据架构师、算法架构师、首席大数据架构师

架构师的薪资和总监差不多，但也分级别：中级、高级、资深、首席。通常资深架构师的薪资可能比总监高一些。首席架构师的薪资是最高的，能达到大数据副总裁的薪资水平。

22. 大数据副总裁(VP)

6～10W。首席架构师和大数据VP的薪资大致相同。从技术方面而言，首席架构师的技术性要强于大数据VP，大数据VP的管理技能更强一些。但两者的整体综合实力相当，技术知识面都很广，一般也都带团队，只是大数据VP带的人比较多。通常大数据VP这个职位的薪资是6W起步的，8W比较常见，突破10W也有可能。

了解每个职位的薪资情况后，更加有利于判断自然语言处理今后的发展方向，如果走T序列，那么可以往算法架构师、首席大数据架构师方向发展，如果走M序列，可以向算法经理、算法总监、大数据VP方向发展。

本章对自然语言处理技术做了介绍，同时使读者对自然语言处理在大数据部门中的角色定位和技术定位都有了比较深刻的认识，接下来对自然语言处理每个热点技术的原理展开更加详细深入的讲解，并结合实际应用场景进行源码级项目实战。

第2章 中文分词

CHAPTER 2

中文分词(Chinese word segmentation)是指将一个汉字序列切分成一个个单独的词。分词就是将连续的字序列按照一定的规范重新组合成词序列的过程。我们知道,在英文的行文中,单词之间是以空格作为自然分界符的,而中文的词没有一个形式上的分界符,虽然英文也同样存在短语的划分问题,不过在词这一层上,中文比英文要复杂、困难得多。

2.1 中文分词原理

词是最小的能够独立存在的有意义的语言成分,英文单词之间是以空格作为自然分界符,而汉语是以字为基本的书写单位,词之间没有明显的区分标记,中文分词不是以字为单位,而是以词为单位,在这种情况下,需要通过各种算法找到切分词的最佳分割标记,自然语言处理的基础步骤就是分词,分词的结果对中文信息处理至为关键。比如通过百度搜索关键词"陈敬雷分布式机器学习实战",中文分词的结果应该是什么呢?首先陈敬雷是人名,应该单独作为一个词,在中文分词里有个原理,如果是人名会把人名识别出来,这个过程本身也叫作命名实体识别,再比如"陈敬雷分布式机器学习实战",结果会自然地把"充电了么"这个公司名识别出来,这是公司名识别,也属于命名实体识别。在后面的章节中会详解介绍命名实体识别。此处要说明的是如果发现句子中有人名、公司名等类实体时中文分词会单独识别出词。《分布式机器学习实战》是笔者写的另一本书,书名也会识别出来,道理是一样的。但是如果这个书名没有在词典库中或者没有识别出来,就会作为一个常规的分词,它可能会拆分为"分布式""机器""学习""实战"4个词,整体的分词结果就是"陈敬雷""分布式""机器""学习""实战"5个词了。另外,如果笔者的名字陈敬雷没有识别出来,可能会拆分为单字"陈""敬""雷",这样分词结果就是"陈""敬""雷""分布式""机器""学习""实战"7个词了。然后搜索引擎在所有文章中查找包含这些词的文章,则搜索到的这些文章里,"陈""敬""雷"这3个字不一定相邻,而是分散开的,分散开的文章就可能不是与笔者名字相关的文章,即搜索结果不精准。同理,"分布式""机器""学习""实战"这几个词在文章中也没有相邻,搜索的结果也可能不是笔者所写书籍中的相关文章。如果是分成两个词"陈敬雷""分布式机器学习实战",就会非常精准地搜索到相关文章,因为结果保证了"陈敬雷"和"分布式机器学习实战"这些字是相邻的。可见中文分词的结果对搜索引擎检索准确率的重要性。百度的实际搜索结果如图2.1所示。

从图2.1中看到,第一个结果是笔者在腾讯课堂上讲的精品课,也是针对笔者写的《分布式机器学习实战》的配套视频课程;第二个结果是清华大学出版社官网的书籍详情页。可以看到,百度的中文分词非常精准,有了精准分词的基础,自然也就非常精准地检索到要找的文

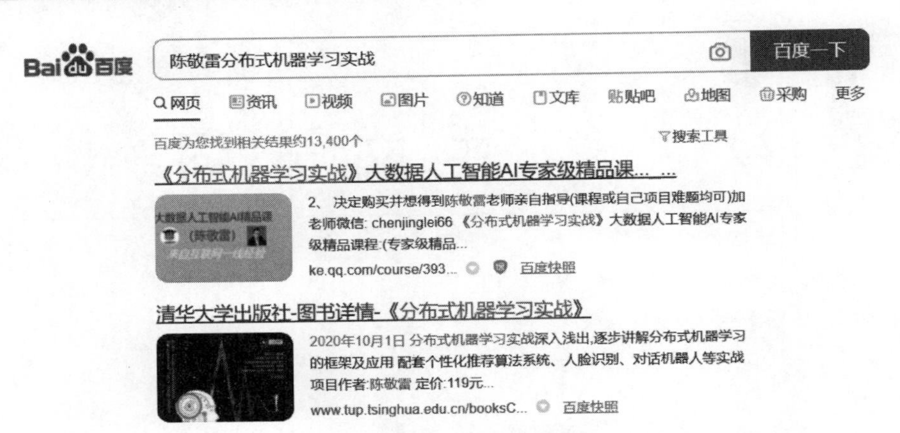

图 2.1 百度关键词搜索截图

章。当然搜索排序结果除了与精准分词有关外,还与词频等其他很多因素有关,过程是非常复杂的。后面的章节还会对搜索引擎的原理做更加详细的讲解。

下面介绍中文分词的几种实现方式。简单来说,中文分词根据实现特点大致可分为两个类别:基于词典的分词方法、基于统计的分词方法。

1. 基于词典的分词方法

基于词典的分词方法首先是建立一个充分大的词典,然后依据一定的策略扫描句子,若句子中的某个子串与词典中的某个词匹配,则分词成功。

常见的扫描策略有正向最大匹配、逆向最大匹配、双向最大匹配和最少词数分词。

1) 正向最大匹配

对输入的句子从左至右,以贪心的方式切分出当前位置上长度最大的词,组不了词的字单独划开。其分词原理是:词的颗粒度越大,所能表示的含义越精确。

2) 逆向最大匹配

原理与正向最大匹配相同,但顺序不是从首字开始,而是从末字开始,而且它使用的分词词典是逆序词典,其中每个词条都按逆序方式存放。在实际处理时,先将句子进行倒排处理,生成逆序句子,然后根据逆序词典,对逆序句子用正向最大匹配。

3) 双向最大匹配

将正向最大匹配与逆向最大匹配结合起来,对句子使用这两种方式进行扫描切分,如果两种分词方法得到的匹配结果相同,则认为分词正确;否则,按最小集处理。

4) 最少词数分词

最少词数分词是指一句话应该分成数量最少的词串,该方法首先会查找词典中最长的词,看是不是所要分词的句子的子串,如果是,则切分,然后不断迭代以上步骤,每次都会在剩余的字符串中取最长的词进行分词,最后就可以得到最少的词数。

总结:基于词典的分词方法简单、速度快,效果尚可,但对歧义和新词的处理不是很理想,对词典中未登录的词无法进行处理。

2. 基于统计的分词方法

基于统计的分词方法是从大量已经分词的文本中,利用统计学习方法来学习词的切分规律,从而实现对未知文本的切分。随着大规模语料库的建立,基于统计的分词方法得到不断的研究和发展,渐渐成为了主流。

常用的统计学习方法有隐马尔可夫模型(HMM)、条件随机场(CRF)和基于深度学习的方法。

1）HMM 和 CRF

这两种方法实质上是对序列进行标注，将分词问题转化为字的分类问题，每个字有 4 种词位（类别）：词首（B）、词中（M）、词尾（E）和单字成词（S）。由字构词的方法并不依赖于事先编制好的词典，只需对分好词的语料进行训练。当模型训练好后，就可对新句子进行预测，预测时会针对每个字生成不同的词位。其中 HMM 属于生成式模型，CRF 属于判别式模型。

2）基于深度学习的方法

神经网络的序列标注算法在词性标注、命名实体识别等问题上取得了优秀的进展，这些端到端的方法也可以迁移到分词问题上。与所有深度学习的方法一样，该方法需要较大规模的训练语料才能体现其优势，代表为 BiLSTM-CRF。

总结：基于统计的分词方法能很好地处理歧义和新词问题，效果比基于词典的分词方法要好，但该方法需要有大量人工标注分好词的语料作为支撑，训练开销大，就分词速度而言不如基于词典的分词方法。在实际应用中一般是将词典与统计学习方法结合起来，既发挥词典分词切分速度快的特点，又利用了统计分词结合上下文识别生词、自动消除歧义的优点。

上面给大家讲了中文分词的原理，下面介绍具体实现和主流的开源分词工具。

2.2 规则分词[1]

规则分词是基于字典、词库匹配的分词方法（机械分词法），实现的主要思想是：切分语句时，将语句中特定长的字符串与字典进行匹配，匹配成功就进行切分。按照匹配的方式可分为正向最大匹配分词、逆向最大匹配分词和双向最大匹配分词。这种方法按照一定策略将待分析的汉字串与一个“充分大的”机器词典中的词条进行匹配，若在词典中找到某个字符串，则匹配成功。识别出一个词，根据扫描方向的不同分为正向匹配和逆向匹配。根据不同长度优先匹配的情况，分为最大（最长）匹配和最小（最短）匹配。根据是否与词性标注过程结合，又可以分为单纯分词方法和分词与标注相结合的一体化方法。

下面举个例子：

假设现在有段中文文本“网易杭研大厦”，并且词典中包含[“网易”，“杭研”，“大厦”，“网易杭研”，“杭研大厦”，“网易杭研大厦”]。基于这个简单的小词典，不需要任何的理论知识可以非常容易地将文本分成下面 4 种结果：

网易/杭研/大厦

网易/杭研大厦

网易杭研/大厦

网易杭研大厦

上面这 4 种分词结果都是正确的，不过在中文中越长的词所表达的意义越丰富并且含义越明确，所以我们会更倾向于选择“网易杭研大厦”。又比如我们更倾向于将“北京大学”作为一个完整的词，而不是划分成“北京”和“大学”两个碎片化的词，“北京大学”比“北京”和“大学”所表达的意义更加丰富，同时“北京大学”所表达的含义也更加明确。

由于在中文中越长的词所表达的意义越丰富并且含义越明确，因此就有了第一条规则：在以某个下标递归查词的过程中，优先输出更长的词，这种规则也被称为最长匹配算法。根据下标扫描顺序的不同分为：正向最长匹配，下标的扫描顺序从前往后；逆向最长匹配，下标的扫描顺序从后往前。

下面详细介绍正向最大匹配分词、逆向最大匹配分词和双向最大匹配分词的原理。因为会用到 HanLP 中文分词这个开源工具包，所以先简单介绍一下。

HanLP 是面向生产环境的多语种自然语言处理工具包，目标是普及落地最前沿的自然语言处理技术。HanLP 具备功能完善、性能高效、架构清晰、语料时新、可自定义的特点。支持中文分词（N-最短路分词、CRF 分词、索引分词、用户自定义词典、词性标注）、命名实体识别（中国人名、音译人名、日本人名、地名、实体机构名识别）、关键词提取、自动摘要、短语提取、拼音转换、简繁转换、文本推荐、依存句法分析（MaxEnt 依存句法分析、CRF 依存句法分析）。提供 Lucene 插件，兼容 Lucene 4.x。在提供丰富功能的同时，HanLP 内部模块坚持低耦合、模型坚持惰性加载、服务坚持静态提供、词典坚持明文发布，使用非常方便，同时自带一些语料处理工具，帮助用户训练自己的语料。HanLP 同时支持 Java 和 Python 调用，GitHub 开源地址为 https://github.com/hankcs/HanLP。

安装好 HanLP 环境后来看如何使用 Python 加载 HanLP 的词典。首先需要查看 HanLP 自带词典的具体路径，可以通过下面的命令进行查看（需要进入安装 HanLP 的虚拟环境中）：

```
hanlp -v
```

结果如图 2.2 所示。

```
(hanlp) chenkc@chenkc:~$ hanlp -v
jar  1.7.7: /home/chenkc/conda/envs/hanlp/lib/python3.7/site-packages/pyhanlp/static/hanlp-1.7.7.jar
data 1.7.7: /home/chenkc/conda/envs/hanlp/lib/python3.7/site-packages/pyhanlp/static/data
config    : /home/chenkc/conda/envs/hanlp/lib/python3.7/site-packages/pyhanlp/static/hanlp.properties
```

图 2.2 HanLP 版本命令（图片来源于知乎）

查看 HanLP 配置的默认目录，其中 data 路径中包含 HanLP 自带的一些数据文件，进入存放词典的 dictionary 文件中，HanLP 自带的词典如图 2.3 所示。

```
(hanlp) chenkc@chenkc:~$ cd /home/chenkc/conda/envs/hanlp/lib/python3.7/site-packages/pyhanlp/static/data
(hanlp) chenkc@chenkc:~/conda/envs/hanlp/lib/python3.7/site-packages/pyhanlp/static/data$ ls
dictionary  model  README.url  version.txt
(hanlp) chenkc@chenkc:~/conda/envs/hanlp/lib/python3.7/site-packages/pyhanlp/static/data$ cd dictionary/
(hanlp) chenkc@chenkc:~/conda/envs/hanlp/lib/python3.7/site-packages/pyhanlp/static/data/dictionary$ ls
CoreNatureDictionary.mini.txt
CoreNatureDictionary.mini.txt.bin
CoreNatureDictionary.ngram.mini.txt
CoreNatureDictionary.ngram.mini.txt.table.bin
CoreNatureDictionary.ngram.txt
CoreNatureDictionary.ngram.txt.table.bin          HanLP自带的词库
CoreNatureDictionary.tr.txt
CoreNatureDictionary.txt
CoreNatureDictionary.txt.bin
```

图 2.3 HanLP 自带的词典（图片来源于知乎）

CoreNatureDictionary.mini.txt 就是接下来要使用的迷你核心词典，使用“head -n 5 CoreNatureDictionary.mini.txt”查看迷你核心词典的前 5 行，如图 2.4 所示。

```
(hanlp) chenkc@chenkc:~/conda/envs/hanlp/lib/python3.7/site-packages/pyhanlp/static/data/dictionary$ head -n 5 CoreNatureDictionary.mini.txt
±       w       3
±%      w       3       m       1
·       w       23
×       w       7       nx      1       显示前文件的前5行
–       w       306
```

图 2.4 核心迷你词典的前 5 行（图片来源于知乎）

HanLP 中的词典格式是一种以空格分隔的表格形式，第一列为词本身，之后的两列分别表示词性和词表示当前词性时的词频，词可能不止一种词性，因此后面的列以此类推，表示词性和词表示当前词性时的词频。比如"x w 7 nx 1"表示 x 这个词以标点符号(w)的身份出现了 7 次，以字母专名(nx)的身份出现了 1 次，当然这里的词频是在某个语料库中进行统计的。不过在基于词典分词的过程中，词性和词频没有太大用处，可以暂时忽略。

使用 Python 加载 HanLP 自带的迷你核心词典 CoreNatureDictionary. mini. txt，词典代码如代码 2.1 所示。

【代码 2.1】 hanlp_load_dictionary.py

```
from pyhanlp import *

def load_dictionary():
    """
    加载 HanLP 中的 mini 词库
    :return: 一个 set 形式的词库
    """
    # 利用 JClass 获取 HanLP 中的 IOUtil 工具类
    IOUtil = JClass('com.hankcs.hanlp.corpus.io.IOUtil')
    # 取得 HanLP 的配置项 Config 中的词典路径，并替换成 CoreNatureDictionary.mini.txt 词典
    path = HanLP.Config.CoreDictionaryPath.replace('.txt', '.mini.txt')
    # 读入加载列表中指定多个词典文件，返回的是 Java Map 对象
    dic = IOUtil.loadDictionary([path])
    print(type(dic))
    # 不关心词性和词频引出，只获取 Map 对象的键值 KeySet，并将其转换为 Python 的 set 集合
    return set(dic.keySet())

if __name__ == '__main__':
    dic = load_dictionary()
    print(len(dic))
    print(list(dic)[0])
```

代码运行后的结果：

```
<class 'jpype._jclass.java.util.TreeMap'>
85584
心领神会
```

注意：

JClass 函数是连通 Java 和 Python 的桥梁，可以根据 Java 路径名获得 Python 类。

HanLP 默认配置的词典是 CoreNatureDictionary.txt，如果想要使用迷你的 CoreNatureDictionary. mini. txt，只需要将配置文件中的. txt 替换成 mini. txt。

加载好了词典，在具体介绍正向最长匹配、逆向最长匹配以及双向最长匹配之前，先来了解一下什么是最长匹配。

最长匹配算法是基于词典进行匹配的，首先选取词典中最长的词的汉字个数作为最长匹配的起始长度。比如现在词典中最长的词中包含 5 个汉字，那么最长匹配的起始汉字个数就为 5，如果与词典匹配不成功就减少一个汉字继续与词典进行匹配，循环往复，直至与词典匹配且满足规则或者剩下一个汉字。

下面介绍正向最大匹配分词、逆向最大匹配分词和双向最大匹配分词的原理，并用 HanLP 举例代码演示。

2.2.1 正向最大匹配法

正向最大匹配分词(forward maximum matching segmentation)通常简称为 MM 法。其

基本思想为：假定分词词典中的最长词有 i 个汉字字符，则用被处理文档的当前字串中的前 i 个字作为匹配字段，查找字典。若字典中存在这样的一个 i 字词，则匹配成功，匹配字段作为一个词切分出来。如果词典中找不到这样的一个 i 字词，则匹配失败，将匹配字段中的最后一个字去掉，对剩下的字串重新进行匹配处理，如此循环，直到匹配成功，即切分出一个词或剩余字串的长度为零为止。这样就完成了一轮匹配，然后取下一个 i 字字串进行匹配处理，直到文档被扫描完为止。

其算法描述如下：

(1) 初始化当前位置计数器，置为0；

(2) 从当前计数器开始，取前 $2i$ 个字符作为匹配字段，直到文档结束；

(3) 如果匹配字段长度不为0，则查找词典中与之等长的进行匹配处理。

如果匹配成功，则：

① 把这个匹配字段作为一个词切分出来，放入分词统计表中；

② 把当前位置计数器的值加上匹配字段的长度；

③ 跳转到步骤(2)。

否则

　　① 如果匹配字段的最后一个字符为汉字字符，则

　　ⓐ 把匹配字段的最后一个字去掉；

　　ⓑ 匹配字段长度减2。

否则

　　ⓐ 把匹配字段的最后一个字去掉；

　　ⓑ 匹配字段长度减1；

　　② 跳转至步骤(3)。

否则

① 如果匹配字段的最后一个字符为汉字字符，则

当前位置计数器的值加2；

否则当前位置计数器的值加1；

② 跳转到步骤(2)。

下面使用HanLP工具包讲解代码：正向最长匹配简单来说就是从前往后进行取词，假设此时词典中最长单词包含5个汉字，对“就读北京大学”进行分词，正向最长匹配的基本流程：

第一轮

正向从前往后选取5个汉字。“就读北京大”，词典中没有对应的词，匹配失败。

减少一个汉字。“就读北京”，词典中没有对应的词，匹配失败。

减少一个汉字。“就读北”，词典中没有对应的词，匹配失败。

减少一个汉字。“就读”，词典中有对应的词，匹配成功。

扫描终止，输出第一个词“就读”，去除第一个词开始第二轮扫描。

第二轮

去除“就读”之后，依然正向选择5个汉字，不过由于分词句子比较短，不足5个汉字，所以直接对剩下的4个汉字进行匹配。“北京大学”，词典中有对应的词，匹配成功。

至此，通过正向最大匹配对“就读北京大学”的匹配结果为：“就读/北京大学”。不过书中实现的正向最长匹配没有考虑设置最长匹配的起始长度，而是以正向逐渐增加汉字的方式进行匹配，如果此时匹配成功还需要进行下一次匹配，保留匹配成功且长度最长的词作为最终的

分词结果。

为了提升效率，在实际使用中倾向于设置最长匹配的起始长度。如果想更进一步提升分词的速度，可以将词典按照不同汉字长度进行划分，每次匹配的时候搜索相对应汉字个数的词典。虽然代码和讲解有所不同，但是本质和结果都是一样的，词越长优先级越高，这里注意一下即可。对“就读北京大学”进行分词的代码如下所示。

```
from utility import load_dictionary          # 导入加载词典函数
def forward_segment(text, dic):
    """
    :param text: 待分词的中文文本
    :param dic: 词典
    :return: 分词结果
    """
    word_list = []
    i = 0
    while i < len(text):
        longest_word = text[i]
        for j in range(i + 1, len(text) + 1):
            word = text[i:j]
            if word in dic:
                # 优先输出单词长度更长的单词
                if len(word) > len(longest_word):
                    longest_word = word
        word_list.append(longest_word)
        # 提出匹配成功的单词，分词剩余的文本
        i += len(longest_word)
    return word_list

if __name__ == '__main__':
    # 加载词典
    dic = load_dictionary()
    print(forward_segment('就读北京大学', dic))
```

代码运行输出结果：

```
['就读', '北京大学']
```

使用上面的代码对“就读北京大学”进行分词，具体代码流程如图 2.5 所示。

i	i<len(text)	j	word	是否在词典中	longest_word
0	0 < 6	1	就	是	就
		2	就读	是	就读
		3	就读北	否	就读
		4	就读北京	否	就读
		5	就读北京大	否	就读
		6	就读北京大学	否	就读
“就读”被分出，去掉“就读”后处理文本为“北京大学”					
2	2 < 6	3	北	是	北
		4	北京	是	北京
		5	北京大	否	北京
		6	北京大学	是	北京大学
正向最长匹配的分词结果为“就读 / 北京大学”					

图 2.5 正向最大匹配代码流程(图片来源于知乎)

使用正向最长匹配对“就读北京大学”的分词效果很好，但是如果对“研究生命起源”进行分词的话，正向最长匹配分词的结果为“研究生 / 命 / 起源”，产生这种误差的原因在于，正向最长匹配中“研究生”的优先级要大于“研究”（“研究生”长度更长）。由于正向匹配出的“研究生”优先级要高，很自然的想法是应该从后往前进行匹配，这样就可以先将“生命”划分出来，避免从前到后先把“研究生”划分出来的错误。

2.2.2 逆向最大匹配法

逆向最大匹配（reverse maximum matching）法通常简称为 RMM 法。RMM 法的基本原理与 MM 法相同，不同的是分词切分的方向与 MM 法相反，而且使用的分词辞典也不同。RMM 法从被处理文档的末端开始匹配扫描，每次取最末端的 $2i$ 个字符（i 字字串）作为匹配字段，若匹配失败，则去掉匹配字段最前面的一个字，继续匹配。相应地，它使用的分词词典是逆序词典，词典中的每个词条都将按逆序方式存放。在实际处理时，先将文档进行倒排处理，生成逆序文档。然后，根据逆序词典，对逆序文档用 MM 法处理即可。

由于汉语中偏正结构较多，若从后向前匹配，可以适当提高精确度。所以，RMM 法比 MM 法的误差要小。统计结果表明，单纯使用 MM 法的错误率为 1/169，单纯使用 RMM 法的错误率为 1/245。例如，切分字段“硕士研究生产”时，MM 法的结果会是“硕士研究生/产”，而 RMM 法利用逆向扫描，可得到正确的分词结果“硕士/研究/生产”。

当然，最大匹配算法是一种基于分词词典的机械分词法，不能根据文档上下文的语义特征来切分词语，对词典的依赖性较大，所以在实际使用时，难免会造成一些分词错误，为了提高系统分词的准确度，可以采用 MM 法和 RMM 法相结合的分词方案，也就是双向匹配法。

下面进行代码示例。

逆向最长匹配顾名思义就是从后往前进行扫描，保留最长的词，逆向最长匹配与正向最长匹配唯一的区别就在于扫描的方向。逆向最长匹配简单来说就是从后往前取词，假设此时词典中最长的词包含 5 个汉字，对“研究生命起源”进行分词，逆向最长匹配的基本流程：

第一轮

正向从后往前选取 5 个汉字。“究生命起源”，词典中没有对应的词，匹配失败。

减少一个汉字。“生命起源”，词典中没有对应的词，匹配失败。

减少一个汉字。“命起源”，词典中没有对应的词，匹配失败。

减少一个汉字。“起源”，词典中有对应的词，匹配成功。

扫描终止，输出第一个词“起源”，去除第一个词开始第二轮扫描。

第二轮

去除“起源”之后，依然反向选择 5 个汉字，不过由于分词句子比较短，不足 5 个汉字，所以直接对剩下的 4 个汉字进行匹配。“研究生命”，词典中没有对应的词，匹配失败。

减少一个汉字。“究生命”，词典中没有对应的词，匹配失败。

减少一个汉字。“生命”，词典中有对应的词，匹配成功。

扫描终止，输出第二个词“生命”，去除第二个词开始第三轮扫描。

第三轮

去除“生命”之后，依然反向选择 5 个汉字，不过由于分词句子比较短，不足 5 个汉字，所以直接对剩下的 2 个汉字进行匹配。“研究”，词典中有对应的词，匹配成功。

至此，通过逆向最大匹配对“研究生命起源”的匹配结果为：“研究/生命/起源”。

在本书中实现的逆向最长匹配未考虑设置最长匹配的起始长度，其余与上面的具体流程一致。对“研究生命起源”进行分词的代码如下所示。

```
from utility import load_dictionary          # 导入加载词典函数
def backward_segment(text, dic):
    """
    :param text:待分词的文本
    :param dic:词典
    :return:元素为分词结果的 list 列表
    """
    word_list = []
    # 扫描位置作为终点
    i = len(text) - 1
    while i >= 0:
        longest_word = text[i]
        for j in range(0, i):
            word = text[j: i + 1]
            if word in dic:
                # 越长优先级越高
                if len(word) > len(longest_word):
                    longest_word = word
                    break
        # 逆向扫描,所以越先查出的单词在位置上越靠后
        word_list.insert(0, longest_word)
        i -= len(longest_word)
    return word_list

if __name__ == '__main__':
    # 加载词典
    dic = load_dictionary()
    print(backward_segment('研究生命起源', dic))
```

代码运行结果如下:

```
['研究', '生命', '起源']
```

使用上面的代码对“研究生命起源”进行分词,具体代码流程如图 2.6 所示。

i	i>=0	j	word	是否在词典中	longest_word
5	5 >= 0	0	研究生命起源	否	源
		1	究生命起源	否	源
		2	生命起源	否	源
		3	命起源	否	源
		4	起源	否	起源
“起源”被分出，去掉“起源”后处理文本为“研究生命”					
3	3 >= 0	0	研究生命	否	命
		1	究生命	否	命
		2	生命	否	生命
“生命”被分出，去掉“生命”后处理文本为“研究”					
1	1 >= 0	0	研究	是	研究
逆向最长匹配的分词结果为“研究 / 生命 / 起源”					

图 2.6　逆向最大匹配代码流程(图片来源于知乎)

2.2.3 双向最大匹配法

双向最大匹配分词综合了前两者的算法。先根据标点对文档进行粗切分，把文档分解成若干个句子，然后再对这些句子用正向最大匹配法和逆向最大匹配法进行扫描切分。如果两种分词方法得到的匹配结果相同，则认为分词正确；否则，按最小集处理。准确的结果往往是词数切分较少的那种。经研究表明，90%的中文使用正向最大匹配分词和逆向最大匹配分词能得到相同的结果，而且保证分词正确；9%的句子是正向最大匹配分词和逆向最大匹配分词的切分有分歧，但是其中一定有一个是正确的；不到1%的句子是两种分词方法同时犯相同的错误：给出相同的结果但都是错的。因此，在实际的中文处理中，双向最大匹配分词适用于几乎全部的场景。下面给出示例。

对“项目的研究”进行分词：

正向最长匹配：“项目/的/研究”。

逆向最长匹配：“项/目的/研究”。

对“研究生命起源”进行分词：

正向最长匹配：“研究生/命/起源”。

逆向最长匹配：“研究/生命/起源”。

通过上面的例子可以看出，有时候正向最长匹配正确，而有时候逆向最长匹配更好，当然也可能有正向最长匹配和逆向最长匹配都无法消除歧义的情况。清华大学孙茂松教授做过统计，在随机挑选的3680个句子中，正向最长匹配错误而逆向最长匹配正确的句子占比9.24%，正向最长匹配正确而逆向最长匹配错误的情况则没有被统计到。

因此有人提出了融合正向最长匹配和逆向最长匹配的双向最长匹配，双向最长匹配简单来说就是同时执行正向最长匹配和逆向最长匹配，然后在给定的一些规则中选择最优，本质上就是在正向最长匹配和逆向最长匹配中进行二选一。

择优规则：

越长的词所表达的意义越丰富并且含义越明确。如果正向最长匹配和逆向最长匹配分词后的词数不同，那么返回词数更少的结果。

非词典词和单字词越少越好，在语言学中单字词的数量要远远少于非单字词。如果正向最长匹配和逆向最长匹配分词后的词数相同，那么返回非词典词和单字词最少的结果。

根据孙茂松教授的统计，逆向最长匹配正确的可能性比正向最长匹配正确的可能性要高。如果在正向最长匹配的词数以及非词典词和单字词都相同的情况下，那么优先返回逆向最长匹配的结果。

对上例进行双向最长匹配的代码如下所示。

```
from backward_segment import backward_segment          # 导入实现正向最长匹配的函数
from forward_segment import forward_segment            # 导入实现逆向最长匹配的函数
from utility import load_dictionary                    # 导入加载词典的函数

def count_single_char(word_list: list):                # 统计单字成词的个数
    """
    统计单字词的个数
    :param word_list:分词后的 list 列表
    :return: 单字词的个数
    """
    return sum(1 for word in word_list if len(word) == 1)

def bidirectional_segment(text, dic):
```

```
    """
    双向最长匹配
    :param text:待分词的中文文本
    :param dic:词典
    :return:正向最长匹配和逆向最长匹配中最优的结果
    """
    f = forward_segment(text, dic)
    b = backward_segment(text, dic)
    print(f)
    print(b)
    # 词数更少优先级更高
    if len(f) < len(b):
        return f
    elif len(f) > len(b):
        return b
    else:
        # 单字词更少的优先级更高
        if count_single_char(f) < count_single_char(b):
            return f
        else:
            # 词数以及单字词数量都相等的时候,逆向最长匹配优先级更高
            return b

if __name__ == '__main__':
    # 加载词典
    dic = load_dictionary()
    print(bidirectional_segment('项目的研究', dic))
    print(bidirectional_segment('研究生命起源', dic))
```

代码运行结果如下：

```
['项', '目的', '研究']
['研究', '生命', '起源']
```

通过观察双向最长匹配对“项目的研究”的分词结果，可以发现，即使是融合了正向最长匹配和逆向最长匹配的双向最长匹配也不一定得到正确的分词结果，甚至有可能正确率比逆向最长匹配还要低，规则系统的脆弱由此可见一斑，规则集的维护有时是拆东墙补西墙，有时是帮倒忙。不过基于词典分词的核心价值不在于精度，而在于速度。

当正向最大匹配分词和逆向最大匹配分词给出相同词数的分词结果时，规定默认选择其中一种。当然，实际的中文处理中，这种情况并不会很常见。

上面介绍的是基于规则的分词方式，另一种方式是基于机器学习的统计分词，下面进行详细介绍。

2.3 机器学习统计分词[2-6]

随着大规模语料的建立，统计机器学习方法的研究与发展，基于统计的中文分词成为主流。下面从主要思想、步骤和语言模型3个方面详细介绍。

1. 主要思想

基于统计的分词算法的主要核心是词是稳定的组合，因此在上下文中，相邻的字同时出现的次数越多，就越有可能构成一个词。因此字与字相邻出现的概率或频率能较好地反映成词的可信度。可以对训练文本中相邻出现的各个字的组合的频度进行统计，计算它们之间的互现信息。互现信息体现了汉字之间结合关系的紧密程度。当紧密程度高于某一个阈值时，便可以认为此字组可能构成了一个词。该方法又称为无字典分词。

2. 步骤

建立统计语言模型。

对句子进行单词划分，然后对划分结果进行概率统计，获得概率最大的分词方式。这里就用到了统计学习方法，如隐马尔可夫模型、条件随机场等。

3. 语言模型

1）统计语言模型

统计语言模型是自然语言处理的基础，被广泛应用于机器翻译、语音识别、印刷体或手写体识别、拼音纠错、汉字输入和文献查询等。

2）模型原型

语言的数学本质就是说话者将一串信息在头脑中做了一次编码，编码的结果是一串文字，而如果接受的人懂得这门语言，他就可以用这门语言的解码方式获得说话人想表达的信息。那么不免想到将编码规则教给计算机，这就是基于规则的自然语言处理（NLP）。但是事实证明基于规则行不通，因为巨量的文法规则和语言的歧义性问题难以解决。所以出现了基于统计的 NLP。基于统计的 NLP 的核心模型是通信系统加隐马尔可夫模型。

看一个句子是否合理，就看它的合理性有多少，就是它出现的概率大小：

假定句子　　S(W1, W2, …, Wn)，　　Wi 代表词

其概率为　　$P(\text{S})=P(\text{W1},\text{W2},\cdots,\text{W}n)$

根据条件概率公式，每个词出现的概率等于之前每个词出现的条件概率相乘，于是

$$P(\text{W1},\text{W2},\cdots,\text{W}n)=P(\text{W1})\cdot P(\text{W1}\mid\text{W2})\cdot P(\text{W3}\mid\text{W1},\text{W2})\cdot\cdots\cdot P(\text{W}n\mid\text{W1},\text{W2},\cdots,\text{W}(n-1))$$

但是这样计算量太大，句子越长越复杂，因此 Andrey Markov 提出了一种简便方法，即马尔可夫假设：任意一个词出现的概率只与它前面的一个词有关。因此

$$P(\text{S})=P(\text{W1})\cdot P(\text{W1}\mid\text{W2})\cdot P(\text{W3}\mid\text{W2})\cdot\cdots\cdot P(\text{W}n\mid\text{W}(n-1))$$

这就是二元模型（bigram model），相应地，高阶语言模型即为任意一个词 Wi 出现的概率只与它前面的 $i-1$ 个词有关。元数越高越准确，但相应越复杂，越难实现，一般使用三元模型就够了。

如何计算这个概率是统计语言模型的核心，实际计算时做了近似处理，即在统计量足够大的情况下：

$$P(\text{W}i\mid\text{W}(i-1))=P(\text{W}(i-1),\text{W}i)/P(\text{W}(i-1))=\text{联合概率}/\text{边缘概率}$$
$$=\text{两个词一起出现的次数}/\text{单个词出现的次数}$$

3）零概率问题

统计中可能出现没有统计到某个词（边缘概率为 0）或者某两个词在一起的情况只出现了一次（联合概率为 1）的情况，就会导致十分绝对的概率出现，模型就不可靠。直接的解决方法是增加统计的数据量，但是数据不够时，需要使用一个重新计算概率的公式，即古德-图灵估计（Good-Turing estimate）。

古德-图灵估计的原理是：对于没有出现的概率，从概率总量中分配一小部分给它们，这样看见的事件的概率总量就小于 1，也就不会出现概率为 1 和 0 的情况了。对应的语言模型也要做一些调整，最早由卡兹（S. M. Kate）提出，称为卡兹退避法（Kate backoff）。

2.3.1 隐马尔可夫模型分词

隐马尔可夫模型（HMM）是用来描述一个含有隐含未知参数的马尔可夫过程。

1. 理解隐马尔可夫模型

下面通过举例和抽象来理解隐马尔可夫模型的原理。

1) 举例理解

假设有3个不同的骰子。第一个常见的骰子(称这个骰子为$D6$)有6个面,每个面(1,2,3,4,5,6)出现的概率是1/6。第二个骰子是一个四面体(称这个骰子为$D4$),每个面(1,2,3,4)出现的概率是1/4。第三个骰子有8个面(称这个骰子为$D8$),每个面(1,2,3,4,5,6,7,8)出现的概率是1/8,骰子投掷如图2.7所示。

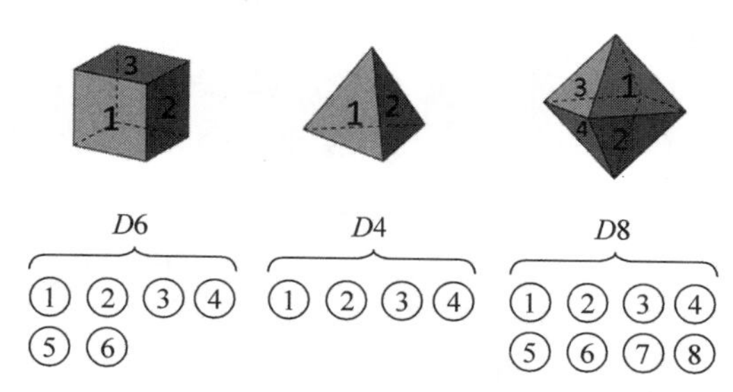

图2.7 骰子投掷图(图片来源于简书)

当我们无法观测到使用哪个骰子投掷,仅仅能看到投掷结果时,例如得到一个序列值:1 6 3 5 2 7 3 5 2 4,它其实包含了:第一,隐含的状态,选择了哪个骰子;第二,可见状态,使用该骰子投出数值,其隐马尔可夫模型如图2.8所示。

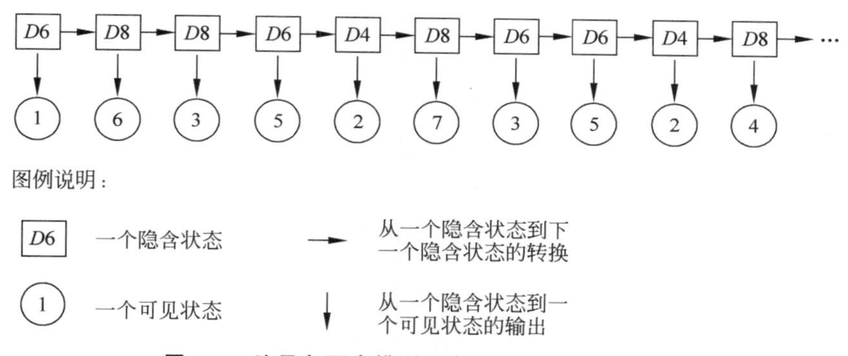

图2.8 隐马尔可夫模型示意图(图片来源于简书)

假设每个状态间转移的概率(选择骰子的概率)是固定的(即为不因观测值的数值而改变),可以得到状态转移矩阵。隐含状态转换关系如图2.9所示。

那么得到观测值序列(1 6 3 5 2 7 3 5 2 4)出现概率如图2.10所示。

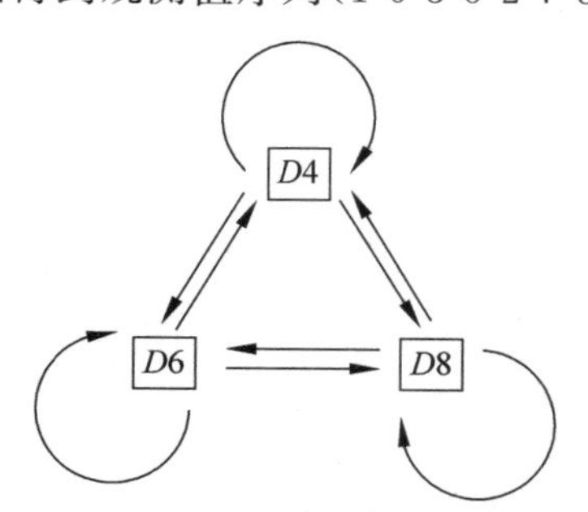

图2.9 隐含状态转换关系示意图(图片来源于简书)

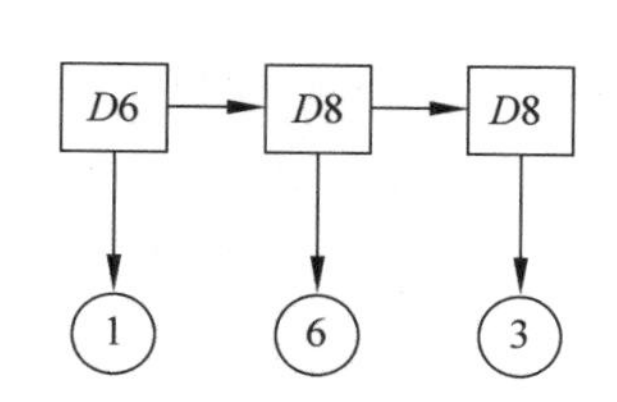

图2.10 观测值序列出现概率图(图片来源于简书)

以前3个观测值(1 6 3)举例,计算如下:

$$P=P(D6)\times P(D6\rightarrow 1)\times P(D6\rightarrow D8)\times P(D8\rightarrow 6)\times P(D8\rightarrow D8)\times P(D8\rightarrow 3)$$

$$=\frac{1}{3}\times\frac{1}{6}\times\frac{1}{3}\times\frac{1}{8}\times\frac{1}{3}\times\frac{1}{8}$$

以上计算中，假设选择 3 个骰子的概率是相同的，都是 1/3。

2）例子抽象

以上例子可以抽象一下。在上面的例子中，3 种不同情况的骰子，即为状态值集合（StatusSet），所有可能出现的结果值（1、2、3、4、5、6、7、8）为观察值集合（ObservedSet）。

选择不同骰子的概率：转移概率矩阵（TransProbMatrix）为状态间转移的概率。

在拿到某个骰子时，投出某个观测值的概率：拿到 $D6$ 这个骰子，投出 6 的概率是 1/6。

最开始的状态：初始状态概率分布（InitStatus）。

所以很容易得到计算概率的方法就是：将初始状态概率分布（InitStatus）、发射概率矩阵（EmitProbMatrix）、转移概率矩阵（TransProbMatrix）相乘。当某个状态序列的概率值最大，则该状态序列即为出现该观测值的情况下，最可能出现的状态序列。

2. HMM 中文分词

怎么使用隐马尔可夫链作分词，使用上面的原理作为理解。中文文字即为上文提到的投出的数字。

1）模型

HMM 的典型模型是一个五元组：

StatusSet——状态值集合。

ObservedSet——观察值集合。

TransProbMatrix——转移概率矩阵。

EmitProbMatrix——发射概率矩阵。

InitStatus——初始状态概率分布。

2）基本假设

下面给出 HMM 的 3 个基本假设。

有限历史性假设：

$P(\text{Status}[i] \mid \text{Status}[i-1], \text{Status}[i-2], \cdots, \text{Status}[1]) = P(\text{Status}[i] \mid \text{Status}[i-1])$

齐次性假设（状态和当前时刻无关）：

$P(\text{Status}[i] \mid \text{Status}[i-1]) = P(\text{Status}[j] \mid \text{Status}[j-1])$

观察值独立性假设（观察值只取决于当前状态值）：

$P(\text{Observed}[i] \mid \text{Status}[i], \text{Status}[i-1], \cdots, \text{Status}[1]) = P(\text{Observed}[i] \mid \text{Status}[i])$

3）五元组

（1）状态值集合（StatusSet）。

状态值集合（B，M，E，S）：{B：begin，M：middle，E：end，S：single}。每个状态代表的是该字在词语中的位置，B 代表该字是词语中的起始字，M 代表该字是词语中的中间字，E 代表该字是词语中的结束字，S 则代表该字是单字成词。

例如：

给你一个隐马尔可夫链的例子。

可以标注为：

给/S 你/S 一个/BE 隐马尔可夫链/BMMMME 的/S 例子/BE。/S

（2）观察值集合（ObservedSet）。

观察值集合是所有汉字（东南西北你我他……），甚至包括标点符号所组成的集合。

状态值也就是要求的值，在 HMM 中文分词中，输入一个句子（也就是观察值序列），输出的是这个句子中每个字的状态值。

(3) 初始状态概率分布(InitStatus)。

例如：

B −0.26268660809250016

E −3.14e+100

M −3.14e+100

S −1.4652633398537678

数值是对概率值取对数之后的结果(可以让概率相乘的计算变成对数相加)。其中−3.14e+100 作为负无穷,对应的概率值是 0。

也就是句子的第一个字属于{B,E,M,S}这 4 种状态的概率。

(4) 转移概率矩阵(TransProbMatrix)。

转移概率是马尔可夫链。Status(i)只和 Status($i-1$)相关,这个假设能大大简化问题。所以它其实就是一个 4×4(4 即状态值集合的大小)的二维矩阵。矩阵的横坐标和纵坐标顺序是 BEMS×BEMS(数值是概率求对数后的值)。

(5) 发射概率矩阵(EmitProbMatrix)。

$P(\text{Observed}[i],\text{Status}[j]) = P(\text{Status}[j]) \times P(\text{Observed}[i]|\text{Status}[j])$

其中,$P(\text{Observed}[i]|\text{Status}[j])$这个值就是从 EmitProbMatrix 中获取的。

4) 使用 Viterbi 算法

上述五元的关系是通过 Viterbi 算法串接,观察值集合序列值是 Viterbi 的输入,而状态值集合序列值是 Viterbi 的输出,输入和输出之间,Viterbi 算法还需要借助 3 个模型参数,分别是 InitStatus、TransProbMatrix、EmitProbMatrix。

(1) 定义变量。

二维数组 weight[4][15],4 是状态数(0:B,1:E,2:M,3:S),15 是输入句子的字数。比如 weight[0][2] 代表状态 B 的条件下,出现“硕”这个字的可能性。

二维数组 path[4][15],4 是状态数(0:B,1:E,2:M,3:S),15 是输入句子的字数。比如 path[0][2]代表 weight[0][2]取到最大时前一个字的状态,比如 path[0][2]=1,则代表 weight[0][2]取到最大时,前一个字(也就是明)的状态是 E。记录前一个字的状态是为了使用 Viterbi 算法计算整个二维数组 weight[4][15]之后,能对输入句子从右向左回溯,找出对应的状态序列。

代码如下：

```
B: - 0.26268660809250016
E: - 3.14e + 100
M: - 3.14e + 100
S: - 1.4652633398537678
```

由 EmitProbMatrix 可以得出：

```
Status(B) -> Observed(小)  :  - 5.79545
Status(E) -> Observed(小)  :  - 7.36797
Status(M) -> Observed(小)  :  - 5.09518
Status(S) -> Observed(小)  :  - 6.2475
```

可以初始化 weight[i][0] 的值如下：

```
weight[0][0] = - 0.26268660809250016 + - 5.79545 = - 6.05814
weight[1][0] = - 3.14e + 100 + - 7.36797 = - 3.14e + 100
weight[2][0] = - 3.14e + 100 + - 5.09518 = - 3.14e + 100
weight[3][0] = - 1.4652633398537678 + - 6.2475 = - 7.71276
```

注意上式计算时是相加而不是相乘，代码如下所示：

```
//遍历句子，下标 i 从 1 开始，是因为刚才初始化时已经对 0 初始化了
for(size_t i = 1; i < 15; i++)
{
    // 遍历可能的状态
    for(size_t j = 0; j < 4; j++)
    {
        weight[j][i] = MIN_DOUBLE;
        path[j][i] = -1;
        //遍历前一个字可能的状态
        for(size_t k = 0; k < 4; k++)
        {
            double tmp = weight[k][i-1] + _transProb[k][j] + _emitProb[j][sentence[i]];
            if(tmp > weight[j][i]) // 找出最大的 weight[j][i]值
            {
                weight[j][i] = tmp;
                path[j][i] = k;
            }
        }
    }
}
```

(2) 确定边界条件和路径回溯。

边界条件如下：

对于每个句子，最后一个字的状态只可能是 E 或者 S，不可能是 M 或者 B。

所以在上文的例子中只需要比较 weight[1(E)][14] 和 weight[3(S)][14] 的大小即可。

在本例中：

```
weight[1][14] = -102.492;
weight[3][14] = -101.632;
```

所以 S>E，也就是路径回溯的起点是 path[3][14]。

回溯的路径是：

SEBEMBEBEMBEBEB

倒序就是：

BE/BE/BME/BE/BME/BE/S

所以切词结果就是：

小明/硕士/毕业于/中国/科学院/计算/所

2.3.2 感知器分词

在介绍感知器分词之前，应先了解什么是感知器。感知器是人工神经网络中的一种典型结构，它的主要特点是结构简单，对所能解决的问题存在着收敛算法，并能从数学上严格证明，从而对神经网络研究起了重要的推动作用。

感知器也可翻译为感知机，是 Frank Rosenblatt 在 1957 年就职于 Cornell 航空实验室(Cornell Aeronautical Laboratory)时所发明的一种人工神经网络。它可以被视为一种最简单形式的前馈式人工神经网络，是一种二元线性分类器。

Frank Rosenblatt 给出了相应的感知器学习算法，常用的有感知机学习、最小二乘法和梯度下降法。譬如，感知机利用梯度下降法对损失函数进行极小化，求出可将训练数据进行线性划分的分离超平面，从而求得感知器模型。

感知器是生物神经细胞的简单抽象，神经细胞结构大致可分为树突、突触、细胞体及轴突。单个神经细胞可被视为一种只有两种状态的机器——激动时为“是”，而未激动时为“否”。神经细胞如图 2.11 所示。

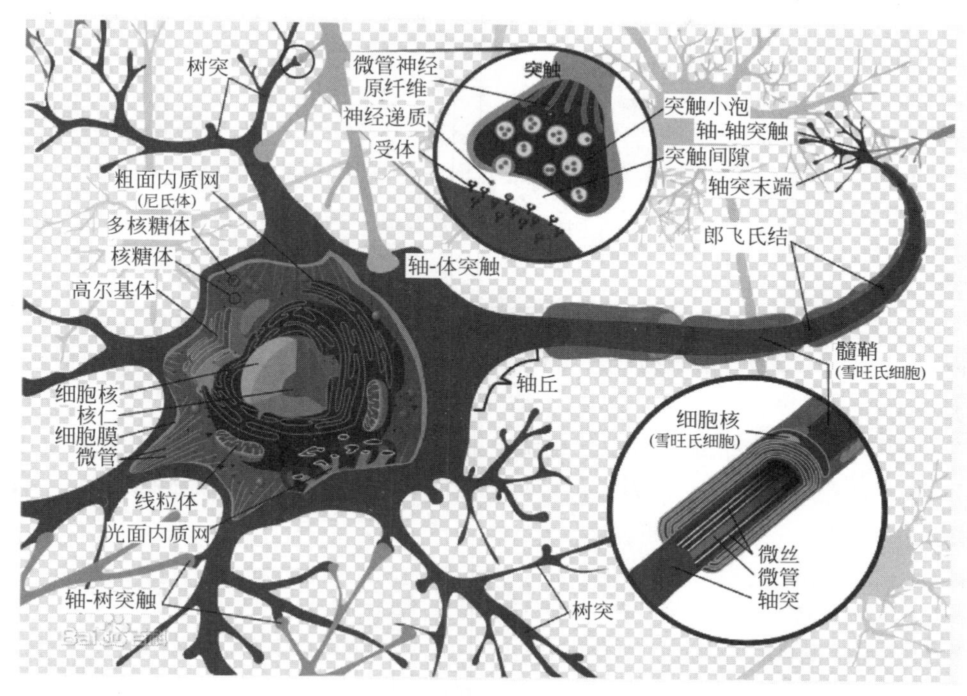

图 2.11 神经细胞示意图(图片来源于百度)

神经细胞的状态取决于从其他神经细胞收到的输入信号量，及突触的强度(抑制或加强)。当信号量总和超过了某个阈值时，细胞体就会激动，产生电脉冲。电脉冲沿着轴突并通过突触传递到其他神经元。为了模拟神经细胞行为，与之对应的感知机基础概念被提出，如权量(突触)、偏置(阈值)及激活函数(细胞体)。

在人工神经网络领域中，感知器也指单层人工神经网络，以区别于较复杂的多层感知器(multilayer perceptron)。作为一种线性分类器，(单层)感知器可说是最简单的前向人工神经网络形式。尽管结构简单，感知器仍然能够学习并解决相当复杂的问题。感知器主要的本质缺陷是它不能处理线性不可分问题。

下面介绍感知器分词在 HanLP 开源工具里的实现。感知器模型可被视为一个逻辑回归模型，一个分词任务相当于一个序列标注问题。因此分词任务可以视为机器学习问题中的结构化预测问题。

要进行机器学习，首先要对数据集进行特征提取。在分词问题上，通常通过一个特征模板来提取特征。一般地，常用一个指示器函数(0/1 标示函数)来进行特征提取。特征提取准备好数据后，开始训练模型。感知器使用迭代的方式训练，学过逻辑回归的读者可能非常熟悉，每一次迭代都更新模型的参数，以保证代价函数最小。在自然语言处理中，往往将每一次迭代过后的参数都保存起来，即训练过程中的模型，再用投票或平均得出最终结果。HanLP 实现代码如下所示。

```
from pyhanlp import *
CWSTrainer = JClass('com.hankcs.hanlp.model.perceptron.CWSTrainer') #实例化一个感知器算法
corpus_path = r'E:\Anaconda3\Lib\site - packages\pyhanlp\static\data\test\icwb2 - data\
```

```
training\msr_training.utf8'                     #数据集所在路径。可用 txt 文件
msr_model_path = r'D:\桌面\比赛\模型\model'      #数据集所在路径。可用 txt 文件
"""未进行压缩处理的模型"""
model = CWSTrainer().train(corpus_path, corpus_path, msr_model_path, 0., 10, 8).getModel()
                                                #训练模型,其中 0 表示不进行压缩
model.save(msr_model_path, model.featureMap.entrySet(), 0, True)
                                                #最后一个参数指定导出 txt
segment = PerceptronLexicalAnalyzer(model)      #实例一个感知器分词器
segment.enableCustomDictionary(False)           #不集成用户自定义词典
```

通过 segment.seg()接口即可实现句子的分词。集成用户词典的代码如下所示。

```
segment = PerceptronLexicalAnalyzer(model)      #实例一个感知器模型分词器
segment.enableCustomDictionary(True)            #集成用户自定义词典,为 True 代表启用
CustomDictionary.insert("xx","nrf 1")
```

由于指示器生成的特征大多为 0,也即特征向量是一个稀疏向量,数据集是一个稀疏矩阵。因此可以压缩处理,在保存特征时,可以只保留那些值为 1 的特征的索引(位置),此时就可以大大减少存储容量。

由于模型学习到的特征其实是非常稀疏的,因此模型的相当一大部分参数都很小,换言之,它们对结果的影响力比较小。因此可以将这些冗余的参数删除,从而压缩特征。压缩代码如下:

```
model.compress(0.9, 0)                          #将特征个数压缩为原来的 0.9 倍
segment = PerceptronLexicalAnalyzer(model)      #实例一个分词器
```

模型训练完后就可以应用了,用 segment.seg()方法就可以分词,那么可否将训练好的模型回炉重造,重新学习呢?答案是肯定的,用 segment.learn()方法可以重新学习,代码如下:

```
segment = PerceptronLexicalAnalyzer(model)      #实例一个分词器
segment.enableCustomDictionary(False)           #不集成用户自定义词典
for i in range(3):
    segment.learn("人 与 川普 通电话")           #在线调整模型(重新训练三次!!!)
print(segment.seg("银川普通人与川普通电话讲四川普通话"))
```

输出结果如下:

```
[银川, 普通人, 与, 川普, 通电话, 讲, 四川, 普通话]
```

上面介绍了感知器分词及其在 HanLP 中的实现,下面介绍另外一种统计分词方式——CRF 分词。

2.3.3 CRF 分词

条件随机场(CRF)由 Lafferty 等于 2001 年提出,是一种基于遵循马尔可夫性的概率图模型的数学算法。它结合了最大熵模型和隐马尔可夫模型的特点,是一种无向图模型,近年来在分词、词性标注和命名实体识别等序列标注任务中取得了很好的效果。CRF 是一个典型的判别式模型,其联合概率可以写成若干势函数连乘的形式,其中最常用的是线性链 CRF。若让 $x=(x1,x2,\cdots,xn)$ 表示被观察的输入数据序列,$y=(y1,y2,\cdots,yn)$ 表示一个状态序列,在给定一个输入序列的情况下,线性链的 CRF 模型定义状态序列的联合条件概率为

$$p(y|x)=\exp\{\}$$

$$Z(x)=\{\}$$

其中,Z 是以观察序列 x 为条件的概率归一化因子。$fj(y(i-1),yi,x,i)$ 是一个任意的特征函数。

CRF 在自然语言处理技术领域中主要用于文本标注，并有多种应用场景，例如：

分词（标注字的词位信息，由字构词）

词性标注（标注分词的词性，例如，名词、动词、助词）

命名实体识别（识别人名、地名、机构名、商品名等具有一定内在规律的实体名词）

下面介绍如何使用 CRF 技术来进行中文分词。

1. CRF 与词典统计分词

基于词典的分词过度依赖词典和规则库，因此对于歧义词和未登录词的识别能力较低；其优点是速度快、效率高。CRF 代表了新一代机器学习技术分词，其基本思路是对汉字进行标注，即由字构词（组词），不仅考虑了文字词语出现的频率信息，同时考虑上下文语境，具备较好的学习能力，因此它对歧义词和未登录词的识别都具有良好的效果；不足之处是训练周期较长，运营时计算量较大，性能不如词典统计分词。

2. CRF 与 HMM、MEMM

首先，CRF、隐马尔可夫模型（HMM）、最大熵隐马尔可夫模型（MEMM）都常用来做序列标注的建模，如分词、词性标注，以及命名实体标注。

HMM 一个最大的缺点就是由于其输出独立性假设，导致它不能考虑上下文，限制了特征的选择。MEMM 则解决了 HMM 的问题，可以任意选择特征，但由于它在每一节点都要进行归一化，所以只能找到局部的最优值，同时也带来了标记偏见的问题，即凡是训练语料中未出现的情况会全都忽略掉。CRF 则很好地解决了这一问题，它并不在每一个节点进行归一化，而是所有特征进行全局归一化，因此可以求得全局的最优值。

3. CRF 分词原理

（1）CRF 把分词当作字的词位分类问题，通常定义字的词位信息如下：

词首，常用 B 表示；

词中，常用 M 表示；

词尾，常用 E 表示；

单字词，常用 S 表示。

（2）CRF 分词的过程就是对词位标注后，将 B 和 E 之间的字，以及 S 单字构成分词。

（3）CRF 分词实例。

原始例句：

我爱北京天安门。

CRF 标注后：

我/S 爱/S 北/B 京/E 天/B 安/M 门/E。

分词结果：

我/爱/北京/天安门。

了解了 CRF 的分词原理后，接下来推荐一个基于 CRF 原理的开源工具包 CRF++。除此之外，还要介绍其他几个非常流行的分词包——Jieba 分词、HanLP 分词、IK 分词、mmseg4j 分词。

2.4 分词工具实战

分词工具有 Java、Python、C++，这里推荐目前最流行的分词工具。CRF++采用 C++语言编写，但可以用 Python 来调用。HanLP 采用 Java 编写，也可以用 Python 调用。IK 分词和

mmseg4j 分词也是用 Java 编写的，经常集成在搜索引擎 Solr Cloud 和 Elasticsearch 里。下面分别介绍这几个开源分词包。

2.4.1 CRF++工具包实战

CRF++是著名的 CRF 的开源工具，也是目前综合性能最佳的 CRF 工具。

CRF++安装步骤如下：

```
#下载 linux 版本 CRF++包——CRF++ - 0.58.tar.gz,并解压。
#cd CRF++ - 0.58
#./configure
#sudo make
#sudo make install
```

若出现 ImportError: libcrfpp.so.0: cannot open shared object file: No such file or directory。则解决方法是建立一个软连接，命令如下：`ln -s /usr/local/lib/libcrfpp.so.0 /usr/lib/`。

1. 第一步：准备训练语料

将 backoff2005 中的训练数据转化为 CRF++所需的训练数据格式，采用 4-tag[B(词首)，E(词尾)，M(词中)，S(单字词)]标记集，处理 utf-8 编码文本。原始训练集/icwb2-data/training/msr_training.utf8 的形式是人工分好词的中文句子形式，如下所示：

" 人们 常 说 生活 是 一 部 教科书，而 血 与 火 的 战争 > 更 是 不可多得 的 教科书，她 确实 是 名副其实 的 ' 我 的 > 大学 '。

" 心 静 渐 知 春 似 海，花 深 每 觉 影 生 香。

" 吃 屎 的 东西，连 一 捆 麦 也 铡 不 动 呀 ?

他" 严格要求 自己，从 一个 科举 出身 的 进士 成为 一个 伟> 大 的 民主主义 者，进而 成为 一 位 杰出 的 党外 共产主义 战士，献身 于 崇高 的 共产主义 事业。

" 征 而 未 用 的 耕地 和 有 收益 的 土地，不准 荒芜。

" 这 首先 是 个 民族 问题，民族 的 感情 问题。

' 我 扔 了 两颗 手榴弹，他 一下子 出 溜 下去。

" 废除 先前 存在 的 所有制 关系，并不是 共产主义 所 独具 的 特征。

" 这个 案子 从 始 至今 我们 都 没有 跟 法官 接触 过，也 > 没有 跟 原告、被告 接触 过。

" 你 只有 把 事情 做好，大伙 才 服 你。

根据脚本 make_crf_train.py，将这个训练语料转换为 CRF++训练用的语料格式(2 列，4-tag)，代码如下所示：

```
import codecs
import sys
def character_tagging(input_file, output_file):
    input_data = codecs.open(input_file, 'r', 'utf - 8')
    output_data = codecs.open(output_file, 'w', 'utf - 8')
    for line in input_data.readlines():
        word_list = line.strip().split()
        for word in word_list:
            if len(word) == 1:
                output_data.write(word + "\tS\n")
            else:
                output_data.write(word[0] + "\tB\n")
                for w in word[1:len(word) - 1]:
```

```
                output_data.write(w + "\tM\n")
            output_data.write(word[len(word) - 1] + "\tE\n")
        output_data.write("\n")
    input_data.close()
output_data.close()
```

转化后结果如下：

```
" S
人 B
们 E
常 S
说 S
生 B
活 E
是 S
一 S
部 S
教 B
科 M
书 E
```

2. 第二步：训练模型

准备好训练语料，就可以利用 CRF 的训练工具 crf_learn 来训练模型了，假设上述准备好的语料文件如下：

```
msr_training.tagging4crf.utf8
```

执行如下命令即可：

```
crf_learn -f 3 -c 4.0 ./template ./msr_training.tagging4crf.utf8 model
```

执行此命令可以通过在安装文件外面新建一个文件夹进行，template 是模板文件，训练完成后的为 model 文件，只需要将模板、训练数据放到新建的文件夹中，执行此命令就在当前文件夹下训练并生成了 model 文件。

有 4 个主要的参数可以调整：

```
-a CRF-L2 or CRF-L1
```

这个参数用于规范化算法选择。默认算法是 CRF-L2。一般来说，L2 算法效果要比 L1 算法稍微好一点，虽然 L1 算法中非零特征的数值要比 L2 算法中的小很多。

```
-c float
```

这个参数用于设置 CRF 的超参数。c 的数值越大，CRF 拟合训练数据的程度越高。这个参数可以调整过度拟合和不拟合之间的平衡度，可以通过交叉验证等方法寻找较优的参数。

```
-f NUM
```

这个参数用于设置特征的中止阈值。CRF++使用训练数据中至少 NUM 次出现的特征。默认值为 1。当使用 CRF++到大规模数据时，只出现一次的特征可能会有几百万个，这个选项就会在这样的情况下起到作用。

```
-p NUM
```

如果计算机有多个 CPU，那么可以通过多线程提升训练速度。NUM 是线程数量。模板文件如下：

```
# Unigram
U00:%x[-2,0]
U01:%x[-1,0]
U02:%x[0,0]
U03:%x[1,0]
U04:%x[2,0]
U05:%x[-2,0]/%x[-1,0]/%x[0,0]
U06:%x[-1,0]/%x[0,0]/%x[1,0]
U07:%x[0,0]/%x[1,0]/%x[2,0]
U08:%x[-1,0]/%x[0,0]
U09:%x[0,0]/%x[1,0]
# Bigram
B
```

3. 第三步：准备测试语料并进行测试

有了模型，现在需要做的是准备一份 CRF++用的测试语料，然后利用 CRF++的测试工具 crf_test 进行字标注。原始的测试语料是 icwb2-data/testing/msr_test.utf8，示例如下：

```
扬帆远东做与中国合作的先行
希腊的经济结构较特殊。
海运业雄踞全球之首，按吨位计占世界总数的17%。
另外旅游、侨汇也是经济收入的重要组成部分，制造业规模相对较小。
多年来，中希贸易始终处于较低的水平，希腊几乎没有在中国投资。
十几年来，改革开放的中国经济高速发展，远东在崛起。
瓦西里斯的船只中有40%驶向远东，每个月几乎都有两三条船停靠中国港口。
他感受到了中国经济发展的大潮。
他要与中国人合作。
他来到中国，成为第一个访华的大船主。
```

这里同样提供一个 Python 脚本 make_crf_test.py 对测试语料进行处理，将其转换为 CRF++要求的格式(2 列，B 作为最后一列的占位符)，代码如下所示：

```python
import codecs
import sys
def character_split(input_file, output_file):
    input_data = codecs.open(input_file, 'r', 'utf-8')
    output_data = codecs.open(output_file, 'w', 'utf-8')
    for line in input_data.readlines():
        for word in line.strip():
            word = word.strip()
            if word:
                output_data.write(word + "\tB\n")
    input_data.close()
    output_data.close()
```

转化后结果如下(注意中间不要有空行，否则标注结果全部为 S)：

```
扬 B
帆 B
远 B
东 B
做 B
与 B
中 B
国 B
```

假设上述测试语料为 msr_test4crf.utf8，执行 crf_test 即可得到字标注结果：

```
crf_test -m ./crf_model ./msr_test4crf.utf8 > msr_test4crf.tag.utf8
```

标注后示例如下：

```
扬 B B
帆 B E
远 B B
东 B E
做 B S
与 B S
中 B B
国 B E
合 B B
作 B E
```

4. 第四步：将标注的词位信息转化为分词结果

代码如下所示：

```
import codecs
import sys
def character_2_word(input_file, output_file):
    input_data = codecs.open(input_file, 'r', 'utf-8')
    output_data = codecs.open(output_file, 'w', 'utf-8')
    for line in input_data.readlines():
        if line == "\n":
            output_data.write("\n")
        else:
            char_tag_pair = line.strip().split('\t')
            char = char_tag_pair[0]
            tag = char_tag_pair[2]
            if tag == 'B':
                output_data.write(' ' + char)
            elif tag == 'M':
                output_data.write(char)
            elif tag == 'E':
                output_data.write(char + ' ')
            else: # tag == 'S'
                output_data.write(' ' + char + ' ')
    input_data.close()
    output_data.close()
```

转化后结果如下：

```
扬帆 远东 做 与 中国 合作 的 先行
希腊 的 经济 结构 较 特殊 。
海运 业 雄踞 全球 之 首 ， 按 吨 位 计 占 世界 总数 的 17% 。
另外 旅游 、侨汇 也是 经济 收入 的 重要 组成部分 ， 制造业 规模 相对 较小 。
多年来 ， 中 希 贸易 始终 处于 较低 的 水平 ， 希腊 几乎 没有 在 中国 投资 。
十几年 来 ， 改革开放 的 中国 经济 高速 发展 ， 远东 在 崛起 。
瓦西里斯 的 船只 中 有 40% 驶 向 远东 ， 每个 月 几乎 都 有 两三条 船 停靠 中国 港口 。
他 感受 到 了 中国 经济 发展 的 大潮 。
他 要 与 中国人 合作 。
他 来到 中国 ， 成为 第一个 访 华 的 大船 主
```

最后评估分词效果，有了这个 CRF 字标注分词结果，就可以利用 backoff2005 的测试脚本来测试这次分词的效果了，脚本代码如下所示：

```
./icwb2-data/scripts/score ./icwb2-data/gold/msr_training_words.utf8 ./icwb2-data/gold/msr_test_gold.utf8 msr_test4crf.tag2word.utf8 > msr_crf_segment.score
```

测试结果如下：

```
=== SUMMARY:
=== TOTAL INSERTIONS: 1412
=== TOTAL DELETIONS: 1305
=== TOTAL SUBSTITUTIONS: 2449
=== TOTAL NCHANGE: 5166
=== TOTAL TRUE WORD COUNT: 106873
=== TOTAL TEST WORD COUNT: 106980
=== TOTAL TRUE WORDS RECALL: 0.965
=== TOTAL TEST WORDS PRECISION: 0.964
=== F MEASURE: 0.964
=== OOV Rate: 0.026
=== OOV Recall Rate: 0.647
=== IV Recall Rate: 0.974
### msr_test4crf.tag2word.utf8 1412 1305 2449 5166 106873 106980 0.965 0.964 0.964 0.026
0.647 0.974
```

这次获得了一个准确率、召回率以及 F 值都在 96%以上的结果，相对于前面几节的测试结果，这个 CRF 字标注分词结果相对不错。

上面的测试阶段比较烦琐，下面的程序可以直接输入测试语料然后直接输出分词结果，代码如下所示：

```
import codecs
import sys
import CRFPP

def crf_segmenter(input_file, output_file, tagger):
    input_data = codecs.open(input_file, 'r', 'utf-8')
    output_data = codecs.open(output_file, 'w', 'utf-8')
    for line in input_data.readlines():
        tagger.clear()
        for word in line.strip():
            word = word.strip()
            if word:
                tagger.add((word + "\to\tB").encode('utf-8'))
        tagger.parse()
        size = tagger.size()
        xsize = tagger.xsize()
        for i in range(0, size):
            for j in range(0, xsize):
                char = tagger.x(i, j).decode('utf-8')
                tag = tagger.y2(i)
                if tag == 'B':
                    output_data.write('' + char)
                elif tag == 'M':
                    output_data.write(char)
                elif tag == 'E':
                    output_data.write(char + '')
                else:
                    output_data.write('' + char + '')
        output_data.write('\n')
    input_data.close()
    output_data.close()

if __name__ == '__main__':
    if len(sys.argv) != 4:
        print "Usage: python " + sys.argv[0] + " model input output"
        sys.exit(-1)
    crf_model = sys.argv[1]
    input_file = sys.argv[2]
```

```
output_file = sys.argv[3]
tagger = CRFPP.Tagger(" - m " + crf_model)
crf_segmenter(input_file, output_file, tagger)
```

只需执行"python crf_segmenter. py crf_model ./icwb2-data/testing/msr_test. utf8 msr_test. seg. utf8"即可得到与前面几步得到的分词结果完全一致的CRF分词结果：msr_test. seg. utf8。

2.4.2 Python的Jieba分词

Jieba是目前最好的Python中文分词组件，它支持3种分词模式：搜索引擎模式、全模式和精确模式。另外支持繁体中文分词，支持自定义词典。使用Jieba进行分词，导入包代码如下所示：

```
# 导入 jieba
import jieba
import jieba.posseg as pseg                    #词性标注
import jieba.analyse as anls                   #关键词提取
```

1. 分词

可使用jieba. cut和jieba. cut_for_search方法进行分词，两者所返回的结构都是一个可迭代的generator，可使用for循环来获得分词后得到的每一个词语(unicode)，或者直接使用jieba. lcut以及jieba. lcut_for_search直接返回列表。其中，

(1) jieba. cut和jieba. lcut接受3个参数。

- 需要分词的字符串(unicode、UTF-8或GBK字符串)。
- cut_all参数：是否使用全模式，默认值为False。
- HMM参数：用来控制是否使用HMM，默认值为True。

(2) jieba. cut_for_search和jieba. lcut_for_search接受两个参数。

- 需要分词的字符串(unicode或UTF-8字符串、GBK字符串)。
- HMM参数：用来控制是否使用HMM，默认值为True。

尽量不要使用GBK字符串，否则可能无法预料，会错误解码成UTF-8。

1) 全模式和精确模式

代码如下所示：

```
# 全模式
seg_list = jieba.cut("他来到上海交通大学", cut_all = True)
print("【全模式】: " + "/ ".join(seg_list))
【全模式】: 他/ 来到/ 上海/ 上海交通大学/ 交通/ 大学
# 精确模式
seg_list = jieba.cut("他来到上海交通大学", cut_all = False)
print("【精确模式】: " + "/ ".join(seg_list))
【精确模式】: 他/ 来到/ 上海交通大学
type(seg_list)
generator
# 返回列表
seg_list = jieba.lcut("他来到上海交通大学", cut_all = True)
print("【返回列表】: {0}".format(seg_list))
    【返回列表】
['他', '来到', '上海', '上海交通大学', '交通', '大学']
```

2) 搜索引擎模式

代码如下所示：

```
# 搜索引擎模式
seg_list = jieba.cut_for_search("他毕业于上海交通大学机电系,后来在一机部上海电器科学研究所工作")
print("【搜索引擎模式】: " + "/ ".join(seg_list))
【搜索引擎模式】: 他/ 毕业/ 于/ 上海/ 交通/ 大学/ 上海交通大学/ 机电/ 系/ ,/ 后来/ 在/ 一机部/ 上海/ 电器/ 科学/ 研究/ 研究所/ 工作
# 返回列表
seg_list = jieba.lcut_for_search("他毕业于上海交通大学机电系,后来在一机部上海电器科学研究所工作")
print("【返回列表】: {0}".format(seg_list))
    【返回列表】
['他', '毕业', '于', '上海', '交通', '大学', '上海交通大学', '机电', '系', ',', '后来', '在', '一机部', '上海', '电器', '科学', '研究', '研究所', '工作']
```

2. 繁体字分词

Jieba 还支持对繁体字进行分词,代码如下所示:

```
# 繁体字文本
ft_text = """人生易老天難老 歲歲重陽 今又重陽 戰地黃花分外香 壹年壹度秋風勁 不似春光 勝似春光 寥廓江天萬裏霜 """
# 全模式
print("【全模式】: " + "/ ".join(jieba.cut(ft_text, cut_all = True)))
    【全模式】
人生/ 易/ 老天/ 難/ 老/ / / 歲/ 歲/ 重/ 陽/ / / 今/ 又/ 重/ 陽/ / / 戰/ 地/ 黃/ 花/ 分外/ 香/ / / 壹年/ 壹/ 度/ 秋/ 風/ 勁/ / / 不似/ 春光/ / / 勝/ 似/ 春光/ / / 寥廓/ 江天/ 萬/ 裏/ 霜/ /
# 精确模式
print("【精确模式】: " + "/ ".join(jieba.cut(ft_text, cut_all = False)))
    【精确模式】
人生/ 易/ 老天/ 難老/ / 歲/ 歲/ 重陽/ / 今/ 又/ 重陽/ / 戰地/ 黃/ 花/ 分外/ 香/ / 壹年/ 壹度/ 秋風勁/ / 不/ 似/ 春光/ / 勝似/ 春光/ / 寥廓/ 江天/ 萬/ 裏/ 霜/
# 搜索引擎模式
print("【搜索引擎模式】: " + "/ ".join(jieba.cut_for_search(ft_text)))
    【搜索引擎模式】
人生/ 易/ 老天/ 難老/ / 歲/ 歲/ 重陽/ / 今/ 又/ 重陽/ / 戰地/ 黃/ 花/ 分外/ 香/ / 壹年/ 壹度/ 秋風勁/ / 不/ 似/ 春光/ / 勝似/ 春光/ / 寥廓/ 江天/ 萬/ 裏/ 霜/
```

3. 添加自定义词典

开发者可以指定自定义词典,以便包含 Jieba 词库里没有的词,词典格式如下:

```
词语 词频(可省略) 词性(可省略)
```

例如:

```
创新办 3 i
云计算 5
凯特琳 nz
```

虽然 Jieba 有识别新词能力,但自行添加新词可以保证更高的正确率。

1) 载入词典

使用 jieba.load_userdict(file_name) 即可载入词典。示例及代码如下所示。

```
# file_name 为文件类对象或自定义词典的路径
# 示例文本
sample_text = "周大福是创新办主任也是云计算方面的专家"
# 未加载词典
print("【未加载词典】: " + '/ '.join(jieba.cut(sample_text)))
    【未加载词典】
周大福/ 是/ 创新/ 办/ 主任/ 也/ 是/ 云/ 计算/ 方面/ 的/ 专家
# 载入词典
```

```
jieba.load_userdict("userdict.txt")
# 加载词典后
print("【加载词典后】: " + '/ '.join(jieba.cut(sample_text)))
    【加载词典后】
周大福/ 是/ 创新办/ 主任/ 也/ 是/ 云计算/ 方面/ 的/ 专家
```

2）调整词典

使用 add_word(word,freq=None,tag=None)和 del_word(word)可在程序中动态修改词典。示例及代码如下所示。

```
jieba.add_word('石墨烯')                              #增加自定义词语
jieba.add_word('凯特琳', freq = 42, tag = 'nz')       #设置词频和词性
jieba.del_word('自定义词')                            #删除自定义词语
```

使用 suggest_freq(segment,tune=True)可调节单个词的词频，使其能（或不能）被分出来。示例及代码如下所示。

```
# 调节词频前
print("【调节词频前】: " + '/'.join(jieba.cut('如果放到 post 中将出错。', HMM = False)))
【调节词频前】: 如果/放到/post/中将/出错/.
# 调节词频
jieba.suggest_freq(('中', '将'), True)
494
# 调节词频后
print("【调节词频后】: " + '/'.join(jieba.cut('如果放到 post 中将出错。', HMM = False)))
    【调节词频后】
如果/放到/post/中/将/出错/。
```

Jieba 除了有分词功能外，还有词性标注、关键词提取等功能，后续章节会逐一讲到，下面介绍 Java 的 HanLP 分词。

2.4.3 Java 的 HanLP 分词

HanLP 是一系列模型与算法组成的 NLP 工具包，使用 Java 语言开发，并支持 Python 语言调用，目标是普及 NLP 在生产环境中的应用。HanLP 具备功能完善、性能高效、架构清晰、语料时新、可自定义的特点。

HanLP 提供下列功能：

（1）中文分词

- HMM-Bigram（速度与精度最佳平衡；100MB 内存）。
- 最短路分词、*N*-最短路分词。
- 由字构词（侧重精度，全世界最大语料库，可识别新词；适合 NLP 任务）。
- 感知器分词、CRF 分词。
- 词典分词（侧重速度，每秒数千万字符；省内存）。
- 极速词典分词。
- 所有分词器都支持。
- 索引全切分模式。
- 用户自定义词典。
- 兼容繁体中文。
- 训练用户自己的领域模型。

（2）词性标注

- HMM 词性标注（速度快）。

- 感知器词性标注、CRF 词性标注(精度高)。

(3) 命名实体识别

- 基于 HMM 角色标注的命名实体识别(速度快)。
- 中国人名识别、音译人名识别、日本人名识别、地名识别、实体机构名识别。
- 基于线性模型的命名实体识别(精度高)。
- 感知器命名实体识别、CRF 命名实体识别。

(4) 关键词提取

TextRank 关键词提取。

(5) 自动摘要

TextRank 自动摘要。

(6) 短语提取

基于互信息和左右信息熵的短语提取。

(7) 拼音转换

多音字、声母、韵母、声调。

(8) 简繁转换

简繁分歧词(简体、繁体)。

(9) 文本推荐

语义推荐、拼音推荐、字词推荐。

(10) 依存句法分析

- 基于神经网络的高性能依存句法分析器。
- 基于 ArcEager 转移系统的柱搜索依存句法分析器。

(11) 文本分类

情感分析。

(12) 文本聚类

K-Means、Repeated Bisection、自动推断聚类数目 k。

(13) Word2Vec

- 词向量训练、加载、词语相似度计算、语义运算、查询、K-Means 聚类。
- 文档语义相似度计算。

(14) 语料库工具

部分默认模型训练自小型语料库,鼓励用户自行训练。

在提供丰富功能的同时,HanLP 内部模块坚持低耦合、模型坚持惰性加载、服务坚持静态提供、词典坚持明文发布,使用非常方便。默认模型训练自全世界最大规模的中文语料库,同时自带一些语料处理工具,帮助用户训练自己的模型。支持自定义词典。

下面通过 Java 代码来演示 HanLP 的几种中文分词使用,如代码 2.2 所示。

【代码 2.2】 HanLPDemo.java

```
package com.chongdianleme.job;
import com.hankcs.hanlp.HanLP;
import com.hankcs.hanlp.seg.CRF.CRFSegment;
import com.hankcs.hanlp.seg.Dijkstra.DijkstraSegment;
import com.hankcs.hanlp.seg.NShort.NShortSegment;
import com.hankcs.hanlp.seg.Segment;
import com.hankcs.hanlp.seg.common.Term;
import com.hankcs.hanlp.tokenizer.IndexTokenizer;
```

```
import com.hankcs.hanlp.tokenizer.NLPTokenizer;
import com.hankcs.hanlp.tokenizer.SpeedTokenizer;
import com.hankcs.hanlp.tokenizer.StandardTokenizer;
import java.util.List;
/**
 * Created by "充电了么"App - 陈敬雷
 * "充电了么"App 官网: http://chongdianleme.com/
 * "充电了么"App - 专注上班族职业技能提升充电学习的在线教育平台
 * HanLP 中文分词功能演示,开源地址: https://github.com/hankcs/HanLP
 */
public class HanLPDemo {
    public static void main(String[] args) {
        segment();                    //常用默认分词: HanLP.segment
        standardSegment();            //标准分词: StandardTokenizer.segment
        NLPSegment();                 //NLP 分词
        indexTokenizerSegment();      //索引分词
        nShortSegment();              //N-最短路径分词
        CRFSegment();                 //CRF 分词
        highSpeedSegment();           //极速词典分词
    }
    /**
     * 1.常用默认分词: HanLP.segment
     * HanLP 对词典的数据结构进行了长期的优化,可以应对绝大多数场景。哪怕 HanLP 的词典上百
兆也无须担心,因为在内存中被精心压缩过。
     * 如果内存非常有限,请使用小词典。HanLP 默认使用大词典,同时提供小词典。全部词典和模
型都是惰性加载的,不使用的模型相当于不存在,可以自由删除。
     * HanLP.segment 其实是对 StandardTokenizer.segment 标准分词的包装,和标准分词的结果是一
样的。
     */
    public static void segment() {
        String s = "分布式机器学习实战(人工智能科学与技术丛书)深入浅出,逐步讲解分布式机器
学习的框架及应用配套个性化推荐算法系统、人脸识别、对话机器人等实战项目。";
        List<Term> termList = HanLP.segment(s);
        System.out.println(termList);
        //输出结果如下: 分词结果包含词性,比如分布式的词性 b 代表区别词,机器学习的词性 gi 代
        //表计算机相关词汇,实战的词性 n 代表名称,后面每个词都返回了对应的词性,这里不一一
        //举例,后面会单独讲词性标注,列出所有的词性表。
        //[分布式/b, 机器学习/gi, 实战/n, (/w, 人工智能/n, 科学/n, 与/p, 技术/n, 丛书/n, )/w,
        //深入浅出/i, ,/w, 逐步/d, 讲解/v, 分布式/b, 机器学习/gi, 的/uj, 框架/n, 及/c, 应用/vn,
        //配套/a, 个性化/v, 推荐/v, 算法/n, 系统/n, 、/w, 人脸/n, 识别/v, 、/w, 对话/vn, 机器
        //人/n, 等/u, 实战/n, 项目/n, 。/w]
    }
    /**
     * 2.标准分词: StandardTokenizer.segment
     * HanLP 中有一系列"开箱即用"的静态分词器,以 Tokenizer 结尾,在接下来的例子中会继续介绍。
     * HanLP.segment 其实是对 StandardTokenizer.segment 的包装。
     * 分词结果包含词性,每个词性的意思下章详细讲解。
     */
    public static void standardSegment() {
        String s = "分布式机器学习实战(人工智能科学与技术丛书)深入浅出,逐步讲解分布式机
器学习的框架及应用配套个性化推荐算法系统、人脸识别、对话机器人等实战项目。";
        List<Term> termList = StandardTokenizer.segment(s);
        System.out.println(termList);
        termList = HanLP.segment(s);
        //输出结果如下: 可以看到和上面的 HanLP.segment 结果是一样的。
        //[分布式/b, 机器学习/gi, 实战/n, (/w, 人工智能/n, 科学/n, 与/p, 技术/n, 丛书/n, )/w,
        //深入浅出/i, ,/w, 逐步/d, 讲解/v, 分布式/b, 机器学习/gi, 的/uj, 框架/n, 及/c, 应用/vn,
        //配套/a, 个性化/v, 推荐/v, 算法/n, 系统/n, 、/w, 人脸/n, 识别/v, 、/w, 对话/vn, 机器
        //人/n, 等/u, 实战/n, 项目/n, 。/w]
```

```
    }
    /**
     * 3.NLP 分词: NLPTokenizer.segment
    NLP 分词 NLPTokenizer 会执行词性标注和命名实体识别,由结构化感知机序列标注框架支撑。默认模型训练自 9970 万字的大型综合语料库,是已知范围内全世界最大的中文分词语料库。
    语料库规模决定实际效果,面向生产环境的语料库应当在千万字量级。用户可以在自己的语料上训练新模型以适应新领域、识别新的命名实体。
     */
    public static void NLPSegment() {
        String s = "分布式机器学习实战(人工智能科学与技术丛书)深入浅出,逐步讲解分布式机器学习的框架及应用配套个性化推荐算法系统、人脸识别、对话机器人等实战项目。";
        System.out.println(NLPTokenizer.segment(s));
        //输出结果如下:
        //[分布式/b, 机器学习/gi, 实战/n, (/w, 人工智能/n, 科学/n, 与/p, 技术/n, 丛书/n, )/w,
        //深入浅出/i, ,/w, 逐步/d, 讲解/v, 分布式/b, 机器学习/gi, 的/uj, 框架/n, 及/c, 应用/vn,
        //配套/a, 个性化/v, 推荐/v, 算法/n, 系统/n, 、/w, 人脸/n, 识别/v, 、/w, 对话/vn, 机器
        //人/n, 等/u, 实战/n, 项目/n, 。/w]
    }
    /**
     * 4.索引分词: IndexTokenizer.segment
    索引分词 IndexTokenizer 是面向搜索引擎的分词器,能够对长词全切分,另外通过 term.offset 可以获取单词在文本中的偏移量。
    任何分词器都可以通过基类 Segment 的 enableIndexMode 方法激活索引模式。
     */
    public static void indexTokenizerSegment() {
        String s = "分布式机器学习实战(人工智能科学与技术丛书)深入浅出,逐步讲解分布式机器学习的框架及应用配套个性化推荐算法系统、人脸识别、对话机器人等实战项目。";
        List<Term> termList = IndexTokenizer.segment(s);
        for (Term term : termList)
        {
            System.out.println(term + " [" + term.offset + ":" + (term.offset + term.word.length()) + "]");
        }
        //输出结果如下:
        /**
         分布式/b [0:3]
         分布/v [0:2]
         机器学习/gi [3:7]
         机器/n [3:5]
         学习/v [5:7]
         实战/n [7:9]
         (/w [9:10]
         人工智能/n [10:14]
         人工/n [10:12]
         智能/n [12:14]
         科学/n [14:16]
         与/p [16:17]
         技术/n [17:19]
         丛书/n [19:21]
         )/w [21:22]
         深入浅出/i [22:26]
         深入/v [22:24]
         ,/w [26:27]
         逐步/d [27:29]
         讲解/v [29:31]
         分布式/b [31:34]
         分布/v [31:33]
         机器学习/gi [34:38]
         机器/n [34:36]
```

```
        学习/v [36:38]
        的/uj [38:39]
        框架/n [39:41]
        及/c [41:42]
        应用/vn [42:44]
        配套/a [44:46]
        个性化/v [46:49]
        个性/n [46:48]
        推荐/v [49:51]
        算法/n [51:53]
        系统/n [53:55]
        、/w [55:56]
        人脸/n [56:58]
        识别/v [58:60]
        、/w [60:61]
        对话/vn [61:63]
        机器人/n [63:66]
        机器/n [63:65]
        等/u [66:67]
        实战/n [67:69]
        项目/n [69:71]
        。/w [71:72]
        */
    }
    /**
     * 5.N-最短路径分词:nShortSegment.seg
    N最短路分词器 NShortSegment 比最短路分词器慢,但是效果稍好,对命名实体识别能力更强。
    一般场景下最短路分词的精度已经足够,而且速度比 N 最短路分词器快几倍,请酌情选择。
     */
    public static void nShortSegment() {
        String s = "分布式机器学习实战(人工智能科学与技术丛书)深入浅出,逐步讲解分布式机器学习的框架及应用配套个性化推荐算法系统、人脸识别、对话机器人等实战项目。";
            Segment nShortSegment = new NShortSegment().enableCustomDictionary(false).enablePlaceRecognize(true).enableOrganizationRecognize(true);
            Segment shortestSegment = new DijkstraSegment().enableCustomDictionary(false).enablePlaceRecognize(true).enableOrganizationRecognize(true);
        System.out.println("N-最短分词:" + nShortSegment.seg(s) + "\n最短路分词:" + shortestSegment.seg(s));
        //输出结果如下:
        //N-最短分词:[分布式/b, 机器/n, 学习/v, 实战/n, (/w, 人工智能/n, 科学/n, 与/p,
        //技术/n, 丛书/n, )/w, 深入浅出/i, ,/w, 逐步/d, 讲解/v, 分布式/b, 机器/n, 学习/v,
        //的/uj, 框架/n, 及/c, 应用/vn, 配套/a, 个性化/v, 推荐/v, 算法/n, 系统/n, 、/w,
        //人脸/n, 识别/v, 、/w, 对话/vn, 机器人/n, 等/u, 实战/n, 项目/n, 。/w]
        //最短路分词:[分布式/b, 机器/n, 学习/v, 实战/n, (/w, 人工智能/n, 科学/n, 与/p,
        //技术/n, 丛书/n, )/w, 深入浅出/i, ,/w, 逐步/d, 讲解/v, 分布式/b, 机器/n, 学习/v,
        //的/uj, 框架/n, 及/c, 应用/vn, 配套/a, 个性化/v, 推荐/v, 算法/n, 系统/n, 、/w,
        //人脸/n, 识别/v, 、/w, 对话/vn, 机器人/n, 等/u, 实战/n, 项目/n, 。/w]
    }
    /**
     * 6.CRF 分词: CRFSegment
    CRF 对新词有很好的识别能力,但是开销较大。
     */
    public static void CRFSegment() {
        String s = "分布式机器学习实战(人工智能科学与技术丛书)深入浅出,逐步讲解分布式机器学习的框架及应用配套个性化推荐算法系统、人脸识别、对话机器人等实战项目。";
        Segment crfSegment = new CRFSegment();
        System.out.println(crfSegment.seg(s));
    }
    /**
```

```
    * 7.极速词典分词: SpeedTokenizer.segment
    极速分词是词典最长分词,速度极快,精度一般。在 i7 - 6700K 上跑出了每秒 4500 万字的速度。
    */
    public static void  highSpeedSegment() {
        String s = "分布式机器学习实战(人工智能科学与技术丛书)深入浅出,逐步讲解分布式机器学习的框架及应用配套个性化推荐算法系统、人脸识别、对话机器人等实战项目。";
        System.out.println(SpeedTokenizer.segment(s));
        long start = System.currentTimeMillis();
        int pressure = 100;
        for (int i = 0; i < pressure; ++i)
        {
            SpeedTokenizer.segment(s);
        }
        double costTime = (System.currentTimeMillis() - start) / (double)1000;
        System.out.printf("分词速度: %.2f 字每秒", s.length() * pressure / costTime);
    }
}
```

Java 除了 HanLP 工具外,IK 分词也很常用,经常和 Solr Cloud 和 Elasticsearch 搜索引擎结合使用。下面介绍 IK 分词。

2.4.4 Java 的 IK 分词

IK 分词器是一款基于词典和规则的中文分词器。这里讲解的 IK 分词器独立于 Elasticsearch、Lucene、Solr Cloud,可以直接用在 Java 代码中。实际工作中 IK 分词器一般都是集成到 Solr Cloud 和 Elasticsearch 搜索引擎里面使用,后面章节讲到搜索引擎时会详细讲解。

IK 提供两种分词模式: 智能模式和细粒度模式(智能: 对应 es 的 IK 插件的 ik_smart; 细粒度: 对应 es 的 IK 插件的 ik_max_word)。先看两种分词模式的示例和效果,如代码 2.3 所示。

【代码 2.3】 IKDemo.java

```
package com.chongdianleme.job;
import org.wltea.analyzer.core.IKSegmenter;
import org.wltea.analyzer.core.Lexeme;
import java.io.IOException;
import java.io.StringReader;
/**
 * Created by "充电了么"App - 陈敬雷
 * "充电了么"App 官网: http://chongdianleme.com/
 * "充电了么"App - 专注上班族职业技能提升充电学习的在线教育平台
 * IK 中文分词功能演示
 */
public class IKDemo {
    static String text = "IK Analyzer 是一个结合词典分词和文法分词的中文分词开源工具包。它使用了全新的正向迭代最细粒度切分算法。";
    public static void main(String[] args) throws IOException {
        IKSegmenter segmenter = new IKSegmenter(new StringReader(text), false);
        Lexeme next;
        System.out.print("非智能分词结果: ");
        while((next = segmenter.next())!= null){
            System.out.print(next.getLexemeText() + " ");
        }
        System.out.println();
        System.out.println("---------------------分割线-------------------");
        IKSegmenter smartSegmenter = new IKSegmenter(new StringReader(text), true);
        System.out.print("智能分词结果: ");
```

```
        while((next = smartSegmenter.next())!= null) {
            System.out.print(next.getLexemeText() + " ");
        }
    }
}
```

输出结果如下：

```
非智能分词结果：ik analyzer 是 一个 一 个 结合 词典 分词 和文 文法 分词 的
中文 分词 开源 工具包 工具 包 它 使用 用了 全新 的 正向 迭代 最 细粒度
细粒 粒度 切分 切 分 算法
----------------------------分割线-------------------------------
智能分词结果：ik analyzer 是 一个 结合 词典 分词 和 文法 分词 的 中文 分词
开源 工具包 它 使 用了 全新 的 正向 迭代 最 细粒度 切分 算法
```

mmseg4j 分词是另外一个 Java 分词工具，和 IK 分词差不多，也是经常和搜索引擎一起使用，接下来详细介绍 mmseg4j 分词。

2.4.5 Java 的 mmseg4j 分词

mmseg4j 是用 Chih-Hao Tsai 的 MMSeg 算法实现的 Java 中文分词器，并可实现 Lucene 的 analyzer 和 Solr Cloud 的 TokenizerFactory 以方便在 Lucene 和 Solr Cloud 中使用。MMSeg 算法有两种分词方法：Simple 和 Complex，都是基于正向最大匹配。Complex 加了 4 个规则过滤。据报道，词语的正确识别率达到了 98.41%。mmseg4j 已经实现了这两种分词算法。在公司项目中使用时一般主要是集成到 Solr Cloud 搜索项目里。后面介绍搜索引擎的时候会继续介绍如何和 Solr Cloud 集成。这里先对它进行单独分词示例，即不依赖于 Lucene 和 Solr Cloud。

首先在 Java 项目中添加 Maven 依赖，代码如下所示：

```
<dependency>
    <groupId>com.chenlb.mmseg4j</groupId>
    <artifactId>mmseg4j-core</artifactId>
    <version>1.10.0</version>
</dependency>
```

对示例进行 mmseg4j 分词的 Java 代码如代码 2.4 所示。

【代码 2.4】 Word2VecJob.scala

```
package com.chongdianleme.analyzer;
import java.io.IOException;
import java.io.StringReader;
import java.util.List;
import com.chenlb.mmseg4j.Word;
import com.chenlb.mmseg4j.ComplexSeg;
import com.chenlb.mmseg4j.Dictionary;
import com.chenlb.mmseg4j.MMSeg;
import com.chenlb.mmseg4j.Seg;
import com.chenlb.mmseg4j.SimpleSeg;
import com.google.common.collect.Lists;
import org.apache.commons.lang.StringUtils;
/**
 * Created by "充电了么"App - 陈敬雷
 * "充电了么"App 官网：http://chongdianleme.com/
 * "充电了么"App - 专注上班族职业技能提升充电学习的在线教育平台
 * mmseg4j 分词功能演示
 */
```

```
public class MMSegDemo {
    public static void main(String[] args) {
        String txt = "分布式机器学习实战(人工智能科学与技术丛书)深入浅出,逐步讲解分布式机器学习的框架及应用配套个性化推荐算法系统、人脸识别、对话机器人等实战项目。";
        StringReader input = new StringReader(txt);
        Dictionary dic = Dictionary.getInstance();
        Seg seg = new ComplexSeg(dic);          //Complex 分词
        //seg = new SimpleSeg(dic);             //Simple 分词
        MMSeg mmSeg = new MMSeg(input, seg);
        Word word;
        List<String> wordList = Lists.newArrayList();
        try {
            while ((word = mmSeg.next()) != null) {
                //word 是单个分出的词,先放到 List 里下面统一按竖线拼接词打印出来
                wordList.add(word.getString());
            }
        }
catch (IOException e) {
            e.printStackTrace();
        } finally {
            input.close();
        }
        System.out.println(StringUtils.join(wordList.toArray(),"|"));
        /**
         * 输出分词结果:
         分布式|机器|学习|实战|人工智能|科学|与|技术|丛书|深入浅出|逐步|讲解|分布式|机器|学习|的|框架|及|应用|配套|个性化|推荐|算法|系统|人|脸|识别|对话|机器人|等|实战|项目
         */
    }
}
```

中文分词是自然语言处理的基础,很多应用场景都需要先对文本做中文分词处理,然后再做进一步的模型训练。中文分词结果分出的词是有词性的,比如读者熟知的名词、动词、形容词等,那么词性是如何识别和标注的呢?

第3章 CHAPTER 3 词性标注

词性标注(part-of-speech tagging,POS tagging)也被称为语法标注(grammatical tagging)或词类消疑(word-category disambiguation),是语料库语言学(corpus linguistics)中将语料库内单词的词性按其含义和上下文内容进行标记的文本数据处理技术。

词性标注可以由人工或特定算法完成,使用机器学习(machine learning)方法实现词性标注是自然语言处理(natural language processing,NLP)的研究内容。常见的词性标注算法包括隐马尔可夫模型(hidden Markov model,HMM)、条件随机场(conditional random field,CRF)等。词性标注主要被应用于文本挖掘(text mining)和 NLP 领域,是各类基于文本的机器学习任务(例如语义分析(semantic analysis)和指代消解(coreference resolution)的预处理步骤)。下面分别从原理和实战工具两个方面详细讲解。

3.1 词性标注原理

所谓词性标注,就是根据句子的上下文信息给句中的每个词确定一个最为合适的词性标记。比如,给定一个句子:"我中了一张彩票"。对该句子的标注结果可以是:"我/代词/中/动词/了/助词/一/数词/张/量词/彩票/名词。/标点"。

词性标注的难点主要是由词性兼类所引起的。词性兼类是指自然语言中某个词语的词性多于一个的语言现象,它是自然语言中的普遍现象,例如句子:S1="他是山西大学的教授。"和 S2="他在山西大学教授计算语言学。"在句子 S1 中,"教授"是一个表示职称的名词,而在句子 S2 中"教授"是一个动词。对人而言,这样的词性歧义现象比较容易排除,但是对于没有先验知识的机器而言是比较困难的。词性兼类在中文中很突出,据不完全统计,常见的词性兼类现象有几十种,这些兼类现象具有以下分布特征:

(1) 在汉语词汇中,兼类词的数量不多,占总词条的 5%~11%。

(2) 兼类词的实际使用频率很高,占总词条的 40%~45%。也就是说,越是常用的词,其词性兼类现象越严重。

(3) 兼类词现象分布不均:在孙茂松等的统计中,仅动名兼类就占全部兼类现象的 49.8%;在张民门的统计中,动名兼类和形副兼类占全部 113 种兼类现象的 62.5%。词性兼类的消歧常采用概率的方法,如隐马尔可夫模型。这些方法的有效性依赖于兼类词性的概率分布。但是有些兼类词性的概率分布近似,特别是高频的词性兼类现象,如中文的动词名词兼类,对于这些兼类现象,传统的概率方法很难奏效,如何解决这个问题是目前词性标注面临的主要困难之一。

3.1.1 词性介绍[8]

词性指以词的特点作为划分词类的根据。词类是一个语言学术语,是一种语言中词的语法分类,是以语法特征(包括句法功能和形态变化)为主要依据、兼顾词汇意义对词进行划分的结果,现代汉语的词可以分为 13 种词类。从组合和聚合关系来说,词类是指:在一个语言中,众多具有相同句法功能、能在同样的组合位置中出现的词,聚合在一起形成的范畴。词类是最普遍的语法的聚合。词类划分具有层次性。如中文中,词可以分成实词和虚词,实词中又包括体词、谓词等,体词中又可以分出名词和代词等。

1. 词类区分

词类根据表示的实际意义以及语法结构可以分为实词和虚词,按照是否吸收其他词性的词可分为开放词类和闭合词类(例如,中文的动词可以直接作为"某种动作的名字"当成名词使用,所以中文的名词是一个开放词类)。以上的大类还可以按照词的具体用法和功能分为小类。

2. 实词

实词是表示具体概念的词,实词可以分为:

1) 名词

名词是指表示实体和概念名称的词。在大多数屈折语中,名词具有以下性质。

- 性:对于大多数印欧语言都分(或部分地分)阴,阳,中;一些小语种用"动物性"或"非动物性"区分词性,如格鲁吉亚语。某些语言还有更多分类方式,或交叉地采用上述分类方式。
- 数:表示物体是单个、特定的几个或多个,即单数或复数。有些语种包括双数等特定数的词法。
- 格:表示名词在句子中的成分,即主格(第一格)、与格(第二格)、属格(第三格)、宾格(第四格)等。部分语言如希腊语、俄语等还有更多的词格。

在屈折语中,需要注意主谓一致,即谓语的形式需要根据主语的性和数屈折变化。

2) 代词

代词是指在句子结构中代替其他词的词,包括人称代词(代替某一人称或事物的词,如"你""我""他")、疑问代词(包括"5W1H")、指示代词("这""那"等)。代表名词的代词通常也具有名词的性、数、格规律。

3) 动词

动词是表示动作的词。根据是否带宾语可以分为"及物动词"与"不及物动词","及物动词"还包括"双宾语动词("他给了我一块糖中"的"给"需要"我"和"糖"两个宾语)"和"双及物动词(需要宾语和补语的动词,例如"他觉得我很好"需要"我"这个宾语和"很好"这个描述性的补语)"。有些语言存在不需要主语的动词(尤其是表示天气的词如"下雪了"这一说法中,英语必须有 it 这个主语,中文和西班牙语则不需要),有些涉及"交易"的动词需要 3 个宾语。

表示"某种动作的名称"的词称作"动名词",在某些语言中有特定的词法。

在屈折语中,动词根据时态(过去时、现在时、将来时、一般动作、进行时、完成时及其交叉)和语态(主动、被动)变化。

4) 形容词

形容词是用来修饰名词,表示人或事物的性质、状态、特征或属性的词。在屈折语中形容词根据所修饰的词语性质屈折变化。

5）数词

数词是表示数量（基数词）和序数（序数词）的词。

6）量词

量词（measure word/numeral classifier/counter word）是表示数量单位的词。中文和日语在大多数描述数量的语境下都使用“数词＋量词”构成的数量短语。

量词下面还分为“数量词”（表示可数名词数量单位的词，如“个”“条”等）、“体量词”（表示一个整体的不可数名词的数量单位的词，如“堆”）和“动量词”（表示动作次数的词，如“下”“次”等）。

英文对不特定数目的物体使用“集合名词”，如“一叠纸”（a stack of paper）中的“叠”属于集合名词。

7）区别词

区别词是一类不能单独充当谓语的“形容词”，即不能不加助词地组成“S是V”句子的形容词。每个区别词通常有一个反义词，表示互相对立的两种属性之一。区别词通常可以后加“的”组成“的字短语”作为谓语。

3. 虚词

虚词泛指没有完整意义，但有语法意义或功能的词。具有必须依附于实词或语句、表示语法意义，不能单独成句，不能单独作语法成分，不能重叠的特点。虚词有以下几种：

1）副词

副词是修饰动词，表示动作的特征、状态等的词。有些副词是形容词变化而来的，实际地表示动作的特征状态等（如中文中大多数“形容词＋地”格式的副词短语和英文中以“形容词＋ly”构成的副词），有些副词特别地构成句法成分。

2）介词

介词是用在句子的名词成分之前，说明该成分与句子其他成分关系的词。

3）连词

连词是连接两句话，表示其中逻辑关系的词。

4）助词

助词是表示语气、句子结构和时态等语法和逻辑性的“小词”。在有词语曲折的语言中助词一般不曲折。

5）叹词

叹词是表示感叹的小词，通常独立成句。不少粗话都以叹词的形式独立存在。

6）拟声词

拟声词是模拟声音的小词，如“砰”“啪”等。英语中某些拟声词同时也是表示这种声音的名词，如“roar”既是模仿动物吼声的拟声词，又是名词“吼叫”。

对词性了解后，下一步就需要了解怎样从一个完整的句子中把词性标注和识别出来，这就会用到算法，下面介绍3种算法：HMM、感知器、CRF。

3.1.2 HMM词性标注[9]

HMM也就是隐马尔可夫模型，我们再回顾一下其原理，HMM是结构最简单的动态贝叶斯网络。描述由一个隐藏的马尔可夫链随机生成不可观测的状态随机序列，再由各个状态生成一个观测而产生随机序列的过程。隐藏的马尔可夫链随机生成的状态的序列称为状态序列，每个状态生成一个观测，称为观测序列。

HMM 做了两个基本的假设：

齐次马尔可夫假设，即假设隐藏的马尔可夫链在任意时刻 t 的状态只依赖于前一时刻的状态，与其他观测状态无关。

观测独立性假设，即假设任意时刻的观测只依赖于该时刻的马尔可夫链的状态，与其他观测以及状态无关。

HMM 由初始状态概率向量$\boldsymbol{\pi}$、状态转移概率矩阵 $\boldsymbol{A}$ 以及观测概率矩阵 $\boldsymbol{B}$ 决定。

在词性标注问题中，初始状态概率为每个语句序列开头出现的词性的概率，状态转移概率矩阵由相邻两个单词的词性得到，观测序列为分词后的单词序列，状态序列为每个单词的词性，观测概率矩阵 $\boldsymbol{B}$ 也就是一个词性到单词的概率矩阵。

HMM 有 3 个基本问题：

概率计算问题，给出模型和观测序列，计算在模型 λ 下观测序列 O 出现的概率。

学习问题，估计模型 $\lambda=(\boldsymbol{A},\boldsymbol{B},\boldsymbol{\pi})$ 的参数，使得该模型下观测序列概率 $P(O|\lambda)$ 最大，也就是用极大似然的方法估计参数。

观测问题，已知模型 λ 和观测序列 O，求给定的观测序列条件概率 $P(I|O)$ 下最大的状态序列 I，即给定观测序列，求最可能的状态序列。

在词性标注问题中，需要解决的是学习问题和观测问题。学习问题即转移矩阵的构建，观测问题即根据单词序列得到对应的词性标注序列。

接下来用 Python 代码实现一个例子。

小明和小芳是两个城市的学生，现在小明知道小芳在下雨天时待在家看电视的概率为60%，出去逛街的概率为 10%，洗衣服的概率为 30%；晴天时洗衣服的概率为 45%，出去逛街的概率为 50%，在家看电视的概率为 5%；阴天时出去逛街的概率为 55%，洗衣服的概率为30%，看电视的概率为 15%。那么 3 天内小芳出现“逛街-洗衣服-看电视”的情况的概率是多少？

HMM 的构成主要有以下 5 个参数：

(1) 模型的状态数(晴天，雨天，阴天)。

(2) 模型的观测数(逛街，洗衣，看电视)。

(3) 模型的状态转移概率矩阵 $\boldsymbol{A}_{ij}$，表示 step $n-1$ 到 step n，状态 i 下一个是状态 j 的概率。

(4) 模型的状态发射概率矩阵 $\boldsymbol{B}_i(k)$表示 i 状态下产生 k 观测状态的概率。

(5) $\boldsymbol{\pi}$ 为初始状态分布概率矩阵。

首先求解上面的参数，代码如下所示。

```
def ChinesePOS():
      #转移概率 Aij,t 时刻由状态 i 变为状态 j 的频率
      #观测概率 Bj(k),由状态 j 观测为 k 的概率
      #PAI i 初始状态 q 出现的频率
      #先验概率矩阵
      pi = {}
      a = {}
      b = {}
#所有的词语
      ww = {}
#所有的词性
      pos = []
      #每个词性出现的频率
      frep = {}
```

```
#每个词出现的频率
frew = {}
fin = codecs.open("处理语料.txt","r","utf8")
for line in fin.readlines():
    temp = line.strip().split(" ")
    for i in range(1,len(temp)):
        word = temp[i].split("/")
        if len(word) == 2:
            if word[0] not in ww:
                ww[word[0]] = 1

            if word[1] not in pos:
                pos.append(word[1])
fin.close()
ww = ww.keys()
for i in pos:
    #初始化相关参数
    pi[i] = 0
    frep[i] = 0
    a[i] = {}
    b[i] = {}
    for j in pos:
        a[i][j] = 0
    for j in ww:
        b[i][j] = 0
for w in ww:
    frew[w] = 0
line_num = 0
#计算概率矩阵
fin = codecs.open("处理语料.txt","r","utf8")
for line in fin.readlines():
    if line == "\n":
        continue
    tmp = line.strip().split(" ")
    n = len(tmp)
    line_num += 1
    for i in range(1,n):
        word = tmp[i].split("/")
        pre = tmp[i-1].split("/")
        #计算词性频率和词频率
        frew[word[0]] += 1
        frep[word[1]] += 1
        if i == 1:
            pi[word[1]] += 1
        else :
            a[pre[1]][word[1]] += 1
        b[word[1]][word[0]] += 1
for i in pos:
    #计算各个词性的初始概率
    pi[i] = float(pi[i])/line_num
    for j in pos:
        if a[i][j] == 0:
            a[i][j] = 0.5
    for j in ww:
        if b[i][j] == 0:
            b[i][j] = 0.5
for i in pos:
    for j in pos:
        #求状态 i 的转移概率分布
```

```
            a[i][j] = float(a[i][j])/(frep[i])
        for j in ww:
            #求词 j 的发射概率分布
            b[i][j] = float(b[i][j])/(frew[j])
    return a,b,pi,pos,frew,frep
    print "game over"
```

参数求解完毕，运用动态规划的 Viterbi 算法求解最佳路径，代码如下所示：

```
def viterbi(a,b,pi,str_token,pos,frew,frep):
    # dp = {}
    #计算文本长度
    num = len(str_token)
    #绘制概率转移路径
    dp = [{} for i in range(0,num)]
    #状态转移路径
    pre = [{} for i in range(0,num)]
    for k in pos:
        for j in range(num):
            dp[j][k] = 0
            pre[j][k] = ''
#句子初始化状态概率分布(首个词在所有词性的概率分布)
    for p in pos:

        if b[p].has_key(str_token[0]):

            dp[0][p] = pi[p] * b[p][str_token[0]] * 1000
        else:
            dp[0][p] = pi[p] * 0.5 * 1000
    for i in range(0,num):
        for j in pos:
            if (b[j].has_key(str_token[i])):
                sep = b[j][str_token[i]] * 1000
            else:
                #计算发射概率，这个词不存在，应该置 0.5/frew[str_token[i]]，这里默认为 1
                sep = 0.5 * 1000
            for k in pos:
                #计算本 step i 的状态是 j 的最佳概率和 step i-1 的最佳状态 k(计算结果为 step i
                #所有可能状态的最佳概率与其对应 step i-1 的最优状态)
                if (dp[i][j]< dp[i-1][k] * a[k][j] * sep):

                    dp[i][j] = dp[i-1][k] * a[k][j] * sep
                    #各个 step 最优状态转移路径
                    pre[i][j] = k
    resp = {}
    #
    max_state = ""
    #首先找到最后输出的最大观测值的状态设置为 max_state
    for j in pos:
        if max_state == "" or dp[num-1][j] > dp[num-1][max_state]:
            max_state = j
    # print
    i = num -1
#根据最大观测值 max_state 和前面求的 pre 找到概率最大的一条
    while i>=0:
        resp[i] = max_state
        max_state = pre[i][max_state]
        i -= 1
    for i in range(0,num):
        print str_token[i] +"\\" +resp[i].encode("utf8")
```

```
#主入口函数代码:
if __name__ == "__main__":
    a,b,pi,pos,frew,frep = ChinesePOS()
    #北京/ns 举行/v 新年/t 音乐会/n
    str_token = [u"北京",u"举行",u"新年",u"音乐会"]
    viterbi(a, b, pi, str_token, pos, frew,frep)
```

运行结果如下:

```
北京\ns
举行\v
新年\t
音乐会\n
```

3.1.3 感知器词性标注[10]

按照中文分词时的经验,感知器能够利用丰富的上下文特征,是优于 HMM 的选择,对于词性标注也是如此。

感知器词性标注示例如代码 3.1 所示。

【代码 3.1】 train_perceptron_pos. py

```
from pyhanlp import *
import zipfile
import os
from pyhanlp.static import download, remove_file, HANLP_DATA_PATH
def test_data_path():
    """
    获取测试数据路径,位于 $ root/data/test,根目录由配置文件指定。
    :return:
    """
    data_path = os.path.join(HANLP_DATA_PATH, 'test')
    if not os.path.isdir(data_path):
        os.mkdir(data_path)
    return data_path
## 验证是否存在 MSR 语料库,如果没有则自动下载
def ensure_data(data_name, data_url):
    root_path = test_data_path()
    dest_path = os.path.join(root_path, data_name)
    if os.path.exists(dest_path):
        return dest_path

    if data_url.endswith('.zip'):
        dest_path += '.zip'
    download(data_url, dest_path)
    if data_url.endswith('.zip'):
        with zipfile.ZipFile(dest_path, "r") as archive:
            archive.extractall(root_path)
        remove_file(dest_path)
        dest_path = dest_path[:-len('.zip')]
    return dest_path
## 指定 PKU 语料库
PKU98 = ensure_data("pku98", "http://file.hankcs.com/corpus/pku98.zip")
PKU199801 = os.path.join(PKU98, '199801.txt')
PKU199801_TRAIN = os.path.join(PKU98, '199801-train.txt')
PKU199801_TEST = os.path.join(PKU98, '199801-test.txt')
POS_MODEL = os.path.join(PKU98, 'pos.bin')
NER_MODEL = os.path.join(PKU98, 'ner.bin')
## ===============================================
```

```
## 以下开始 感知机 词性标注
AbstractLexicalAnalyzer = JClass('com.hankcs.hanlp.tokenizer.lexical.AbstractLexicalAnalyzer')
PerceptronSegmenter = JClass('com.hankcs.hanlp.model.perceptron.PerceptronSegmenter')
POSTrainer = JClass('com.hankcs.hanlp.model.perceptron.POSTrainer')
PerceptronPOSTagger = JClass('com.hankcs.hanlp.model.perceptron.PerceptronPOSTagger')

def train_perceptron_pos(corpus):
    trainer = POSTrainer()
    trainer.train(corpus, POS_MODEL)                                  # 训练感知机模型
    tagger = PerceptronPOSTagger(POS_MODEL)                           # 加载
    analyzer = AbstractLexicalAnalyzer(PerceptronSegmenter(), tagger)  # 构造词法分析器,
    # 与感知机分词器结合,能同时进行分词和词性标注。
    print(analyzer.analyze("李狗蛋的希望是希望上学"))                      # 分词 + 词性标注
    print(analyzer.analyze("李狗蛋的希望是希望上学").translateLabels())    # 对词性进行翻译
    return tagger

if __name__ == '__main__':
    train_perceptron_pos(PKU199801_TRAIN)
```

运行速度会有些慢,结果如下:

```
李狗蛋/nr 的/u 希望/n 是/v 希望/v 上学/v
李狗蛋/人名 的/助词 希望/名词 是/动词 希望/动词 上学/动词
```

这次的运行结果完全正确,感知器成功地识别出未登录词"李狗蛋"的词性。

3.1.4 CRF 词性标注[11]

介绍中文分词时讲到过 CRF,CRF 词性标注示例如代码 3.2 所示。

【代码 3.2】 train_crf_pos.py

```
from  pyhanlp import *
import zipfile
import os
from pyhanlp.static import download, remove_file, HANLP_DATA_PATH

def test_data_path():
    """
    获取测试数据路径,位于 $ root/data/test,根目录由配置文件指定。
    :return:
    """
    data_path = os.path.join(HANLP_DATA_PATH, 'test')
    if not os.path.isdir(data_path):
        os.mkdir(data_path)
    return data_path
## 验证是否存在 MSR 语料库,如果没有则自动下载
def ensure_data(data_name, data_url):
    root_path = test_data_path()
    dest_path = os.path.join(root_path, data_name)
    if os.path.exists(dest_path):
        return dest_path
    if data_url.endswith('.zip'):
        dest_path += '.zip'
    download(data_url, dest_path)
    if data_url.endswith('.zip'):
        with zipfile.ZipFile(dest_path, "r") as archive:
            archive.extractall(root_path)
        remove_file(dest_path)
        dest_path = dest_path[:-len('.zip')]
    return dest_path
```

```
## 指定 PKU 语料库
PKU98 = ensure_data("pku98", "http://file.hankcs.com/corpus/pku98.zip")
PKU199801 = os.path.join(PKU98, '199801.txt')
PKU199801_TRAIN = os.path.join(PKU98, '199801-train.txt')
PKU199801_TEST = os.path.join(PKU98, '199801-test.txt')
POS_MODEL = os.path.join(PKU98, 'pos.bin')
NER_MODEL = os.path.join(PKU98, 'ner.bin')
## ===============================================
## 以下开始 CRF 词性标注
AbstractLexicalAnalyzer = JClass('com.hankcs.hanlp.tokenizer.lexical.AbstractLexicalAnalyzer')
PerceptronSegmenter = JClass('com.hankcs.hanlp.model.perceptron.PerceptronSegmenter')
CRFPOSTagger = JClass('com.hankcs.hanlp.model.crf.CRFPOSTagger')
def train_crf_pos(corpus):
    # 选项 1.使用 HanLP 的 Java API 训练,慢
    tagger = CRFPOSTagger(None)                        # 创建空白标注器
    tagger.train(corpus, POS_MODEL)                    # 训练
    tagger = CRFPOSTagger(POS_MODEL)                   # 加载
    # 选项 2.使用 CRF++训练,HanLP 加载。(训练命令由选项 1 给出)
    # tagger = CRFPOSTagger(POS_MODEL + ".txt")
    analyzer = AbstractLexicalAnalyzer(PerceptronSegmenter(), tagger)  # 构造词法分析器,
    # 与感知机分词器结合,能同时进行分词和词性标注。
    print(analyzer.analyze("李狗蛋的希望是希望上学"))          # 分词 + 词性标注
    print(analyzer.analyze("李狗蛋的希望是希望上学").translateLabels())  # 对词性进行翻译
    return tagger
if __name__ == '__main__':
    tagger = train_crf_pos(PKU199801_TRAIN)
```

运行时间会比较长,结果如下:

```
李狗蛋/nr 的/u 希望/n 是/v 希望/v 上学/v
李狗蛋/人名 的/助词 希望/名词 是/动词 希望/动词 上学/动词
```

CRF 词性标注依然可以成功识别未登录词"李狗蛋"的词性。

了解词性标注的原理和算法后,下面介绍流行的开源工具 Jieba 和 HanLP,用它们来做词性标注。

3.2 词性标注工具实战

在中文分词的章节中已经介绍过 Jieba 和 HanLP 开源工具,Python 语言中最流行的分词工具就是 Jieba,它不仅能做分词,在得到分词结果的同时还会返回对应的词性。HanLP 也一样,在分词的同时默认返回词性。

3.2.1 Python 的 Jieba 词性标注

Jieba 可以返回分词结果以及对应的词性,示例如代码 3.3 所示。

【代码 3.3】 jieba_pos.py

```
#!/usr/bin/python
# -*- coding: utf-8 -*-
#__author__ = '陈敬雷'
import jieba
import jieba.analyse
import jieba.posseg

def dosegment_all(sentence):
    '''
```

```
    带词性标注,对句子进行分词,不排除停用词等
    :param sentence:输入字符
    :return:
    ''
'
    sentence_seged = jieba.posseg.cut(sentence.strip())
    outstr = ''
    for x in sentence_seged:
        outstr += "{}/{},".format(x.word,x.flag)
    return outstr

str = dosegment_all("充电了么 App 是专注上班族职业技能提升充电学习的在线教育平台")
print("词性标注输出结果如下:")
print(str)
'''
词性标注输出结果如下:
充电/v,了/ul,么/y,App/eng,是/v,专注/v,上班族/nz,职业技能/n,提升/v,充电/v,学习/v,的/uj,在
线教育/l,平台/n,
'
'
'
```

Jieba 词性标注如表 3.1 所示。

表 3.1 Jieba 词性标注

英 文	中 文	举 例	数 量
a	形容词	高 明 尖 诚 粗陋 冗杂 丰盛 顽皮 很贵 挺好用 ……	4306
ad	副形词	努目 完全 努力 切面 严实 慌忙 明确 仓皇 详细 ……	110
ag	形语素	详 笃 睦 奇 洋 裸 渺 忤 虐 黢 怠 峻 悫 鄙 秀 ……	46
an	名形词	麻生 猥琐 腐生 困苦 危难 负疚 刚愎 危险 悲苦 ……	40
b	区别词	劣等 洲际性 超常规 同一性 年级 非农业 二合一 ……	1363
c	连词	再者说 倘 只此 或曰 以外 换句话说 虽是 除非 ……	504
d	副词	幸免 四顾 绝对 急速 特约 从早 务虚 逐行 挨边 ……	2422
df	不要	不要	1
dg	副语素	俱 辄	2
e	叹词	好哟 嗄 天呀 哎 哇呀 啊哈 嗳 诶 嗬 呜呼 ……	34
f	方位词	内侧 以来 面部 后侧 面前 沿街 之内 两岸 里 ……	351
g	语素	嫱 璇 戬 瓴 踔 鳌 撄 縶 膑 遘 醢 槊 胂 鹎 豳 ……	969
h	前接成分	非 超低	2
i	成语	绿荫蔽日 震耳欲聋 沧海一粟 一望无边 为尊者讳 ……	25583
j	简称略语	交警 中低收入 四个现代 经检测 青委 车改 ……	1396
k	后接成分	型 者 式 们	4
l	习用语	不懂装懂 相聚一刻 由下而上 十字路口 查无此人 ……	17721
m	数词	九六 十二 半成 戊酉 俩 一二三四五 丙戌 片片 ……	13178
mg	数语素	寅 巳	2
mq	数量词	半年度 四方面 十副 三色 一口钟 四面 三分钟 ……	80
n	名词	男性 娇子 气压 写实性 联立方程 商业智能 寒窗 ……	117902
ng	名语素	诀 卉 茗 鹊 娃 寨 酊 钬 雹 役 莺 谊 隙 族 鸩 ……	280
nr	人名	雍正皇帝 小老弟 唐僧骑 铁娘子 小甜甜 璐 ……	72842
nrfg	古近代人名	刘备 关羽 张飞 赵云 任弼时 ……	484
nrt	音译人名	米尔科 达尼丁 三世 五丁 塞拉 埃克尔斯 贝当 ……	5941
ns	地名	南明 锡山 拱北 南非 哥里 平北 丹井 佛山 广州 ……	17706

续表

英 文	中 文	举 例	数 量
nt	机构团体	浙江队 中医院 中华网 铁道部 广电部 联想集团 ……	4713
nz	其他专名	培根 补丁 圣战士 英属 国药准字 ……	10441
o	拟声词	哈喇 咝 咔嚓 飕 哇哇 喃 咕隆 咿呀 叽咕 ……	247
p	介词	顺当 顺着 借了 连着 乘着 除了 较之于 根 自 ……	114
q	量词	毫厘 盅 封 千瓦小时 立方米 盎 座 毫克 张 斛 ……	232
r	代词	该车 这时 那些 什么 鄙人 此案 睿智者 他 怎生 ……	759
rg	代语素	兹	1
rr	代词	你们 其他人	3
rz	代词	这位	1
s	处所词	世外 肩前 舷外 手下 耳边 兜里 盘头 桌边 家外 ……	591
t	时间词	新一代 清时 先上去 月初 昔年 无日 唐五代 佳日 ……	1768
tg	时间语素	昔 晚 春 现 暮 夕 宵	7
u	助词	则否 等 恁地 等等 似的 来说 矣哉 来看 般 的话 ……	20
ud	得	得	1
ug	过	过	1
uj	的	的	1
ul	了	了	1
uv	地	地	1
uz	着	着	1
v	动词	批发 孕育 做成 纳闷儿 遭殃 留话 吻下去 创生 ……	34761
vd	副动词	狡辩 持续 逆势	3
vg	动语素	悖 谏 踞 泯 濯 掳 诌 疑 诲 吁 囿 酌 蟠 豢 匿 ……	160
vi	动词	沉溺于 等同于 沉湎于 徜徉于	4
vn	名动词	审查 相互毗连 销蚀 对联 劳工 漫游 ……	3235
vq	动词	挨过 念过 去过 去净	4
x	非语素字	舭 珑 娑 蹋 蕺 蜓 螂 窀 蘅 荑 姆 榈 虺 楂 ……	367
y	语气词	吓呆了 呃 呀 兮 哩 呐 嘞 哇 呗 意味着 也罢 啦 ……	49
z	状态词	歪曲 飘飘 慢慢儿 急地 沉迷在 晕乎乎 ……	2624
zg	zg	鲧 瑑 灕 鄘 緣 嗙 獘 洏 鬲 垶 涚 鞞 檬 肸 撻 ……	5666

3.2.2 Java 的 HanLP 词性标注

HanLP 默认的分词结果就是带有词性标注的，示例如代码 3.4 所示。

【代码 3.4】 HanLPPosDemo.java

```
package com.chongdianleme.job;
import com.hankcs.hanlp.HanLP;
import com.hankcs.hanlp.seg.common.Term;
import java.util.List;
/**
 * Created by "充电了么"App - 陈敬雷
 * "充电了么"App 官网: http://chongdianleme.com/
 * "充电了么"App - 专注上班族职业技能提升充电学习的在线教育平台
 * HanLP 中文分词功能演示,开源地址: https://github.com/hankcs/HanLP
 */
public class HanLPPosDemo {
    public static void main(String[] args) {
        segment();//常用默认分词: HanLP.segment
```

```
    }
    /**
     * 常用默认分词：HanLP.segment
     * HanLP 对词典的数据结构进行了长期的优化，可以应对绝大多数场景。哪怕 HanLP 的词典上百兆也无须担心，因为在内存中被精心压缩过。
     * 如果内存非常有限，请使用小词典。HanLP 默认使用大词典，同时提供小词典。全部词典和模型都是惰性加载的，不使用的模型相当于不存在，可以自由删除。
     * HanLP.segment 其实是对 StandardTokenizer.segment 标准分词的包装，和标准分词的结果是一样的。
     */
    public static void segment() {
        String s = "分布式机器学习实战(人工智能科学与技术丛书)深入浅出，逐步讲解分布式机器学习的框架及应用配套个性化推荐算法系统、人脸识别、对话机器人等实战项目。";
        List<Term> termList = HanLP.segment(s);
        System.out.println(termList);
        //输出结果如下：分词结果包含词性，比如分布式的词性 b 代表区别词，机器学习的词性 gi 代
        //表计算机相关词汇，实战的词性 n 代表名称，后面每个词都返回了对应的词性，这里不一一
        //举例，下章单独介绍词性标注，列出所有的词性表。
        //[分布式/b, 机器学习/gi, 实战/n, (/w, 人工智能/n, 科学/n, 与/p, 技术/n, 丛书/n, )/w,
        //深入浅出/i, ，/w, 逐步/d, 讲解/v, 分布式/b, 机器学习/gi, 的/uj, 框架/n, 及/c, 应用/vn,
        //配套/a, 个性化/v, 推荐/v, 算法/n, 系统/n, 、/w, 人脸/n, 识别/v, 、/w, 对话/vn, 机器
        //人/n, 等/u, 实战/n, 项目/n, 。/w]
    }
}
```

HanLP 的词性标注如表 3.2 所示。

表 3.2 HanLP 词性标注

字母	描述	字母	描述
a	形容词	nr2	蒙古姓名
f	方位词	begin	仅用于始##始
mq	数量词	gi	计算机相关词汇
nn	工作相关名词	nf	食品，比如"薯片"
ad	副形词	nrf	音译人名
g	学术词汇	bg	区别语素
n	名词	gm	数学相关词汇
nnd	职业	ng	名词性语素
ag	形容词性语素	nrj	日语人名
gb	生物相关词汇	bl	区别词性惯用语
nb	生物名	gp	物理相关词汇
nnt	职务职称	nh	医药、疾病等健康相关名词
al	形容词性惯用语	ns	地名
gbc	生物类别	c	连词
nba	动物名	h	前缀
nr	人名	nhd	疾病
an	名词	nsf	音译地名
gc	化学相关词汇	cc	并列连词
nbc	动物纲目	i	成语
nr1	复姓	nhm	药品
b	区别词	nt	机构团体名
gg	地理、地质相关词汇	d	副词
nbp	植物名	j	简称略语

续表

字母	描　述	字母	描　述
ni	机构相关(不是独立机构名)	uls	来讲 来说 而言 说来
ntc	公司名	wb	百分号、千分号,全角:％ ‰ 半角:%
dg	辄、俱、复之类的副词	pbei	介词“被”
k	后缀	s	处所词
nic	下属机构	usuo	所
ntcb	银行	wd	逗号,全角:,半角:,
dl	连语	q	量词
l	习用语	t	时间词
nis	机构后缀	uv	连词
ntcf	工厂	wf	分号,全角:; 半角:;
e	叹词	qg	量词语素
m	数词	tg	时间词性语素
nit	教育相关机构	uyy	一样 一般 似的 般
ntch	酒店宾馆	wh	单位符号,全角:￥ ＄ ￡ ° ℃ 半角:$
end	仅用于终##终	qt	时量词
mg	数语素	u	助词
nl	名词性惯用语	uz	着
nth	医院	wj	句号,全角:。
nts	中小学	qv	动量词
Mg	甲、乙、丙、丁之类的数词	ud	助词
nm	物品名	uzhe	着
nto	政府机构	wky	右括号,全角:）〕］｝》】 〗〉 半角:)] { >
ntu	大学	r	代词
ryt	时间疑问代词	ude1	的 底
nmc	化学品名	uzhi	之
vn	名动词	wkz	左括号,全角:（〔［｛《【〖〈 半角:([{ <
nx	字母专名	rg	代词性语素
ryv	谓词性疑问代词	ude2	地
uj	助词	v	动词
vshi	动词“是”	wm	冒号,全角:: 半角::
nz	其他专名	Rg	古汉语代词性语素
rz	指示代词	ude3	得
ul	连词	vd	副动词
vx	形式动词	wn	顿号,全角:、
o	拟声词	rr	人称代词
rzs	处所指示代词	udeng	等 等等 云云
ule	了 喽	vf	趋向动词
vyou	动词“有”	wp	破折号,全角:—— － － ——－ 半角:— —-
p	介词		
rzt	时间指示代词	ry	疑问代词
ulian	连(如,连小学生都会)	udh	的话
w	标点符号	vg	动词性语素
pba	介词“把”	ws	省略号,全角:…… …
rzv	谓词性指示代词	rys	处所疑问代词

续表

字母	描　　述	字母	描　　述
ug	过	wyz	左引号,全角:“ ‘ 『
vi	不及物动词(内动词)	yg	语气语素
wt	叹号,全角:!	x	字符串
wyy	右引号,全角:” ’ 』	z	状态词
y	语气词(delete yg)	xu	网址 URL
vl	动词性惯用语	zg	状态词
ww	问号,全角:?	xx	非语素字

第4章 命名实体识别

CHAPTER 4

命名实体识别(named entity recognition,NER)又称作“专名识别”,是指识别文本中具有特定意义的实体,主要包括人名、地名、机构名、专有名词等。命名实体识别是信息提取、问答系统、句法分析、机器翻译、面向 Semantic Web 的元数据标注等应用领域的重要基础工具,在自然语言处理技术走向实用化的过程中占有重要地位。一般来说,命名实体识别的任务就是识别出待处理文本中三大类(实体类、时间类和数字类)、七小类(人名、机构名、地名、时间、日期、货币和百分比)命名实体。

4.1 命名实体识别原理

命名实体识别是指识别文本中实体的边界和类别。命名实体识别是文本处理中的基础技术,广泛应用在自然语言处理、推荐系统、知识图谱、信息提取、问答系统、句法分析、机器翻译等领域,比如推荐系统中的基于实体的用户画像、基于实体召回等。命名实体识别的准确度决定了下游任务的效果,是自然语言处理中非常重要的一个基础问题。

1. 什么是命名实体识别

要了解 NER,首先要先了解什么是实体。简单地理解,实体可被认为是某一个概念的实例。

例如,“人名”是一种概念,或者说实体类型,“时间”是一种实体类型,那么“中秋节”就是一种“时间”实体了。

所谓实体识别,就是将想要获取的实体类型从一句话里挑出来的过程。

小明 在 北京大学 的 燕园 看了

PER ORG LOC

中国男篮 的一场比赛

ORG

如上面的例子所示,句子“小明在北京大学的燕园看了中国男篮 的一场比赛”,通过 NER 模型,将“小明 ”以 PER,“北京大学”以 ORG,“燕园”以 LOC,“中国男篮”以 ORG 为类别分别挑了出来。

2. 命名实体识别的数据标注方式

NER 是一种序列标注问题,因此它的数据标注方式也遵照序列标注问题的方式,主要是 BIO 和 BIOES 两种。这里先介绍 BIOES,明白了 BIOES,也就掌握了 BIO。

先列出 BIOES 分别代表什么意思:

B,即 begin,表示开始。

I,即 intermediate,表示中间。

E,即 end,表示结尾。

S,即 single,表示单个字符。

O,即 other,表示其他,用于标记无关字符。

将“小明在北京大学的燕园看了中国男篮的一场比赛”这句话进行标注,结果就是:

[B-PER, E-PER, O, B-ORG, I-ORG, I-ORG, E-ORG, O, B-LOC, E-LOC, O, O, B-ORG, I-ORG,I-ORG,E-ORG,O,O,O,O]

那么,换句话说,NER 的过程,就是根据输入的句子,预测出其标注序列的过程。

NER 的常见方法有 HMM、CRF,下面分别介绍。

4.2 基于 HMM 角色标注的命名实体识别

HMM 可以用于分词、词性标注,也可以用于命名实体识别。下面通过 HanLP 开源工具介绍经典的中国人名识别、地名识别、实体机构公司名识别案例。

4.2.1 中国人名识别

HanLP 开源工具有中文人名识别功能,词性 nr 代表人名。现将示例中词性为 nr 的词列出来,如代码 4.1 所示。

【代码 4.1】 HanLPNameDemo.java

```
package com.chongdianleme.job;
import com.clearspring.analytics.util.Lists;
import com.hankcs.hanlp.HanLP;
import com.hankcs.hanlp.seg.Segment;
import com.hankcs.hanlp.seg.common.Term;
import org.apache.commons.lang3.StringUtils;
import java.util.List;
/**
 * Created by "充电了么"App - 陈敬雷
 * "充电了么"App 官网: http://chongdianleme.com/
 * "充电了么"App - 专注上班族职业技能提升充电学习的在线教育平台
 * HanLP 中文人名识别演示,开源地址: https://github.com/hankcs/HanLP
 */
public class HanLPNameDemo {
    public static void main(String[] args) {
        nameNER();                    //中文人名识别
    }
    /**
     * 中文人名识别:
     * HanLP.newSegment().enableNameRecognize(true);
     **/
    public static void nameNER() {
        String txt = "分布式机器学习实战(人工智能科学与技术丛书)作者陈敬雷,责任编辑赵佳霓,此书深入浅出,逐步讲解分布式机器学习的框架及应用配套个性化推荐算法系统、人脸识别、对话机器人等实战项目,并有以下名人陈兴茂,梅一多,杨正洪,刘冬冬,龙旭东联袂推荐:" +
                "——陈兴茂 猎聘 CTO\n" +
                "——梅一多 博士 上海市青年拔尖人才,中基凌云科技有限公司联合创始人\n" +
                "——杨正洪 博士 中央财经大学财税大数据实验室首席科学家\n" +
                "——刘冬冬 首席数据官联盟创始人\n" +
                "——龙旭东 北京掌游智慧科技有限公司董事长";
```

```
        Segment segment = HanLP.newSegment().enableNameRecognize(true);
        List<Term> termList = segment.seg(txt);
        List<String> nameList = Lists.newArrayList();
        for(Term term:termList) {
            if (term.nature.toString().equals("nr"))
                nameList.add(term.word);
        }
        System.out.println(StringUtils.join(nameList,","));
        //输出结果如下:
        //陈敬雷,赵佳霓,陈兴茂,梅一多,杨正洪,刘冬冬,龙旭东,陈,兴茂,杨,刘,游智慧
    }
}
```

从输出结果可以看到,人名被识别出来了,同时也可观察到,有的词可能不是人名。凡是算法模型都不保证100%的精准,算法只是识别可能为人名的词。

4.2.2 地名识别

HanLP开源工具有地名识别功能,词性ns代表地名。现将示例中词性为ns的词列出来,如代码4.2所示。

【代码4.2】 HanLPPlaceDemo.java

```
package com.chongdianleme.job;
import com.clearspring.analytics.util.Lists;
import com.hankcs.hanlp.HanLP;
import com.hankcs.hanlp.seg.Segment;
import com.hankcs.hanlp.seg.common.Term;
import org.apache.commons.lang3.StringUtils;
import java.util.List;
/**
 * Created by "充电了么"App - 陈敬雷
 * "充电了么"App官网: http://chongdianleme.com/
 * "充电了么"App - 专注上班族职业技能提升充电学习的在线教育平台
 * HanLP地名识别演示,开源地址: https://github.com/hankcs/HanLP
 */
public class HanLPPlaceDemo {
    public static void main(String[] args) {
        placeNER();                    //地名识别
    }
    /**
     * 地名识别:
     * HanLP.newSegment().enablePlaceRecognize(true);
     **/
    public static void placeNER() {
        String txt = "充电了么位于北京市海淀区,是专注上班族职业技能提升充电学习的在线教育
平台。";
        Segment segment = HanLP.newSegment().enablePlaceRecognize(true);
        List<Term> termList = segment.seg(txt);
        List<String> nameList = Lists.newArrayList();
        for(Term term:termList) {
            if (term.nature.toString().equals("ns"))
                nameList.add(term.word);
        }
        System.out.println(StringUtils.join(nameList,","));
        //输出结果如下:
        //北京市,海淀区
    }
}
```

从输出结果可以看出，词性为 ns 的词是北京市、海淀区，它们是正确的地名。

4.2.3 机构公司名识别

HanLP 开源工具有机构公司名识别功能，词性 nt 代表机构团体名，还可以细分成 ntc(公司)、ntcb(银行)、ntcf(工厂)、ntch(酒店宾馆)、nth(医院)、nto(政府机构)、nts(中小学)、ntu(大学)，它们都是以 nt 开头的词性。现将示例中词性开头为 nt 的词列出来，如代码 4.3 所示。

【代码 4.3】 HanLPOrganizationDemo.java

```
package com.chongdianleme.job;
import com.clearspring.analytics.util.Lists;
import com.hankcs.hanlp.HanLP;
import com.hankcs.hanlp.seg.Segment;
import com.hankcs.hanlp.seg.common.Term;
import org.apache.commons.lang3.StringUtils;
import java.util.List;
/**
 * Created by "充电了么"App - 陈敬雷
 * "充电了么"App 官网: http://chongdianleme.com/
 * "充电了么"App - 专注上班族职业技能提升充电学习的在线教育平台
 * HanLP 机构公司名识别演示,开源地址: https://github.com/hankcs/HanLP
 */
public class HanLPOrganizationDemo {
    public static void main(String[] args) {
        organizationNER();              //机构公司名识别
    }
    /**
     * 机构公司名识别:
     * HanLP.newSegment().enableOrganizationRecognize(true);
     **/
    public static void organizationNER() {
        String txt = "清华大学出版社成立于 1980 年 6 月,是由教育部主管、清华大学主办的综合出
版单位。";
        Segment segment = HanLP.newSegment().enableOrganizationRecognize(true);
        List<Term> termList = segment.seg(txt);
        List<String> nameList = Lists.newArrayList();
        for(Term term:termList) {
            if (term.nature.toString().startsWith("nt"))
                nameList.add(term.word);
        }
        System.out.println(StringUtils.join(nameList,","));
        //输出结果如下:
        //清华大学出版社,清华大学,综合出版单位
    }
}
```

从输出结果可以看出，词性为 nt 的词是清华大学出版社、清华大学、综合出版单位，它们是正确的机构公司名。

4.3 基于线性模型的命名实体识别

HanLP 的命名实体识别提供了两种方式：基于 HMM 角色标注的命名实体识别和基于线性模型的命名实体识别，下面 5 项是基于 HMM 角色标注的：

- 中国人名识别　　(默认开启)标注为 nr

- 音译人名识别　　（默认开启）标注为 nrf
- 日本人名识别　　（默认关闭）标注为 nrj
- 地名识别　（默认关闭）标注为 ns
- 机构名识别　（默认关闭）标注为 nt

这 5 项是基于 HMM 角色标注的命名实体识别（速度快），另外 HanLP 还有基于线性模型的命名实体识别(精度高)，HanLP 线性模型提供了感知器命名实体识别和 CRF 命名实体识别。

4.3.1　感知器命名实体识别

对示例进行感知器命名实体识别的 Python 代码如代码 4.4 所示。

【代码 4.4】　perceptron_analyzer.py

```
from pyhanlp import *
import zipfile
import os
from pyhanlp.static import download, remove_file, HANLP_DATA_PATH

def test_data_path():
    """
    获取测试数据路径,位于 $ root/data/test,根目录由配置文件指定。
    :return:
    """
    data_path = os.path.join(HANLP_DATA_PATH, 'test')
    if not os.path.isdir(data_path):
        os.mkdir(data_path)
    return data_path

## 验证是否存在 MSR 语料库,如果没有则自动下载
def ensure_data(data_name, data_url):
    root_path = test_data_path()
    dest_path = os.path.join(root_path, data_name)
    if os.path.exists(dest_path):
        return dest_path

    if data_url.endswith('.zip'):
        dest_path += '.zip'
    download(data_url, dest_path)
    if data_url.endswith('.zip'):
        with zipfile.ZipFile(dest_path, "r") as archive:
            archive.extractall(root_path)
        remove_file(dest_path)
        dest_path = dest_path[:-len('.zip')]
    return dest_path

## 指定 PKU 语料库
PKU98 = ensure_data("pku98", "http://file.hankcs.com/corpus/pku98.zip")
PKU199801 = os.path.join(PKU98, '199801.txt')
PKU199801_TRAIN = os.path.join(PKU98, '199801-train.txt')
PKU199801_TEST = os.path.join(PKU98, '199801-test.txt')
POS_MODEL = os.path.join(PKU98, 'pos.bin')
NER_MODEL = os.path.join(PKU98, 'ner.bin')
## ===============================================
## 以下开始 感知器 命名实体识别
NERTrainer = JClass('com.hankcs.hanlp.model.perceptron.NERTrainer')
PerceptronNERecognizer = JClass('com.hankcs.hanlp.model.perceptron.PerceptronNERecognizer')
```

```
PerceptronSegmenter = JClass('com.hankcs.hanlp.model.perceptron.PerceptronSegmenter')
PerceptronPOSTagger = JClass('com.hankcs.hanlp.model.perceptron.PerceptronPOSTagger')
Sentence = JClass('com.hankcs.hanlp.corpus.document.sentence.Sentence')
AbstractLexicalAnalyzer = JClass('com.hankcs.hanlp.tokenizer.lexical.AbstractLexicalAnalyzer')
Utility = JClass('com.hankcs.hanlp.model.perceptron.utility.Utility')

def train(corpus, model):
    trainer = NERTrainer()
    return PerceptronNERecognizer(trainer.train(corpus, model).getModel())

def test(recognizer):
    # 包装了感知器分词器和词性标注器的词法分析器
    analyzer = AbstractLexicalAnalyzer(PerceptronSegmenter(), PerceptronPOSTagger(), recognizer)
    print[analyzer.analyze("华北电力公司董事长谭旭光和秘书胡花蕊来到美国纽约现代艺术博物
馆参观")]
    scores = Utility.evaluateNER(recognizer, PKU199801_TEST)
    Utility.printNERScore(scores)


if __name__ == '__main__':
    recognizer = train(PKU199801_TRAIN, NER_MODEL)
    test(recognizer)

    ## 支持在线学习
    # 创建了感知器词法分析器
    analyzer = PerceptronLexicalAnalyzer(PerceptronSegmenter(), PerceptronPOSTagger(), recognizer)
                                                                                    # ①
    # 根据标注样本的字符串形式创建等价的 Sentence 对象
    sentence = Sentence.create("与/c 特朗普/nr 通/v 电话/n 讨论/v [太空/s 探索/vn 技术/n 公
司/n]/nt")                                                                            # ②
    # 测试词法分析器对样本的分析结果是否与标注一致,若不一致重复在线学习,直到两者一致
    while not analyzer.analyze(sentence.text()).equals(sentence):                    # ③
        analyzer.learn(sentence)
```

运行速度会有些慢,结果如下:

```
华北电力公司/nt 董事长/n 谭旭光/nr 和/c 秘书/n 胡花蕊/nr 来到/v [美国纽约/ns 现代/ntc 艺术/n
博物馆/n]/ns 参观/v
```

与 HMM 相比,已经能够正确识别地名了。

4.3.2 CRF 命名实体识别

对示例基于 CRF 序列标注进行 CRF 命名实体识别的代码如代码 4.5 所示。

【代码 4.5】 crf_analyzer.py

```
from pyhanlp import *
import zipfile
import os
from pyhanlp.static import download, remove_file, HANLP_DATA_PATH

def test_data_path():
    """
    获取测试数据路径,位于 $root/data/test,根目录由配置文件指定。
    :return:
    """
    data_path = os.path.join(HANLP_DATA_PATH, 'test')
    if not os.path.isdir(data_path):
        os.mkdir(data_path)
    return data_path
```

```
## 验证是否存在 MSR 语料库,如果没有则自动下载
def ensure_data(data_name, data_url):
    root_path = test_data_path()
    dest_path = os.path.join(root_path, data_name)
    if os.path.exists(dest_path):
        return dest_path

    if data_url.endswith('.zip'):
        dest_path += '.zip'
    download(data_url, dest_path)
    if data_url.endswith('.zip'):
        with zipfile.ZipFile(dest_path, "r") as archive:
            archive.extractall(root_path)
        remove_file(dest_path)
        dest_path = dest_path[:-len('.zip')]
    return dest_path


## 指定 PKU 语料库
PKU98 = ensure_data("pku98", "http://file.hankcs.com/corpus/pku98.zip")
PKU199801 = os.path.join(PKU98, '199801.txt')
PKU199801_TRAIN = os.path.join(PKU98, '199801-train.txt')
PKU199801_TEST = os.path.join(PKU98, '199801-test.txt')
POS_MODEL = os.path.join(PKU98, 'pos.bin')
NER_MODEL = os.path.join(PKU98, 'ner.bin')


## ===============================================
## 以下开始 CRF 命名实体识别

CRFNERecognizer = JClass('com.hankcs.hanlp.model.crf.CRFNERecognizer')
AbstractLexicalAnalyzer = JClass('com.hankcs.hanlp.tokenizer.lexical.AbstractLexicalAnalyzer')
Utility = JClass('com.hankcs.hanlp.model.perceptron.utility.Utility')



def train(corpus, model):
    # 零参数的构造函数代表加载配置文件默认的模型,必须用 null None 与之区分
    recognizer = CRFNERecognizer(None)    # 空白
    recognizer.train(corpus, model)
    return recognizer


def test(recognizer):
    analyzer = AbstractLexicalAnalyzer(PerceptronSegmenter(), PerceptronPOSTagger(), recognizer)
    print(analyzer.analyze("华北电力公司董事长谭旭光和秘书胡花蕊来到美国纽约现代艺术博物
馆参观"))
    scores = Utility.evaluateNER(recognizer, PKU199801_TEST)
    Utility.printNERScore(scores)


if __name__ == '__main__':
    recognizer = train(PKU199801_TRAIN, NER_MODEL)
    test(recognizer)
```

运行时间会比较长,结果如下:

```
华北电力公司/nt 董事长/n 谭旭光/nr 和/c 秘书/n 胡花蕊/nr 来到/v [美国纽约/ns 现代/ntc 艺术/n
博物馆/n]/ns 参观/v
```

从结果可以看到,得到的结果与感知器命名实体识别是一样的。

第5章 依存句法分析

CHAPTER 5

句法分析的基本任务是确定句子的句法结构或者句子中词汇之间的依存关系。主要包括两方面内容：一是确定语言的语法体系，即对语言中合法句子的语法结构给予形式化的定义；另一方面是句法分析技术，即根据给定的语法体系，自动推导出句子的句法结构，分析句子所包含的句法单位和这些句法单位之间的关系。

5.1 依存句法分析原理[12]

句法分析是自然语言处理领域的一个关键问题，如能将其有效解决，一方面可对相应树库构建体系的正确性和完善性进行验证；另一方面也可直接服务于各种上层应用，比如搜索引擎用户日志分析和关键词识别、信息提取、自动问答、机器翻译等其他自然语言处理相关的任务。

依存句法是由法国语言学家 L. Tesniere 最先提出，它将句子分析成一棵依存句法树，描述出各个词语之间的依存关系。依存句法指出了词语之间在句法上的搭配关系，这种搭配关系是和语义相关联的。例如，句子"会议宣布了首批资深院士名单。"的依存句法树如图 5.1 所示。

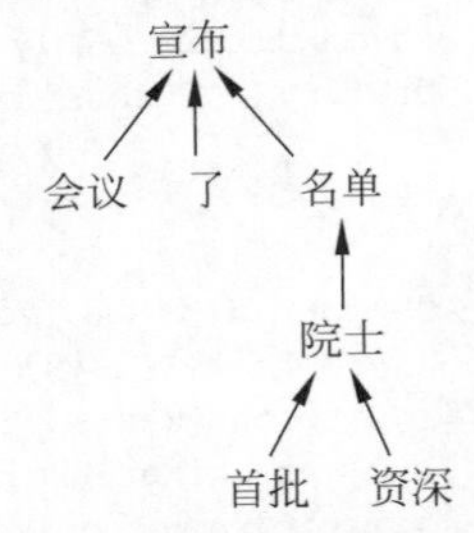

图 5.1 依存句法树(图片来源于搜狐)

从图 5.1 可以看出，词"宣布"支配"会议""了""名单"，故可以将这些支配词作为"宣布"的搭配词。

1. 句法分析是什么

句法分析(syntactic parsing)是自然语言处理中的关键技术之一，它是对输入的文本句子进行分析以得到句子的句法结构的处理过程。对句法结构进行分析，一方面是语言理解的自身需求，句法分析是语言理解的重要一环；另一方面也为其他自然语言处理任务提供支持。例如，句法驱动的统计机器翻译需要对源语言或目标语言(或者同时两种语言)进行句法分析。

语义分析通常以句法分析的输出结果作为输入以便获得更多的指示信息。根据句法结构的表示形式不同，最常见的句法分析任务可以分为以下 3 种：

(1) 句法结构分析(syntactic structure parsing)，又称短语结构分析(phrase structure parsing)，也叫成分句法分析(constituent syntactic parsing)。作用是识别出句子中的短语结构以及短语之间的层次句法关系。

(2) 依存关系分析，又称依存句法分析(dependency syntactic parsing)，简称依存分析，作用是识别句子中词汇与词汇之间的相互依存关系。

(3) 深层文法句法分析,即利用深层文法,例如,词汇化树邻接文法(lexicalized tree adjoining grammar,LTAG)、词汇功能文法(lexical functional grammar,LFG)、组合范畴文法(combinatory categorial grammar,CCG)等,对句子进行深层的句法以及语义分析。

在自然语言处理中,用词与词之间的依存关系来描述语言结构的框架称为依存句法(dependence grammar),又称从属关系语法。利用依存句法进行句法分析是自然语言理解的重要技术之一。

2. 重要概念

依存句法认为"谓语"中的动词是一个句子的中心,其他成分与动词直接或间接地产生联系。在依存句法理论中,"依存"指词与词之间支配与被支配的关系,这种关系不是对等的,这种关系具有方向。确切地说,处于支配地位的成分称之为支配者(governor、regent、head),而处于被支配地位的成分称之为从属者(modifier、subordinate、dependency)。

依存句法本身没有规定要对依存关系进行分类,但为了丰富依存结构传达的句法信息,在实际应用中,一般会给依存树的边加上不同的标记。依存句法存在一个共同的基本假设:句法结构本质上包含词和词之间的依存(修饰)关系。一个依存关系连接两个词,分别是核心词(head)和依存词(dependent)。依存关系可以细分为不同的类型,表示两个词之间的具体句法关系。

3. 常见方法

(1) 基于规则的方法。早期基于依存句法的句法分析方法主要包括类似 CYK 的动态规划算法、基于约束满足的方法和确定性分析策略等。

(2) 基于统计的方法。统计自然语言处理领域也涌现出了一大批优秀的研究成果,包括生成式依存分析方法、判别式依存分析方法和确定性依存分析方法,这几类方法是数据驱动的统计依存分析中最具代表性的方法。

(3) 基于深度学习的方法。近年来,深度学习在句法分析课题上逐渐成为研究热点,主要研究工作集中在特征表示方面。传统的特征表示方法主要采用人工定义原子特征和特征组合,而深度学习则把原子特征(词、词性、类别标签)进行向量化,再利用多层神经元网络提取特征。

通常使用的指标包括无标记依存正确率(unlabeled attachment score,UAS)、带标记依存正确率(labeled attachment score,LAS)、依存正确率(dependency accuracy,DA)、根正确率(root accuracy,RA)、完全匹配率(complete match,CM)等。这些指标的具体意思如下:

(1) 无标记依存正确率(UAS)——测试集中找到其正确支配词的词(包括没有标注支配词的根节点)所占总词数的百分比。

(2) 带标记依存正确率(LAS)——测试集中找到其正确支配词的词,并且依存关系类型也标注正确的词(包括没有标注支配词的根节点)占总词数的百分比。

(3) 依存正确率(DA)——测试集中找到正确支配词非根节点词占所有非根节点词总数的百分比。

(4) 根正确率(RA)——有两种定义:一种是测试集中正确根节点的个数与句子个数的百分比;另一种是指测试集中找到正确根节点的句子数所占句子总数的百分比。

(5) 完全匹配率(CM)——测试集中无标记依存结构完全正确的句子占句子总数的百分比。

4. 数据集

Penn Treebank 是一个项目的名称,该项目的目的是对语料进行标注,标注内容包括词性标注以及句法分析。

CoNLL 经常开放句法分析的学术评测。

5. 相关开源工具介绍

下面介绍几个相关开源工具。

1) StanfordCoreNLP

该工具由斯坦福大学开发,提供依存句法分析功能。

Github 地址:https://github.com/Lynten/stanford-corenlp。

官网:https://stanfordnlp.github.io/CoreNLP/。

安装:pip install stanfordcorenlp。

国内源安装:pip install stanfordcorenlp -i https://pypi.tuna.tsinghua.edu.cn/simple。

使用 StanfordCoreNLP 进行依存句法分析:

先下载模型,下载地址:https://nlp.stanford.edu/software/corenlp-backup-download.html。

再使用例子进行依存句法分析,代码如下:

```
from stanfordcorenlp import StanfordCoreNLP
# 对中文进行依存句法分析
zh_model = StanfordCoreNLP(r'stanford - corenlp - full - 2018 - 02 - 27', lang= 'zh')
s_zh = '我爱自然语言处理技术!'
dep_zh = zh_model.dependency_parse(s_zh)
print(dep_zh)
[('ROOT', 0, 4), ('nsubj', 4, 1), ('advmod', 4, 2), ('nsubj', 4, 3), ('dobj', 4, 5), ('punct', 4, 6)]
# 对英文进行依存句法分析
eng_model = StanfordCoreNLP( r'stanford - corenlp - full - 2018 - 02 - 27')
s_eng = 'I love natural language processing technology!'
dep_eng = eng_model.dependency_parse(s_eng)
print(dep_eng)
[('ROOT', 0, 2), ('nsubj', 2, 1), ('amod', 6, 3), ('compound', 6, 4), ('compound', 6, 5),
('dobj', 2, 6), ('punct', 2, 7)]
```

2) HanLP

HanLP 是一系列模型与算法组成的自然语言处理工具包,它提供了中文依存句法分析功能。

Github 地址:https://github.com/hankcs/pyhanlp。

官网:http://hanlp.linrunsoft.com/。

安装:pip install pyhanlp。

国内源安装:pip install pyhanlp -i https://pypi.tuna.tsinghua.edu.cn/simple。

使用该工具对示例进行依存句法分析的代码如下:

```
from pyhanlp import *
s_zh = '我爱自然语言处理技术!'
dep_zh = HanLP.parseDependency(s_zh)
print(dep_zh)
1 我 我 r r _ 2 主谓关系 _ _
2 爱 爱 v v _ 0 核心关系 _ _
3 自然语言处理 自然语言处理 v v _ 4 定中关系 _ _
4 技术 技术 n n _ 2 动宾关系 _ _
5! ! wp w _ 2 标点符号 _ _:
```

3) SpaCy

该工具为工业级的自然语言处理工具,遗憾的是目前不支持中文。

4) FudanNLP

该工具为复旦大学自然语言处理实验室开发的中文自然语言处理工具包,包含信息检索(文本分类、新闻聚类)、中文处理(中文分词、词性标注、实体名识别、关键词提取、依存句法分析、时间短语识别)、结构化学习(在线学习、层次分类、聚类)。

5.2 HanLP 基于神经网络依存句法分析器[13]

HanLP 本身提供了基于神经网络的依存句法分析器,除此之外,还提供了很多句法分析器,其结构如图 5.2 所示。

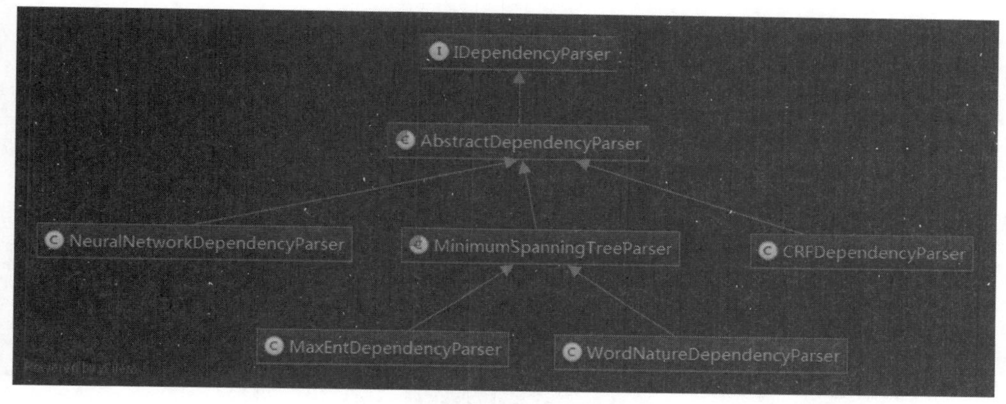

图 5.2 句法分析器接口(图片来源于 CSDN)

句法分析器接口代码如下所示:

```
/**
 * 依存句法分析器接口
 *
 * @author hankcs
 */
public interface IDependencyParser
{
    /**
     * 分析句子的依存句法
     *
     * @param termList 句子,可以是任何具有词性标注功能的分词器的分词结果
     * @return CoNLL 格式的依存句法树
     */
    CoNLLSentence parse(List<Term> termList);

    /**
     * 分析句子的依存句法
     *
     * @param sentence 句子
     * @return CoNLL 格式的依存句法树
     */
    CoNLLSentence parse(String sentence);

    /**
     * 获取 Parser 使用的分词器
     *
     * @return
     */
```

```
    Segment getSegment();

    /**
     * 设置 Parser 使用的分词器
     *
     * @param segment
     */
    IDependencyParser setSegment(Segment segment);

    /**
     * 获取依存关系映射表
     *
     * @return
     */
    Map<String, String> getDeprelTranslator();

    /**
     * 设置依存关系映射表
     *
     * @param deprelTranslator
     */
    IDependencyParser setDeprelTranslator(Map<String, String> deprelTranslator);

    /**
     * 依存关系自动转换开关
     * @param enable
     */
    IDependencyParser enableDeprelTranslator(boolean enable);
}
```

简单示例代码如下：

```
/**
 * 依存句法分析(神经网络句法模型需要 -Xms1g -Xmx1g -Xmn512m)
 * @author hankcs
 */
public class DemoDependencyParser
{
    public static void main(String[] args)
    {
        CoNLLSentence sentence = HanLP.parseDependency("徐先生还具体帮助他确定了把画雄鹰、
松鼠和麻雀作为主攻目标。");
        System.out.println(sentence);
        // 可以方便地遍历它
        for (CoNLLWord word : sentence)
        {
            System.out.printf("%s --(%s)--> %s\n", word.LEMMA, word.DEPREL, word.HEAD
.LEMMA);
        }
        // 也可以直接拿到数组,任意顺序或逆序遍历
        CoNLLWord[] wordArray = sentence.getWordArray();
        for (int i = wordArray.length - 1; i >= 0; i--)
        {
            CoNLLWord word = wordArray[i];
            System.out.printf("%s --(%s)--> %s\n", word.LEMMA, word.DEPREL, word.HEAD
.LEMMA);
        }
        // 还可以直接遍历子树,从某棵子树的某个节点一路遍历到虚根
        CoNLLWord head = wordArray[12];
        while ((head = head.HEAD) != null)
```

```
        {
            if (head == CoNLLWord.ROOT) System.out.println(head.LEMMA);
            else System.out.printf("%s --(%s)--> ", head.LEMMA, head.DEPREL);
        }
    }
}
```

运行结果如下：

```
1.	1	徐先生	徐先生	nh	nr	_	4	主谓关系	_	_
2.	2	还	还	d	d	_	4	状中结构	_	_
3.	3	具体	具体	a	a	_	4	状中结构	_	_
4.	4	帮助	帮助	v	v	_	0	核心关系	_	_
5.	5	他	他	r	rr	_	4	兼语	_	_
6.	6	确定	确定	v	v	_	4	动宾关系	_	_
7.	7	了	了	u	ule	_	6	右附加关系	_	_
8.	8	把	把	p	pba	_	15	状中结构	_	_
9.	9	画	画	v	v	_	8	介宾关系	_	_
10.	10	雄鹰	雄鹰	n	n	_	9	动宾关系	_	_
11.	11	、	、	wp	w	_	12	标点符号	_	_
12.	12	松鼠	松鼠	n	n	_	10	并列关系	_	_
13.	13	和	和	c	cc	_	14	左附加关系	_	_
14.	14	麻雀	麻雀	n	n	_	10	并列关系	_	_
15.	15	作为	作为	p	p	_	6	动宾关系	_	_
16.	16	主攻	主攻	v	v	_	17	定中关系	_	_
17.	17	目标	目标	n	n	_	15	动宾关系	_	_
18.	18	。	。	wp	w	_	4	标点符号	_	_
19.
20.	徐先生 --(主谓关系)--> 帮助
21.	还 --(状中结构)--> 帮助
22.	具体 --(状中结构)--> 帮助
23.	帮助 --(核心关系)--> ##核心##
24.	他 --(兼语)--> 帮助
25.	确定 --(动宾关系)--> 帮助
26.	了 --(右附加关系)--> 确定
27.	把 --(状中结构)--> 作为
28.	画 --(介宾关系)--> 把
29.	雄鹰 --(动宾关系)--> 画
30.	、--(标点符号)--> 松鼠
31.	松鼠 --(并列关系)--> 雄鹰
32.	和 --(左附加关系)--> 麻雀
33.	麻雀 --(并列关系)--> 雄鹰
34.	作为 --(动宾关系)--> 确定
35.	主攻 --(定中关系)--> 目标
36.	目标 --(动宾关系)--> 作为
37.	。--(标点符号)--> 帮助
38.
39.	。--(标点符号)--> 帮助
40.	目标 --(动宾关系)--> 作为
41.	主攻 --(定中关系)--> 目标
42.	作为 --(动宾关系)--> 确定
43.	麻雀 --(并列关系)--> 雄鹰
44.	和 --(左附加关系)--> 麻雀
45.	松鼠 --(并列关系)--> 雄鹰
46.	、--(标点符号)--> 松鼠
47.	雄鹰 --(动宾关系)--> 画
48.	画 --(介宾关系)--> 把
49.	把 --(状中结构)--> 作为
50.	了 --(右附加关系)--> 确定
51.	确定 --(动宾关系)--> 帮助
```

```
52.     他 --(兼语)--> 帮助
53.     帮助 --(核心关系)--> ##核心##
54.     具体 --(状中结构)--> 帮助
55.     还 --(状中结构)--> 帮助
56.     徐先生 --(主谓关系)--> 帮助
57.
58.     麻雀 --(并列关系)--> 雄鹰 --(动宾关系)--> 画 --(介宾关系)--> 把 --(状中结构)
    --> 作为 --(动宾关系)--> 确定
```

各类关系解释如下：

(1) 主谓关系(subject-verb,SBV)：我送她一束花（我 <-- 送）。

(2) 动宾关系(verb-object,VOB)：我送她一束花（送 --> 花）。

(3) 间宾关系(indirect-object,IOB)：我送她一束花（送 --> 她）。

(4) 前置宾语(fronting-object,FOB)：他什么书都读（书 <-- 读）。

(5) 兼语(double,DBL)：他请我吃饭（请 --> 我）。

(6) 定中关系(attribute,ATT)：红苹果（红 <-- 苹果）。

(7) 状中结构(adverbial,ADV)：非常美丽（非常 <-- 美丽）。

(8) 动补结构(complement,CMP)：做完了作业（做 --> 完）。

(9) 并列关系(coordinate,COO)：大山和大海（大山 --> 大海）。

(10) 介宾关系(preposition-object,POB)：在贸易区内（在 --> 内）。

(11) 左附加关系(left adjunct,LAD)：大山和大海（和 <-- 大海）。

(12) 右附加关系(right adjunct,RAD)：孩子们（孩子 --> 们）。

(13) 独立结构(independent structure,IS)：两个单句在结构上彼此独立。

(14) 核心关系(head,HED)：指整个句子的核心。

可以使用 DependencyViewer 进行可视化，如图 5.3 所示。

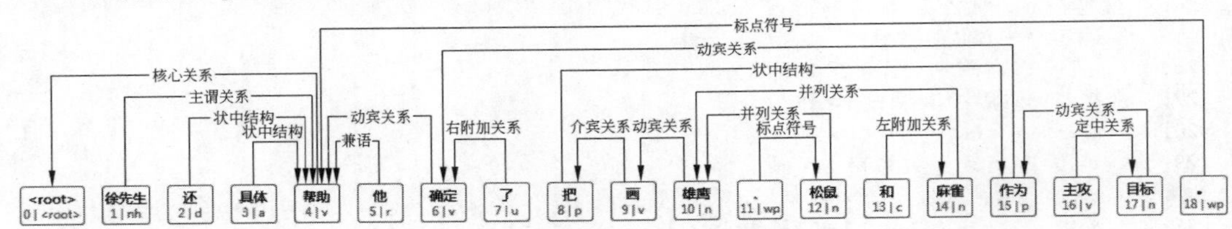

图 5.3　依存句法关系(图片来源于 CSDN)

第6章 语义角色标注

CHAPTER 6

语义角色标注(semantic role labeling,SRL)是一种浅层的语义分析。对于给定的一个句子,SRL 的任务是找出句子中谓词的相应语义角色成分,包括核心语义角色(如施事者、受事者等)和附属语义角色(如地点、时间、方式、原因等)。

SRL 的研究热点包括基于成分句法树的 SRL 和基于依存句法树的 SRL。同时,根据谓词的词性不同,又可进一步分为动词性谓词和名词性谓词 SRL。尽管各任务之间存在着差异性,但它们的标注框架类似。

目前 SRL 的实现通常都是基于句法分析结果,即对于某个给定的句子,首先得到其句法分析结果,然后基于该句法分析结果,再实现 SRL。这使得 SRL 的性能严重依赖于句法分析的结果。

6.1 语义角色标注原理

自然语言分析技术大致分为3个层面:词法分析、句法分析和语义分析。SRL 是实现浅层语义分析的一种方式。在一个句子中,谓词是对主语的陈述或说明,指出"做什么""是什么"或"怎么样",代表了一个事件的核心,跟谓词搭配的名词称为论元(argument)。语义角色是指论元在动词所指事件中担任的角色,主要有施事者(agent)、受事者(patient)、时间(time)、经验者(experiencer)、受益者(beneficiary)、工具(instrument)、地点(location)、目标(goal)和来源(source)等。

如下例中,"遇到"是谓词(predicate,通常简写为 Pred),"小明"是施事者,"小红"是受事者,"昨天"是事件发生的时间,"公园"是事件发生的地点。

[小明]$_{\text{Agent}}$[昨天]$_{\text{Time}}$[晚上]$_{\text{Time}}$ 在[公园]$_{\text{Location}}$[遇到]$_{\text{Predicate}}$ 了[小红]$_{\text{Patient}}$。

SRL 以句子的谓词为中心,不对句子所包含的语义信息进行深入分析,只分析句子中各成分与谓词之间的关系,即句子的谓词-论元结构,并用语义角色来描述这些结构关系,是许多自然语言理解任务(如信息提取、篇章分析、深度问答等)的重要中间步骤。在研究中一般都假定谓词是给定的,所要做的就是找出给定谓词的各个论元和它们的语义角色。传统的 SRL 系统大多建立在句法分析基础之上,通常包括5个流程:

(1) 构建一棵句法分析树,上面的例子是进行依存句法分析得到的一棵句法树。

(2) 从句法树上识别出给定谓词的候选论元。

(3) 候选论元剪除。一个句子中的候选论元可能很多,候选论元剪除就是从大量的候选项中剪除那些最不可能成为论元的候选项。

(4) 论元识别。这个过程是从上一步剪除之后的候选项中判断哪些是真正的论元,通常当作一个二分类问题来解决。

(5) 针对第(4)步的结果,通过多分类得到论元的语义角色标签。

可以看到,句法分析是基础,并且后续步骤常常会构造一些人工特征,这些特征往往也来自句法分析。依存句法分析树如图 6.1 所示。

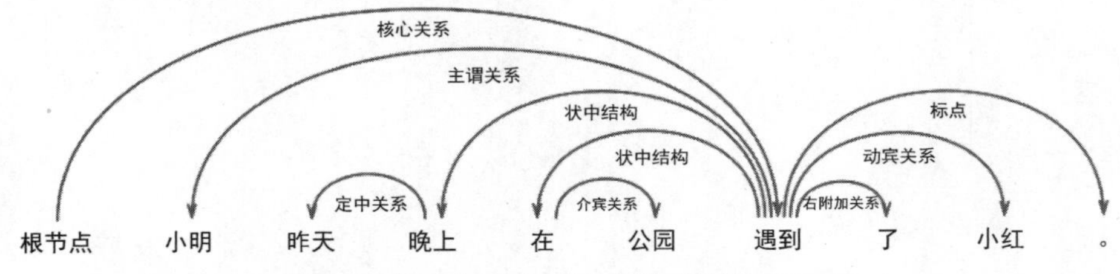

图 6.1　依存句法分析树(图片来源于 CSDN)

然而,完全句法分析需要确定句子所包含的全部句法信息,并确定句子各成分之间的关系,这是一个非常困难的任务。目前技术下的句法分析准确率并不高,句法分析的细微错误都会导致 SRL 的错误。为了降低问题的复杂度,同时获得一定的句法结构信息,"浅层句法分析"的思想应运而生。浅层句法分析也称为部分句法分析(partial parsing)或语块划分(chunking)。和完全句法分析得到一棵完整的句法树不同,浅层句法分析只需识别句子中某些结构相对简单的独立成分,例如,动词短语,这些被识别出来的结构称为语块(chunk)。为了回避"无法获得准确率较高的句法树"所带来的困难,一些研究也提出了基于语块的 SRL 方法。

基于语块的 SRL 方法将 SRL 作为一个序列标注问题来解决。序列标注任务一般都会采用 BIO 表示方式来定义序列标注的标签集。在 BIO 表示法中,B 代表语块的开始,I 代表语块的中间,O 代表语块结束。通过 B、I、O 3 种标记将不同的语块赋予不同的标签,例如,对于一个角色为 A 的论元,将它所包含的第一个语块赋予标签 B-A,将它所包含的其他语块赋予标签 I-A,不属于任何论元的语块赋予标签 O。

继续以上面的这句话为例,BIO 标注方法如图 6.2 所示。

输入序列	小明	昨天	晚上	在	公园	遇到	了	小红	。
语块	B-NP	B-NP	I-NP	B-PP	B-NP	B-VP		B-NP	
标注序列	B-Agent	B-Time	I-Time	O	B-Location	B-Predicate	O	B-Patient	O
角色	Agent	Time	Time		Location	Predicate	O	Patient	

图 6.2　BIO 标注方法(图片来源于 CSDN)

从上例可看到,根据序列标注结果可以直接得到论元的 SRL 结果,这是一个相对简单的过程。这种简单性体现在:

(1) 依赖浅层句法分析,降低了句法分析的要求和难度;

(2) 没有了候选论元剪除这一步骤;

(3) 论元的识别和论元标注是同时实现的。这种一体化处理论元识别和论元标注的方法,简化了流程,降低了错误累积的风险,往往能够取得更好的结果。

6.2　语义角色标注的设计框架[15]

语义角色包括:

ARG0、ARG1、ARG2、ARG3、ARG4

ARGM-LOC(地点)、ARGM-TMP(时间)、ARGM-CND(条件)、ARGM-PRD(修饰)、ARGM-BNF(受益)、ARGM-MNR(方式)、ARGM-DIR(来自)、ARGM-ADV(其他的)、ARGM-DIS、ARGM-FRQ、ARGM-EXT、ARGM-TPC

REL(谓语动词)

数据集分为训练数据集、开发数据集和测试数据集。数据集格式为：每行一个句子，每个句子都有且仅有一个命题标签(rel)，并且句子已经完成中文分词。对于每一个词块 A/B/C，A 是该词；B 是词性信息；C 是论元标记。论元标记信息在测试数据集中没有给出，在训练数据集和开发数据集中给出。

论元标记由两部分组成：位置标签和标记内容。位置标签共有 4 种，分别是 S-(单词论元词)、B-(论元的首词语)，E-(论元的尾词) 以及 I-(论元首尾词之间的词)。

对于含有多个词的论元，需要正确识别出它的论元标签以及左右边界。比如：

《/PU/B-ARG1 国家/NN/I-ARG1 高新/JJ/I-ARG1 技术/NN/I-ARG1\产业/NN/I-ARG1 开发区/NN/I-ARG1 管理/NN/I-ARG1 暂行/JJ/I-ARG1\办法/NN/I-ARG1》/PU/E-ARG1

在 B-标签和 E-标签之间的所有位置的标签都是 I-标签，在输出语义角色标注答案时也应该按照此项原则。

语义角色标注在语义生成树的基础之上进行。语义角色标注的设计框架一共对数据进行 4 个阶段的处理：生成语义生成树、剪枝、角色识别、角色分类。

6.2.1 生成语义生成树

生成句子对应的语义生成树，使用了 Standford 开源的 parser 工具，例如：

他 同时 希望 小明 本人 顺应 历史 发展 潮流，把握 时机，就 两 个 事件 谈判 作出 积极 回应 和 明智 选择。

生成的语义生成树如图 6.3 所示。

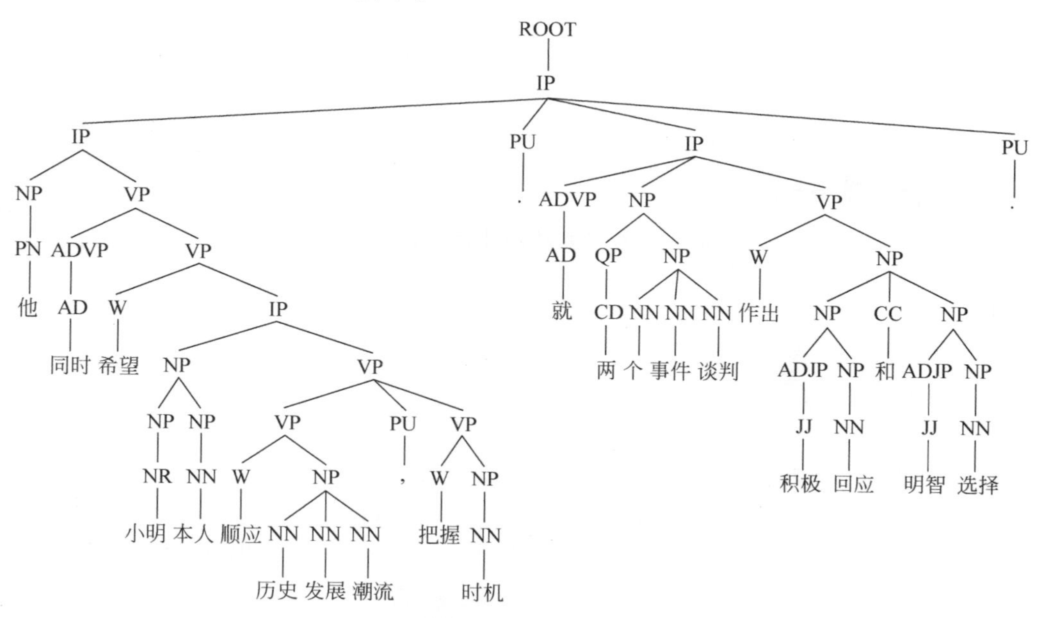

图 6.3 语义生成树(图片来源于 CSDN)

6.2.2 剪枝

如果用朴素的思路去遍历所有的节点，从图 6.3 的生成树中可以看出，这样需要处理的节点个数非常多。而事实上其中的节点是有冗余的，并不需要处理所有的节点。于是，如何去掉那些明显不可能是语义角色的节点呢？答案便是剪枝，仅仅处理可能是语义角色的候选节点即可。

(1) 采用[Xue and Palmer (2004)] 提出的启发式剪枝方法。

(2) 将谓语动词作为当前节点，将当前节点的兄弟节点全部收录到候选节点中。

(3) 将当前节点的父节点作为当前节点，重复第(1)步，直至最顶层的节点结束。

6.2.3 角色识别

利用一个二分类器将收录的候选节点进行分类，是语义角色的节点标注为 1，否则标注为 0。

6.2.4 角色分类

利用角色识别的结果，对标注为语义角色的节点进行分类并标注，这里的分类就是前文所述的 ARG0～4、REL、ARGM-＊。

当然，到这里可能会有一个疑问：为什么不把角色识别和角色分类合并到一起，添加非语义角色类不就好了吗？这个思路本身没有任何问题，但是实际情况是合并的效果并不好。可能的解释是：起初先判断是不是语义角色，区分出来后，可以对后续的角色更加高效地进行分类。

有了语义角色标注的设计框架之后，其中的角色识别和角色分类都需要为节点设计特征。这里的标注使用了 12 个特征：

(1) 谓语动词

(2) 谓语动词词性

(3) 主被动

(4) 位置(谓语动词前、后)

(5) 关键词

(6) 关键词词性

(7) 分析类型

(8) 上升路径

(9) 下降路径

(10) 动词的子结构(动词的父节点和该父节点的类型组成)

(11) 短语第一个词

(12) 短语最后一个词

其中，“路径”是指该节点在语义生成树中到谓语动词所在节点的最短路径。

分类器的选择使用了快速梯度下降法(SGD)、决策树(DT)、k 近邻(KNN)、朴素贝叶斯、支持向量机(SVM)、最大熵(ME)等，以及一些集成方法——Bagging(BAG)和 AdaBoost(AB)。先使用每个方法训练得到各自的二分类器和多分类器，再将二分类器和多分类器组合，根据结果选择最好的两个组合。

实验中使用了 sklearn 包中 10 种机器学习的方法：SGD、DT、KNN、GNB(高斯)、SVM、

BAG、RF(随机森林)、AB、CD(KNN 簇中心)、ME。在开发数据集上实验结果的 F 值如图 6.4 所示,其中,纵向分类器用于二分类器,横向分类器用于多分类器。

	SGD	DT	KNN	GNB	SVM	BAG	RF	AB	CD	ME
SGD	0.2372	0.4913	0.4443	0.1143	0.4113	0.4802	0.4956	0.4010	0.0738	0.4203
DT	0.2616	0.5427	0.5045	0.1442	0.4422	0.5373	0.5545	0.4467	0.0905	0.4581
KNN	0.2459	0.5178	0.4830	0.1310	0.4233	0.5160	0.5267	0.4295	0.0855	0.4389
GNB	0.1792	0.3945	0.3394	0.0709	0.2991	0.3811	0.4002	0.2837	0.0589	0.3125
SVM	-	0.0094	0.0101	-	0.0031	0.0109	0.0109	-	-	0.0109
BAG	0.2620	0.5537	0.5143	0.1370	0.4486	0.5476	0.5583	0.4537	0.0884	0.4694
RF	0.2806	0.5820	0.5414	0.1520	0.4788	0.5815	0.5940	0.4788	0.0930	0.4963
AB	0.2758	0.5675	0.5226	0.1368	0.4769	0.5635	0.5785	0.4742	0.0919	0.4892
CD	0.2162	0.4304	0.3937	0.1234	0.3598	0.4275	0.4396	0.3631	0.0801	0.3732
ME	0.1549	0.3603	0.3131	0.0627	0.2750	0.3458	0.3603	0.2530	0.0423	0.2868

图 6.4 二分类器和多分类器组合的 F 值(图片来源于 CSDN)

图中每行中 F 值超过 0.5 的数值且最高的有 3 个。实验结果显示,二分类器和多分类器均使用 RF 在 cpbdev.txt 的数据集上可以得到最高 F 值:0.5940(召回率为 0.7121,准确率为 0.5094)。

第7章 文本相似度算法

CHAPTER 7

在自然语言处理中，经常需要判定两个东西是否相似。比如，在微博的热点话题推荐那里，需要比较微博之间的相似度，让相似度高的微博聚集在一起形成一个簇，提出一个主题。在问答系统中，例如人工客服，需要提前准备好问题和一些答案，将用户输入的问题与题库中的问题进行相似度的比较，最后输出答案。

在推荐系统中，需要提取一个用户的所有物品，再根据这个物品找到对应的用户群，比较两个用户之间的相似性，再进行相应的推荐(协同过滤)。在对语料进行预处理的时候，需要给予文本相似度，把相似度高的重复主题过滤掉。

总之，相似度是一种非常有用的工具，可以解决很多问题。一般来说，是比较两个物体(如商品、文本)之间的相似度。这里的相似度是一个抽象的值，它可以抽象为估计的百分比。在推荐工程中，计算相似度是为了给用户推送一定量的物品，即把所有的物品按相似度排序，然后选出相似度最高的那几个物品。

人是很容易判断出物品的相似度的，因为人们会在心里有一个考量。那么程序如何判断物品的相似度呢？如果是文本分析，它首先就要用到分词技术，接着去掉不必要的词(如语气词、连接词)，然后对词给一个抽象的量表示权重，最后用一些方法统计出整体的相似度。如果是其他分析，可能首先也需要进行数据清洗的工作，留下那些关键的能够表示物体特征的部分，对这些部分定权值，再去估计整体。

下面介绍几种常见的文本相似度算法，比如字符串编辑距离、余弦相似度等。

7.1 字符串编辑距离[16]

字符串编辑距离是做文本相似度经常用到的算法，本节介绍其原理，并同时用 Java 和 Python 代码实现。

7.1.1 算法原理

字符串编辑距离又称为 Levenshtein 距离，由俄罗斯数学家 Vladimir Levenshtein 于 1965 年提出，是指利用字符操作，把字符串 A 转换成字符串 B 所需要的最少操作数。其中字符操作包括：

删除一个字符
插入一个字符
修改一个字符

例如，对于字符串"if"和"iff"，可以通过插入一个'f'或者删除一个'f'来达到转换目的。

问题描述：给定两个字符串 A 和 B，求字符串 A 至少经过多少步字符操作转换成字符串 B。

先对一个例子进行分析，比如 eat 变成 tea。对于第一个字符，e!＝a，要想让这两个字符相等，有 3 种可以选择的办法。

(1) 修改字符，将 e 直接变成 a，需要进行一步。

(2) 插入字符，在 e 的前面插入 a，也需要进行一步。

(3) 删除字符，将 e 删除，然后比较后面的 a，也需要进行一步。

如果是 e＝＝a，则可以直接跳过这个字符比较下面的字符，这样它们的距离也可根据前面一步的例子确定了。

经过举例分析，发现这是一个动态规划问题，那么可按照动态规划的方法来求解。

(1) 维护一个 dp 数组，其中 dp[i][j]表示 s1[0]到 s1[i]和 s2[0]到 s2[j]进行的最少步骤；

(2) 边界条件初始化，dp[i][0]＝i，相当于将 s1 逐个变成空所要进行的步数，对于 dp[0][j]＝j 同理；

(3) 在状态转移方程中，要得到 dp[i][j]的值，假设 s1[$i-1$]和 s2[$j-1$]之前的都已经相等了，那么如果 s1[i]＝＝s2[j]，显然不需要进行操作，dp[i][j]＝＝dp[$i-1$][$j-1$]；如果 s1[i]!＝s2[j]，那么到达 dp[i][j]的路就有 3 条，分别从 dp[$i-1$][$j-1$]、dp[$i-1$][j]、dp[i][$j-1$]，对应的含义分别是修改字符、删除字符和插入字符，在 3 种操作下，经历的步数都要＋1，所以只要找三者的最小值然后＋1 就可以了。

这个题目有一种巧妙的理解办法，就是画表格。画表格法在动态规划中非常有用，特别是处理这种二维数组的情况，利用画表格法可以直观地理解状态转移的过程，十分值得学习。

这里以 s1＝"cafe"，s2＝"coffee"为例，表格如下：

(1) 初始状态如图 7.1 所示，这里要注意 dp 数组的长度要比字符串长度＋1，因为要保存字符串为空的状态。

(2) 边界条件初始化如图 7.2 所示。

		c	o	f	f	e	e
c							
a							
f							
e							

图 7.1　初始状态

		c	o	f	f	e	e
	0	1	2	3	4	5	6
c	1						
a	2						
f	3						
e	4						

图 7.2　边界条件初始化

(3) 状态转移。

以 3,3 格为例，开始计算。因为 c＝＝c，所以 3,3 格和 2,2 格相同，都为 0。

对于 3,4 格，因为 c!＝o，所以到达 3,4 格有 3 个方向，取以下 3 个值的最小值：

对角数字＋1(对于 3,4 格来说为 2)

左方数字+1(对于3,4格来说为1)

上方数字+1(对于3,4格来说为3)

因此3,4格为1。

状态转移如图7.3所示。

循环操作如图7.4所示。

		c	o	f	f	e	e
	0	1	2	3	4	5	6
c	1	0	1				
a	2						
f	3						
e	4						

图7.3 状态转移

		c	o	f	f	e	e
	0	1	2	3	4	5	6
c	1	0	1	2	3	4	5
a	2	1	1	2	3	4	5
f	3	2	2	1	2	3	4
e	4	3	3	2	2	2	3

图7.4 循环操作

取右下角,得到编辑距离为3。上例为求解字符串编辑距离的大概方法,主要还是要通过表格来找状态转移过程。

7.1.2 Java代码实现

字符串编辑距离的Java实现示例如代码7.1所示。

【代码7.1】 LevensteinDistance.java

```
package com.chongdianleme.job;
/**
 * Created by "充电了么"App - 陈敬雷
 * "充电了么"App官网: http://chongdianleme.com/
 * "充电了么"App - 专注上班族职业技能提升充电学习的在线教育平台
 * 字符串编辑距离相似度演示
 */
public class LevensteinDistance {
    public static void main(String[] args) {
        String str1 = "充电了么App - 专注上班族职业技能提升充电学习的在线教育平台";
        String str2 = "充电了么是专注上班族职业技能提升充电学习的在线教育平台";
        double sim = sim(str1,str2);
        System.out.println(sim);
    }
    /**
     * 计算相似度,归一化为0~1的小数值
     * @param str1 str1
     * @param str2 str2
     * @return sim
     */
    public static double sim(String str1, String str2)
    {
        int distance = distance(str1, str2);
        return 1 - (double) distance / Math.max(str1.length(), str2.length());
    }
    private static int min(int one, int two, int three) {
        int min = one;
        if (two < min) {
```

```
                min = two;
            }
            if (three < min) {
                min = three;
            }
            return min;
        }
        /**
         * 字符串编辑距离函数
         * @param str1
         * @param str2
         * @return
         */
        public static int distance(String str1, String str2) {
            int d[][];                          // 矩阵
            int n = str1.length();
            int m = str2.length();
            int i;                              // 遍历 str1 的
            int j;                              // 遍历 str2 的
            char ch1;                           // str1 的
            char ch2;                           // str2 的
            int temp;                           // 记录相同字符,在某个矩阵位置值的增量,不是 0 就是 1
            if (n == 0) {
                return m;
            }
            if (m == 0) {
                return n;
            }
            d = new int[n + 1][m + 1];
            for (i = 0; i <= n; i++) {     // 初始化第一列
                d[i][0] = i;
            }
            for (j = 0; j <= m; j++) {     // 初始化第一行
                d[0][j] = j;
            }
            for (i = 1; i <= n; i++) {     // 遍历 str1
                ch1 = str1.charAt(i - 1);
                // 去匹配 str2
                for (j = 1; j <= m; j++) {
                    ch2 = str2.charAt(j - 1);
                    if (ch1 == ch2) {
                        temp = 0;
                    } else {
                        temp = 1;
                    }
                    // 左边 + 1,上边 + 1, 左上角 + temp 取最小
                    d[i][j] = min(d[i - 1][j] + 1, d[i][j - 1] + 1, d[i - 1][j - 1] + temp);
                }
            }
            return d[n][m];
        }
}
```

7.1.3 Python 代码实现

字符串编辑距离的 Python 实现示例如代码 7.2 所示。

【代码 7.2】 LevensteinDistance.py

```
#!/usr/bin/python
```

```
# -*- coding: utf-8 -*-
# __author__ = '陈敬雷'
import numpy as np
print("充电了么 App 官网: www.chongdianleme.com")
print("充电了么 App - 专注上班族职业技能提升充电学习的在线教育平台")
"""
字符串编辑距离相似度演示
"""
def string_distance(str1, str2):
    """
    计算两个字符串之间的编辑距离
    :param str1:
    :param str2:
    :return:
    """
    m = str1.__len__()
    n = str2.__len__()
    distance = np.zeros((m + 1, n + 1))

    for i in range(0, m + 1):
        distance[i, 0] = i
    for i in range(0, n + 1):
        distance[0, i] = i

    for i in range(1, m + 1):
        for j in range(1, n + 1):
            if str1[i - 1] == str2[j - 1]:
                cost = 0
            else:
                cost = 1
            distance[i, j] = min(distance[i - 1, j] + 1, distance[i, j - 1] + 1,
                                 distance[i - 1, j - 1] + cost)  # 分别对应删除、插入和替换

    return distance[m, n]
'''
计算相似度,归一化为 0~1 的小数值
'
'
'
def sim(str1, str2):
    distance = string_distance(str1, str2)
    return 1 - distance/max(len(str1), len(str2))

if __name__ == '__main__':
    str1 = "充电了么 App - 专注上班族职业技能提升充电学习的在线教育平台"
    str2 = "充电了么是专注上班族职业技能提升充电学习的在线教育平台"
    sim = sim(str1, str2)
    print(sim)
```

以上用 Java 和 Python 代码输出的相似度分值都是 0.8125,下节介绍余弦相似度,算出的相似度分值相近,但不完全一样。

7.2 余弦相似度

余弦相似度一般比字符串编辑距离的效果更好,本节介绍其原理,并同时用 Java 和 Python 代码实现。

7.2.1 算法原理

余弦相似度又称为余弦相似性,是通过计算两个向量的夹角余弦值来评估它们的相似度。余弦相似度将向量根据坐标值,绘制到向量空间中,如最常见的二维空间。

0°角的余弦值是1,而其他任何角度的余弦值都不大于1,并且最小值是-1。两个向量的指向相同时,余弦相似度的值为1;两个向量夹角为90°时,余弦相似度的值为0;两个向量指向完全相反的方向时,余弦相似度的值为-1。余弦相似度与向量的长度无关,仅仅与向量的指向方向相关。余弦相似度通常用于正空间,因此给出的值为-1~1。

值得注意的是余弦相似度在任何维度的向量空间中都适用,而且余弦相似度最常用于高维正空间。例如,在信息检索中,每个词项被赋予不同的维度,而一个维度由一个向量表示,各个维度上的值对应于该词项在文档中出现的频率。因此余弦相似度可以给出两篇文档在其主题方面的相似度。

另外,余弦相似度通常用于文本挖掘中的文件比较。此外,在数据挖掘领域,会用余弦相似度来度量集群内部的凝聚力。

7.2.2 Java代码实现

余弦相似度的Java实现示例如代码7.3所示。

【代码7.3】 CosineSimilarity.java

```
package com.chongdianleme.job;
import java.util.HashMap;
import java.util.Map;
import java.util.Set;
/**
 * Created by "充电了么"App - 陈敬雷
 * "充电了么"App官网: http://chongdianleme.com/
 * "充电了么"App - 专注上班族职业技能提升充电学习的在线教育平台
 * 余弦相似度演示
 */
public class CosineSimilarity {
    Map<Character, int[]> vectorMap = new HashMap<Character, int[]>();
    int[] tempArray = null;

    public static void main(String[] args) {
        String str1 = "充电了么App - 专注上班族职业技能提升充电学习的在线教育平台";
        String str2 = "充电了么是专注上班族职业技能提升充电学习的在线教育平台";
        CosineSimilarity similarity = new CosineSimilarity(str1, str2);
        System.out.println(similarity.sim());
    }
    public CosineSimilarity(String string1, String string2) {
        for (Character character1 : string1.toCharArray()) {
            if (vectorMap.containsKey(character1)) {
                vectorMap.get(character1)[0]++;
            } else {
                tempArray = new int[2];
                tempArray[0] = 1;
                tempArray[1] = 0;
                vectorMap.put(character1, tempArray);
            }
        }
        for (Character character2 : string2.toCharArray()) {
            if (vectorMap.containsKey(character2)) {
                vectorMap.get(character2)[1]++;
```

```
            } else {
                tempArray = new int[2];
                tempArray[0] = 0;
                tempArray[1] = 1;
                vectorMap.put(character2, tempArray);
            }
        }
    }
    // 求余弦相似度
    public double sim() {
        double result = 0;
        result = pointMulti(vectorMap) / sqrtMulti(vectorMap);
        return result;
    }
    private double sqrtMulti(Map<Character, int[]> paramMap) {
        double result = 0;
        result = squares(paramMap);
        result = Math.sqrt(result);
        return result;
    }
    // 求平方和
    private double squares(Map<Character, int[]> paramMap) {
        double result1 = 0;
        double result2 = 0;
        Set<Character> keySet = paramMap.keySet();
        for (Character character : keySet) {
            int temp[] = paramMap.get(character);
            result1 += (temp[0] * temp[0]);
            result2 += (temp[1] * temp[1]);
        }
        return result1 * result2;
    }
    // 点乘法
    private double pointMulti(Map<Character, int[]> paramMap) {
        double result = 0;
        Set<Character> keySet = paramMap.keySet();
        for (Character character : keySet) {
            int temp[] = paramMap.get(character);
            result += (temp[0] * temp[1]);
        }
        return result;
    }
}
```

7.2.3 Python 代码实现

余弦相似度的 Python 实现示例如代码 7.4 所示。

【代码 7.4】 CosineSimilarity.py

```
#!/usr/bin/python
# -*- coding: utf-8 -*-
#__author__ = '陈敬雷'
import numpy as np
import re
print("充电了么 App 官网: www.chongdianleme.com")
print("充电了么 App - 专注上班族职业技能提升充电学习的在线教育平台")
"""
字符串余弦相似度
"""
def get_word_vector(s1, s2):
    """
```

```
        :param s1: 字符串 1
        :param s2: 字符串 2
        :return: 返回字符串切分后的向量
        """
        # 字符串中文按字分,英文按单词,数字按空格
        regEx = re.compile('[\\W]*')
        res = re.compile(r"([\u4e00-\u9fa5])")
        p1 = regEx.split(s1.lower())
        str1_list = []
        for str in p1:
            if res.split(str) == None:
                str1_list.append(str)
            else:
                ret = res.split(str)
                for ch in ret:
                    str1_list.append(ch)
        # print(str1_list)
        p2 = regEx.split(s2.lower())
        str2_list = []
        for str in p2:
            if res.split(str) == None:
                str2_list.append(str)
            else:
                ret = res.split(str)
                for ch in ret:
                    str2_list.append(ch)
        # print(str2_list)
        list_word1 = [w for w in str1_list if len(w.strip()) > 0]  # 去掉为空的字符
        list_word2 = [w for w in str2_list if len(w.strip()) > 0]  # 去掉为空的字符
        # 列出所有的词,取并集
        key_word = list(set(list_word1 + list_word2))
        # 给定形状和类型的用 0 填充的矩阵存储向量
        word_vector1 = np.zeros(len(key_word))
        word_vector2 = np.zeros(len(key_word))
        # 计算词频
        # 依次确定向量的每个位置的值
        for i in range(len(key_word)):
            # 遍历 key_word 中每个词在句子中的出现次数
            for j in range(len(list_word1)):
                if key_word[i] == list_word1[j]:
                    word_vector1[i] += 1
            for k in range(len(list_word2)):
                if key_word[i] == list_word2[k]:
                    word_vector2[i] += 1

        # 输出向量
        return word_vector1, word_vector2

def cos_dist(vec1, vec2):
    """
    :param vec1: 向量 1
    :param vec2: 向量 2
    :return: 返回两个向量的余弦相似度
    """
    dist1 = float(np.dot(vec1, vec2) / (np.linalg.norm(vec1) * np.linalg.norm(vec2)))
    return dist1

if __name__ == '__main__':
    str1 = "充电了么 App - 专注上班族职业技能提升充电学习的在线教育平台"
    str2 = "充电了么是专注上班族职业技能提升充电学习的在线教育平台"
    v1, v2 = get_word_vector(str1,str2)
    print(cos_dist(v1,v2))
```

第8章 语义相似度计算

CHAPTER 8

语义相似度(semantic similarity)是指文本或词语之间在含义或语义内容上相像的程度。在很多自然语言处理任务中,都涉及语义相似度的计算,例如,feeds 场景下文档和文档的语义相似度;在各种分类任务、翻译场景下,都会涉及语义相似度的计算。

基于语义理解的文本相似度计算方法与基于统计学的计算方法不同,此方法不需要大规模的语料库,也不需要长时间和大量的训练,通常仅需一个具有层次结构关系的语义词典,依据概念之间的上下文关系或同义关系进行计算。文本的相似度计算大多是依赖于组成此文本的词语,基于语义理解的相似度计算方法也不例外,一般都是通过计算语义结构树中两词语之间的距离来计算词语的相似度。因此,往往会用到一些具有层次结构关系的语义词典,如 WordNet、HowNet、《同义词词林》等。基于语义词典的文本相似度计算方法很多,有的通过计算词语在 WordNet 中由上下文关系所构成的最短路径来计算词语的相似度;也有的根据两词语在词典中的公共祖先节点所具有的最大信息量来计算词语的相似度;国内也有通过知网或《同义词词林》来计算词语的语义相似度的方法。

下面介绍基于《同义词词林》的语义相似度计算方式。

8.1 《同义词词林》

《同义词词林》主要用来衡量词和词之间的语义相似度,是人工整理的一个词典。

8.1.1 算法原理

《同义词词林》(又称《义类词典》,以下简称《词林》)是由梅家驹等学者编纂的一部对汉语词汇按语义全面分类的词典,收录词语近 7 万条。《词林》根据汉语的特点和使用原则,确定了词的语义分类体系:以词义为主,兼顾词类,并充分注意题材的集中。它将词义分为大类、中类、小类 3 级,共分 12 个大类(A 类为人,B 类为物,C 类为时间与空间,D 类为抽象事物,E 类为特征,F 类为动作,G 类为心理活动,H 类为活动,I 类为现象与状态,J 类为关联,K 类为助语,L 类为敬语),94 个中类,1428 个小类,小类下再以同义词原则划分词群,每个词群以一标题词立目,共 3925 个标题词。《词林》语义空间可用树状结构来表示,如图 8.1 所示。

编纂《词林》的初衷是提供从词义查词的工具,以便从中挑选适当的词语。作为一个语义分类体系,它也存在一些局限,如词典收录的词数量有限、复合词收录很少、词典更新滞后等。若直接采用它作为同义词词典,显然不能满足实际需要。本书进行的同义词挖掘,是利用《词林》语义体系,并且将《词林》作为同义词底表来实现的。这样不仅可以依据《词林》作为底表,

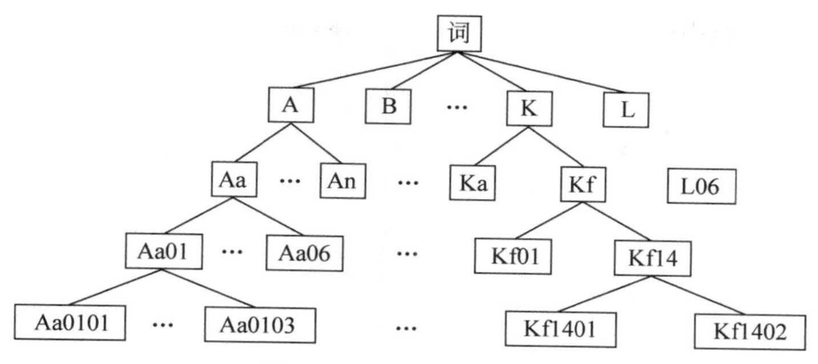

图 8.1 《词林》语义空间

直接识别出大量的、以词素形式出现的同义词，还可以依据它作为语义体系，挖掘出大量的复合词形式的同义词。

《词林》扩展版的词典比较大，这里截取前面一部分进行展示：

Aa01A01 = 人 士 人物 人士 人氏 人选
Aa01A02 = 人类 生人 全人类 新人
Aa01A03 = 人手 人员 人口 人丁 口 食指 生齿 职员
Aa01A04 = 劳力 劳动力 工作者 血汗
Aa01A05 = 匹夫 个人 个体 局部 片面 私人 一面 个别 小我 小我私家 部分 一边 一壁 私家 单方
Aa01A06 = 家伙 东西 货色 厮 崽子 兔崽子 小子 杂种 畜生 混蛋 竖子 鼠辈 小崽子 用具 器材 器械 对象 牲畜 货品 货物 物品 忘八 工具 牲口 器具 方向 目标 宗旨
Aa01A07 = 者 手 匠 客 主 子 家 夫 翁 汉 员 分子 鬼 货 棍 徒 份子
Aa01A08 = 每人 各人 每位 大家 人人 众人 大众
Aa01A09 = 该人 此人 这人
Aa01B01 = 人民 民 国民 公民 平民 黎民 庶 庶民 老百姓 苍生 生灵 生人 布衣 白丁 赤子 氓 群氓 黔首 黎民百姓 庶人 百姓 全民 全员 萌 黔黎 子民 匹夫 平易近 新人 选民
Aa01B02 = 群众 大众 公众 民众 万众 众生 千夫 公家 全体 大家 人人 众人 专家 公共 大伙 团体 人民 集体 全数 所有 大师 全部 一概 悉数 满堂 一切 黎民 整体 合座 完全 十足 全豹 百姓 美满 总共 举座 理想 齐备 扫数 世人 内行 统统 通盘 公民 全面 具体 一共 整个 全盘 行家 各人 国民
Aa01B03# 良民 顺民
Aa01B04# 遗民 贱民 流民 游民 顽民 刁民 愚民 不法分子 孑遗 余存 难民 灾民
Aa01C01 = 众人 人人 人们 专家 世人 大家 大师 行家 大众 各人 内行
Aa01C02 = 人丛 人群 人海 人流 人潮
Aa01C03 = 大家 大伙儿 大家伙儿 大伙 一班人 众家 各户 人人 大师 专家 行家 众人 民众 大众 各人 群众 公共 老手 内行 世人 巨匠 熟稔
Aa01C04 = 们 辈 曹 等
Aa01C05@ 众学生
Aa01C06# 妇孺 父老兄弟 男女老少 男女老幼
Aa01C07# 党群 干群 军民 工农兵 劳资 主仆 宾主 僧俗 师徒 师生 师生员工 教职员工 群体 爱国志士 党外人士 民主人士 爱国人士 政群 党政群 非中共人士 业内人士 工农分子 军警民 党政军民
Aa01D01@ 角色
Aa02A01 = 我 咱 俺 余 吾 予 侬 咱家 本人 身 个人 人家 斯人 个体 局部 片面 私人 一面 个别 小我 小我私家 部分 一边 一壁 私家 单方
Aa02A02 = 区区 仆 鄙 愚 鄙人 小人 小子 在下 不才 不肖 戋戋
Aa02A03@ 老子
Aa02A04 = 老朽 老汉 老夫 老拙
Aa02A05@ 老娘
Aa02A06@ 愚兄
Aa02A07 = 小弟 兄弟 昆仲 昆季 手足 伯仲 昆玉
Aa02A08 = 奴 妾 妾身 民女
Aa02A09 = 朕 孤 寡人
Aa02A10 = 职 卑职 下官 奴婢 奴才 仆从 仆众 奴仆 奴隶 跟班 跟随 奴役 跟从
Aa02A11 = 贫道 小道
Aa02A12@ 贫僧
Aa02A13@ 下臣
Aa02B01 = 我们 咱 咱们 吾侪 吾辈 俺们 我辈 咱俩

Aa03A01= 你 您 恁 而 尔 汝 若 乃 卿 君 公
Aa03A02= 老兄 仁兄 世兄 兄长 大哥 年老 老大 垂老 老迈 年迈
Aa03A03= 老弟 贤弟 仁弟 兄弟 昆仲 昆季 手足 伯仲 昆玉
Aa03A04= 大嫂 大姐 老大姐
Aa03A05= 阁下 足下 驾 同志 老同志 旁边 左右 安排 控制 操纵 傍边 同道 驾御 摆布 当中 台端 掌握 把握 大驾 驾驭 尊驾 独揽
Aa03A06= 陛下 主公 大王 万岁
Aa03A07= 您老 你咯
Aa03B01= 你们 尔等
Aa03B02= 诸位 各位 诸君 列位
Aa04A01= 他 她 彼 其 渠 伊 人家
Aa04B01= 他们 她们 他俩 她俩
Aa05A01= 自己 自家 自个儿 自各儿 自身 本身 自我 本人 小我 我 自 己 己方 我方 私人 个人
Aa05B01= 别人 旁人 他人 人家
Aa05B02= 谁 哪个 哪位 张三李四 哪一个 张王赵李
Aa05B03@ 其他人
Aa05C01= 某人 某 或人
Aa05D01@ 任何人
Aa05E01@ 克隆人
Aa06A01= 谁 孰 谁人 谁个 何人 哪个 哪位 何许人也 那个 哪一个 阿谁
Aa06B01@ 有人
Ab01A01= 男人 男子 男子汉 男儿 汉子 汉 士 丈夫 官人 男人家 光身汉 须眉 壮汉 男士 夫君 外子 良人
Ab01A02= 爷儿 爷们 爷儿们
Ab01A03= 先生 子 君 郎 哥 小先生 教师 教员 老师 师长教师 师长 教授 教练 西宾 西席
Ab01B01= 女人 女子 女性 女士 女儿 女 娘 妇 妇女 妇道 妇人 女人家 小娘子 女郎 巾帼 半边天 娘子军 石女 红装 家庭妇女 农妇 才女 密斯 小姐 姑娘 少女
Ab01B02= 女流 女人家 妇道人家 娘儿们 妞儿
Ab01B03= 少妇 婆娘 婆姨 娘子 小娘子
Ab01B04= 姑娘 少女 丫头 千金 小姐 闺女 室女 姑子 黄花闺女 大姑娘 小姑娘 童女 老姑娘 春姑娘 密斯 蜜斯 女士 令嫒 掌珠 令媛 女郎 仙女 女仆 梅香 婢女 使女 丫鬟

《词林》扩展版详细说明如下：

《词林》第一版和第二版的词表完全一样，收词 53 859 条。其中有很多词很不常用，成为所谓的罕用词。参照多部电子词典资源，并按照《人民日报》语料库中词语的出现频度，只保留频度不低于 3(小规模语料的统计结果)的部分词语，剔除 14 706 个罕用词和非常用词。经过这样的处理，《词林》还剩下 39 099 个词条。为了满足自然语言处理的需要，这样的词条数量显然是少了一些，可以说远远不够。为了扩充《词林》，实验人员利用很多词语相关资源，并投入了大量的人力和物力，完成了一部具有汉语大词表功能的《哈工大信息检索研究室同义词词林扩展版》，最终的词表包含 77 343 条词语。《词林》按照树状结构把所有收录的词条组织到一起，把词汇分成大、中、小 3 类，大类有 12 个，中类有 97 个，小类有 1400 个。每个小类里都有很多词，这些词又根据词义的远近和相关性分成了若干个词群(段落)。每个段落中的词语又进一步分成了若干行，同一行的词语要么词义相同(有的词义十分接近)，要么词义有很强的相关性。例如，"大豆""毛豆"和"黄豆"在同一行；"西红柿"和"番茄"在同一行；"大家""大伙儿"和"大家伙儿"在同一行。另外，"将官""校官"和"尉官"在同一行，"雇农""贫农""下中农""中农""上中农"和"富农"在同一行，"外商""官商""坐商"和"私商"也在同一行，这些词不同义，但很相关。为了将词义相关的行和同义的行区分开，《词林》在行的左端加上"* *"作为标记。小类中的段落可看作第 4 级的分类，段落中的行可看作第 5 级的分类。这样，《词林》就具备了 5 级结构。随着级别的递增，词义刻画越来越细，到了第 5 级，每个分类里词语数量已经不多，很多情况下只有一个词语，已经不可再分，此时可称为原子词群、原子类或原子节点。不同级别的分类结果可以为自然语言处理提供不同的服务，例如第 4 级的分类和第 5 级的分类在信息检索、文本分类、自动问答等研究领域得到应用。有研究证明，对词义进行有效扩展，或者对关键词做同义词替换可以明显改善信息检索、文本分类和自动问答系统的性能。《词林》中保留下来的 39 099 条词语也保留了原有的分层结构，而新增的 36 267 条词语没有这样的结构。对于这些词，按照《词林》的结构体系进行分类，工作量十分巨大。分类的某些环节可以使用机器自动完成，但是自动完成的结果并不理想，各个环节主要还是依靠人工来完成。

《词林》只提供了 3 级编码，即大类用大写英文字母表示，中类用小写英文字母表示，小类用 2 位十进制整数表示。例如，“Ae 07 农民 牧民 渔民”和“Ae 07”是编码，“农民 牧民 渔民”是该类的标题。标题是由一个或者多个第 4 级的“段首(即每个段的第一个词)”组成。根据标题词可以知道小类又分成多少个第 4 级类，如图 8.2 所示。

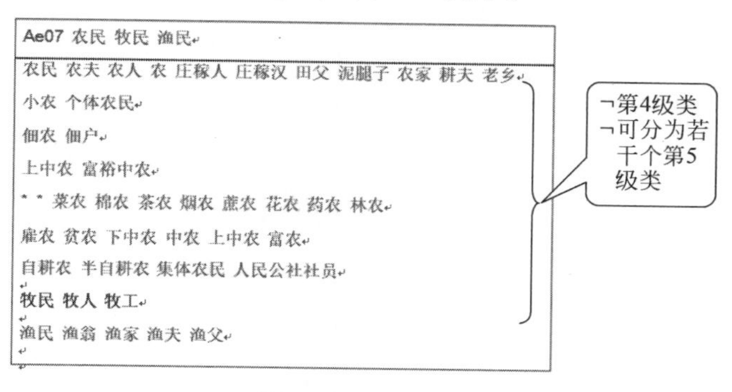

图 8.2 词典结构

为了使用方便，对于第 4 级和第 5 级的分类也需要编码。新增的第 4 级和第 5 级的编码与原有的 3 级编码合并构成一个完整的编码，用于单纯地代表词典中出现的词语。如：

```
Ba01A02= 物质 质 素
Cb02A01= 东南西北 四方
Ba01A03@ 万物
Cb06E09@ 民间
Ba01B08# 固体 液体 气体 流体 半流体
Ba01B10# 导体 半导体 超导体
```

编码的方法说明如下：

第 4 级用大写英文字母表示，第 5 级用 2 位十进制整数表示。由于第 5 级的分类结果需要特别说明，例如，有的行是同义词，有的行是相关词，有的行只有一个词，可以分出具体的 3 种情况。在使用上，有时需要对这 3 种情况进行区别对待，所以有必要再增加标记来分别代表几种情形，具体的标记如表 8.1 所示。

表 8.1 词语编码表

编码位	1	2	3	4	5	6	7	8
符号举例	D	a	1	5	B	0	2	=\#\@
符号性质	大类	中类	小类		词群	原子词群		
级别	第 1 级	第 2 级	第 3 级		第 4 级	第 5 级		

图中的编码位是按照从左到右的顺序排列。第 8 位的标记有 3 种，分别是“=”“#”“@”，其中，“=”代表“相等”“同义”。末尾的“#”代表“不等”“异类”，属于相关词语。末尾的“@”代表“自我封闭”“独立”，它在词典中既没有同义词，也没有相关词。

8.1.2 代码实战

HanLP 本身就提供了计算语义相似度的方法，基于《同义词词林》的语义相似度计算示例如代码 8.1 所示。

【代码 8.1】 SemanticsDemo.java

```
package com.chongdianleme.job;
import com.hankcs.hanlp.dictionary.CoreSynonymDictionary;
/**
 * Created by "充电了么"App - 陈敬雷
 * "充电了么"App 官网: http://chongdianleme.com/
 * "充电了么"App - 专注上班族职业技能提升充电学习的在线教育平台
 * 语义相似度
 */
public class SemanticsDemo {
    public static void main(String[] args) {
        similarity("人物","人选");
        similarity("良民","大家伙儿");
        //输出结果:
        // 人物: 人选 = 1.0
        //良民: 大家伙儿 = 0.9649740171551757
    }

    /**
     * 计算两个词的语义相似度
     * @param word1
     * @param word2
     */
    public static void similarity(String word1,String word2) {
        double sim = CoreSynonymDictionary.similarity(word1, word2);
        if(!Double.isNaN(sim)) {
            System.out.println(word1 + ": " + word2 + " = " + sim);
        }
        else
        {
            System.out.println("结果为空");
        }
    }
}
```

《同义词词林》的词典是有限的,可以用 Word2Vec 词向量模型去发现和拓展新词,并将新词加入词典。为了保证精度,建议采用机器+人工整理的方式。首先用 Word2Vec 词向量模型拓展新的词,再由人工确认是否准确,之后再加入到词典中。后文会单独讲到 Word2Vec。另外,句子和段落间的语义相似度可以基于《同义词词林》的词的语义相似,通过加权平均的方式来计算整个句子和段落的整体相似度分值。

8.2 基于深度学习的语义相似度

在自然语言处理领域,语义相似度的计算一直是个难题,如 feeds 场景下文档和文档的语义相似度,机器翻译场景下 A 句子和 B 句子的语义相似度等。下面介绍 DSSM、CNN-DSSM、LSTM-DSSM 等深度学习模型在计算语义相似度方面的应用,希望给读者带来帮助。

8.2.1 DSSM

以搜索引擎和搜索广告为例,最重要也最难解决的问题是计算语义相似度,这里主要体现在两个方面:召回和排序。

在召回时，传统的文本相似度计算方法如 BM25 算法，无法有效发现语义类 Query-Doc 结果对，如“从北京到上海的机票”与“携程网”的相似性、“快递软件”与“菜鸟裹裹”的相似性。

在排序时，一些细微的语言变化往往带来巨大的语义变化，如“小宝宝生病怎么办”和“狗宝宝生病怎么办”、“深度学习”和“学习深度”。

DSSM(deep structured semantic model)为计算语义相似度提供了一种思路。DSSM 的原理很简单，DSSM 从下往上可以分为 3 层结构：输入层、表示层、匹配层，通过搜索引擎里 Query 和 Title 的海量点击曝光日志，用 DNN 把 Query 和 Title 表达为低维语义向量，并通过余弦距离来计算两个语义向量的距离，最终训练出语义相似度模型。该模型既可以用来预测两个句子的语义相似度，又可以获得某句子的低维语义向量表达。

优点：DSSM 用字向量作为输入既可以减少切词的依赖，又可以提高模型的范化能力，因为每个汉字所能表达的语义是可以复用的。另一方面，传统的输入层是用嵌入的方式(如 Word2Vec 的词向量)或者主题模型的方式(如 LDA 的主题向量)来直接做词的映射，再把各个词的向量累加或者拼接起来，由于 Word2Vec 和 LDA 都是无监督训练，这样会给整个模型引入误差，DSSM 采用统一的有监督训练，不需要在中间过程做无监督模型的映射，因此精准度会比较高。

缺点：DSSM 采用词袋模型(BOW)，因此丧失了语序信息和上下文信息。另一方面，DSSM 采用弱监督、端到端的模型，预测结果不可控。

8.2.2　CNN-DSSM

针对 DSSM 采用词袋模型丢失上下文信息的缺点，CLSM[2] (convolutional latent semantic model)应运而生，又叫 CNN-DSSM。CNN-DSSM 与 DSSM 的区别主要在于输入层和表示层。

优点：CNN-DSSM 通过卷积层提取滑动窗口下的上下文信息，又通过池化层提取全局的上下文信息，上下文信息得到较为有效的保留。

缺点：对于间隔较远的上下文信息，难以有效保留。例如，“I grew up in France... I speak fluent French”，显然 France 和 French 是具有上下文依赖关系的，但是由于 CNN-DSSM 滑动窗口(卷积核)大小的限制，导致无法捕获该上下文信息。

8.2.3　LSTM-DSSM

针对 CNN-DSSM 无法捕获较远距离上下文特征的缺点，有人提出了用 LSTM-DSSM[3] (long-short-term memory，DSSM)来解决该问题。后面介绍深度学习神经网络时会单独提到 LSTM。

DSSM 的两个缺点如下：

(1) DSSM 是端到端的模型，虽然省去了人工特征转化、特征工程和特征组合，但端到端的模型存在效果不可控的问题。对于一些要求较高准确率的场景，用有监督人工标注的 Query 分类作为基础，再结合无监督的 Word2Vec、LDA 等进行语义特征的向量化，显然比较可控(至少 Query 分类的准确率可以达到 95%以上)。

(2) DSSM 是弱监督模型，因为在引擎的点击曝光日志里，Query 和 Title 的语义信息比较弱。例如，搜索引擎第一页的信息往往都是 Query 的包含匹配，完全的语义匹配只有不到 2%。这就意味着几乎所有的标题里都包含用户 Query 里的关键词，而仅用点击和曝光就能作为正负样例的判断吗？显然不可行，因为越靠前的信息被点击的概率越大，而引擎的排序又是由 pCTR、CVR、CPC 等多种因素决定的。从这种非常弱的信号里提取出语义的相似性或者差别，就需要有海量的训练样本。用传统 CTR 预估模型千万级的样本量来训练，模型无法收敛。可是这样海量的训练样本，恐怕只有搜索引擎才有。普通的搜索业务 Query 有上千万，可资源顶多只有几百万，需要挑出点击和曝光置信度比较高且资源热度也比较高的作为训练样本，这样就过滤了 80%的长尾 Query 和 Title 结果对，所以也只有搜索引擎才有这样的训练语料。另一方面，如果将超过 1 亿的训练样本作为输入，用深度学习模型做训练，则需要大型的 GPU 集群，这个对于很多业务来说也是无法取得的条件。

第9章 CHAPTER 9 词频-逆文档频率

词频-逆文档频率(term frequency-inverse document frequency,TF-IDF)。由两部分组成:TF 和 IDF。TF 即词频,我们之前做的向量化就是对文本中各个词的出现频率进行统计,并作为文本特征,这个很好理解。关键是 IDF,即如何理解"逆文本频率"。比如大部分文本中都会出现的"to",其词频虽然高,但是重要性却应该比词频低的"China"和"Travel"要低。IDF 就是用来反映一个词的重要性,进而修正仅仅用词频表示词的特征值。概括来讲,IDF 反映了一个词在所有文本中出现的频率,如果一个词在很多的文本中出现,那么它的 IDF 值应该低,比如"to"。反之,如果一个词在比较少的文本中出现,那么它的 IDF 值应该高。比如一些专业的名词如"Machine Learning"。一个极端的情况是,如果一个词在所有的文本中都出现,那么它的 IDF 值应该为 0。下面用 Java 和 Python 两种代码分别进行讲解。

9.1 TF-IDF 算法原理

TF-IDF 是一种用于资讯检索与文本挖掘的常用加权技术,是一种统计方法,用来评估一个字词对于一个文件集或一个语料库中其中一份文件的重要程度。字词的重要性随着它在文件中出现的次数成正比增加,但同时会随着它在语料库中出现的频率成反比下降。TF-IDF 加权的各种形式常被搜索引擎应用,作为文件与用户查询之间相关程度的度量或评级。除了 TF-IDF 以外,互联网上的搜寻引擎还会使用基于链接分析的评级方法,以确定文件在搜寻结果中出现的顺序。

在一份给定的文件里,TF 指的是某一个给定的词语在该文件中出现的次数。这个数字通常会被归一化,以防止它偏向长的文件。同一个词语在长文件里可能会比在短文件中有更高的 TF,而不管该词语重要与否。

IDF 是一个词语普遍重要性的度量。某一特定词语的 IDF,可以由总文件数目除以包含该词语之文件的数目,再将得到的商取对数得到。

某一特定文件内的高词语频率,以及该词语在整个文件集合中的低文件频率,可以产生出高权重的 TF-IDF。因此,TF-IDF 倾向于过滤掉常见的词语,保留重要的词语。

TF-IDF 本身是一种思想,除了用在文本数据外,也可以用在用户行为数据的算法中,比如电商网站里的协同过滤算法。在协同过滤相似度计算中,TF 就是原始相似度的值及购买某个商品的占比,docFreq(文档频率)就是每个商品的支持度,numDocs(总的文档数)就是总的用户数,代码如下所示:

```
public static double calculate(float tf, int df, int numDocs) {
```

```
return tf(tf) * idf(df, numDocs);
}
public static float idf(int docFreq, int numDocs) {
return (float) (Math.log(numDocs / (double) (docFreq + 1)) + 1.0);
}

public static float tf(float freq) {
return (float) Math.sqrt(freq);
}
```

9.2 Java 代码实现 TF-IDF

TF-IDF 的 Java 实现示例如代码 9.1 所示。

【代码 9.1】 TfIdfDemo.java

```
package com.chongdianleme.job;
import java.io.BufferedReader;
import java.io.File;
import java.io.FileReader;
import java.util.HashMap;
import java.util.Map;
import java.util.Set;
/**
 * Created by "充电了么"App - 陈敬雷
 * "充电了么"App 官网: http://chongdianleme.com/
 * "充电了么"App - 专注上班族职业技能提升充电学习的在线教育平台
 * 词频 - 逆文档频率(TF - IDF)
 */
public class TfIdfDemo {
    public static void main(String[] args) throws Exception {
        String str = "充电了么 App";                    // 要计算的候选词
        String path = "D:\\充电了么 TFIDF";             // 语料库路径
        computeTFIDF(path, str);
    }
    /**
     * @param @param path 语料路径
     * @param @param word 候选词
     * @param @throws Exception
     * @return void
     */
    static void computeTFIDF(String path, String word) throws Exception {
        File fileDir = new File(path);
        File[] files = fileDir.listFiles();
        // 每个领域出现候选词的文档数
        Map<String, Integer> containsKeyMap = new HashMap<>();
        // 每个领域的总文档数
        Map<String, Integer> totalDocMap = new HashMap<>();
        // TF = 候选词出现次数/总词数
        Map<String, Double> tfMap = new HashMap<>();
        // 扫描目录下的文件
        for (File f : files) {
            // 候选词词频
            double termFrequency = 0;
            // 文本总词数
            double totalTerm = 0;
            // 包含候选词的文档数
            int containsKeyDoc = 0;
```

```
            // 词频文档计数
            int totalCount = 0;
            int fileCount = 0;
            // 标记文件中是否出现候选词
            boolean flag = false;
            FileReader fr = new FileReader(f);
            BufferedReader br = new BufferedReader(fr);
            String s = "";
            // 计算词频和总词数
            while ((s = br.readLine()) != null) {
                if (s.equals(word)) {
                    termFrequency++;
                    flag = true;
                }
                // 文件标识符
                if (s.equals("$$$")) {
                    if (flag) {
                        containsKeyDoc++;
                    }
                    fileCount++;
                    flag = false;
                }
                totalCount++;
            }
            // 减去文件标识符的数量得到总词数
            totalTerm += totalCount - fileCount;
            br.close();
            // key 都为领域的名字
            containsKeyMap.put(f.getName(), containsKeyDoc);
            totalDocMap.put(f.getName(), fileCount);
            tfMap.put(f.getName(), (double) termFrequency / totalTerm);
            System.out.println("----------" + f.getName() + "----------");
            System.out.println("该领域文档数: " + fileCount);
            System.out.println("候选词出现词数: " + termFrequency);
            System.out.println("总词数: " + totalTerm);
            System.out.println("出现候选词文档总数: " + containsKeyDoc);
            System.out.println();
        }
        //计算 TF * IDF
        for (File f : files) {
            // 其他领域包含候选词文档数
            int otherContainsKeyDoc = 0;
            // 其他领域文档总数
            int otherTotalDoc = 0;
            double idf = 0;
            double tfidf = 0;
            System.out.println("~~~~~" + f.getName() + "~~~~~");
            Set<
Map.Entry<String, Integer>>
containsKeyset = containsKeyMap.entrySet();
            Set<
Map.Entry<String, Integer>>
totalDocset = totalDocMap.entrySet();
            Set<
Map.Entry<String, Double>>
tfSet = tfMap.entrySet();
            // 计算其他领域包含候选词文档数
            for (Map.Entry<String, Integer> entry : containsKeyset) {
                if (!entry.getKey().equals(f.getName())) {
```

```
                otherContainsKeyDoc += entry.getValue();
            }
        }
        // 计算其他领域文档总数
        for (Map.Entry<String, Integer> entry : totalDocset) {
            if (!entry.getKey().equals(f.getName())) {
                otherTotalDoc += entry.getValue();
            }
        }
        // 计算 idf
        idf = log((float) otherTotalDoc / (otherContainsKeyDoc + 1), 2);
        // 计算 tf * idf 并输出
        for (Map.Entry<String, Double> entry : tfSet) {
            if (entry.getKey().equals(f.getName())) {
                tfidf = (double) entry.getValue() * idf;
                System.out.println("tfidf:" + tfidf);
            }
        }
    }
}
static float log(float value, float base) {
    return (float) (Math.log(value) / Math.log(base));
}
}
```

9.3 TF-IDF 的 Python 代码实现

TF-IDF 的 Python 实现示例如代码 9.2 所示。

【代码 9.2】 TFIDF.py

```
#!/usr/bin/python
# -*- coding: utf-8 -*-
#__author__ = '陈敬雷'
import os
import codecs
import math
import operator
print("充电了么 App 官网: www.chongdianleme.com")
print("充电了么 App - 专注上班族职业技能提升充电学习的在线教育平台")
"""
词频 - 逆文档频率(TF - IDF)
"""
def fun(filepath):                    # 遍历文件夹中的所有文件,返回文件 list
    arr = []
    for root, dirs, files in os.walk(filepath):
        for fn in files:
            arr.append(root + "\\" + fn)
    return arr

def wry(txt, path):                   # 写入 txt 文件
    f = codecs.open(path, 'a', 'utf8')
    f.write(txt)
    f.close()
    return path

def read(path):                       # 读取 txt 文件,并返回 list
    f = open(path, encoding = "utf8")
```

```
    data = []
    for line in f.readlines():
        data.append(line)
    return data

def toword(txtlis):                    # 将一篇文章按照'/'切割成词表,返回 list
    wordlist = []
    alltxt = ''
    for i in txtlis:
        alltxt = alltxt + str(i)
    ridenter = alltxt.replace('\n', '')
    wordlist = ridenter.split('/')
    return wordlist

def getstopword(path):                 # 获取停用词表
    swlis = []
    for i in read(path):
        outsw = str(i).replace('\n', '')
        swlis.append(outsw)
    return swlis

def getridofsw(lis, swlist):           # 去除文章中的停用词
    afterswlis = []
    for i in lis:
        if str(i) in swlist:
            continue
        else:
            afterswlis.append(str(i))
    return afterswlis

def freqword(wordlis):                 # 统计词频,并返回字典
    freword = {}
    for i in wordlis:
        if str(i) in freword:
            count = freword[str(i)]
            freword[str(i)] = count + 1
        else:
            freword[str(i)] = 1
    return freword

def corpus(filelist, swlist):          # 建立语料库
    alllist = []
    for i in filelist:
        afterswlis = getridofsw(toword(read(str(i))), swlist)
        alllist.append(afterswlis)
    return alllist

def wordinfilecount(word, corpuslist):      # 查出包含该词的文档数
    count = 0                               # 计数器
    for i in corpuslist:
        for j in i:
            if word in set(j):              # 只要文档出现该词,计数器加 1,所以这里用集合
                count = count + 1
            else:
                continue
    return count

def tf_idf(wordlis, filelist, corpuslist): # 计算 TF - IDF,并返回字典
    outdic = {}
```

```
    tf = 0
    idf = 0
    dic = freqword(wordlis)
    outlis = []
    for i in set(wordlis):
        tf = dic[str(i)]/len(wordlis)    # 计算 TF: 某个词在文章中出现的次数/文章总词数
        # 计算 IDF: log(语料库的文档总数/(包含该词的文档数 + 1))
        idf = math.log(len(filelist)/(wordinfilecount(str(i), corpuslist) + 1))
        tfidf = tf * idf                 # 计算 TF - IDF
        outdic[str(i)] = tfidf
    orderdic = sorted(outdic.items(), key = operator.itemgetter(1),
        reverse = True)                  # 给字典排序
    return orderdic

def befwry(lis):                         # 写入预处理,将 list 转为 string
    outall = ''
    for i in lis:
        ech = str(i).replace("('", '').replace("',", '\t').replace(')', '')
        outall = outall + '\t' + ech + '\n'
    return outall

def main():
    #停用词是出现次数最多的词比如"的""是""在" ---- 这一类最常用的词
    swpath = r'stopwords.txt'               # 停用词表路径文件,内容每个停用词占用一行
    swlist = getstopword(swpath)            # 获取停用词表列表
    filepath = r'D:\"充电了么"TFIDF'          # 输入的文件夹,文件夹下面有多个文档文件
    filelist = fun(filepath)                # 获取文件列表
    wrypath = r'TFIDF.txt'                  # 输出结果文件
    corpuslist = corpus(filelist, swlist)   # 建立语料库
    outall = ''
    for i in filelist:
        afterswlis = getridofsw(toword(read(str(i))), swlist)
                                            # 获取每一篇已经去除停用的词表
        tfidfdic = tf_idf(afterswlis, filelist, corpuslist)  # 计算 TF - IDF
        titleary = str(i).split('\\')
        title = str(titleary[-1]).replace('utf8.txt', '')
        echout = title + '\n' + befwry(tfidfdic)
        print(title + ' is ok!')
        outall = outall + echout
    print(wry(outall, wrypath) + '计算完成并输出到文件!')

if __name__ == '__main__':
    main()
```

第10章 条件随机场

CHAPTER 10

前文介绍分词、词性标注等时已经提到过条件随机场(Conditional Random Fields, CRF)。CRF即条件随机域,是Lafferty于2001年在最大熵模型和隐马尔可夫模型(HMM)的基础上提出的一种判别式概率无向图学习模型,是一种用于标注和切分有序数据的条件概率模型,近年来在分词、词性标注和命名实体识别等序列标注任务中取得了良好的效果。也就是说,要理解CRF需要先了解马尔可夫链、HMM的一些基本概念。

10.1 算法原理[18]

下面从马尔可夫链开始逐步过渡到条件随机场。

1. 马尔可夫链

比如,一个人想从A出发到达目的地F,然后中间必须依次路过B、C、D、E,于是就有这样一个状态:

若想到达B,则必须经过A;

若想到达C,则必须经过A、B;

⋮

若想到达F,则必须经过A、B、C、D、E。

如果把上面的状态写成一个序列,那就是:{到达A,到达B,到达C,…,到达F},而且很明显,状态序列的每个状态值取决于前面的状态是否已经达到。

像这样,"状态序列的每个状态值取决于前面有限个状态"的状态序列就是马尔可夫链。

这个名称中的"链"字用得很形象。可以这样理解,一条"串联在一起的灯泡"就是链子形状,若想点亮最后一个灯泡(距离插头最远的灯泡),就必须让电流从插头起依次经过所有的灯泡。

于是,如果把上面那个状态序列{到达A,到达B,到达C,…,到达F}中的每个状态当作灯泡,那么这个序列就是一条"把灯泡串联在一起的链子",如图10.1所示。

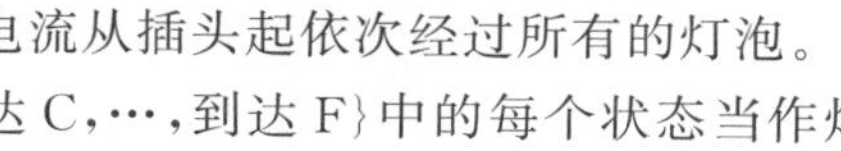

Ⓐ→Ⓑ→Ⓒ→ … Ⓕ

图10.1 状态序列(图片来源于CSDN)

马尔可夫链的定义是"状态序列的每个状态值取决于前面有限个状态",注意是"有限个状态",不是"全部状态"。因此,对于马尔可夫链,其包含"想到达目的地F,则只需要到达目的地E就可以了,而前面的目的地A、B、C、D到不到达都无所谓"。

这里是为了便于理解而举了个"串联"的例子,注意真实的马尔可夫链是包含"并行"的情况的,因为其定义是"状态序列的每个状态值取决于前面有限个状态",这就包括"一个人想到达目的地 C,那就得先从 A 处开车并在 B 处买早餐”这样的情况,这样一来,先到 A 还是先到 B 就无所谓了(无论是先去麦当劳买早餐再去开车,还是先开车再去麦当劳买早餐都行),只要 A 和 B 同时满足就好,如图 10.2 所示。

总之,马尔可夫链中的各个元素既可以是一对一,也可以是一对多,当然也可以是多对一或多对多,如图 10.3 所示。

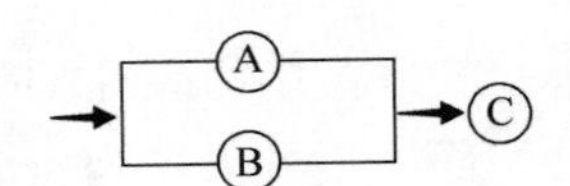

图 10.2 马尔可夫链状态串联
(图片来源于 CSDN)

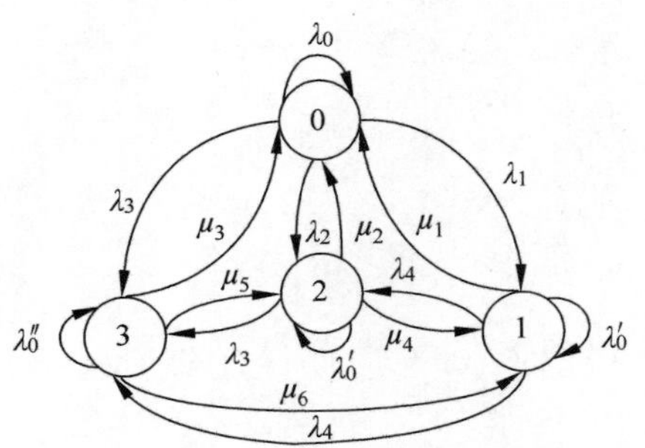

图 10.3 马尔可夫链各元素关系
(图片来源于 CSDN)

2. 隐马尔可夫模型

对于 HMM,这里仅简单说明。

还用上文一个人从 A 到 F 的例子。但这里需要改动条件和内容。

条件更改如下:

此人想今天逛完 A、B、C、D、E、F 这几处,但是他想先逛哪个、后逛哪个并不了解。

若用数学定义说明,则是:

HMM 描述由一个隐藏的马尔可夫链随机生成的不可观测的状态序列,再由各个状态生成一个观测而产生观测随机序列的过程。

下面再了解一下 HMM 的局限性。

(1) 该模型定义的是联合概率,必须列举所有观察序列的可能值,而这对多数领域来说是比较困难的。

(2) 基于观察序列中的每个元素都相互条件独立。即:在任何时刻观察值仅仅与状态序列中的一个状态有关。现实世界中大多数的真实观察序列是由多个相互作用的特征和观察序列中较长范围内的元素之间的依赖而形成的。

条件随机场就解决了局限性 2)的问题。

3. 产生式模型和判别式模型

如果你已经了解 HMM 的话就会知道:HMM 中需要计算的概率是“观测序列(输入)和状态序列(输出)的联合概率”,即状态序列和观测序列同时发生的概率,表示为 P(状态序列,观测序列)。

于是对于输入 x(或观察序列)和输出 y(或标记序列):

构建它们的联合概率分布 $P(y,x)$的模型就是产生式模型,该模型可以根据联合概率生成样本,如 HMM、BN、MRF。

构建它们的条件概率分布 $P(y|x)$的模型就是判别式模型,因为没有 y 的知识,就无法生成样本,只能判断分类,如 CRF、SVM、MEMM。

CRF 就是条件随机场。

产生式模型:无穷样本--> 概率密度模型=产生模型--> 预测

判别式模型：有限样本--> 判别函数=预测模型--> 预测

例如，对4个元素：(1,0),(1,0),(2,0),(2,1)。产生式模型：求 $P(x,y)$。因为上面4个元素中(1,0)有两个，所以 $P(1,0)=2/4=1/2$。同理：$P(1,1)=0$，$P(2,0)=1/4$，$P(2,1)=1/4$。判别式模型：求 $P(y|x)$。因为对上面4个元素，若 $x=1$，则一定有 $y=0$，所以 $P(0|1)=1$。同理：$P(1|1)=0$，$P(0|2)=1/2$，$P(1|2)=1/2$。

产生式模型：从统计的角度表示数据的分布情况，能够反映同类数据本身的相似度，不关心判别边界。

优点：产生式模型实际上表达的信息比判别式模型丰富，研究单类问题比判别式模型灵活性强。能更充分地利用先验知识。模型可以通过增量学习得到。

缺点：学习过程比较复杂。在目标分类问题中易产生较大的错误率。

判别式模型：寻找不同类别之间的最优分类面，反映的是异类数据之间的差异。

优点：分类边界更灵活，比使用纯概率方法或产生式模型得到的更高级。能清晰地分辨出多类或某一类与其他类之间的差异特征。在聚类、viewpoint changes、parital occlusion and scale variations 中的效果较好。适用于较多类别的识别。

缺点：不能反映训练数据本身的特征。能力有限，可以告诉你是1还是2，但不能把整个场景描述出来。

两者关系：由产生式模型可以得到判别式模型，反之不能。

4. 条件随机场(CRF)

什么是 CRF 呢？

在给某个输出(观测/特征)找其输入(产生“观测/特征”的状态)时，不能不考虑上下文(紧挨着该特征的特征)，否则准确性会大大降低。

像这种“HMM 强化版的思想”就是 CRF 了。

下面对比 HMM 与 CRF。

5. CRF 与 HMM

例如，“照片”切换成“单词”，“照片的 Tag”切换成“词性标签”(如：名词、动词、形容词等)，“给照片打 Tag”切换成“词性标注”(即：这个词是名词？动词？还是什么？)。

而上文在介绍“产生式模型和判别式模型”时说明了 CRF 属于判别式模型，而这里再详细些，即 CRF 的本质是：“隐含变量(这里词性标签是隐含变量)的马尔可夫链”+“可观测状态到隐含变量”的条件概率。

后面的“词性标签”和“词语”分别对应“隐含变量，即输入”和“观测状态，即输出”。

先介绍马尔可夫链部分：

假设 CRF 和 HMM 的词性标签都满足马尔可夫特性，即当前词性仅和上一个词有概率转移关系而与其他位置的词性无关，比如：形容词后面跟形容词的概率是0.5，跟修饰性“的”的概率为0.5，跟动词的概率为0。

因此，通过在一个标注集上进行统计，就很容易得到一个概率转移矩阵，即任意词性 A 后紧邻任意词性 B 的概率都可以被统计出来。

对 HMM 来说，这部分就结束了。

但对 CRF 来说，它在二维的条件转移矩阵的基础上又增加了一维词语特征，如：当 AB 紧邻，A 是动词且单词的长度超过3时，B 是名词的概率为 x。

在这个例子中，在判断 B 时仅考虑一个词 A，即统计 $P(\mathrm{B}|\mathrm{A})$，这当然能够得到很多数据的反馈，如果在判断 B 时需要考虑多个词呢？如 $P(\mathrm{B}|\mathrm{ASDFGH})$，这就可能会遇到数据稀疏

的问题，因为序列 ASDFGH 根本就没有在数据集中出现过。注意，数据稀疏对机器学习的影响是巨大的，因此马尔可夫链在 CRF 这边会以损失一定的全局信息来换取更饱满的数据，实验证明这笔交易在词性标注时是赚的。

再说词性(隐含变量，即输入)和词语(观测状态，即输出)的映射概率：

如果是 HMM，那就是统计所有的词性组合，接着计算所有的词性组合生成该词语的概率，然后选一个概率最大的词性组合。

CRF 恰恰相反，CRF 通过挖掘词语本身的特征，把词语转换为一个 k 维特征向量，然后对于每个特征计算特征到词性的条件概率，这样每个词语对候选词性的条件概率即为所有特征条件概率的加和。比如假设特征向量只有两个，且 P(“词语长度> 3” --> 名词词性)为 0.9，P(“词语位于句子末尾”--> 名词词性)为 0.4，而一个词恰好满足这两个特征，则它为名词的条件概率为(0.9+0.4)/2=0.65。这样，CRF 根据这个条件转移数值再结合词性的马尔可夫特性，就可以使用与 HMM 类似的方法寻找最优的词性标注序列了。

10.2 开源工具实战

目前条件随机场最流行的开源工具是 CRF++。CRF++工具包最早是针对序列数据分析提出的，是一个可用于分词/连续数据标注的简单、可定制并且开源的条件随机场工具。CRF++是为了通用目的设计定制的，能被用于自然语言处理(NLP)的各个方面，诸如命名实体识别、信息提取和语块分析。下面介绍其安装和使用。

1. CRF++的安装

CRF++工具包需要上网下载。工具包包括 Linux 环境下的源代码和 Windows 下的可执行程序，用 C++编写。

在 Linux 环境下的安装：

编译器要求：C++编译器(gcc 3.0 或更高)。

下载解压后进入到第一层目录下使用如下命令。

命令

```
% ./configure
% make
% su
#make install
```

注意：只有拥有 root 账号的用户才能成功安装(su 命令就是切换到 root 权限下)。

2. CRF++的使用

1) CRF++语料格式

训练和测试文件必须包含多个 token，每个 token 包含多个列。token 的定义可根据具体的任务，如词、词性等。每个 token 必须写在一行，且各列之间用空格或制表格间隔。一个 token 的序列可构成一个句子，句子之间用一个空行间隔。

最后一列是 CRF 用于训练的正确标注形式。

例如：

```
He PRP B-NP
reckons VBZ B-VP
the DT B-NP
current JJ I-NP
```

```
account NN I - NP
deficit NN I - NP
will MD B - VP
narrow VB I - VP
to TO B - PP
only RB B - NP
# # I - NP
1.8 CD I - NP
billion CD I - NP
in IN B - PP
September NNP B - NP
He PRP B - NP
reckons VBZ B - VP
…
```

上例中每个 token 包含 3 列，分别为词本身、词性和语块标记。

注意：如果每一个 token 的列数不一致，系统将不能正确运行。

2）CRF++特征模板

使用该 CRF++工具的用户必须自己确定特征模板。模板文件中的每一行代表一个模板。每一个模板中，专门的宏%x[row,col]用于确定输入数据中的一个 token：row 用于确定与当前 token 的相对行数，col 用于确定绝对列数。

如已知下面的输入数据：

```
Input: Data
He PRP B - NP
reckons VBZ B - VP
the DT B - NP << 当前的 token
current JJ I - NP
account NN I - NP
```

特征模板形式为：

```
templateexpanded feature
%x[0,0]the
%x[0,1]
%x[-1,0]rokens
%x[-2,1]PRP
%x[0,0]/%x[0,1]the/DT
ABC%x[0,1]123ABCthe123
```

有两种模板类型，它们可由模板的第一个字符确定。

(1) Unigram 模板

第一种是 Unigram 模板：第一个字符是 U。

这是用于描述 Unigram 特征的模板。当给出一个模板“U01：%x[0,1]”时，CRF 会自动生成一个特征函数集合(func1 func2…funcN)，如下：

```
func1 = if (output = B - NP and feature = "U01:DT") return 1 else return
0
func2 = if (output = I - NP and feature = "U01:DT") return 1 else return
0
func3 = if (output = O and feature = "U01:DT") return 1
else return 0
…
funcXX = if (output = B - NP and feature = "U01:NN") return 1
else return 0
funcXY = if (output = O and feature = "U01:NN") return 1
else return 0
…
```

一个模型生成的特征函数的个数总数为 $L\times N$，其中 L 是输出的类别数，N 是根据给定的模板扩展出的独立串(unique string)的数目。

(2) Bigram 模板。

第二种类型为 Bigram 模板：第一个字符是 B。

这个模板用于描述 Bigram 特征。使用这个模板，系统将自动产生当前输出指令与前一个输出指令(bigram)的组合。产生的可区分的特征的总数是 $L\times L\times N$，其中 L 是输出类别数，N 是这个模板产生的独立特征数。当类别数很大时，这种类型会产生许多可区分的特征，这将会导致训练和测试的效率都很低。

如果用户需要区分 token 的相对位置时，可以使用标识符。

比如在下面的例子中，宏"%x[-2,1]"和"%x[1,1]"都代表 DT，但是它们又是不同的 DT。

```
The DT B - NP
pen NN I - NP
is VB B - VP << CURRENT TOKEN
a DT B - NP
```

为了区分它们，可以在模型中加入一个唯一的标识符(U01:或 U02:)，如下：

```
U01: % x[ - 2,1]
U02: % x[1,1]
```

在这样的条件下，两种模型将被认为是不同的，因为它们将被扩展为"U01:DT"和"U02:DT"。可以根据个人喜好使用任何标识符，但是使用数字序号进行区分更有用，因为它们只需简单地与特征数相对应。

(3) 模板例子。

```
# Unigram
U00: % x[ - 2,0]
U01: % x[ - 1,0]
U02: % x[0,0]
U03: % x[1,0]
U04: % x[2,0]
U05: % x[ - 1,0]/ % x[0,0]
U06: % x[0,0]/ % x[1,0]
U10: % x[ - 2,1]
U11: % x[ - 1,1]
U12: % x[0,1]q
U13: % x[1,1]
U14: % x[2,1]
U15: % x[ - 2,1]/ % x[ - 1,1]
U16: % x[ - 1,1]/ % x[0,1]
U17: % x[0,1]/ % x[1,1]
U18: % x[1,1]/ % x[2,1]
U20: % x[ - 2,1]/ % x[ - 1,1]/ % x[0,1]
U21: % x[ - 1,1]/ % x[0,1]/ % x[1,1]
U22: % x[0,1]/ % x[1,1]/ % x[2,1]
# Bigram
B
```

3) CRF++包介绍

CRF++解压后的包有以下文件夹和文件：

doc 文件夹——官方主页的内容

example 文件夹——有 4 个数据包，每个数据包有 4 个文件，分别是训练数据(test

. data)、测试数据(train. data)、模板文件(template)、执行脚本文件(exec. sh)。

sdk 文件夹——CRF++的头文件和静态链接库。

crf_learn. exe——CRF++的训练程序。

crf_test. exe——CRF++的预测程序。

libcrfpp. dll——训练程序和预测程序需要使用的静态链接库。

实际上,需要使用的就是 crf_learn. exe、crf_test. exe 和 libcrfpp. dll 3 个文件。

4) CRF++命令介绍

(1) CRF++命令

① 将 crf_learn. exe、crf_test. exe、libcrfpp. dll 3 个文件复制到含有 exec. sh、template、test. data、train. data 的文件夹(chunking)中。

② 用 cmd cd 命令进入该文件夹。

crf_learn template train. data model 训练数据。

crf_test -m model test. data > output. txt 测试数据。

③ perl conlleval. pl < output. txt 评估效果(此处会报错误)需要下载 perl(需要复制 conlleval. pl 文件到文件夹中)。

或者使用评估程序文件 crf_evalutuion. exe,同样把 crf_evalutuion. exe 文件复制到文件夹中,输入"crf_evalution"按回车,然后输入参数,参数有两个:

第一个参数是需要评估文件的路径+文件名(如果在同一目录下只需输入文件名,如:output. txt 或者 c:\desktop\output. txt),第二个参数为评估文件行数。

④ 会产生一个新的文件——model。

这个训练过程的时间、迭代次数等信息就会输出到控制台上,如果想要保存这些信息,可以将这些标准输出流到文件,命令格式为:

```
crf_learn template_file train_file model_file >> train_info_file
eg:crf_learn template train.data model >> model_out.txt
```

(2) CRF++操作举例

CRF++操作截图如图 10.4 所示。

```
D:\大三\大三上\文本语义处理\实验3\CRF-2018new\组合5: 语料1+模板3>crf_learn template3 train.file.txt model
CRF++: Yet Another CRF Tool Kit
Copyright (C) 2005-2008 Taku Kudo, All rights reserved.

reading training data: 100.. 200.. 300.. 400.. 500.. 600.. 700.. 800.. 900.. 1000.. 1100.. 1200..
Done!0.47 s

Number of sentences: 1189
Number of features:  2880446
Number of thread(s): 1
Freq:                1
eta:                 0.00010
C:                   1.00000
shrinking size:      20
iter=0 terr=0.99889 serr=1.00000 act=2880446 obj=81505.88148 diff=1.00000
iter=1 terr=0.08332 serr=0.61480 act=2880446 obj=57471.60232 diff=0.29488
iter=2 terr=0.08332 serr=0.61480 act=2880446 obj=20956.10027 diff=0.63537
iter=3 terr=0.08332 serr=0.61480 act=2880446 obj=18173.21860 diff=0.13280
iter=4 terr=0.51787 serr=0.96215 act=2880446 obj=134253.94477 diff=6.38746
iter=5 terr=0.08332 serr=0.61480 act=2880446 obj=16725.41579 diff=0.87542
iter=6 terr=0.08332 serr=0.61480 act=2880446 obj=38834.05518 diff=1.32186
iter=7 terr=0.08332 serr=0.61480 act=2880446 obj=15779.74023 diff=0.59366
iter=8 terr=0.08332 serr=0.61480 act=2880446 obj=16754.25640 diff=0.06176
iter=9 terr=0.08332 serr=0.61480 act=2880446 obj=15137.38903 diff=0.09650
```

```
D:\大三\大三上\文本语义处理\实验3\CRF-2018new\组合5: 语料1+模板3>crf_test -m model test.file.txt >> file

D:\大三\大三上\文本语义处理\实验3\CRF-2018new\组合5: 语料1+模板3>crf_evalution
file
49994

COR: 2544, ACT: 2609, POS: 6863

Precision: 0.975086, Recall: 0.370683, F = 0.537162
```

图 10.4 CRF++操作截图(图片来源于 CSDN)

(3) CRF++命令参数

训练命令可选参数：

训练命令.../crf_learn -[可选参数] template train. data model

可选参数为：

-f,--freq=INT 使用属性的出现次数不少于 INT(默认为 1)。

-m,--maxiter=INT 设置 INT 为 LBFGS 的最大迭代次数(默认为 10k)。

-c,--cost=FLOAT 设置 FLOAT 为代价参数,过大会过度拟合(默认为 1.0)。

-e,--eta=FLOAT 设置终止标准 FLOAT(默认为 0.0001)。

-C,--convert 将文本模式转为二进制模式。

-t,--textmodel 为调试建立文本模型文件。

-a,-algorithm=(CRF|MIRA) 选择训练算法,默认为 CRF-L2。

-p,--thread=INT 线程数(默认 1),利用多个 CPU 减少训练时间。

-H,--shrinking-size=INT 设置 INT 为最适宜的迭代变量次数(默认为 20)。

-v,--version 显示版本号并退出。

-h,--help 显示帮助并退出。

输出结果如图 10.5 所示。

```
CRF++: Yet Another CRF Tool Kit
Copyright (C) 2005-2008 Taku Kudo, All rights reserved.

reading training data:
Done!0.09 s

Number of sentences: 77
Number of features:  32970
Number of thread(s): 1
Freq:                1
eta:                 0.00010
C:                   10.00000
shrinking size:      20
iter=0 terr=0.74947 serr=1.00000 act=32970 obj=2082.96890 diff=1.00000
iter=1 terr=0.14768 serr=0.87013 act=32970 obj=1359.87913 diff=0.34714
iter=2 terr=0.12816 serr=0.81818 act=32970 obj=576.15545 diff=0.57632
iter=3 terr=0.08228 serr=0.74026 act=32970 obj=385.75422 diff=0.33047
iter=4 terr=0.06118 serr=0.61039 act=32970 obj=288.44232 diff=0.25226
iter=5 terr=0.04536 serr=0.50649 act=32970 obj=196.73519 diff=0.31794
iter=6 terr=0.01793 serr=0.28571 act=32970 obj=114.12793 diff=0.41989
iter=7 terr=0.01160 serr=0.14286 act=32970 obj=64.61649 diff=0.43382
iter=8 terr=0.00422 serr=0.07792 act=32970 obj=44.66665 diff=0.30874
iter=9 terr=0.00158 serr=0.03896 act=32970 obj=33.71286 diff=0.24523
iter=10 terr=0.00000 serr=0.00000 act=32970 obj=26.77626 diff=0.20576
iter=11 terr=0.00000 serr=0.00000 act=32970 obj=24.49355 diff=0.08525
iter=12 terr=0.00000 serr=0.00000 act=32970 obj=22.99529 diff=0.06117
iter=13 terr=0.00000 serr=0.00000 act=32970 obj=22.21827 diff=0.03379
iter=14 terr=0.00000 serr=0.00000 act=32970 obj=20.98799 diff=0.05537
```

图 10.5 CRF++训练输出结果(图片来源于 CSDN)

iter：迭代次数。

terr：tag 错误率。

serr：sentence 错误率。

obj：当前对象值,该值收敛于一个固定的值则停止迭代。

diff：与上次对象值的相对差异。

第 11 章 新词发现与短语提取

CHAPTER 11

新词发现是一个非常重要的自然语言处理课题。在处理文本对象时，"切词"这个环节是关键，几乎所有的后续结果都依赖第一步的切词。因此切词的准确性在很大程度上影响着后续的处理，切词结果的不同，也会影响特征提取。与数据挖掘一样，特征提取的好坏特别重要，不论用什么算法，特征好、数据好，结果才会好。

短语提取是指从文章中提取典型的、有代表性的短语，期望能够表达文章的关键内容。关键短语提取对于文章理解、搜索、分类、聚类都很重要。而高质量的关键短语提取算法还能有效助力构建知识图谱。

本章对新词发现和短语提取的算法原理进行介绍，并用开源工具代码演示其功能。

11.1 新词发现

新词发现是自然语言处理的基础任务之一，是指通过对已有语料进行挖掘，从中识别出新词。新词发现也称为未登录词识别，严格来讲，新词是指随时代发展而新出现或旧词新用的词语。同时，笔者认为特定领域的专有名词也可归属于新词的范畴。为什么这样说呢？通常很容易找到通用领域的词表，但要找到某个具体领域的专有名词则非常困难，因此特定领域的专有名词相对于通用领域的词语即为新词。换言之，"新"并非只是时间上的概念，同样可以迁移到领域或空间上。因此，新词发现不仅可以挖掘随时间变化而产生的新词，也可以挖掘不同领域的专有名词。

接下来，就开始一场新词发现的探索之旅吧。首先，对于"新词发现"，可将其拆分为"发现"和"新词"两个步骤。

发现：依据某种手段或方法，从文本中挖掘词语，组成新词表。

新词：借助挖掘得到的新词表，和之前已有的旧词表进行比对，不在旧词表中的词语即可认为是新词。

"新词发现"的难点主要在于"发现"的过程——如何从文本中挖掘到词语？有办法回避这个问题吗？来思索一下"新词"发现的过程：比对挖掘得到的新词表和旧词表，代码如下：

```
for 新词 in 新词表:
    if 新词 not in 旧词表:
        print("这是新词")
```

简单地讲，词语只要不是旧词就是新词。在对文本进行分词时，假设分词工具可以得到旧词，那么分词工具不能切分、切分有误或切分后不在旧词表中的词语不就是新词了吗？这就是"新词发现"的传统做法——基于分词的方法。除了基于分词的方法外，还有基于规则和基于统计的方法，下面一一讲解。

1. 基于分词的方法

先对文本进行分词，余下未能成功匹配的片段（分词后的中文、连续的数字、连续的英文）就是新词。

新词发现的目标是挖掘文本中的新词，或者说未登录词，来帮助后续的分词等工作。基于分词的方法相当于从目标反推过程，这种方法未尝不可，但分词的准确性本身依赖于词库的完整性，如果词库中根本没有新词，又怎么能信任分词的结果呢？自然，最终得到的效果也不会好。

2. 基于规则的方法

基于规则的方法是根据新词的构词特征或外形特征建立规则库、专业词库或模式库，通过编写正则表达式的方式，从文章中将这些内容提取出来，并依据相应的规则清洗和过滤，然后通过规则匹配发现新词。因此，需要对已有的语料有足够的了解，继而从语料中提取固定的模式来匹配和发现新词。

1）优点

新词挖掘的效果非常好，夹杂中文、英文和标点符号的词语（短语）也能提取出来。

2）缺点

与领域耦合过深，无法将建立的规则库、专业词库以及模式库迁移到其他领域中，需要根据领域内容重新搭建。一旦数据源的文章格式变动，规则库也需要做相应的修改。无论是搭建还是后续的维护，都需要大量的人工成本。

3. 基于统计的方法

基于统计的方法根据有无标注数据可分为有监督方法和无监督方法。

1）有监督方法

有监督方法利用标注语料，将新词发现看作分类或者序列标注问题：

(1) 基于文本片段的某些统计量，以此作为特征训练二分类模型。

(2) 基于序列信息进行序列标注直接得到新词，或对得到的新词再进行判定。

通常可以用 HMM、CRF、SVM 等机器学习算法实现。但是在实际应用中，获取大量的标注语料数据是非常困难的一件事情，并且既然已经有了手工标注的数据，那么直接把标注得到的新词加入到新词词库就好了，又何必建模来解决呢？所以，探索无监督的挖掘方法在新词发现领域中更有价值。

2）无监督方法

不依赖于任何已有的词库、分词工具和标注语料，仅仅根据词的共同特征，利用统计策略将一段大规模语料中可能成词的文本片段全部提取出来，然后再利用语言知识排除不是新词的“无用片段”或者计算相关度，寻找相关度最大的字与字的组合。最后，把所有提取得到的词和已有的词库进行比较，就能得到新词。

实际上，利用统计策略对语料进行切分，形成若干个文本片段，这相当于进行了一次粗浅的分词。接下来，再对这些文本片段做一次清洗与过滤，余下的文本片段即可作为新词词库。

4. HanLP 工具的新词发现代码示例

HanLP 工具提供了新词发现的功能，示例如代码 11.1 所示。

【代码 11.1】 FindNewWord.java

```
package com.chongdianleme.job;
```

```java
import org.ansj.dic.LearnTool;
import org.ansj.splitWord.analysis.NlpAnalysis;
import org.apache.commons.lang3.StringUtils;
import java.util.ArrayList;
import java.util.List;
import java.util.Map;
/**
  * Created by "充电了么"App - 陈敬雷
  * "充电了么"App官网: http://chongdianleme.com/
  * "充电了么"App - 专注上班族职业技能提升充电学习的在线教育平台
  * HanLP新词发现功能,开源地址: https://github.com/hankcs/HanLP
  */
public class FindNewWord {
    public static void main(String[] args) {
        String content = "分布式机器学习实战(人工智能科学与技术丛书)作者陈敬雷,责任编辑赵佳霓,此书深入浅出,逐步讲解分布式机器学习的框架及应用配套个性化推荐算法系统、人脸识别、对话机器人等实战项目,并有以下名人陈兴茂,梅一多,杨正洪,刘冬冬,龙旭东联袂推荐:" +
                "——陈兴茂 猎聘 CTO\n" +
                "——梅一多 博士 上海市青年拔尖人才,中基凌云科技有限公司联合创始人\n" +
                "——杨正洪 博士 中央财经大学财税大数据实验室首席科学家\n" +
                "——刘冬冬 首席数据官联盟创始人\n" +
                "——龙旭东 北京掌游智慧科技有限公司董事长";
        List<String> newWordList = findNewWords(content);
        System.out.println(StringUtils.join(newWordList,","));
    }
    /**
      * HanLP新词发现
      * @param content
      * @return
      */
    public static List<String> findNewWords(String content){
        LearnTool learnTool = new LearnTool();
        NlpAnalysis nlpAnalysis = new NlpAnalysis().setLearnTool(learnTool) ;
        nlpAnalysis.parseStr(content);
        List<
Map.Entry<String, Double>> topTree = learnTool.getTopTree(0);
        List<String> newWords = new ArrayList<String>();
        if(topTree!= null){
            for (Map.Entry<String, Double> entry : topTree) {
                newWords.add(entry.getKey());
            }
        }
        return newWords;
    }
}
```

11.2 短语提取

短语提取是指从文章中提取典型的、有代表性的短语,期望能够表达文章的关键内容。短语提取对于文章的理解、搜索、分类、聚类都很重要。高质量的短语提取算法还能有效助力构建知识图谱。常见的短语提取方法分为无监督(unsupervised)和有监督(supervised)两种。整体短语提取流程分为2个步骤:

(1) 得到候选短语集合。

(2) 对候选短语进行评分。

1. 无监督方法

无监督方法由于不需要数据标注及普适性,得到了大范围的应用。

1) 基于统计的方法

基于 TF-IDF 的方法是最基本的版本,在得到候选短语集合的基础上[如,利用词性标签提取名词短语(NP)],使用 TF、IDF 对候选短语进行评分,选择高分短语作为关键短语。YAKE 算法除了利用词频、词位置还利用了更多基于统计学的特征,希望能更好地表示短语的上下文信息和短语在文章中发挥的作用。

2) 基于图网络的方法

TextRank 算法是第一个基于图网络的关键短语提取算法。该方法首先根据词性标签提取候选短语,然后使用候选短语作为节点,创建图网络。两个候选短语如果共同出现于一定的窗口内,则在节点之间创建一条边,建立节点间的关联。使用 PageRank 算法更新该图网络,直至达到收敛条件。此后,各种基于图网络的改进算法不断被提出,该类算法也逐渐成为无监督关键短语提取中应用最广泛的算法。SingleRank 算法在 TextRank 算法的基础上为节点间的边引入了权重。PositionRank 算法通过引入短语的位置信息,创建一个有偏加权 PageRank,从而提供了更准确的关键短语提取能力。

3) 基于向量的方法

这类方法利用向量来表达文章和短语在各个层次的信息(如,字、语法、语义等)。EmbedRank 算法首先利用词性标签提取候选短语,然后计算候选短语向量和文章向量的余弦相似度,利用相似度将候选短语排序,得到关键的短语。

2. 有监督方法

虽然需要花费很多精力进行数据标注,但有监督方法在各个特定任务和数据集上,通常能够取得更好的效果。

1) 传统的方法

KEA 是较早期的算法,它利用特征向量表示候选短语,如:TF-IDF 分数和初次出现在文章中的位置信息,使用朴素贝叶斯作为分类算法,对候选短语进行评分和分类。CeKE 在对学术论文进行关键短语提取时,通过使用论文的引用关系,引入更多特征信息,从而进一步提升了效果。RankingSVM 使用排序学习来建模该问题,将训练过程抽象为拟合排序函数。TopicCoRank 是无监督方法 TopicRank 的有监督扩展。该方法在基本主题图之外,结合了第二个图网络。

CRF 是序列标注的经典算法。该算法利用语言学、文章结果等各种来源特征表示文章,通过序列标注,得到文章的关键短语。

2) 基于深度学习的方法

循环神经网络(RNN)使用了双层 RNN 结构,通过两层隐层来表示信息,并且利用序列标注的方法,输出最终的结果。CopyRNN 使用编码-解码结构进行关键短语提取。首先,训练数据被转换为文本-关键短语对,然后训练基于 RNN 的编码-解码网络,学习从源数据(语句)到目标数据(关键短语)的映射关系。CorrRNN 同样适用编码-解码结构,但是额外引入了两种限制条件:

(1) 关键短语应该尽量覆盖文章的多个不同话题。

(2) 关键短语应该彼此之间尽量不一样,保证多样性。

短语提取是自然语言处理的一个基础任务,对于内容理解、搜索、推荐等各种下游任务都非常重要。统计学、语法、句法、语义等多来源特征可被用来提取候选短语和对短语进行评分。

随着预训练模型的发展，各种知识图谱的构建，引入了更多外部知识和信息，从而促进短语提取算法的效果提升。同时，更好的短语提取系统又能反哺各项任务，比如：知识图谱的构建，最终整体形成闭环，促进各项技术的进步。

3. HanLP 工具的短语提取代码示例

HanLP 工具提供了短语提取的功能，示例如代码 11.2 所示。

【代码 11.2】 PhraseExtract.java

```
package com.chongdianleme.job;
import com.hankcs.hanlp.HanLP;
import org.apache.commons.lang3.StringUtils;
import java.util.List;
/**
 * Created by "充电了么"App - 陈敬雷
 * "充电了么"App 官网: http://chongdianleme.com/
 * "充电了么"App - 专注上班族职业技能提升充电学习的在线教育平台
 * HanLP 短语提取功能，开源地址: https://github.com/hankcs/HanLP
 */
public class PhraseExtract {
    public static void main(String[] args) {
        String content = "分布式机器学习实战(人工智能科学与技术丛书)作者陈敬雷，责任编辑赵佳霓，此书深入浅出，逐步讲解分布式机器学习的框架及应用配套个性化推荐算法系统、人脸识别、对话机器人等实战项目，并有以下名人陈兴茂，梅一多，杨正洪，刘冬冬，龙旭东联袂推荐: " +
                "——陈兴茂 猎聘 CTO\n" +
                "——梅一多 博士 上海市青年拔尖人才，中基凌云科技有限公司联合创始人\n" +
                "——杨正洪 博士 中央财经大学财税大数据实验室首席科学家\n" +
                "——刘冬冬 首席数据官联盟创始人\n" +
                "——龙旭东 北京掌游智慧科技有限公司董事长";
        List<String> phraseList = extractPhrase(content,6);
        System.out.println(StringUtils.join(phraseList,","));
    }
    /**
     * HanLP 短语提取
     * @param content
     * @return
     */
    public static List<String> extractPhrase(String content, int size){
        List<String> phraseList = HanLP.extractPhrase(content, size);
        return phraseList;
    }
}
```

第12章

CHAPTER 12

搜索引擎 Solr Cloud 和 Elasticsearch

搜索引擎 Solr Cloud 和 Elasticsearch 属于全文搜索引擎，在搜索项目中基本都会用到，比如电商网站顶部的关键词搜索框，当用户输入关键词点击搜索按钮后，返回商品搜索结果的过程就是一次全文搜索的过程。底层用到的常见搜索框架就是 Solr Cloud 和 Elasticsearch。Solr Cloud 和 Elasticsearch 都是用 Java 语言编写，并且都依赖于共同的 Lucene 搜索类库，Solr Cloud 和 Elasticsearch 是在 Lucene 的基础上封装实现了分布式搜索，Lucene 本身是单机的搜索。

全文搜索引擎是目前广泛应用的主流搜索引擎。它的工作原理是计算机索引程序通过扫描文章中的每一个词，对每一个词建立一个索引，指明该词在文章中出现的次数和位置，当用户查询时，检索程序就根据事先建立的索引进行查找，并将查找的结果反馈给用户。这个过程类似于通过字典中的检索字表查字的过程。本章通过搜索引擎 Solr Cloud 和 Elasticsearch 开源框架分别进行讲解。

12.1 全文搜索引擎介绍及原理

全文搜索大体分为两个过程：索引创建(indexing)和搜索索引(search)。索引创建是指从现实世界中所有的结构化和非结构化数据中提取信息，创建索引的过程。搜索索引是指得到用户的查询请求，搜索创建的索引，然后返回结果的过程。

顺序扫描的速度慢，是由于我们想要搜索的信息和非结构化数据中所存储的信息不一致造成的。

非结构化数据中所存储的信息是每个文件包含哪些字符串，即已知文件求字符串相对容易，也就是从文件到字符串的映射。要想搜索是哪些文件包含此字符串的信息，即已知字符串求文件，也即从字符串到文件的映射。两者恰恰相反。于是，如果索引总能够保存从字符串到文件的映射，则会大大提高搜索速度。

由于从字符串到文件的映射是从文件到字符串的映射的反向过程，于是保存这种信息的索引称为反向索引。

反向索引所保存的信息一般如下：

假设文档集合里有 100 篇文档，为了方便表示，可将文档编号为 1～100，得到如图 12.1 所示的结构。

图中左边保存的是一系列字符串，称为词典。每个字符串都指向包含此字符串的文档(document)链表，此文档链表称为倒排链表(posting list)。

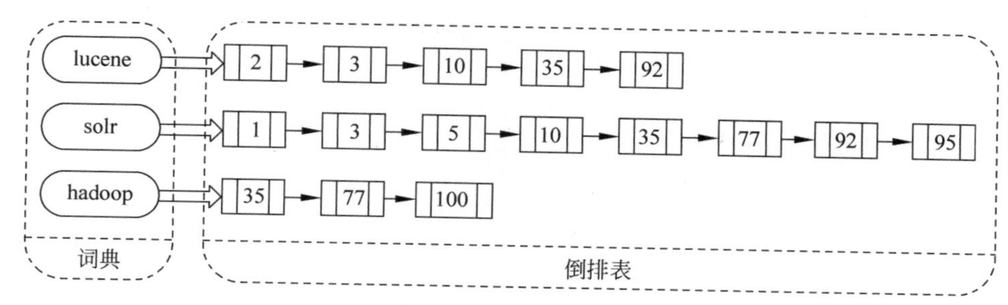

图 12.1 反向索引结构

有了索引,便可使保存的信息和要搜索的信息一致,从而大大加快搜索的速度。比如,要寻找既包含字符串"lucene"又包含字符串"solr"的文档,只需要以下几步,如图 12.2 所示。

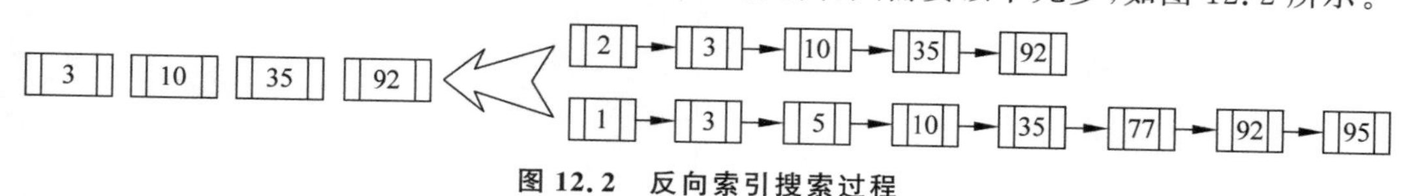

图 12.2 反向索引搜索过程

搜索过程:

(1) 取出包含字符串"lucene"的文档链表;

(2) 取出包含字符串"solr"的文档链表;

(3) 通过合并文档链表,找出既包含"lucene"又包含"solr"的文件。

全文搜索的确加快了搜索的速度,但是多了索引的过程,两者加起来后搜索速度不一定比顺序扫描快多少。尤其是在数据量小的时候更是如此。而对一个很大量的数据创建索引也是一个很慢的过程。

然而,两者还是有区别的,顺序扫描是每次都要扫描,而创建索引的过程仅需一次便一劳永逸了,以后每次搜索,不必经过创建索引的过程,仅搜索创建好的索引就可以了。

这也是全文搜索相对于顺序扫描的优势之一:一次索引,多次使用。

全文搜索的索引创建过程一般有以下几步。

第一步,抽取索引。

为了方便说明索引创建过程,以以下两个文件为例。

文件 1:Students should be allowed to go out with their friends,but not allowed to drink beer.

文件 2:My friend Jerry went to school to see his students but found them drunk which is not allowed.

第二步,将原文档传给分词组件(tokenizer)。

分词组件会做以下几件事情(此过程称为分词):

(1) 将文档分成一个一个单独的单词;

(2) 去除标点符号;

(3) 去除停词(stop word)。

所谓停词,就是一种语言中最普通的一些单词,由于没有特别的意义,大多数情况下不能成为搜索的关键词,因此创建索引时,这种词会被去掉以减少索引的数量。

英语中的停词有 the、a、this 等。每一种语言的分词组件,都有一个停词集合。经过分词后得到的结果称为词元(token)。

在上述例子中,分词后得到以下词元:

“Students”“allowed”“go”“their”“friends”“allowed”“drink”“beer”“My”“friend”“Jerry” "went""school""see""his""students""found""them""drunk""allowed"。

第三步,将得到的词元传给语言处理组件(linguistic processor)。语言处理组件主要是对得到的词元做一些同语言相关的处理。

对于英语,语言处理组件一般完成以下几项任务:

(1) 变为小写(lowercase)。

(2) 将单词缩减为词根形式,如 cars 到 car 等。这种操作称为词干提取(stemming)。

(3) 将单词转变为词根形式,如 drove 到 drive 等。这种操作称为词形还原(lemmatization)。

词干提取和词形还原的异同如表 12.1 所示。

表 12.1 词干提取和词形还原的异同

	词干提取	词形还原
相同之处	使词汇成为词根形式	使词汇成为词根形式
方式不同	采用"缩减"的方式: cars ➡car driving ➡drive	采用"转变"的方式: drove ➡drove driving ➡drive
算法不同	采取某种固定的算法来做这种缩减,如去除 s,去除 ing 加 e,将 ational 变为 ate,将 tional 变为 tion	采用保存某种字典的方式做这种转变。如字典中有 driving 到 drive,drove 到 drive,am、is、are 到 be 的映射,做转变时,只要查字典就可以了

词干提取和词形还原不是互斥关系,是有交集的,有的词利用这两种方式都能取得相同的转换结果。

语言处理组件的结果称为词(term)。在上例中,经过语言处理,得到的词如下:

"student""allow""go""their""friend""allow""drink""beer""my""friend""jerry""go""school""see""his""student""find""them""drink""allow"。

也正是因为有语言处理的步骤,才能在搜索 drove 时,也能搜索出 drive 来。

第四步,将得到的词传给索引组件(indexer)。

索引组件主要做以下几件事情:

(1) 利用得到的词创建一个字典。在上例中创建的字典如表 12.2 所示。

表 12.2 创建字典

Term	Document ID	Term	Document ID
student	1	jerry	2
allow	1	go	2
go	1	school	2
their	1	see	2
friend	1	his	2
allow	1	student	2
drink	1	find	2
beer	1	them	2
my	2	drink	2
friend	2	allow	2

（2）对字典按字母顺序进行排序，如表 12.3 所示。

表 12.3 按字母顺序排序的词典

Term	Document ID	Term	Document ID
allow	1	go	2
allow	1	his	2
allow	2	jerry	2
beer	1	my	2
drink	1	school	2
drink	2	see	2
find	2	student	1
friend	1	student	2
friend	2	their	1
go	1	them	2

（3）合并相同的词成为文档倒排链表，如图 12.3 所示。

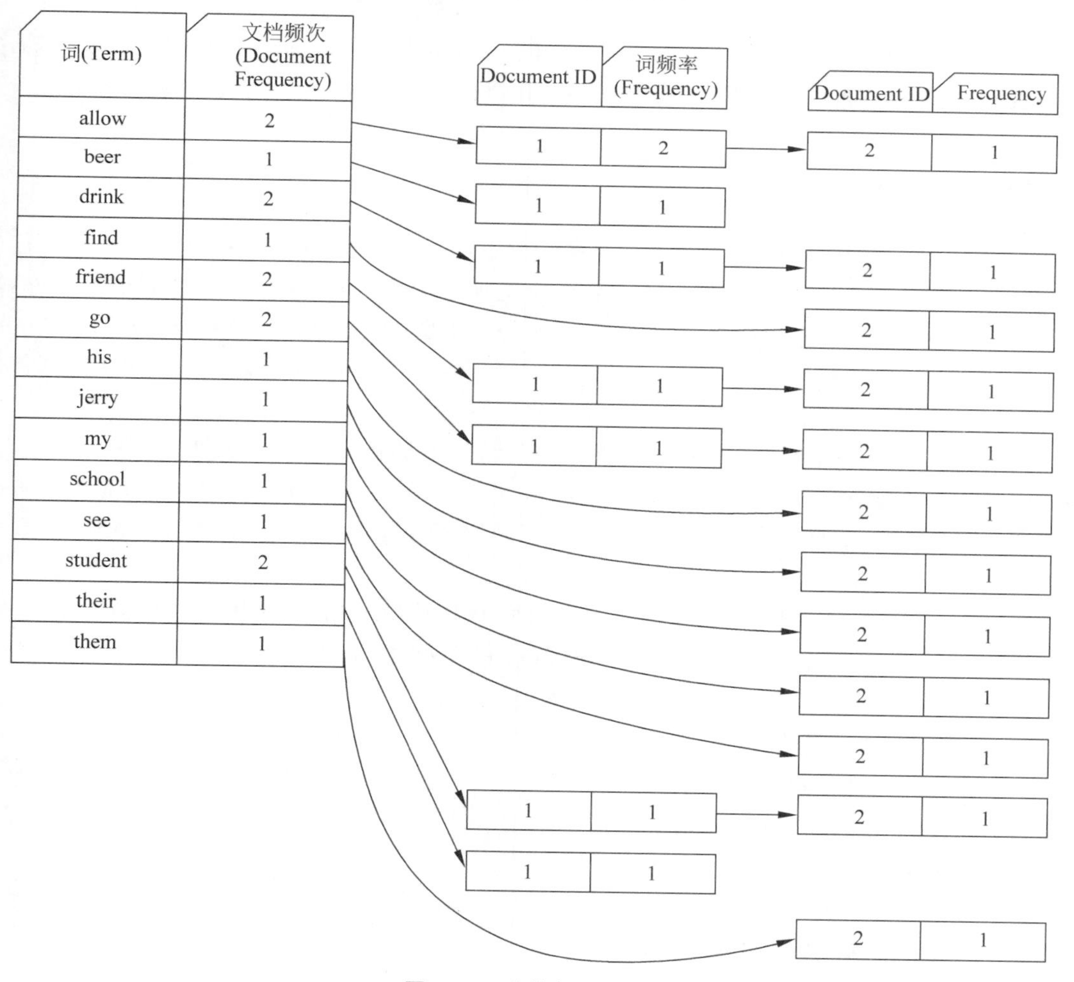

图 12.3 文档倒排链表

其中：文档频次表示总共有多少文件包含此词。

词频率表示此文件中包含了几个此词。

对词 allow 而言，总共有两篇文档包含它，因此词后的文档链表总共有两项：第一项表示包含 allow 的第一篇文档，即 1 号文档，在此文档中，allow 出现了 2 次；第二项表示包含 allow 的第二个文档，是 2 号文档，在此文档中，allow 出现了 1 次。

至此，索引已经创建好了，可以通过它很快地找到想要的文档。在此过程中，可以发现，drive、driving、drove、driven 也能够被搜索到。因为在索引中，driving、drove、driven 都会经过语言处理而变成 drive，在搜索时，如果输入 driving，输入的查询语句同样经过这里的(1)～(3)步，变为查询 drive，从而可以搜索到想要的文档。

什么时候使用全文搜索引擎呢？

(1) 搜索的数据对象是大量的非结构化的文本数据。

(2) 文件记录量达到数十万或数百万个甚至更多。

(3) 支持大量基于交互式文本的查询。

(4) 需求非常灵活的全文搜索查询。

(5) 对高度相关的搜索结果有特殊需求，但是没有可用的关系数据库可以满足。

(6) 对不同记录类型、非文本数据操作或安全事务处理的需求相对较少的情况。

目前主流的搜索引擎是 Lucene、Solr Cloud、Elasticsearch。Solr Cloud 和 Elasticsearch 都是基于 Lucene 封装的分布式搜索引擎，接下来一一介绍。

12.2 Lucene 搜索引擎

Lucene 是 Apache 软件基金会的一个子项目，由 Doug Cutting 开发，是一个开放源代码的全文搜索引擎工具包，但它不是一个完整的全文搜索引擎，而是一个全文搜索引擎的库，提供了完整的查询引擎和索引引擎，以及部分文本分析引擎(英文与德文两种语言)。Lucene 的目的是为软件开发人员提供一个简单易用的工具包，以方便地在目标系统中实现全文搜索的功能，或者是以此为基础建立起完整的全文搜索引擎。

Lucene 提供了一个简单却强大的应用程式接口，能够做全文索引和搜寻。在 Java 开发环境中，Lucene 是一个成熟的免费开源工具。就其本身而言，Lucene 是当前以及最近几年最受欢迎的免费 Java 信息检索程序库。人们经常提到信息检索程序库，虽然与搜索引擎有关，但不应该相混淆。

最开始 Lucene 只由 Java 开发，供 Java 程序调用，随着 Python 应用越来越多，Lucene 官网也提供了 Python 版本的 Lucene 库，供 Python 程序调用，即 PyLucene。

Lucene 通过简单的 API 提供强大的功能。

1. 可扩展的高性能索引

(1) 在现代硬件上超过 150GB/h。

(2) 需要的 RAM 更小，仅仅 1MB 堆空间。

(3) 增量索引与批量索引的速度一样快。

(4) 索引大小约为索引文本大小的 20%～30%。

2. 强大、准确、高效的搜索算法

(1) 排名搜索——首先返回最佳结果。

(2) 许多强大的查询类型：短语查询、通配符查询、邻近查询、范围查询等。

(3) 现场搜索(例如，标题、作者、内容)。

(4) 按任何字段排序。

(5) 使用合并结果进行多索引搜索。

(6) 允许同时更新和搜索。

(7) 灵活的分面、突出显示、连接和结果分组。

(8) 快速,内存效率和错误容忍的建议。

(9) 可插拔排名模型,包括向量空间模型和 Okapi BM25 评分算法。

(10) 可配置存储引擎(编解码器)。

3. 跨平台解决方案

(1) 作为 Apache 许可下的开源软件提供,在商业和开源程序中可使用 Lucene。

(2) 100% Java 编号。

(3) 可用的其他编程语言中的实现是索引兼容的。

在实际的开发项目中,一般不直接使用 Lucene,主要是以 Solr Cloud 和 Elasticsearch 为主,接下来重点讲解 Solr Cloud 和 Elasticsearch。

12.3　Solr Cloud

Lucene 是一个 Java 语言编写的利用倒排原理实现的文本检索类库。Solr 是以 Lucene 为基础实现的文本检索应用服务。Solr Cloud 是基于 Solr 和 Zookeeper 的分布式搜索方案。当然 Solr 也支持单机方式、多机主从方式。本书主要讲解分布式搜索方案。

12.3.1　Solr Cloud 介绍及原理

Solr Cloud 是基于 Solr 和 Zookeeper 的分布式搜索方案。它的主要思想是使用 Zookeeper 作为 Solr Cloud 集群的配置信息中心,统一管理 Solr Cloud 的配置,比如 solrconfig. xml 和 schema. xml。当需要大规模、容错、分布式索引和检索能力时可使用 Solr Cloud,当索引量很大,搜索请求并发很高时,同样需要使用 Solr Cloud 来满足这些需求。

1. Solr Cloud 特色功能

1) 集中式的配置信息

使用 Zookeeper 进行集中配置。启动时可以指定把 Solr 的相关配置文件上传 Zookeeper,多机器共用。这些 Zookeeper 中的配置不会在本地缓存,Solr 直接读取 Zookeeper 中的配置信息。对配置文件的变动,所有机器都可以感知到。

另外,Solr 的一些任务也是通过 Zookeeper 作为媒介发布的,目的是为了容错。接收到任务但在执行任务时崩溃的机器,在重启后或者集群选出候选者时,可以再次执行这个未完成的任务。

2) 自动容错

Solr Cloud 对索引分片,并对每个分片创建多个 replication。每个 replication 都可以对外提供服务。一个 replication 失效不会影响索引服务。

更强大的是,它还能自动在其他机器上将失败机器上的索引 replication 重建并投入使用。

3) 近实时搜索

立即推送式的 replication(也支持慢推送)。可以在秒级别检索到新加入索引。

4) 查询时自动负载均衡

Solr Cloud 索引的多个 replication 可以分布在多台机器上,均衡查询压力。如果查询压力大，则可以通过扩展机器、增加 replication 来减缓压力。

5）自动分发的索引和索引分片

发送文档到任何节点，Solr Cloud 都会转发到正确节点。

6）事务日志

事务日志确保更新无丢失，即使文档没有索引到磁盘。

7）可将索引存储在 HDFS 上

索引的大小通常为几 GB 和几十 GB，上百 GB 的很少，或许很难使用到该功能。但是，如果有上亿数据来创建索引，也是可以考虑该功能的。这个功能最大的好处或许就是和“通过 MR 批量创建索引”联合使用。

8）通过 MR 批量创建索引

有了这个功能，你还担心创建索引的速度慢吗？

9）强大的 RESTful API

通常人们能想到的管理功能，都可以通过此 API 方式调用。这样写一些维护和管理脚本就方便多了。

10）优秀的管理界面

主要信息一目了然；可以清晰地以图形化方式看到 Solr Cloud 的部署分布；当然还有不可或缺的调试(debug)功能。管理界面如图 12.4 所示。

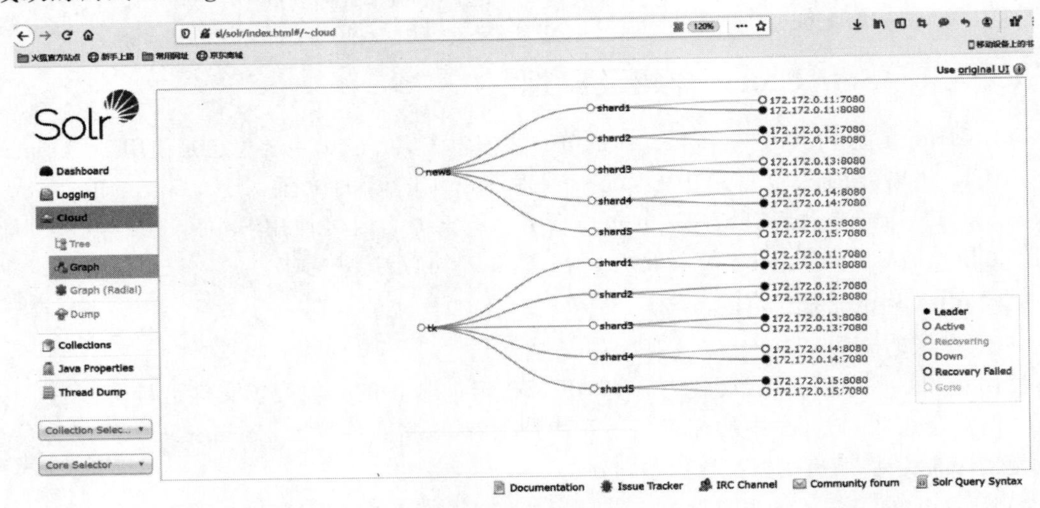

图 12.4 Solr Cloud 管理界面

2. Solr Cloud 概念

1）索引集(collection)

索引集是 Solr Cloud 集群中逻辑意义上的完整的索引。它常常被划分为一个或多个分片，也可以用英文，它们使用相同的 config set。如果分片数超过一个，它就是分布式索引，Solr Cloud 让用户通过索引集名称引用它，而不需要关心分布式检索时需要使用的与分片相关的参数。

2）config set

Solr Core 提供服务必需的一组配置文件。每个 config set 有一个名字。至少需要包括 solrconfig. xml(SolrConfigXml)和 schema. xml(SchemaXml)，除此之外，依据这两个文件的配置内容，可能还需要包含其他文件。它存储在 Zookeeper 中。config set 可以重新上传或者使用 upconfig 命令更新，使用 Solr 的启动参数 bootstrap_confdir 指定可以初始化或更新它。

3）核心（core）

也就是 Solr core，一个 Solr 中包含一个或者多个 Solr core，每个 Solr core 可以独立提供索引和查询功能，每个 Solr core 对应一个索引或者索引集的分片，Solr core 的提出是为了增加管理灵活性和共用资源。在 Solr Cloud 中有个不同点是，它使用的配置是在 Zookeeper 中，而传统的 Solr core 的配置文件是在磁盘的配置目录中。

4）领导者（leader）

是指赢得选举的分片副本。每个分片有多个副本，这几个副本需要选举来确定一个 leader。选举可以发生在任何时间，但是通常它们仅在某个 Solr 实例发生故障时才会触发。当索引文档时，Solr Cloud 会传递它们到此分片对应的 leader，leader 再分发它们到全部分片的副本。

5）副本（replica）

分片的每个副本存在于 Solr 的一个 core 中。一个命名为 test 的索引集以 numShards=1 创建，并且指定 replicationFactor 设置为 2，这会产生 2 个副本，也就是对应会有 2 个 core，每个在不同的机器或者 Solr 实例中。一个被命名为 test_shard1_replica1，另一个命名为 test_shard1_replica2。它们中的一个会被选举为 leader。

6）分片（shard）

索引集的每个逻辑分片被化成一个或者多个副本，通过选举确定哪个是 leader。

7）Zookeeper

Zookeeper 提供分布式锁功能，对 Solr Cloud 是必需的。它处理 leader 的选举。Solr 可以使用内嵌的 Zookeeper 运行，但是建议用独立的主机，并且最好有 3 台以上主机，5 台以上最佳。

3. 架构

1）索引集的逻辑图

在 Solr Cloud 模式下，索引集是访问集群的入口。索引集是一个逻辑存在的东西，可以跨节点，在任意节点上都可以访问索引集；分片也是逻辑存在的，因此分片也是可以跨节点的；一个分片下面可以包含 0 个或者多个副本，但一个分片下面只能包含一个 leader。索引集的逻辑图如图 12.5 所示。

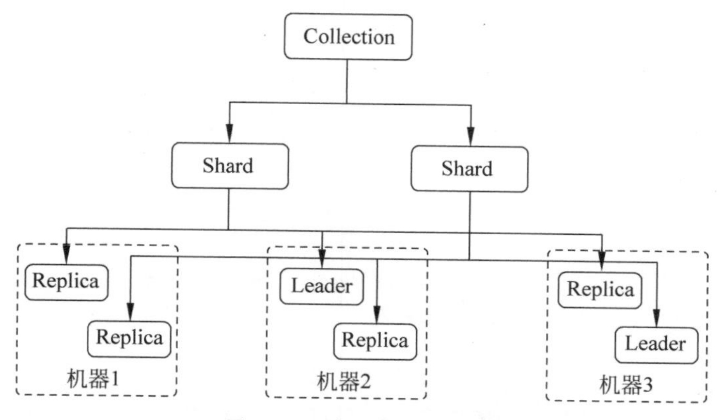

图 12.5 索引集的逻辑图

2）索引集和 Solr 实例对照图

Solr Cloud 中包含有多个 Solr 实例，而每个 Solr 实例中包含有多个 Solr core，Solr core 对应着一个可访问的 Solr 索引资源副本，当 Solr 客户端通过索引集访问 Solr 集群的时候，便可通过分片找到对应的副本即 Solr core，从而就可以访问索引文档了。索引集和 Solr 实例对照图如图 12.6 所示。

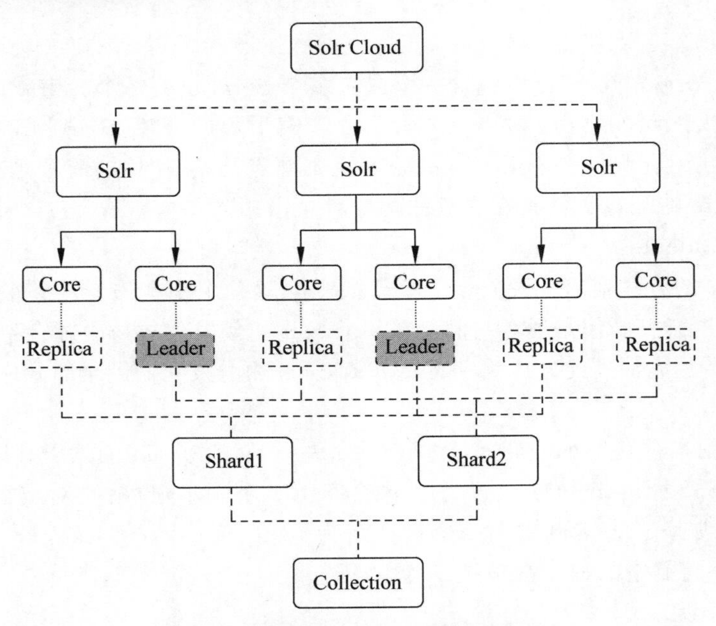

图 12.6　索引集和 Solr 实例对照图

3）索引创建过程

索引创建过程如下：

(1) 用户可以把文档提交给任意副本；

(2) 如果它不是 leader，它会把请求转交给和自己同分片的 leader；

(3) leader 把文档路由给本分片的每个副本；

(4) 如果文档基于路由规则并不属于本分片，leader 会把它转交给对应分片的 leader；

(5) 对应 leader 会把文档路由给本分片的每个副本。

索引创建过程如图 12.7 所示。

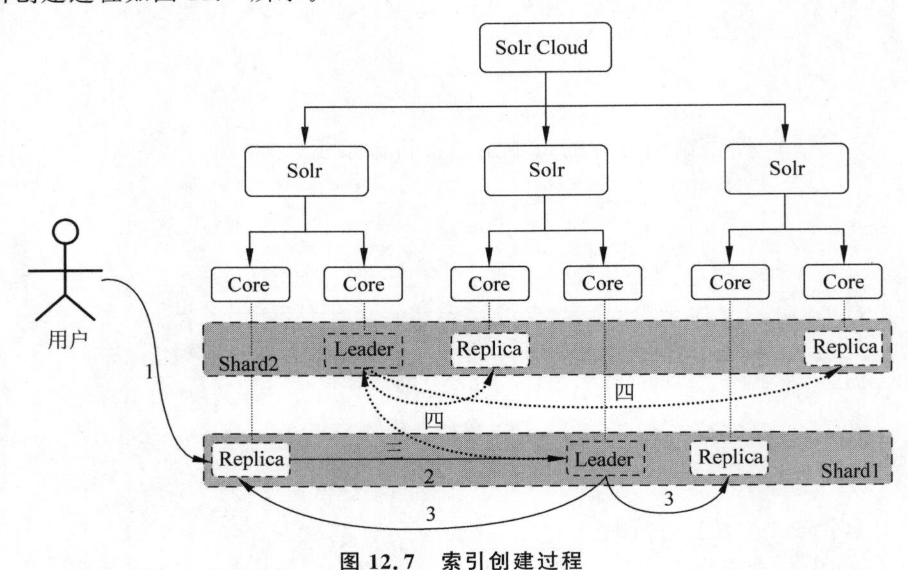

图 12.7　索引创建过程

4）检索过程

(1) 用户的一个查询可以发送到含有该索引集的任意机器，Solr 内部处理的逻辑会转到一个副本；

(2) 此副本会基于查询索引的方式,启动分布式查询,基于索引的分片个数,把查询转为多个子查询,并把每个子查询定位到对应分片的任意一个副本;

(3) 每个子查询返回查询结果;

(4) 最初的副本合并子查询,并把最终结果返回给用户。

索引检索过程如图 12.8 所示。

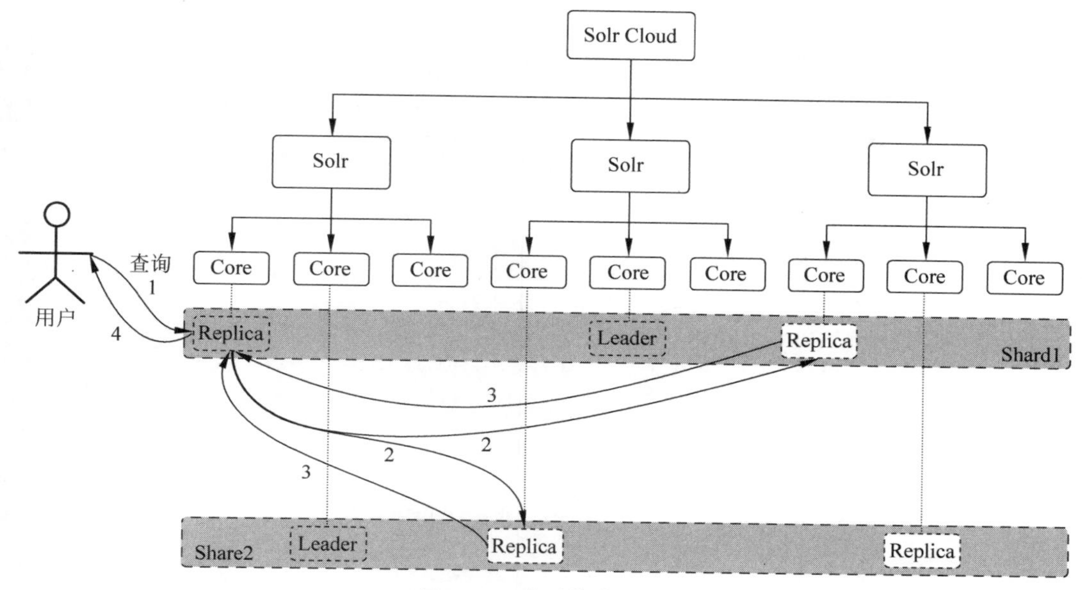

图 12.8　索引检索过程

5) 分片切分(shard splitting)

过程描述:

(1) 在一个分片的文档达到阈值,或者接收到用户的 API 命令时,可以启动切分(splitting)过程,此时旧的分片仍然提供服务,旧分片的文档再次提取并按路由规则转到新的分片做索引;

(2) 用户可以把文档提交给任一副本转交给 leader;

(3) leader 把文档路由给旧分片的每个副本各自做索引;

(4) 同时,会把文档路由给新分片的 leader;

(5) 新分片的 leader 会将文档路由到自己的副本各自做索引;

(6) 在旧文档的索引完成后,系统会把分发文档路由切换到对应的新的 leader 上,旧分片关闭。

分片切分过程如图 12.9 所示。

以上是对 Solr Cloud 的介绍及原理,接下来介绍其安装和部署。

12.3.2　Solr Cloud 实战

下面是 Zookeeper+Solr Cloud 10 个节点分布式部署过程,10 个节点就是要部署 10 个 tomcat 应用服务器,一共是 5 个分片,每个分片一主一从。操作系统使用 Centos7。

1. 准备工作

(1) 下载 Zookeeper。

版本:3.4.6。

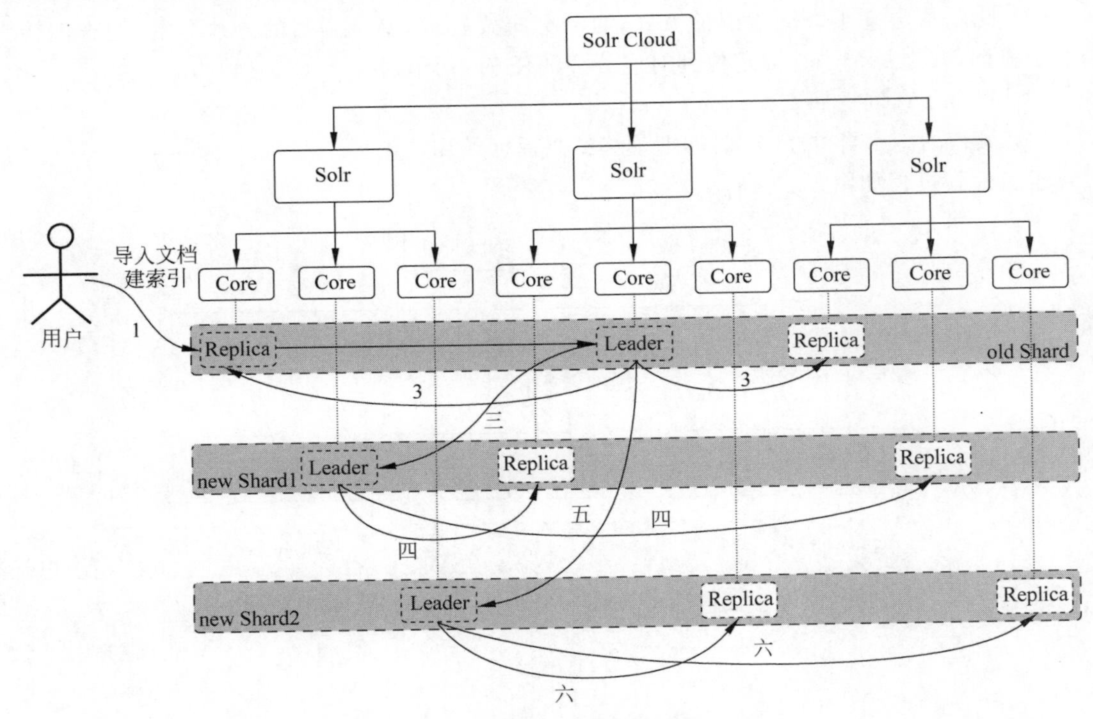

图 12.9 分片切分过程

(2) 下载 Solr。

(3) 安装 Java 的 JDK、配置 Java 环境变量。

使用 Linux 的版本 jdk-x. x. x_linux-x64_bin. tar. gz。

下载上传到 Linux 服务器解压。

```
tar -zxvf jdk-x.x.x_linux-x64_bin.tar.gz
```

然后编辑/etc/profile 文件,配置 Java 环境变量即可。

```
vim /etc/profile #加入 export
export JAVA_HOME = /home/hadoop/software/jdk1.8.0_121
```

(4) 配置 Zookeeper 环境变量。

打开/etc/profile 文件并添加如下内容:

```
export ZOOKEEPER_HOME = /home/hadoop/software/zookeeper-3.4.6
export PATH = $PATH: $ZOOKEEPER_HOME/bin: $ZOOKEEPER_HOME/conf
```

2. Zookeeper 部署

将下载的 Zookeeper 包解压后在 ./conf 目录下新建 zoo. cfg 文件,文件内容如下:

```
tickTime = 30000
initLimit = 10
syncLimit = 5
clientPort = 2181
#autopurge.purgeInterval = 1
dataDir = /home/hadoop/software/zookeeper-3.4.6/data
#方便查 LOG
dataLogDir = /home/hadoop/software/zookeeper-3.4.6/logs
#控制客户的连接数,默认数为 60,太小,可以设置更大一些,比如 888 足够用了。
```

```
maxClientCnxns = 888
# 如果有多个 ZOOKEEPER INSTANCE
server.1 = 172.172.0.11:2888:3888
server.2 = 172.172.0.12:2888:3888
server.3 = 172.172.0.13:2888:3888
server.4 = 172.172.0.14:2888:3888
server.5 = 172.172.0.15:2888:3888
```

然后将 Zookeeper 整个目录复制到 5 台服务器上，再修改 dataDir 和 dataLogDir 的路径（如果路径相同可不修改），最后按照 dataDir 配置的路径新建 myid 文件并添加内容。

myid 内容为 server. x 中的 x。

```
/home/hadoop/software/zookeeper-3.4.6/data/myid
```

如：172.172.0.11 的 myid 内容为 1，172.172.0.12 的 myid 内容为 2，以此类推。

注意：服务器上的防火墙都要关闭。如果使用域名需要在/etc/hosts 中配置相应的域名，如果想要 logDir 生效，还需要修改 zkEnv. sh，找到如下内容修改：

```
if [ "x${ZOO_LOG_DIR}" = "x" ]
then
    ZOO_LOG_DIR = "../../logs"
```

否则日志会输出在 bin 目录下，即使设置了 logDir 也没用。

分别进入到每台服务器的/home/hadoop/software/zookeeper-3. 4. 6/bin 目录，执行 zkServer. sh start 即可分别启动 3 台服务器。

```
/home/hadoop/software/zookeeper-3.4.6/bin/zkServer.sh restart
```

接着验证 Zookeeper 服务是否正常

```
/home/hadoop/software/zookeeper-3.4.6/bin/zkServer.sh status
/home/hadoop/software/zookeeper-3.4.6/bin/zkCli.sh -server 172.172.0.11:2181
```

3. Solr 部署参考

将下载的 Solr 包解压，并进入 solr-x. x. x\solr-x. x. x \example\webapps 目录，然后将 solr. war 包解压，并修改 web. xml 如下：

```
<env-entry>
   <env-entry-name>solr/home</env-entry-name>
   <env-entry-value>/home/hadoop/software/solrcloud/solr_7080/data</env-entry-value>
   <env-entry-type>java.lang.String</env-entry-type>
</env-entry>
```

将 solr-x. x. x \example\lib\ext 目录下的 jar 包放到 solr\WEB-INF\lib 目录下。

创建/home/hadoop/software/solrcloud/solr_7080/data 目录，并复制 solr. xml 文件。

solr. xml 文件内容如下：

```
<?xml version = "1.0" encoding = "UTF-8" ?>
<solr>
  <solrcloud>
    <str name = "host">172.172.0.11</str>
    <int name = "hostPort">7080</int>
    <str name = "hostContext">solr</str>
    <int name = "zkClientTimeout">100000</int>
    <bool name = "genericCoreNodeNames">${genericCoreNodeNames:true}</bool>
  </solrcloud>
```

```
  <shardHandlerFactory name = "shardHandlerFactory"
    class = "HttpShardHandlerFactory">
    <int name = "socketTimeout"> ${socketTimeout:0}</int>
    <int name = "connTimeout"> ${connTimeout:0}</int>
  </shardHandlerFactory>
</solr>
```

应记得修改 solr. xml 每台服务器的 IP 地址和端口，并下载如下两个 jar 包，将它们加入到 lib 文件夹。

```
mmseg4j-core-x.x.x-dev.jar
mmseg4j-solr-x.x.x.jar
```

然后重新打包，上传至/home/hadoop/software/solrcloud/solr_7080/webapps/solr/WEB-INF/lib 目录下。

在/solr/WEB-INF/目录下创建 classes 文件夹，复制到 log4j. properties 文件夹，用于项目打日志。

然后修改 tomcat bin 目录下的 catalina. sh，如下所示：

```
JAVA_OPTS = "-Xms16384m -Xmx16384m -XX:MaxDirectMemorySize = 1024m -XX:MaxNewSize = 1024m -XX:MaxPermSize = 1024m -server -XX:-UseGCOverheadLimit"
JAVA_OPTS = $JAVA_OPTS" -Dcluster.conf.path = /etc/ins-cluster.conf"
JAVA_OPTS = $JAVA_OPTS" -DzkHost = datanode1:2181,datanode2:2181,datanode3:2181,datanode4:2181,datanode5:2181 "
```

把这台配置好的 Solr 复制到其他机器上。记得修改/home/hadoop/software/solrcloud/solr_7080/data/solr. xml 中的<str name="host">172.172.0.12</str>

```
<int name = "hostPort">7080</int>
```

4. 启动 tomcat 并上传 schema. xml 和 solrconfig. xml 文件

分别启动 10 个 tomcat，执行客户端程序，将配置文件上传至 /configs/chongdianleme/核名称/。

```
java -classpath .: /home/hadoop/software/solrcloud/solr_7080/webapps/solr/WEB-INF/lib/* org.apache.solr.cloud.ZkCLI -cmd upconfig -zkhost datanode1:2181,datanode2:2181,datanode3:2181,datanode4:2181,datanode5:2181 -confdir /home/hadoop/chongdianleme/config/ -confname chongdianleme
```

schema 增加字段只需要把/home/hadoop/chongdianleme/config/本地的核字段加上，其他文件可以保持不动。如果 Zookeeper 上存在这个文件则删除后覆盖；如果不存在这个文件则 Zookeeper 保持不动。上传完成后需要每个 tomcat 在界面上重新加载一次。

上传 dic 词典：

```
java -classpath .: /home/hadoop/software/solrcloud/solr_7080/webapps/solr/WEB-INF/lib/* org.apache.solr.cloud.ZkCLI -cmd upconfig -zkhost datanode1:2181,datanode2:2181,datanode3:2181,datanode4:2181,datanode5:2181 -confdir /home/hadoop/chongdianleme/config/dic -confname chongdianleme/dic
```

注意： stopwords 和同义词不能是乱码，需要 UTF-8 格式，否则添加 core 的时候报错。

说明： confname 系统是默认上传到 configs 目录下的。

增加 core，相当于根据 Zookeeper 的配置在/home/hadoop/software/solrcloud/solr_7080/data/核数据存放的地方创建核数据索引文件。

分别登录地址 http://172.172.0.11：7080/solr/index.html#/~cloud 或者 http://sl/

solr/index.html#/～cloud。

其中，sl 是虚拟域名，是在计算机 C:\Windows\System32\drivers\etc\hosts 文件里添加主机名映射做虚拟域名到 IP 地址的跳转，172.172.0.11 sl，跳转 IP 的端口号默认 80，需要配置 Nginx 代理做主机名到 Solr 服务器端口号的映射跳转。先介绍部署好的 Solr 管理界面。

单击 Cloud 选项后的界面如图 12.10 所示。

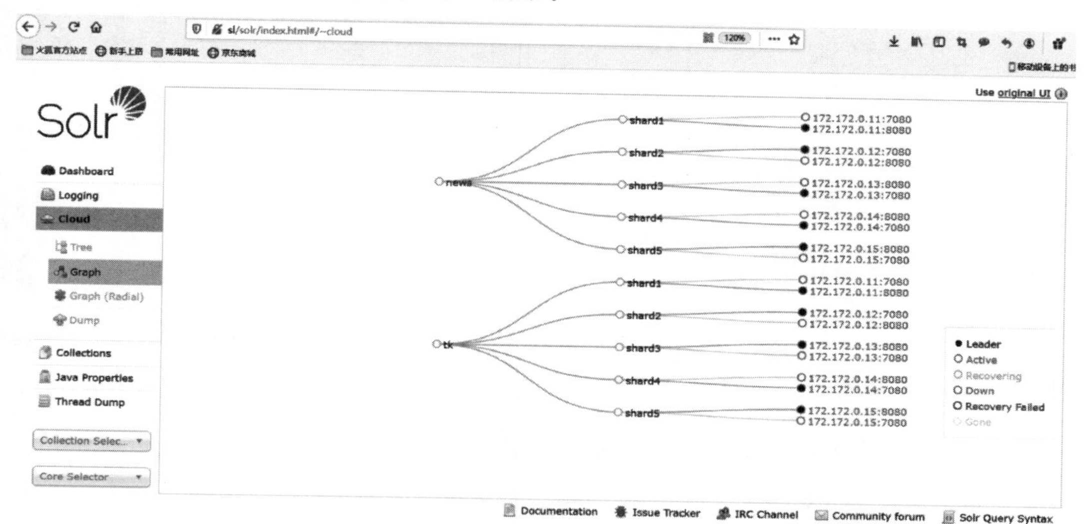

图 12.10　单击 Cloud 选项后 Solr Cloud 的 Web 界面

单击 Collections 选项后的界面如图 12.11 所示。

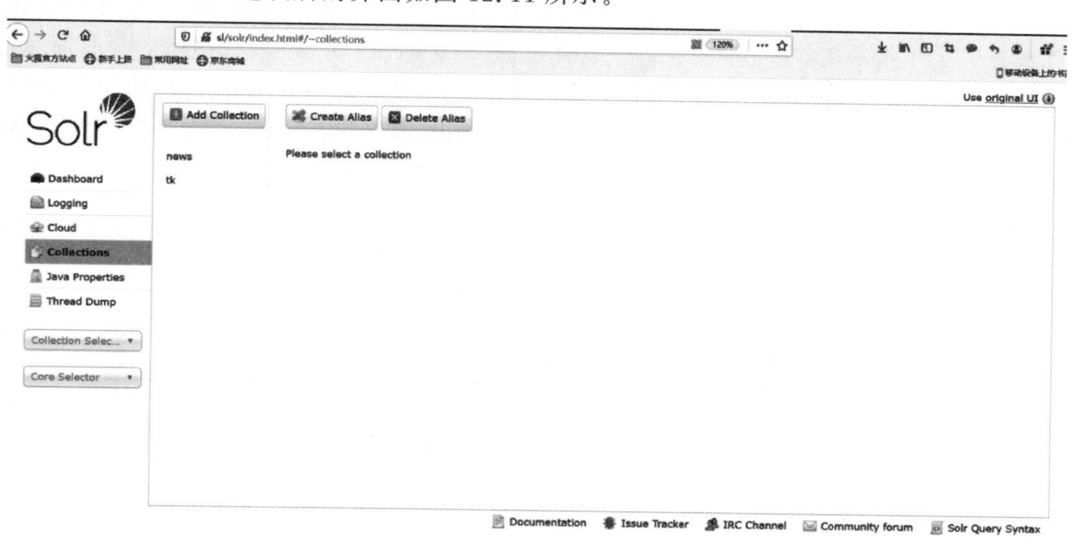

图 12.11　单击 Collections 选项后 Solr Cloud 的 Web 界面

在 172.172.0.11 上添加 Collection。每台服务器上添加一次。每台服务器通过界面添加的方式都一样，如图 12.12 所示。

name 是核(core)的唯一标识，取名不重复就行，同一台机器只能有一个 name。注意：同一个 tomcat 只能挂一个分片。加分片的时候其他步骤都一样，只是分片改一下名字。

部署完成后就是怎样向 Solr 中写入数据、更新数据以及查询数据，具体将在第 19.2 节介绍。

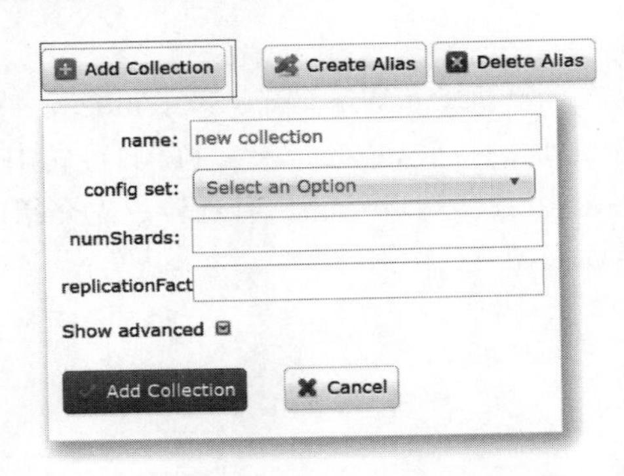

图 12.12 添加 Collection 的 Solr Cloud 管理界面

12.4 Elasticsearch

Elasticsearch 和 Solr Cloud 一样，都是基于 Apache Lucene 的分布式搜索引擎，但安装部署相对简单，上手较快，近年来热度逐步攀升。

12.4.1 Elasticsearch 介绍及原理

Elasticsearch 是一个开源的分布式、RESTful 风格的搜索和数据分析引擎，它的底层是开源库 Apache Lucene。Lucene 可以说是当下最先进、高性能、全功能的搜索引擎库——无论是开源还是私有，但它也仅仅只是一个库。为了充分发挥其功能，需要使用 Java 并将 Lucene 直接集成到应用程序中。因为 Lucene 非常复杂，如果没有足够的专业知识，可能很难理解它的工作原理。为了解决 Lucene 使用时的繁复性，Elasticsearch 应运而生。它使用 Java 编写，内部采用 Lucene 实现索引与搜索，但是它的目标是使全文搜索变得更简单。简单来说，就是对 Lucene 做了一层封装，使它可提供一套简单一致的 RESTful API 来帮助我们实现存储和检索。

当然，Elasticsearch 不仅仅是 Lucene，而且也不只是一个全文搜索引擎。它可以被准确地形容为：

- 一个分布式的实时文档存储，每个字段可以被索引与搜索；
- 一个分布式实时分析搜索引擎；
- 能胜任上百个服务节点的扩展，并支持 PB 级别的结构化或者非结构化数据。

由于 Elasticsearch 功能强大和使用简单，维基百科、卫报、Stack Overflow、GitHub 等都采用它来做搜索。现在，Elasticsearch 已成为全文搜索领域的主流软件之一。

Elasticsearch 的基本概念如下：

1. 全文搜索(full-text search)

全文搜索是指计算机索引程序通过扫描文章中的每一个词，对每一个词建立一个索引，并指明该词在文章中出现的次数和位置，当用户查询时，搜索程序就根据事先建立的索引进行查找，并将查找的结果反馈给用户的搜索方式。

在全文搜索的世界中，存在着几个庞大的帝国，也就是主流工具，主要有：

```
Apache Lucene
Elasticsearch
Solr
Ferret
```

2. 倒排索引(inverted index)

该索引表中的每一项都包括一个属性值和具有该属性值的各记录的地址。由于不是由记录的位置来确定属性值,而是由属性值来确定记录的位置,因而称为倒排索引。Elasticsearch能够实现快速、高效的搜索功能,正是基于倒排索引原理。

3. 节点和集群(node & cluster)

Elasticsearch 本质上是一个分布式数据库,允许多台服务器协同工作,每台服务器可以运行多个 Elasticsearch 实例。单个 Elasticsearch 实例称为一个节点(node),一组节点构成一个集群(cluster)。

4. 索引(index)

Elasticsearch 数据管理的顶层单位就叫作索引,相当于关系型数据库里的数据库的概念。另外,每个索引的名字必须是小写。

5. 文档(document)

索引里单条的记录称为文档。许多条文档构成一个索引。文档使用 JSON 格式表示。同一个索引里面的文档,不要求有相同的结构(scheme),但是最好保持相同的结构,这样有利于提高搜索效率。

6. 类型(type)

文档可以分组,比如 employee 这个索引里面,可以按部门分组,也可以按职级分组。这种分组就叫作类型,它是虚拟的逻辑分组,用来过滤文档,类似关系型数据库中的数据表。不同的类型应该有相似的结构(schema),性质完全不同的数据(比如 products 和 logs)应该存成两个索引,而不是一个索引里面的两个类型。

7. 文档元数据(document metadata)

文档元数据为_index、_type、_id,这三者可以唯一表示一个文档,_index 表示文档在哪里存放,_type 表示文档的对象类别,_id 为文档的唯一标识。

8. 字段(fields)

每个文档都类似于一个 JSON 结构,它包含了许多字段,每个字段都有其对应的值,多个字段组成了一个文档,可以类比关系型数据库数据表中的字段。

在 Elasticsearch 中,文档归属于一种类型,而这些类型存在于索引(index)中,Elasticsearch 与传统关系型数据库的类比:Elasticsearch 的索引概念和传统关系数据库的databases(数据库)等同,types(类型)和 tables(表)等同,documents(文档)和 rows(数据行)等同,fields(字段)和 columns(字段)等同。

了解了 Elasticsearch 的原理及概念,下面介绍其安装部署和使用。

12.4.2 Elasticsearch 实战

以在 CentOS7 环境下的 Linux 服务器上安装 Elasticsearch 5 个节点为例为大家讲解安装部署过程。

1. 准备工作

官网下载 elasticsearch-x. x. x 最新版本。

下载地址:https://www.elastic.co/cn/downloads/past-releases#elasticsearch。

选取最新或者需要的版本下载。

把下载的压缩包上传服务器后解压:

```
tar  -zxvf  elasticsearch-x.x.x.tar.gz
cd  ***/elasticsearch-x.x.x
```

2. 修改文件 config/elasticsearch.yml

Elasticsearch 配置文件写法：使用两个空格作为一级缩进是 YAML 的约定，不能使用制表符(Tab)来代替。

以“:”为结束符的字符串，代表了一个键名，“:”后面则是键值。“:”和键值之间必须有至少一个空格。

列表的元素前面的“-”必不可少，并且要跟随至少一个空格。也可以使用

```
-  [value1, value2, value3]
```

表示列表。

修改配置文件 elasticsearch.yml 并加入防脑裂配置：

```
cluster.name: chongdianleme-elasticsearch-application
node.name: node-1
network.host: 172.172.0.11
http.port: 9200
discovery.zen.minimum_master_nodes: 3
http.cors.enabled: true
http.cors.allow-origin: "*"
discovery.zen.ping.unicast.hosts: ["172.172.0.11","172.172.0.12","172.172.0.13","172.172.
0.14","172.172.0.15"]
```

建议根据服务器硬件配置到 bin/elasticsearch 脚本中修改占用 jvm 的大小：

```
#   ES_JAVA_OPTS="-Xms8g -Xmx8g" ./bin/elasticsearch
```

将其复制到其他机器上，在 5 台服务器上分别做类似设置修改，然后以后台进程方式启动 Elasticsearch 服务。

3. 启动 Elasticsearch 后台服务

在每个节点执行

```
"su hadoop -c 'nohup /home/hadoop/software/elasticsearch-x.x.x/bin/elasticsearch &'"
```

启动 elasticsearch 后台程序，并放到后台执行。

启动时注意：

(1) 若将当前终端关闭，则之前在后台启动的进程也会被停掉。如果想要避免这种情况，则需要在刚才执行的命令前面加一个 nohup 命令。

(2) 启动 Elasticsearch 后台进程时，需要对 config/elasticsearch.yml 配置文件中设置的目录具有写权限。

Elasticsearch 安装启动后，如果没有出现与 Solr Cloud 类似的管理界面，则需要再单独安装 Elasticsearch-head 插件才会有管理界面。

4. Elasticsearch-head 插件安装

Elasticsearch-head 是一款能连接 Elasticsearch 搜索引擎，并提供可视化的操作页面对 Elasticsearch 搜索引擎进行各种设置和数据检索功能的管理插件，如在 head 插件页面编写 RESTful 接口风格的请求，就可以对 Elasticsearch 中的数据进行增删改查、创建或者删除索引等操作。类似于使用 navicat 工具连接 MySQL 这种关系型数据库，对数据库做操作。

1) 环境检查

Elasticsearch-head 插件运行需要 node.js 环境，确保安装有 node.js，如果未安装，则自行安装

node -v npm -v。

2）下载以及安装 head 插件

使用 git 克隆并安装的命令脚本如下：

```
git clone git://github.com/mobz/elasticsearch-head.git
cd elasticsearch-head
npm install
npm run start
open http://localhost:9100/
```

此处用这种最简单的方式安装，安装位置是/usr/local/。

3）配置 elasticsearch 允许 head 插件访问

进入 elasticsearch config 目录，打开 elasticsearch.yml，最后加上

```
http.cors.enabled: true
http.cors.allow-origin: "*"
```

4）启动 Elasticsearch 访问管理 Web 界面

启动 Elasticsearch，再进入 head 目录，执行 npm run start 启动插件，然后浏览器访问 Web 管理界面地址即可。

5. Elasticsearch 的 RESTful API 接口

Elasticsearch 提供了多种交互使用方式，包括 Java API 和 RESTful API，本书主要介绍 RESTful API。所有其他语言可以使用 RESTful API 通过端口 9200 和 Elasticsearch 进行通信，可以用自己喜欢的 Web 客户端访问 Elasticsearch。还可以使用 curl 命令来和 Elasticsearch 交互。

一个 Elasticsearch 请求和任何 HTTP 请求一样，都由若干相同的部件组成：

```
curl -X<VERB> '<PROTOCOL>://<HOST>:<PORT>/<PATH>?<QUERY_STRING>' -d '<BODY>'
```

返回的数据格式为 JSON，因为 Elasticsearch 中的文档以 JSON 格式储存。其中，被 < > 标记的部件，其参数如表 12.4 所示。

表 12.4 Elasticsearch 参数说明

部 件	说 明
VERB	适当的 HTTP 方法或谓词：GET、POST、PUT、HEAD 或者 DELETE
PROTOCOL	http 或者 https（如果在 Elasticsearch 前面有一个 https 代理）
HOST	Elasticsearch 集群中任意节点的主机名，或者用 localhost 代表本地机器上的节点
PORT	运行 Elasticsearch HTTP 服务的端口号，默认是 9200
PATH	API 的终端路径（例如_count 将返回集群中文档数量）。Path 可能包含多个组件，例如：_cluster/stats 和_nodes/stats/jvm
QUERY_STRING	任意可选的查询字符串参数（例如，? pretty 将格式化地输出 JSON 返回值，使其更容易阅读）
BODY	一个 JSON 格式的请求体（如果请求需要的话）

对于 HTTP 方法，它们的具体作用如表 12.5 所示。

表 12.5 HTTP 方法说明

HTTP 方法	说 明	HTTP 方法	说 明
GET	获取请求对象的当前状态	DELETE	销毁对象
POST	改变对象的当前状态	HEAD	请求获取对象的基础信息
PUT	创建一个对象		

以数据为例展示 Elasticsearch 的用法，如表 12.6 所示。

表 12.6 数据展示例子表格

作者	标 题	说 明	参 加 者	日 期	评 论
Dave	Elasticsearch at Rangespan and Exonar	Representatives from Rangespan and Exonar will come and discuss how they use Elasticsearch.	["Dave", "Andrew", "David", "Clint"]	2013-06-24T18:30	3
Dave Nolan	real-time Elasticsearch	We will discuss using Elasticsearch to index data in real time.	["Dave", "Shay", "John", "Harry"]	2013-02-18T18:30	3
Andy	Moving Hadoop to the mainstream	Come hear about how Hadoop is moving to the main stream.	["Andy", "Matt", "Bill"]	2013-07-21T18:00	4
Andy	Big Data and the cloud at Microsoft	Discussion about the Microsoft Azure cloud and HDInsight.	["Andy","Michael", "Ben","David"]	2013-07-31T18:00	1
Mik	Logging and Elasticsearch	Get a deep dive for what Elasticsearch is and how it can be used for logging with Logstash as well as Kibana!	["Shay", "Rashid", " Erik", " Grant", "Mik"]	2013-04-08T18:00	3

先介绍一下什么是 ELK。ELK 是 3 个开源软件的缩写，分别表示 Elasticsearch、Logstash、Kibana，它们都是开源软件。新增了一个 FileBeat，它是一个轻量级的日志收集处理工具(agent)，FileBeat 占用资源少，适合在各个服务器上搜集日志后传输给 Logstash，官方也推荐此工具。Logstash 主要是用作日志的搜集、分析、过滤的工具，支持大量的数据获取方式。一般工作方式为 C/S 架构，客户端安装在需要收集日志的主机上，服务器端负责将收到的各节点日志进行过滤、修改等操作再一并发往 Elasticsearch。Kibana 也是一个开源和免费的工具，它可以为 Logstash 和 Elasticsearch 提供的日志分析友好的 Web 界面，可以帮助汇总、分析和搜索重要数据日志。以下全部的操作都在 Kibana 中完成，创建的索引为 conference，类型为 event。

1) 插入数据

首先创建索引为 conference，创建类型为 event，插入 ID 为 1 的第一条数据，只需运行下面的命令：

```
PUT /conference/event/1
{
  "host": "Dave",
  "title": "Elasticsearch at Rangespan and Exonar",
  "description": "Representatives from Rangespan and Exonar will come and discuss how they use
Elasticsearch",
  "attendees": ["Dave", "Andrew", "David", "Clint"],
  "date": "2013 - 06 - 24T18:30",
  "reviews": 3
}
```

在上面的命令中，路径/conference/event/1 表示文档的索引为 conference，类型为 event，ID 为 1。

2) 删除数据

比如，想要删除 conference/event 中 ID 为 5 的数据，只需运行下面的命令：

```
DELETE /conference/event/5
```

返回结果如下：

```
{
  "_index" : "conference",
  "_type" : "event",
  "_id" : "5",
  "_version" : 2,
  "result" : "deleted",
  "_shards" : {
    "total" : 2,
    "successful" : 1,
    "failed" : 0
  },
  "_seq_no" : 1,
  "_primary_term" : 1
}
```

表示该文档已成功删除。如果想删除整个 event 类型，可输入命令：

```
DELETE /conference/event
```

如果想删除整个 conference 索引，可输入命令：

```
DELETE /conference
```

3）修改数据

修改数据的命令为 POST，比如，想要将 conference/event 中 ID 为 4 的文档的作者改为 Bob，那么需要运行如下命令：

```
POST /conference/event/4/_update
{
  "doc": {"host": "Bob"}
}
```

返回的信息如下：（表示修改数据成功）

```
{
  "_index" : "conference",
  "_type" : "event",
  "_id" : "4",
  "_version" : 7,
  "result" : "updated",
  "_shards" : {
    "total" : 2,
    "successful" : 1,
    "failed" : 0
  },
  "_seq_no" : 7,
  "_primary_term" : 1
}
```

4）查询数据

查询数据的命令为 GET，查询命令也是 Elasticsearch 最为重要的功能之一。比如，想查询 conference/event 中 ID 为 1 的数据，运行命令如下：

```
GET /conference/event/1
```

返回的结果如下：

```
{
  "_index" : "conference",
  "_type" : "event",
```

```
  "_id" : "1",
  "_version" : 2,
  "found" : true,
  "_source" : {
    "host" : "Dave",
    "title" : "Elasticsearch at Rangespan and Exonar",
    "description" : "Representatives from Rangespan and Exonar will come and discuss how they use
Elasticsearch",
    "attendees" : [
      "Dave",
      "Andrew",
      "David",
      "Clint"
    ],
    "date" : "2013 - 06 - 24T18:30",
    "reviews" : 3
  }
}
```

在_source 属性中，内容是原始的 JSON 文档，还包含其他属性，比如_index、_type、_id、_found 等。

如果想要搜索 conference/event 中的所有文档，则运行命令如下：

```
GET /conference/event/_search
```

返回结果包括了所有 4 个文档，放在数组 hits 中。

当然，Elasticsearch 提供更加丰富灵活的查询语言，叫作查询表达式，它支持构建更加复杂和强大的查询。利用查询表达式，可以检索出 conference/event 中所有 host 为 Bob 的文档，命令如下：

```
GET /conference/event/_search
{
    "query" : {
        "match" : {
            "host" : "Bob"
        }
    }
}
```

返回的结果只包括一个文档，放在数组 hits 中。

接着，让我们尝试更高级的全文搜索——一项传统数据库很难完成的任务。搜索所有 description 中含有"use Elasticsearch"的 event，命令如下：

```
GET /conference/event/_search
{
    "query" : {
        "match" : {
            "description" : "use Elasticsearch"
        }
    }
}
```

返回的结果(部分)如下：

```
{
 ...
  "hits" : {
    "total" : 2,
    "max_score" : 0.65109104,
```

```
        "hits" : [
          {
            ...
            "_score" : 0.65109104,
            "_source" : {
              "host" : "Dave Nolan",
              "title" : "real - time Elasticsearch",
              "description" : "We will discuss using Elasticsearch to index data in real time",
              ...
            }
          },
          {
            ...
            "_score" : 0.5753642,
            "_source" : {
              "host" : "Dave",
              "title" : "Elasticsearch at Rangespan and Exonar",
              "description" : "Representatives from Rangespan and Exonar will come and discuss how
they use Elasticsearch",
              ...
            }
          }
        ]
      }
    }
```

返回的结果包含了两个文档，放在数组 hits 中。让我们对这个结果做一些分析，第一个文档的 description 里面含有"using Elasticsearch"，它能匹配"use Elasticsearch"是因为 Elasticsearch 含有内置的词干提取算法，之后两个文档按_score 进行排序，_score 字段表示文档的相似度(默认的相似度算法为 BM25)。

如果想搜索所有 description 中严格含有"use Elasticsearch"这个短语的 event，可以使用下面的命令：

```
GET /conference/event/_search
{
    "query" : {
        "match_phrase": {
            "description" : "use Elasticsearch"
        }
    }
}
```

这时返回的结果只有一个文档，就是上面输出的第二个文档。

利用 RESTful API 非常方便我们操作和熟悉 Elasticsearch，但实际开发项目时都是用 Java 或 Python 等代码结合我们业务的项目代码一起使用，所以最终的项目还要学会如何用代码去调用封装。下面看看通过 Java 代码使用 Elasticsearch 的例子。

6. Elasticsearch 的 Java 调用例子

首先添加最新或者需要的版本 Maven，替换掉 x. x. x 版本部分。

```
<dependency>
    <groupId>org.elasticsearch</groupId>
    <artifactId>elasticsearch</artifactId>
    <version>x.x.x</version>
</dependency>
<dependency>
    <groupId>org.elasticsearch.client</groupId>
```

```
    <artifactId>transport</artifactId>
    <version>x.x.x</version>
</dependency>
```

实现利用关键词进行相关度搜索的 Java 代码示例如代码 12.1 所示。

【代码 12.1】 ESDemo.java

```java
package com.chongdianleme.job;
import org.apache.commons.lang.StringUtils;
import org.elasticsearch.action.index.IndexResponse;
import org.elasticsearch.action.search.SearchRequestBuilder;
import org.elasticsearch.action.search.SearchResponse;
import org.elasticsearch.action.search.SearchType;
import org.elasticsearch.client.Client;
import org.elasticsearch.common.settings.Settings;
import org.elasticsearch.common.text.Text;
import org.elasticsearch.common.transport.InetSocketTransportAddress;
import org.elasticsearch.index.query.QueryBuilders;
import org.elasticsearch.search.SearchHit;
import org.elasticsearch.search.SearchHits;
import org.elasticsearch.search.fetch.subphase.highlight.HighlightBuilder;
import org.elasticsearch.search.fetch.subphase.highlight.HighlightField;
import org.elasticsearch.transport.client.PreBuiltTransportClient;
import java.net.InetAddress;
import java.net.UnknownHostException;
import java.text.SimpleDateFormat;
import java.util.*;
/**
 * Created by "充电了么"App - 陈敬雷
 * "充电了么"App 官网: http://chongdianleme.com/
 * "充电了么"App - 专注上班族职业技能提升充电学习的在线教育平台
 * Elasticsearch 的 Java 代码调用演示
 */
public class ESDemo {
        private static SimpleDateFormat simpleDateFormat = new SimpleDateFormat("yyyy-MM-dd
HH:mm:ss");
       public static Client client = null;
       //获取客户端访问链接
       public static Client getClient() {
          if(client!= null){
              return client;
          }
           Settings settings = Settings.builder().put("cluster.name", "chongdianleme-
elasticsearch-application").build();
          try {
              client = new PreBuiltTransportClient(settings)
                         .addTransportAddress(new InetSocketTransportAddress(InetAddress.getByName
("172.172.0.11"), 9300))
                         .addTransportAddress(new InetSocketTransportAddress(InetAddress.getByName
("172.172.0.12"), 9300))
                         .addTransportAddress(new InetSocketTransportAddress(InetAddress.getByName
("172.172.0.13"), 9300))
                         .addTransportAddress(new InetSocketTransportAddress(InetAddress.getByName
("172.172.0.14"), 9300))
                         .addTransportAddress(new InetSocketTransportAddress(InetAddress.getByName
("172.172.0.15"), 9300));
          } catch (UnknownHostException e) {
              e.printStackTrace();
          }
          return client;
```

```
        }
    /**
     * 添加搜索文档索引
     */
    public static String addIndex(String index,String type,Doc Doc){
        HashMap<String, Object> hashMap = new HashMap<String, Object>();
        hashMap.put("kcID", Doc.getKcID());
        hashMap.put("title", Doc.getTitle());
        hashMap.put("insertTime", Doc.getInsertTime());
        IndexResponse response = getClient().prepareIndex(index, type).setSource(hashMap).
execute().actionGet();
        return response.getId();
    }
    /**
     * 按关键词key进行课程标题的相关度搜索及高亮显示
     * @return
     */
    public static Map<String, Object> search(String key,String index,String type,int start,int
row){
        SearchRequestBuilder builder = getClient().prepareSearch(index);
        builder.setTypes(type);
        builder.setFrom(start);
        builder.setSize(row);
        //设置高亮字段名称
        builder.highlighter(new HighlightBuilder().field("userId"));
        builder.highlighter(new HighlightBuilder().field("key"));
        //设置高亮前缀
        builder.highlighter(new HighlightBuilder().preTags("<font color='red'>"));
        //设置高亮后缀
        builder.highlighter(new HighlightBuilder().postTags("</font>"));
        builder.setSearchType(SearchType.DFS_QUERY_THEN_FETCH);
        if(StringUtils.isNotBlank(key)){
            builder.setQuery(QueryBuilders.multiMatchQuery(key, "userId","key"));
        }
        builder.setExplain(true);
        SearchResponse searchResponse = builder.get();
        SearchHits hits = searchResponse.getHits();
        long total = hits.getTotalHits();
        Map<String, Object> map = new HashMap<String,Object>();
        SearchHit[] hits2 = hits.getHits();
        map.put("count", total);
        List<
Map<String, Object>>
list = new ArrayList<Map<String, Object>>();
        for (SearchHit searchHit : hits2) {
            Map<String, HighlightField> highlightFields = searchHit.getHighlightFields();
            HighlightField highlightField = highlightFields.get("userId");
            Map<String, Object> source = searchHit.getSource();
            if(highlightField!=null){
                Text[] fragments = highlightField.fragments();
                String name = "";
                for (Text text : fragments) {
                    name += text;
                }
                source.put("userId", name);
            }
            HighlightField highlightField2 = highlightFields.get("key");
            if(highlightField2!=null){
                Text[] fragments = highlightField2.fragments();
```

```
                String describe = "";
                for (Text text : fragments) {
                    describe += text;
                }
                source.put("key", key);
            }
            list.add(source);
        }
        map.put("dataList", list);
        return map;
    }
    public static void main(String[] args) {
        String insertTime = simpleDateFormat.format(new Date());
        Doc doc = new Doc("1","充电了么",insertTime);
        addIndex("test","tk",doc);
        Map<String, Object> search = ESDemo.search("充电了么", "test", "tk", 0, 36);
        List<
Map<String, Object>>
list = (List<
Map<String, Object>>
) search.get("dataList");
    }
}
class Doc {
    private String kcID;                    //课程 ID
    private String title;                   //课程标题
    private String insertTime;              //课程发布时间
    public Doc(String kcID, String title, String insertTime) {
        this.kcID = kcID;
        this.title = title;
        this.insertTime = insertTime;
    }
    public String getKcID() {
        return kcID;
    }
    public void setKcID(String kcID) {
        this.kcID = kcID;
    }
    public String getTitle() {
        return title;
    }
    public void setTitle(String title) {
        this.title = title;
    }
    public String getInsertTime() {
        return insertTime;
    }
    public void setInsertTime(String insertTime) {
        this.insertTime = insertTime;
    }
}
```

第13章 Word2Vec词向量模型

CHAPTER 13

Word2Vec[20,21]是自然语言处理中经常用到的算法，比如在第8章扩展《同义词词林》词典的时候就用到Word2Vec去发现与一个词相似或相近的词。下面介绍Word2Vec的原理，然后介绍Spark MLlib机器学习库中的Word2Vec和谷歌开源的Word2Vec工具。

13.1 Word2Vec词向量模型介绍及原理

2013年，谷歌开源了一款用于词向量计算的工具——Word2Vec，引起了工业界和学术界的关注。首先，Word2Vec可以在百万数量级的词典和上亿数量级的数据集上进行高效训练；其次，该工具得到的训练结果——词向量(word embedding)可以很好地度量词与词之间的相似性。随着深度学习在自然语言处理中应用的普及，很多人误以为Word2Vec是一种深度学习算法，其实Word2Vec算法的背后是一个浅层神经网络。另外需要强调的是，Word2Vec是一个计算词向量的开源工具。当我们在说Word2Vec算法或模型的时候，其实指的是其背后用于计算词向量的连续词袋(CBOW)模型和跳字(skip-gram)模型。下面将从统计语言模型出发，尽可能详细地介绍Word2Vec工具背后算法模型的来龙去脉。

1. 简介

Word2Vec是一组用来产生词向量的相关模型。这些模型为比较浅的双层神经网络，用来训练以重新建构语言学的词文本。网络以词表现，并且需猜测相邻位置的输入词，在Word2Vec中词袋模型假设下，词的顺序是不重要的。训练完成之后，Word2Vec模型可用来映射每个词到一个向量，用来表示词与词之间的关系，该向量为神经网络的隐藏层。

随着计算机应用领域的不断扩大，自然语言处理受到了人们的高度重视。机器翻译、语音识别以及信息检索等应用需求对计算机的自然语言处理能力提出了越来越高的要求。为了使计算机能够处理自然语言，首先需要对自然语言进行建模。自然语言建模方法经历了从基于规则的方法到基于统计的方法的转变。从基于统计的建模方法得到的自然语言模型称为统计语言模型。有许多统计语言建模技术，包括 *N*-Gram、神经网络以及log_linear模型等。在对自然语言进行建模的过程中，会出现维数灾难、词语相似性、模型泛化能力以及模型性能等问题。寻找上述问题的解决方案是推动统计语言模型不断发展的内在动力。在对统计语言模型进行研究的背景下，谷歌公司在2013年开放了Word2Vec这款用于训练词向量的软件工具。Word2Vec可以根据给定的语料库，通过优化后的训练模型快速有效地将一个词语表达成向量形式，为自然语言处理领域的应用研究提供了新的工具。Word2Vec依赖跳字模型或CBOW模型来建立神经词嵌入。Word2Vec由托马斯·米科洛夫(Tomas Mikolov)在谷歌公司带领的研究团队创造。

1）词袋模型

词袋模型(bag-of-words model)是一个在自然语言处理和信息检索(IR)下被简化的表达模型。在此模型下，句子或文件这样的文字可以用一个袋子装着词的方式表现，这种表现方式不考虑文法以及词的顺序。最近词袋模型也被应用在计算机视觉领域。词袋模型被广泛应用于文件分类，词出现的频率可以用来当作训练分类器的特征。关于“词袋”这个用字的由来可追溯到泽里格·哈里斯于1954年在Distributional Structure上发表的文章。

2）跳字模型

跳字模型是一个简单但非常实用的模型。在自然语言处理中，语料的选取是一个相当重要的问题。第一，语料必须充分。一方面，词典的词量要足够大；另一方面，要尽可能多地包含反映词语之间关系的句子，例如，只有“鱼在水中游”这种句式在语料中尽可能多，模型才能够学习到该句中的语义和语法关系，这和人类学习自然语言一个道理，重复的次数多了，也就会模仿了。第二，语料必须准确。也就是说，所选取的语料能够正确反映该语言的语义和语法关系，这一点似乎不难做到，例如在中文里，《人民日报》的语料比较准确。但是，更多的时候，并不是语料的选取引发了对准确性问题的担忧，而是处理的方法。在 N-Gram 模型中，因为窗口大小的限制，导致超出窗口范围的词语与当前词之间的关系不能被正确地反映到模型之中，如果单纯扩大窗口又会增加训练的复杂度。

2. 统计语言模型

在深入理解Word2Vec算法的细节之前，首先回顾一下自然语言处理(NLP)中的一个基本问题：如何计算一段文本序列在某种语言下出现的概率？之所以称它为一个基本问题，是因为它在很多NLP任务中都扮演着重要的角色。例如在机器翻译的问题中，如果知道了目标语言中每句话的概率，就可以从候选集合中挑选出最合理的句子作为翻译结果返回。

统计语言模型给出了这一类问题的一个基本解决框架。对于一段文本序列

$$S=w1,w2,\cdots,wT$$

它的概率可以表示为：

$$P(S)=P(w1,w2,\cdots,wT)=\Pi t=1\mathrm{T}p[wt\mid w1,w2,\cdots,w(t-1)]$$

即将序列的联合概率转化为一系列条件概率的乘积。问题变成了如何去预测这些给定previous words下的条件概率：

$$p[wt\mid w1,w2,\cdots,w(t-1)]$$

由于其巨大的参数空间，这样一个原始的模型在实际中并没有什么用。更多的是采用其简化版本——N-Gram 模型：

$$p[wt\mid w1,w2,\cdots,w(t-1)]\approx p[wt\mid w(t-n+1),\cdots,w(t-1)]$$

常见的有bigram模型($N=2$)和trigram模型($N=3$)。事实上，由于模型复杂度和预测精度的限制，我们很少会考虑 $N>3$ 的模型。可以用最大似然法去求解 N-Gram 模型的参数——等价于去统计每个 N-Gram 的条件词频。为了避免统计中出现的零概率问题(一段从未在训练集中出现过的 N-Gram 片段会使得整个序列的概率为0)，人们基于原始的 N-Gram 模型进一步发展出了back-off trigram模型(用低阶的bigram和unigram代替零概率的trigram)和interpolated trigram模型(将条件概率表示为unigram、bigram、trigram三者的线性函数)。

3. 分布式表示

不过，N-gram 模型仍有其局限性。首先，由于参数空间的爆炸式增长，它无法处理更长的上下文(context)($N>3$)。其次，它没有考虑词与词之间内在的联系性。例如，考虑"the cat is walking in the bedroom"这句话。如果在训练语料中看到了很多类似"the dog is walking in the bedroom"或是"the cat is running in the bedroom"这样的句子,那么,即使我们没有见过这句话,也可以从 cat 和 dog(walking 和 running)之间的相似性,推测出这句话的概率[3]。然而,N-gram 模型做不到。这是因为,N-gram 本质上是将词当作一个个孤立的原子单元(atomic unit)去处理的。这种处理方式对应到数学上的形式是一个个离散的 one-hot 向量(除了一个词典索引的下标对应的方向上是 1,其余方向上都是 0)。例如,对于一个大小为 5 的词典:{"I","love","nature","language","processing"},"nature"对应的 one-hot 向量为:[0,0,1,0,0]。显然,one-hot 向量的维度等于词典的大小。这在动辄上万甚至百万词典的实际应用中,面临着维度灾难问题(curse of dimensionality)。于是,人们自然而然地想到,能否用一个连续的稠密向量去刻画一个词的特征呢?这样,不仅可以直接刻画词与词之间的相似度,还可以建立一个从向量到概率的平滑函数模型,使得相似的词向量可以映射到相近的概率空间上。这个稠密连续向量也被称为词的分布式表示。事实上,这个概念在信息检索(information retrieval,IR)领域早就已经被广泛地使用了。只不过,在 IR 领域,这个概念被称为向量空间模型(vector space model,VSM)。VSM 是基于一种统计语言假设:语言的统计特征隐藏着语义的信息。例如,两篇具有相似词分布的文档可以被认为是有着相近的主题。这个假设有很多衍生版本。其中,比较广为人知的两个版本是词袋假设和分布式假设。前者是说,一篇文档的词频(而不是词序)代表了文档的主题;后者是说,上下文环境相似的两个词有着相近的语义。后面我们会看到,Word2Vec 算法也是基于分布式假设。那么,VSM 是如何将稀疏离散的 one-hot 向量映射为稠密连续的分布式关系的呢?简单来说,基于词袋假设,可以构造一个 term-document 矩阵 $\boldsymbol{A}$:矩阵的行 $\boldsymbol{A}_{i,:}$ 对应着词典里的一个词;矩阵的列 $\boldsymbol{A}_{:,j}$ 对应着训练语料里的一篇文档;矩阵里的元素 $\boldsymbol{A}_{i,j}$ 代表着 wordwi 在文档 D_j 中出现的次数(或频率)。这样就可以提取行向量作为词的语义向量(不过,在实际应用中,更多的是用列向量作为文档的主题向量)。类似地,可以基于分布式假设构造一个 word-context 的矩阵。此时,矩阵的列变成了上下文里的词,矩阵的元素也变成了一个上下文窗口里词的共现次数。注意,这两类矩阵的行向量所计算的相似度有着细微的差异:term-document 矩阵会给经常出现在同一篇文档里的两个词赋予更高的相似度;而 word-context 矩阵会给那些有着相同上下文的两个词赋予更高的相似度。后者相对于前者是一种更高阶的相似度,因此在传统的 IR 领域中得到了更加广泛的应用。不过,这种共生矩阵仍然存在着数据稀疏性和维度灾难的问题。为此,人们提出了一系列对矩阵进行降维的方法(如 LSI/LSA 等)。这些方法大都是基于 SVD 的思想,将原始的稀疏矩阵分解为两个低秩矩阵乘积的形式。

4. 词向量

词向量最早出现于 Bengio 在 2003 年发表的开创性文章中。通过嵌入一个线性的投影矩阵(projection matrix),将原始的 one-hot 向量映射为一个稠密的连续向量,并通过一个语言模型的任务去学习这个向量的权重。这一思想后来被广泛应用于包括 Word2Vec 在内的各种 NLP 模型中。

词向量的训练方法大致可以分为两类:一类是无监督或弱监督的预训练;一类是端对端(end to end)的有监督训练。

无监督或弱监督的预训练以 Word2Vec 和 Auto-encoder 为代表。这一类模型的特点是,不需要大量的人工标记样本就可以得到质量尚可的向量。不过因为缺少了任务导向,可能和我们要解决的问题还有一定的距离。因此,往往会在得到预训练的向量后,用少量人工标注的样本去微调整个模型。

相比之下，端对端的有监督模型在最近几年里越来越受到人们的关注。与无监督模型相比，端对端的模型在结构上往往更加复杂。同时，也因为有着明确的任务导向，端对端模型学习到的向量也往往更加准确。例如，通过一个向量层和若干个卷积层连接而成的深度神经网络以实现对句子的情感分类，可以学习到语义更丰富的词向量表达。

词向量的另一个研究方向是在更高层次上对句子的向量进行建模。我们知道，词是句子的基本组成单位。一个最简单也是最直接得到句向量的方法是将组成句子的所有词的embedding向量全部加起来——类似于CBOW模型。显然，这种简单粗暴的方法会丢失很多信息。另一种方法借鉴了Word2Vec的思想——将句子或是段落视为一个特殊的词，然后用CBOW模型或是跳字模型进行训练。这种方法的问题在于，对于一篇新文章，总是需要重新训练一个新的Sentence2vec。此外，同Word2Vec一样，这个模型缺少有监督的训练导向。个人感觉比较靠谱的是第三种方法——基于词向量的端对端的训练。句子本质上是词的序列。因此，在词向量的基础上，可以连接多个循环神经网络(RNN)模型或是卷积神经网络，对词向量序列进行编码，从而得到句向量。

13.2 Word2Vec 词向量模型实战

下面通过Spark MLlib机器学习库中的Word2Vec和谷歌开源的Word2Vec工具分别介绍。

13.2.1 Spark 分布式实现 Word2Vec 词向量模型

要训练的数据格式的记录可以是一篇文章，也可以是一个句子，分词后以空格分隔，中文分词工具推荐HanLP，它的功能非常强大，可以对整篇文章切分句子，分词也有好几种方式。训练成模型后，就可以根据模型找到和某个词相似的词。并且模型可以持久化存储到磁盘上，下次用的时候，不用重新训练，直接把模型文件加载到内存变量里，实时查找相似词即可。训练数据采用PrefixSpan的训练数据，如代码13.1所示。

【代码 13.1】 Word2VecJob.scala

```
package com.chongdianleme.mail
import com.chongdianleme.mail.SVMJob.readParquetFile
import org.apache.spark.SparkConf
import org.apache.spark.SparkContext
import org.apache.spark.mllib.feature.{Word2Vec, Word2VecModel}
import scopt.OptionParser
/**
  * Created by "充电了么"App - 陈敬雷
  * 官网: http://chongdianleme.com/
  * Word2Vec,是一群用来产生词向量的相关模型。这些模型为浅而双层的神经网络,用来训练以重新建构语言学之词文本。网络以词表现,并且需猜测相邻位置的输入词,在Word2Vec中词袋模型假设下,词的顺序是不重要的。训练完成之后,Word2Vec模型可用来映射每个词到一个向量,可用来表示词对词之间的关系,该向量为神经网络之隐层。
  */
object Word2VecJob {
case class Params(
                        inputPath: String = "file:///D:\\chongdianleme\\chongdianleme-spark-task\\data\\PrefixSpan训练文本数据\\",
                        outputPath:String = "file:///D:\\chongdianleme\\chongdianleme-spark-task\\data\\Word2VecOut\\",
                        modelPath:String = "file:///D:\\chongdianleme\\chongdianleme-spark-
```

```
task\\data\\Word2VecModel\\",
                    mode: String = "local",
                    warehousePath:String = "file:///c:/tmp/spark - warehouse",
                    numPartitions:Int = 16
)
def main(args: Array[String]): Unit = {
val defaultParams = Params()
val parser = new OptionParser[Params]("Word2VecJob") {
      head("Word2VecJob: 解析参数.")
      opt[String]("inputPath")
        .text(s"inputPath 输入目录, default: ${defaultParams.inputPath}")
        .action((x, c) => c.copy(inputPath = x))
      opt[String]("outputPath")
        .text(s"outputPath 输出目录, default: ${defaultParams.outputPath}")
        .action((x, c) => c.copy(outputPath = x))
      opt[String]("modelPath")
        .text(s"modelPath 模型输出, default: ${defaultParams.modelPath}")
        .action((x, c) => c.copy(modelPath = x))
      opt[String]("mode")
        .text(s"mode 运行模式, default: ${defaultParams.mode}")
        .action((x, c) => c.copy(mode = x))
      opt[String]("warehousePath")
        .text(s"warehousePath, default: ${defaultParams.warehousePath}")
        .action((x, c) => c.copy(warehousePath = x))
      opt[Int]("numPartitions")
        .text(s"numPartitions, default: ${defaultParams.numPartitions}")
        .action((x, c) => c.copy(numPartitions = x))
      note(
"""          |For example,Word2Vec
        """.stripMargin)
    }
    parser.parse(args, defaultParams).map { params => {
println("参数值: " + params)
word2vec(params.inputPath,
        params.outputPath,
        params.mode,
        params.modelPath,
        params.warehousePath,
        params.numPartitions
      )
    }
    } getOrElse {
      System.exit(1)
    }
  }
/**
    * 训练模型
    * @param inputPath 输入数据格式每行记录可以是一篇文章,也可以是一个句子,分词后以空格
分隔
    * @param outputPath
    * @param mode
    * @param modelPath 持久化存储目录
    * @param warehousePath //临时目录
    * @param numPartitions //用多少 Spark 的 Partition,用来提高并行程度,以便更快地训练完,但
会消耗更多的服务器资源
    */
def word2vec(inputPath : String,
            outputPath:String,
            mode:String,
```

```
                modelPath:String,
                warehousePath:String,
                numPartitions:Int): Unit =
  {
val sparkConf = new SparkConf().setAppName("word2vec")
    sparkConf.set("spark.sql.warehouse.dir", warehousePath)
    sparkConf.setMaster(mode)
//设置 maxResultSize 最大内存,因为 word2vector 源码中有 collect 操作,会占用较大内存
sparkConf.set("spark.driver.maxResultSize","8g")
val sc = new SparkContext(sparkConf)
//训练格式可以是每篇文章分词后以空格分隔,或者每行以句子分隔
val input = sc.textFile(inputPath).map(line => line.split(" ").toSeq)
val word2vec = new Word2Vec()
    word2vec.setNumPartitions(numPartitions)
    word2vec.setLearningRate(0.1)//学习率
word2vec.setMinCount(0)
//训练模型
val model = word2vec.fit(input)
try {
//有的词可能不在词典中,所以要加 try catch 处理这种异常
val synonyms = model.findSynonyms("数据", 6)
for((synonym, cosineSimilarity) <- synonyms) {
println(s"相似词: $synonym 相似度: $cosineSimilarity")
        }
    }
catch {
case e: Exception =>  e.printStackTrace()
    }
//训练好的模型可以持久化到文件中,Web 服务或者其他预测项目里,直接加载这个模型文件到内存
//里,进行直接预测,不用每次都训练
model.save(sc,modelPath)
//加载刚才存储的这个模型文件到内存里
Word2VecModel.load(sc,modelPath)
    sc.stop()
//查看训练模型文件里的内容
readParquetFile(modelPath + "data/*.parquet", 8000)
  }
}
```

输出的模型元数据文件 Word2VecModel\metadata\part-00000 内容如下：

```
{"class":"org.apache.spark.mllib.feature.Word2VecModel","version":"1.0","vectorSize":100,
"numWords":188}
```

输出的模型数据文件 Word2VecModel\data\part*.snappy.parquet 部分内容如下：

```
[机器学习, WrappedArray(-0.1597609, -0.11078763, -0.02499925, -0.012702009,
-0.036652792, -0.15355268, -0.07302176, -0.15425527, -0.14065692, 0.04496444,
0.012993949, 0.051876586, -0.06301855, -0.11614135, 0.07337147, -0.09410153,
-0.085492596, 0.12803486, -0.010239733, 0.14446576, -0.14285004, -0.0042851,
-0.0049244724, 0.111072645, -0.04051523, -0.1163604, -0.17613667, -0.1291381,
0.014214324, -0.10200317, 0.2201898, 0.15239272, 0.30995995, 0.08823493, -0.051727265,
0.012188642, 0.13230054, 0.20719367, -0.058893353, 0.04760401, -0.16544113, 0.13653618,
0.3807133, -0.12615186, -0.009617504, 0.024119247, 0.030234225, 0.021074811, 0.12004349,
0.079731405, -0.071679845, -0.05365406, 0.14228852, 0.1293838, -0.16235334, -0.08419241,
0.11407066, -0.25280592, 0.2460568, -0.04476409, -0.14705762, -0.068205915, 0.11863908,
0.036968447, 0.1001905, -0.219535, -0.22975412, -0.08404292, 0.072326675, 0.11072699,
0.017927673, 0.061318424, -0.21051064, -0.06274927, -0.11570038, 0.32594448, 0.009800292,
0.14515013, 0.023675848, -0.22253837, 0.10365041, -0.19638601, 0.13398895, -0.25081837,
0.076984555, 0.03666395, 0.041625284, -0.08422145, -0.039996266, 0.15617162, 0.014926849,
0.29374793, -0.04432942, -0.029168911, 0.018549854, -0.06836509, 0.056561492, -0.0556978,
```

```
0.1685634, 0.023033954)]
[比 如, WrappedArray ( - 0. 014648012, - 0. 015176533, - 0. 0056266114, - 0. 0069790646,
0.0012241261, - 0.01692714, - 0.002436205, - 0.008632833, - 0.0067325695, 0.008532431,
-0.0025477298, 0.0038654758, - 0.011023475, - 0.0010199914, 0.005159828, 0.002206743,
0.0014196131, 0.0043794126, - 0.006536843, 0.0059821988, - 0.016085248, 0.0075919395,
-0.006356282, 0.008083406, -0.0047867345, -0.0137766255, -0.018617805, -0.0063503175,
- 0. 007338327, - 0. 0051277955, 0. 01551519, 0. 01772073, 0. 02756959, 0. 0056204377,
-0.005477224, - 6.1536964E - 4, 0.014871987, 0.008680461, 8.8751956E - 4, 0.007861436,
-0.02227362, 0.0040295236, 0.026559262, - 0.0061480133, - 0.006638657, - 0.008103351,
0.0012113878, 0.008060979, 0.0155995, 0.008202165, 0.0028249603, -0.01015931, 0.02799926,
0.019640774, - 0.013093639, - 0.003352382, 0.0074575185, - 0.0059324456, 0.020157693,
-8.3859987E-4, - 0.02107924, - 0.01010997, 0.0059777983, 0.0060017444, 0.007405291,
-0.01310101, - 0.018389449, - 0.00815757, 0.0045953495, 0.0026576228, -0.0024003861,
0.009866058, - 0.023833137, 0.0015509189, - 0.006955388, 0.021375446, 0.007143156,
0.021256851, - 0.0026357945, - 0.01670295, 0.013708066, - 0.009006704, 0.01260899,
-0.029489892, 0.012833764, 0.01551727, 1.5154883E - 4, - 0.0040180534, 0.0034852426,
0.012353547, 0.0020083666, 0.024114762, - 0.008628404, - 0.0010156023, 0.0041161175,
-0.005570561, 0.0061870795, -0.002737381, 0.014275679, 0.0060581747)]
```

Word2Vec 可以看作是一个浅层的神经网络，下面再介绍一个谷歌开源 Word2Vec 工具。

13.2.2 谷歌开源 Word2Vec 工具

谷歌公司开源了一款基于深度学习的学习工具——Word2Vec，这是首款面向大众的深度学习工具，提供了一种有效的连续词袋（bag-of-words）和跳字架构实现，Word2Vec 遵循 Apache License 2.0 开源协议。下面通过中文数据来运行这个开源工具。

1. 准备训练语料

数据采用搜狗实验室的搜狗新闻语料库，数据链接为 http://www.sogou.com/labs/resource/cs.php，进入后有迷你版和完整版数据。

可以先通过迷你版小数据量测试功能，然后再用完整版训练看效果。下载.tar.gz 格式数据，放到 Linux 服务器上解压数据包：

```
gzip -d SogouCA.tar.gz 2 tar -xvf SogouCA.tar
```

再将生成的 txt 文件归并到 SogouCA.txt 中，取出其中包含 content 的行并转码，得到语料 corpus.txt，大小为 2.7GB。

```
cat *.txt > SogouCA.txt 2 cat SogouCA.txt | iconv -f gbk -t utf-8 -c | grep "<content>" >
corpus.txt
```

2. 中文分词

可以用 Jieba 分词或 HanLP 分词工具，分词后生成新的文件为 resultbig.txt。文件内容中的词之间以空格分词。

3. 用 Word2Vec 工具训练词向量

```
nohup ./Word2Vec -train resultbig.txt -output vectors.bin -cbow 0 -size 200 -window 5 -negative 0
-hs 1 -sample 1e-3 -threads 12 -binary 1 >>/home/hadoop/chongdianleme/log.txt 2>&1 &
```

vectors.bin 是 Word2Vec 处理 resultbig.txt 后生成的词向量文件，用这个文件可以发现词的相似或近义词。

4. 计算相似的词

```
./distance vectors.bin
```

./distance 可以看成计算词与词之间的距离，把词看成向量空间上的一个点，将 distance

看成向量空间上点与点的距离。下面是一些例子：

```
Enter word or sentence (EXIT to break):诺基亚
Word: 诺基亚  Position in vocabulary: 10582
Word(词)Cosine distance(余弦距离)
西门子          0.736785
惠普            0.730114
摩托罗拉        0.724859
英特尔          0.702094
思科            0.692216
rim             0.685614
东芝            0.683805
索尼            0.680526
Symbian         0.679324
ibm             0.679133
pc              0.665705
sap             0.653682
苹果公司        0.648959
爱立信          0.647333
富士通          0.640040
windowsmobile   0.639747
amd             0.637401
华硕            0.637269
clearwire       0.633219
手机            0.631026
```

第14章 文本分类

CHAPTER 14

文本分类是指用计算机对文本集(或其他实体或物件)按照一定的分类体系或标准进行自动分类标记。它根据一个已经被标注的训练文档集合,找到文档特征和文档类别之间的关系模型,然后利用这种学习得到的关系模型对新的文档进行类别判断。文本分类从基于知识的方法逐渐转变为基于统计和机器学习的方法。本章对新词发现和短语提取的算法原理进行介绍,并用开源工具代码演示其功能。文本分类在实际工作中是经常用到的热点技术,是自然语言处理工程师必须掌握的技能之一。

14.1 文本分类介绍及相关算法

下面分别介绍文本分类的原理、处理过程和常见算法。文本分类在文本处理中是很重要的一个模块,它的应用也非常广泛,比如,垃圾过滤、新闻分类、词性标注等。它和其他分类没有本质的区别,核心方法为首先提取分类数据的特征,然后选择最优的匹配,从而分类。但是文本也有自己的特点,根据文本的特点,文本分类的一般流程为:

(1) 预处理;

(2) 文本表示及特征选择;

(3) 构造分类器;

(4) 分类。

通常来讲,文本分类任务是指在给定的分类体系中,将文本指定分到某个或某几个类别中。被分类的对象有短文本,例如句子、标题、商品评论等;长文本,如文章等。分类体系一般由人工划分,例如,政治、体育、军事,正能量、负能量,好评、中性、差评。因此,对应的分类模式可以分为二分类与多分类问题。

1. 应用场景

文本分类的应用十分广泛,可以将其应用在如下场景。

(1) 垃圾邮件的判定:是否为垃圾邮件;

(2) 根据标题为图文视频打标签:政治、体育、娱乐等;

(3) 根据用户阅读内容建立画像标签:教育、医疗等;

(4) 电商商品评论分析等类似的应用:消极、积极;

(5) 自动问答系统中的问句分类。

2. 方法概述

文本分类问题是自然语言处理领域中一个非常经典的问题,相关研究最早可以追溯到20

世纪 50 年代,当时是通过专家规则进行分类,但显然费时费力,覆盖的范围和准确率都非常有限。后来伴随着统计学习方法的发展,特别是 20 世纪 90 年代后,随着互联网在线文本数量增长和机器学习学科的兴起,逐渐形成了人工特征工程+浅层分类建模流程。传统机器学习文本分类的主要问题是对文本表示是高纬度、高稀疏的,特征表达能力很弱,还需要人工进行特征工程,成本很高。而深度学习最初在图像和语音取得巨大成功,也相应地推动了深度学习在自然语言处理上的发展,使得深度学习的模型在文本分类上也取得了不错的效果。

3. 传统文本分类方法

传统的机器学习分类方法将整个文本分类问题拆分成了特征工程和分类器两部分。特征工程分为文本预处理、特征提取、文本表示 3 个部分,最终目的是把文本转换成计算机可理解的格式,并封装足够用于分类的信息,即很强的特征表达能力。

文本预处理过程是在文本中提取关键词表示文本的过程,中文文本处理过程中主要包括文本分词和去停用词两个阶段。之所以进行分词,是因为很多研究结果表明特征粒度为词粒度远好于为字粒度,这其实很好理解,因为大部分分类算法不考虑词序信息。

文本表示是将文本转换成计算机可理解的方式。将一篇文档表示成向量,整个语料库表示成矩阵,常见方法如下:

1) 词袋法

忽略词序、语法和句法,将文本仅仅看作一个词集合。若词集合共有 $N \times N$ 个词,每个文本表示为一个 $N \times N$ 维向量,元素为 0/1 表示该文本是否包含对应的词。词袋模型示例为 (0,0,0,0,…,1,…,0,0,0,0)。一般来说,词库量至少都是百万级别,因此词袋模型有两个最大的问题:高纬度、高稀疏性。

2) N-Gram 词袋模型

N-Gram 词袋模型与词袋模型类似,考虑了局部的顺序信息,但是向量的维度过大,基本不采用。如果词集合大小为 N,则 bigram 的单词总数为 N^2 向量空间模型。

3) 向量空间模型

以词袋模型为基础,向量空间模型通过特征选择降低维度,通过特征权重计算增加稠密性。

4) 特征权重计算

特征权重计算一般有布尔权重、TFIDF 型权重以及基于熵概念的权重几种方式,其中布尔权重是指若出现则为 1,否则为 0,也就是词袋模型;而 TFIDF 型权重则是基于词频来定义权重;基于熵概念的权重则是将出现在同一文档的特征赋予较高的权重。

将文本表示为模型可以处理的向量数据后,就可以使用机器学习模型来进行处理,常用的模型有朴素贝叶斯、KNN 方法、决策树、支持向量机、GBDT/XGBOOST 等。

4. 深度学习方法

传统文本分类方法的主要问题是文本表示是高纬度、高稀疏的,特征表达能力很弱,而且神经网络很不擅长对此类数据进行处理;此外需要进行特征工程,成本很高。应用深度学习方法解决大规模文本分类问题最重要的是解决文本表示,再利用 CNN/RNN 等网络结构自动获取特征表达能力,去掉繁杂的人工特征工程,以端到端方式解决问题。

对文本分类了解后,接下来详细介绍几种算法。

14.2 朴素贝叶斯算法

朴素贝叶斯算法在文本分类中应用非常普遍。

14.2.1 算法原理

朴素贝叶斯算法是基于贝叶斯定理与特征条件独立假设的分类方法，在文本分类任务中应用非常普遍。

1. 朴素贝叶斯算法介绍

朴素贝叶斯算法是基于贝叶斯定理与特征条件独立假设的分类方法。简单来说，朴素贝叶斯分类器假设样本每个特征与其他特征都不相关。例如，一种水果具有红、圆、直径大概4英寸等特征，该水果可以被判定为是苹果。尽管这些特征相互依赖或者有些特征由其他特征决定，然而朴素贝叶斯分类器认为这些属性在判定该水果是否为苹果的概率分布上是独立的。尽管是带着这些朴素思想和过于简单化的假设，但朴素贝叶斯分类器在很多复杂的现实情形中仍能够取得相当好的效果。朴素贝叶斯分类器的一个优势在于只需要根据少量的训练数据就可以估计出必要的参数(离散型变量是先验概率和类条件概率，连续型变量是变量的均值和方差)。朴素贝叶斯算法的思想基础是：对于给出的待分类项，求解在此项出现的条件下各个类别出现的概率，在没有其他可用信息下，会选择条件概率最大的类别作为此待分类项应属于的类别。

2. 朴素贝叶斯中文文本分类特征工程处理

文本分类是指将一篇文章归到事先定义好的某一类或者某几类，在数据平台的一个典型的应用场景是：通过爬取用户浏览过的页面内容，识别出用户的浏览偏好，从而丰富该用户的画像。我们现在使用 Spark MLlib(机器学习库)提供的朴素贝叶斯算法，完成对中文文本的分类过程。主要包括中文分词、文本表示(TF-IDF)、模型训练、分类预测等。

1) 中文分词

对于中文文本分类而言，需要先对文章进行分词，使用中文分析工具 IKAnalyzer、HanLP、ansj 分词都可以。

2) 中文词语特征值转换(TF-IDF)

分好词后，需要把文本转换成算法可被理解的数字，可以用简单的词频(TF)作为特征值，每一个词都作为一个特征，但需要将中文词语转换成 Double 型来表示，通常使用该词语的 TF-IDF 值作为特征值。Spark 提供了全面的特征提取及转换的 API，非常方便。

比如，训练语料/tmp/lxw1234/1.txt：

0,苹果官网苹果宣布

1,苹果梨香蕉

逗号分隔的第一列为分类编号，0 为科技，1 为水果，代码如下所示：

```
case class RawDataRecord(category: String, text: String)
val conf = new SparkConf().setMaster("yarn-client")
val sc = new SparkContext(conf)
val sqlContext = new org.apache.spark.sql.SQLContext(sc)
import sqlContext.implicits._
```

将原始数据映射到 DataFrame 中，字段 category 为分类编号，字段 text 为分好的词，以空格分隔，代码如下所示：

```
var srcDF = sc.textFile("/tmp/lxw1234/1.txt").map {
      x =>
        var data = x.split(",")
```

```
        RawDataRecord(data(0),data(1))
    }.toDF()
    srcDF.select("category", "text").take(2).foreach(println)
    [0,苹果官网苹果宣布]
    [1,苹果梨香蕉]
```

将分好的词转换为数组，代码如下所示：

```
var tokenizer = new Tokenizer().setInputCol("text").setOutputCol("words")
var wordsData = tokenizer.transform(srcDF)
wordsData.select( $ "category", $ "text", $ "words").take(2).foreach(println)
[0,苹果官网苹果宣布,WrappedArray(苹果, 官网, 苹果, 宣布)]
[1,苹果梨香蕉,WrappedArray(苹果, 梨, 香蕉)]
```

将每个词转换成 Int 型，并计算该词在文档中的 TF，代码如下所示：

```
var hashingTF =
new HashingTF().setInputCol("words").setOutputCol("rawFeatures").setNumFeatures(100)
var featurizedData = hashingTF.transform(wordsData)
```

这里将中文词语转换成 Int 型的哈希算法，类似于 Bloomfilter，上面代码中的 setNumFeatures(100)表示将哈希分桶的数量设置为 100 个，这个值默认为 2^{20}，即 1 048 576，可以根据词语数量来调整，一般来说，这个值越大，不同的词被计算为一个哈希值的概率就越小，数据也更准确，但需要消耗更大的内存，和 Bloomfilter 是一个道理。

```
featurizedData.select( $ "category", $ "words", $ "rawFeatures").take(2).foreach(println)
[0,WrappedArray(苹果, 官网, 苹果, 宣布),(100,[23,81,96],[2.0,1.0,1.0])]
[1,WrappedArray(苹果, 梨, 香蕉),(100,[23,72,92],[1.0,1.0,1.0])]
```

结果中，“苹果”用 23 来表示，第一个文档中，TF 为 2，第二个文档中 TF 为 1。

```
//计算 TF - IDF 值
var idf = new IDF().setInputCol("rawFeatures").setOutputCol("features")
var idfModel = idf.fit(featurizedData)
var rescaledData = idfModel.transform(featurizedData)
rescaledData.select( $ "category", $ "words", $ "features").take(2).foreach(println)
[0, WrappedArray(苹果, 官网, 苹果, 宣布), (100, [23, 81, 96], [0.0, 0.4054651081081644,
0.4054651081081644])]
[1, WrappedArray(苹果, 梨, 香蕉), (100, [23, 72, 92], [0.0, 0.4054651081081644,
0.4054651081081644])]
```

因为只有两个文档，且都出现了“苹果”，因此该词的 TF-IDF 值为 0。

最后一步，将上面的数据转换成朴素贝叶斯对算法需要的格式，然后就可以训练模型了。

14.2.2 源码实战

下面通过分布式机器学习平台 Spark 和 Mahout 分别讲解源码实战。

1. Spark 朴素贝叶斯算法源码实战

Spark 是用于大规模数据处理的统一分析引擎，是一个实现快速通用的集群计算平台。它是由加州大学伯克利分校 AMP 实验室开发的通用内存并行计算框架，可用来构建大型的、低时延的数据分析应用程序。它扩展了广泛使用的 MapReduce 计算模型，可高效地支撑更多计算模式，包括交互式查询和流处理。Spark 的一个主要特点是能够在内存中进行计算，即使依赖磁盘进行复杂的运算，Spark 依然比 MapReduce 更加高效。更多关于 Spark 的介绍、安装部署和算法库可以参阅《分布式机器学习实战》(人工智能科学与技术丛书)。

Spark MLlib 都是基于 SparkCore 框架之上的，所以多是分布式运行。在分布式机器学习领域，Spark 是一个主流的框架，应用非常普遍，并且实现的算法非常全面，包括分类、聚类、回归、降维、最优化、神经网络等，而且 API 代码调用非常简洁易用，对于加载训练数据集的格式也非常统一。例如，分类的一份训练数据可以同时用在多个分类算法上，不用额外处理，这就大大节省了开发者的时间，方便开发者快速对比各个算法之间的效果。

朴素贝叶斯法算法训练的特征数据要求必须是非负数，之前随机森林、逻辑回归用的是有负数的特征，这次的训练数据换用 spark-2.4.3\data\mllib\sample_libsvm_data.txt 的数据，训练过程如代码 14.1 所示。

【代码 14.1】 NaiveBayesJob.scala

```
package com.chongdianleme.mail
import com.chongdianleme.mail.SVMJob.readParquetFile
import org.apache.spark._
import org.apache.spark.mllib.classification.NaiveBayes
import org.apache.spark.mllib.evaluation.{BinaryClassificationMetrics, MulticlassMetrics}
import org.apache.spark.mllib.util.MLUtils
import scopt.OptionParser
import scala.collection.mutable.ArrayBuffer
/**
 * Created by "充电了么"App - 陈敬雷
 * 官网: http://chongdianleme.com/
 * 朴素贝叶斯法是基于贝叶斯定理与特征条件独立假设的分类方法。
 */
object NaiveBayesJob {
case class Params(
                          inputPath: String = "file:///D:\\chongdianleme\\chongdianleme-spark-task
\\data\\sample_libsvm_data.txt\\",
                          outputPath: String = "file:///D:\\chongdianleme\\chongdianleme-spark
-task\\data\\NaiveBayesOut\\",
                          modelPath: String = "file:///D:\\chongdianleme\\chongdianleme-spark-task
\\data\\NaiveBayesModel\\",
                          mode: String = "local"
)
def main(args: Array[String]) {
val defaultParams = Params()
val parser = new OptionParser[Params]("naiveBayesJob") {
      head("naiveBayesJob: 解析参数.")
      opt[String]("inputPath")
        .text(s"inputPath 输入目录, default: ${defaultParams.inputPath}}")
        .action((x, c) => c.copy(inputPath = x))
      opt[String]("outputPath")
        .text(s"outputPath 输入目录, default: ${defaultParams.outputPath}}")
        .action((x, c) => c.copy(outputPath = x))
      opt[String]("modelPath")
        .text(s"modelPath 模型输出, default: ${defaultParams.modelPath}}")
        .action((x, c) => c.copy(modelPath = x))
      opt[String]("mode")
        .text(s"mode 运行模式, default: ${defaultParams.mode}")
        .action((x, c) => c.copy(mode = x))
      note(
"""
              |naiveBayes dataset:
        """.stripMargin)
    }
    parser.parse(args, defaultParams).map { params => {
  println("参数值: " + params)
  trainNaiveBayes(params.inputPath, params.outputPath, params.modelPath, params.mode)
    }
    } getOrElse {
      System.exit(1)
```

```
        }
    }
/**
   * 贝叶斯模型训练
   * @param inputPath 输入目录,格式如下
   * 第一列是类的标签值,后面的都是特征值,多个特征以空格分割:
   * 0 128:51 129:159 130:253 131:159 132:50 155:48 156:238 157:252 158:252 159:252 160:237 182:54 183:227 184:253 185:252 186:239 187:233 188:252 189:57 190:6 208:10 209:60 210:224 211:252 212:253 213:252 214:202 215:84 216:252 217:253 218:122 236:163 237:252 238:252 239:252 240:253 241:252 242:252 243:96 244:189 245:253 246:167 263:51 264:238 265:253 266:253 267:190 268:114 269:253 270:228 271:47 272:79 273:255 274:168 290:48 291:238 292:252 293:252 294:179 295:12 296:75 297:121 298:21 301:253 302:243 303:50 317:38 318:165 319:253 320:233 321:208 322:84 329:253 330:252 331:165 344:7 345:178 346:252 347:240 348:71 349:19 350:28 357:253 358:252 359:195 372:57 373:252 374:252 375:63 385:253 386:252 387:195 400:198 401:253 402:190 413:255 414:253 415:196 427:76 428:246 429:252 430:112 441:253 442:252 443:148 455:85 456:252 457:230 458:25 467:7 468:135 469:253 470:186 471:12 483:85 484:252 485:223 494:7 495:131 496:252 497:225 498:71 511:85 512:252 513:145 521:48 522:165 523:252 524:173 539:86 540:253 541:225 548:114 549:238 550:253 551:162 567:85 568:252 569:249 570:146 571:48 572:29 573:85 574:178 575:225 576:253 577:223 578:167 579:56 595:85 596:252 597:252 598:252 599:229 600:215 601:252 602:252 603:252 604:196 605:130 623:28 624:199 625:252 626:252 627:253 628:252 629:252 630:233 631:145 652:25 653:128 654:252 655:253 656:252 657:141 658:37
   * 1 159:124 160:253 161:255 162:63 186:96 187:244 188:251 189:253 190:62 214:127 215:251 216:251 217:253 218:62 241:68 242:236 243:251 244:211 245:31 246:8 268:60 269:228 270:251 271:251 272:94 296:155 297:253 298:253 299:189 323:20 324:253 325:251 326:235 327:66 350:32 351:205 352:253 353:251 354:126 378:104 379:251 380:253 381:184 382:15 405:80 406:240 407:251 408:193 409:23 432:32 433:253 434:253 435:253 436:159 460:151 461:251 462:251 463:251 464:39 487:48 488:221 489:251 490:251 491:172 515:234 516:251 517:251 518:196 519:12 543:253 544:251 545:251 546:89 570:159 571:255 572:253 573:253 574:31 597:48 598:228 599:253 600:247 601:140 602:8 625:64 626:251 627:253 628:220 653:64 654:251 655:253 656:220 681:24 682:193 683:253 684:220
   * @param modelPath 模型持久化存储路径
   */
def trainNaiveBayes(inputPath : String,outputPath:String,modelPath:String,mode:String): Unit = {
val startTime = System.currentTimeMillis()
val sparkConf = new SparkConf().setAppName("naiveBayesJob")
    sparkConf.set("spark.sql.warehouse.dir", "file:///C:/warehouse/temp/")
    sparkConf.setMaster(mode)
val sc = new SparkContext(sparkConf)
//加载训练数据,SVM格式的数据,贝叶斯要求数据特征必须是非负数
val data = MLUtils.loadLibSVMFile(sc,inputPath)
//训练数据,随机拆分数据80%作为训练集,20%作为测试集
val splitsData = data.randomSplit(Array(0.8, 0.2))
val (trainningData, testData) = (splitsData(0), splitsData(1))
//训练模型,拿80%数据作为训练集
val model = NaiveBayes.train(trainningData)
//模型持久化存储到文件
model.save(sc,modelPath)
val trainendTime = System.currentTimeMillis()
//用测试集来评估模型的效果
val scoreAndLabels = testData.map { point =>
//基于模型来预测归一化后的数据特征属于哪个分类标签
val prediction = model.predict(point.features)
      (prediction, point.label)
    }
//模型评估指标: AUC
val metrics = new BinaryClassificationMetrics(scoreAndLabels)
val auROC = metrics.areaUnderROC()
//打印ROC模型--ROC曲线值,越大越精准,ROC曲线下方的面积(Area Under the ROC Curve, AUC)提供
//了评价模型平均性能的另一种方法。如果模型是完美的,那么它的AUC = 1,如果模型是个简单的随
//机猜测模型,那么它的AUC = 0.5,如果一个模型好于另一个,则它的曲线下方面积相对较大
```

```
println("Area under ROC = " + auROC)
//模型评估指标：准确度
val metricsPrecision = new MulticlassMetrics(scoreAndLabels)
val precision = metricsPrecision.precision
println("precision = " + precision)
val predictEndTime = System.currentTimeMillis()
val time1 = s"训练时间：${(trainendTime - startTime) / (1000 * 60)}分钟"
val time2 = s"预测时间：${(predictEndTime - trainendTime) / (1000 * 60)}分钟"
val auc = s"AUC: $ auROC"
val ps = s"precision $ precision"
val out = ArrayBuffer[String]()
    out += ("贝叶斯算法:", time1, time2, auc, ps)
    sc.parallelize(out, 1).saveAsTextFile(outputPath)
    sc.stop()
//查看训练模型文件里的内容
readParquetFile(modelPath + "data/ * .parquet", 8000)
  }
}
```

Spark是分布式进行训练的，且基于内存，非常适合迭代训练，有非常高的性能。Mahout也是分布式训练，并基于Hadoop的MapReduce计算引擎，下面看看朴素贝叶斯算法在Mahout平台上是如何训练的。

2. Mahout朴素贝叶斯算法实战

Mahout是建立在Hadoop的MapReduce计算引擎基础之上的一个算法库，集成了很多算法。Apache Mahout是Apache Software Foundation（ASF）旗下的一个开源项目，提供一些可扩展的机器学习领域经典算法的实现，旨在帮助开发人员更加方便快捷地创建智能应用程序。Mahout项目目前已经有了多个公共发行版本。Mahout包含许多实现，包括分类、聚类、推荐协同过滤、关联规则、隐马尔可夫、时间序列、遗传算法、序列模式挖掘等。通过使用Apache Hadoop库，Mahout可以有效地扩展到Hadoop集群。

Mahout的贝叶斯分类算法实战脚本代码如下所示：

```
#将20newsgroups数据转换为序列化格式的文件
(20newsgroups数据(是文本数据,解压20news-bydate.tar.gz。文件夹名就是分类名)需要放到/tmp/mahout-work-root/20news-all上,命令hadoop fs -put /tmp/mahout-work-root/20news-all/*
/tmp/mahout-work-root/20news-all)
mahout seqdirectory -i /tmp/mahout-work-root/20news-all -o /tmp/mahout-work-root/20news
-seq -ow
#将序列化格式的文本文件转换为向量
mahout seq2sparse -i /tmp/mahout-work-root/20news-seq -o /tmp/mahout-work-root/20news-
vectors -lnorm -nv -wt tfidf
#将向量数据随机拆分成两份为80%和20%,分别用于训练集和测试集
mahout split -i /tmp/mahout-work-root/20news-vectors/tfidf-vectors --trainingOutput /
tmp/mahout-work-root/20news-train-vectors --testOutput /tmp/mahout-work-root/20news-test
-vectors --randomSelectionPct 40 --overwrite --sequenceFiles -xm sequential
#训练贝叶斯网络
mahout trainnb -i /tmp/mahout-work-root/20news-train-vectors -el -o /tmp/mahout-work-
root/model -li /tmp/mahout-work-root/labelindex -ow
#用训练数据作为测试集,产生的误差为训练误差
mahout testnb -i tmp/mahout-work-root/20news-train-vectors -m tmp/mahout-work-root/
model -l tmp/mahout-work-root/labelindex -ow -o tmp/mahout-work-root/20news-testing
#用测试集测试,产生的误差为测试误差
mahout testnb -i /tmp/mahout-work-root/20news-test-vectors -m /tmp/mahout-work-root/
model -l /tmp/mahout-work-root/labelindex -ow -o /tmp/mahout-work-root/20news-testing
```

总结：首先建立VSM（向量空间模型），这一步和聚类是完全一样的。之后用向量化的文

件/tmp/mahout-work-root/20news-vectors/tfidf-vectors 进行训练即可。训练完成后模型存放在 HDFS(Hadoop 分布式文件系统)上。下一步就是使用模型预测某一个文件属于哪个分类。documenWeight 返回的值是测试文档属于某类概率的大小,即所有属性在某类下的 frequency×featureweight 的结果,值得注意的是,sumLabelWeight 是类别下权重之和,将其与在其他类下的和进行比较,取出最大值的标签,该文档就属于此类,并输出。

Mahout 是分布式挖掘平台,基于 Hadoop MapReduce 计算引擎。更多关于 Mahout 的介绍、安装部署和算法库可以参阅《分布式机器学习实战》(人工智能科学与技术丛书)。

14.3 支持向量机

支持向量机(support vector machine,SVM)在文本分类的应用场景中,相比其他机器学习算法有更好的效果。下面介绍其原理,并用 Spark MLlib 的代码介绍。

14.3.1 算法原理[25]

支持向量机是 Cortes 和 Vapnik 于 1995 年首先提出的,它在解决小样本、非线性及高维模式识别中表现出许多特有的优势,并能够推广应用到函数拟合等其他机器学习问题中。

SVM 方法是建立在统计学习的 VC 维理论和结构风险最小原理基础上的,根据有限的样本信息在模型中的复杂性(即对特定训练样本的学习精度)和学习能力(即无错误地识别任意样本的能力)之间寻求最佳平衡点,以期获得最好的推广能力(或称泛化能力)。

以上是经常被有关 SVM 的学术文献引用的介绍,下面逐一分解并解释。

与统计机器学习的精密思维相比,传统的机器学习基本上属于摸着石头过河,用传统的机器学习方法构造分类系统完全成了一种技巧,一个人做的结果可能很好,另一个人用差不多的方法做出来却很差,缺乏指导和原则。

所谓 VC 维,是对函数类的一种度量,可以简单地理解为问题的复杂程度,VC 维越高,一个问题就越复杂。正是因为 SVM 关注的是 VC 维,SVM 解决问题的时候和样本的维数是无关的(甚至样本是上万维的都可以,这使得 SVM 很适合用来解决文本分类的问题,当然,有这样的能力也因为引入了核函数)。

机器学习本质上就是一种对问题真实模型的靠近(这里选择一个我们认为比较好的近似模型,这个近似模型就叫作一个假设),但毫无疑问,真实模型一定是未知的。既然真实模型未知,那么选择的假设与问题真实解之间究竟有多大差距,就无从得知。例如我们认为宇宙诞生于 150 亿年前的一场大爆炸,这个假设能够描述很多我们观察到的现象,但它与真实的宇宙模型之间还相差多少?谁也说不清,因为我们根本就不知道真实的宇宙模型到底是什么。

假设与问题真实解之间的误差,就叫作风险(更严格地说,误差的累积叫作风险)。在选择了一个假设之后(更直观地说,在得到了一个分类器以后),真实误差无从得知,但可以用某些可以掌握的量来靠近它。最直观的想法就是使用分类器在样本数据上分类的结果与真实结果(因为样本是已经标注过的数据,是准确的数据)之间的差值来表示。这个差值叫作经验风险 Remp(w)。以前的机器学习方法都把经验风险最小化作为努力的目标,但后来发现很多分类函数能够在样本集上轻易达到 100%的正确率,在真实分类时却非常差(即所谓的推广能力差,或泛化能力差)。此时的情况便是选择了一个足够复杂的分类函数(它的 VC 维很高),能够精确地记住每一个样本，但对样本之外的数据一律分类错误。回头看看经验风险最小化原则就会发现，此原则适用的大前提是经验风险要确实能够靠近真实风险，但实际上能靠近么？答案是不能，因为样本数相对于现实世界要分类的文本数来说简直九牛一毛，经验风险最小化原则只能在这占很小比例的样本上做到没有误差，当然不能保证在更大比例的真实文本上也没有误差。

统计学习因此而引入了泛化误差界的概念，就是指真实风险应该由两部分内容刻画，一是经验风险，代表了分类器在给定样本上的误差；二是置信风险，代表了在多大程度上可以信任分类器在未知文本上分类的结果。很显然，第二部分是没有办法精确计算的，因此只能给出一个估计的区间，也使得整个误差只能计算上界，而无法计算准确的值(所以叫作泛化误差界，而不叫泛化误差)。

置信风险与两个量有关：一是样本数量，显然给定的样本数量越大，学习结果越有可能正确，此时置信风险越小；二是分类函数的 VC 维，显然 VC 维越大，推广能力越差，置信风险会变大。

泛化误差界的公式如下：

$$R(w) \leqslant \mathrm{Remp}(w) + \Phi(n/h)$$

式中，$R(w)$是真实风险，$\mathrm{Remp}(w)$是经验风险，$\Phi(n/h)$是置信风险。统计学习的目标从经验风险最小化变为了寻求经验风险与置信风险的和最小，即结构风险最小。

SVM 正是这样一种努力最小化结构风险的算法。SVM 其他的特点就比较容易理解了。小样本，并不是说样本的绝对数量少(实际上，对任何算法而言，更多的样本几乎总是能带来更好的效果)，而是说与问题的复杂度比起来，SVM 算法要求的样本数是相对比较少的。

非线性是指 SVM 擅长应付样本数据线性不可分的情况，主要通过松弛变量(也叫惩罚变量)和核函数技术来实现，这一部分是 SVM 的精髓。关于文本分类这个问题究竟是不是线性可分的，尚无定论，因此不能简单地认为它是线性可分的而简化处理，在水落石出之前，只好先当它是线性不可分的(线性可分可被看作线性不可分的一种特例)。

高维模式识别是指样本维数很高，例如文本的向量表示，如果没有经过另一篇文章(《文本分类入门》)中提到过的降维处理，出现几万维的情况很正常，其他算法基本就没有能力应付了，SVM 却可以，主要是因为 SVM 产生的分类器很简洁，用到的样本信息很少(仅用到那些称为“支持向量”的样本，此为后话)，使得即使样本维数很高，也不会给存储和计算带来大麻烦。

14.3.2 源码实战

Spark MLlib 只实现了线性 SVM，采用分布式随机梯度下降算法，没有非线性(核函数)，也没有多分类和回归。线性二分类的优化过程类似于逻辑回归。在下面的源码实战中，训练数据和上文的逻辑回归、决策树、GBDT、随机森林都一样，训练过程如代码 14.2 所示。

【代码 14.2】 SVMJob.scala

```
package com.chongdianleme.mail
import org.apache.spark._
import org.apache.spark.mllib.classification.{SVMModel, SVMWithSGD}
import org.apache.spark.mllib.evaluation.{BinaryClassificationMetrics, MulticlassMetrics}
import org.apache.spark.mllib.feature.StandardScaler
import org.apache.spark.mllib.regression.LabeledPoint
import org.apache.spark.mllib.util.MLUtils
import scopt.OptionParser
```

```
import scala.collection.mutable.ArrayBuffer
/**
  * Created by "充电了么"App - 陈敬雷
  * 官网: http://chongdianleme.com/
  * 支持向量机方法是建立在统计学习理论的 VC 维理论和结构风险最小原理基础上的,根据有限的
样本信息在模型的复杂性(即对特定训练样本的学习精度,Accuracy)和学习能力(即无错误地识别任意
样本的能力)之间寻求最佳折中,以期获得最好的推广能力
  */
object SVMJob {
case class Params(
                   inputPath: String = "file:///D:\\chongdianleme\\chongdianleme-spark-
task\\data\\二值分类训练数据\\",
                   outputPath: String = "file:///D:\\chongdianleme\\chongdianleme-spark-
task\\data\\SVMOut\\",
                   modelPath: String = "file:///D:\\chongdianleme\\chongdianleme-spark-
task\\data\\SVMModel\\",
                   mode: String = "local",
                   numIterations: Int = 8
)
def main(args: Array[String]) {
val defaultParams = Params()
val parser = new OptionParser[Params]("svmJob") {
      head("svmJob: 解析参数.")
      opt[String]("inputPath")
        .text(s"inputPath 输入目录, default: ${defaultParams.inputPath}}")
        .action((x, c) => c.copy(inputPath = x))
      opt[String]("outputPath")
        .text(s"outputPath 输入目录, default: ${defaultParams.outputPath}}")
        .action((x, c) => c.copy(outputPath = x))
      opt[String]("modelPath")
        .text(s"modelPath 模型输出, default: ${defaultParams.modelPath}}")
        .action((x, c) => c.copy(modelPath = x))
      opt[String]("mode")
        .text(s"mode 运行模式, default: ${defaultParams.mode}")
        .action((x, c) => c.copy(mode = x))
      opt[Int]("numIterations")
        .text(s"numIterations 迭代次数, default: ${defaultParams.numIterations}")
        .action((x, c) => c.copy(numIterations = x))
      note(
"""
          |SVM dataset:
        """.stripMargin)
    }
    parser.parse(args, defaultParams).map { params =>
println("参数值: " + params)
trainSVM ( params. inputPath, params. outputPath, params. modelPath, params. mode,
params.numIterations
      )
    }
    } getOrElse {
      System.exit(1)
    }
  }
 /**
    *  SVM: 以 SGD 随机梯度下降方式训练数据,得到权重和截距
    * @param inputPath 输入目录,格式如下:
    * 第一列是类的标签值,逗号后面的都是特征值,多个特征值以空格分隔:
    *              1,-0.222222 0.5 -0.762712 -0.833333
    *              1,-0.555556 0.25 -0.864407 -0.916667
```

```
 *                  1,-0.722222 -0.166667 -0.864407 -0.833333
 *                  1,-0.722222 0.166667 -0.694915 -0.916667
 *                  0,0.166667 -0.416667 0.457627 0.5
 *                  1,-0.5 0.75 -0.830508 -1
 *                  0,0.222222 -0.166667 0.423729 0.583333
 *                  1,-0.722222 -0.166667 -0.864407 -1
 *                  1,-0.5 0.166667 -0.864407 -0.916667
 * @param modelPath 模型持久化存储路径
 * @param numIterations  迭代次数
 */
def trainSVM (inputPath: String, outputPath: String, modelPath: String, mode: String,
numIterations: Int): Unit = {
val startTime = System.currentTimeMillis()
val sparkConf = new SparkConf().setAppName("svmJob")
    sparkConf.set("spark.sql.warehouse.dir", "file:///C:/warehouse/temp/")
    sparkConf.setMaster(mode)
val sc = new SparkContext(sparkConf)
//加载训练数据
val data = MLUtils.loadLabeledPoints(sc, inputPath)
//训练数据,随机拆分数据80%作为训练集,20%作为测试集
val splitsData = data.randomSplit(Array(0.8, 0.2))
val (trainningData, testData) = (splitsData(0), splitsData(1))
//把训练数据归一化处理
val vectors = trainningData.map(lp => lp.features)
val scaler = new StandardScaler(withMean = true, withStd = true).fit(vectors)
val scaledData = trainningData.map(lp => LabeledPoint(lp.label, scaler.transform(lp.
features)))
//训练模型,拿80%数据作为训练集
val saveModel = SVMWithSGD.train(scaledData, numIterations)
//训练好的模型可以持久化到文件中,Web服务或者其他预测项目里,直接加载这个模型文件到内存
//里,进行直接预测,不用每次都训练
saveModel.save(sc, modelPath)
//加载刚才存储的这个模型文件到内存里,进行后面的分类预测,这个例子是在演示如果做模型的持久
//化和加载
val model = SVMModel.load(sc, modelPath)
val trainendTime = System.currentTimeMillis()
//训练完成,打印各个特征权重,这些权重可以放到线上缓存中,供接口使用
println("Weights: " + model.weights.toArray.mkString("[", ", ", "]"))
//训练完成,打印截距,截距可以放到线上缓存中,供接口使用
println("Intercept: " + model.intercept)
//后续处理可以把权重和截距数据存储到线上缓存,或者文件,供线上Web服务加载模型使用
//存储到线上代码自己根据业务情况来完成
//用测试集来评估模型的效果
val scoreAndLabels = testData.map { point =>
//基于模型来预测归一化后的数据特征属于哪个分类标签
val prediction = model.predict(scaler.transform(point.features))
      (prediction, point.label)
    }
//模型评估指标:AUC  二值分类通用指标ROC曲线面积AUC
val metrics = new BinaryClassificationMetrics(scoreAndLabels)
val auROC = metrics.areaUnderROC()
//打印ROC模型--ROC曲线值,越大越精准,ROC曲线下方的面积(Area Under the ROC Curve, AUC)
//提供了评价模型平均性能的另一种方法。如果模型是完美的,那么它的AUC = 1,如果模型是个简单
//的随机猜测模型,那么它的AUC = 0.5,如果一个模型好于另一个,则它的曲线下方面积相对较大
println("Area under ROC = " + auROC)
//模型评估指标:准确度
val metricsPrecision = new MulticlassMetrics(scoreAndLabels)
val precision = metricsPrecision.precision
println("precision = " + precision)
```

```
val predictEndTime = System.currentTimeMillis()
val time1 = s"训练时间: ${(trainendTime - startTime) / (1000 * 60)}分钟"
val time2 = s"预测时间: ${(predictEndTime - trainendTime) / (1000 * 60)}分钟"
val auc = s"AUC: $ auROC"
val ps = s"precision $ precision"
val out = ArrayBuffer[String]()
    out += ("SVM 支持向量机:", time1, time2, auc, ps)
    sc.parallelize(out, 1).saveAsTextFile(outputPath)
    sc.stop()
//查看训练模型文件里的内容
readParquetFile(modelPath + "data/ * .parquet", 8000)
  }
/ **
    * 读取 Parquet 文件
    *
    * @param pathFile 文件路径
    * @param n          读取前几行
    * /
def readParquetFile(pathFile: String, n: Int): Unit = {
val sparkConf = new SparkConf().setAppName("readParquetFileJob")
    sparkConf.setMaster("local")
    sparkConf.set("spark.sql.warehouse.dir", "file:///C:/warehouse/temp/")
val sc = new SparkContext(sparkConf)
val sqlContext = new org.apache.spark.sql.SQLContext(sc)
val parquetFile = sqlContext.parquetFile(pathFile)
println("开始读取文件" + pathFile)
    parquetFile.take(n).foreach(println)
println("读取结束")
    sc.stop()
  }
}
```

输出模型的元数据文件 metadata\part-00000 的内容如下：

```
{"class":"org.apache.spark.mllib.classification.SVMModel","version":"1.0","numFeatures":4,
"numClasses":2}
```

数据特征文件 data\part-r-00000-3d4289a2-87db-40b7-8527-405d695bc40c.snappy.parquet 的内容是：

```
[[-0.8075443157837446,0.5504273214257117,-0.939435606798764,-0.9348288072712773],0.0,
0.0]
```

一般认为 SVM 在做文本分类的时候效果是最好的，但性能和效率没有朴素贝叶斯算法高，朴素贝叶斯算法可被认为是解决文本分类中性价比高的，虽然准确率不是最高的，但从整体上看是非常不错的，计算性能很高。

14.4 Python 开源快速文本分类器 FastText

自然语言处理是机器学习、人工智能中的一个重要领域。文本表达是自然语言处理中的基础技术，文本分类则是自然语言处理的重要应用。FastText 是 Facebook 开源的一个词向量与文本分类工具，它在 2016 年开源，典型应用场景是“带监督的文本分类问题”。它提供简单而高效的文本分类和表征学习的方法，性能比肩深度学习方法而且速度更快。FastText 结合了 NLP 和机器学习中最成功的理念。这些包括了使用词袋以及 *N*-Gram 模型表征语句，还有使用子词(subword)信息，并通过隐藏表征在类别间共享信息。另外采用了一个 softmax

层级(利用了类别不均衡分布的优势)来加速运算过程。

14.4.1 FastText 框架核心原理

FastText 方法包含 3 部分：模型架构、层次 softmax 和 N-Gram 子词特征。

1. Solr Cloud 特色功能

FastText 的架构和 Word2Vec 中的 CBOW 的架构类似,因为它们的作者都是 Facebook 的科学家 Tomas Mikolov,而且 FastText 确实也算是从 Word2Vec 衍生出来的。

1) CBOW 的架构

输入的是 $w(t)$的上下文 $2d$ 个词,经过隐层后,输出的是 $w(t)$。CBOW 架构如图 14.1 所示。

Word2Vec 将上下文关系转化为多分类任务,进而训练逻辑回归模型,这里的类别数量是 $|V|$词库大小。通常的文本数据中,词库少则数万,多则百万,在训练中直接训练多分类逻辑回归并不现实。

Word2Vec 中提供了两种针对大规模多分类问题的优化手段：负采样和层次 softmax。在优化中,负采样只更新少量负面类,从而减轻了计算量。层次 softmax 将词库表示成前缀树,从树根到叶子的路径可以表示为一系列二分类器,一次多分类计算的复杂度从$|V|$降低到了树的高度。

2) FastText 模型架构

其中,$x_1,x_2,\cdots,x_{N-1},x_N$ 表示一个文本中的 N-Gram 向量,每个特征是词向量的平均值。这和前文中提到的 CBOW 相似,CBOW 用上下文去预测中心词,而此处用全部的 N-Gram 去预测指定类别。FastText 模型架构如图 14.2 所示。

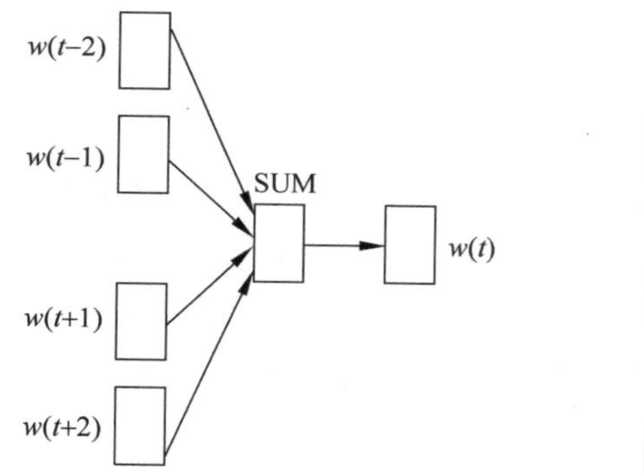

图 14.1 CBOW 架构图(图片来源于博客园)

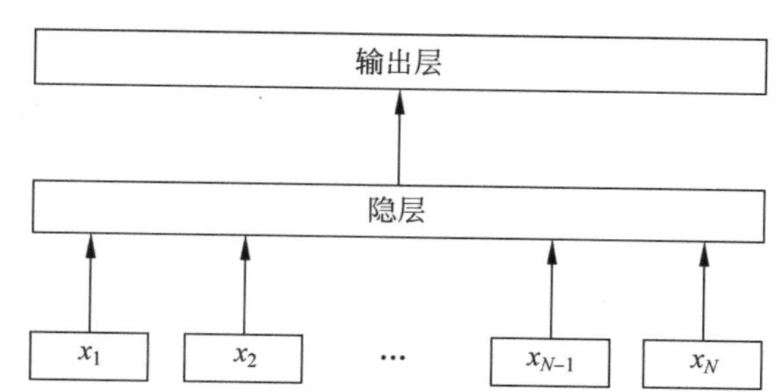

图 14.2 FastText 模型架构(图片来源于博客园)

2. 层次 softmax

对于有大量类别的数据集,FastText 使用了一个分层分类器(而非扁平式架构)。不同的类别被整合进树状结构中(想象一下二叉树而非列表)。在某些文本分类任务中类别很多,计算线性分类器的复杂度高。为了改善运行时间,FastText 模型使用了层次 softmax 技巧。层次 softmax 技巧建立在哈夫曼编码的基础上,对标签进行编码,能够极大地缩小模型预测目标的数量。FastText 也利用了类别(class)不均衡这个事实(一些类别出现次数比其他的更多),通过使用哈夫曼算法建立用于表征类别的树状结构。因此,频繁出现类别的树状结构的深度要比不频繁出现类别的树状结构的深度要小,这也使得进一步的计算效率更高。哈夫曼算法建立的用于表征类别的树状结构如图 14.3 所示。

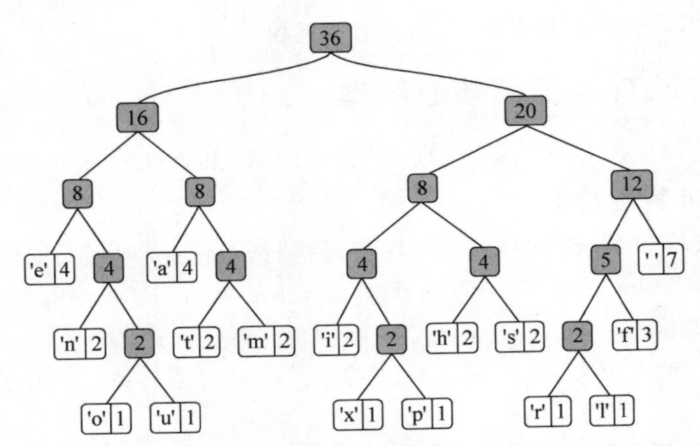

图 14.3　哈夫曼算法建立的用于表征类别的树状结构(图片来源于博客园)

3. *N*-Gram 子词特征

FastText 可以用于文本分类和句子分类。无论是文本分类还是句子分类,常用的特征是词袋模型。但词袋模型不能考虑词之间的顺序,因此 FastText 还加入了 *N*-Gram 特征。在 FastText 中,每个词被看作是 *N*-Gram 字母串包。为了区分前后缀情况,"<",">"符号被加到了词的前后端。除了词的子串外,词本身也被包含进了 *N*-Gram 字母串包。以 where 为例,在 $N=3$ 的情况下,其子串分别为< wh,whe,her,ere,re >以及它本身。

14.4.2　FastText 和 Word2Vec 的区别

FastText 和 Word2Vec 有很多相似之处,也有不同,下面分别介绍。

1. 相似之处

两者的图模型结构很像,都是采用 embedding 向量的形式,得到单词的隐向量表达。都采用很多相似的优化方法,比如使用层次 softmax 优化训练和预测中的评分速度。

2. 不同之处

模型的输出层:Word2Vec 的输出层对应的是每一个词,计算某个词的概率最大;而 FastText 的输出层对应的是分类的标签。不过无论输出层对应的是什么内容,它对应的向量都不会被保留和使用。

模型的输入层:Word2Vec 的输入层是 context window 内的词;而 FastText 的输入层对应整个句子的内容,包括词,也包括 *N*-Gram 的内容。

两者本质的不同,体现在层次 softmax 的使用:

Word2Vec 的目的是得到词向量,该词向量最终是在输入层得到的,输出层对应的层次 softmax 也会生成一系列的向量,但最终都被抛弃,不会使用。

FastText 则充分利用了层次 softmax 的分类功能,遍历分类树的所有叶节点,找到概率最大的标签(1 个或者 *N* 个)。

FastText 是一个能用浅层网络取得和深度网络相媲美的精度,并且分类速度极快的算法。按照笔者的说法"在标准的多核 CPU 上,能够在 10 分钟之内训练 10 亿词级别语料库的词向量,能够在 1 分钟之内对有 30 多万类别的 50 多万句子分类"。但是它也有自己的使用条件,它适合类别非常多的分类问题,如果类别比较少,容易过拟合。

14.4.3　FastText 实战

FastText 的安装部署比较简单,准备好数据后,做中文分词处理,然后进行训练、预测。

下面分别介绍。

1. 安装部署

FastText安装部署有3种方式，比较简单，推荐使用pip3 install fasttext方式直接进行安装。

1）git下载后pip安装

```
yum install git
git clone https://github.com/facebookresearch/fastText.git
cd fastText
pip3 install ./
```

2）pip在线直接安装

安装过程需要联网，不能中断，这种方式容易超时，如果超时，多尝试几次，一般都能成功。这种方式最简单。

```
pip3 install fasttext
```

3）setuptools安装

```
pip3 install --upgrade setuptools
yum install git
git clone https://github.com/facebookresearch/fastText.git
cd fastText
python3 setup.py install
```

2. 准备训练数据

例子是根据公司的基本信息数据来预测公司所属的行业分类标签。需要准备的数据格式如下：

```
北京 聪浩 科技 有限公司 大数据 软件服务 技术 研发__label__it
北京 充电了么 科技 有限公司 技术 研发 互联网 教育咨询__label__education
```

格式说明：__label__前面是中文分词后的文本数据，文本数据词和词之间用空格分隔，当然也可以不分词，直接单个字分隔，只是中文分词处理后分类效果好一些。后面是公司所属行业分类标签，分类时标签是字符串类型，当然也支持整型，字符串标签比较通用方便。__label__是训练数据模型时指定的数据样本和标签的分隔符，训练方法是fasttext.supervised("train.txt","chongdianleme_predict.model",label_prefix="__label__",epoch=100)，不一定非得用__label__，用别的分隔符也行。最后，准备的训练数据里数据样本和标签的分隔符与训练模型指定的保持一致即可。按照指定格式准备好数据后，接下来就是训练分类模型了。

3. 训练分类模型和预测

训练模型的代码如代码14.3所示。

【代码14.3】 fasttext_train.py

```
#!/usr/bin/python
# -*- coding: utf-8 -*-
#__author__ = '陈敬雷'
print("充电了么App官网: www.chongdianleme.com")
print("充电了么App - 专注上班族职业技能提升充电学习的在线教育平台")
import fasttext
import time
'''
fasttext文本分类模型训练
'
```

```
'
'
start = time.time()
#训练模型
classifier
fasttext. supervised ( " train. txt "," chongdianleme _ predict. model ", label _ prefix =
"__label__",epoch = 100)
#用测试集合测试
result = classifier.test("test.txt")
#用单条数据测试模型
texts = ['北京 充电了么 科技 有限公司 技术 研发 互联网 教育咨询']
# 预测文档类别
labels = classifier.predict(texts)
print("预测文档类别:")
print(labels[0][0])
# 预测类别 + 概率
labelProb = classifier.predict_proba(texts)
print("预测类别 + 概率:")
print(labelProb[0][0])
# 得到前 k 个类别
labels2 = classifier.predict(texts, k = 3)
print("得到前 k 个类别:")
for lb in labels2[0]:
    print(lb)
# 得到前 k 个类别 + 概率
labelProb2 = classifier.predict_proba(texts, k = 3)
print("得到前 k 个类别 + 概率:")
#第一个
print(labelProb2[0][0])
#遍历所有
for lp in labelProb2[0]:
    print (lp)
#评价指标:精确率
#www.chongdianleme.com/pages/yddetail.jsp?url = http://www.ituring.com.cn/article/506662
print ("精确率: %s" % (result.precision))
#评价指标:召回率
print ("召回率: %s" % (result.recall))
end = time.time()
print("耗时 %s 秒" % (end - start))
```

4. 模型预测

模型预测的时候不用每次重新训练,用训练阶段生成的模型文件即可,使用 fasttext.load_model("chongdianleme_predict.model.bin",label_prefix='__label__')模型加载方法去加载模型文件即可,加载完成后就创建了分类器模型。然后直接根据这个分类器模型预测,如代码 14.4 所示。

【代码 14.4】 fasttext_test.py

```
#!/usr/bin/python
# -*- coding: utf-8 -*-
#__author__ = '陈敬雷'
print("充电了么 App 官网: www.chongdianleme.com")
print("充电了么 App - 专注上班族职业技能提升充电学习的在线教育平台")
import time
import fasttext
'''
fasttext 文本分类预测
'
```

```
'
'
start = time.time()
classifier = fasttext.load_model("chongdianleme_predict.model.bin", label_prefix = '__label__')
#测试模型
result = classifier.test("test.txt")
#评价指标:精确率
#测试模型
texts = ['北京 充电了么 科技 有限公司 技术 研发 互联网 教育咨询']
# 预测文档类别
labels = classifier.predict(texts)
print("预测文档类别:")
print(labels[0][0])
# 预测类别 + 概率
labelProb = classifier.predict_proba(texts)
print("预测类别 + 概率:")
print(labelProb[0][0])
# 得到前 k 个类别
labels2 = classifier.predict(texts, k = 3)
print("得到前 k 个类别:")
for lb in labels2[0]:
    print(lb)
# 得到前 k 个类别 + 概率
labelProb2 = classifier.predict_proba(texts, k = 3)
print("得到前 k 个类别 + 概率:")
#第一个
print(labelProb2[0][0])
#遍历所有
for lp in labelProb2[0]:
    print(lp)
#评价指标:精确率
#www.chongdianleme.com/pages/yddetail.jsp?url = http://www.ituring.com.cn/article/506662
print("精确率: %s" % (result.precision))
#评价指标:召回率
print("召回率: %s" % (result.recall))
end = time.time()
print("耗时 %s 秒" % (end - start))
```

5. 在线 Web 实时预测服务的工程化

实际项目的模型预测都会为其他部门提供对外的 Web 服务接口,可以用 http 地址直接访问调用,所以需要对预测功能做一个 Web 接口,建议使用 Python 的 Flask Web 框架。预测的 Web 接口代码如代码 14.5 所示。

【代码 14.5】 fasttext_predict_web_chongdianleme.py

```
#!/usr/bin/python
# -*- coding: utf-8 -*-
#__author__ = '陈敬雷'
print("充电了么 App 官网: www.chongdianleme.com")
print("充电了么 App - 专注上班族职业技能提升充电学习的在线教育平台")
'''
在线 Web 实时预测服务的工程化
'
'
'
from flask import Flask
from flask import request
import fasttext
import jieba
```

```
classifier = fasttext.load_model('chongdianleme_predict.model.bin', label_prefix = '__label__')
#文本分类 Web 接口:http://172.172.0.11:8688/predict?sentence = 充电了么 App 是专注上班族职业
#技能提升充电学习的在线教育平台 &device = aaaaa&userid = 123456
app = Flask(__name__)
@app.route('/predict',methods = ['GET', 'POST'])
def prediction():
    sentence = request.values.get("sentence")
    device = request.values.get("device")
    userid = request.values.get("userid")
    #比如 sentence 是: "充电了么"App 是专注上班族职业技能提升充电学习的在线教育平台
    print("sentence 是: " + sentence)
    seg_text = jieba.cut(sentence)
    #seg_text_string 就是: 充电 了 么 App 是 专注 上班族 职业技能 提升 充电 学习 的 在线教育 平台
    seg_text_str = " ".join(seg_text)
    print("seg_text_string 是: " + seg_text_str)
    text = []
    text.append(seg_text_str)
    #返回一个分类标签
    result = classifier.predict(text)
    label = result[0][0]
    print("预测标签值: " + label)
    return label

if __name__ == '__main__':
    app.run(host = '172.172.0.11', port = 8688)
```

若在服务器上部署怎么去运行它呢？脚本代码如下所示：

```
#首先创建一个 shell 脚本:
vim classPredictService.sh
#输入:
python3 classPredict_web_chongdianleme.py
#然后:wq 保存
#对 classPredictService.sh 脚本授权可执行权限
sudo chmod 755 classPredictService.sh
#然后再创建一个以后台方式运行的 shell 脚本:
vim nohupclassPredictService.sh
#输入:
nohup /home/hadoop/chongdianleme/classPredictService.sh > class.log 2 > &1 &
#然后:wq 保存
#同样对 nohupclassPredictService.sh 脚本授权可执行权限
sudo chmod 755 nohupclassPredictService.sh
#最后运行 sh nohupclassPredictService.sh 脚本启动基于文本分类预测接口服务
```

启动完成后，就可以在浏览器地址里输入 URL 访问服务了。

```
http://172.172.0.11:8688/predict?sentence = 充电了么 App 是专注上族职业技能提升充电学习的在
线教育平台 &device = aaaaa&userid = 123456
```

这就是一个接口服务，其他系统或者 PHP、Java Web 网站都可以调用这个接口，传入分词之前的原始文本数据，返回预测的对应分类标签。

14.5 BERT 文本分类

BERT 是 2018 年 10 月由谷歌公司 AI 研究院提出的一种预训练模型。BERT 的全称是 Bidirectional Encoder Representation from Transformers。BERT 在机器阅读理解顶级水平测试 SQuAD1.1 中取得了惊人的成绩：全部两个衡量指标全面超越人类，并且在 11 种不同自然

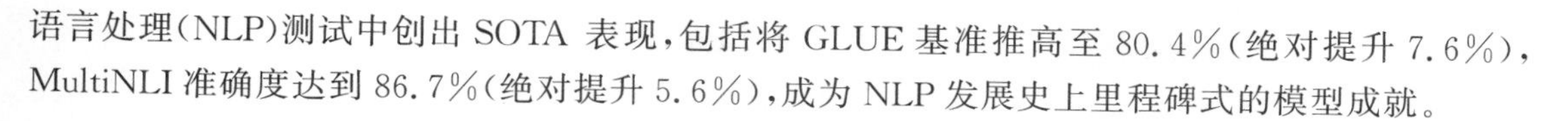

语言处理(NLP)测试中创出 SOTA 表现,包括将 GLUE 基准推高至 80.4%(绝对提升 7.6%),MultiNLI 准确度达到 86.7%(绝对提升 5.6%),成为 NLP 发展史上里程碑式的模型成就。

14.5.1 BERT 模型介绍及原理

除了 OCR、语音识别以外,NLP 有四大类常见的任务。第一类任务:序列标注,如命名实体识别、语义标注、词性标注、分词等;第二类任务:分类任务,如文本分类、情感分析等;第三类任务:句对关系判断,如自然语言推理、问答 QA、文本语义相似性等;第四类任务:生成式任务,如机器翻译、文本摘要、写诗造句等。

BERT 刷新了 GLUE benchmark 的 11 项测试任务的最高纪录,这 11 项测试任务可以简单分为 3 类。序列标注类:命名实体识别 CoNNL 2003 NER;单句分类类:单句情感分类 SST-2、单句语法正确性分析 CoLA;句对关系判断类:句对关系识别 MNLI 和 RTE、自然语言推理 WNLI、问答对是否包含正确答案 QNLI、句对文本语义相似 STS-B、句对语义相等分析 QQP 和 MRPC、问答任务 SQuAD v1.1。BERT 核心的特征提取器源于谷歌公司针对机器翻译问题所提出的新网络框架变换,本身就适用于生成式任务。

要想深入了解 BERT 模型,首先应该理解语言模型。预训练的语言模型对于众多 NLP 问题起到了重要作用,如 SQuAD 问答任务、命名实体识别以及情感识别。目前将预训练的语言模型应用到 NLP 任务主要有两种策略:一种是基于特征的语言模型,如 ELMo 模型;另一种是基于微调的语言模型,如 OpenAI GPT。这两类语言模型各有其优缺点,而 BERT 的出现,似乎融合了它们所有的优点,因此才可以在诸多后续特定任务中取得最优的效果。

1. 语言模型

语言模型(language model)是一串词序列的概率分布,通过概率模型来表示文本语义。语言模型有什么作用?通过语言模型,可以量化地衡量一段文本存在的可能性。对于一段长度为 n 的文本,文本里每个单词都有上文预测该单词的过程,所有单词的概率乘积便可以用来评估文本。在实践中,如果文本很长,那么 $P(wi|\text{context}(wi))$ 的估算会很困难,因此有了简化版——N 元模型。在 N 元模型中,通过对当前词的前 N 个词进行计算来估算该词的条件概率。对于 N 元模型,常用的有 unigram、bigram 和 trigram,N 越大,越容易出现数据稀疏问题,估算结果越不准确。此外,N 元模型无法解决一词多义和一义多词问题。

为了解决 N 元模型估算概率时的数据稀疏问题,研究者提出了神经网络语言模型,代表作有 2003 年 Bengio 等提出的 NNLM,但效果并不理想,因此足足沉寂了十年。在另一计算机科学领域,机器视觉、深度学习风生水起,特别值得一提的是预训练处理,典型代表为:基于 ImageNet 预训练的 Fine-Tuning 模型。图像领域的预处理与现在 NLP 领域的预训练处理思路相似,基于大规模图像训练数据集,利用神经网络预先训练,将训练好的网络参数保存起来。当有新的任务时,采用相同的网络结构,加载预训练的网络参数初始化,基于新任务的数据训练模型,Frozen 或者 Fine-Tuning。Frozen 指底层加载的预训练网络参数在新任务训练过程中不变,Fine-Tuning 指底层加载的预训练网络参数会随着新任务训练过程不断调整以适应当前任务。深度学习是适用于大规模数据的,数据量少训练出来的神经网络模型效果并不很理想。所以,预训练带来的好处非常明显,即使训练数据集很小,基于预训练结果,新任务也能训练出不错的效果。

2. BERT 模型总体结构

BERT 是一种基于微调的多层双向变换编码器,其中的变换与原始的变换是相同的,并且实现了两个版本的 BERT 模型,在两个版本中前馈大小都设置为 4 层。

lBERTBASE：L=12，H=768，A=12，Total Parameters=110M

lBERTLARGE：L=24，H=1024，A=16，Total Parameters=340M

其中，层数(即变换块)表示为L，隐藏大小表示为H，自注意力的数量为A。

3. BERT 模型输入

输入表示可以在一个词序列中表示单个文本句或一对文本(如[问题，答案])。对于给定的词，其输入表示可以通过3部分嵌入求和组成。嵌入的可视化表示如图14.4所示。

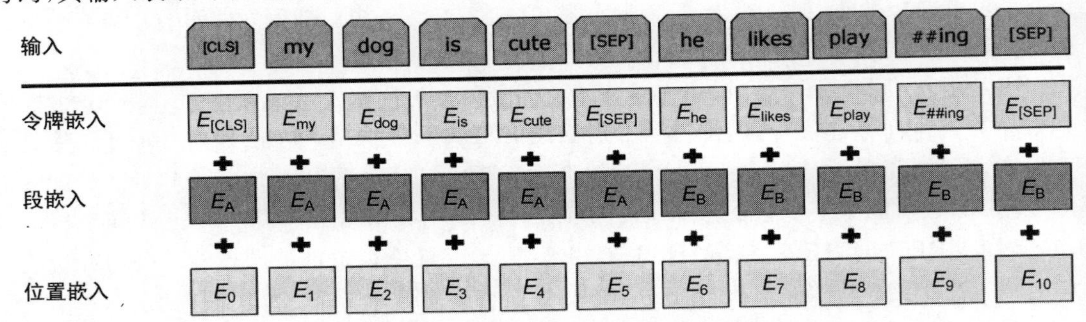

图14.4 嵌入的可视化表示(图片来源于博客园)

令牌嵌入(token embeddings)表示的是词向量，第一个单词是CLS标志，可以用于之后的分类任务，对于非分类任务，可以忽略词向量。

段嵌入(segment embeddings)用来区别两种句子，因为预训练不只做语言模型还要做以两个句子为输入的分类任务。

位置嵌入(position embeddings)是通过模型学习得到的。

4. BERT 模型预训练任务

BERT模型使用两个新的无监督预测任务对BERT进行预训练，分别是掩码语言模型(masked LM，MLM)和句子连贯性判定(next sentence prediction，NSP)。

1) MLM

为了训练深度双向变换表示，采用了一种简单的方法：随机掩盖部分输入词，然后对那些被掩盖的词进行预测，此方法称为MLM。预训练的目标是构建语言模型，BERT模型采用的是双向变换。那么为什么采用双向的方式呢？因为在预训练语言模型处理下游任务时，需要的不仅仅是某个词左侧的语言信息，还需要右侧的语言信息。

在训练过程中，随机地掩盖每个序列中15%的令牌，并不是像Word2Vec中的CBOW那样去对每一个词都进行预测。MLM从输入中随机地掩盖一些词，其目标是基于其上下文来预测被掩盖单词的原始词汇。与从左到右的语言模型预训练不同，MLM目标允许表示融合左右两侧的上下文，这使得可以预训练深度双向变换。变换编码器不知道它将被要求预测哪些单词，或者哪些已经被随机单词替换，因此它必须对每个输入词保持分布式的上下文表示。此外，由于随机替换在所有词中只发生1.5%，所以并不会影响模型对于语言的理解。

2) NSP

很多句子级别的任务如自动问答(QA)和自然语言推理(NLI)都需要理解两个句子之间的关系，如上述MLM任务中，经过第一步的处理，15%的词汇被遮盖。那么在这一任务中需要随机将数据划分为等大小的两部分：一部分数据中的两个语句对是上下文连续的，另一部分数据中的两个语句对是上下文不连续的。然后让变换模型来识别这些语句对中哪些语句对是连续的，哪些语句对不连续。

5. 模型比较

ELMo、GPT、BERT 都是近几年提出的模型，在各自提出的时候都取得了不错的成绩。它们之间是相辅相成的关系，3 个模型比较如图 14.5 所示。

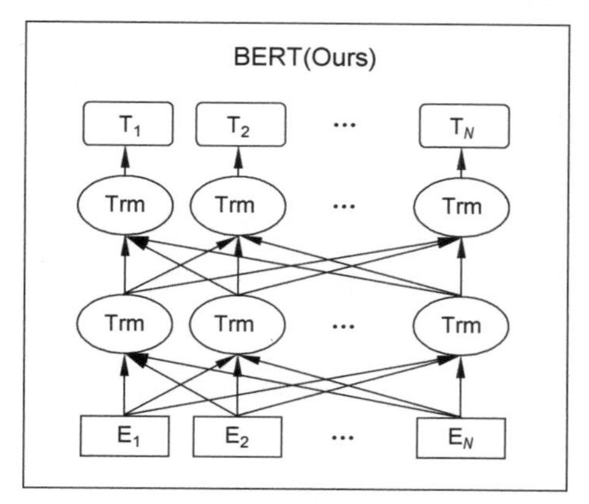

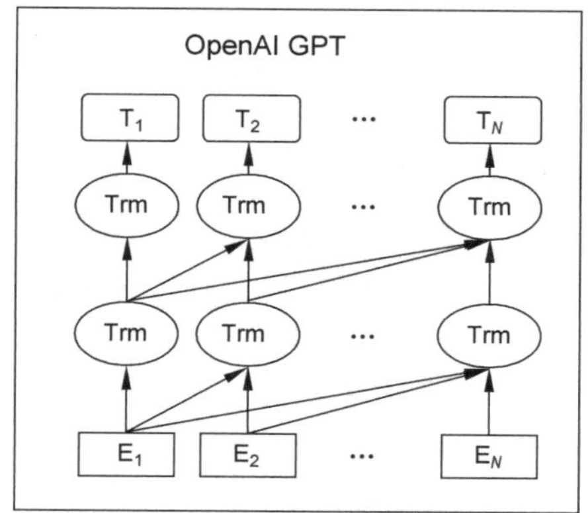

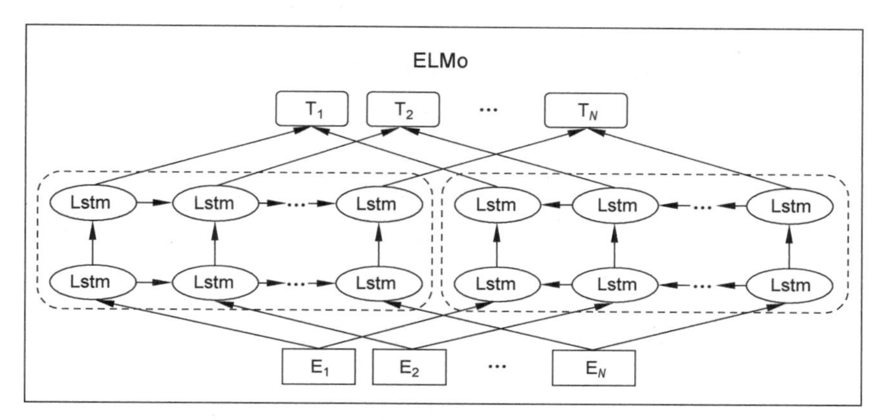

图 14.5 BERT、GPT、ELMo 模型比较(图片来源于博客园)

NLP 中有举足轻重地位的模型和思想还有 Word2Vec、LSTM 等。Word2Vec 作为里程碑式的进步，对 NLP 的发展产生了巨大的影响，但 Word2Vec 本身是一种浅层结构，而且它训练的词向量所"学习"到的语义信息受制于窗口大小，因此后续有学者提出利用可以获取长距离依赖的 LSTM 语言模型预训练词向量，而此种语言模型也有自身的缺陷，因为此种模型是根据句子的上文信息来预测下文的，或者根据下文信息来预测上文，从直观上说，理解语言要考虑到左右两侧的上下文信息，但传统的 LSTM 模型只学习到了单向的信息。

Word2Vec、单向 LSTM、ELMo、OpenAI GPT、BERT 几种模型的比较如表 14.1 所示。

表 14.1 Word2Vec、单向 LSTM、ELMo、OpenAI GPT、BERT 几种模型的比较

模　　型	获得长距离语义信息程度	左右上下文语义	是否可以并行
Word2Vec	1	True	True
单向 LSTM	2	False	False
ELMo	2	True	False
OpenAI GPT	3	False	True
BERT	3	True	True

语言模型的每一次进步都推动着 NLP 的发展，从 Word2Vec 到 ELMo，从 OpenAI GPT 到 BERT。通过这些发展也可以洞悉到，未来深度学习将会越来越多地应用到 NLP 相关任务

中，它们可以充分利用目前海量的数据，结合各种任务场景，训练出更为先进的模型，从而促进AI项目的落地。

14.5.2 BERT中文文本分类实战[28]

BERT是目前NLP领域最流行的技术之一，文本分类是NLP领域最常见的任务之一，下面就使用谷歌公司开源的BERT来演示文本分类的功能。

1. 文件准备工作

BERT开源项目地址源代码：https://github.com/google-research/bert。谷歌公司提供了多种预训练好的BERT模型，有针对不同语言的和不同模型大小的。对于中文模型，可使用预训练模型：https://storage.googleapis.com/bert_models/2018_11_03/chinese_L-12_H-768_A-12.zip。

2. 数据准备工作

将下载的预训练模型解压至vocab_file文件夹中，文件名可以任意，后续在运行Python时可以指定。将语料分成3个文件，分别为train.tsv、test.tsv、dev.tsv，比例一般为7：2：1，放入一个data_dir文件夹下，tsv文件类似于csv，只不过分隔符号有所区别，tsv为\t，即Tab键。当然也可以使用任意的文件格式或者分隔符号，不过需要在后续步骤中在文件处理的时候使其个性化度更高一点。

3. 编码

bert文件夹下，run_classifier.py中的def main(_)函数中的processors内容增加如下：

```
processors = {
      "cola": ColaProcessor,
      "mnli": MnliProcessor,
      "mrpc": MrpcProcessor,
      "xnli": XnliProcessor,
      "cus": CustomProcessor
}
```

"cus"：CustomProcessor为新增的一个处理类，cus为自己定义的任务名，在后续运行run_classifier.py时会指定。实现代码CustomProcessor如下所示：

```
class CustomProcessor(DataProcessor):
  def get_train_examples(self, data_dir):
    return self._create_examples(
        self._read_tsv(os.path.join(data_dir, "train.tsv")), "train")

  def get_dev_examples(self, data_dir):
    return self._create_examples(
        self._read_tsv(os.path.join(data_dir, "dev.tsv")), "dev")

  def get_test_examples(self, data_dir):
    return self._create_examples(
        self._read_tsv(os.path.join(data_dir, "test.tsv")), "test")

  def get_labels(self):
    # 这里返回的为具体分类的类别
    return ["1", "2", "3", "4", "5", "12", "14"]

  def _create_examples(self, lines, set_type):
   """Creates examples for the training and dev sets."""
   examples = []
```

```
    for (i, line) in enumerate(lines):
        guid = "%s-%s" % (set_type, i)
        text_a = tokenization.convert_to_unicode(line[1])
        label = tokenization.convert_to_unicode(line[0])
        examples.append(
            InputExample(guid=guid, text_a=text_a, text_b=None, label=label))
    return examples
```

将 CustomProcessor 放置在和其他 Processor 并列的位置。

4. 编写运行脚本

新建一个运行脚本文件名为 run.sh，文件内容编辑如下：

```
export DATA_DIR=上面自己创建的语料路径
export BERT_BASE_DIR=预训练模型所在路径
python run_classifier.py \
--task_name=mytask \
--do_train=true \
--do_eval=true \
--data_dir=$DATA_DIR/ \
--vocab_file=$BERT_BASE_DIR/vocab.txt \
--bert_config_file=$BERT_BASE_DIR/bert_config.json \
--init_checkpoint=$BERT_BASE_DIR/bert_model.ckpt \
--max_seq_length=128 \
--train_batch_size=32 \
--learning_rate=2e-5 \
--num_train_epochs=3.0 \
--output_dir=/output
```

其中，do_train 代表是否进行微调(fine tune)，do_eval 代表是否进行评价(evaluation)，还有未出现的参数 do_predict 代表是否进行预测。如果不需要进行微调，或者显卡配置太低的话，可以将 do_trian 去掉。max_seq_length 代表了句子的最长长度，当显存不足时，可以适当降低 max_seq_length。

5. 运行脚本

```
./run.sh
```

运行的时间可能会比较长，视配置而定，会在 output_dir 下面生成一个 eval_results.txt 文件：

```
eval_accuracy = 0.8503984
eval_loss = 0.47183684
global_step = 6588
loss = 0.47183684
```

这样就说明运行成功了。在 output_dir 下也会有微调之后的模型文件。

第15章 文本聚类

CHAPTER 15

文本聚类(text clustering)主要是依据著名的聚类假设：同类的文档相似度较大，而不同类的文档相似度较小。作为一种无监督的机器学习方法，聚类由于不需要训练过程，并且不需要预先对文档手工标注类别，因此具有一定的灵活性和较高的自动化处理能力，已经成为对文本信息进行有效的组织、摘要和导航的重要手段，为越来越多的研究人员所关注。

15.1 文本聚类介绍及相关算法

分类和聚类都是文本挖掘中常使用的方法，目的都是将相似度高的对象归类，不同点在于分类是采用有监督学习，分类算法按照已经定义好的类别来识别一篇文本，而聚类是将若干文本进行相似度比较，最后将相似度高的归为一类。在分类算法中，训练集为已经标注好的数据集，但是微博文本具有的大数据特性及不确定性决定了标注数据的难度，因此可选择聚类算法对大量且随机的微博文本进行处理。

大量文本建模后还需要对主题分布进行聚类以得到更精确简洁的话题，因此文本聚类在话题检测技术中具有重要意义。聚类是一种无监督学习方式，目的是把一个数据根据某种规则划分为多个子数据，一个子数据就称为一个聚类。聚类分析在文本分析、商务应用、网页搜索、推荐系统、生物医学等多个领域都有着十分广泛的应用。由于数据应用场合不同，不同的聚类方式侧重点不同，各有优势和缺陷，因此目前没有一个通用的聚类算法。目前聚类主要分为以下几类：基于划分的聚类算法、基于层次的聚类算法、基于密度的聚类算法、基于网格的聚类算法、基于模型的聚类算法，如图 15.1 所示。

1. 基于划分的聚类算法

基于划分的聚类算法是聚类算法中最为简单的算法，假设有一个数据集 D，其中包含 N 个子数据，若要将 D 划分为 K 个类簇，$K \leqslant N$，每个类簇中至少含有一个子数据，且类簇之间不会有交集。要达到的要求是簇中的数据之间有较高的相似度，而簇类之间的相似度尽可能低。经过专家学者的不断研究，K-means 算法、Single-Pass 增量聚类算法、围绕中心划分(partitioning around medoids，PAM)算法等都得到了较为广泛的应用。其中最为经典、应用最多的是 K-means 算法。

K-means 算法又称 K 均值算法，是一种容易实现且应用广泛的聚类算法，该算法的思想是首先在数据样本集中随机选取 K 个样本作为簇中心；然后计算样本集中其他样本与这 K 个簇中心的距离，距离通常利用曼哈顿距离、欧氏距离等来度量，再根据设定的阈值将每个样本划分到与其距离最近的簇中心所在的簇中；最后根据新划分的簇重新计算距离，将簇中所含

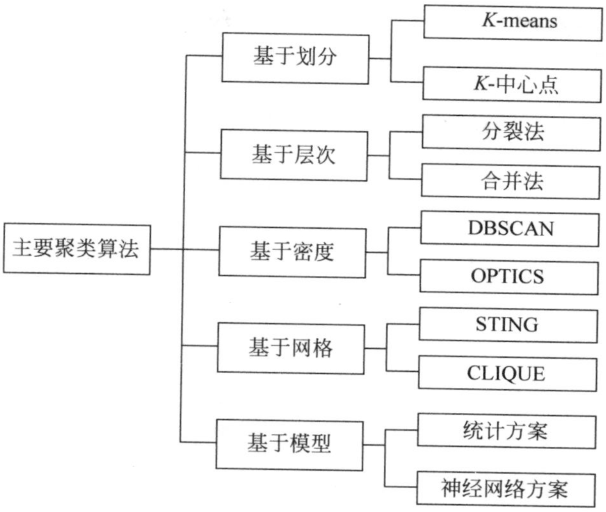

- 主要聚类算法
  - 基于划分
    - K-means
    - K-中心点
  - 基于层次
    - 分裂法
    - 合并法
  - 基于密度
    - DBSCAN
    - OPTICS
  - 基于网格
    - STING
    - CLIQUE
  - 基于模型
    - 统计方案
    - 神经网络方案

图 15.1 聚类算法分类(图片来源于 CSDN)

样本的距离均值作为更新簇的中心,再重复计算距离直到达到条件。*K*-means 算法最关键的就是确定 *K* 的个数。

基于划分的聚类算法对于大部分数据都有较强的适用性,且计算简单高效,空间复杂度较低,但是在处理大规模样本时所得结果多数是局部最优,对于类簇中心的选取也十分敏感并且无法处理非凸数据。

2. 基于层次的聚类算法

层次聚类算法(hierarchical clustering,HC)又称为树聚类算法。主要思想是将样本集合合并或者分裂成凝聚度更高或更细致的子样本集合,最终样本集合形成一棵层次树。与 *K*-means 算法不同,层次聚类算法不需要预先设定聚类数,只要样本集合通过不断迭代达到聚类条件或者迭代次数即可。基于层次划分的经典聚类算法有变色龙算法、AGNES(agglomerative nesting)算法、CURE(clustering using representatives)算法等。根据聚类的方向,基于层次的聚类算法可以分为凝聚式和分裂式,凝聚式是将簇结合起来,而分裂式则是将大的类簇分为小类。

1) 凝聚式层次聚类算法

顾名思义,凝聚式层次聚类(hierarchical agglomerative clustering,HAC)是凝聚数据样本,它的聚类方向是从子数据向上不断合并,该算法经常应用于话题检测中。凝聚式层次聚类首先从底部分散的单个样本开始依次计算与其他样本的距离,然后选择距离最小样本并与它合并成一个新的样本集,再重复上述过程直到形成一个包含所有样本的簇,或者达到迭代次数。凝聚式层次聚类只需要计算样本之间的距离然后合并,该方法计算简单,但是如果数据样本太大则算法复杂度会呈指数级增长,且已合并的操作无法逆转。

2) 分裂式层次聚类算法

分裂式层次聚类与凝聚式层次聚类处理样本数据的方向是相反的,它是将整个数据样本看作一个大类簇,然后根据距离公式或其他原则将大的类簇分为小的类簇,不断迭代直到将所有的样本数据分类到单独的类簇中或者是达到迭代次数。分裂式层次聚类被公认为是能够产生较好质量的聚类结果的聚类算法。此算法的缺点是操作不能撤回,对于大量数据样本时间复杂度高。

3. 基于密度的聚类算法

基于密度的聚类算法的主要思想是首先找出密度较高的点，然后把周围相近的密度较高的样本点连成一片，最后形成各类簇。比较具代表性的3种基于密度的聚类算法有：Ester等提出的DBSCAN方法、Ankerst等提出的OPTICS方法和Hinneburg提出的DENCLUE技术。此类算法的优点是鲁棒性很强，对于任意形状的聚类都适用，但是结果的精度与参数设置关系密切，实用性不强。

4. 基于网格的聚类算法

与其他聚类算法相比较，基于网格的聚类算法的出发点不再是平面而是空间。在该空间中，有限个网格代表数据，聚类就是按一定的规则将网格合并。Wang等提出的STING算法及其改进算法、Agrawa等提出的CLIQUE算法等都是较为经典的基于网格的聚类算法。基于网格的聚类算法由于处理数据时是独立的，仅仅依赖网格结构中每一维的单位数，因此处理速度很快。但是此算法对参数十分敏感，速度快的代价是精确度不高，通常需要与其他聚类算法结合使用。

5. 基于模型的聚类算法

基于模型的聚类算法的思路是假设每个类簇为一个模型，然后再寻找与该模型拟合最好的数据，通常有基于概率和基于神经网络两种方法。概率模型即概率生成模型，是假设数据是由潜在的概率分布产生的，典型的算法是高斯混合模型(Gaussian mixture model，GMM)；而来自芬兰的神经网络专家提出的自组织映射(self organized map，SOM)是典型的神经网络模型。对类簇而言，基于模型的聚类算法是用概率形式呈现的，每个类的特征也可以直接用参数表示，但是与其他聚类方法相比，这类聚类方法在样本数据量大的时候执行率较低，不适合大规模聚类场合。

6. 基于模糊的聚类算法

基于模糊的聚类算法主要是为了克服非此即彼的分类缺陷，它的主要思想是以模糊集合论作为数学基础，用模糊数学的方法进行聚类分析。此方法的优点在于对于满足正态分布的样本数据来说它的效果会很好，但是此算法过于依赖初始聚类中心，为确定初始聚类中心需要多次迭代以寻找最佳点，对于大规模数据样本来说会大大增加时间复杂度。

上述聚类方法各有千秋，在面对不同的数据集时能起到不同的作用，几种常用聚类算法对比如表15.1所示。

表15.1 常用聚类算法对比

聚类算法	处理大规模数据能力	处理高维数据能力	发现任意形状簇的能力	数据顺序敏感度	处理噪声能力
基于层次的方法	弱	较强	强	不敏感	较弱
基于划分的方法	较弱	强	较强	不敏感	弱
基于密度的方法	较强	弱	强	不敏感	强
Single-Pass增量算法	强	强	较强	敏感	强

从表15.1可以直观地看出，对于初始无法确定主题个数且大规模的微博短文本而言，Single-Pass增量算法更适合。但是Single-Pass增量算法对于数据输入时的顺序十分敏感，并且计算复杂度随着数据的增大而增多，因此本书采用改进的Single-Pass增量算法对话题进行检测。经过改进的Single-Pass增量算法处理后的文本凝聚度相对较高，维度相对较低，再采用适合处理这类文本的凝聚式层次聚类进行话题合并以得到热点话题。通过结合Single-

Pass 增量算法与凝聚式层次聚类算法，对大量微博短文本进行处理提取出热点话题，能有效提高效率，同时得到更精确的热点话题。

15.2 K-means 文本聚类

K-means 文本聚类是 K-means 算法的一个常用应用场景。下面介绍 K-means 的算法原理以及使用 Python 实现单机版文本聚类和使用 Mahout 实现分布式文本聚类。

15.2.1 算法原理

K-means 算法是最为经典的基于划分的聚类方法，是十大经典数据挖掘算法之一。K-means 算法的基本思想是：以空间中 k 个点为中心进行聚类，对最靠近它们的对象归类。通过迭代的方法，逐次更新各聚类中心的值，直至得到最好的聚类结果。

假设要把样本集分为 c 个类别，算法描述如下：

(1) 适当选择 c 个类的初始中心；

(2) 在第 k 次迭代中，对任意一个样本，求它到 c 各中心的距离，将该样本归到距离最短的中心所在的类；

(3) 利用均值等方法更新该类的中心值；

(4) 对于所有的 c 个聚类中心，如果利用步骤(2)和步骤(3)的迭代法更新后，值保持不变，则迭代结束，否则继续迭代。

该算法的最大优势在于简洁和快速，算法的关键在于初始中心的选择和距离公式。

流程：首先从 n 个数据对象中任意选择 k 个对象作为初始聚类中心；而对于剩下的其他对象，则根据它们与这些聚类中心的相似度(距离)，分别将它们分配给与它们最相似的聚类；然后再计算每个新聚类的聚类中心(该聚类中所有对象的均值)；不断重复这一过程，直到标准测度函数开始收敛为止。一般都采用均方差作为标准测度函数。k 个聚类具有以下特点：各聚类本身尽可能地紧凑，而各聚类之间尽可能分开。

15.2.2 源码实战[30]

Python 使用 Scikit-learn 进行 K-means 文本聚类，是单机版。分布式机器学习框架可以使用 Mahout、Spark 平台。

1. Python 源码实战

K-means 算法的原理比较简单，但是值得注意的是，有两个地方是需要算法使用者自己选择的：第一个就是 K 的值，简言之，就是数据集应该被分成多少个类，在 K-means 算法里面是要求先给出 K 值的；第二个就是距离函数，即如何计算向量与向量或者向量与中心点之间的距离，这里也有很多选择，最常见的是欧氏距离，也可以用余弦相似度来作为距离函数，还有其他的一些方法等。以上两个需要注意的选择必然会对聚类结果产生影响，尤其是 K 值的选择，这里就需要算法使用者根据自身需要来仔细衡量。

Scikit-learn 是一个基于 Python 的机器学习模块，它给出了很多机器学习相关的算法实现，其中就包括 K-means 算法。在做 K-means 聚类之前，首先需要将文本转化成向量的形式，转换文本的第一步是分词，这里可以直接使用 Jieba 分词，分完词后再将词转换成向量，或者说转换成词袋模型，这里可以采用 TF-IDF 算法。TF-IDF 就是从两个方面对文本中的词进行加权：

(1) 词在当前文本中出现的次数。

(2) 总文本数包含词的数目。

前者越高越好,后者越低越好,比如"你""我"这些词,在一个文本中出现的次数很多,总文本包含这些词的数目也会很多,那么这些词自然无法作为当前文本的代表性内容,如果一个文本中某个词大量出现,但是在总文本中出现的次数又不多,那么这个词对于文本来说很有可能是很重要的。

基于 Scikit-learn 实现 K-means 算法的示例如代码 15.1 所示。

【代码 15.1】 kmeans.py

```
#!/usr/bin/env python
# -*- coding: utf-8 -*-
import jieba
from sklearn.feature_extraction.text import  TfidfVectorizer
from sklearn.cluster import KMeans
from sklearn.externals import joblib
def jieba_tokenize(text):
    return jieba.lcut(text)

tfidf_vectorizer = TfidfVectorizer(tokenizer = jieba_tokenize, lowercase = False)
'''
tokenizer: 指定分词函数
lowercase: 在分词之前将所有的文本转换成小写,因为涉及中文文本处理,
所以最好设为 False
'
'
'
text_list = ["今天天气真好啊啊啊啊",
"小明上了清华大学",
"我今天拿到了 Google 的 Offer",
"清华大学在自然语言处理方面真厉害"]
#需要进行聚类的文本集
tfidf_matrix = tfidf_vectorizer.fit_transform(text_list)
num_clusters = 3
km_cluster = KMeans(n_clusters = num_clusters, max_iter = 300, n_init = 40,
                    init = 'k - means++',n_jobs = - 1)
'''
n_clusters: 指定 K 的值
max_iter: 对于单次初始值计算的最大迭代次数
n_init: 重新选择初始值的次数
init: 制定初始值选择的算法
n_jobs: 进程个数,为 - 1 的时候是指默认占用全部 CPU 资源
注意,这个对于单个初始值的计算始终只会使用单进程计算,
并行计算只是针对与不同初始值的计算。比如 n_init = 10,n_jobs = 40,
服务器上面有 20 个 CPU 可以开 40 个进程,最终只会开 10 个进程
'
'
'
#返回各自文本的所被分配到的类索引
result = km_cluster.fit_predict(tfidf_matrix)
print("Predicting result: ", result)
'''
每一次 fit 都是对数据进行拟合操作,
所以我们可以直接选择将拟合结果持久化,
然后预测的时候直接加载,进而节省时间。
'
'
```

```
'
joblib.dump(tfidf_vectorizer, 'tfidf_fit_result.pkl')
joblib.dump(km_cluster, 'km_cluster_fit_result.pkl')
#程序下一次则可以直接 load
tfidf_vectorizer = joblib.load('tfidf_fit_result.pkl')
km_cluster = joblib.load('km_cluster_fit_result.pkl')
```

2. Mahout 的 *K*-means 实战

如果是传统的数值数据，那么非文本聚类用下面的命令：

```
mahout org.apache.mahout.clustering.syntheticcontrol.kmeans.Job --input kmeans/synthetic_control.data --numClusters 3 -t1 3 -t2 6 --maxIter 3 --output kmeans/output
CL-599{n=33 c=[35.005, 31.595, 32.656, 31.101, 24.290, 26.711, 26.244, 32.574, 31.684, 30.029, 27.724, 33.982, 17.919, 12.614, 11.802, 5.604, 9.054, 10.826, 14.925, 11.531, 9.899, 11.571, 11.890, 13.940, 7.930, 16.103, 13.347, 9.840, 9.479, 13.375, 10.540, 12.813, 11.850, 11.619, 14.426, 9.362, 9.454, 15.434, 11.620, 14.355, 9.465, 10.402, 12.028, 13.881, 12.241, 11.294]
r=[0.670, 0.657, 0.703, 0.044, 0.229, 2.317, 1.453, 1.207, 0.454, 2.319, 0.468, 0.865, 1.282, 4.213, 2.007, 0.911, 3.297, 0.077, 4.621, 2.784, 0.490, 0.134, 0.561, 3.848, 3.840, 0.044, 9.096, 0.020, 0.892, 0.675, 4.591, 5.825, 3.153, 3.555, 0.626, 2.363, 0.989, 1.211, 0.954, 1.729, 0.017, 3.514, 2.652, 1.533, 6.176, 2.388, 2.405, 2.780, 1.271, 1.666, 1.154, 0.244, 2.544, 3.553, 0.381, 4.611, 1.886, 2.138, 0.543, 1.142]}
```

Point：该聚类下所有点。

n=33 代表该聚类有 33 个点，c=[...]代表该聚类的中心向量点，r=[...]代表聚类的半径。

如果不是实数，那么在做文本的聚类时需要把文本转换成向量，和潜在狄利克雷分布模型(LDA)的处理过程类似。

1）建立向量空间模型(VSM)

脚本代码如下所示：

```
#将数据存储成 to 序列文件 SequenceFile
seqdirectory --input /vsm/input --output /vsm/reutersoutput
#将 SequenceFile 文件中的数据，基于 Lucene 的工具进行向量化：
seq2sparse --input /vsm/reutersoutput --output /vsm/clusterinput
```

2）聚类

再用 Mahout *K*-means 进行聚类，输入参数为 tf-vectors 目录下的文件，如果整个过程没错，就可以看到输出结果目录 clusters-N，脚本代码如下所示：

```
mahout org.apache.mahout.clustering.kmeans.KMeansDriver --input /vsm/clusterinput/tf-vectors/ --numClusters 3 --maxIter 3 --output /vsm/clusteroutputnew6
```

3）查看聚类结果

最后可以用 Mahout 提供的结果查看命令 mahout clusterdump 来分析聚类结果，脚本代码如下所示：

```
mahout clusterdump --input /vsm/clusteroutputnew6/clusters-3-final --pointsDir /vsm/clusteroutputnew6/clusteredPoints --output /usr/local/data/newclusters-3-final.txt
```

15.3 LDA 主题词——潜在狄利克雷分布模型

LDA 是潜在狄利克雷分布模型的简称，也是一种聚类算法，可以用来做文本聚类。下面介绍其算法原理。

15.3.1 算法原理

LDA(latent dirichlet allocation)是一种文档主题生成模型,也称为一个三层贝叶斯概率模型,包含词、主题和文档 3 层结构。所谓生成模型是指一篇文章的每个词都是通过“以一定概率选择了某个主题,并从这个主题中以一定概率选择某个词语”这样一个过程得到的。文档到主题服从多项式分布,主题到词也服从多项式分布。

LDA 是一种非监督机器学习技术,可以用来识别大规模文档集(document collection)或语料库(corpus)中潜藏的主题信息。它采用了词袋(bag of words)的方法,这种方法将每一篇文档视为一个词频向量,从而将文本信息转化为了易于建模的数字信息。但是词袋方法没有考虑词与词之间的顺序,这简化了问题的复杂性,同时也为模型的改进提供了契机。每一篇文档代表了一些主题所构成的一个概率分布,而每一个主题又代表了很多单词所构成的一个概率分布。

LDA 一个经典的应用场景就是关键词提取,比如给定一篇文章或者多篇文章,然后提取出核心的关键词标签。当然用 K-means 算法也可以做,但是用 LDA 的效果要好一些。此外,做关键词提取效果不错的还有 TextRank 排序算法。

1. LDA 生成过程

对于语料库中的每篇文档,LDA 定义了如下生成过程(generative process):

(1) 对每一篇文档,从主题分布中提取一个主题;

(2) 从上述被抽到的主题所对应的单词分布中提取一个单词。

重复上述过程直至遍历文档中的每一个单词。

语料库中的每一篇文档与 T(通过反复试验等方法事先给定)个主题的一个多项分布(multinomial distribution)相对应,将该多项分布记为 θ。每个主题又与词汇表(vocabulary)中的 V 个单词的一个多项分布相对应,将这个多项分布记为 φ。

2. LDA 整体流程

先定义一些字母的含义:文档集合 D,主题(topic)集合 T。

D 中每个文档 d 看作一个单词序列 $<w1,w2,\cdots,wn>$,wi 表示第 i 个单词,设 d 有 n 个单词(在 LDA 中称之为词袋,实际上每个单词的出现位置对 LDA 算法无影响)。

- D 中涉及的所有不同单词组成一个大集合 VOCABULARY(简称 VOC),LDA 以文档集合 D 作为输入,希望训练出的两个结果向量(设聚成 k 个主题,VOC 中共包含 m 个词)为:
- 对每个 D 中的文档 d,对应到不同主题的概率为 $\theta d<\mathrm{pt}1,\mathrm{pt}2,\cdots,\mathrm{pt}k>$,其中 $\mathrm{pt}i$ 表示 d 对应 T 中第 i 个主题的概率。计算方法是直观的,$\mathrm{pt}i=\mathrm{nt}i/n$,其中 $\mathrm{nt}i$ 表示 d 中对应第 i 个主题词的数目,n 是 d 中所有词的总数。
- 对每个 T 中的主题生成不同单词的概率为 $\varphi t<\mathrm{pw}1,\mathrm{pw}2,\cdots,\mathrm{pw}m>$,其中 $\mathrm{pw}i$ 表示 t 生成 VOC 中第 i 个单词的概率。计算方法同样很直观,$\mathrm{pw}i=\mathrm{Nw}i/N$,其中 $\mathrm{Nw}i$ 表示对应到主题的 VOC 中第 i 个单词的数目,N 表示所有对应到主题单词的总数。

LDA 的核心公式如下:

$$p(w|d)=p(w|t)\times p(t|d)$$

直观地看这个公式,就是以主题作为中间层,可以通过当前的 θd 和 φt 给出文档 d 中出现单词 w 的概率。其中,$p(t|d)$ 利用 θd 计算得到,$p(w|t)$ 利用 φt 计算得到。

实际上,利用当前的 θd 和 φt,可以为一个文档中的一个单词计算它对应任意一个主题时

的 $p(w|d)$，然后根据这些结果来更新这个词应该对应的主题。然后，如果这个更新改变了这个单词所对应的主题，就会反过来影响 θd 和 φt。

3. LDA 学习过程(方法之一)

LDA 算法开始时，先随机地给 θd 和 φt 赋值(对所有的 d 和 t)。然后不断重复上述过程，最终收到的结果就是 LDA 的输出。再详细介绍一下这个迭代的学习过程：

(1) 首先，针对一个特定的文档 ds 中的第 i 单词 wi，如果令该单词对应的主题为 tj，可以把上述公式改写为：

$$pj(wi|ds)=p(wi|tj)\times p(tj|ds)$$

(2) 接着，可以枚举 T 中的主题，得到所有的 $pj(wi|ds)$，其中，j 取值为 $1\sim k$。然后可以根据这些概率值结果为 ds 中的第 i 个单词 wi 选择一个主题。最简单的想法是取令 $pj(wi|ds)$最大的 tj(注意，这个式子里只有 j 是变量)，即 $\text{argmax}[j]pj(wi|ds)$。

(3) 然后，如果 ds 中的第 i 个单词 wi 在这里选择了一个与原先不同的主题，就会对 θd 和 φt 产生影响(根据前面提到过的这两个向量的计算公式可以很容易得知)。它们的影响又会反过来影响上面提到的 $p(w|d)$的计算。将对 D 中所有的 d 中的 w 进行一次 $p(w|d)$的计算并重新选择主题看作一次迭代。这样进行 n 次循环迭代之后，就会收到 LDA 所需要的结果。

15.3.2 源码实战

下面分别用 Python 和 Mahout 来实现 LDA。

1. Python 源码

使用 Jieba 分词包和 gensim 包的示例如代码 15.2 所示。

【代码 15.2】 lda.py

```
import jieba
import jieba.posseg as jp
from gensim import corpora, models
# 全局词典
new_words = ['奥预赛', '折叠屏']                                    # 新词
stopwords = {' ', '再', '的', '们', '为', '时', ': '}              # 停用词
synonyms = { '传言': '流言'}                                       # 同义词
words_nature = ('n', 'nr', 'ns', 'nt', 'eng', 'v', 'd')            # 可用的词性
def add_new_words():                                               # 增加新词
    for i in new_words:
        jieba.add_word(i)

def remove_stopwords(ls):                                          # 去除停用词
    return [word for word in ls if word not in stopwords]

def replace_synonyms(ls):                                          # 替换同义词
    return [synonyms[i] if i in synonyms else i for i in ls]

documents = [
    '足协申请取消女足奥预赛韩国主场比赛 公平原则保障安全',
    '芬森发声再回应传言: 想念辽宁队友 为中国的球迷们祈福',
    '电商围剿涉疫商家进行时: 哄抬物价,就这么罚你',
    '今晚视频直播华为新品发布会: 全新折叠屏手机亮相']
add_new_words()
words_ls = []
for text in documents:
```

```
        words = replace_synonyms(remove_stopwords([w.word for w in jp.cut(text)]))
        words_ls.append(words)
    # 生成语料词典
    dictionary = corpora.Dictionary(words_ls)
    # 生成稀疏向量集
    corpus = [dictionary.doc2bow(words) for words in words_ls]
    # LDA 模型,num_topics 设置聚类数,即最终主题的数量
    lda = models.ldamodel.LdaModel(corpus = corpus, id2word = dictionary, num_topics = 2)
    # 展示每个主题的前 5 的词语
    for topic in lda.print_topics(num_words = 5):
        print(topic)
    # 推断每个语料库中的主题类别
    print('推断: ')
    for e, values in enumerate(lda.inference(corpus)[0]):
        topic_val = 0
        topic_id = 0
        for tid, val in enumerate(values):
            if val > topic_val:
                topic_val = val
                topic_id = tid
        print(topic_id, '->', documents[e])
```

运行结果如下：

```
(0, '0.033 * "比赛" + 0.033 * "保障" + 0.033 * "取消" + 0.032 * "足协" + 0.032 * "芬森" )
(1, '0.037 * "商家" + 0.036 * "电商" + 0.036 * "这么" + 0.036 * "围剿" + 0.036 * "罚")
```

推断：

0 ->足协申请取消女足奥预赛韩国主场比赛公平原则保障安全

0 ->芬森发声再回应传言：想念辽宁队友为中国的球迷们祈福

1 ->电商围剿涉疫商家进行时：哄抬物价，就这么罚你

1 ->今晚视频直播华为新品发布会：全新折叠屏手机亮相

2. Mahout 中 LDA 算法

Mahout 中的算法封装得非常友好，通过 mahout shell 脚本命令给 main 函数入口类传对应参数值就可以了。因为是文本聚类，所以做聚类之前需要做数据预处理，需要把文本向量化为数值，向量化有 tf 和 tfidf 两种文档向量方式，一般 tfidf 效果更好。实战步骤如下：

1）建立 VSM

必须先把文档传到 HDFS 上，文档可以是一个或多个记事本文件，脚本代码如下所示：

```
hadoop fs - mkdir /sougoumini
hadoop fs - put /usr/local/data/sougoumini/ * /sougoumini/
#必须在 HDFS 上操作,转化为序列化文件
mahout seqdirectory - c UTF - 8 - i /sougoumini/ - o /sougoumini - seqfiles - ow
#向量化
mahout seq2sparse - i /sougoumini - seqfiles/ - o /sougoumini - vectors - ow
```

2）向量化后会生成 tf 和 tfidf 两种文档向量，之后对 tfidf 向量文档聚类

脚本代码如下所示：

```
mahout cvb - i /sougoumini - vectors /tfidf - vectors - o /sougoumini - vectors /reuters - lda -
clusters - k 6 - x 2 - dict /sougoumini - vectors /reuters - vectors/dictionary.file - 0 - mt /
temp/temp_mt19 - ow -- num_reduce_tasks 1
```

3）使用 ClusterDumper 工具查看聚类结果

脚本代码如下所示：

```
mahout clusterdump -- input /vsm1/reuters - kmeans - clusters/clusters - 2 - final  -- pointsDir /
vsm1/reuters - kmeans - clusters/clusteredPoints  -- output /usr/local/data/2 - final.txt  - b 10
- n 10  - sp 10
:VL - 0{n = 215
    Top Terms:
        said                                    => 1.650650113898381
        mln                                     => 1.2404630316002174
        dlrs                                    => 1.1149336368806901
        pct                                     => 1.014962779688844
        reuter                                  => 0.9934475309359484
:VL - 1{n = 1 c
    Top Terms:
        nil                                     => 89.56243896484375
        wk                                      => 68.45630645751953
        prev                                    => 62.29991912841797
```

另外,Python 实现的 LDA 开源工具,以及 Java 实现的 LDA4j 工具,如果感兴趣可以研究一下。*K*-means 和 LDA 算法除了做文本聚类,还可以用来做关键词提取。

第16章 关键词提取和文本摘要

CHAPTER 16

关键词提取和文本摘要是自然语言处理中经常用到的技术，下面分别进行讲解。

16.1 关键词提取

关键词提取是文本挖掘领域一个很重要的部分，通过对文本提取的关键词可以窥探整个文本的主题思想，进一步应用于文本的推荐或文本的搜索。

16.1.1 关键词提取介绍及相关算法

关键词是能够表达文档中心内容的词语，常用于计算机系统标引论文内容特征、信息检索、系统汇集以供读者检阅。关键词提取是文本挖掘领域的一个分支，是文本检索、文档比较、摘要生成、文档分类和聚类等文本挖掘研究的基础性工作。从算法的角度来看，关键词提取算法主要有两类：无监督关键词提取方法和有监督关键词提取方法。

1. 无监督关键词提取方法

无监督关键词提取是指不需要人工标注的语料，利用某些方法发现文本中比较重要的词作为关键词，进行关键词提取。该方法是先提取出候选词，然后对各个候选词进行评分，然后输出 K 个分值最高的候选词作为关键词。根据评分的策略不同，有不同的算法，例如 TF-IDF、TextRank、LDA 等算法。

无监督关键词提取方法主要有3类：基于统计特征的关键词提取(TF、TF-IDF)、基于词图模型的关键词提取(PageRank、TextRank)、基于主题模型的关键词提取(LDA)。基于统计特征的关键词提取算法的思想是利用文档中词语的统计信息提取文档的关键词。基于词图模型的关键词提取首先要构建文档的语言网络图，然后对语言进行网络图分析，在这个图上寻找具有重要作用的词或者短语，这些短语就是文档的关键词。基于主题模型的关键词提取算法主要是利用主题模型中关于主题分布的性质进行关键词提取。

2. 有监督关键词提取方法

有监督关键词提取是将关键词提取过程视为二分类问题，先提取出候选词，再对每个候选词划定标签(关键词或非关键词)，然后训练关键词提取分类器。当面对一篇新文档时，提取出所有的候选词，然后利用训练好的关键词提取分类器，对各个候选词进行分类，最终将标签为关键词的候选词作为关键词。

3. 无监督方法和有监督方法的优缺点

无监督方法不需要人工标注训练集合的过程，因此更加快捷，但由于无法有效综合利用多种信息对候选关键词排序,所以效果无法与有监督方法媲美;而有监督方法可以通过训练学习调节多种信息对于判断关键词的影响程度,因此效果更优。但有监督的文本关键词提取算法需要高昂的人工成本,因此现有的文本关键词提取主要采用适用性较强的无监督关键词提取。

16.1.2 基于 Python 的关键词提取实战

Python 的关键词提取常用工具包有 Jieba、TextRank4zh(TextRank 排序算法工具)、SnowNLP(中文分析)简体中文文本处理、TextBlob (英文分析)。用 Jieba、SnowNLP、TextRank4zh 实现关键词提取的例子如代码 16.1 所示。

【代码 16.1】 ExtractKeyword.py

```
#!/usr/bin/python
# -*- coding: utf-8 -*-
#__author__ = '陈敬雷'
print("充电了么 App 官网: www.chongdianleme.com")
print("充电了么 App - 专注上班族职业技能提升充电学习的在线教育平台")
import jieba.analyse
'''
关键词提取基于 TF-IDF 算法:
基于 TF-IDF(term frequency-inverse document frequency) 算法的关键词提取:
import jieba.analyse
jieba.analyse.extract_tags(sentence, topK=20, withWeight=False, allowPOS=())
sentence : 为待提取的文本
topK: 为返回几个 TF/IDF 权重最大的关键词,默认值为 20
withWeight : 为是否一并返回关键词权重值,默认值为 False
allowPOS : 仅包括指定词性的词,默认值为空,即不筛选
TF-IDF 原理介绍:
TF-IDF(term frequency-inverse document frequency)
是一种用于资讯检索与文本挖掘的常用加权技术。
TF-IDF 是一种统计方法,用以评估一个字词对于一个文件集或一个语料库中的其中一份文件的重要
程度。
字词的重要性随着它在文件中出现的次数成正比增加,
但同时会随着它在语料库中出现的频率成反比下降。
TF-IDF 加权的各种形式常被搜索引擎应用,作为文件与用户查询之间相关程度的度量或评级。
除了 TF-IDF 以外,互联网上的搜寻引擎还会使用基于链接分析的评级方法,
以确定文件在搜寻结果中出现的顺序。
原理
在一份给定的文件里,词频(Term Frequency,TF)指的是某一个给定的词语在该文件中出现的次数。
这个数字通常会被正规化,以防止它偏向长的文件。
同一个词语在长文件里可能会比短文件有更高的词频,而无论该词语重要与否。
逆向文件频率(Inverse Document Frequency,IDF)是一个词语普遍重要性的度量。
某一特定词语的 IDF,可以由总文件数目除以包含该词语之文件的数目,再将得到的商取对数得到。
高权重的 TF-IDF: 某一特定文件内的高词语频率,以及该词语在整个文件集合中的低文件频率,
可以产生出高权重的 TF-IDF。
因此,TF-IDF 倾向于过滤掉常见的词语,保留重要的词语。
'
'
'
import jieba.analyse
text = """
"充电了么"是专注上班族职业技能提升充电学习的在线教育平台。
免费学习职业技能,提高工作效率,带来经济效益!今天你充电了么?
"充电了么"官网: www.chongdianleme.com
"充电了么"App 下载: https://a.app.qq.com/o/simple.jsp?pkgname=com.charged.app
功能特色如下:
```

```
【全行业职位】- 上班族职业技能提升
覆盖所有行业和职位,无论你是上班族、高管还是创业,都有你要学习的免费视频和文章。其中大数据人工智能 AI、区块链、深度学习是互联网一线工业级的实战经验。
除了专业技能学习,还有通用职场技能,比如企业管理、股权激励和设计、职业生涯规划、社交礼仪、沟通技巧、演讲技巧、开会技巧、发邮件技巧、工作压力如何放松、人脉关系等,全方位提高你的专业水平和整体素质。
【牛人课堂】- 学习牛人工作经验
1.智能个性化推荐引擎:
海量免费视频课程,覆盖所有行业、所有职位,通过不同行业职位的技能词偏好挖掘分析,智能推荐匹配你目前职位最感兴趣的技能学习课程。
2.听课全网搜索
输入关键词搜索海量视频课程,应有尽有,总有适合你的免费课程。
3.听课播放详情
视频播放详情,除了播放当前视频,更有相关视频课程和文章阅读推荐,对某个技能知识点强化,让你轻松成为某个领域的资深专家。
【精品阅读】- 技能文章兴趣阅读
1.个性化阅读推荐引擎:
千万级免费文章阅读,覆盖所有行业、所有职位,通过不同行业职位的技能词偏好挖掘分析,智能推荐匹配你目前职位最感兴趣的技能学习文章。
2.阅读全网搜索
输入关键词搜索海量文章阅读,应有尽有,总有你感兴趣的技能学习文章。
【机器人老师】- 个人提升趣味学习
基于搜索引擎和人工智能深度学习训练,为你打造更懂你的机器人老师,用自然语言和机器人老师聊天学习,寓教于乐,高效学习,快乐人生。
【精短课程】- 高效学习知识
海量精短牛人课程,满足你的时间碎片化学习,快速提高某个技能知识点。
"""
keywords = jieba.analyse.extract_tags(text,
                                      topK = 6,
                                      withWeight = True,
                                      allowPOS = ('n', 'nr', 'ns'))
print("Jieba 的 TF - IDF 算法提取关键词: -------------------------------------")
for item in keywords:
    print(item[0], item[1])
'''
基于 TextRank 排序算法的关键词提取
jieba.analyse.textrank(sentence, topK = 20, withWeight = False,
allowPOS = ('
ns'
, '
n'
, '
vn'
, '
v'
)) 仅包括指定词性的词,默认值为空,即不筛选。
jieba.analyse.TextRank() 新建自定义 TextRank 实例
基本思想:
将待提取关键词的文本进行分词
以固定窗口大小(默认为 5,通过 span 属性调整),词之间的共现关系,构建图
计算图中节点的 PageRank,注意是无向带权图
TextRank 排序算法原理介绍:
将原文本拆分为句子,在每个句子中过滤掉停用词(可选),并只保留指定词性的单词(可选)。
由此可以得到句子的集合和单词的集合。
每个单词作为 pagerank 中的一个节点。设定窗口大小为 k,假设一个句子依次由下面的单词组成:
w1, w2, w3, w4, w5, …,
wn
w1, w2, …,
wk、w2, w3, …,wk + 1、w3, w4, …,wk + 2 等都是一个窗口。
```

```
在一个窗口中的任两个单词对应的节点之间存在一个无向无权的边。
基于上面构成图,可以计算出每个单词节点的重要性。最重要的若干单词可以作为关键词。
'
'
'
keywords = jieba.analyse.textrank(text,
                                  topK = 6,
                                  withWeight = True,
                                  allowPOS = ('n', 'nr', 'ns'))
print("Jieba 的 TextRank 排序算法提取关键词: ==============================")
for item in keywords:
    print(item[0], item[1])
'''
SnowNLP 是用 Python 语言编写的类库,可以方便地处理中文文本内容,
是受到了 TextBlob 的启发而写的,由于现在大部分的自然语言处理库基本都是针对英文的,
于是写了一个方便处理中文的类库,并且和 TextBlob 不同的是,
这里没有用 NLTK,所有的算法都是自己实现的,并且自带了一些训练好的字典。
安装方法
pip install snownlp
主要功能
中文分词(Character - Based Generative Model)
词性标注(TnT 3 - gram 隐马)
情感分析(现在训练数据主要是买卖东西时的评价,对其他内容可能效果不是很好,待解决)
文本分类(Naive Bayes)
转换成拼音(Trie 树实现的最大匹配)
繁体转简体(Trie 树实现的最大匹配)
提取文本关键词(TextRank 排序算法)
提取文本摘要(TextRank 排序算法)
tf(词频),idf(反文档频率)(信息衡量)
Tokenization(分隔成句子)
文本相似(BM25)
'
'
'
from snownlp import SnowNLP
s = SnowNLP(text)
print("SnowNLP 提取关键词: ==============================")
print(s.keywords(6))
'''
textrank4zh 的简介
  TextRank 排序算法可以用来从文本中提取关键词和摘要(重要的句子)。
  TextRank4ZH 是针对中文文本的 TextRank 排序算法的 Python 算法实现。
安装:
pip install textrank4zh
'
'
'
from textrank4zh import TextRank4Keyword, TextRank4Sentence
def get_key_words(text, num = 3):
    """提取关键词"""
    tr4w = TextRank4Keyword()
    tr4w.analyze(text, lower = True)
    key_words = tr4w.get_keywords(num)
    return [item.word for item in key_words]

words = get_key_words(text,6)
print("textrank4zh 提取关键词: ==============================")
print(words)
"""
```

```
关键词提取的输出结果:
Jieba 的 TF - IDF 算法提取关键词: -------------------------------------------
技能 0.612550228131
职位 0.513751484058
课程 0.4706797185235837
文章 0.3863667456448336
海量 0.3297781488913333
职业技能 0.2798156862725
Jieba 的 TextRank 排序算法提取关键词: ================================
技能 1.0
技巧 0.8690009019469632
文章 0.786925704925724
课程 0.7587174481760522
职位 0.6522749503556992
海量 0.6133934497453495
SnowNLP 提取关键词: ================================
['学习', '技能', '课程', '职业', '阅读', '智能']
textrank4zh 提取关键词: ================================
['学习', '技能', '课程', '阅读', '技巧', '充电']
"""
```

16.1.3 基于 Java 的关键词提取实战

Java 关键词提取推荐使用 HanLP。HanLP 关键词提取示例如代码 16.2 所示。

【代码 16.2】 HanLPExtractKeyword.java

```java
package com.chongdianleme.job;
import com.hankcs.hanlp.HanLP;
import org.apache.commons.lang3.StringUtils;
import java.util.List;
/**
 * Created by "充电了么"App - 陈敬雷
 * "充电了么"App 官网: http://chongdianleme.com/
 * "充电了么"App - 专注上班族职业技能提升充电学习的在线教育平台
 * HanLP 关键词提取功能演示,开源地址: https://github.com/hankcs/HanLP
 */
public class HanLPExtractKeyword {
    public static void main(String[] args) {
        String document = "充电了么是专注上班族职业技能提升充电学习的在线教育平台。\n" +
                "免费学习职业技能,提高工作效率,带来经济效益!今天你充电了么?\n" +
                " '充电了么'官网: www.chongdianleme.com\n" +
                " '充电了么'App 下载: https://a.app.qq.com/o/simple.jsp?pkgname = com.charged.app
\n" + "功能特色如下: \n" +
                "【全行业职位】上班族职业技能提升\n" +
                "覆盖所有行业和职位,无论你是上班族、高管还是创业,都有你要学习的免费视频和
文章。其中大数据人工智能 AI、区块链、深度学习是互联网一线工业级的实战经验。\n" +
                "除了专业技能学习,还有通用职场技能,比如企业管理、股权激励和设计、职业生涯
规划、社交礼仪、沟通技巧、演讲技巧、开会技巧、发邮件技巧、工作压力如何放松、人脉关系等,全方位提
高你的专业水平和整体素质。\n" +
                "【牛人课堂】学习牛人工作经验\n" +
                "1.智能个性化推荐引擎: \n" +
                "海量免费视频课程,覆盖所有行业、所有职位,通过不同行业职位的技能词偏好挖掘
分析,智能推荐匹配你目前职位最感兴趣的技能学习课程。\n" +
                "2.听课全网搜索\n" +
                "输入关键词搜索海量视频课程,应有尽有,总有适合你的免费课程。\n" +
                "3.听课播放详情\n" +
                "视频播放详情,除了播放当前视频,更有相关视频课程和文章阅读推荐,对某个技能
知识点强化,让你轻松成为某个领域的资深专家。\n" +
                "【精品阅读】技能文章兴趣阅读\n" +
```

```
                "1.个性化阅读推荐引擎: \n" +
                "千万级免费文章阅读,覆盖所有行业、所有职位,通过不同行业职位的技能词偏好挖掘分析,智能推荐匹配你目前职位最感兴趣的技能学习文章。\n" +
                "2.阅读全网搜索\n" +
                "输入关键词搜索海量文章阅读,应有尽有,总有你感兴趣的技能学习文章。\n" +
                "【机器人老师】个人提升趣味学习\n" +
                "基于搜索引擎和人工智能深度学习训练,为你打造更懂你的机器人老师,用自然语言和机器人老师聊天学习,寓教于乐,高效学习,快乐人生。\n" +
                "【精短课程】高效学习知识\n" +
                "海量精短牛人课程,满足你的时间碎片化学习,快速提高某个技能知识点。";
        List<String> keywordList = HanLP.extractKeyword(document, 6);
        System.out.println("HanLP 关键词提取输出: ");
        System.out.println(StringUtils.join(keywordList,","));
        /**
         * HanLP 关键词提取输出:
         * 学习,技能,课程,文章,职业,阅读
         */
    }
}
```

16.2 文本摘要

文本摘要是一种从一个或多个信息源中提取关键信息的方法,它帮助用户节省了大量时间,用户可以从摘要中获取到文本的所有关键信息点而无须阅读整个文档。

16.2.1 文本摘要介绍及相关算法

文本摘要按照输入类型可分为单文档摘要和多文档摘要。单文档摘要方法是指针对单个文档,对其内容进行提取总结生成摘要;多文档摘要方法是指从包含多份文档的文档集合中生成一份能够概括这些文档中心内容的摘要。

按照输出类型可分为提取式摘要和生成式摘要。提取式摘要是从原文档中提取关键句和关键词组成摘要,摘要全部来源于原文。生成式摘要是根据原文,允许生成新的词语、短语来组成摘要。提取式摘要方法通过提取文档中的句子生成摘要,通过对文档中句子的得分进行计算,得分越高代表句子越重要,然后通过依次选取得分最高的若干个句子组成摘要,摘要的长度取决于压缩率。生成式摘要方法不是单纯地利用原文档中的单词或短语组成摘要,而是从原文档中获取主要思想后以不同的表达方式将其表达出来。生成式摘要方法为了传达原文档的主要观点,可以重复使用原文档中的短语和语句,从总体上说,提取式摘要需要用作者自己的话来概括表达,生成式摘要需要利用自然语言理解技术对原文档进行语法语义的分析,然后对信息进行融合,通过自然语言生成的技术生成新的文本摘要。

按照有无监督数据可以分为有监督摘要和无监督摘要。有监督方法需要从文件中选取主要内容作为训练数据,大量的注释和标签数据是学习所需要的。这些文本摘要的系统在句子层面被理解为一个二分类问题,其中,属于摘要的句子称为正样本,不属于摘要的句子称为负样本。无监督的文本摘要系统不需要任何训练数据,它们仅通过对文档进行检索即可生成摘要。

TextRank 排序算法以其简洁、高效的特点被工业界广泛运用。其大体思想就是先去除文章中的一些停用词,之后对句子的相似度进行度量,计算每一句相对另一句的相似度得分,迭代传播,直到误差小于 0.0001,再对上述方法得到的关键语句进行排序,即可获得摘要。提取式摘要主要考虑单词词频，并没有过多的语义信息，如“猪八戒”“孙悟空”这样的词汇都会被独立对待，无法建立文本段落中完整的语义信息。

TextRank 排序算法是一种用于文本的基于图的排序算法，通过把文本分隔成若干组成单元（句子），构建节点连接图，用句子之间的相似度作为边的权重，通过循环迭代计算句子的 TextRank 值，最后提取排名高的句子组合成文本摘要。

在开始使用 TextRank 排序算法之前，还应该熟悉另一种算法——PageRank 算法。事实上它启发了 TextRank 排序算法！PageRank 主要用于对在线搜索结果中的网页进行排序。PageRank 即网页排名，又称网页级别、谷歌左侧排名或佩奇排名，是一种根据网页之间相互的超链接计算的技术，是网页排名的要素之一，以谷歌公司创办人拉里・佩奇（Larry Page）之姓来命名。谷歌公司用它来体现网页的相关性和重要性，在搜索引擎优化操作中是经常被用来评估网页优化成效的因素之一。谷歌公司的创始人拉里・佩奇和谢尔盖・布林于 1998 年在斯坦福大学发明了这项技术。

PageRank 算法通过网络中浩瀚的超链接关系来确定一个页面的等级。谷歌公司把从 A 页面到 B 页面的链接解释为 A 页面给 B 页面投票，谷歌根据投票来源（甚至来源的来源，即链接到 A 页面的页面）和投票目标的等级来决定新的等级。简单地说，一个高等级的页面可以使其他低等级页面的等级提升。

掌握了 PageRank 算法，再来理解 TextRank 排序算法。以下列出了 2 种算法的相似之处：

(1) 用句子代替网页。

(2) 任意两个句子的相似性等价于网页转换概率。

(3) 相似性得分存储在一个方形矩阵中，类似于 PageRank 算法中的矩阵 $\boldsymbol{M}$。

TextRank 排序算法是一种提取式的无监督的文本摘要方法。TextRank 排序算法的流程如下：

(1) 把所有文章整合成文本数据。

(2) 把文本分隔成单个句子。

(3) 为每个句子找到向量表示（词向量）。

(4) 计算句子向量间的相似性并存放在矩阵中。

(5) 将相似矩阵转换为以句子为节点、相似性得分为边的图结构，用于句子 TextRank 排序计算。

(6) 一定数量的排名最高的句子构成最后的摘要。

16.2.2 基于 Python 的文本摘要实战

用 Python 的文本摘要工具 SnowNLP、TextRank4zh 实现 TextRank 的示例如代码 16.3 所示。

【代码 16.3】 TextRank.py

```
#!/usr/bin/python
# -*- coding: utf-8 -*-
#__author__ = '陈敬雷'
print("充电了么 App 官网: www.chongdianleme.com")
print("充电了么 App - 专注上班族职业技能提升充电学习的在线教育平台")
"""
  Python 文本自动摘要: TextRank 排序算法是一种文本排序算法,由谷歌的网页重要性排序算法
PageRank 算法改进而来,
```

```
    它能够从一个给定的文本中提取出该文本的关键词、关键词组,
    并使用提取式的自动文摘方法提取出该文本的关键句。
    TextRank 排序算法的基本原理: TextRank 排序算法是由网页重要性排序算法 PageRank 算法迁移
而来:
    PageRank 算法根据 Web 上页面之间的链接关系计算每个页面的重要性; TextRank 排序算法将词视为
"Web 上的节点",根据词之间的共现关系计算每个词的重要性,并将 PageRank 中的有向边变为无向边。
"""
print("下面是 snownlp 的例子:")
from snownlp import SnowNLP
text = """
"充电了么"是专注上班族职业技能提升充电学习的在线教育平台。
免费学习职业技能,提高工作效率,带来经济效益!今天你充电了么?
"充电了么"官网: www.chongdianleme.com
"充电了么"App 下载: https://a.app.qq.com/o/simple.jsp?pkgname = com.charged.app
功能特色如下:
【全行业职位】 - 上班族职业技能提升
覆盖所有行业和职位,无论你是上班族、高管还是创业,都有你要学习的免费视频和文章。其中大数据
人工智能 AI、区块链、深度学习是互联网一线工业级的实战经验。
除了专业技能学习,还有通用职场技能,比如企业管理、股权激励和设计、职业生涯规划、社交礼仪、沟通
技巧、演讲技巧、开会技巧、发邮件技巧、如何释放工作压力、人脉关系等,全方位提高你的专业水平和整
体素质。
【牛人课堂】 - 学习牛人工作经验
1.智能个性化推荐引擎:
海量免费视频课程,覆盖所有行业、所有职位,通过不同行业职位的技能词偏好挖掘分析,智能推荐匹配
你目前职位最感兴趣的技能学习课程。
2.听课全网搜索
输入关键词搜索海量视频课程,应有尽有,总有适合你的免费课程。
3.听课播放详情
视频播放详情,除了播放当前视频,更有相关视频课程和文章阅读推荐,对某个技能知识点强化,让你轻
松成为某个领域的资深专家。
【精品阅读】 - 技能文章兴趣阅读
1.个性化阅读推荐引擎:
千万级免费文章阅读,覆盖所有行业、所有职位,通过不同行业职位的技能词偏好挖掘分析,智能推荐匹
配你目前职位最感兴趣的技能学习文章。
2.阅读全网搜索
输入关键词搜索海量文章阅读,应有尽有,总有你感兴趣的技能学习文章。
【机器人老师】 - 个人提升趣味学习
基于搜索引擎和人工智能深度学习训练,为你打造更懂你的机器人老师,用自然语言和机器人老师聊天
学习,寓教于乐,高效学习,快乐人生。
【精短课程】 - 高效学习知识
海量精短牛人课程,满足你的时间碎片化学习,快速提高某个技能知识点。
"""
s = SnowNLP(text)
print("SnowNLP 文本摘要输出:")
print(s.summary(3))
'''
textrank4zh 的简介
    TextRank 算法可以用来从文本中提取关键词和摘要(重要的句子)。
    TextRank4ZH 是针对中文文本的 TextRank 排序算法的 Python 算法实现。
安装:
pip install textrank4zh
'
'
'

from textrank4zh import TextRank4Sentence
def get_summary(text, num = 3):
    """提取摘要"""
    tr4s = TextRank4Sentence()
    tr4s.analyze(text = text, lower = True, source = 'all_filters')
```

```
    return [item.sentence for item in tr4s.get_key_sentences(num)]
summary = get_summary(text)
print("textrank4zh 文本摘要输出：")
print(summary)
"""
SnowNLP 文本摘要输出：
['智能推荐匹配你目前职位最感兴趣的技能学习课程', '智能推荐匹配你目前职位最感兴趣的技能学习文章', '充电了么是专注上班族职业技能提升充电学习的在线教育平台']
textrank4zh 文本摘要输出：
['千万级免费文章阅读,覆盖所有行业、所有职位,通过不同行业职位的技能词偏好挖掘分析,智能推荐匹配你目前职位最感兴趣的技能学习文章', '海量免费视频课程,覆盖所有行业、所有职位,通过不同行业职位的技能词偏好挖掘分析,智能推荐匹配你目前职位最感兴趣的技能学习课程', '输入关键词搜索海量文章阅读,应有尽有,总有你感兴趣的技能学习文章']
"""
```

16.2.3 基于 Java 的文本摘要实战

Java 文本摘要推荐使用 HanLP。HanLP 文本摘要示例如代码 16.4 所示。

【代码 16.4】 HanLPTextRank.java

```
package com.chongdianleme.job;
import com.hankcs.hanlp.HanLP;
import java.util.List;
/**
 * Created by "充电了么"App - 陈敬雷
 * "充电了么"App 官网: http://chongdianleme.com/
 * "充电了么"App - 专注上班族职业技能提升充电学习的在线教育平台
 * HanLP 关键词提取功能演示,开源地址: https://github.com/hankcs/HanLP
 */
public class HanLPTextRank {
    public static void main(String[] args) {
        String document = "充电了么是专注上班族职业技能提升充电学习的在线教育平台。\n" +
                "免费学习职业技能,提高工作效率,带来经济效益!今天你充电了么?\n" +
                " '充电了'么官网: www.chongdianleme.com\n" +
                  " '充电了'么 App 下载: https://a.app.qq.com/o/simple.jsp?pkgname = com.charged.app\n" +
                "功能特色如下: \n" +
                "【全行业职位】上班族职业技能提升\n" +
                "覆盖所有行业和职位,无论你是上班族、高管还是创业,都有你要学习的免费视频和文章。其中大数据人工智能 AI、区块链、深度学习是互联网一线工业级的实战经验。\n" +
                "除了专业技能学习,还有通用职场技能,比如企业管理、股权激励和设计、职业生涯规划、社交礼仪、沟通技巧、演讲技巧、开会技巧、发邮件技巧、工作压力如何放松、人脉关系等,全方位提高你的专业水平和整体素质。\n" +
                "【牛人课堂】学习牛人工作经验\n" +
                "1.智能个性化推荐引擎: \n" +
                "海量免费视频课程,覆盖所有行业、所有职位,通过不同行业职位的技能词偏好挖掘分析,智能推荐匹配你目前职位最感兴趣的技能学习课程。\n" +
                "2.听课全网搜索\n" +
                "输入关键词搜索海量视频课程,应有尽有,总有适合你的免费课程。\n" +
                "3.听课播放详情\n" +
                "视频播放详情,除了播放当前视频,更有相关视频课程和文章阅读推荐,对某个技能知识点强化,让你轻松成为某个领域的资深专家。\n" +
                "【精品阅读】技能文章兴趣阅读\n" +
                "1.个性化阅读推荐引擎: \n" +
                "千万级免费文章阅读,覆盖所有行业、所有职位,通过不同行业职位的技能词偏好挖掘分析,智能推荐匹配你目前职位最感兴趣的技能学习文章。\n" +
                "2.阅读全网搜索\n" +
                "输入关键词搜索海量文章阅读,应有尽有,总有你感兴趣的技能学习文章。\n" +
                "【机器人老师】个人提升趣味学习\n" +
```

```
                "基于搜索引擎和人工智能深度学习训练,为你打造更懂你的机器人老师,用自然语
言和机器人老师聊天学习,寓教于乐,高效学习,快乐人生。\n" +
                "【精短课程】高效学习知识\n" +
                "海量精短牛人课程,满足你的时间碎片化学习,快速提高某个技能知识点。";
        List<String> sentenceList = HanLP.extractSummary(document, 3);
        System.out.println("HanLP 的 TextRank 文本摘要输出: ");
        for (String s : sentenceList) {
            System.out.println(s);
        }
        /**
         * HanLP 的 TextRank 文本摘要输出:
         * 智能推荐匹配你目前职位最感兴趣的技能学习课程
         * 智能推荐匹配你目前职位最感兴趣的技能学习文章
         * 免费学习职业技能
         */
    }
}
```

第 17 章 自然语言模型

CHAPTER 17

自然语言处理中的自然语言模型(language model)是指计算句子(单词序列)的概率或序列中下一个单词概率的模型。下面从 *N*-Gram 统计语言模型、长短期记忆(LSTM)神经网络语言模型两方面进行介绍。

17.1 自然语言模型原理与介绍

什么是语言模型？对于自然语言相关的问题,比如机器翻译,最重要的问题就是文本的序列是否符合人类的使用习惯,语言模型就是用于评估文本序列符合人类语言使用习惯程度的模型。要让机器来评估文本是否符合人类的使用习惯,一种方式是制定一个规范的人类语言范式(规范),如陈述句需要由主语、谓语、宾语组成,定语需要放在所要修饰的名词之前等。但是人类语言在实际使用的时候往往没有那么死板,人类语言对于字、词的组合具有非常大的灵活性,同样的含义,可以有多种不同的表达方式,甚至很多“双关语”“反语”是人类幽默表达的组成部分,如果完全按照字面意思理解可能会贻笑大方,故而要给一门语言制定一个完整的规则显然是不现实的。当前的语言模型是以统计学为基础的统计语言模型,统计语言模型是基于预先人为收集的大规模语料数据,以真实的人类语言为标准,预测文本序列在语料库中可能出现的概率,并以此概率去判断文本是否“合法”,能否被人所理解。打个比方,如果有这样一段话：

“今天我吃了西红柿炒__”

对一个正确的语言模型,这句话后面出现的词是“鸡蛋”的概率可能为 30%,“土豆”的概率为 5%,“豆腐”的概率为 5%,但“石头”的概率几乎为零。显然,鸡蛋的概率更高,也更加符合人类的习惯和理解方式,石头的概率最低,因为人类的习惯并非如此,这就是语言模型最直观的理解。

从语言模型的发展历史看,主要经历了 3 个发展阶段：*N*-Gram 语言模型、神经网络语言模型和循环神经网络语言模型(目前主流的是 LSTM 神经网络)。

17.2 *N*-Gram 统计语言模型

简单地说,*N*-Gram 统计语言模型就是用来计算一个句子的概率的模型,也就是判断一句话是否是人类语言的概率。如何计算一个句子的概率呢？看它的可能性大小，可能性的大小就用概率来衡量。比如下面的例子：

在语音识别中，I saw a van 和 eyes awe of an 听上去差不多，但是 P(I saw a van) >> P(eyes awe of an)。

在上面的例子中都需要计算一个句子的概率，以作为判断句子是否合理的依据。下面将上述内容形式化描述。

需要计算一个句子或序列 W 的概率：

$$P(W)=P(w1,w2,\cdots,wn)$$

其中，还需要计算一个相关的任务，比如 $P(w5|w1,w2,w3,w4)$，表示 $w1w2w3w4$ 后面是 $w5$ 的概率，即下一个词的概率。

像这样计算 $P(W)$或者 $P(wn|w1,w2,\cdots,w(n-1))$的模型叫作语言模型(language model,LM)。

如果一个词的出现与它周围的词是无关的，就称之为 unigram，也就是一元语言模型。

如果一个词的出现仅依赖于它前面出现的一个词，就称之为 bigram，即二元模型。

如果一个词的出现仅依赖于它前面出现的两个词，就称之为 trigram，即三元模型。

一般来说，N-Gram 就是假设当前词的出现概率只与它前面的 $N-1$ 个词有关。而这些概率参数都可以通过大规模语料库来计算。在实践中用得最多的就是二元模型和三元模型了，高于四元模型的用得非常少，因为训练它需要更庞大的语料，并且数据稀疏严重，时间复杂度高，精度却提高得不多。

N-Gram 有一些不足，因为语言存在一个长距离依赖关系，看下面的句子：

The computer which I had just put into the machine room on the fifth floor crashed.

假如要预测最后一个词语 crashed 出现的概率，如果采用二元模型，那么 crashed 与 floor 实际关联的可能性应该非常小；相反，这个句子的主语 computer 与 crashed 的相关性很大，但是 N-Gram 并未捕捉到这个信息。解决长距离依赖问题可以用 LSTM 神经网络语言模型。

17.3 LSTM 神经网络语言模型

LSTM 使得网络具有记忆功能，也就是记住了之前的词语，在知道之前词语的情况下，训练或者预测下一个单词，这就是循环神经网络(RNN)处理自然语言的逻辑。

训练过程：输入 x 是单词，y 是 x 的下一个单词，最终得到每个单词的下一个单词的概率。

预测过程：取下一个单词中概率最大的单词。

图形表示如图 17.1 所示。

把训练样本“大海的颜色是蓝色”输入网络训练，可以得到在“大海”出现的情况下，后面是“的”的概率为 0.8，是“是”的概率为 0.15，最终预测时，在“大海的颜色是”出现的情况下，预测结果是“蓝色”的概率是 0.7，预测正确。

LSTM 神经网络算法原理在接下来的章节会详细介绍。

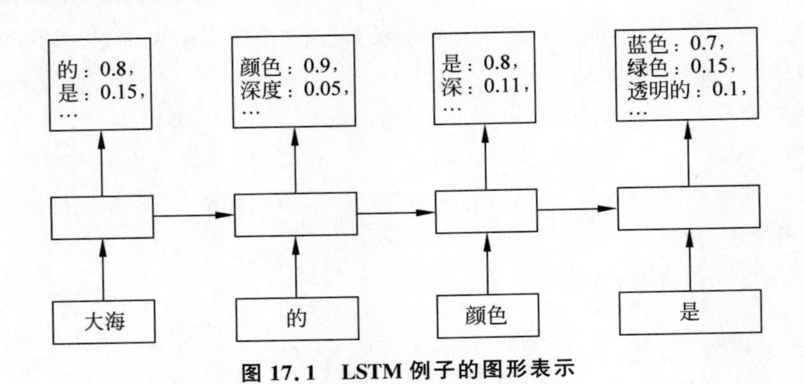

图 17.1　LSTM 例子的图形表示

第 18 章 分布式深度学习实战

CHAPTER 18

深度学习是机器学习领域中一个新的研究方向，它被引入机器学习使其更接近于最初的目标——人工智能。深度学习是学习样本数据的内在规律和表示层次，这些在学习过程中获得的信息对诸如文字、图像和声音等数据的解释有很大的帮助。它的最终目标是让机器能够像人一样具有分析学习能力，能够识别文字、图像和声音等数据。深度学习是一个复杂的机器学习算法，在语音和图像识别方面取得的效果，远远超过先前的相关技术。深度学习在人脸识别、语音识别、对话机器人、搜索技术、数据挖掘、机器学习、机器翻译、自然语言处理、多媒体学习、推荐和个性化技术以及其他相关领域都取得了很多成果。深度学习使机器通过模仿视听和思考等人类的活动，解决了很多复杂的模式识别难题，使得人工智能相关技术取得了很大进步。

深度学习是一种基于对数据进行表征学习的机器学习方法，近些年不断发展并广受欢迎。同时也有很多的开源框架和开源库，下面选 16 种在 GitHub 中最受欢迎的深度学习开源平台和开源库进行介绍。

TensorFlow

TensorFlow 最初是由谷歌机器智能研究机构中的谷歌大脑小组的研究人员和工程师开发的。这个框架旨在方便研究人员对机器学习进行研究，并简化从研究模型到实际生产的迁移过程。

Keras

Keras 是用 Python 编写的高级神经网络的 API，能够和 TensorFlow、CNTK 或 Theano 配合使用。

Caffe

Caffe 是一个重在表达性、速度和模块化的深度学习框架，它由伯克利视觉和学习中心(Berkeley Vision and Learning Center)和社区贡献者共同开发。

Microsoft Cognitive Toolkit

Microsoft Cognitive Toolkit(以前叫作 CNTK)是一个统一的深度学习工具集，它将神经网络描述为一系列通过有向图表示的计算步骤。

PyTorch

PyTorch 是与 Python 相融合的具有强大的 GPU 支持的张量计算和动态神经网络的框架。

Apache MXNet

Apache MXNet 是为了提高效率和灵活性而设计的深度学习框架。它允许使用者将符号编程和命令式编程混合使用，从而最大限度地提高效率和生产力。

DeepLearning4J

DeepLearning4J 和 ND4J、DataVec、Arbiter 以及 RL4J 一样，都是 Skymind Intelligence Layer 的一部分。它是用 Java 和 Scala 编写的开源的分布式神经网络库，并获得了 Apache 2.0 的认证。

Theano

Theano 可以高效地处理用户定义、优化，以及计算有关多维数组的数学表达式，但是在 2017 年 9 月 Theano 宣布在 1.0 版发布后不会再有进一步的重大进展。不过不要失望，Theano 仍然是一个非常强大的库，足以支撑你进行深度学习方面的研究。

TFLearn

TFLearn 是一种模块化且透明的深度学习库，它建立在 TensorFlow 之上，旨在为 TensorFlow 提供更高级别的 API，以方便和加快实验研究，并保持完全的透明性和兼容性。

Torch

Torch 是 Torch7 中的主要软件包，其中定义了用于多维张量的数据结构和数学运算。此外，它还提供许多用于访问文件、序列化任意类型的对象等的实用软件。

Caffe2

Caffe2 是一个轻量级的深度学习框架，具有模块化和可扩展性等特点。它在 Caffe 的基础上进行改进，提高了它的表达性、速度和模块化。

PaddlePaddle

PaddlePaddle（平行分布式深度学习）是一个易于使用的高效、灵活和可扩展的深度学习平台。它最初是由百度公司的科学家和工程师们开发的，旨在将深度学习应用于百度公司的众多产品中。

DLib

DLib 是包含机器学习算法和工具的现代化 C++工具包，用来基于 C++开发复杂的软件从而解决实际问题。

Chainer

Chainer 是基于 Python 用于深度学习模型中的独立的开源框架，它提供灵活、直观、高性能的手段来实现全面的深度学习模型，包括最新出现的递归神经网络（recurrent neural networks）和变分自动编码器（variational auto-encoders）。

Neon

Neon 是 Nervana 开发的基于 Python 的深度学习库。它易于使用，同时性能也处于最高水准。

Lasagne

Lasagne 是一个轻量级的库，可用于在 Theano 上建立和训练神经网络。

在这些深度学习框架中，TensorFlow 是目前最为主流的深度学习框架，备受大家的喜爱。MXNet 作为 Apache 开源项目，GPU 训练性能也非常不错。本章就重点讲解 TensorFlow 和 MXNet 的原理和相关神经网络算法。

18.1 TensorFlow 深度学习框架

TensorFlow 作为最主流的深度学习框架，表达了高层次的机器学习计算，大幅简化了第一代系统，并且具备更好的灵活性和可延展性，下面我们就详细讲解它的原理和安装的过程。

18.1.1 TensorFlow 原理和介绍

TensorFlow 同时支持在 CPU 和 GPU 上运行，支持单机和分布式训练。

1. TensorFlow 介绍

TensorFlow 是一个采用数据流图(data flow graphs)并用于数值计算的开源软件库。节点(nodes)在图中表示数学操作，图中的线(edges)则表示在节点间相互联系的多维数据数组，即张量(tensor)。它灵活的架构让用户可以在多种平台上展开计算，例如台式计算机中的一个或多个 CPU(或 GPU)、服务器和移动设备等。TensorFlow 最初是由谷歌公司大脑小组(隶属于谷歌机器智能研究机构)的研究员和工程师们开发出来的，用于机器学习和深度神经网络方面的研究，但这个系统的通用性使其也可广泛用于其他计算领域。

2. 核心概念：数据流图

数据流图用"节点"和"线"的有向图来描述数学计算。"节点"一般用来表示施加的数学操作，但也可以表示数据输入(feed in)的起点/输出(push out)的终点，或者是读取/写入持久变量(persistent variable)的终点。"线"表示"节点"之间的输入/输出关系。这些数据"线"可以输运"size 可动态调整"的多维数据数组，即"张量"。张量从图中流过的直观图像是这个工具取名为"TensorFlow"的原因。一旦输入端的所有张量准备好，节点将被分配到各种计算设备完成异步并行地执行运算。更详细的介绍可以查看 TensorFlow 中文社区。

TensorFlow 主要是由计算图、张量，以及模型会话 3 个部分组成。

1) 计算图

在编写程序时，我们都是一步一步计算的，每计算完一步就可以得到一个执行结果。在 TensorFlow 中，首先需要构建一个计算图，然后按照计算图启动一个会话，在会话中完成变量赋值、计算，以及得到最终结果等操作。因此，可以说 TensorFlow 是一个按照计算图设计的逻辑进行计算的编程系统。

TensorFlow 的计算图可以分为两部分：

(1) 构造部分，包含计算流图；

(2) 执行部分，TensorFlow 通过会话执行图中的计算。

构造部分又分为两部分：

(1) 创建源节点；

(2) 源节点输出并传递给其他节点做运算。

TensorFlow 默认图：TensorFlowPython 库中有一个默认图(default graph)。节点构造器(op 构造器)可以增加节点。

2) 张量

在 TensorFlow 中，张量是对运算结果的引用，运算结果多以数组的形式存储，与 NumPy 中数组不同的是，张量还包含 3 个重要属性，即名字、维度和类型。张量的名字是张量的唯一标识符，通过名字可以发现张量是如何计算出来的。例如"add：0"代表的是计算节点"add"的第一个输出结果。维度和类型与数组类似。

3) 模型会话

模型会话用来执行构造好的计算图，同时会话拥有和管理程序运行时的所有资源。当计算完成之后，需要通过关闭会话来帮助系统回收资源。

在 TensorFlow 中有两种方式使用会话。第一种需要明确调用会话生成函数和关闭会话函数，代码如下：

```
import tensorflow as tf
#创建 session
session = tf.Session()
#获取运算结果
session.run()
#关闭会话,释放资源
session.close()
```

第二种可以使用 with 的方式,代码如下:

```
with tf.Session() as session:
session.run()
```

两种方式不同之处是第二种方式限制了 session 的作用域,即 session 这个参数只适用于 with 语句下面的语句,同时语句结束后自动释放资源,而第一种方式中 session 则作用于整个程序文件,需要用 close 来释放资源。

3. TensorFlow 分布式原理

TensorFlow 的实现分为单机实现和分布式实现。在单机模式下,计算图会按照程序间的依赖关系按顺序执行。在分布式实现中,需要实现的是对 client、master、worker 和 device 的管理。client 也就是客户端,它通过会话运行(session run)的接口与 master 和 worker 相连。master 则负责管理所有 worker 的执行计算子图(execute subgraph)。worker 由一个或多个计算设备(device)组成,如 CPU 和 GPU 等,具体过程如图 18.1 所示。

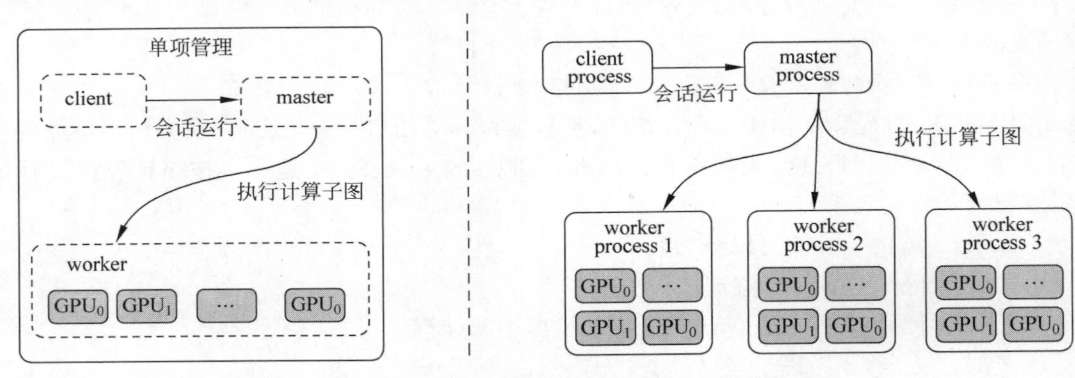

图 18.1 TensorFlow 分布式架构图(图片来源于博客园)

在分布式实现中,TensorFlow 有一套专门的节点分配策略。此策略是基于代价模型的,代价模型会估算每个节点的输入、输出的张量大小,以及所需的计算时间,然后分配每个节点的计算设备。

18.1.2 TensorFlow 安装部署

TensorFlow 可以在 CPU 上运行,也可以在显卡 GPU 上运行,最大的区别就在于性能,在 GPU 上的运算性能可以比在 CPU 上快几十倍甚至几百倍,但显卡的价格比较贵,可以根据公司和业务的实际情况决定买什么样的显卡。GPU 方式的安装部署也比 CPU 方式的复杂很多。

1. CPU 方式安装 TensorFlow

TensorFlow 是基于 Python 的,所以需要先安装 Python 环境,首先安装 python3.5 环境。

(1) 安装 Python 环境的脚本代码。

```
#下载 python3.5 的源码包并编译
```

```
wget https://www.python.org/ftp/python/3.5.3/python-3.5.3.tgz
tar xvzf python-3.5.3.tgz
cd python-3.5.3
./configure --prefix=/usr/local --enable-shared
make
make install
ln -s /usr/local/bin/python3.5/usr/bin/python3
#在运行 Python 之前需要配置库
echo /usr/local/lib >> /etc/ld.so.conf.d/local.conf
ldconfig
#查看 Python 版本是否安装成功
python3 --version
python 3.5.3
#安装 pip3
apt-get install python3-pip
pip3 install --upgrade pip
```

(2) 安装 TensorFlow。

有两种方式安装，一个是在线安装，另一个是离线安装。

在线安装比较简单，脚本代码如下：

```
pip3 install -upgrade tensorflow
```

离线安装需要提前把安装包下载，然后在本地安装即可。脚本代码如下：

```
pip3 install /home/hadoop/tensorflow-1.x.x-cp35-cp35m-linux_x86_64.whl
```

这是在 CPU 上运行的安装方式，实际上直接安装 GPU 版本的安装包也可以在 CPU 上运行，因为 TensorFlow 会检测系统是否安装了显卡驱动等，如果没有安装则自动切换到 CPU 上来运行，所以一般安装 GPU 版本就可以了，开始测试时用 CPU，等有显卡后就不用再重新安装一遍 GPU 版的 TensorFlow 了，一步到位。

GPU 方式安装如下，多了一个-gpu 后缀，脚本代码如下：

```
#在线安装
pip3 install --upgrade tensorflow-gpu
#离线安装
pip3 install tensorflow_gpu-1.x.x-cp35-cp35m-linux_x86_64.whl
```

(3) 检查 TensorFlow 是否可用。

输入 python3 回车进入控制台，运行下面代码，如果不报错并能输出就表示安装成功了：

```
import tensorflow as tf
hello = tf.constant('Hello, TensorFlow!')
sess = tf.Session()
sess.run(hello)
```

2. GPU 显卡方式安装 TensorFlow

上面已经介绍了安装 GPU 版本的 TensorFlow，如果没有安装 GPU 显卡和驱动便自动在 CPU 上运行，但如果想要在显卡上运行，就需要安装显卡驱动、cuda、cuDNN 深度学习加速库等，具体安装过程如下：

(1) 安装显卡驱动。

下载显卡驱动，安装脚本代码如下：

```
#进行安装驱动
sh/home/hadoop/NVIDIA-Linux-x86_64-375.66.run --kernel-source-path=/usr/src/kernels/
3.10.0-514.26.1.el7.x86_64 -k $(uname -r) --dkms -s
```

```
#如果不知道内核是哪个版本,用 uname 命令查看
uname -r
3.10.0-693.2.2.el7.x86_64
#想卸载的话用这个命令
sh /home/hadoop/NVIDIA-Linux-x86_64-375.66.run -uninstall
#安装完成后核实有没有安装好
nvidia-smi
#动态显示显存情况命令
watch -n 1 nvidia-smi
```

(2) 安装 cuda。

下载 cuda,并安装脚本代码如下:

```
#在 vim /usr/lib/modprobe.d/dist-blacklist.conf 中添加两行内容
blacklist nouveau
options nouveau modeset=0
#把驱动加入黑名单中: vim /etc/modprobe.d/blacklist.conf 在后面加入
blacklist nouveau
#如果已经是 configuration: driver=nvidia latency=0 就不要给当前镜像做备份了
#接着给当前镜像做备份
mv /boot/initramfs-$(uname -r).img /boot/initramfs-$(uname -r).img.bak
#建立新的镜像
dracut /boot/initramfs-$(uname -r).img $(uname -r)
#重新启动,机器会重启
init 6
#准备工作就绪,开始安装 cuda
sh /home/chongdianleme/cuda_8.0.61_375.26_linux.run
#卸载方式
#在/usr/local/cuda/bin 目录下,有 cuda 自带的卸载工具 uninstall_cuda_7.5.pl
cd /usr/local/cuda-8.0/bin
./uninstall_cuda_8.0.pl
#安装过程中如果有类似报错,这样来解决
Enter CUDA Samples Location
[ default is /root ]:
/home/CUDASamples/
/home/cuda/
Missing gcc. gcc is required to continue.
Missing recommended library: libGLU.so
Missing recommended library: libXi.so
Missing recommended library: libXmu.so
Missing recommended library: libGL.so
Error: cannot find Toolkit in /usr/local/cuda-8.0
#解决报错脚本
yum install freeglut3-dev build-essential libx11-dev libxmu-dev libxi-dev libgl1-mesa-
glx libglu1-mesa libglu1-mesa-dev
yum install libglu1-mesa libxi-dev libxmu-dev libglu1-mesa-dev
yum install freeglut3-dev build-essential libx11-dev libxmu-dev libxi-dev libgl1-mesa-
glx libglu1-mesa libglu1-mesa-dev
#接下来安装 cuda 的补丁
sh /home/chongdianleme/cuda_8.0.61.2_linux.run
#默认安装目录:/usr/local/cuda-8.0
#配置一下环境变量
vim /etc/profile
#最后增加
export PATH=/usr/local/cuda-8.0/bin:$PATH
export LD_LIBRARY_PATH=/usr/local/cuda-8.0/lib64:$LD_LIBRARY_PATH
#查看有没有安装好,没报错并能显示版本号就说明安装成功了
nvcc -version
#用这个命令也可以做个测试
```

```
/usr/local/cuda/extras/demo_suite/deviceQuery
```

(3) cuDNN 深度学习加速库安装。

下载 cudnn-8.0-Linux-x64-v5.1.tgz,注意下载前需要在 nvidia 官方网站注册,下载之后解压缩并安装,脚本代码如下所示,注意一定加-C 参数:

```
cd /home/software/
tar -xvf cudnn-8.0-linux-x64-v5.1.tgz -C /usr/local
```

到此安装就算完成了,运行一下 TensorFlow 程序,试试吧,通过命令 watch-n 1 nvidia-smi 可以实时看到显卡内存使用情况。

18.2 MXNet 深度学习框架

Apache MXNet 是一个深度学习框架,旨在提高效率和灵活性。它允许混合符号和命令式编程,最大限度地提高效率和生产力。MXNet 的核心是一个动态依赖调度程序,可以动态地自动并行化符号和命令操作。最重要的图形优化层使符号执行更快,内存效率更高。MXNet 便携且轻巧,可有效扩展到多个 GPU 和多台机器。MXNet 支持 Python、R、Julia、Scala、Go 和 JavaScript 等多种语言,具有轻量级、便携式、灵活、分布式和动态等优势,所以被很多公司应用。

18.2.1 MXNet 原理和介绍

MXNet 是亚马逊(Amazon)公司选择的深度学习库。它拥有类似于 Theano 和 TensorFlow 的数据流图,为多 GPU 配置提供了良好的配置,有着类似于 Lasagne 和 Blocks 更高级别的模型构建块,并且可以在可以想象的任何硬件上运行(包括手机)。对 Python 的支持只是其冰山一角——MXNet 同样提供了 R、Julia、C++、Scala、Matlab 和 JavaScript 的接口。

1. MXNet 特点

MXNet 是一个全功能、灵活可编程和高扩展性的深度学习框架。所谓深度学习,顾名思义,就是使用深度神经网络进行的机器学习。神经网络本质上是一门语言,通过它可以描述应用问题的理解。例如,使用卷积神经网络可以表达空间相关性的问题,使用循环神经网络可以表达时间连续性方面的问题。MXNet 支持深度学习模型中的最先进技术,当然包括卷积神经网络,以及循环神经网络中比较有代表性的长短期记忆网络。根据问题的复杂性和信息如何从输入到输出一步一步提取,通过将不同大小、不同层按照一定的原则连接起来,最终形成完整的深层神经网络。MXNet 有 3 个特点:便携、高效和扩展性。

首先看第一个特点,便携指方便携带、轻便,以及可移植。MXNet 支持丰富的编程语言,如常用的 C++、Python、Matlab、Julia、JavaScript 和 Go 等。同时支持各种各样的操作系统版本,MXNet 可以实现跨平台移植,支持的平台包括 Linux、Windows、iOS 和安卓等。

第二个特点,高效指的是 MXNet 对于资源利用的效率,而资源利用效率中很重要的一点是内存的效率,因为在实际的运算当中,内存通常是一个非常重要的瓶颈,尤其对于 GPU、嵌入式设备而言,内存显得更为宝贵。神经网络通常需要大量的临时内存空间,例如每层的输入、输出变量,每个变量需要独立的内存空间,这会带来高额度的内存开销。如何优化内存开销对于深度学习框架而言是非常重要的事情。MXNet 在这方面做了特别的优化,有数据表明在运行多达 1000 层的深层神经网络任务时,MXNet 只需要消耗 4GB 的内存。阿里与 Caffe

也做过类似的比较，也验证了这项特点。

第三个特点，扩展性在深度学习中是一个非常重要的性能指标。更高效的扩展可以让训练新模型的速度得到显著提高，或者可以在相同的时间内大幅度提高模型复杂性。扩展性指两方面，首先是单机扩展性，其次是多机扩展性。MXNet 在单机扩展性和多机扩展性方面都有非常优秀的表现，所以扩展性是 MXNet 最大的一项优势，也是最突出的特点。

2. MXNet 编程模式

对于一个优秀的深度学习系统，或者一个优秀的科学计算系统，最重要的是如何设计编程接口，它们都采用一个特定领域的语言，并将其嵌入主语言当中。例如 NumPy 将矩阵运算嵌入 Python 当中。嵌入一般分为两种，其中一种嵌入较浅，每种语言按照原来的意思去执行，叫命令式编程，NumPy 和 Torch 都属于浅嵌入，即命令式编程；另一种则是使用更深的嵌入方式，提供了一整套针对具体应用的迷你语言，通常称为声明式编程。用户只需要声明做什么，具体执行则交给系统去完成。这类编程模式包括 Caffe、Theano 和 TensorFlow 等。目前使用的系统大部分都采用上述两种编程模式中的一种，两种编程模式各有优缺点，所以 MXNet 尝试将两种模式无缝地结合起来。在命令式编程中 MXNet 提供张量运算，而在声明式编程中 MXNet 支持符号表达式。用户可以自由地混合它们来快速实现自己的想法。例如可以用声明式编程来描述神经网络，并利用系统提供的自动求导来训练模型。另外，模型的迭代训练和更新模型法则可能涉及大量的控制逻辑，因此可以用命令式编程来实现。同时可用它来方便地调试和与主语言交互数据。

3. MXNet 编程模式

MXNet 架构从上到下分别为各种主从语言的嵌入、编程接口(矩阵运算 NDArray、符号表达式 SymbolicExpression 和分布式通信 KVStore)，还有两种编程模式的统一系统实现，其中包括依赖引擎，还有用于数据通信的通信接口，以及 CPU、GPU 等各硬件的支持，除此以外还有对安卓、iOS 等多种操作系统跨平台的支持。在 3 种主要编程接口(矩阵运算 NDArray、符号表达式 SymbolicExpression 和分布式通信 KVStore)中，我们将重点介绍 KVStore。

KVStore 是 MXNet 提供的一个分布式的 key-value 存储，用来进行数据交换。KVStore 在本质上是基于参数服务器来实现数据交换的。通过引擎来管理数据的一致性，使参数服务器的实现变得相当简单，同时 KVStore 的运算可以无缝地与其他部分结合在一起。它使用一个两层的通信结构。第一层服务器管理单机内部的多个设备之间的通信。第二层服务器则管理机器之间通过网络的通信。第一层服务器在与第二层服务器通信前可能合并设备之间的数据来降低网络带宽消耗。同时考虑到机器内外通信带宽和延时的不同性，可以对它们使用不同的一致性模型。例如第一层服务器用强的一致性模型，而第二层服务器则使用弱的一致性模型来减少同步开销。

18.2.2 MXNet 安装部署

MXNet 也同时支持 CPU 和显卡 GPU 方式，基础环境和 TensorFlow 一样都是安装 Python 和 pip3。需要的安装部分非常简单。

1. CPU 安装方式

用 pip 命令安装即可，脚本代码如下：

```
pip3 install mxnet
```

2. GPU 安装方式

用 pip 命令安装即可，与 CPU 安装方式相比，代码后面多了一个-cu80，脚本代码如下：

```
pip3 install mxnet - cu80
```

需要说明一点，和 TensorFlow 不同，如果系统没安装显卡驱动、cuda、cuDNN 深度学习加速库等，程序运行就会报错，不会智能地自动切换到 CPU 运行。

18.3　神经网络算法

神经网络，尤其是深度神经网络在过去数年里已经在图像分类、语音识别和自然语言处理中取得了突破性的进展。在实践中的应用已经证明了它可以作为一种十分有效的技术手段应用在大数据相关领域中。深度神经网络通过众多简单线性变换可以层次性地进行非线性变换，这对于数据中的复杂关系能够很好地进行拟合，即对数据特征进行深层次的挖掘，因此作为一种技术手段，深度神经网络对于任何领域都是适用的。神经网络的算法也有好多种，从最早的多层感知器算法，到之后的卷积神经网络、循环神经网络、长短期记忆神经网络，以及在此基础神经网络算法之上衍生的端到端神经网络、生成对抗网络和深度强化学习等，可以做很多有趣的应用。

18.3.1　多层感知器算法

在讲解 Spark 的时候已经介绍过多层感知器(MLP)，原理都是一样的，这里用 TensorFlow 来实现 MLP 算法，解决分类应用场景中的问题。

1. TensorFlow 多层感知器实现原理

可以用 Softmax 回归来实现分类问题。Softmax 回归可以算是多分类问题逻辑回归，它和神经网络的最大区别是没有隐层。理论上只要隐层节点足够多，即使只有一个隐层的神经网络也可以拟合任意函数，同时隐层越多，越容易拟合复杂结构。为了拟合复杂函数需要的隐层节点的数目，基本上随着隐层的数量增多呈指数下降的趋势，也就是说层数越多神经网络所需要的隐层节点可以越少。层数越深，概念越抽象，需要背诵的知识点就越少。在实际应用中，深层神经网络会遇到许多困难，如过拟合、参数调试和梯度弥散等。

过拟合是机器学习中的一个常见问题，是指模型预测准确率在训练集上升高，但是在测试集上的准确率反而下降，这通常意味着模型的泛化能力不好，过度拟合了训练集。针对这个问题，Hinton 教授领导的团队提出了 Dropout 解决办法，在使用卷积神经网络(CNN)训练图像数据时效果尤其好，其大体思路是在训练时将神经网络某一层的输出节点数据随机丢失一部分，这种做法实质上等于生成了许多新的随机样本，此法通过增大样本量、减少特征数量来防止过拟合。

参数调试问题尤其是调试随机梯度下降法(SGD)的参数，以及对 SGD 设置不同的学习率(learning rate)，最后得到的结果可能差异巨大。神经网络的优化通常不是一个简单的凸优化问题，它处处充满了局部最优。有理论表示，神经网络可能有很多个局部最优解可以达到比较好的分类效果，而全局最优很可能造成过拟合。对于 SGD，我们希望一开始设置的学习率大一些，加速收敛，在训练的后期又希望学习率小一些，这样可以低速进入一个局部最优解。不同的机器学习问题的学习率设置也需要有针对性地调试，像 AdaGrad、Adam 和 Adadelta 等自适应的方法可以减轻调试参数的负担。对于这些优化算法，我们通常使用它们默认的参数设置就可以得到比较好的效果。

梯度弥散(gradient vanishing)是另一个影响深层神经网络训练效果的问题，在 ReLU 激活函数出现之前，神经网络训练是使用 Sigmoid 函数作为激活函数的。非线性的 Sigmoid 函数在信号的特征空间映射上对中央区的信号增益较大，对两侧区的信号增益较小。当神经网络层数较多时，Sigmoid 函数在反向传播中梯度值会逐渐减小，在到达前面几层前梯度值就变得非常小了，在神经网络训练的时候，前面几层的神经网络参数几乎得不到训练更新。直到 ReLU，以及 $y=\max(0,x)$ 函数的出现才比较完美地解决了梯度弥散的问题。信号在超过某个阈值时，神经元才会进入兴奋和激活的状态，否则会处于抑制状态。ReLU 函数可以很好地反向传递梯度，经过多层的梯度反向传播，梯度依旧不会大幅度减小，因此非常适合深层神经网络的训练。ReLU 函数对比于 Sigmoid 函数有以下几个特点：单侧抑制、相对宽阔的兴奋边界和稀疏激活性。目前，ReLU 函数及其变种 EIU、PReLU 和 RReLU 函数已经成为最主流的激活函数。实践中在大部分情况下（包括 MLP、CNN 和 RNN），如果将隐层的激活函数从 Sigmoid 替换为 ReLU 可以带来训练速度和模型准确率的提升。当然神经网络的输出层一般是 Sigmoid 函数，因为它最接近概率输出分布。

作为最典型的神经网络，MLP 结构简单且规则，并且在隐层设计得足够完善时，可以拟合任意连续函数，利用 TensorFlow 来实现 MLP 更加形象，使得使用者对要搭建的神经网络的结构有一个更加清醒的认识，接下来将对用 TensorFlow 搭建 MLP 模型的方法进行一个简单的介绍，并实现 MNIST 数据集的分类任务。

2. TensorFlow 手写数字识别分类任务 MNIST 分类

作为在数据挖掘工作中处理得最多的任务，分类任务占据了机器学习的半壁江山，而一个网络结构设计良好（即隐层层数和每个隐层神经元个数选择恰当）的 MLP 在分类任务上也有着非常优异的性能，下面我们以 MNIST 手写数字数据集作为演示我们使用加上一层隐层的网络，以及一些技巧来看看能够提升多少精度。

1）网络结构

搭建的多层前馈网络由 784 个输入层神经元、200 个隐层神经元和 10 个输出层神经元组成，而为了减少梯度弥散现象，设置 ReLU（非线性映射函数）为隐层的激活函数，如图 18.2 所示。

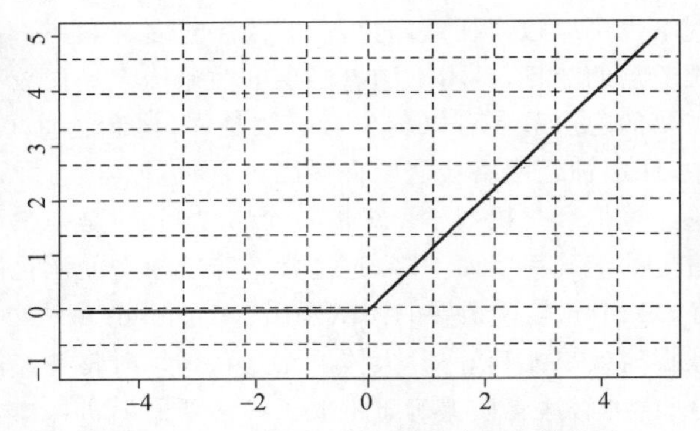

图 18.2 ReLU 激活函数（图片来源于博客园）

这种激活函数更接近生物神经元的工作机制，即在达到阈值之前持续抑制，在超越阈值之后开始兴奋，而对于输出层，因为对数据做了 one_hot 处理，所以依然使用 Softmax 回归进行处理。

2）Dropout

过拟合是机器学习，尤其是神经网络任务中经常发生的问题，即学习器将训练集的独特性质当作全部数据集的普遍性质，使得学习器在训练集上的精度非常高，但在测试集上的精度非常低（这里假设训练集与测试集数据分布一致），而除了 SGD 的一系列方法外（如在每轮训练中使用全体训练集中一个小尺寸的训练来进行本轮的参数调整），还可以使用类似的思想，将神经网络某一层的输出节点数据随机丢弃一部分，即令这部分被随机选中的节点输出值为 0，这样做等价于生成很多新样本，通过增大样本量，减少特征数量来防止过拟合，Dropout 也算是一种装袋方法，可以将每次丢弃节点输出视为对特征的一次采样，相当于训练了一个集成的神经网络模型，对每个样本都做特征采样，并构成一个融合的神经网络。

3）学习效率

因为神经网络的训练通常不是一个凸优化问题，它充满了很多局部最优，因此我们通常不会采用标准的梯度下降算法，而是采用一些有更大可能跳出局部最优的算法，如SGD，而SGD本身也不稳定，其结果也会在最优解附近波动，且设置不同的学习效率可能会导致我们的网络落入截然不同的局部最优之中，对于SGD，我们希望在开始训练时学习率被设置得大一些，以加速收敛的过程，而在后期学习率被设置得低一些，以更稳定地落入局部最优解，因此常使用AdaGrad和Adam等自适应的优化方法，可以在它们的默认参数上取得较好的效果。

结合上述策略，利用TensorFlow搭建MLP来对MNIST手写数字数据集进行训练。

先使用朴素的风格来搭建网络，还是从TensorFlow自带的数据集中提取出MNIST数据集，代码如下：

```
import tensorflow as tf
from tensorflow.examples.tutorials.mnist import input_data
'''导入 MNIST 手写数据'''
mnist = input_data.read_data_sets('MNIST_data/', one_hot = True)
'''接着使用交互环境下会话的方式,将生成的第一个会话作为默认会话:'''

'''注册默认的 session,之后的运算都会在这个 session 中进行'''
sess = tf.InteractiveSession()
```

接着初始化输入层与隐层间的784×300个权值、隐层神经元的300个偏移、隐层与输出层之间的300×10个权值和输出层的10个偏移，其中，为了避免在隐层的ReLU函数激活时陷入0梯度的情况，对输入层和隐层间的权值初始化为均值为0，标准差为0.2的正态分布随机数，对其他参数初始化为0，代码如下：

```
'''定义输入层神经元个数'''
in_units = 784

'''定义隐层神经元个数'''
h1_units = 300

'''为输入层与隐层神经元之间的连接权重初始化持久的正态分布随机数,这里权重为 784×300,300 是
隐层的尺寸'''
W1 = tf.Variable(tf.truncated_normal([in_units, h1_units],mean = 0,stddev = 0.2))

'''为隐层初始化 bias,尺寸为 300'''
b1 = tf.Variable(tf.zeros([h1_units]))

'''初始化隐层与输出层间的权重,尺寸为 300×10'''
W2 = tf.Variable(tf.zeros([h1_units, 10]))

'''初始化输出层的 bias'''
b2 = tf.Variable(tf.zeros([10]))

'''接着我们定义自变量、隐层神经元 Dropout 中的保留比例 keep_prob 的输入部件:'''

'''定义自变量的输入部件,尺寸为任意行×784 列'''
x = tf.placeholder(tf.float32, [None, in_units])

'''为 Dropout 中的保留比例设置输入部件'''
keep_prob = tf.placeholder(tf.float32)

'''接着定义隐层 ReLU 激活部分的计算部件、隐层 Dropout 部分的操作部件、输出层 Softmax 的计算部
件,代码如下'''
```

```
'''定义隐层求解部件'''
hidden1 = tf.nn.relu(tf.matmul(x, W1) + b1)

'''定义隐层 Dropout 操作部件'''
hidden1_drop = tf.nn.dropout(hidden1, keep_prob)

'''定义输出层 Softmax 计算部件'''
y = tf.nn.softmax(tf.matmul(hidden1_drop, W2) + b2)

'''还有样本真实分类标签的输入部件及 loss_function 部分的计算组件'''

'''定义训练 label 的输入部件'''
y_ = tf.placeholder(tf.float32, [None, 10])

'''定义均方误差计算部件,这里注意要压成一维'''
loss_function = tf.reduce_mean(tf.reduce_sum((y_ - y) * * 2, reduction_indices = [1]))
```

这样我们的网络结构和计算部分全部搭建完成了，接下来至关重要的一步就是定义优化器的组件，它会完成自动求导并调整参数的工作，这里我们选择自适应的 SGD 算法 Adagrad 作为优化器，学习率尽量设置得小一些，否则可能会导致网络的测试精度维持在一个很低的水平不变，即在最优解附近来回振荡却难以接近最优解，代码如下：

```
'''定义优化器组件,这里采用 AdagradOptimizer 作为优化算法,这是变种的随机梯度下降算法'''
train_step = tf.train.AdagradOptimizer(0.18).minimize(loss_function)
```

接下来就是正式的训练过程，激活当前会话中所有计算部件，并定义训练步数为 15000 步，每一轮迭代选择一个批量为 100 的训练批来进行训练，Dropout 的 keep_prob 设置为 0.76，并在每 50 轮训练完成后将测试集输入当前的网络中计算预测精度，注意在正式预测时 Dropout 的 keep_prob 应设置为 1.0，即不进行特征的丢弃，代码如下：

```
'''激活当前 session 中的全部部件'''
tf.global_variables_initializer().run()

'''开始迭代训练过程,最大迭代次数为 3001 次'''
for i in range(15000):
    '''为每一轮训练选择一个尺寸为 100 的随机训练批'''
    batch_xs, batch_ys = mnist.train.next_batch(100)
    '''将当前轮迭代选择的训练批作为输入数据输入 train_step 中进行训练'''
    train_step.run({x: batch_xs, y_: batch_ys, keep_prob:0.76})
    '''每 500 轮打印一次当前网络在测试集上的训练结果'''
    if i % 50 == 0:
        print('第',i,'轮迭代后:')
        '''构造 bool 型变量用于判断所有测试样本与其真实类别的匹配情况'''
        correct_prediction = tf.equal(tf.argmax(y, 1), tf.argmax(y_, 1))
        '''将 bool 型变量转换为 float 型并计算均值'''
        accuracy = tf.reduce_mean(tf.cast(correct_prediction, tf.float32))
        '''激活 accuracy 计算组件并传入 MNIST 的测试集自变量、标签及 Dropout 保留概率,这里因为是
预测,所以设置为全部保留'''
        print(accuracy.eval({x: mnist.test.images,
                             y_: mnist.test.labels,
                             keep_prob: 1.0}))
```

经过全部迭代后，我们的 MLP 在测试集上达到了 0.9802 的精度。事实上在训练到 10000 轮左右的时候我们的 MLP 就已经达到这个精度了，说明此时的网络已经稳定在当前的最优解中，后面的训练过程只是在这个最优解附近微弱地振荡而已，所以实际上可以设置更小的迭代轮数。

MLP属于相对浅层的神经网络，下面讲解深层的卷积神经网络。

18.3.2　卷积神经网络

卷积神经网络(CNN)是一类包含卷积计算且具有深度结构的前馈神经网络，是深度学习的代表算法之一。卷积神经网络具有表征学习(representation learning)的能力，能够按其阶层结构对输入信息进行平移不变分类(shift-invariant classification)，因此也被称为"平移不变人工神经网络(shift-invariant artificial neural networks，SIANN)"。对CNN的研究始于20世纪80—90年代，时间延迟网络和LeNet-5是最早出现的CNN。在21世纪，随着深度学习理论的提出和数值计算设备的改进，CNN得到了快速发展，并被应用于计算机视觉和自然语言处理等领域。CNN仿真生物的视知觉(visual perception)机制构建，可以进行监督学习和非监督学习，其隐层内的卷积核参数共享和层间连接的稀疏性使得CNN能够以较小的计算量对格点化(grid-like topology)特征，例如像素和音频，进行学习，效果稳定且对数据没有额外的特征工程(feature engineering)要求。

1. CNN的引入

在人工的全连接神经网络中，每相邻两层之间的每个神经元之间都是由边相连的。当输入层的特征维度变得很高时，全连接网络需要训练的参数就会增大很多，计算速度就会变得很慢，例如一张黑白的手写数字图片，输入层的神经元就有784个，如图18.3所示。

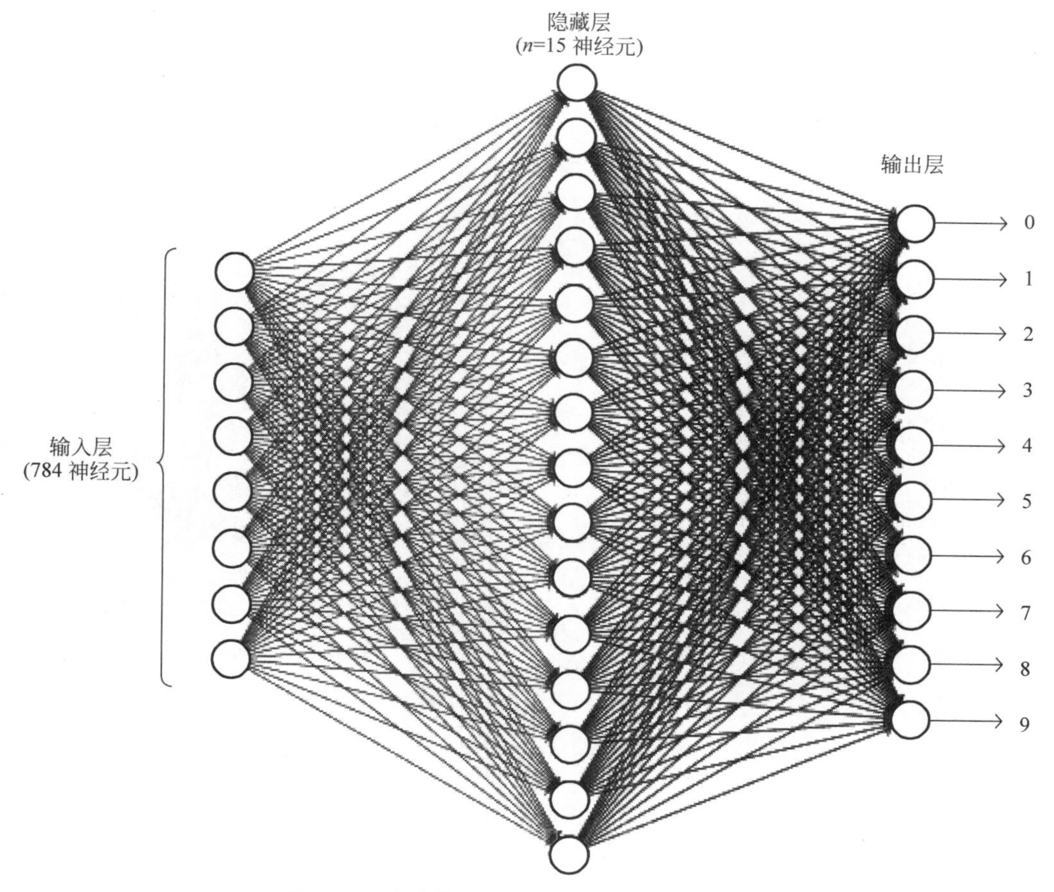

图18.3　全连接神经网络(图片来源于CSDN)

若在中间只使用一层隐层，参数就有 784×15＝11760 多个。因此使用全连接神经网络处理图像时存在需要的训练参数过多的问题。

而在 CNN 中，卷积层的神经元只与前一层的部分神经元节点相连，即它的神经元间的连接是非全连接的，且同一层中某些神经元之间的连接权重是共享的(即相同的)，这样便大量地减少了需要训练参数的数量。

CNN 的结构一般包含以下几个层：

输入层：用于数据的输入；

卷积层：使用卷积核进行特征提取和特征映射；

激励层：由于卷积也是一种线性运算，因此需要增加非线性映射；

池化层：进行下采样，对特征图稀疏处理，减少数据运算量；

全连接层：通常在 CNN 的尾部进行重新拟合，减少特征信息的损失；

输出层：用于输出结果。

当然中间还可以使用一些其他的功能层：

归一化层：在 CNN 中对特征的归一化；

切分层：对某些(图片)数据进行分区域单独学习；

融合层：对独立进行特征学习的分支进行融合。

2. CNN 的层次结构

1）输入层

在 CNN 的输入层中，(图片)数据输入的格式与全连接神经网络的输入格式(一维向量)不太一样。CNN 输入层的输入格式保留了图片本身的结构。

对于黑白的二维神经元，如图 18.4 所示。而对于 RGB 格式的矩阵，如图 18.5 所示。

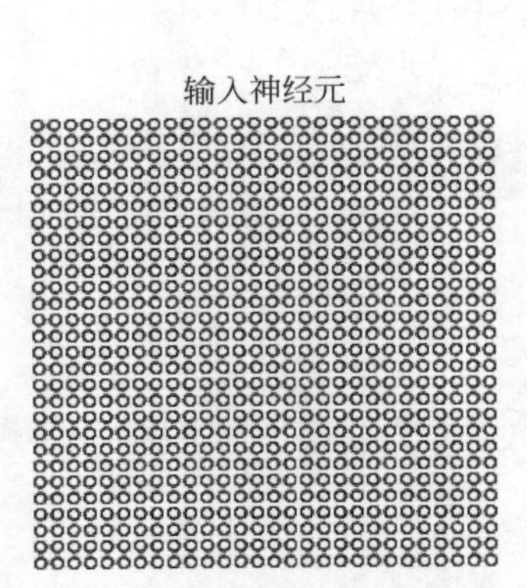

图 18.4　黑白二维神经元(图片来源于 CSDN)

图 18.5　RGB 格式矩阵(图片来源于 CSDN)

2）卷积层

在卷积层中有两个重要的概念，感受视野(local receptive fields)和共享权值(shared weights)。

假设输入的是一个个相连的神经元，这个 5×5 的区域就称为感受视野，如图 18.6 所示。

可将隐层中的神经元类似地看作具有一个固定大小的感受视野去感受上一层的部分特征。在全连接神经网络中，隐层中神经元的感受视野足够大乃至可以看到上一层的所有特征，而在 CNN 中，隐层中神经元的感受视野比较小，只能看到上一层的部分特征，上一层的其他特征可以通过平移感受视野来得到，并由同一层其他神经元来看，如图 18.7 所示。

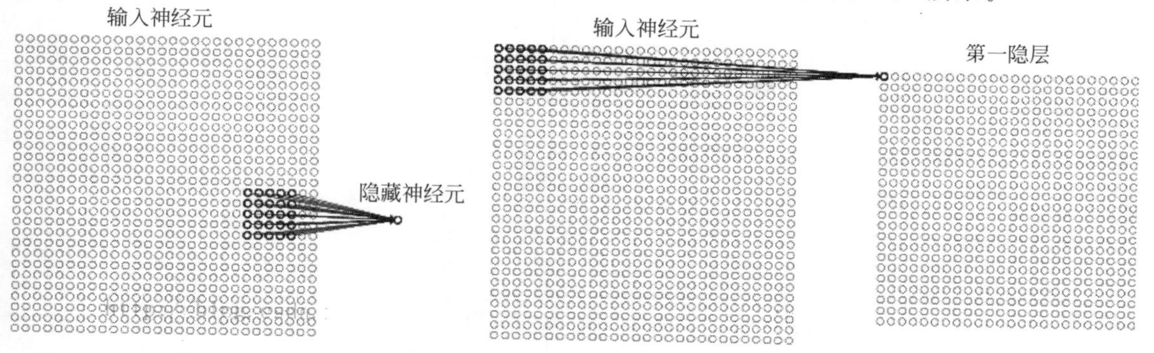

图 18.6 感受视野(图片来源于 CSDN)　　图 18.7 输入神经元和第一隐层(图片来源于 CSDN)

设移动的步长为 1：从左到右扫描，每次移动 1 格，扫描完成之后，再向下移动一格，再次从左到右扫描。具体过程如图 18.8 所示。

可看出卷积层的神经元只与前一层的部分神经元节点相连，每一条相连的线对应一个权重。一个感受视野带有一个卷积核，感受视野中的权重或其他值、步长和边界扩充值的大小由用户来定义。卷积核的大小由用户来定义，即定义感受视野的大小。卷积核的权重，以及矩阵的值便是 CNN 的参数，为了有一个偏移项，卷积核可附带一个偏移项，它们的初值可以随机生成，通过训练进行优化，因此在感受视野扫描时可以计算出下一层神经元的值，对下一层的所有神经元来说，它们从不同的位置去探测上一层神经元的特征。

将通过一个带有卷积核的感受视野扫描生成的下一层神经元矩阵称为一个特征映射图(feature map)，图像的特征映射图生成过程如图 18.9 所示。

1 ×1	1 ×0	1 ×1	0	0
0 ×0	1 ×1	1 ×0	1	0
0 ×1	0 ×0	1 ×1	1	1
0	0	1	1	0
0	1	1	0	0

图片

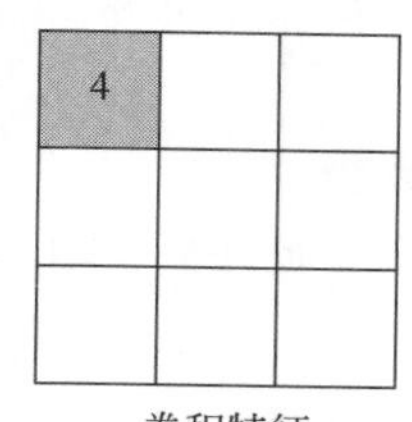

卷积特征

图 18.8 神经元移动过程(图片来源于 CSDN)

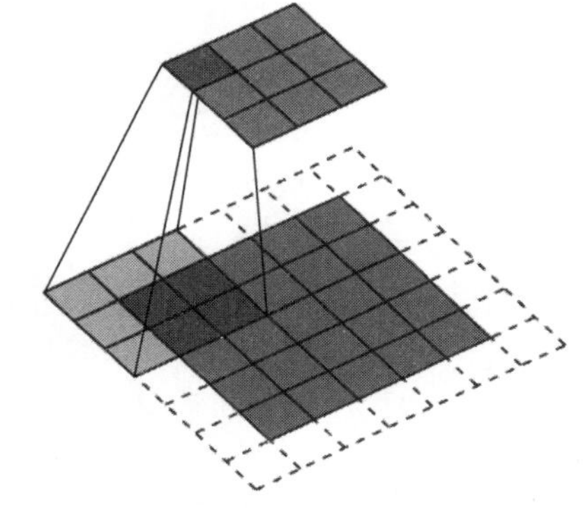

图 18.9 特征映射图生成过程(图片来源于 GitHub)

因此在同一个特征映射图上的神经元使用的卷积核是相同的，因此这些神经元共享权重，共享卷积核中的权值和附带的偏移。一个特征映射图对应一个卷积核，如果使用 3 个不同的卷积核，就可以输出 3 个特征映射图(感受视野：5×5，步长：1)，如图 18.10 所示。

因此在 CNN 的卷积层需要训练的参数大大地减少。假设输入的是二维神经元，这时卷积核的大小不只用长和宽来表示，还有深度，感受视野也相应地有了深度，如图 18.11 所示。

感受视野卷积核的深度和感受视野的深度相同，都由输入数据来决定，长和宽可由用户来设定，数目也可以由用户来设定，一个卷积核依然对应一个特征映射图。

3）激励层

激励层主要对卷积层的输出进行一个非线性映射，因为卷积层的计算还是一种线性计算。

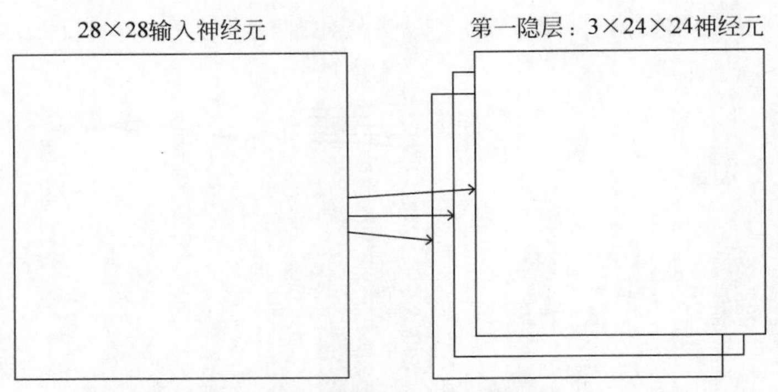

图 18.10 3 个特征映射图(图片来源于 CSDN)

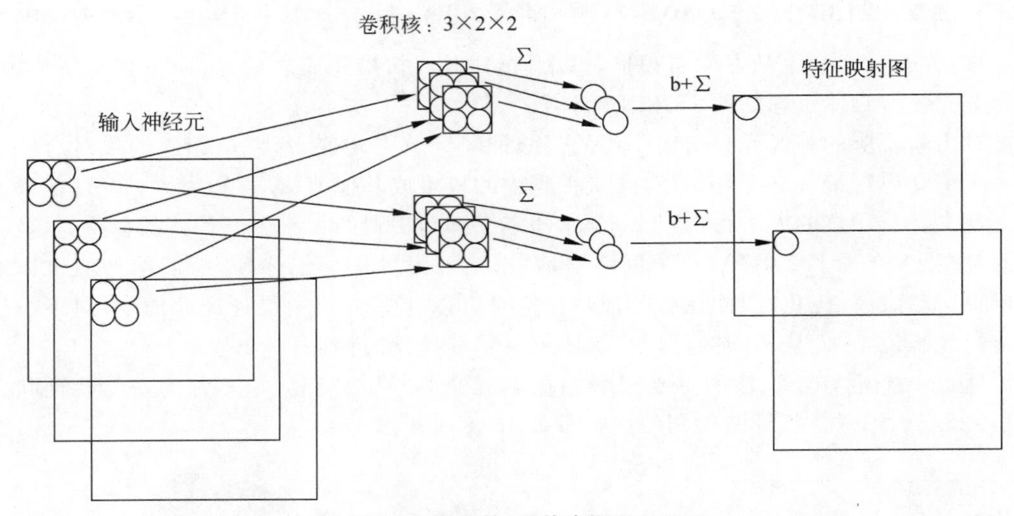

图 18.11 卷积核(图片来源于 CSDN)

使用的激励函数一般为 ReLU 函数,卷积层和激励层通常合并在一起称为"卷积层"。

4) 池化层

当输入经过卷积层时,如果感受视野比较小,那么步长(stride)也比较小,但得到的特征映射图还是比较大,可以通过池化层来对每一个特征映射图进行降维操作,但输出的深度保持不变,依然为特征映射图的个数。池化层也有一个池化视野(filter)(注：池化视野为个人叫法)来对特征映射图矩阵进行扫描,对池化视野中的矩阵值进行计算,一般有以下两种计算方式：

Max pooling：取池化视野矩阵中的最大值；

Average pooling：取池化视野矩阵中的平均值。

扫描的过程中同样会涉及扫描步长,扫描方式同卷积层一样,先从左到右扫描,结束则向下移动步长大小,然后再从左到右扫描,如图 18.12 所示。

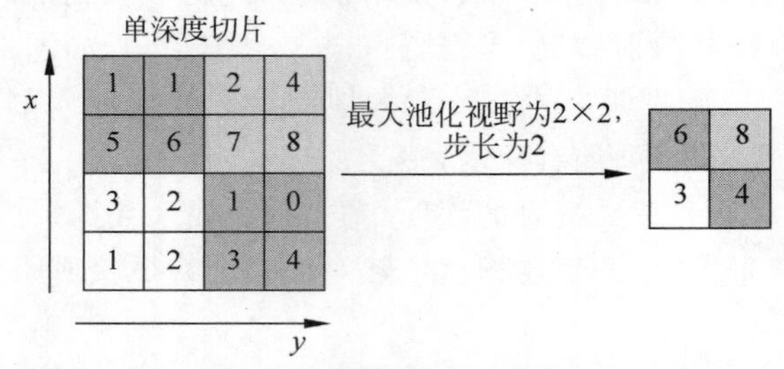

图 18.12 池化层扫描过程(图片来源于 CSDN)

其中池化视野为 2×2，步长为 2。最后可将 3 个 24×24 的特征映射图采样得到 3 个 24×24 的特征矩阵，如图 18.13 所示。

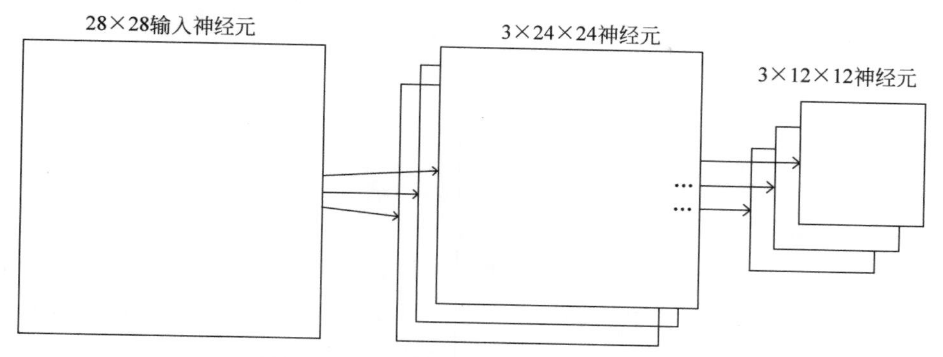

图 18.13　特征矩阵(图片来源于 CSDN)

5）归一化层

(1）批量归一化。

批量归一化(batch normalization，BN)实现了在神经网络层的中间进行预处理的操作，即在上一层进行输入归一化处理后再进入网络的下一层，这样可有效地防止梯度弥散，以此加速网络训练。

BN 具体的算法如图 18.14 所示。

输入：小批量 x 的值：$\mathcal{B}=\{x_1\cdots m\}$；

要学习的参数：γ,β

输出：$\{y_i=\mathrm{BN}_{\gamma,\beta}(x_i)\}$

$\mu_B \leftarrow \frac{1}{m}\sum_{i=1}^{m}x_i$　　//小批量平均值

$\sigma_B^2 \leftarrow \frac{1}{m}\sum_{i=1}^{m}(x_i-\mu_B)^2$　　//小批量差异

$\hat{x}_i \leftarrow \frac{x_i-\mu_B}{\sqrt{\sigma_B^2+\epsilon}}$　　//归一化

$y_i \leftarrow \gamma\hat{x}_i+\beta \equiv \mathrm{BN}_{\gamma,\beta}(x_i)$　　//缩放和平移

图 18.14　BN 算法(图片来源于 CSDN)

每次训练时，取 batch_size 大小的样本进行训练，在 BN 层中，将一个神经元看作一个特征，batch_size 个样本在某个特征维度会有 batch_size 个值，然后每个神经元同样可以通过训练进行优化。在 CNN 中进行批量归一化时，一般对未进行 ReLU 函数激活的特征映射图进行批量归一化，输出再作为激励层的输入可达到调整激励函数偏导的作用。一种做法是将特征映射图中的神经元作为特征维度和参数，这样会使参数的数量变得很多；另一种做法是把一个特征映射图看作一个特征维度，一个特征映射图上的神经元共享这个特征映射图参数，计算均值和方差则是在 batch_size 个训练样本的每一个特征映射图维度上的均值和方差。注意，这里指的是一个样本的特征映射图数量，特征映射图跟神经元一样也有一定的排列顺序。

BN 算法的训练过程和测试过程也有区别。在训练过程中，每次都会将 batch_size 数目的训练样本放入 CNN 网络中进行训练，在 BN 层中自然可以得到计算输出所需要的均值和方差。而在测试过程中，往往只会向 CNN 网络中输入一个测试样本，这时在 BN 层计算的均值

和方差均为 0,因为只有一个样本输入,因此 BN 层的输入也会出现很大的问题,从而导致 CNN 网络输出的错误,所以在测试过程中,需要借助训练集中所有样本在 BN 层归一化时每个维度上的均值和方差,当然为了计算方便,可以在 batch_num 次训练过程中,将每一次在 BN 层归一化时每个维度上的均值和方差进行相加,最后再求一次均值即可。

(2) 近邻归一化。

近邻归一化(local response normalization,LRN)的归一化方法主要发生在不同的、相邻的卷积核(经过 ReLU 函数激活之后)的输出之间,即输入是发生在不同的、经过 ReLU 函数激活之后的特征映射图中。

与 BN 的区别是,BN 依据 mini-batch 数据,LRN 仅需要自己来决定,BN 训练中有学习参数。BN 主要发生在不同的样本之间,而 LRN 主要发生在不同的卷积核的输出之间。

6) 切分层

在一些应用中需要对图片进行切割,独立地对某一部分区域进行单独学习。这样可以对特定部分通过调整感受视野的方式进行力度更大的学习。

7) 融合层

融合层可以对切分层进行融合,也可以对不同大小的卷积核所学习到的特征进行融合。例如在 GoogleLeNet 中,使用多种分辨率的卷积核对目标特征进行学习,通过填充(padding)使得每一个特征映射图的长和宽都一致,之后再将多个特征映射图在深度上拼接在一起,如图 18.15 所示。

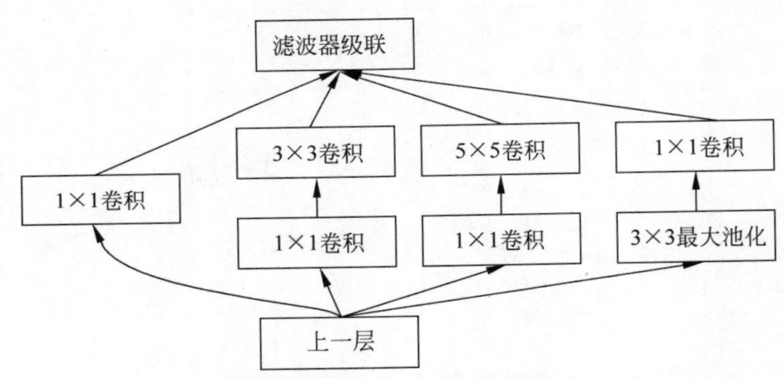

图 18.15 融合层(图片来源于 CSDN)

融合的方法有几种,一种是特征矩阵之间的拼接级联,另一种是在特征矩阵上进行运算。

8) 全连接层和输出层

全连接层主要对特征进行重新拟合,以减少特征信息的丢失,而输出层主要做好最后目标结果的输出。VGG 的结构图如图 18.16 所示。

3. 典型的 CNN

1) LeNet-5 模型

LeNet-5 模型是第一个成功应用于数字识别的 CNN 模型(卷积层自带激励函数,下同),如图 18.17 所示。

卷积层的卷积核边长都是 5,步长都为 1。池化层的窗口边长都为 2,步长也都为 2。

2) AlexNet 模型

AlexNet 模型如图 18.18 所示。

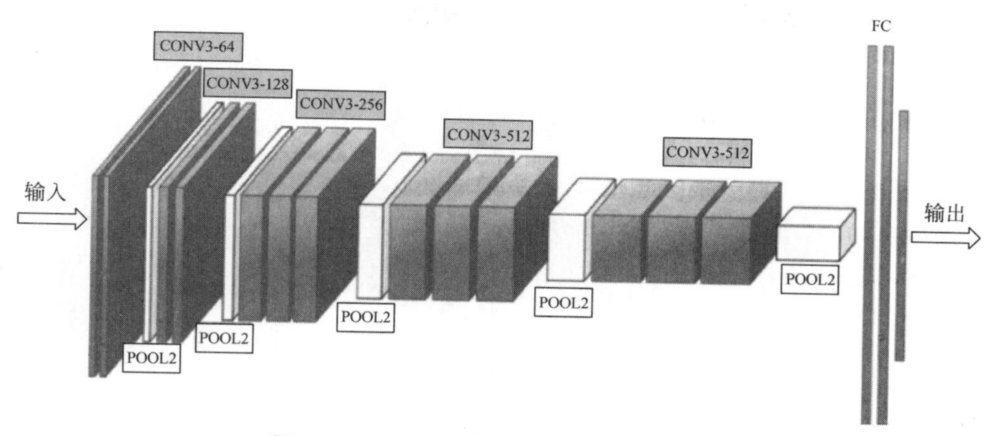

图 18.16 VGG 结构图(图片来源于 CSDN)

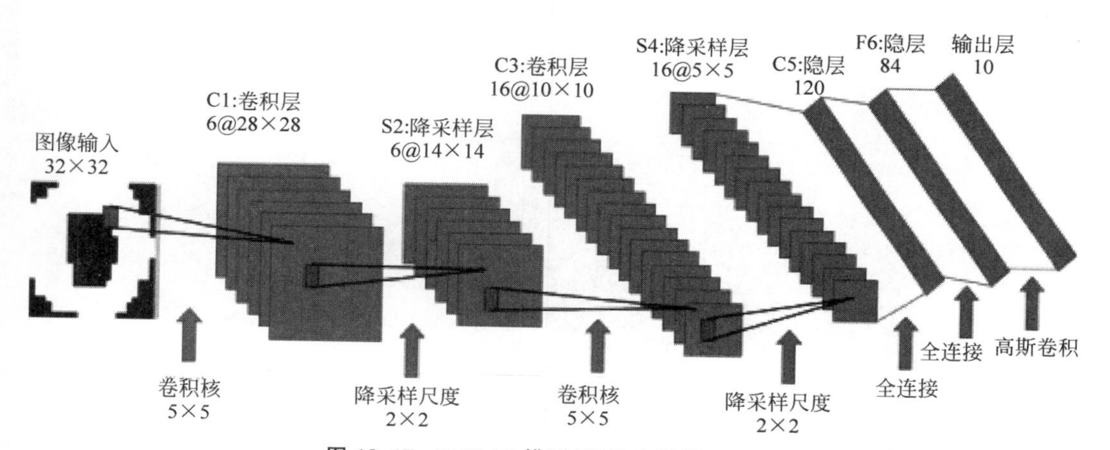

图 18.17 LeNet-5 模型(图片来源于 CSDN)

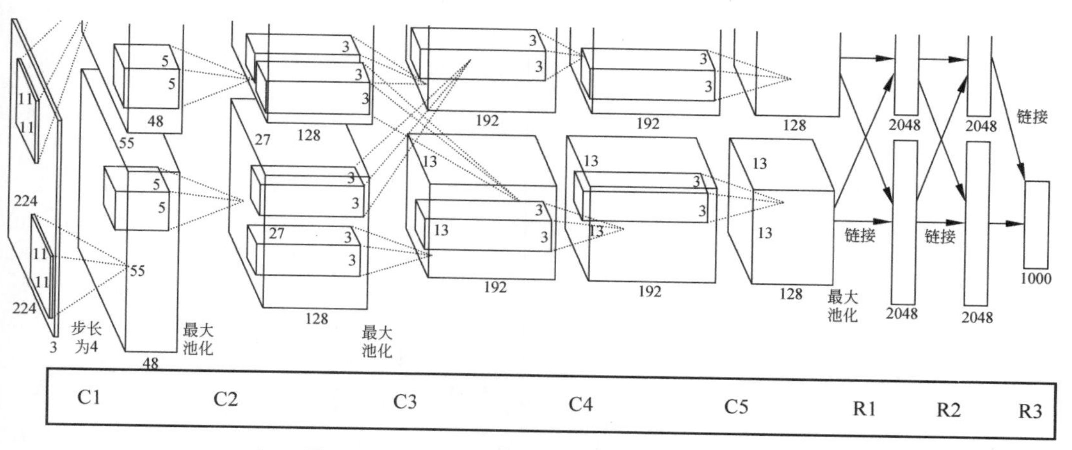

图 18.18 AlexNet 模型(图片来源于 CSDN)

从 AlexNet 的结构可发现,经典的 CNN 结构通常为:AlexNet 卷积层的卷积核边长为 5 或 3,池化层的窗口边长为 3,具体参数如图 18.19 所示。

3) VGGNet 模型

VGGNet 模型与 AlexNet 模型相比在结构上没太大变化,只在卷积层部位增加了多个卷积层。AlexNet 和 VGGNet 模型的对比如图 18.20 所示。

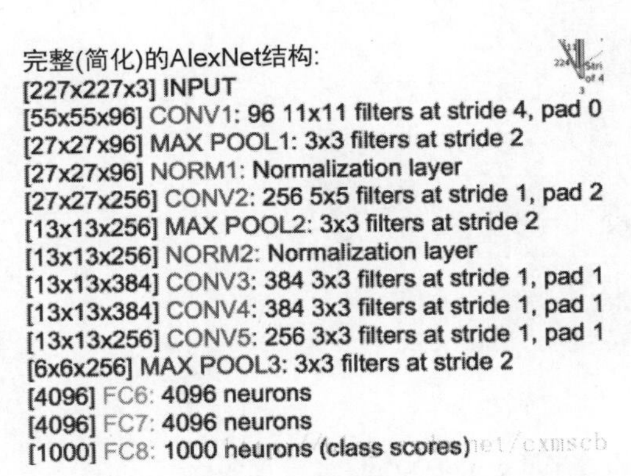

完整(简化)的AlexNet结构:
[227x227x3] INPUT
[55x55x96] CONV1: 96 11x11 filters at stride 4, pad 0
[27x27x96] MAX POOL1: 3x3 filters at stride 2
[27x27x96] NORM1: Normalization layer
[27x27x256] CONV2: 256 5x5 filters at stride 1, pad 2
[13x13x256] MAX POOL2: 3x3 filters at stride 2
[13x13x256] NORM2: Normalization layer
[13x13x384] CONV3: 384 3x3 filters at stride 1, pad 1
[13x13x384] CONV4: 384 3x3 filters at stride 1, pad 1
[13x13x256] CONV5: 256 3x3 filters at stride 1, pad 1
[6x6x256] MAX POOL3: 3x3 filters at stride 2
[4096] FC6: 4096 neurons
[4096] FC7: 4096 neurons
[1000] FC8: 1000 neurons (class scores)

图 18.19 AlexNet 参数(图片来源于 CSDN)

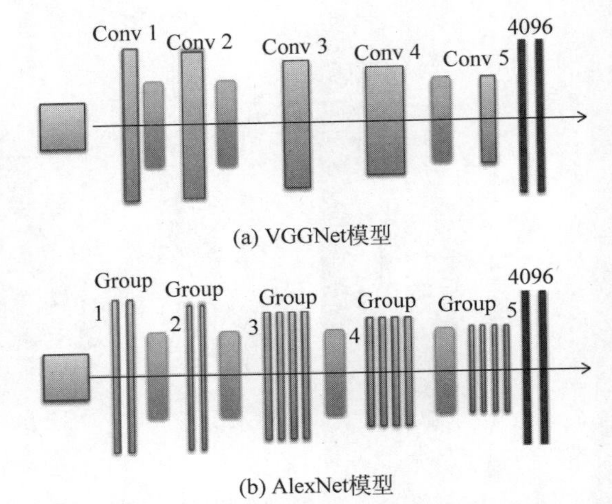

图 18.20 VGGNet 和 AlexNet 模型(图片来源于 CSDN)

VGGNet 模型参数如图 18.21 所示。其中 CONV3-64 表示卷积核的长和宽均为 3,个数有 64 个；POOL2 表示池化窗口的长和宽都为 2,其他类似。

```
INPUT: [224x224x3]   memory: 224*224*3=150K   params: 0   (not counting biases)
CONV3-64: [224x224x64]  memory: 224*224*64=3.2M   params: (3*3*3)*64 = 1,728
CONV3-64: [224x224x64]  memory: 224*224*64=3.2M   params: (3*3*64)*64 = 36,864
POOL2: [112x112x64]  memory: 112*112*64=800K   params: 0
CONV3-128: [112x112x128]  memory: 112*112*128=1.6M   params: (3*3*64)*128 = 73,728
CONV3-128: [112x112x128]  memory: 112*112*128=1.6M   params: (3*3*128)*128 = 147,456
POOL2: [56x56x128]  memory: 56*56*128=400K   params: 0
CONV3-256: [56x56x256]  memory: 56*56*256=800K   params: (3*3*128)*256 = 294,912
CONV3-256: [56x56x256]  memory: 56*56*256=800K   params: (3*3*256)*256 = 589,824
CONV3-256: [56x56x256]  memory: 56*56*256=800K   params: (3*3*256)*256 = 589,824
POOL2: [28x28x256]  memory: 28*28*256=200K   params: 0
CONV3-512: [28x28x512]  memory: 28*28*512=400K   params: (3*3*256)*512 = 1,179,648
CONV3-512: [28x28x512]  memory: 28*28*512=400K   params: (3*3*512)*512 = 2,359,296
CONV3-512: [28x28x512]  memory: 28*28*512=400K   params: (3*3*512)*512 = 2,359,296
POOL2: [14x14x512]  memory: 14*14*512=100K   params: 0
CONV3-512: [14x14x512]  memory: 14*14*512=100K   params: (3*3*512)*512 = 2,359,296
CONV3-512: [14x14x512]  memory: 14*14*512=100K   params: (3*3*512)*512 = 2,359,296
CONV3-512: [14x14x512]  memory: 14*14*512=100K   params: (3*3*512)*512 = 2,359,296
POOL2: [7x7x512]  memory: 7*7*512=25K  params: 0
FC: [1x1x4096]  memory: 4096  params: 7*7*512*4096 = 102,760,448
FC: [1x1x4096]  memory: 4096  params: 4096*4096 = 16,777,216
FC: [1x1x1000]  memory: 1000 params: 4096*1000 = 4,096,000
```

图 18.21 VGGNet 模型参数(图片来源于 CSDN)

4) GoogleNet 模型

GoogleNet 模型使用了多个不同分辨率的卷积核,最后再对它们得到的特征映射图按深度融合在一起,结构如图 18.22 所示。

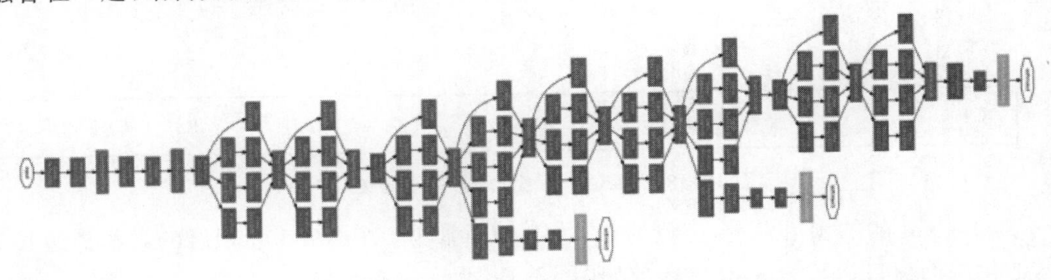

图 18.22 GoogleNet 模型(图片来源于 CSDN)

其中,有一些主要的模块称为 Inception 模块,如图 18.23 所示。

在 Inception 模块中使用了很多卷积核来达到减小特征映射图厚度的效果,从而减少一些训练参数。

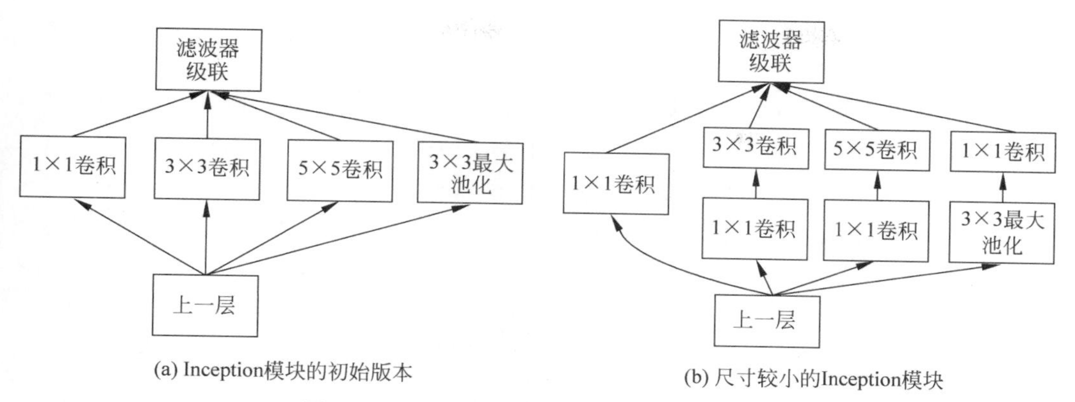

图 18.23　Inception 模块(图片来源于 CSDN)

GoogleNet 还有一个特点就是它是全卷积结构(FCN),网络的最后没有使用全连接层,这样一方面可以减少参数的数目,不容易过拟合;但另一方面也带来了一些空间信息的丢失。代替全连接层的是全局平均池化(global average pooling,GAP)的方法,其思想是:为每一个类别输出一个特征映射图,再取每一个特征映射图上的平均值作为最后的 Softmax 层的输入。

5) ResNet 模型

在前面的 CNN 模型中,都是将输入一层一层地传递下去,当层次比较深时,模型不容易训练。在 ResNet 模型中,它将从低层所学习到的特征和从高层所学习到的特征进行一个融合(加法运算),这样当反向传递时,导数传递得更快,从而减少梯度弥散的现象。注意:$F(x)$ 的 shape 需要等于 x 的 shape,这样才可以进行相加。ResNet 模型如图 18.24 所示。

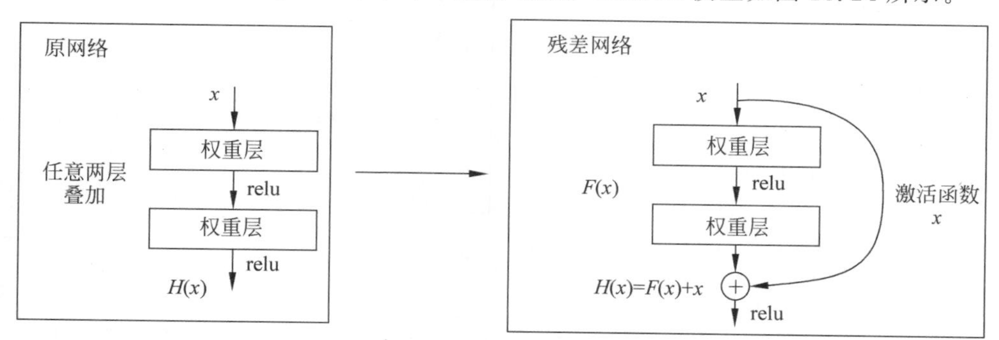

图 18.24　ResNet 模型(图片来源于 CSDN)

4. TensorFlow CNN 代码实战

1) 主要的函数说明

(1) 卷积层。

```
tf.nn.conv2d(input, filter, strides, padding, use_cudnn_on_gpu = None, data_format = None, name = None)
```

data_format:表示输入的格式,有两种格式,分别为“NHWC”和“NCHW”,默认为“NHWC”格式。

input:输入是一个四维格式的(图像)数据,数据的 shape 由 data_format 决定,当 data_format 为“NHWC”时输入数据的 shape 表示为[batch,in_height,in_width,in_channels],分别表示训练时一个 batch 的图片数量、图片高度、图片宽度和图像通道数。而当 data_format 为“NCHW”时输入数据的 shape 表示为[batch,in_channels,in_height,in_width]。

filter:卷积核是一个四维格式的数据,shape 表示为[height,width,in_channels,out_ channels]，分别表示卷积核的高、宽、深度（与输入的 in_channels 应相同）和输出特征映射图的个数（即卷积核的个数）。

strides：表示步长。一个长度为 4 的一维列表，每个元素跟 data_format 互相对应，表示在 data_format 每一维上的移动步长。当输入的默认格式为“NHWC”时，则 strides=[batch, in_height, in_width, in_channels]，其中 batch 和 in_channels 要求一定为 1，即只能在一个样本的一个通道的特征图上进行移动，in_height 和 in_width 表示卷积核在特征图的高度和宽度上移动的步长。

padding：表示填充方式。“SAME”表示采用填充的方式，简单地理解为以 0 填充边缘，当 stride 为 1 时，输入和输出的维度相同；“VALID”表示采用不填充的方式，多余的进行丢弃。

（2）池化层。

```
tf.nn.max_pool( value, ksize,strides,padding,data_format = 'NHWC',name = None)
```

或者

```
tf.nn.avg_pool(...)
```

value：表示池化的输入。一个四维格式的数据，数据的 shape 由 data_format 决定，在默认情况下 shape 为[batch, height, width, channels]。

ksize：表示池化窗口的大小。一个长度为 4 的一维列表，一般为[1, height, width, 1]，因不想在 batch 和 channels 上做池化，则将其值设为 1。

（3）BN 层。

```
batch_normalization(x,mean,variance,offset,scale,variance_epsilon,name = None)
```

mean 和 variance 通过 tf.nn.moments 进行计算：

batch_mean, batch_var = tf.nn.moments(x, axes=[0,1,2], keep_dims=True)，注意 axes 的输入。对于以特征映射图为维度的全局归一化，若特征映射图的 shape 为[batch, height, width, depth]，则将 axes 赋值为[0,1,2]。

x 为输入的特征映射图四维数据，offset、scale 为一维 Tensor 数据，shape 等于特征映射图的深度（depth）。

2）代码示例

搭建 CNN 实现 sklearn 库中的手写数字识别，搭建的 CNN 结构如图 18.25 所示。

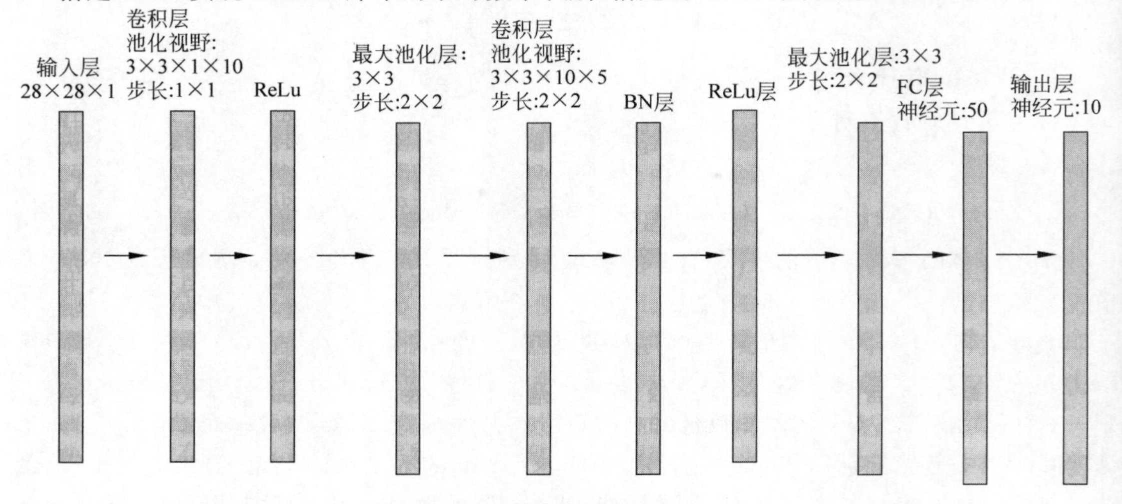

图 18.25 CNN 结构（图片来源于 CSDN）

CNN 手写数字识别示例如代码 18.1 所示。

【代码 18.1】 cnn.py

```
import tensorflow as tf
from sklearn.datasets import load_digits
import numpy as np
digits = load_digits()
X_data = digits.data.astype(np.float32)
Y_data = digits.target.astype(np.float32).reshape(-1,1)
print X_data.shape
print Y_data.shape
 (1797, 64)
(1797, 1)
from sklearn.preprocessing import MinMaxScaler
scaler = MinMaxScaler()
X_data = scaler.fit_transform(X_data)

from sklearn.preprocessing import OneHotEncoder
Y = OneHotEncoder().fit_transform(Y_data).todense()                # one-hot 编码
matrix([[ 1., 0., 0., …, 0., 0., 0.],
        [ 0., 1., 0., …, 0., 0., 0.],
        [ 0., 0., 1., …, 0., 0., 0.],
        …,
        [ 0., 0., 0., …, 0., 1., 0.],
        [ 0., 0., 0., …, 0., 0., 1.],
        [ 0., 0., 0., …, 0., 1., 0.]])
#转换为图片格式(batch,height,width,channels)
X = X_data.reshape(-1,8,8,1)
batch_size = 8 #使用 MBGD 算法,设定 batch_size 为 8
def generatebatch(X,Y,n_examples, batch_size):
    for batch_i in range(n_examples // batch_size):
        start = batch_i * batch_size
        end = start + batch_size
        batch_xs = X[start:end]
        batch_ys = Y[start:end]
        yield batch_xs, batch_ys #生成每一个 batch
tf.reset_default_graph()
#输入层
tf_X = tf.placeholder(tf.float32,[None,8,8,1])
tf_Y = tf.placeholder(tf.float32,[None,10])
#卷积层+激活层
conv_filter_w1 = tf.Variable(tf.random_normal([3, 3, 1, 10]))
conv_filter_b1 = tf.Variable(tf.random_normal([10]))
relu_feature_maps1 = tf.nn.relu(\
            tf.nn.conv2d(tf_X, conv_filter_w1,strides=[1, 1, 1, 1], padding='SAME') + conv_
filter_b1)
#池化层
max_pool1 = tf.nn.max_pool(relu_feature_maps1,ksize=[1,3,3,1],strides=[1,2,2,1],padding=
'SAME')
print max_pool1
Tensor("MaxPool:0", shape=(?, 4, 4, 10), dtype=float32)
#卷积层
conv_filter_w2 = tf.Variable(tf.random_normal([3, 3, 10, 5]))
conv_filter_b2 = tf.Variable(tf.random_normal([5]))
conv_out2 = tf.nn.conv2d(relu_feature_maps1, conv_filter_w2,strides=[1, 2, 2, 1], padding=
'SAME') + conv_filter_b2
print conv_out2
Tensor("add_4:0", shape=(?, 4, 4, 5), dtype=float32)
#BN 层+激活层
```

```
batch_mean, batch_var = tf.nn.moments(conv_out2, [0, 1, 2], keep_dims = True)
shift = tf.Variable(tf.zeros([5]))
scale = tf.Variable(tf.ones([5]))
epsilon = 1e - 3
BN_out = tf.nn.batch_normalization(conv_out2, batch_mean, batch_var, shift, scale, epsilon)
print BN_out
relu_BN_maps2 = tf.nn.relu(BN_out)
Tensor("batchnorm/add_1:0", shape = (?, 4, 4, 5), dtype = float32)
#池化层
max_pool2 = tf.nn.max_pool(relu_BN_maps2,ksize = [1,3,3,1],strides = [1,2,2,1],padding =
'SAME')
print max_pool2
Tensor("MaxPool_1:0", shape = (?, 2, 2, 5), dtype = float32)
#将特征图进行展开
max_pool2_flat = tf.reshape(max_pool2, [-1, 2 * 2 * 5])
#全连接层
fc_w1 = tf.Variable(tf.random_normal([2 * 2 * 5,50]))
fc_b1 = tf.Variable(tf.random_normal([50]))
fc_out1 = tf.nn.relu(tf.matmul(max_pool2_flat, fc_w1) + fc_b1)
#输出层
out_w1 = tf.Variable(tf.random_normal([50,10]))
out_b1 = tf.Variable(tf.random_normal([10]))
pred = tf.nn.softmax(tf.matmul(fc_out1,out_w1) + out_b1)
loss = -tf.reduce_mean(tf_Y * tf.log(tf.clip_by_value(pred,1e-11,1.0)))
train_step = tf.train.AdamOptimizer(1e-3).minimize(loss)
y_pred = tf.arg_max(pred,1)
bool_pred = tf.equal(tf.arg_max(tf_Y,1),y_pred)
accuracy = tf.reduce_mean(tf.cast(bool_pred,tf.float32))            #准确率
with tf.Session() as sess:
    sess.run(tf.global_variables_initializer())
    for epoch in range(1000):                                      #迭代 1000 个周期
        for batch_xs,batch_ys in generatebatch(X,Y,Y.shape[0],batch_size):
#每个周期进行 MBGD 算法
            sess.run(train_step,feed_dict = {tf_X:batch_xs,tf_Y:batch_ys})
        if(epoch % 100 == 0):
            res = sess.run(accuracy,feed_dict = {tf_X:X,tf_Y:Y})
            print (epoch,res)
    res_ypred = y_pred.eval(feed_dict = {tf_X:X,tf_Y:Y}).flatten()
#只能预测一批样本,不能预测一个样本
    print res_ypred
 (0, 0.36338341)
(100, 0.96828049)
(200, 0.99666113)
(300, 0.99554813)
(400, 0.99888706)
(500, 0.99777406)
(600, 0.9961046)
(700, 0.99666113)
(800, 0.99499166)
(900, 0.99888706)
[0 1 2 ..., 8 9 8]
```

在第 100 次 batch_size 迭代时,准确率就快速接近收敛了,这得归功于 BN 的作用!需要注意的是,这个模型还不能用来预测单个样本,因为在进行 BN 层计算时,单个样本的均值和方差都为 0,在这种情况下,会得到相反的预测效果,解决方法详见 BN 层,代码如下:

```
from sklearn.metrics import accuracy_score
print accuracy_score(Y_data,res_ypred.reshape(-1,1))
0.998887033945
```

CNN 和 RNN 都是基础的核心算法，CNN 在计算机视觉方面应用比较普遍，例如图像分类、人脸识别等，而 RNN 更擅长处理序列化数据，在自然语言处理中应用得比较普遍，例如机器翻译、语言模型和对话机器人等。

18.3.3 循环神经网络

循环神经网络(recurrent neural network，RNN)是一类以序列数据为输入，在序列的演进方向进行递归(recursion)且所有节点(循环单元)按链式连接的递归神经网络。人们对 RNN 的研究始于 20 世纪 80 至 90 年代，并在 21 世纪初发展为深度学习算法之一，其中双向循环神经网络(bidirectional RNN，Bi-RNN)和长短期记忆网络(long short-term memory networks，LSTM)是常见的 RNN。

RNN 具有记忆性、参数共享，并且图灵完备(Turing completeness)等特点，因此在对序列的非线性特征进行学习时具有一定优势。RNN 在自然语言处理，例如语音识别、语言建模和机器翻译等领域应用，也用于各类时间序列预报。引入了 CNN 构筑的 RNN 可以处理包含序列输入的计算机视觉问题。

1. RNN 应用场景

RNN 主要用于自然语言处理。可以用来处理和预测序列数据，广泛地用于语音识别、语言模型、机器翻译、文本生成(生成序列)、看图说话、文本(情感)分析、智能客服、对话机器人、搜索引擎和个性化推荐等。RNN 最擅长处理与时间序列相关的问题。对于一个序列数据，可以将序列上不同时刻的数据依次输入 RNN 的输入层，而输出可以是对序列的下一个时刻的预测，也可以是对当前时刻信息的处理结果。

2. 为什么有了 CNN，还要 RNN

在传统神经网络(包括 CNN)中输入和输出都是互相独立的，但有些任务中，后续的输出和之前的内容是相关的。例如：我是中国人，我的母语是________。这是一道填空题，需要依赖之前的输入，所以 RNN 引入“记忆”这一概念，也就是输出需要依赖之前的输入序列，并把关键输入记住。“循环”2 字来源于其每个元素都执行相同的任务，它并非刚性地记忆所有固定长度的序列，而是通过隐藏状态来存储之前时间步的信息。

3. RNN 结构

RNN 源自 1982 年由萨拉莎·萨萨斯瓦姆(Saratha Sathasivam)提出的霍普菲尔德网络。RNN 的主要用途是处理和预测序列数据。在全连接的前馈神经网络和 CNN 模型中，网络结构都是从输入层到隐层再到输出层的，层与层之间是全连接或部分连接的，但每层之间的节点是无连接的，如图 18.26 所示。

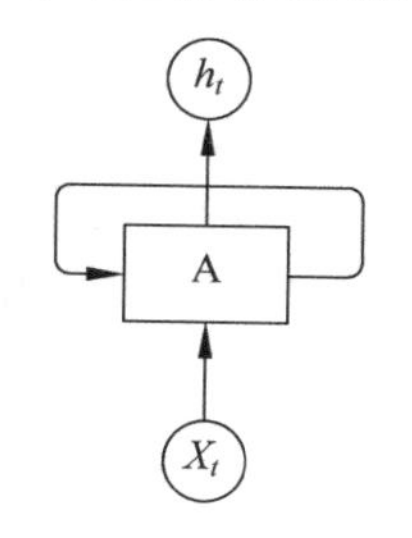

图 18.26 RNN(图片来源于程序员开发之家)

图 18.26 所示的是一个典型的 RNN。对于 RNN，一个非常重要的概念就是时刻。RNN 会对于每一个时刻的输入结合当前模型的状态给出一个输出。从图 18.26 中可以看到，RNN 的主体结构 A 的输入除了来自输入层 X_t，还有一个循环的边来提供当前时刻的状态。在每一个时刻，模块 A 会读取 t 时刻的输入 X_t，并输出一个值 h_t，同时 A 的状态会从当前步传递到下一步，因此 RNN 理论上可以被看作同一神经网络结构被无限复制的结果，但出于优化的考虑，目前 RNN 无法做到真正的无限循环，所以现实中一般会将循环体展开，于是可以得到如图 18.27 所示的展示结构。

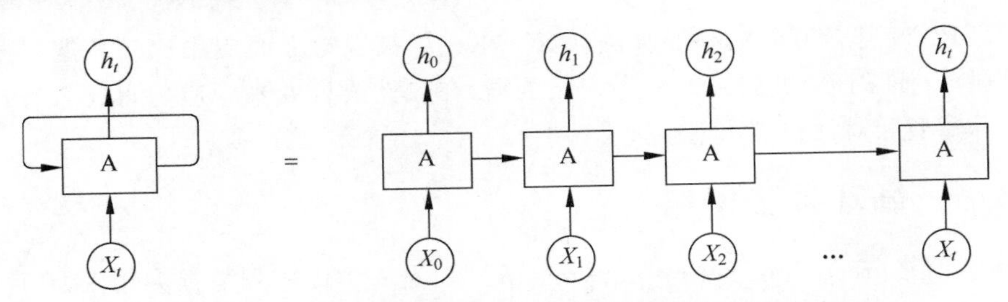

图 18.27 RNN 之循环结构(图片来源于程序员开发之家)

从图 18.27 中可以更加清楚地看到 RNN 在每一个时刻都有一个输入 X_t,然后根据 RNN 当前的状态 A_t,提供一个输出 h_t,从 RNN 的结构特征可以很容易得出它最擅长解决的问题是与数据序列相关的。RNN 也是在处理这类问题时最自然的神经网络结构。对于一个序列数据,可以将这个序列上不同时刻的数据依次传入 RNN 的输入层,而输出可以是对序列的下一个时刻的预测,也可以是对当前时刻信息的处理结果(例如语音识别结果)。RNN 要求每一个时刻都有一个输入,但是不一定每一个时刻都有输出。

4. RNN 网络

如之前所介绍,RNN 可以被看作同一神经网络结构在时间序列上被复制多次的结果,这个复制多次的结构被称为循环体。如何设计循环体的网络结构是 RNN 解决实际问题的关键。和 CNN 中每层神经元的参数是共享的类似,在 RNN 中,循环体网络结构中的参数(权值和偏置)在不同时刻也是共享的,如图 18.28 所示。

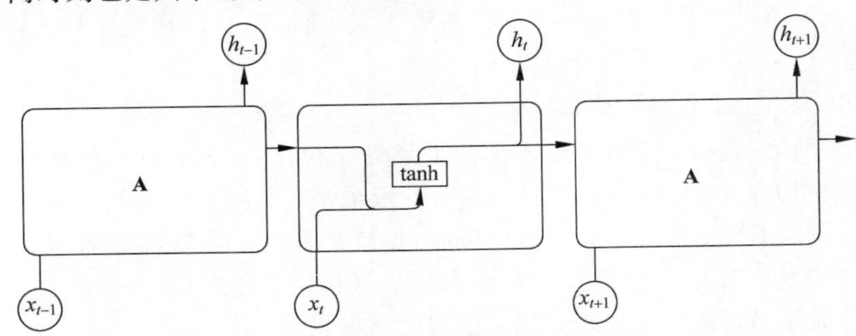

图 18.28 Simple RNN(图片来源于程序员开发之家)

图 18.28 展示了一个使用最简单的循环体结构的 RNN,在这个循环体中只使用了一个类似全连接层的神经网络结构。下面将通过如图 18.28 所示的神经网络来介绍 RNN 前向传播的完整流程。RNN 的状态是通过一个向量来表示的,这个向量的维度也称为神经网络隐层的大小,假设为 h。从图 18.28 中可以看出,循环体中的神经网络的输入有两部分,一部分为上一时刻的状态,另一部分为当前时刻的输入样本。对于时间序列数据来说,每一时刻的输入样本可以是当前时刻的数据,而对于语言模型来说,输入样本可以是当前单词对应的单词向量。

假设输入向量的维度为 x,那么图 18.28 中循环体的全连接层神经网络的输入大小为 $h+x$。也就是将上一时刻的状态与当前时刻的输入拼接成一个大的向量作为循环体中神经网络的输入。因为该神经网络的输出为当前时刻的状态,于是输出层的节点个数也为 h,循环体中的参数个数为 $(h+x)h+h$ 个(因为有 h 个元素的输入向量和 x 个元素的输入向量,及 h 个元素的输出向量,可以简单理解为输入层有 $h+x$ 个神经元,输出层有 h 个神经元,从而形成一个全连接的前馈神经网络,有 $(h+x)h$ 个权值,有 h 个偏置),如图 18.29 所示。

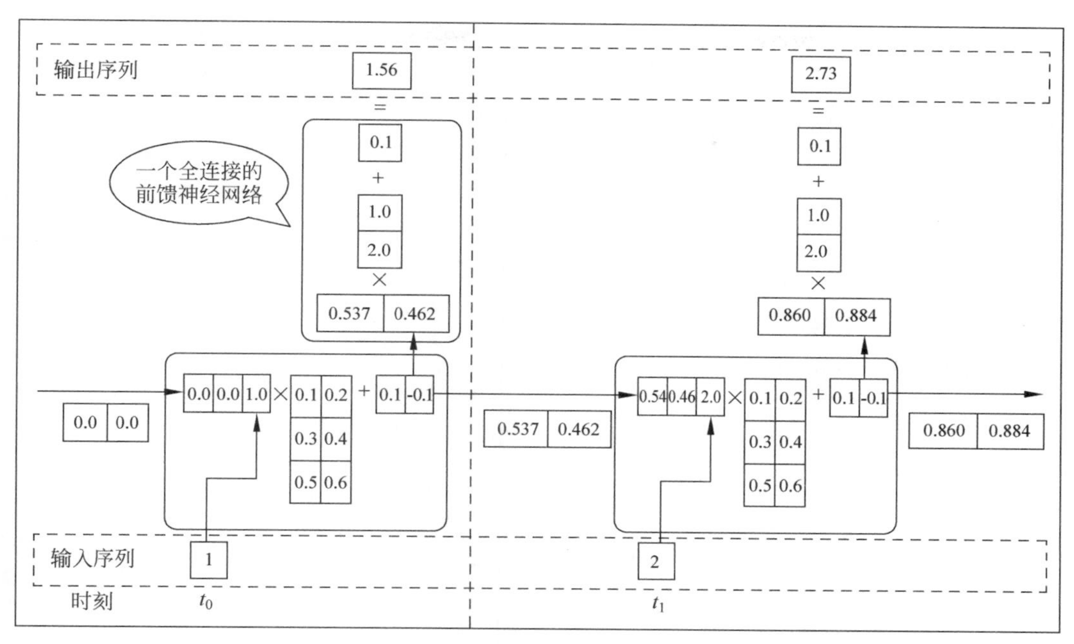

图 18.29 两个时刻的 RNN(图片来源于程序员开发之家)

如图 18.29 所示,此图具有两个时刻的 RNN 网络,其中 t_0 和 t_1 的权值和偏置是相同的,只是输入不同而已,同时由于输入向量是一维的,而输入状态为二维的,合并起来的向量是三维的,其中在每个循环体的状态输出是二维的,然后经过一个全连接的神经网络计算后,最终输出的是一维向量结构。

5. RNN 梯度爆炸、梯度消失

RNN 在进行反向传播时也面临梯度消失或者梯度爆炸的问题,这种问题表现在时间轴上。如果输入序列的长度很长,人们很难进行有效的参数更新。通常来说梯度爆炸更容易处理,因为在梯度爆炸时,程序会收到 NaN 错误。也可以设置一个梯度阈值,当梯度超过这个阈值的时候可以直接截取。

梯度消失更难检测,而且也更难处理。有 3 种方法应对梯度消失问题:

1) 合理的初始化权重值

初始化权重,使每个神经元尽可能不要取极大或极小值,以躲开梯度消失的区域。

2) ReLU 函数代替 Sigmoid 和 tanh 函数

使用 ReLU 函数代替 Sigmoid 和 tanh 函数作为激活函数。

3) 使用其他结构的 RNN

例如 LSTM 和门控循环单元,这是最流行的做法。

6. RNN 的问题

RNN 工作的关键点是使用历史的信息来帮助当前的决策。例如使用之前出现的单词来加强对当前文字的理解。RNN 可以更好地利用传统神经网络结构所不能建模的信息,但同时这也带来了更大的技术挑战——长期依赖(long-term dependencies)问题。

在有些问题中,模型仅仅需要短期内的信息来执行当前的任务。例如预测短语“大海的颜色是蓝色”中最后一个单词“蓝色”时,模型并不需要记忆这个短语之前更长的上下文信息——因为这一句话已经包含了足够信息来预测最后一个词。在这样的场景中,相关的信息和待预测词的位置之间的间隔很小,RNN 可以比较容易地利用先前信息。

同样也会有一些上下文场景比较复杂的情况，例如当模型试着去预测段落“某地开设了大量工厂，空气污染十分严重……这里的天空都是灰色的”的最后一个词语时，仅仅根据短期依赖无法很好地解决这种问题。因为只根据最后一小段，最后一个词语可以是“蓝色的”或者“灰色的”，但如果模型需要预测具体是什么颜色，就需要考虑先前提到但离当前位置较远的上下文信息。因此当前预测位置和相关信息之间的文本间隔就有可能变得很大。当这个间隔不断增大时，类似图 18.28 所示的简单 RNN 有可能丧失学习到距离如此远的信息的能力。或者在复杂语言场景中，有用信息的间隔有大有小、长短不一，RNN 的性能也会受到影响。

7. 代码实现简单的 RNN

简单的 RNN 代码如下：

```
import numpy as np

#定义 RNN 的参数。
X = [1,2]
state = [0.0, 0.0]
w_cell_state = np.asarray([[0.1, 0.2], [0.3, 0.4]])
w_cell_input = np.asarray([0.5, 0.6])
b_cell = np.asarray([0.1, -0.1])
w_output = np.asarray([[1.0], [2.0]])
b_output = 0.1

#执行前向传播过程。
for i in range(len(X)):
  before_activation = np.dot(state, w_cell_state) + X[i] * w_cell_input + b_cell
  state = np.tanh(before_activation)
  final_output = np.dot(state, w_output) + b_output
  print ("before activation: ", before_activation)
  print ("state: ", state)
  print ("output: ", final_output)
```

LSTM 解决了 RNN 不支持长期依赖的问题，使其大幅度提升记忆时长。RNN 被成功应用的关键就是 LSTM。

18.3.4 长短期记忆神经网络

LSTM 是一种时间 RNN，是为了解决一般的 RNN 存在长期依赖问题而专门设计出来的，所有的 RNN 都具有一种重复神经网络模块的链式形式。在标准 RNN 中，这个重复的结构模块只有一个非常简单的结构，例如一个 tanh 层。

1. LSTM 介绍

LSTM 正是为了解决上述 RNN 的依赖问题而设计出来的，即为了解决 RNN 有时依赖的间隔短，有时依赖的间隔长的问题，RNN 被成功应用的关键就是 LSTM。在很多的任务中，采用 LSTM 结构的 RNN 比标准的 RNN 表现得更好。LSTM 结构是由塞普·霍克赖特(Sepp Hochreiter)和朱尔根·施密德胡伯(Jürgen Schemidhuber)于 1997 年提出的，它是一种特殊的 RNN 结构。

2. LSTM 结构

设计 LSTM 就是为了精确解决 RNN 的长短记忆问题，其中在默认情况下 LSTM 可以记住长时间依赖的信息，而不是让 LSTM 努力去学习记住长时间的依赖，如图 18.30 所示。

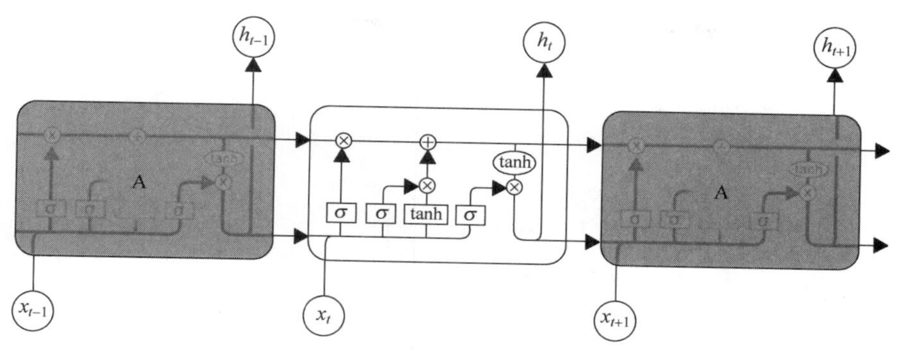

图 18.30　LSTM 结构(图片来源于程序员开发之家)

所有 RNN 都有一个重复结构的模型形式，在标准的 RNN 中重复的结构是一个简单的循环体，如图 18.28 所示的 A 循环体，而 LSTM 的循环体是一个拥有 4 个相互关联的全连接前馈神经网络的复制结构，如图 18.30 所示。

现在可以先不必了解 LSTM 细节，只需先明白图 18.31 所示的符号语义。

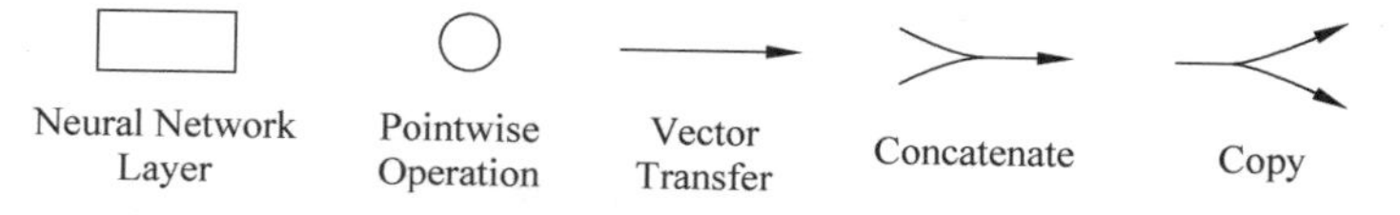

图 18.31　符号语义(图片来源于程序员开发之家)

Neural Network Layer：该图表示一个神经网络层；

Pointwise Operation：该图表示一种操作，如加号表示矩阵或向量的求和而乘号表示向量的乘法操作；

Vector Transfer：每一条线表示一个向量，从一个节点输出到另一个节点；

Concatenate：该图表示两个向量的合并，即由两个向量合并为一个向量，如 X_1 和 X_2 向量合并后为[X_1,X_2]向量；

Copy：该图表示一个向量复制了两个向量，并且两个向量值相同。

3. LSTM 分析

LSTM 设计的关键是神经元的状态，如图 18.32 所示的顶部的水平线。神经元的状态类似传送带，按照传送方向从左端向右端传送，在传送过程中基本不会改变状态，而只是进行一些简单的线性运算：加或减操作。神经元通过线性操作能够小心地管理神经元的状态信息，将这种管理方式称为门操作(gate)。

门操作能够随意地控制神经元状态信息的流动，如图 18.33 所示，它由一个 Sigmoid 激活函数的神经网络层和一个点乘运算组成。Sigmoid 层的输出要么是 1 要么是 0，若是 0 则不能让任何数据通过，若是 1 则意味着任何数据都能通过。

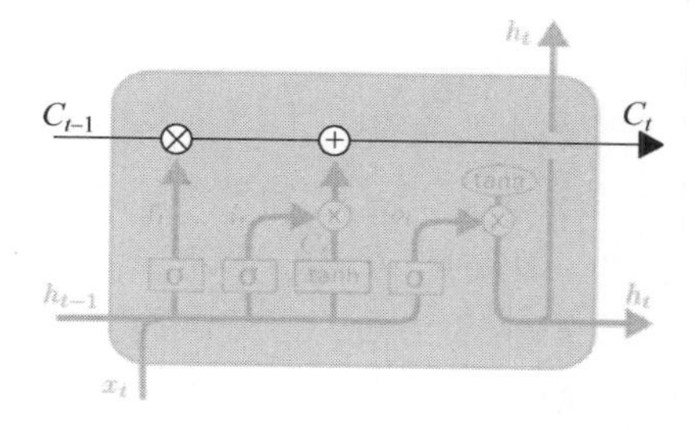

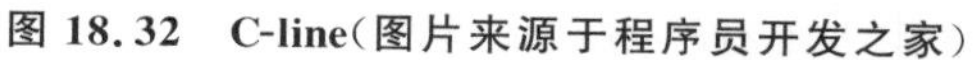
图 18.32　C-line(图片来源于程序员开发之家)

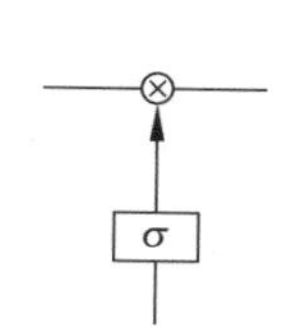

图 18.33　gate(图片来源于程序员开发之家)

LSTM 由 3 个门来管理和控制神经元的状态信息：

1）遗忘门

LSTM 的第一步是决定要从上一个时刻的状态中丢弃什么信息，是由一个 Sigmoid 全连接的前馈神经网络的输出管理，将这种操作称为遗忘门(forget gate layer)，如图 18.34 所示。这个全连接的前馈神经网络的输入是 h_{t-1} 和 x_t 组成的向量，输出是向量 f_t。向量 f_t 由 1 和 0 组成，1 表示能够通过，而 0 表示不能通过。

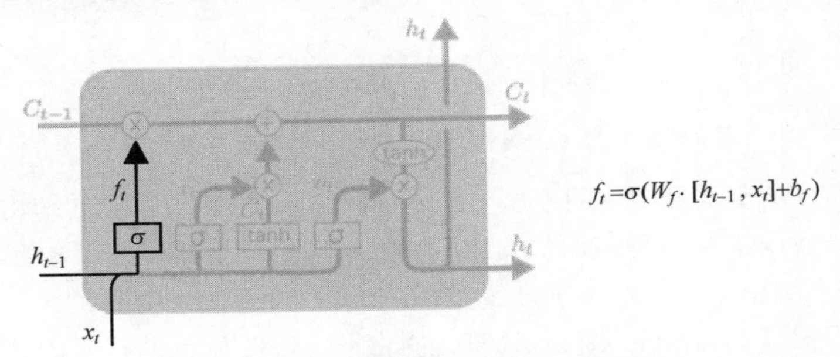

图 18.34 focus-f(图片来源于程序员开发之家)

2）输入门

第二步决定哪些输入信息要保存到神经元的状态中，这里又有两队前馈神经网络，如图 18.35 所示。首先是一个 Sigmoid 层的全连接前馈神经网络，称为输入门(input gate layer)，它决定了哪些值将被更新；其次是一个 tanh 层的全连接前馈神经网络，其输出是一个向量 C_t，向量 C_t 可以被添加到当前时刻的神经元状态中，最后根据两个神经网络的结果创建一个新的神经元状态。

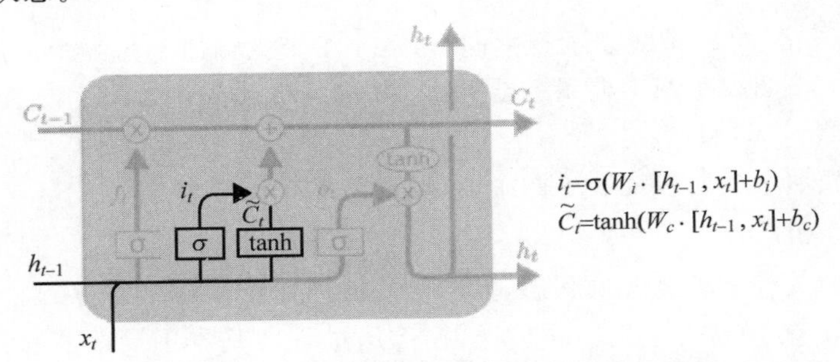

图 18.35 focus-i(图片来源于程序员开发之家)

3）状态控制

第三步就可以更新上一时刻的状态 C_{t-1} 为当前时刻的状态 C_t 了。上述第一步的遗忘门计算了一个控制向量，此时可通过这个向量过滤一部分 C_{t-1} 状态，如图 18.36 所示的乘法操作。上述第二步的输入门根据输入向量计算新状态，此时可以通过这个新状态和 C_{t-1} 状态更新一个新的状态 C_t，如图 18.36 所示的加法操作。

4）输出门

最后一步计算神经元的输出向量 h_t，此时的输出是根据上述第三步的 C_t 状态进行计算的，即根据一个 Sigmoid 层的全连接前馈神经网络过滤一部分 C_t 状态作为当前时刻神经元的输出，如图 18.37 所示。这个计算过程是：首先通过 Sigmoid 层生成一个过滤向量，然后通过一个 tanh 函数计算当前时刻的 C_t 状态向量(即将向量每个值的范围变换到[-1,1])，接着通过 Sigmoid 层的输出向量过滤 tanh 函数而获得结果，即为当前时刻神经元的输出。

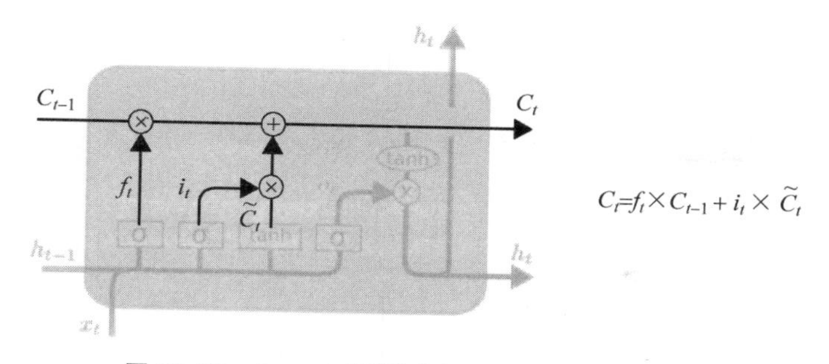

图 18.36 focus-C(图片来源于程序员开发之家)

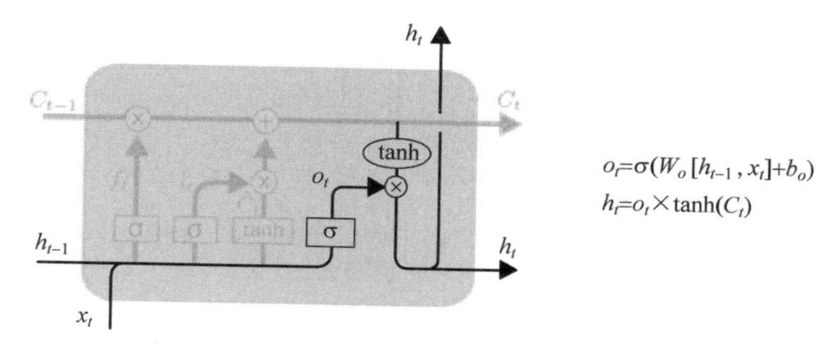

图 18.37 focus-o(图片来源于程序员开发之家)

4. LSTM 实现语言模型代码实战

下面实现一个语言模型,它是自然语言处理中比较重要的一部分,给出上文的语境后,可以预测下一个单词出现的概率。如果是中文的话,需要做中文分词。什么是语言模型? 统计语言模型是一个单词序列上的概率分布,对于一个给定长度为 m 的序列,它可以为整个序列生成一个概率 $P(w\_1, w\_2, \cdots, w\_m)$。其实就是想办法找到一个概率分布,它可以表示任意一个句子或序列出现的概率。

目前在自然语言处理中相关应用得到非常广泛的应用,如语音识别,机器翻译,词性标注,句法分析等。传统方法主要是基于统计学模型,而最近几年基于神经网络的语言模型也越来越成熟。

下面就是基于 LSTM 神经网络语言模型的代码实现,数据和代码环境如下:

```
#首先下载 PTB 数据集并解压到工作路径下
wget http://www.fit.vutbr.cz/~imikolov/rnnlm/simple-examples.tgz
tar xvf simple-examples.tgz
#然后下载 TensorFlow models 库,进入目录 models/tutorials/rnn/ptb。接着载入常用的库
#和 TensorFlow models 中的 PTB reader,通过它读取数据
git clone https://github.com/tensorflow/models.git
cd models/tutorials/rnn/ptb
```

LSTM 核心代码如代码 18.2 所示。

【代码 18.2】 lstm.py

```
# -*- coding: utf-8 -*-
import time
import numpy as np
import tensorflow as tf
import ptb.reader as reader

flags = tf.app.flags
FLAGS = flags.FLAGS
```

```
logging = tf.logging

flags.DEFINE_string("save_path", './Out',
                    "Model output directory.")
flags.DEFINE_bool("use_fp16", False,
                  "Train using 16 - bit floats instead of 32bit floats")


def data_type():
return tf.float16 if FLAGS.use_fp16 else tf.float32

#定义语言模型所处理的输入数据的 class
class PTBInput(object):
  """The input data."""
  #初始化方法
  #读取 config 中的 batch_size,num_steps 到本地变量
  def __init__(self, config, data, name = None):
    self.batch_size = batch_size = config.batch_size
    self.num_steps = num_steps = config.num_steps          #num_steps 是 LSTM 的展开步数
    #计算每个 epoch 内需要多少轮训练迭代
    self.epoch_size = ((len(data) // batch_size) - 1) // num_steps
    #通过 ptb_reader 获取特征数据 input_data 和 label 数据 targets
    self.input_data, self.targets = reader.ptb_producer(
      data, batch_size, num_steps, name = name)

#定义语言模型的 class
class PTBModel(object):
  """PTB 模型"""
  #训练标记,配置参数,ptb 类的实例 input_
  def __init__(self, is_training, config, input_):
    self._input = input_

    batch_size = input_.batch_size
    num_steps = input_.num_steps
    size = config.hidden_size                              #hidden_size 是 LSTM 的节点数
    vocab_size = config.vocab_size                         #vocab_size 是词汇表

    #使用遗忘门的偏置可以获得稍好的结果
    def lstm_cell():
      #使用 tf.contrib.rnn.BasicLSTMCell 设置默认的 LSTM 单元
      return tf.contrib.rnn.BasicLSTMCell(
        size, forget_bias = 0.0, state_is_tuple = True)
        #state_is_tuple 表示接收和返回的 state 将是 2 - tuple 的形式

    attn_cell = lstm_cell
  #如果训练状态且 Dropout 的 keep_prob 小于 1,则在前面的 lstm_cell 之后接一个 DropOut 层,
  #这里的做法是调用 tf.contrib.rnn.DropoutWrapper 函数
    if is_training and config.keep_prob < 1:
      def attn_cell():
        return tf.contrib.rnn.DropoutWrapper(
          lstm_cell(), output_keep_prob = config.keep_prob)
          #最后使用 rnn 堆叠函数 tf.contrib.rnn.MultiRNNCell 将前面构造的 lstm_cell
          #多层堆叠得到 cell
          #堆叠次数,为 config 中的 num_layers
    cell = tf.contrib.rnn.MultiRNNCell(
      [attn_cell() for _ in range(config.num_layers)], state_is_tuple = True)
    #这里同样将 state_is_tuple 设置为 True

    #调用 cell.zero_state 并设置 LSTM 单元的初始化状态为 0
    self._initial_state = cell.zero_state(batch_size, tf.float32)
```

```
  #这里需要注意,LSTM单元可以读入一个单词并结合之前存储的状态 state 计算下一个单词
  #出现的概率,
  #在每次读取一个单词后,它的状态 state 会被更新

  #创建网络的词 embedding 部分,embedding 即为将 one - hot 编码格式的单词转化为向量
  #的表达形式
  #这部分操作在 GPU 中实现
  with tf.device("/cpu:0"):
    #初始化 embedding 矩阵,其行数设置为词汇表数 vocab_size,列数(每个单词的向量表达
    #的维数)设为 hidden_size
    #hidden_size 和 LSTM 单元中的隐层节点数一致,在训练过程中,embedding 的参数可以
    #被优化和更新
    embedding = tf.get_variable(
       "embedding", [vocab_size, size], dtype = tf.float32)

    #接下来使用 tf.nn.embedding_lookup 查询单词对应的向量表达式而获得 inputs
    inputs = tf.nn.embedding_lookup(embedding, input_.input_data)

  #如果为训练状态,则添加一层 Dropout
  if is_training and config.keep_prob < 1:
    inputs = tf.nn.dropout(inputs, config.keep_prob)

  #定义输出 outputs
  outputs = []
  state = self._initial_state
  #首先使用 tf.variable_scope 将接下来的名称设为 RNN
  with tf.variable_scope("RNN"):
    #为了控制训练过程,我们会限制梯度在反向传播时可以展开的步数为一个固定的值,而这个步
    #数也是 num_steps
    #这里设置一个循环,长度为 num_steps,来控制梯度的传播
    for time_step in range(num_steps):
      #并且从第二次循环开始,我们使用 tf.get_variable_scope().reuse_variables()
      #设置复用变量
      if time_step > 0: tf.get_variable_scope().reuse_variables()
      #在每次循环内,我们传入 inputs 和 state 到堆叠的 LSTM 单元 cell 中
      #注意,inputs 有 3 个维度,第一个维度是 batch 中的低级样本,
      #第二个维度是样本中的第几个单词,第三个维度是单词向量表达的维度
      #inputs[:, time_step, :]代表所有样本的第 time_step 个单词
      (cell_output, state) = cell(inputs[:, time_step, :], state)
      #这里我们得到输出 cell_output 和更新后的 state

      outputs.append(cell_output)
        #最后我们将结果 cell_output 添加到输出列表 ouputs 中

#将 output 的内容用 tf.contact 串联到一起,并使用 tf.reshape 将其转为一个很长的一维
#向量
output = tf.reshape(tf.concat(outputs, 1), [ - 1, size])
#接下来是 Softmax 层,先定义权重 softmax_w 和偏置 softmax_b
softmax_w = tf.get_variable(
   "softmax_w", [size, vocab_size], dtype = tf.float32)
softmax_b = tf.get_variable("softmax_b", [vocab_size], dtype = tf.float32)
#使用 tf.matmul 将输出 output 乘上权重并加上偏置得到 logits
logits = tf.matmul(output, softmax_w) + softmax_b
#这里直接使用 tf.contrib.legacy_seq2seq.sequence_loss_by_example 计算并输出
#logits 和 targets 的偏差

loss = tf.contrib.legacy_seq2seq.sequence_loss_by_example(
   [logits],
   [tf.reshape(input_.targets, [ - 1])],
```

```
        [tf.ones([batch_size * num_steps], dtype = tf.float32)])
    #这里的 sequence_loss 即 target words 的 average negative log probability

    self._cost = cost = tf.reduce_sum(loss) / batch_size
    #使用 tf.reduce_sum 汇总 batch 的误差
    self._final_state = state

    if not is_training:
      return
      #如果此时不是训练状态,直接返回

    #定义学习速率的变量 lr,并将其设为不可训练
    self._lr = tf.Variable(0.0, trainable = False)

    #使用 tf.trainable_variables 获取所有可训练的参数 tvars
    tvars = tf.trainable_variables()
    #针对前面得到的 cost,计算 tvars 的梯度,并用 tf.clip_by_global_norm 设置梯度的最
    #大范数 max_grad_norm
    grads, _ = tf.clip_by_global_norm(tf.gradients(cost, tvars),
                                      config.max_grad_norm)
    #这就是用 Gradient Clipping 方法控制梯度的最大范数,在某种程度上起到正则化的效果。
    #Gradient Clipping 可防止 Gradient Explosion 梯度爆炸的问题,如果对梯度不加限制,
    #则可能会因为迭代中梯度过大导致训练难以收敛

    #定义 GradientDescent 优化器
    optimizer = tf.train.GradientDescentOptimizer(self._lr)

    #创建训练操作_train_op,用 optimizer.apply_gradients 将前面 clip 过的梯度应用
    #到所有可训练的参数 tvars 上,
    #使用 tf.contrib.framework.get_or_create_global_step()生成全局统一的训练
    #步数
    self._train_op = optimizer.apply_gradients(
        zip(grads, tvars),
        global_step = tf.contrib.framework.get_or_create_global_step())

    #设置一个_new_lr 的 placeholder 用以控制学习速率
    self._new_lr = tf.placeholder(
        tf.float32, shape = [], name = "new_learning_rate")
    #同时定义一个 assign 函数,用以在外部控制模型的学习速率
    self._lr_update = tf.assign(self._lr, self._new_lr)

  #同时定义一个 assign_lr 函数,用以在外部控制模型的学习速率
  #方式是将学习速率值传入_new_lr 这个 place_holder 中,并执行_update_lr 完成对学习速
  #率的修改
  def assign_lr(self, session, lr_value):
    session.run(self._lr_update, feed_dict = {self._new_lr: lr_value})

  #模型定义完毕,再定义这个 PTBModel class 的一些 property
  #Python 中的@property 装饰器可以将返回变量设为只读,防止修改变量而引发的问题

  #这里定义 input,initial_state,cost,lr,final_state,train_op 为 property,方便外
  #部访问
  @property
  def input(self):
    return self._input

  @property
  def initial_state(self):
    return self._initial_state
```

```
    @property
    def cost(self):
      return self._cost

    @property
    def final_state(self):
      return self._final_state

    @property
    def lr(self):
      return self._lr

    @property
    def train_op(self):
      return self._train_op


# 接下来定义几种不同大小模型的参数
# 首先是小模型的设置
class SmallConfig(object):
  """Small config."""
  init_scale = 0.1               # 网络中权重值的初始 Scale
  learning_rate = 1.0            # 学习速率的初始值
  max_grad_norm = 5              # 前面提到的梯度的最大范数
  num_layers = 2                 # num_layers 是 LSTM 可以堆叠的层数
  num_steps = 20                 # LSTM 梯度反向传播的展开步数
  hidden_size = 200              # LSTM 的隐层节点数
  max_epoch = 4                  # 初始学习速率的可训练的 epoch 数,在此之后需要调整学习速率
  max_max_epoch = 13             # 总共可以训练的 epoch 数
  keep_prob = 1.0                # keep_prob 是 dorpout 层的保留节点的比例
  lr_decay = 0.5                 # 学习速率的衰减速率
  batch_size = 20                # 每个 batch 中样本的数量
  vocab_size = 10000

# 具体每个参数的值,在不同的配置中对比才有意义

# 在中等模型中,我们减小了 init_state,即希望权重初值不要过大,小一些有利于温和地训练
# 学习速率和最大梯度范数不变,LSTM 层数不变。
# 这里将梯度反向传播的展开步数从 20 增大到 35。
# hidden_size 和 max_max_epoch 也相应地增大约 3 倍,同时这里开始设置 dropout 的
# keep_prob 到 0.5,
# 而之前设置 1,即没有 dropout。
# 因为学习迭代次数的增大,因此将学习速率的衰减速率 lr_decay 也减小了。
# batch_size 和词汇表 vocab_size 的大小保持不变
class MediumConfig(object):
  """Medium config."""
  init_scale = 0.05
  learning_rate = 1.0
  max_grad_norm = 5
  num_layers = 2
  num_steps = 35
  hidden_size = 650
  max_epoch = 6
  max_max_epoch = 39
  keep_prob = 0.5
  lr_decay = 0.8
  batch_size = 20
  vocab_size = 10000
```

```
#大型模型,进一步缩小了 init_scale 并大大放宽了最大梯度范数 max_grad_norm 到 10
#同时将 hidden_size 提升到了 1500,并且 max_epoch,max_max_epoch 也相应增大了,
#而 keep_drop 也因为模型复杂度的上升继续下降,学习速率的衰减速率 lr_decay 也进一步减小
class LargeConfig(object):
  """Large config."""
  init_scale = 0.04
  learning_rate = 1.0
  max_grad_norm = 10
  num_layers = 2
  num_steps = 35
  hidden_size = 1500
  max_epoch = 14
  max_max_epoch = 55
  keep_prob = 0.35
  lr_decay = 1 / 1.15
  batch_size = 20
  vocab_size = 10000


#TstConfig 只是供测试用,参数都尽量使用最小值,只是为了测试是否可以使用模型
class TstConfig(object):
  """Tiny config, for testing."""
  init_scale = 0.1
  learning_rate = 1.0
  max_grad_norm = 1
  num_layers = 1
  num_steps = 2
  hidden_size = 2
  max_epoch = 1
  max_max_epoch = 1
  keep_prob = 1.0
  lr_decay = 0.5
  batch_size = 20
  vocab_size = 10000

#定义训练一个 epoch 数据的函数 run_epoch
def run_epoch(session, model, eval_op = None, verbose = False):
  """Runs the model on the given data."""
  #记录当前时间,初始化损失 costs 和迭代数 iters
  start_time = time.time()
  costs = 0.0
  iters = 0
  state = session.run(model.initial_state)
  #执行 model.initial_state 来初始化状态并获得初始状态

  #接着创建输出结果的字典表 fetches
  #其中包括 cost 和 final_state
  fetches = {
     "cost": model.cost,
     "final_state": model.final_state,
  }
  #如果有评测操作 eval_op,也一并加入 fetches
  if eval_op is not None:
    fetches["eval_op"] = eval_op

  #接着进行循环训练,次数为 epoch_size
  for step in range(model.input.epoch_size):
    feed_dict = {}
    #在每次循环中,我们生成训练用的 feed_dict
```

```
    for i, (c, h) in enumerate(model.initial_state):
      feed_dict[c] = state[i].c
      feed_dict[h] = state[i].h

    #将全部的 LSTM 单元的 state 加入 feed_dict,然后传入 feed_dict 并执行
    #fetches 对网络进行一次训练,并且得到 cost 和 state
    vals = session.run(fetches, feed_dict)
    cost = vals["cost"]
    state = vals["final_state"]

    #累加 cost 到 costs,并且累加 num_steps 到 iters
    costs += cost
    iters += model.input.num_steps

    #我们每完成约 10%的 epoch,就进行一次结果展示,依次展示当前 epoch 的进度
    #perplexity(即平均 cost 的自然常数指数,此指数是语言模型性能的重要指标,其值越低代表
    #模型输出的概率分布在预测样本上越好)
    #和训练速度(单词/s)

    if verbose and step % (model.input.epoch_size // 10) == 10:
      print("%.3f perplexity: %.3f speed: %.0f wps" %
            (step * 1.0 / model.input.epoch_size, np.exp(costs / iters),
             iters * model.input.batch_size / (time.time() - start_time)))
  #最后返回 perplexity 作为函数的结果
  return np.exp(costs / iters)


#使用 reader.ptb_raw_data 直接读取解压后的数据而得到训练数据,以此验证数据和测试数据
raw_data = reader.ptb_raw_data('./simple-examples/data/')
train_data, valid_data, test_data, _ = raw_data


#这里定义训练模型的配置为小型模型的配置
config = SmallConfig()
eval_config = SmallConfig()
eval_config.batch_size = 1
eval_config.num_steps = 1
#需要注意的是测试配置 eval_config 需和训练配置一致
#这里将测试配置的 batch_size 和 num_steps 修改为 1


#创建默认的 Graph,并使用 tf.random_uniform_initializer 设置参数的初始化器
with tf.Graph().as_default():
  initializer = tf.random_uniform_initializer(-config.init_scale,
                                              config.init_scale)

  with tf.name_scope("Train"):
    #使用 PTBInput 和 PTBModel 创建一个用来训练的模型 m
    train_input = PTBInput(config=config, data=train_data, name="TrainInput")
    with tf.variable_scope("Model", reuse=None, initializer=initializer):
      m = PTBModel(is_training=True, config=config, input_=train_input)
      #tf.scalar_summary("Training Loss", m.cost)
      #tf.scalar_summary("Learning Rate", m.lr)

  with tf.name_scope("Valid"):
    #使用 PTBInput 和 PTBModel 创建一个用来验证的模型 mvalid
    valid_input = PTBInput(config=config, data=valid_data, name="ValidInput")
    with tf.variable_scope("Model", reuse=True, initializer=initializer):
      mvalid = PTBModel(is_training=False, config=config, input_=valid_input)
```

```
    #tf.scalar_summary("Validation Loss", mvalid.cost)

with tf.name_scope("Tst"):
  #使用 PTBInput 和 PTBModel 创建一个用来验证的模型 Tst
  test_input = PTBInput(config = eval_config, data = test_data, name = "TstInput")
  with tf.variable_scope("Model", reuse = True, initializer = initializer):
    mtst = PTBModel(is_training = False, config = eval_config,
                    input_ = test_input)

#训练和验证模型直接使用前面的 config,测试模型则使用前面的测试配置 eval_config


sv = tf.train.Supervisor()
#使用 tf.train.Supervisor 创建训练的管理器 sv

#使用 sv.managed_session()创建默认的 session
with sv.managed_session() as session:
  #执行训练多个 epoch 数据的循环
  for i in range(config.max_max_epoch):
    #在每个 epoch 循环内,我们先计算累计的学习速率衰减值
    #这里只需要计算超过 max_epoch 的轮数,再求 lr_decay 超出轮数次幂即可
    #然后将初始学习速率乘以累计的衰减,并更新学习速率
    lr_decay = config.lr_decay ** max(i + 1 - config.max_epoch, 0.0)
    m.assign_lr(session, config.learning_rate * lr_decay)

    #在循环内执行一个 epoch 的训练和验证,并输出当前的学习速率,训练和验证即为
    #perplexity
    print("Epoch: %d Learning rate: %.3f" % (i + 1, session.run(m.lr)))
    train_perplexity = run_epoch(session, m, eval_op = m.train_op,
                                 verbose = True)
    print("Epoch: %d Train Perplexity: %.3f" % (i + 1, train_perplexity))
    valid_perplexity = run_epoch(session, mvalid)
    print("Epoch: %d Valid Perplexity: %.3f" % (i + 1, valid_perplexity))

  #在完成全部训练之后,计算并输出模型在测试集上的 perplexity
  tst_perplexity = run_epoch(session, mtst)
  print("Test Perplexity: %.3f" % tst_perplexity)
  #
  #if FLAGS.save_path:
  #  print("Saving model to %s." % FLAGS.save_path)
  #  sv.saver.save(session, FLAGS.save_path, global_step = sv.global_step)

if __name__ == "__main__":
tf.app.run()
```

LSTM 经常用来解决处理和预测序列化问题，下面要讲解的 Seq2Seq 就是基于 LSTM 的，当然 Seq2Seq 也不是必须基于 LSTM，它也可以基于 CNN。

18.3.5 端到端神经网络

Seq2Seq 技术，全称 Sequence to Sequence，该技术突破了传统的固定大小输入问题，开启了将经典深度神经网络模型运用于翻译与智能问答这一类序列型(sequence based，项目间有固定的先后关系)任务的先河，并被证实在机器翻译、对话机器人和语音辨识的应用中有着不俗的表现。

1. Seq2Seq 原理介绍

传统的 Seq2Seq 使用两个循环神经网络，将一个语言序列直接转换到另一个语言序列，它

是循环神经网络的升级版,联合了两个循环神经网络:一个负责接收源句子;而另一个负责将句子输出成翻译的语言。这两个过程分别称为编码和解码,如图18.38所示。

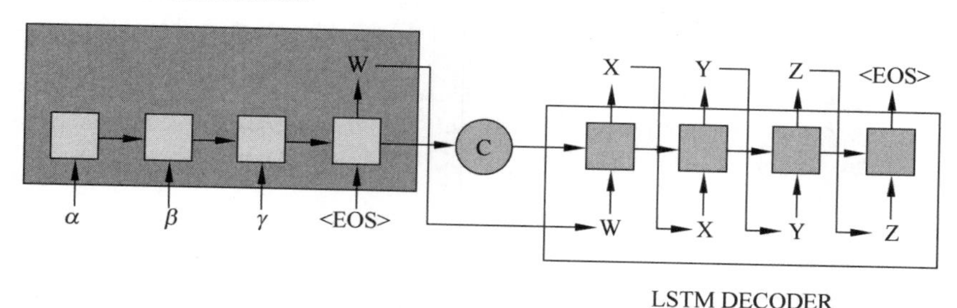

图18.38 Seq2Seq模型(图片来源于CSDN)

1) 编码过程

编码过程实际上使用了循环神经网络记忆的功能,通过上下文的序列关系将词向量依次输入网络。对于循环神经网络,每一次网络都会输出一个结果,但是编码的不同之处在于它只保留最后一个隐藏状态,相当于将整句话浓缩在一起,将其存为一个内容向量(context)供后面的解码器(decoder)使用。

2) 解码过程

解码和编码的网络结构几乎是一样的,唯一不同的是在解码过程中是根据前面的结果来得到后面的结果。在编码过程中输入一句话,这一句话就是一个序列,而且这个序列中的每个词都是已知的,而解码过程相当于什么也不知道,首先需要一个标识符表示一句话的开始,接着将其输入网络得到第一个输出作为这句话的第一个词,然后通过得到的第一个词作为网络的下一个输入,从而得到输出作为第二个词,不断循环,通过这种方式来得到最后网络输出的一句话。

3) 使用序列到序列网络结构的原因

翻译的每句话的输入长度和输出长度一般来讲都是不同的,而序列到序列的网络结构的优势在于不同长度的输入序列能够得到任意长度的输出序列。使用序列到序列的模型,首先将一句话的所有内容压缩成一个内容向量,然后通过一个循环网络不断地将内容提取出来,形成一句新的话。

2. Seq2Seq代码实战

了解了Seq2Seq原理和介绍后,我们来做一个实践应用:做一个单词的字母排序,例如输入单词是'acbd',输出单词是'abcd'。要让机器学会这种排序算法,可以使用Seq2Seq模型来完成,接下来我们分析一下核心步骤,然后给出一个能直接运行的完整代码供大家学习。

1) 数据集的准备

有两个文件分别是source.txt和target.txt,对应的分别是输入文件和输出文件,代码如下:

```
#读取输入文件
with open('data/letters_source.txt', 'r', encoding = 'utf - 8') as f:
    source_data = f.read()
#读取输出文件
with open('data/letters_target.txt', 'r', encoding = 'utf - 8') as f:
    target_data = f.read()
```

2) 数据集的预处理

填充序列、序列字符和ID的转换,代码如下:

```
#数据预处理
def extract_character_vocab(data):
    #使用特定的字符进行序列的填充
    special_words = ['<PAD>', '<UNK>', '<GO>', '<EOS>']
    set_words = list(set([character for line in data.split('\n') for character in line]))
    #这里要把 4 个特殊字符添加进词典
    int_to_vocab = {idx: word for idx, word in enumerate(special_words + set_words)}
    vocab_to_int = {word: idx for idx, word in int_to_vocab.items()}
    return int_to_vocab, vocab_to_int

source_int_to_letter, source_letter_to_int = extract_character_vocab(source_data)
target_int_to_letter, target_letter_to_int = extract_character_vocab(target_data)
#对字母进行转换
source_int = [[source_letter_to_int.get(letter, source_letter_to_int['<UNK>'])
               for letter in line] for line in source_data.split('\n')]
target_int = [[target_letter_to_int.get(letter, target_letter_to_int['<UNK>'])
               for letter in line] + [target_letter_to_int['<EOS>']] for line in target_data.
split('\n')]
print('source_int_head',source_int[:10])
```

填充字符含义：

<PAD>：补全字符。

<EOS>：解码器端的句子结束标识符。

<UNK>：低频词或者一些未遇到过的词等。

<GO>：解码器端的句子起始标识符。

3）创建编码层

创建编码层代码如下：

```
#创建编码层
def get_encoder_layer(input_data, rnn_size, num_layers,source_sequence_length, source_vocab_
size,encoding_embedding_size):

    #Encoder embedding
    encoder_embed_input = layer.embed_sequence(ids = input_data, vocab_size = source_vocab_
size,embed_dim = encoding_embedding_size)

    #RNN cell
    def get_lstm_cell(rnn_size):
        lstm_cell = rnn.LSTMCell(rnn_size,
initializer = tf.random_uniform_initializer(-0.1, 0.1, seed = 2))
        return lstm_cell
    #指定多个 lstm
    cell = rnn.MultiRNNCell([get_lstm_cell(rnn_size) for _ in range(num_layers)])
    #返回 output,state
    encoder_output, encoder_state = tf.nn.dynamic_rnn(cell = cell, inputs = encoder_embed_
input,sequence_length = source_sequence_length, dtype = tf.float32)

    return encoder_output, encoder_state
```

参数变量含义：

input_data：输入张量；

rnn_size：RNN 隐层节点数量；

num_layers：堆叠的 RNN 单元数量；

source_sequence_length：源数据的序列长度；

source_vocab_size：源数据的词典大小；

encoding_embedding_size：向量的大小。

4）创建解码层

对编码之后的字符串进行处理，移除最后一个没用的字符串，代码如下：

```
#对编码数据进行处理，移除最后一个字符
def process_decoder_input(data, vocab_to_int, batch_size):
    '''
#补充<GO>，并移除最后一个字符
    '''
    #cut 掉最后一个字符
    ending = tf.strided_slice(data, [0, 0], [batch_size, -1], [1, 1])
    decoder_input = tf.concat([tf.fill([batch_size, 1], vocab_to_int['<GO>']), ending], 1)

    return decoder_input
```

创建解码层代码如下：

```
#创建解码层
def decoding_layer(target_letter_to_int,
                   decoding_embedding_size,
                   num_layers, rnn_size,
                   target_sequence_length,
                   max_target_sequence_length,
                   encoder_state, decoder_input):
    #1. 构建向量
    #目标词汇的长度
    target_vocab_size = len(target_letter_to_int)
    #定义解码向量的维度大小
    decoder_embeddings = tf.Variable(tf.random_uniform([target_vocab_size, decoding_
embedding_size]))
    #解码之后向量的输出
    decoder_embed_input = tf.nn.embedding_lookup(decoder_embeddings, decoder_input)

    #2. 构造 Decoder 中的 RNN 单元
    def get_decoder_cell(rnn_size):
        decoder_cell = rnn.LSTMCell(num_units = rnn_size, initializer = tf.random_uniform_
initializer(-0.1, 0.1, seed=2))
        return decoder_cell

    cell = tf.contrib.rnn.MultiRNNCell([get_decoder_cell(rnn_size) for _ in range(num_
layers)])

    #3. Output 全连接层
    output_layer = Dense(units = target_vocab_size, kernel_initializer = tf.truncated_normal_
initializer(mean = 0.0, stddev = 0.1))

    #4. Training decoder
    with tf.variable_scope("decode"):
        #得到 help 对象
        training_helper = seq2seq.TrainingHelper(inputs = decoder_embed_input, sequence_length =
target_sequence_length, time_major = False)
        #构造 decoder
        training_decoder = seq2seq.BasicDecoder(cell = cell, helper = training_helper, initial_
state = encoder_state, output_layer = output_layer)
        training_decoder_output, _, _ = seq2seq.dynamic_decode(decoder = training_decoder,
impute_finished = True, maximum_iterations = max_target_sequence_length)

        #5. Predicting decoder
        #与 training 共享参数
```

```
        with tf.variable_scope("decode", reuse = True):
            #创建一个常量 tensor 并复制为 batch_size 的大小
            start_tokens = tf.tile(tf.constant([target_letter_to_int['<GO>']], dtype = tf.
int32), [batch_size],name = 'start_tokens')
            predicting_helper = seq2seq.GreedyEmbeddingHelper(decoder_embeddings,start_tokens,
target_letter_to_int['<EOS>'])
            predicting_decoder = seq2seq.BasicDecoder(cell = cell, helper = predicting_helper,
initial_state = encoder_state, output_layer = output_layer)
            predicting_decoder_output, _ , _ = seq2seq.dynamic_decode(decoder = predicting_
decoder, impute_finished = True, maximum_iterations = max_target_sequence_length)

        return training_decoder_output, predicting_decoder_output
```

在构建解码这一块使用了参数共享机制 tf.variable_scope(""),参数含义为：

target_letter_to_int：目标数据的映射表；

decoding_embedding_size：解码向量大小；

num_layers：堆叠的 RNN 单元数量；

rnn_size：RNN 单元的隐层节点数量；

target_sequence_length：目标数据序列长度；

max_target_sequence_length：目标数据序列最大长度；

encoder_state：编码端编码的状态向量；

decoder_input：解码端输入。

5）构建 Seq2Seq 模型

把解码和编码串在一起,代码如下：

```
#构建序列模型
def seq2seq_model(input_data, targets, lr, target_sequence_length,
                  max_target_sequence_length, source_sequence_length,
                  source_vocab_size, target_vocab_size,
                  encoder_embedding_size, decoder_embedding_size,
                  rnn_size, num_layers):
#获取 encoder 的状态输出
_, encoder_state = get_encoder_layer(input_data,
                                     rnn_size,
                                     num_layers,
                                     source_sequence_length,
                                     source_vocab_size,
                                     encoding_embedding_size)

#预处理后的 decoder 输入
decoder_input = process_decoder_input(targets, target_letter_to_int, batch_size)

#将状态向量与输入传递给 decoder
training_decoder_output, predicting_decoder_output = decoding_layer(target_letter_to_int,
decoding_embedding_size,
                   num_layers,
                   rnn_size,
target_sequence_length,
max_target_sequence_length,
                   encoder_state,
                   decoder_input)
return training_decoder_output, predicting_decoder_output
```

6）创建模型输入参数

创建模型输入参数代码如下：

```
#创建模型输入参数
def get_inputs():
    inputs = tf.placeholder(tf.int32, [None, None], name='inputs')
    targets = tf.placeholder(tf.int32, [None, None], name='targets')
    learning_rate = tf.placeholder(tf.float32, name='learning_rate')
    #定义 target 序列最大长度(之后 target_sequence_length 和
    #source_sequence_length 会作为 feed_dict 的参数)
    target_sequence_length = tf.placeholder(tf.int32, (None,), name='target_sequence_length')
    max_target_sequence_length = tf.reduce_max(target_sequence_length, name='max_target_len')
    source_sequence_length = tf.placeholder(tf.int32, (None,), name='source_sequence_length')
    return inputs, targets, learning_rate, target_sequence_length, max_target_sequence_length,
source_sequence_length
```

7）训练数据准备和生成

数据填充代码如下：

```
#对 batch 中的序列进行补全,保证 batch 中的每行都有相同的 sequence_length
def pad_sentence_batch(sentence_batch, pad_int):
    '''
参数:
    - sentence_batch
    - pad_int: <PAD>对应索引号
    '''
    max_sentence = max([len(sentence) for sentence in sentence_batch])
    return [sentence + [pad_int] * (max_sentence - len(sentence)) for sentence in sentence_
batch]
```

批量数据获取代码如下：

```
#批量数据生成
def get_batches(targets, sources, batch_size, source_pad_int, target_pad_int):
    '''
定义生成器,用来获取 batch
    '''
    for batch_i in range(0, len(sources) // batch_size):
        start_i = batch_i * batch_size
        sources_batch = sources[start_i:start_i + batch_size]
        targets_batch = targets[start_i:start_i + batch_size]
        #补全序列
        pad_sources_batch = np.array(pad_sentence_batch(sources_batch, source_pad_int))
        pad_targets_batch = np.array(pad_sentence_batch(targets_batch, target_pad_int))

        #记录每条记录的长度
        pad_targets_lengths = []
        for target in pad_targets_batch:
            pad_targets_lengths.append(len(target))

        pad_source_lengths = []
        for source in pad_sources_batch:
            pad_source_lengths.append(len(source))

        yield pad_targets_batch, pad_sources_batch, pad_targets_lengths, pad_source_lengths
```

到此核心步骤基本上分析完成，剩下训练和预测，如代码18.3所示。

【代码 18.3】 seq2seq.py

```
# -*- coding: utf-8 -*-
from tensorflow.python.layers.core import Dense
import numpy as np
import time
```

```
import tensorflow as tf
import tensorflow.contrib.layers as layer
import tensorflow.contrib.rnn as rnn
import tensorflow.contrib.seq2seq as seq2seq

#读取输入文件
with open('data/letters_source.txt', 'r', encoding='utf-8') as f:
    source_data = f.read()

#读取输出文件
with open('data/letters_target.txt', 'r', encoding='utf-8') as f:
    target_data = f.read()

print('source_data_head',source_data.split('\n')[:10])

#数据预处理
def extract_character_vocab(data):
    #使用特定的字符进行序列填充
    special_words = ['<PAD>', '<UNK>', '<GO>', '<EOS>']
    set_words = list(set([character for line in data.split('\n') for character in line]))
    #这里要把4个特殊字符添加进词典
    int_to_vocab = {idx: word for idx, word in enumerate(special_words + set_words)}
    vocab_to_int = {word: idx for idx, word in int_to_vocab.items()}
    return int_to_vocab, vocab_to_int

source_int_to_letter, source_letter_to_int = extract_character_vocab(source_data)
target_int_to_letter, target_letter_to_int = extract_character_vocab(target_data)

#对字母进行转换
source_int = [[source_letter_to_int.get(letter, source_letter_to_int['<UNK>'])
               for letter in line] for line in source_data.split('\n')]
target_int = [[target_letter_to_int.get(letter, target_letter_to_int['<UNK>'])
               for letter in line] + [target_letter_to_int['<EOS>']] for line in target_data.
split('\n')]
print('source_int_head',source_int[:10])

#创建模型输入参数
def get_inputs():
    inputs = tf.placeholder(tf.int32, [None, None], name='inputs')
    targets = tf.placeholder(tf.int32, [None, None], name='targets')
    learning_rate = tf.placeholder(tf.float32, name='learning_rate')
    #定义 target 序列最大长度(之后 target_sequence_length 和
    #source_sequence_length 会作为 feed_dict 的参数)
    target_sequence_length = tf.placeholder(tf.int32, (None,), name='target_sequence_length')
    max_target_sequence_length = tf.reduce_max(target_sequence_length, name='max_target_len')
    source_sequence_length = tf.placeholder(tf.int32, (None,), name='source_sequence_length')
    return inputs, targets, learning_rate, target_sequence_length, max_target_sequence_length,
source_sequence_length


'''
构造 Encoder 层

参数说明:
        input_data: 输入 tensor;
        rnn_size: rnn 隐层节点数量;
        num_layers: 堆叠的 rnn cell 数量;
        source_sequence_length: 源数据的序列长度;
        source_vocab_size: 源数据的词典大小;
```

```
        encoding_embedding_size: embedding 的大小。
        '''
    #创建编码层
    def get_encoder_layer(input_data, rnn_size, num_layers,source_sequence_length, source_vocab_size,encoding_embedding_size):

        #Encoder embedding
        encoder_embed_input = layer.embed_sequence(ids = input_data, vocab_size = source_vocab_size,embed_dim = encoding_embedding_size)

        #RNN cell
        def get_lstm_cell(rnn_size):
            lstm_cell = rnn.LSTMCell(rnn_size, initializer = tf.random_uniform_initializer( - 0.1, 0.1, seed = 2))
            return lstm_cell
        #指定多个 lstm
        cell = rnn.MultiRNNCell([get_lstm_cell(rnn_size) for _ in range(num_layers)])
        #返回 output,state
        encoder_output, encoder_state = tf.nn.dynamic_rnn(cell = cell, inputs = encoder_embed_input,sequence_length = source_sequence_length, dtype = tf.float32)

        return encoder_output, encoder_state

    #对编码数据进行处理,移除最后一个字符
    def process_decoder_input(data, vocab_to_int, batch_size):
        '''
    补充<GO>,并移除最后一个字符
        '''
        #cut 掉最后一个字符
        ending = tf.strided_slice(data, [0, 0], [batch_size, -1], [1, 1])
        decoder_input = tf.concat([tf.fill([batch_size, 1], vocab_to_int['<GO>']), ending], 1)

        return decoder_input


    '''
    构造 Decoder 层

    参数说明:
      target_letter_to_int: target 数据的映射表;
      decoding_embedding_size: embed 向量大小;
      num_layers: 堆叠的 RNN 单元数量;
      rnn_size: RNN 单元的隐层节点数量;
      target_sequence_length: target 数据序列长度;
      max_target_sequence_length: target 数据序列最大长度;
      encoder_state: encoder 端编码的状态向量;
      decoder_input: decoder 端输入。
      '''

    #创建解码层
    def decoding_layer(target_letter_to_int,
                       decoding_embedding_size,
                       num_layers, rnn_size,
                       target_sequence_length,
                       max_target_sequence_length,
                       encoder_state, decoder_input):
        #1. 构建向量
        #目标词汇的长度
        target_vocab_size = len(target_letter_to_int)
```

```
    #定义解码向量的维度大小
    decoder_embeddings = tf.Variable(tf.random_uniform([target_vocab_size, decoding_embedding_size]))
    #解码之后向量的输出
    decoder_embed_input = tf.nn.embedding_lookup(decoder_embeddings, decoder_input)

    #2. 构造 Decoder 中的 RNN 单元
    def get_decoder_cell(rnn_size):
        decoder_cell = rnn.LSTMCell(num_units = rnn_size, initializer = tf.random_uniform_initializer(-0.1, 0.1, seed = 2))
        return decoder_cell

    cell = tf.contrib.rnn.MultiRNNCell([get_decoder_cell(rnn_size) for _ in range(num_layers)])

    #3. Output 全连接层
    output_layer = Dense(units = target_vocab_size, kernel_initializer = tf.truncated_normal_initializer(mean = 0.0, stddev = 0.1))

    #4. Training decoder
    with tf.variable_scope("decode"):
        #得到 help 对象
        training_helper = seq2seq.TrainingHelper(inputs = decoder_embed_input, sequence_length = target_sequence_length, time_major = False)
        #构造 decoder
        training_decoder = seq2seq.BasicDecoder(cell = cell, helper = training_helper, initial_state = encoder_state, output_layer = output_layer)
        training_decoder_output, _, _ = seq2seq.dynamic_decode(decoder = training_decoder, impute_finished = True, maximum_iterations = max_target_sequence_length)

        #5. Predicting decoder
        #与 training 共享参数
        with tf.variable_scope("decode", reuse = True):
            #创建一个常量 tensor 并复制为 batch_size 的大小
            start_tokens = tf.tile(tf.constant([target_letter_to_int['<GO>']], dtype = tf.int32), [batch_size], name = 'start_tokens')
            predicting_helper = seq2seq.GreedyEmbeddingHelper(decoder_embeddings, start_tokens, target_letter_to_int['<EOS>'])
            predicting_decoder = seq2seq.BasicDecoder(cell = cell, helper = predicting_helper, initial_state = encoder_state, output_layer = output_layer)
            predicting_decoder_output, _, _ = seq2seq.dynamic_decode(decoder = predicting_decoder, impute_finished = True, maximum_iterations = max_target_sequence_length)

        return training_decoder_output, predicting_decoder_output


#构建序列模型
def seq2seq_model(input_data, targets, lr, target_sequence_length,
                  max_target_sequence_length, source_sequence_length,
                  source_vocab_size, target_vocab_size,
                  encoder_embedding_size, decoder_embedding_size,
                  rnn_size, num_layers):
    #获取 encoder 的状态输出
    _, encoder_state = get_encoder_layer(input_data,
                                         rnn_size,
                                         num_layers,
                                         source_sequence_length,
                                         source_vocab_size,
                                         encoding_embedding_size)
```

```
    #预处理后的 decoder 输入
    decoder_input = process_decoder_input(targets, target_letter_to_int, batch_size)

    #将状态向量与输入传递给 decoder
    training_decoder_output, predicting_decoder_output = decoding_layer(target_letter_to_int,
    decoding_embedding_size,
                num_layers,
                rnn_size,
    target_sequence_length,
    max_target_sequence_length,
                encoder_state,
                decoder_input)

    return training_decoder_output, predicting_decoder_output


#超参数
#Number of Epochs
epochs = 60
#Batch Size
batch_size = 128
#RNN Size
rnn_size = 50
#Number of Layers
num_layers = 2
#Embedding Size
encoding_embedding_size = 15
decoding_embedding_size = 15
#Learning Rate
learning_rate = 0.001

#构造 graph
train_graph = tf.Graph()

with train_graph.as_default():
    #获得模型输入
    input_data, targets, lr, target_sequence_length, max_target_sequence_length, source_
sequence_length = get_inputs()

    training_decoder_output, predicting_decoder_output = seq2seq_model(input_data,
                targets,
                lr,
    target_sequence_length,
    max_target_sequence_length,
    source_sequence_length,
    len(source_letter_to_int),
    len(target_letter_to_int),
    encoding_embedding_size,
    decoding_embedding_size,
    rnn_size,
    num_layers)

    training_logits = tf.identity(training_decoder_output.rnn_output, 'logits')
    predicting_logits = tf.identity(predicting_decoder_output.sample_id, name='predictions')

    masks = tf.sequence_mask(target_sequence_length, max_target_sequence_length, dtype=tf.
float32, name='masks')

    with tf.name_scope("optimization"):
```

```
        # Loss function
        cost = tf.contrib.seq2seq.sequence_loss(
            training_logits,
            targets,
            masks)

        # Optimizer
        optimizer = tf.train.AdamOptimizer(lr)

        # Gradient Clipping 基于定义的 min 与 max 对 tensor 数据进行截断操作,目的是为了
        # 应对梯度爆发或者梯度消失的情况
        gradients = optimizer.compute_gradients(cost)
        capped_gradients = [(tf.clip_by_value(grad, -5., 5.), var) for grad, var in gradients if
grad is not None]
        train_op = optimizer.apply_gradients(capped_gradients)

# 对 batch 中的序列进行补全,保证 batch 中的每行都有相同的 sequence_length
def pad_sentence_batch(sentence_batch, pad_int):
    '''
参数:
    sentence_batch
    pad_int: <PAD>对应索引号
    '''
    max_sentence = max([len(sentence) for sentence in sentence_batch])
    return [sentence + [pad_int] * (max_sentence - len(sentence)) for sentence in sentence_
batch]

# 批量数据生成
def get_batches(targets, sources, batch_size, source_pad_int, target_pad_int):
    '''
定义生成器,用来获取 batch
    '''
    for batch_i in range(0, len(sources) // batch_size):
        start_i = batch_i * batch_size
        sources_batch = sources[start_i:start_i + batch_size]
        targets_batch = targets[start_i:start_i + batch_size]
        # 补全序列
        pad_sources_batch = np.array(pad_sentence_batch(sources_batch, source_pad_int))
        pad_targets_batch = np.array(pad_sentence_batch(targets_batch, target_pad_int))

        # 记录每条记录的长度
        pad_targets_lengths = []
        for target in pad_targets_batch:
            pad_targets_lengths.append(len(target))

        pad_source_lengths = []
        for source in pad_sources_batch:
            pad_source_lengths.append(len(source))

        yield pad_targets_batch, pad_sources_batch, pad_targets_lengths, pad_source_lengths


# 将数据集分割为 train 和 validation
train_source = source_int[batch_size:]
train_target = target_int[batch_size:]
# 留出一个 batch 进行验证
valid_source = source_int[:batch_size]
valid_target = target_int[:batch_size]
(valid_targets_batch, valid_sources_batch, valid_targets_lengths, valid_sources_lengths) =
```

```
next(get_batches(valid_target, valid_source, batch_size,
source_letter_to_int['<PAD>'],
target_letter_to_int['<PAD>']))

    display_step = 50 #每隔 50 轮输出 loss

    checkpoint = "model/trained_model.ckpt"

    #准备训练模型
    with tf.Session(graph=train_graph) as sess:
        sess.run(tf.global_variables_initializer())

    for epoch_i in range(1, epochs + 1):
        for batch_i, (targets_batch, sources_batch, targets_lengths, sources_lengths) in
enumerate(
                get_batches(train_target, train_source, batch_size,
                            source_letter_to_int['<PAD>'],
                            target_letter_to_int['<PAD>'])):
            _, loss = sess.run(
                [train_op, cost],
                {input_data: sources_batch,
                 targets: targets_batch,
                 lr: learning_rate,
                 target_sequence_length: targets_lengths,
                 source_sequence_length: sources_lengths})

            if batch_i % display_step == 0:
                #计算 validation loss
                validation_loss = sess.run(
                    [cost],
                    {input_data: valid_sources_batch,
                     targets: valid_targets_batch,
                     lr: learning_rate,
                     target_sequence_length: valid_targets_lengths,
                     source_sequence_length: valid_sources_lengths})

                print('Epoch {:>3}/{} Batch {:>4}/{} - Training Loss: {:>6.3f} - Validation
loss: {:>6.3f}'
                      .format(epoch_i,
                              epochs,
                              batch_i,
                              len(train_source) // batch_size,
                              loss,
                              validation_loss[0]))

    #保存模型
    saver = tf.train.Saver()
    saver.save(sess, checkpoint)
    print('Model Trained and Saved')


#对源数据进行转换
def source_to_seq(text):
    sequence_length = 7
    return [source_letter_to_int.get(word, source_letter_to_int['<UNK>']) for word in text] +
[source_letter_to_int['<PAD>']] * (sequence_length - len(text))
```

```
#输入一个单词
input_word = 'acdbf'
text = source_to_seq(input_word)

checkpoint = "model/trained_model.ckpt"

loaded_graph = tf.Graph()

#模型预测
with tf.Session(graph= loaded_graph) as sess:
    #加载模型
    loader = tf.train.import_meta_graph(checkpoint + '.meta')
    loader.restore(sess, checkpoint)

    input_data = loaded_graph.get_tensor_by_name('inputs:0')
    logits = loaded_graph.get_tensor_by_name('predictions:0')
    source_sequence_length = loaded_graph.get_tensor_by_name('source_sequence_length:0')
    target_sequence_length = loaded_graph.get_tensor_by_name('target_sequence_length:0')
    answer_logits = sess.run(logits, {input_data: [text] * batch_size,
                                      target_sequence_length: [len(text)] * batch_size,
                                      source_sequence_length: [len(text)] * batch_size})[0]


pad = source_letter_to_int["<PAD>"]

print('原始输入:', input_word)

print('\nSource')
print('Word 编号: {}'.format([i for i in text]))
print('Input Words: {}'.format(" ".join([source_int_to_letter[i] for i in text])))

print('\nTarget')
print('Word 编号:{}'.format([i for i in answer_logits if i != pad]))
print('Response Words: {}'.format(" ".join([target_int_to_letter[i] for i in answer_logits if
i != pad])))
```

最终的运行效果如图 18.39 所示。

图 18.39　代码运行效果(图片来源于 CSDN)

此时我们发现机器已经学会对输入的单词进行字母排序了,但是如果输入字符太长,例如 20 个甚至 30 个,大家可以再测试一下,将会发现排序不是那么准确了,原因是序列太长了,这也是基础的 Seq2Seq 的不足之处,所以需要优化它,那么应该怎么优化呢?可以加上注意力(Attention)机制,什么是 Attention 机制呢?下面讲解一下。

3. Attention 机制在 Seq2Seq 模型中的运用

由于编码器-解码器模型在编码和解码阶段始终由一个不变的语义向量 C 来联系,所以编码器要将整个序列的信息压缩进一个固定长度的向量中去,这就造成了语义向量无法完全表示整个序列的信息,以及最开始输入的序列容易被后输入的序列给覆盖,从而会丢失许多细节信息,这在长序列上表现得尤为明显。

1) Attention 模型的引入

相比于之前的编码器-解码器模型,Attention 模型不再要求编码器将所有输入信息都编码进一个固定长度的向量之中,这是这两种模型的最大区别。相反,此时编码器需要将输入编码成一个向量序列，而在解码的时候每一步都会选择性地从向量序列中挑选一个子集进行进一步处理。这样，在生成每一个输出的时候，都能够充分利用输入序列携带的信息，并且这种方法在翻译任务中取得了非常不错的成果。

在 Seq2Seq 模型中加入注意力机制，如图 18.40 所示。

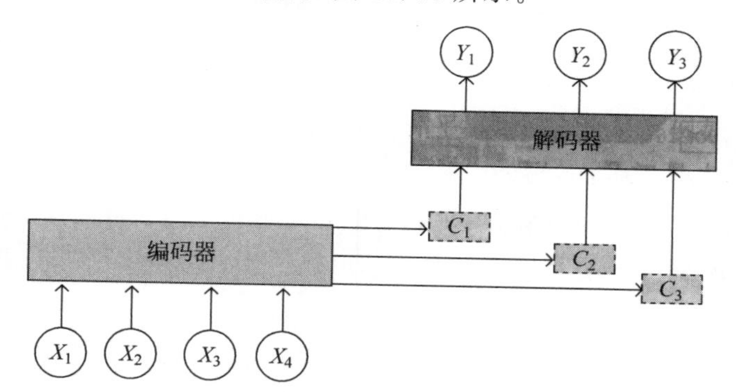

图 18.40　注意力机制的 Seq2Seq 模型(图片来源于 CSDN)

2) Attention 求解方式

接下来通过一个示例来具体讲解 Attention 的应用过程。

(1) 问题。

一个简单的序列预测问题，输入是 x_1,x_2,x_3，输出是预测一步 y_1。

在本例中，我们将忽略在编码器和解码器中使用的 RNN 类型，从而忽略双向输入层的使用，这些元素对于理解解码器注意力的计算并不显著。

(2) 编码。

在编码器-解码器模型中，输入将被编码为单个固定长度向量，这是最后一个步骤的编码器模型的输出。

$$h_1=\text{Encoder}(x_1,x_2,x_3)$$

注意力模型需要在每个输入时间步长访问编码器的输出。本书将这些称为每个时间步的“注释”(annotations)。在这种情况下：

$$h_1,h_2,h_3=\text{Encoder}(x_1,x_2,x_3)$$

(3) 对齐。

解码器一次输出一个值，在最终输出当前输出时间步长的预测(y)之前，该值可能会经过许多层。

对齐模型评分(e)评价了每个编码输入得到的注释(h)与解码器的当前输出匹配的程度。

分数的计算需要解码器从前一输出时间步长输出的结果，例如 $s(t-1)$。当对解码器的第一个输出进行评分时，这将是 0。使用函数 $a()$执行评分。可以对第一输出时间步骤的每个注释(h)进行如下评分：

$$e_{11}=a(0,h_1)$$

$$e_{12}=a(0,h_2)$$

$$e_{13}=a(0,h_3)$$

对于这些评分，使用两个下标，例如，e_{11}，其中第一个“1”表示输出时间步骤，第二个“1”表示输入时间步骤。

可以想象，如果有两个输出时间步的序列到序列问题，那么稍后可以对第二时间步的注释评分如下(假设已经计算过 s_1)：

$$e_{21}=a(s_1,h_1)$$
$$e_{22}=a(s_1,h_2)$$
$$e_{23}=a(s_1,h_3)$$

本书将函数 $a()$称为对齐模型，并将其实现为前馈神经网络。

这是一个传统的单层网络，其中每个输入（$s(t-1)$与 h_1、h_2 和 h_3）被加权，使用 tanh 激活函数并且输出也被加权。

（4）加权。

接下来，使用 Softmax 函数标准化对齐分数。分数的标准化允许它们被当作概率对待，指示每个编码的输入时间步骤（注释）与当前输出时间步骤相关的可能性。这些标准化的分数称为注释权重。例如，给定计算的对齐分数（e），可以计算 Softmax 注释权重（a），如下所示：

$$a_{11}=\exp(e_{11})/(\exp(e_{11})+\exp(e_{12})+\exp(e_{13}))$$
$$a_{12}=\exp(e_{12})/(\exp(e_{11})+\exp(e_{12})+\exp(e_{13}))$$
$$a_{13}=\exp(e_{13})/(\exp(e_{11})+\exp(e_{12})+\exp(e_{13}))$$

如果有两个输出时间步骤，则第二输出时间步骤的注释权重计算如下所示：

$$a_{21}=\exp(e_{21})/(\exp(e_{21})+\exp(e_{22})+\exp(e_{23}))$$
$$a_{22}=\exp(e_{22})/(\exp(e_{21})+\exp(e_{22})+\exp(e_{23}))$$
$$a_{23}=\exp(e_{23})/(\exp(e_{21})+\exp(e_{22})+\exp(e_{23}))$$

（5）上下文向量。

将每个注释（h）与注释权重（a）相乘以生成新的具有注意力的上下文向量，从中可以解码当前时间步骤的输出。

为了简单起见，我们只有一个输出时间步骤，因此可以计算单个元素上下文向量（为了可读性，使用括号），如下所示：

$$c_1=(a_{11}*h_1)+(a_{12}*h_2)+(a_{13}*h_3)$$

上下文向量是注释和标准化对齐得分的加权和。如果有两个输出时间步骤，上下文向量将包括两个元素$[c_1,c_2]$，计算如下所示：

$$c_1=a_{11}*h_1+a_{12}*h_2+a_{13}*h_3$$
$$c_2=a_{21}*h_1+a_{22}*h_2+a_{23}*h_3$$

（6）解码。

最后，按照编码器-解码器模型执行解码，在本例中为当前时间步骤使用带注意力的上下文向量。解码器的输出称为隐藏状态。

$$s_1=\text{Decoder}(c_1)$$

此隐藏状态可以在作为时间步长的预测（y_1）最终输出模型之前，被隐藏到其他附加层。

3）注意力机制的好处

注意力机制的好处有以下几方面：

（1）更丰富的编码。编码器的输出被扩展，以提供输入序列中所有字的信息，而不仅仅是序列中最后一个字的最终输出。

（2）对齐模型。新的小神经网络模型用于使用来自前一时间步的解码器的输出来对准或关联扩展编码。

（3）加权编码。对齐的加权，可用作编码输入序列上的概率分布。

（4）加权的上下文向量。应用于编码输入序列的加权，然后可用于解码下一个字。

注意，在所有这些编码器-解码器模型中，模型的输出（下一个预测字）和解码器的输出（内部表示）之间存在差异。解码器不直接输出字。通常，将完全连接的层连接到解码器，该解码器输出单词词汇表上的概率分布，然后使用启发式的搜索进一步搜索。

实际上 Seq2Seq 模型不仅仅可以用 RNN 来实现，也可以用 CNN 来实现。Facebook 公司人工智能研究院提出来完全基于 CNN 的 Seq2Seq 框架，而传统的 Seq2Seq 模型是基于 RNN 来实现的，特别是 LSTM，这就带来了计算量复杂的问题。Facebook 公司大胆改变，将编码器、解码器、注意力机制甚至是记忆单元全部替换成 CNN。虽然单层 CNN 只能看到固定范围的上下文，但是将多个 CNN 叠加起来就可以很容易将有效的上下文范围放大。Facebook 公司将此模型成功地应用到了英语-法语机器翻译和英语-德语机器翻译中，不仅刷新了二者前期的记录，而且还将训练速度提高了一个数量级，无论是在 GPU 还是 CPU 上。

Seq2Seq 模型也可以使用生成对抗网络的思想来提高性能。

18.3.6　生成对抗网络

生成对抗网络（GAN）是一种深度学习模型，是近年来在复杂分布上无监督学习最具前景的方法之一。模型通过框架中（至少）两个模型：生成模型（generative model，GM）和判别模型（discriminative model，DM）的互相博弈学习生成相当好的输出。原始 GAN 理论中并不要求 G 和 D 都是神经网络，只需要能拟合相应的生成和判别函数即可，但实用中一般使用深度神经网络作为 G 和 D。一个优秀的 GAN 应用需要有良好的训练方法，否则可能由于神经网络模型的自由性而导致输出不理想。

1. GAN 发展历史

伊恩·J. 古德费洛（Ian J. Goodfellow）等于 2014 年 10 月在 GAN 中提出了一个通过对抗过程估计生成模型的新框架。框架中同时训练两个模型：捕获数据分布的生成模型（G）和估计样本来自训练数据概率的判别模型（D）。G 的训练程序是将 D 错误的概率最大化。这个框架对应一个最大值集下限的双方对抗游戏，可以证明在任意函数 G 和 D 的空间中，存在唯一的解决方案，使得 G 重现训练数据分布，而 D=0.5。在 G 和 D 由多层感知器定义的情况下，整个系统可以用反向传播进行训练。在训练或生成样本期间，不需要任何马尔可夫链或展开的近似推理网络。实验通过对生成的样品的定性和定量评估证明了该框架的潜力。

2. GAN 方法

机器学习的模型可大体分为两类，生成模型和判别模型。判别模型需要输入变量，通过某种模型来预测。生成模型是给定某种隐含信息，来随机生成观测数据。举个简单的例子：

判别模型：给定一张图，判断这张图里的动物是猫还是狗。

生成模型：给一系列猫的图片，生成一张新的猫咪图片（不在数据集里）。

对于判别模型，损失函数是容易定义的，因为输出的目标相对简单，但对于生成模型，损失函数的定义就不是那么容易了。我们对于生成结果的期望往往是一个暧昧不清，并难以数学公理化定义的范式，所以不妨把生成模型的回馈部分交给判别模型处理。这就是伊恩·J. 古德费洛将机器学习中的两大类模型，生成模型和判别模型紧密地联合在一起的原因。

GAN 的基本原理其实非常简单，这里以生成图片为例进行说明。假设有两个模型 G 和 D。正如它的名字所暗示的那样，它们的功能分别是：

G 是一个生成图片的模型，它接收一个随机的噪声 z，通过这个噪声生成图片，记做 G(z)。

D 是一个判别模型，判别一张图片是不是“真实的”。它的输入参数是 x，x 代表一张图片，输出 D(x)代表 x 为真实图片的概率，如果为 1，就代表 100% 是真实的图片，而如果输出为 0，就代表不可能是真实的图片。

在训练过程中，G 的目标是尽量生成真实的图片去欺骗 D，而 D 的目标就是尽量把 G 生成的图片和真实的图片区分。这样，G 和 D 构成了一个动态的“博弈过程”。

最后博弈的结果是什么？在最理想的状态下，G 可以生成足以“以假乱真”的图片 $G(z)$。对于 D 来说，它难以判定 G 生成的图片究竟是不是真实的，因此 $D(G(z))=0.5$。

这样目的就达成了：得到了一个生成模型 G，它可以用来生成图片。伊恩·J. 古德费洛从理论上证明了该算法的收敛性，以及在模型收敛时生成数据具有和真实数据相同的分布（保证了模型效果）。

3. GAN 应用场景

GAN 应用较多，包括但不限于以下几个应用板块：

1）图像风格化

图像风格化也就是图像到图像的翻译，是指将一种类型的图像转换为另一种类型的图像，例如将草图抽象化，根据卫星图生成地图，把彩色照片自动生成黑白照片，或者把黑白照片生成彩色照片，艺术风格化，人脸合成等。

2）文本生成图片

根据一段文字的描述自动生成对应含义的图片。

3）看图说话

看图说话也就是图像生成描述，根据图片生成文本。

4）图像超分辨率

图像超分辨率（image super resolution）是指由一幅低分辨率图像或图像序列恢复出高分辨率图像。图像超分辨率技术分为超分辨率复原和超分辨率重建。

5）图像复原

例如自动地把图片上面马赛克去掉，还原原来的真实图像。

6）对话生成

根据一段文本生成另外一段文本，生成的对话具有一定的相关性，但是目前效果并不是很好，而且只能做单轮对话。

4. GAN 原理

GAN 是深度学习领域的新秀，现在非常火，它能实现非常有趣的应用。GAN 的思想是一种二人零和博弈思想（two-player game），博弈双方的利益之和是一个常数，例如两个人掰手腕，假设总的空间是一定的，你的力气大一点，那你得到的空间就多一点，相应地我的空间就少一点；相反如果我的力气大，我就得到多一点的空间，但有一点是确定的，我俩的总空间是一定的，这就是二人博弈，但是总利益是一定的。

将此思想引申到 GAN 里面就可以看成 GAN 中有两个这样的博弈者，一个人的名字是生成模型，另一个人的名字是判别模型，他们各自有各自的功能。

相同点：这两个模型都可以看成是一个黑匣子，接收输入，然后有一个输出，类似一个函数，一个输入输出映射。

不同点：生成模型功能可以比作一个样本生成器，输入一个噪声/样本，然后把它包装成一个逼真的样本，也就是输出。判别模型可以比作一个二分类器（如同 0-1 分类器），来判断输入的样本是真是假（也就是输出值大于 0.5 还是小于 0.5）。

看一看下面这张图，比较好理解一些，如图 18.41 所示。

如前所述，在使用 GAN 的时候存在两个问题。第一个问题，我们有什么？例如图 18.41，

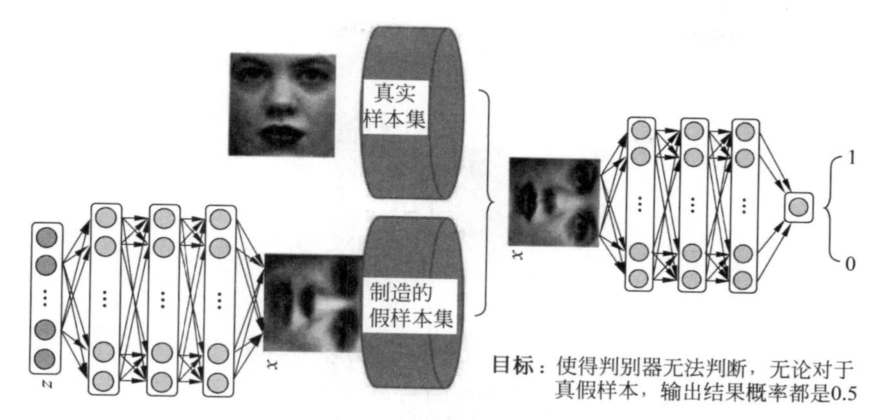

图 18.41 GAN(图片来源于 CSDN)

我们有的只是真实采集的人脸样本数据集，仅此而已，而且很关键的一点是我们连人脸数据集的类标签都没有，也就是我们不知道人脸对应的是谁。第二个问题，我们要得到什么？至于要得到什么，不同的任务要得到的东西不一样，我们只说最原始的 GAN 的目的，那就是我们想通过输入一个噪声，模拟得到一个人脸图像，这个图像可以非常逼真，以至于以假乱真。好了，再来理解下 GAN 的两个模型要做什么。

首先是判别模型，就是图 18.41 中右半部分的网络，直观来看它是一个简单的神经网络结构，输入的是一副图像，输出的是一个概率值，用于判断真假（如果概率值大于 0.5 则是真，如果概率值小于 0.5 则是假），真假只不过是人们定义的概率而已。

其次是生成模型，生成模型要做什么呢，同样也可以看成一个神经网络模型，输入的是一组随机数 z，输出的是一个图像，而不再是一个数值。从图 18.41 中可以看到，存在两个数据集，一个是真实数据集，而另一个是假数据集，那这个数据集就是由生成网络生成的数据集。好了，根据这个图像我们再来理解一下 GAN 的目标是什么。

判别网络的目的：就是能判别出来一张图它是来自真样本集还是假样本集。假如输入的是真样本，那么网络输出就接近 1。如果输入的是假样本，那么网络输出接近 0，这很完美，达到了很好判别的目的。

生成网络的目的：生成网络是生成样本的，它的目的就是使得自己生成样本的能力尽可能强，强到什么程度呢？你的判别网络没法判断我提供的究竟是真样本还是假样本。

有了这个理解，我们再来看看为什么叫作对抗网络。判别网络说我很强，来一个样本我就知道它是来自真样本集还是假样本集。生成网络就不服了，说我也很强，我生成一个假样本，虽然我的生成网络知道是假的，但是你的判别网络不知道，我包装得非常逼真，以至于判别网络无法判断真假，那么用输出数值来解释就是生成网络生成的假样本到了判别网络以后，判别网络给出的结果是一个接近 0.5 的值，极限情况是 0.5，也就是说判别不出来了，这就是达到纳什平衡的效果了。

由这个分析可以发现，生成网络与判别网络的目的正好是相反的，一个说我能判别得好，另一个说我让你判别不好，所以叫作对抗，或者叫作博弈。那么最后的结果到底是谁赢呢？这就要归结到设计者，也就是我们希望谁赢了。作为设计者的我们，目的是要得到以假乱真的样本，那么很自然地我们希望生成样本赢，也就是希望生成样本很真，判别网络的能力不足以区分真假样本。

知道了 GAN 大概的目的与设计思路，那么一个很自然的问题就来了，该如何用数学方法来解决这样一个对抗问题呢？这涉及如何训练一个生成对抗网络模型，为了方便理解还是先看下图，用图来解释最直接，如图 18.42 所示。

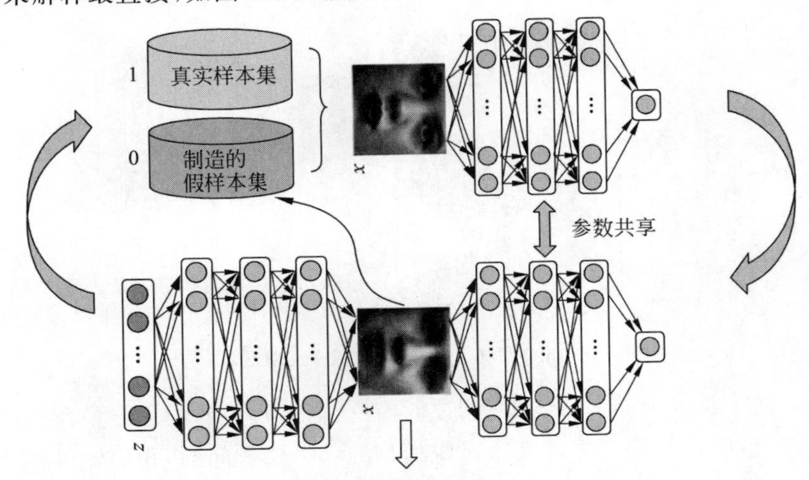

图 18.42 GAN 训练(图片来源于 CSDN)

需要注意的是生成模型与对抗模型是完全独立的两个模型，好比完全独立的两个神经网络模型，它们之间没有什么联系。好了，那么训练这样的两个模型的大体方法就是：单独交替迭代训练。什么意思？因为是两个独立的网络，不容易一起训练，所以才交替迭代训练，我们逐一来看。假设现在生成网络模型已经有了(当然可能不是最好的生成网络)，那么给一堆随机数组，就会得到一堆假的样本集(因为不是最终的生成模型，所以现在的生成网络可能就处于劣势，导致生成的样本容易被识别，可能很容易就被判别网络判别出来了，说这个样本是假冒的)，但是先不管这个，假设我们现在有了这样的假样本集，真样本集一直都有，现在我们人为地定义真假样本集的标签，因为我们希望真样本集的输出尽可能为 1，假样本集的输出尽可能为 0，很明显这里我们已经默认真样本集所有的类标签都为 1，而假样本集的所有类标签都为 0。

有人会说，在真样本集里的人脸中，可能张三的人脸和李四的人脸不一样，对于这个问题我们需要理解的是我们现在的任务是什么。我们是想分辨样本真假，而不是分辨真样本中哪个是张三的标签、哪个是李四的标签。况且我们也知道，原始真样本的标签我们是不知道的。回过头来，我们现在有了真样本集以及它们的标签(都是 1)、假样本集以及它们的标签(都是 0)，这样单就判别网络来说，此时问题就变成了一个再简单不过的有监督的二分类问题了，直接送到神经网络模型中训练便可以了。假设训练完了，下面我们来看生成网络。

对于生成网络，想想我们的目的，是生成尽可能逼真的样本。那么原始的生成网络所生成的样本你怎么知道它真不真呢？可以将新生成的样本送到判别网络中，所以在训练生成网络的时候，我们需要联合判别网络才能达到训练的目的。什么意思？就是如果我们单单只用生成网络，那么想想我们怎样去训练？误差来源在哪里？细想一下没有参照物，但是如果我们把刚才的判别网络串接在生成网络的后面，这样我们就知道真假了，也就有了误差，所以对于生成网络的训练其实是对生成-判别网络串接地训练，如图 18.42 所示。那么现在来分析一下样本，我们有原始的噪声数组 Z，也就是我们有生成的假样本，此时很关键的一点是，我们要把这些假样本的标签都设置为 1，也就是认为这些假样本在生成网络训练的时候是真样本。

那么为什么要这样呢？我们想想，是不是这样才能起到迷惑判别器的目的，也才能使得生成的假样本逐渐逼近为真样本。好了，重新理顺一下思路，现在对于生成网络的训练，我们有了样本集(只有假样本集，没有真样本集)，有了对应的标签(全为1)，是不是就可以训练了？有人会问，这样只有一类样本，怎么训练？谁说一类样本就不能训练了？只要有误差就行。还有人说，你这样一训练，判别网络的网络参数不是也得跟着变吗？没错，这很关键，所以在训练这个串接的网络的时候，一个很重要的操作就是不让判别网络的参数发生变化，也就是不让它的参数发生更新，只是把误差一直传，传到生成网络后更新生成网络的参数，这样就完成了生成网络的训练了。

在完成生成网络训练后，我们是不是可以根据目前新的生成网络再对先前的那些噪声 Z 生成新的假样本了？没错，并且训练后的假样本应该更真了才对，然后又有了新的真假样本集(其实是新的假样本集)，这样又可以重复上述过程了。我们把这个过程称作单独交替训练。我们可以定义一个迭代次数，交替迭代到一定次数后停止即可。这个时候我们再去看一看噪声 Z 生成的假样本，你会发现，原来它已经很真了。

看完了这个过程是不是感觉 GAN 的设计真的很巧妙，我个人觉得最值得称赞的地方可能在于这种假样本在训练过程中的真假变换，这也是博弈得以进行的关键之处。

有人说 GAN 强大之处在于可以自动地学习原始真样本集的数据分布，不管这个分布多么复杂，只要训练得足够好就可以学出来。针对这一点，感觉有必要好好理解一下为什么别人会这么说。

我们知道，对于传统的机器学习方法，我们一般会定义一个模型让数据去学习。例如假设我们知道原始数据属于高斯分布，只是不知道高斯分布的参数，这个时候我们定义高斯分布，然后利用数据去学习高斯分布的参数，以此得到我们最终的模型。再例如，我们定义一个分类器 SVM，然后强行让数据进行改变，并进行各种高维映射，最后可以变成一个简单的分布，SVM 可以很轻易地进行二分类分开，其实 SVM 已经放松了这种映射关系，但是也给了一个模型，这个模型就是核映射(径向基函数等)，其实就好像是你事先知道让数据该怎么映射一样，只是核映射的参数可以学习罢了。

所有的这些方法都在直接或者间接地告诉数据该怎么映射，只是不同的映射方法其能力不一样。那么我们再来看看 GAN，生成模型最后可以通过噪声生成一个完整的真实数据(例如人脸)，说明生成模型已经掌握了从随机噪声到人脸数据的分布规律，有了这个规律，想生成人脸还不容易？然而这个规律我们开始知道吗？显然不知道，如果让你说从随机噪声到人脸应该服从什么分布，你不可能知道。这是一层层映射之后组合起来的非常复杂的分布映射规律，然而 GAN 的机制可以学习到，也就是说 GAN 学习到了真实样本集的数据分布，如图 18.43 所示。

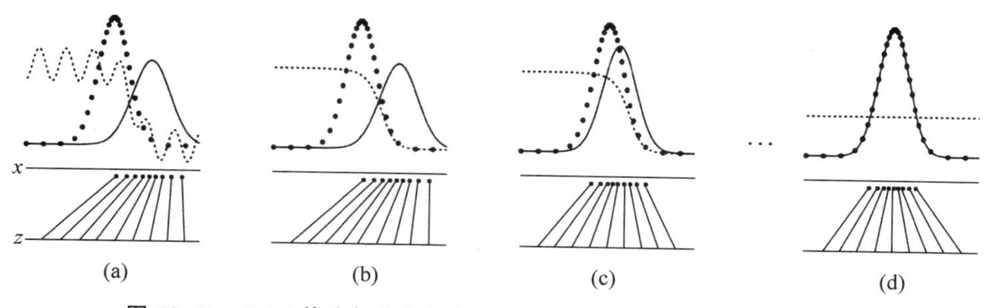

图 18.43 GAN 从均匀分布学习到正态分布过程(图片来源于 CSDN)

GAN 的生成网络如何一步步从均匀分布学习到正态分布，如图 18.43 所示。原始数据 x 服从正态分布，这个过程你也没告诉生成网络说得用正态分布来学习，但是生成网络学习到了。假设你改一下 x 的分布，不管改成什么分布，生成网络可能也能学到。这就是 GAN 可以自动学习真实数据分布的强大之处。

还有人说 GAN 强大之处在于可以自动地定义潜在损失函数。什么意思呢？这应该说的是判别网络可以自动学习到一个好的判别方法来判别出结果。虽然大的损失函数还是我们人为定义的，基本上对于多数 GAN 也这么定义就可以了，但是判别网络潜在学习到的损失函数隐藏在网络之中，对于不同的问题这个函数不一样，所以说可以自动学习这个潜在的损失函数。

5. GAN 代码实战

这里用文字生成图片为例进行代码实战，如代码 18.4 所示。

【代码 18.4】 gan.py

```
import tensorflow as tf                            # 导入 tensorflow
from tensorflow.examples.tutorials.mnist import input_data
# 导入手写数字数据集
import numpy as np                                 # 导入 numpy
import matplotlib.pyplot as plt                    # plt 是绘图工具,在训练过程中用于输出可视化结果

import matplotlib.gridspec as gridspec
# gridspec 是图片排列工具,在训练过程中用于输出可视化结果

import os                                          # 导入 os


def xavier_init(size):                             # 初始化参数时使用的 xavier_init 函数
    in_dim = size[0]
    xavier_stddev = 1. / tf.sqrt(in_dim / 2.)           # 初始化标准差

    return tf.random_normal(shape = size, stddev = xavier_stddev)
# 返回初始化的结果

X = tf.placeholder(tf.float32, shape = [None, 784])
# X 表示真的样本(即真实的手写数字)

D_W1 = tf.Variable(xavier_init([784, 128]))
# 表示使用 xavier 方式初始化的判别器的 D_W1 参数,是一个 784 行 128 列的矩阵

D_b1 = tf.Variable(tf.zeros(shape = [128]))
# 表示以全零方式初始化的判别器的 D_b1 参数,是一个长度为 128 的向量

D_W2 = tf.Variable(xavier_init([128, 1]))
# 表示使用 xavier 方式初始化的判别器的 D_W2 参数,是一个 128 行 1 列的矩阵

D_b2 = tf.Variable(tf.zeros(shape = [1]))
# 表示以全零方式初始化的判别器的 D_b1 参数,是一个长度为 1 的向量

theta_D = [D_W1, D_W2, D_b1, D_b2]                 # theta_D 表示判别器的可训练参数集合

Z = tf.placeholder(tf.float32, shape = [None, 100])
# Z 表示生成器的输入(在这里是噪声),是一个 N 列 100 行的矩阵

G_W1 = tf.Variable(xavier_init([100, 128]))
# 表示使用 xavier 方式初始化的生成器的 G_W1 参数,是一个 100 行 128 列的矩阵
```

```
G_b1 = tf.Variable(tf.zeros(shape = [128]))
#表示以全零方式初始化的生成器的 G_b1 参数,是一个长度为 128 的向量

G_W2 = tf.Variable(xavier_init([128, 784]))
#表示使用 xavier 方式初始化的生成器的 G_W2 参数,是一个 128 行 784 列的矩阵

G_b2 = tf.Variable(tf.zeros(shape = [784]))
#表示以全零方式初始化的生成器的 G_b2 参数,是一个长度为 784 的向量

theta_G = [G_W1, G_W2, G_b1, G_b2]          #theta_G 表示生成器的可训练参数集合

def sample_Z(m, n):                          #生成维度为[m, n]的随机噪声作为生成器 G 的输入
    return np.random.uniform(-1., 1., size = [m, n])

def generator(z):                            #生成器,z 的维度为[N, 100]

    G_h1 = tf.nn.relu(tf.matmul(z, G_W1) + G_b1)
    #输入的随机噪声乘以 G_W1 矩阵,再加上偏置 G_b1,G_h1 维度为[N, 128]

    G_log_prob = tf.matmul(G_h1, G_W2) + G_b2
    #G_h1 乘以 G_W2 矩阵,再加上偏置 G_b2,G_log_prob 维度为[N, 784]

    G_prob = tf.nn.sigmoid(G_log_prob)
    #G_log_prob 经过一个 sigmoid 函数,G_prob 维度为[N, 784]

    return G_prob                            #返回 G_prob

def discriminator(x):                        #判别器,x 的维度为[N, 784]

    D_h1 = tf.nn.relu(tf.matmul(x, D_W1) + D_b1)
    #输入乘以 D_W1 矩阵,再加上偏置 D_b1,D_h1 维度为[N, 128]

    D_logit = tf.matmul(D_h1, D_W2) + D_b2
    #D_h1 乘以 D_W2 矩阵,再加上偏置 D_b2,D_logit 维度为[N, 1]

    D_prob = tf.nn.sigmoid(D_logit)
    #D_logit 经过一个 sigmoid 函数,D_prob 维度为[N, 1]

    return D_prob, D_logit                   #返回 D_prob, D_logit

G_sample = generator(Z)                      #取得生成器的生成结果
D_real, D_logit_real = discriminator(X)      #取得判别器判别的真实手写数字的结果

D_fake, D_logit_fake = discriminator(G_sample)
#取得判别器判别所生成的手写数字的结果

#判别器对真实样本的判别结果计算误差(将结果与 1 比较)
D_loss_real = tf.reduce_mean(tf.nn.sigmoid_cross_entropy_with_logits(logits = D_logit_real,
targets = tf.ones_like(D_logit_real)))

#判别器对虚假样本(即生成器生成的手写数字)的判别结果计算误差(将结果与 0 比较)
D_loss_fake = tf.reduce_mean(tf.nn.sigmoid_cross_entropy_with_logits(logits = D_logit_fake,
targets = tf.zeros_like(D_logit_fake)))

#判别器的误差
D_loss = D_loss_real + D_loss_fake

#生成器的误差(将判别器返回的对虚假样本的判别结果与 1 比较)
G_loss = tf.reduce_mean(tf.nn.sigmoid_cross_entropy_with_logits(logits = D_logit_fake,
```

```
targets = tf.ones_like(D_logit_fake)))

mnist = input_data.read_data_sets('../../MNIST_data', one_hot = True)
#mnist 是手写数字数据集

D_solver = tf.train.AdamOptimizer().minimize(D_loss, var_list = theta_D)
#判别器的训练器

G_solver = tf.train.AdamOptimizer().minimize(G_loss, var_list = theta_G)
#生成器的训练器

mb_size = 128                              #训练的 batch_size
Z_dim = 100                                #生成器输入的随机噪声列的维度

sess = tf.Session()                        #会话层
sess.run(tf.initialize_all_variables())    #初始化所有可训练参数

def plot(samples):                         #保存图片时使用的 plot 函数
    fig = plt.figure(figsize = (4, 4))     #初始化一个 4 行 4 列所包含的 16 张子图像的图片
    gs = gridspec.GridSpec(4, 4)           #调整子图的位置
    gs.update(wspace = 0.05, hspace = 0.05) #置子图间的间距
    for i, sample in enumerate(samples):   #依次将 16 张子图填充进需要保存的图像
        ax = plt.subplot(gs[i])
        plt.axis('off')
        ax.set_xticklabels([])
        ax.set_yticklabels([])
        ax.set_aspect('equal')
        plt.imshow(sample.reshape(28, 28), cmap = 'Greys_r')
    return fig

path = '/data/User/zcc/'                   #保存可视化结果的路径
i = 0                                      #训练过程中保存的可视化结果的索引
for it in range(1000000):                  #训练 100 万次
    if it % 1000 == 0:                     #每训练 1000 次就保存一次结果
        samples = sess.run(G_sample, feed_dict = {Z: sample_Z(16, Z_dim)})
        fig = plot(samples)                #通过 plot 函数生成可视化结果
        plt.savefig(path + 'out/{}.png'.format(str(i).zfill(3)), bbox_inches = 'tight')
                                           #保存可视化结果
        i += 1
        plt.close(fig)

    X_mb, _ = mnist.train.next_batch(mb_size)
    #得到训练一个 batch 所需的真实手写数字(作为判别器的输入)

    #下面是得到训练一次的结果,通过 sess 来 run 出来
    _, D_loss_curr, D_loss_real, D_loss_fake, D_loss = sess.run([D_solver, D_loss, D_loss_real,
D_loss_fake, D_loss], feed_dict = {X: X_mb, Z: sample_Z(mb_size, Z_dim)})
    _, G_loss_curr = sess.run([G_solver, G_loss], feed_dict = {Z: sample_Z(mb_size, Z_dim)})

    if it % 1000 == 0:                     #每训练 1000 次输出一次结果
        print('Iter: {}'.format(it))
        print('D loss: {:.4}'. format(D_loss_curr))
        print('G_loss: {:.4}'.format(G_loss_curr))
        print()
```

18.3.7 深度强化学习[42-45]

深度强化学习将深度学习的感知能力和强化学习的决策能力相结合，可以直接根据输入

的图像进行控制，是一种更接近人类思维方式的人工智能方法。

1. 强化学习的定义

首先我们来了解一下什么是强化学习。目前来讲，机器学习领域可以分为有监督学习、无监督学习、强化学习和迁移学习4个方向。其中，强化学习就是能够使训练的模型完全通过自学来掌握一门本领，能在一个特定场景下做出最优决策的一种算法模型。就好比是一个小孩在慢慢成长，当他做错事情时家长给予惩罚，当他做对事情时家长给他奖励。这样，随着小孩子慢慢长大，他自己也就学会了怎样去做正确的事情。强化学习就好比小孩，我们需要根据它做出的决策给予奖励或者惩罚，直到它完全学会了某种本领(在算法层面上，就是算法已经收敛)。强化学习的原理结构图如图18.44所示，智能体就可以比作小孩，环境就好比家长。智能体根据环境的反馈 r 去做出动作 a，做出动作之后，环境给予反应，给出智能体当前所在的状态和此时应该给予奖励或者惩罚。

2. 强化学习模型的结构

强化学习模型由5部分组成，分别是agent、action、state、reward和environment。agent代表一个智能体，它根据输入state来做出相应的action，environment接收action并返回state和reward。不断重复这个过程，直到agent能在任意的state下做出最优的action，即完成模型学习过程。

智能体(agent)：智能体的结构可以是一个神经网络，也可以是一个简单的算法，智能体的输入通常是状态(state)，输出通常则是策略(policy)。

动作(actions)：动作空间。例如小人玩游戏，只有上下左右可移动，那动作就是上、下、左、右。

状态(state)：智能体的输入。

奖励(reward)：进入某个状态时，能带来正奖励或者负奖励。

环境(environment)：接收动作，返回状态和奖励。

强化学习模型如图18.45所示。

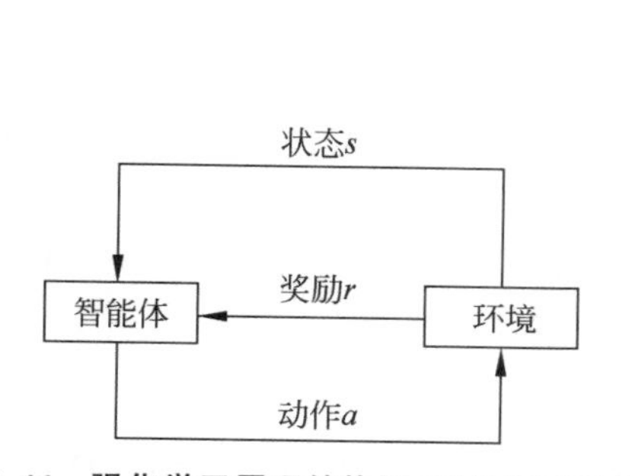

图18.44　强化学习原理结构图(图片来源于简书)

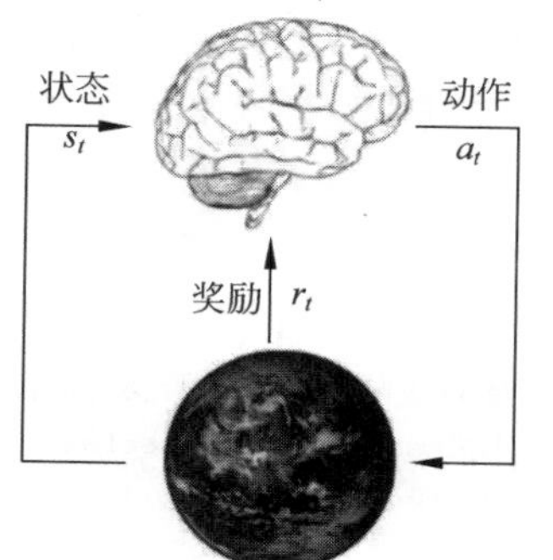

图18.45　强化学习模型(图片来源于简书)

3. 深度强化学习算法

强化学习的学习过程实质是一个不断更新一张表的过程。这张表一般称之为Q_Table，此张表由状态和动作作为横纵轴，每一个格代表在当前状态下执行当前动作能获得的价值回馈，用 $Q(s,a)$ 表示，称为 Q 值。获得整个决策过程最优的价值回馈的决策链是唯一的。完善了此表，也就完成了智能体的学习过程，但是试想一下，当状态和动作的维度都很高时，此表的维度也会相应地非常高，我们不可能获得在每一个状态下执行动作能获得的 Q 值，因此在高纬度数据下每次去维护 Q_Table 的做法显然不可行。那么有没有办法来解决这个问题呢？答案是肯定有的！所谓的机器学习、深度学习就是基于当前数据集去预测未知数据的一些规律，Q_Table 也可以用机器学习或者深度学习来完善。可以使用一种算法来拟合一个公式，输入是状态和动作，输出则是 Q 值。深度强化学习算法就是深度学习与强化学习的结合，基于当前已有数据，训练神经网络，从而拟合出一个函数 f，即 $f(s,a)=Q(s,a)$。使用有限的 State_action 集合去拟合该函数从而可以获得整张表的 Q 值。此时的 Q 值是预测值，有一定的误差，不过通过不断的学习，可以无限减小这个误差。

4. 强化学习与马尔可夫性的关系

1）马尔可夫性

马尔可夫性即无后效性，下一个状态只和当前状态有关而与之前的状态无关，公式描述：

$$P[\mathrm{S}t+1|\mathrm{S}t]=P[\mathrm{S}t+1|\mathrm{S}1,\cdots,\mathrm{S}t]$$

$$P[\mathrm{S}t+1|\mathrm{S}t]=P[\mathrm{S}t+1|\mathrm{S}1,\cdots,\mathrm{S}t]$$

强化学习中的状态也服从马尔可夫性，因此才能在当前状态下执行动作并转移到下一个状态，而不需要考虑之前的状态。

2）马尔可夫过程

马尔可夫过程是随机过程的一种，随机过程是对一连串随机变量（或事件）变迁或者动态关系的描述，而马尔可夫过程就是满足马尔可夫性的随机过程，它由二元组 $M=(S,P)$ 组成，并且满足：S 是有限状态集合，P 是状态转移概率。整个状态与状态之间的转换过程即为马尔可夫过程。

3）马尔可夫链

在某个起始状态下，按照状态转移概率得到的一条可能的状态序列即为一条马尔可夫链。当给定状态转移概率时，从某个状态出发存在多条马尔可夫链。

在强化学习中从某个状态到终态的一个回合就是一条马尔可夫链，蒙特卡洛算法也是通过采样多条到达终态的马尔可夫链来进行学习的。

4）马尔可夫决策过程

在马尔可夫过程中，只有状态和状态转移概率，而没有在此状态下动作的选择，将动作（策略）考虑在内的马尔可夫过程称为马尔可夫决策过程。简单地说就是考虑了动作策略的马尔可夫过程，即系统的下一个状态不仅和当前的状态有关，也和当前采取的动作有关。

因为强化学习是依靠环境给予的奖惩来学习的，因此对应的马尔可夫决策过程还包括奖惩值 R，马尔可夫决策过程可以由一个四元组构成 $M=(S,A,P,R)$。

强化学习的目标是给定一个马尔可夫决策过程，寻找最优策略（策略就是状态到动作的映射），以使得最终的累计回报最大。

5. 训练策略

在深度强化算法训练过程中，每一轮训练的每一步需要使用一个策略根据状态选择一个动作来执行，那么这个策略是怎么确定的呢？目前有两种做法：

（1）随机地生成一个动作。

（2）根据当前的 Q 值计算出一个最优的动作，这个策略称之为贪婪策略（greedy policy）。

也就是使用随机的动作称为探索，是探索未知的动作会产生的效果，有利于更新 Q 值，避免陷入局部最优解，获得更好的策略。而基于贪婪策略则称为利用，即根据当前模型给出的最优动作去执行，这样便于模型训练，以及测试算法是否真正有效。将两者结合起来就称为 EE 策略。

6. DQN

神经网络的训练是一个获得最优化的问题，最优化一个损失函数(loss function)，也就是标签和网络输出的偏差，目标是让损失函数最小化。为此，我们需要有样本，有标签数据，然后通过反向传播使用梯度下降的方法来更新神经网络的参数，所以要训练Q网络，这要求我们能够为Q网络提供有标签的样本。在DQN中，我们将目标Q值和当前Q值作为损失函数中的两项来求偏差平方。

7. 深度强化学习 TensorFlow 2.0 代码实战

本例通过实现优势演员-评判家(actor-critic，A2C)智能体来解决经典的CartPole-v0环境。

安装步骤脚本代码如下：

```
# 由于 TensorFlow 2.0 仍处于试验阶段，建议将其安装在一个独立的(虚拟)环境中.我比较倾向于
# 使用 Anaconda，所以以此来做说明
> conda create -n tf2 python=3.6
> source activate tf2
> pip install tf-nightly-2.0-preview # tf-nightly-gpu-2.0-preview for GPU version
# 让我们来快速验证一下，是否一切能够按着预测正常工作

>>> import tensorflow as tf

>>> print(tf.__version__)

1.13.0-dev20190117

>>> print(tf.executing_eagerly())

True

# 不必担心 1.13.x 版本，这只是一个早期预览.此处需要注意的是，在默认情况下我们是处于 eager
# 模式的

>>> print(tf.reduce_sum([1, 2, 3, 4, 5]))

tf.Tensor(15, shape=(), dtype=int32)
```

如果读者对eager模式并不熟悉，那么简单来讲，从本质上它意味着计算是在运行时(runtime)被执行的，而不是通过预编译的图(graph)来执行。读者也可以在TensorFlow文档中对此做深入了解。

深度强化学习，一般来说，强化学习是解决顺序决策问题的高级框架。强化学习智能体通过基于某些观察采取行动来导航环境，并因此获得奖励。大多数强化学习算法的工作原理是最大化智能体在一个轨迹中所收集的奖励的总和。基于强化学习算法的输出通常是一个策略——一个将状态映射到操作的函数。有效的策略可以像硬编码的no-op操作一样简单。随机策略表示为给定状态下行为的条件概率分布，如图18.46所示。

1) 演员-评判家方法

强化学习算法通常根据优化的目标函数进行分组。基于值的方法(如DQN)通过减少预期状态-动作值(state-action value)的误差来工作。策略梯度(policy gradient)方法通过调整其参数直接优化策略本身，通常是通过梯度下降来优化。完全计算梯度通常是很困难的，所以一般用蒙特卡洛方法来估计梯度。最流行的方法是二者的混合：演员-评判家方法，其中智能体策略通过“策略梯度”进行优化，而基于值的方法则用作期望值估计的引导。

2）深度演员-评判家方法

虽然很多基础的强化学习算法理论是在表格案例中开发的，但现代强化学习算法几乎是用函数逼近器完成的，例如人工神经网络。具体来说，如果策略和值函数用深度神经网络近似，则强化学习算法被认为是“深度的”，如图 18.47 所示。

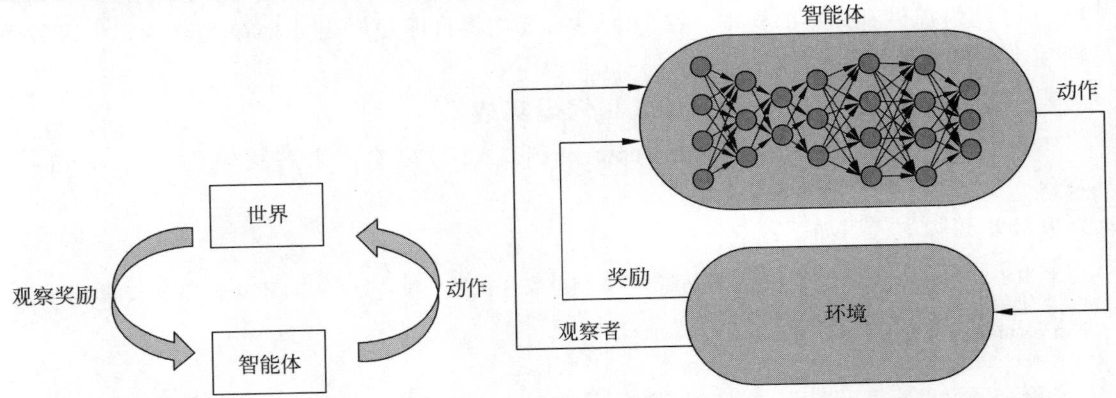

图 18.46 深度强化学习(图片来源于搜狐)

图 18.47 深度演员-评判家(图片来源于搜狐)

3）异步优势演员-评判家

多年来，为了解决样本效率和学习过程的稳定性问题，已经为此做出了一些改进。首先，梯度用回报(return)来进行加权：折现的未来奖励，这在一定程度上缓解了信用(credit)分配问题；并以无限的时间步长解决了理论问题；其次，使用优势函数代替原始回报。收益与基线(如状态行动估计)之间的差异形成了优势，可以将其视为与某一平均值相比某一给定操作有多好的衡量标准；再次，在目标函数中使用额外的熵最大化项，以确保智能体充分探索各种策略。本质上，熵以均匀分布最大化来测量概率分布的随机性；最后，并行使用多个 worker 来加速样品采集，同时在训练期间帮助它们去相关(decorrelate)。将所有这些变化与深度神经网络结合起来，我们得到了两种最流行的异步优势演员-评判家算法，简称 A3C/A2C。这两者之间的区别更多的是技术上的而不是理论上的：顾名思义，它归结为并行 worker 如何估计梯度并将其传播到模型中，如图 18.48 所示。

下面使用 TensorFlow 2.0 实现优势演员-评判家，让我们看看实现各种现代深度强化学习算法的基础是什么：是演员-评判家智能体，如前一节所述。为了简单起见，我们不会实现并行 worker，尽管大多数代码都支持它。感兴趣的读者可以将此作为一个练习机会。

作为一个测试平台，我们将使用 CartPole-v0 环境。虽然有点简单，但它仍然是一个很好的选择。Keras 模型 API 可实现策略和价值。

首先，在单个模型类下创建策略和价值预估神经网络，代码如下：

```
import numpy as np

import tensorflow as tf

import tensorflow.keras.layers as kl

class ProbabilityDistribution(tf.keras.Model):

def call(self, logits):

#随机抽样分类操作
```

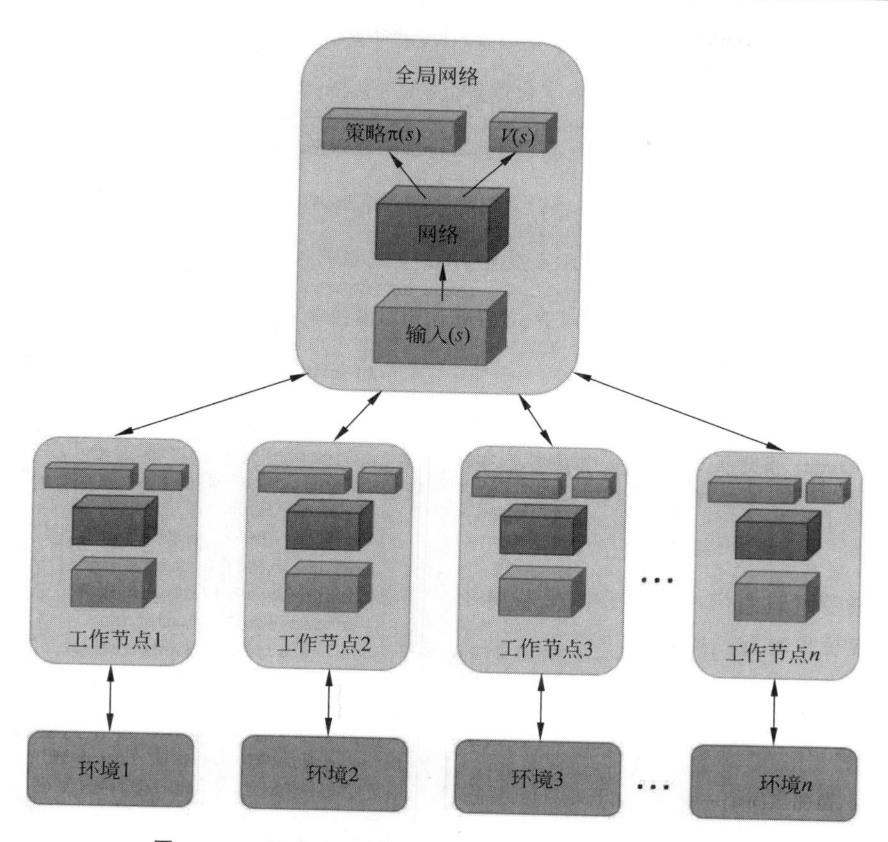

图 18.48　异步优势演员-评判家算法(图片来源于搜狐)

```
return tf.squeeze(tf.random.categorical(logits, 1), axis = -1)
class Model(tf.keras.Model):
def __init__(self, num_actions):
super().__init__('mlp_policy')
# 没有用 TensorFlow 的 tf.get_variable()方法,这里简单地调用 Keras API
self.hidden1 = kl.Dense(128, activation = 'relu')
self.hidden2 = kl.Dense(128, activation = 'relu')
self.value = kl.Dense(1, name = 'value')
# 损失函数中的 logits 没做归一化
self.logits = kl.Dense(num_actions, name = 'policy_logits')
self.dist = ProbabilityDistribution()
def call(self, inputs):
# 输入是 numpy array 数组,转换成 Tensor 张量
x = tf.convert_to_tensor(inputs, dtype = tf.float32)
```

```
#从相同的输入张量中分离隐层
hidden_logs = self.hidden1(x)
hidden_vals = self.hidden2(x)
return self.logits(hidden_logs), self.value(hidden_vals)
defaction_value(self, obs):
#执行call()
logits, value = self.predict(obs)
action = self.dist.predict(logits)
#一个更简单的选择,稍后会明白为什么我们不使用它
#action = tf.random.categorical(logits, 1)
retur nnp.squeeze(action, axis = -1), np.squeeze(value, axis = -1)
```

然后验证模型是否如预期工作,代码如下:

```
import gym
env = gym.make('CartPole-v0')
model = Model(num_actions = env.action_space.n)
obs = env.reset()
#这里不需要feed_dict或tf.Session()会话
action, value = model.action_value(obs[None, :])
print(action, value) #[1] [-0.00145713]
```

这里需要注意的是模型层和执行路径是分别定义的,没有“输入”层,模型将接收原始NumPy数组,通过函数API可以在一个模型中定义两个计算路径,模型可以包含一些辅助方法,例如动作采样,在eager模式下,一切都可以从原始NumPy数组中运行随机智能体。

现在让我们转到A2C智能体类。首先,添加一个测试方法,该方法运行完整的状态序列,并返回奖励的总和,代码如下:

```
class A2CAgent:
def __init__(self, model):
self.model = model
def test(self, env, render = True):
obs, done, ep_reward = env.reset(), False, 0
while not done:
action, _ = self.model.action_value(obs[None, :])
obs, reward, done, _ = env.step(action)
```

```
ep_reward += reward

if render:

env.render()

return ep_reward
```

让我们看看模型在随机初始化权重下的得分，代码如下：

```
agent = A2CAgent(model)

rewards_sum = agent.test(env)

print("%d out of 200" % rewards_sum) #18 out of 200
```

所得状态离最佳状态还很远，接下来是训练部分。损失/目标函数正如在深度强化学习概述部分中所描述的，智能体通过基于某些损失（目标）函数的梯度下降来改进其策略。在演员-评判家中，针对3个目标进行训练：利用优势加权梯度加上熵最大化来改进策略，以及最小化价值估计误差，代码如下：

```
Import tensorflow.keras.losses as kls
Import tensorflow.keras.optimizers as ko

class A2CAgent:

def __init__(self, model):

#损失项超参数

self.params = {'value': 0.5, 'entropy': 0.0001}

self.model = model

self.model.compile(

optimizer=ko.RMSprop(lr=0.0007),

#为策略和价值评估定义单独的损失

loss=[self._logits_loss, self._value_loss]

)

def test(self, env, render=True):

#与上一节相同

...

def _value_loss(self, returns, value):

#价值损失通常是价值估计和收益之间的 MSE

return self.params['value'] * kls.mean_squared_error(returns, value)

def _logits_loss(self, acts_and_advs, logits):
```

```
#通过相同的 API 输入 actions 和 advantages 变量

actions, advantages = tf.split(acts_and_advs, 2, axis = - 1)

#支持稀疏加权期权的多态 CE 损失函数

#from_logits 参数确保转换为归一化后的概率

cross_entropy = kls.CategoricalCrossentropy(from_logits = True)

#策略损失由策略梯度定义,并由 advantages 变量加权

#注:我们只计算实际操作的损失,执行稀疏版本的 CE 损失

actions = tf.cast(actions, tf.int32)

policy_loss = cross_entropy(actions, logits, sample_weight = advantages)

#entropy loss 可通过 CE 计算

entropy_loss = cross_entropy(logits, logits)

#这里的符号是翻转的,因为优化器最小化了

return policy_loss - self.params['entropy'] * entropy_loss
```

我们完成了目标函数！代码非常紧凑：注释行几乎比代码本身还多。最后，还需要有训练环路(agent training loop)。它有点长，但相当简单：收集样本，以及计算回报和优势，并在其上训练模型，代码如下：

```
class A2CAgent:
def __init__(self, model):
#损失项超参数

self.params = {'value': 0.5, 'entropy': 0.0001, 'gamma': 0.99}

#与上一节相同
...
def train(self, env, batch_sz = 32, updates = 1000):

#单批数据的存储

actions = np.empty((batch_sz,), dtype = np.int32)

rewards, dones, values = np.empty((3, batch_sz))

observations = np.empty((batch_sz,) + env.observation_space.shape)

#开始循环的训练:收集样本,发送到优化器,重复更新次数

ep_rews = [0.0]

next_obs = env.reset()

for update in range(updates):

for step in range(batch_sz):

observations[step] = next_obs.copy()
```

```
actions[step], values[step] = self.model.action_value(next_obs[None, :])
next_obs, rewards[step], dones[step], _ = env.step(actions[step])
ep_rews[-1] += rewards[step]
if dones[step]:
ep_rews.append(0.0)
next_obs = env.reset()
_, next_value = self.model.action_value(next_obs[None, :])
return s, advs = self._returns_advantages(rewards, dones, values, next_value)
#通过相同的 API 输入 actions 和 advs 参数
acts_and_advs = np.concatenate([actions[:, None], advs[:, None]], axis=-1)
#对收集的批次执行完整的训练步骤
#注意:不需要处理渐变,Keras API 会处理
losses = self.model.train_on_batch(observations, [acts_and_advs, returns])
return ep_rews
def _returns_advantages(self, rewards, dones, values, next_value):
#next_value 变量对未来状态的引导值估计
returns = np.append(np.zeros_like(rewards), next_value, axis=-1)
#这里返回的是未来奖励的折现
for t in reversed(range(rewards.shape[0])):
returns[t] = rewards[t] + self.params['gamma'] * returns[t+1] * (1-dones[t])
returns = returns[:-1]
#advantages 变量返回 returns 减去价值估计的 value
advantages = returns - values
return returns, advantages
def test(self, env, render=True):
#与上一节相同
...
def _value_loss(self, returns, value):
#与上一节相同
...
def _logits_loss(self, acts_and_advs, logits):
#与上一节相同
...
```

现在已经准备好在 CartPole-v0 上训练这个 single-worker A2C Agent！训练过程应该只需要几分钟。训练结束后，应该看到一个智能体成功地实现了 200 分的目标，代码如下：

```
rewards_history = agent.train(env)

print("Finished training, testing...")

print("%d out of 200" % agent.test(env)) #200 out of 200
```

在源代码中，已嵌入了额外的帮助程序，可以打印出正在运行的状态序列的奖励和损失，以及 rewards_history，如图 18.49 所示。

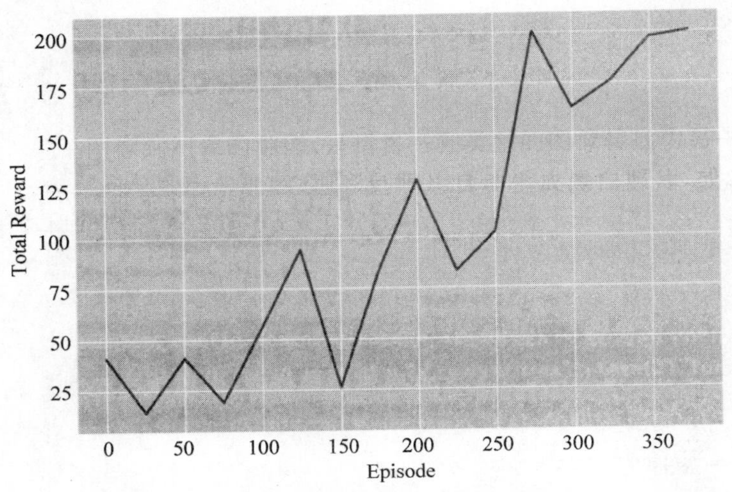

图 18.49　rewards_history(图片来源于搜狐)

eager 模式效果这么好，静态图执行效果也不错！而且，只需要多加一行代码就可以启用静态图执行，代码如下：

```
with tf.Graph().as_default():

print(tf.executing_eagerly())                    #False

model = Model(num_actions = env.action_space.n)

agent = A2CAgent(model)

rewards_history = agent.train(env)

print("Finished training, testing...")

print("%d out of 200" % agent.test(env))         #200 out of 200
```

有一点需要注意，在静态图执行期间，不能只使用 Tensors，这就是为什么需要在模型定义期间使用类别分布的技巧。还记得我说过 TensorFlow 在默认情况下以 eager 模式运行，甚至用一个代码片段来证明它吗？如果你使用 Keras API 来构建和管理模型，那么它将尝试在底层将它们编译为静态图，所以你最终得到的是静态计算图的性能，它具有 eager 执行的灵活性。你可以通过 model.run_eager 标志检查模型的状态，还可以通过将此标志设置为 True 来强制使用 eager 模式，尽管大多数情况下可能不需要这样做——如果 Keras 检测到没有办法绕过 eager 模式，它将自动退出。

为了说明它确实是作为静态图运行的，这里有一个简单的基准测试，代码如下：

```
#创建 100000 样品批次
env = gym.make('CartPole-v0')
obs = np.repeat(env.reset()[None, :], 100000, axis=0)
Eager Benchmark
%%time
model = Model(env.action_space.n)
model.run_eagerly = True
print("Eager Execution: ", tf.executing_eagerly())
print("Eager Keras Model:", model.run_eagerly)
_ = model(obs)
########执行结果#######
Eager Execution: True
Eager Keras Model: True
CPU times: user 639ms, sys: 736ms, total: 1.38s
Static Benchmark
%%time
with tf.Graph().as_default():
model = Model(env.action_space.n)
print("Eager Execution: ", tf.executing_eagerly())
print("Eager Keras Model:", model.run_eagerly)
_ = model.predict(obs)
########执行结果#######
Eager Execution: False
Eager Keras Model: False
CPU times: user 793ms, sys: 79.7ms, total: 873ms
Default Benchmark
%%time
model = Model(env.action_space.n)
print("Eager Execution: ", tf.executing_eagerly())
print("Eager Keras Model:", model.run_eagerly)
```

```
_ = model.predict(obs)

########执行结果########

Eager Execution: True

Eager Keras Model: False

CPU times: user 994ms, sys: 23.1ms, total: 1.02s
```

正如所看到的，eager模式位于静态模式之后，在默认情况下模型确实是静态执行的。

上面对各个算法做了详细讲解和实战，TensorFlow的代码可以单机训练也可以分布式训练，当然模型预测无所谓是单机还是分布式的，都是单个节点实时预测的。另外就是TensorFlow既可以在CPU上运行，也可以在GPU显卡上运行，在GPU上运行的速度比在CPU上快十到几十倍这个量级。TensorFlow也可以在多台机器上分布式训练。

18.3.8 TensorFlow 分布式训练实战

TensorFlow分布式可以单机多GPU训练也可以多机多GPU训练，从并行策略上来讲分为数据并行和模型并行。

1. 单机多GPU训练

先简单介绍下单机多GPU训练，然后再介绍分布式多机多GPU训练。对于单机多GPU训练，TensorFlow官方已经给出了一个cifar的例子，有比较详细的代码和文档介绍，这里大致讲解一下多GPU的过程，以便方便引入多机多GPU的介绍。

单机多GPU的训练过程：

(1) 假设机器上有3个GPU。

(2) 在单机单GPU的训练中，数据是一个batch一个batch地训练。在单机多GPU中，数据一次处理3个batch(假设是3个GPU训练)，每个GPU处理一个batch的数据。

(3) 变量或者说参数，保存在CPU上。

(4) 刚开始的时候数据由CPU分发给3个GPU，在GPU上完成计算，得到每个batch要更新的梯度。

(5) 然后在CPU上收集3个GPU上要更新的梯度，计算一下平均梯度，然后更新参数。

(6) 继续循环这个过程。

此训练过程的处理速度取决于最慢的那个GPU的速度。如果3个GPU的处理速度接近，处理速度就相当于单机单GPU速度的3倍减去数据在CPU和GPU之间传输的开销，实际的效率提升由CPU和GPU之间传输数据的速度和处理数据的大小决定。

打一个更加通俗的比方来解释一下：

老师给小明和小华布置了10000张纸的乘法题并且要把所有乘法的结果相加，每张纸上有128道乘法题。这里一张纸就是一个batch，batch_size就是128，小明算加法比较快，小华算乘法比较快，于是小华就负责计算乘法，小明负责把小华的乘法结果相加。这样小明就是CPU，小华就是GPU。

这样计算的话，预计小明和小华两个人得要花费一个星期的时间才能完成老师布置的题目。于是小明就找来2个算乘法也很快的小红和小亮。于是每次小明就给小华、小红和小亮各分发一张纸，让他们算乘法，他们3个人算完了之后，把结果告诉小明。小明把他们的结果加起来，接着再给他们每人分发一张算乘法的纸，依此循环，直到所有的题算完。

这里小明采用的是同步模式，就是每次要等他们3个都算完了之后，再统一算加法，算完了加法之后，再给他们3个分发纸张。这样速度就取决于他们3个中算乘法算得最慢的那个人和分发纸张的速度。

2. 分布式多机多GPU训练

随着设计的模型越来越复杂，模型参数越来越多，越来越大，大到什么程度呢？多到什么程度呢？多到参数的个数甚至有上百亿个，训练的数据大到按TB级别来衡量。大家知道每计算一轮，都要计算梯度，更新参数。当参数的量级上升到百亿量级甚至更大之后，参数更新的性能都是问题。如果是单机16个GPU，一个step最多只能处理16个batch，这对于超过TB级别的数据来说，不知道要训练到什么时候，于是就有了分布式的深度学习训练方法，或者说框架。

1）参数服务器

在介绍TensorFlow的分布式训练之前，先说明一下参数服务器的概念。

前面说到，当模型越来越大，模型的参数越来越多，多到一台机器的性能都不能满足模型参数的更新的时候，很自然地就会想到把参数分开放到不同的机器上去存储和更新。

因为碰到上述那些问题，所以参数服务器就被单独列出来，于是就有了参数服务器的概念。参数服务器可以是多台机器组成的集群，这个就有点类似于分布式的存储架构了，涉及数据的同步以及一致性等，一般是采用key-value的形式，可以理解为一个分布式的key-value内存数据库，然后再加上一些参数更新的操作。当一个机器性能不够的时候，几百亿的参数分散到不同的机器上去保存和更新，以解决参数存储和更新的性能问题。

借用小明算题的例子，小明觉得自己算加法都算不过来了，于是就叫了10个小朋友过来一起帮忙算。

2）TensorFlow的分布式

据说TensorFlow的分布式没有用参数服务器，而是用的数据流图，这个暂时还没核实，无论如何应该和参数服务器有很多相似的地方，这里先按照参数服务器的结构来介绍。

TensorFlow的分布式有in-graph和between-graph两种架构模式。这里分别介绍一下。

（1）in-graph模式。

in-graph模式和单机多GPU模型有点类似。还是采用小明算加法的例子，但是此时算乘法的可以不只是他们一个教室的小华、小红和小亮了，也可以是其他教室的小张、小李……

in-graph模式已经把计算从单机多GPU扩展到多机多GPU了，不过数据分发还是在一个节点上。这样的好处是配置简单，其他多机多GPU的计算节点只要起个加入操作，暴露一个网络接口，并等在那里接收任务就好了。这些计算节点暴露出来的网络接口使用时就像使用本机的一个GPU一样，只要在操作的时候指定tf.device("/job：worker/task：n")就可以像指定GPU一样把操作指定到一个计算节点上并计算，使用起来和多GPU类似，但是这样的缺点是训练数据的分发依然在一个节点上，要把训练数据分发到不同的机器上将严重影响并发训练速度。在大数据训练的情况下，不推荐使用这种模式。

（2）between-graph模式。

在between-graph模式下，训练的参数保存在参数服务器上，数据不用分发，数据分片地保存在各个计算节点，各个计算节点自己算自己的，等算完了之后再把要更新的参数告诉参数服务器，参数服务器再更新参数。这种模式的优点是不用分发训练数据了，尤其是在数据量在TB级的时候节省了大量的时间，所以对于大数据深度学习还是推荐使用between-graph模式。

(3) 同步更新和异步更新。

in-graph 模式和 between-graph 模式都支持同步和异步更新。在同步更新的时候，每次梯度更新要等所有分发出去的数据计算完成，并返回来结果之后，把梯度累加并计算了均值再更新参数。这样的好处是损失的下降比较稳定，但是这样处理的坏处也很明显，即处理的速度取决于最慢的那个分片计算的时间。在异步更新的时候，所有的计算节点各自算自己的任务，更新参数也是各自更新自己计算的结果，这样的优点是计算速度快，计算资源能得到充分利用，但缺点是损失的下降不稳定，以及抖动大。在数据量小并且各个节点的计算能力比较均衡的情况下，推荐使用同步模式，而在数据量很大，各个机器的计算性能参差不齐的情况下，推荐使用异步模式。

3. 数据并行和模型并行

TensorFlow 并行策略可分为数据并行和模型并行两种。

1) 数据并行

一个简单的加速训练的技术是并行地计算梯度，然后更新相应的参数。数据并行又可以根据其更新参数的方式分为同步数据并行和异步数据并行，TensorFlow 图有很多部分图模型计算副本，单一的客户端线程驱动整个训练图，来自不同设备的数据需要进行同步更新。这种方式在实现时，主要的限制就是每一次更新都是同步的，整体计算时间取决于性能最差的那台设备。数据并行还有异步实现方式，与同步方式不同的是，在处理来自不同设备的数据更新时进行异步更新，不同设备之间互不影响，对于每一个图副本都有一个单独的客户端线程与它对应。在这样的实现方式下，即使有部分设备性能特别差甚至中途退出训练，对训练结果和训练效率都不会造成太大影响，但是由于设备间互不影响，所以在更新参数时可能其他设备已经更快地更新过了，所以会造成参数的抖动，但是整体的趋势是向着最好的结果进行的，所以说这种方式更适用于数据量大，更新次数多的情况。

2) 模型并行

模型并行是针对训练对象是同一批样本的数据，但是将不同的模型计算部分分布在不同的计算设备上同时执行的情况。

4. 分布式训练代码实战

基于分布式训练代码框架创建 TensorFlow 服务器集群，在该集群分布式计算数据流图，如代码 18.5 所示。

【代码 18.5】 distributed.py

```
import argparse
import sys
import tensorflow as tf
FLAGS = None
def main(_):
   #第 1 步:命令行参数解析,获取集群信息 ps_hosts、worker_hosts
   #当前节点角色信息 job_name、task_index
  ps_hosts = FLAGS.ps_hosts.split(",")
  worker_hosts = FLAGS.worker_hosts.split(",")
   #第 2 步:创建当前任务节点服务器
  cluster = tf.train.ClusterSpec({"ps": ps_hosts, "worker": worker_hosts})
  server = tf.train.Server(cluster,
                           job_name = FLAGS.job_name,
                           task_index = FLAGS.task_index)
   #第 3 步:如果当前节点是参数服务器,调用 server.join()无休止等待;如果是工作节点,执行
   #第 4 步
```

```
    if FLAGS.job_name == "ps":
      server.join()
    #第 4 步:构建要训练模型,构建计算图
    elif FLAGS.job_name == "worker":
      #默认情况下,将操作分配给本地工作进程
      with tf.device(tf.train.replica_device_setter(
          worker_device = "/job:worker/task: %d" % FLAGS.task_index,
          cluster = cluster)):
        #构建模型
        loss = ...
        global_step = tf.contrib.framework.get_or_create_global_step()
        train_op = tf.train.AdagradOptimizer(0.01).minimize(
            loss, global_step = global_step)
      #StopAtStepHook 在运行给定步骤后处理停止
      #第 5 步管理模型训练过程
      hooks = [tf.train.StopAtStepHook(last_step = 1000000)]
      #MonitoredTrainingSession 会话负责会话初始化,从检查点还原到保存检查点,最后关闭释放会话
      with tf.train.MonitoredTrainingSession(master = server.target,
                                             is_chief = (FLAGS.task_index == 0),
                                             checkpoint_dir = "/tmp/train_logs",
                                             hooks = hooks) as mon_sess:
        while not mon_sess.should_stop():
          #异步的训练
          #mon_sess.run 处理 PS 抢占时发生的异常
          #训练模型
          mon_sess.run(train_op)
if __name__ == "__main__":
  parser = argparse.ArgumentParser()
  parser.register("type", "bool", lambda v: v.lower() == "true")
  #定义 tf.train.ClusterSpec 参数
  parser.add_argument(
      "--ps_hosts",
      type = str,
      default = "",
      help = "Comma-separated list of hostname:port pairs"
  )
  parser.add_argument(
      "--worker_hosts",
      type = str,
      default = "",
      help = "Comma-separated list of hostname:port pairs"
  )
  parser.add_argument(
      "--job_name",
      type = str,
      default = "",
      help = "One of 'ps', 'worker'"
  )
  #定义 tf.train.Server 参数
  parser.add_argument(
      "--task_index",
      type = int,
      default = 0,
      help = "Index of task within the job"
  )
  FLAGS, unparsed = parser.parse_known_args()
  tf.app.run(main = main, argv = [sys.argv[0]] + unparsed)
```

MNIST 数据集分布式训练，开设 3 个端口作为分布式工作节点部署：2222 端口参数服

务器，2223 端口工作节点 0，2224 端口工作节点 1。参数服务器执行参数更新任务，工作节点 0、工作节点 1 执行图模型训练计算任务。参数服务器/job：ps/task：0 cocalhost：2222，工作节点/job：worker/task：0 cocalhost：2223，工作节点/job：worker/task：1 cocalhost：2224，如代码 18.6 所示。

【代码 18.6】 mnist_replica.py

```
#运行脚本
#Python mnist_replica.py --job_name = "ps" --task_index = 0
#Python mnist_replica.py --job_name = "worker" --task_index = 0
#Python mnist_replica.py --job_name = "worker" --task_index = 1

from __future__ import absolute_import
from __future__ import division
from __future__ import print_function
import math
import sys
import tempfile
import time
import tensorflow as tf
from tensorflow.examples.tutorials.mnist import input_data
#定义常量，用于创建数据流图
flags = tf.app.flags
flags.DEFINE_string("data_dir", "/tmp/mnist-data",
                    "Directory for storing mnist data")
#只下载数据，不做其他操作
flags.DEFINE_boolean("download_only", False,
                    "Only perform downloading of data; Do not proceed to "
                    "session preparation, model definition or training")
#task_index 从 0 开始.0 代表用来初始化变量的第一个任务
flags.DEFINE_integer("task_index", None,
                    "Worker task index, should be >= 0. task_index = 0 is "
                    "the master worker task the performs the variable "
                    "initialization ")
#每台机器 GPU 的个数，机器没有 GPU 则为 0
flags.DEFINE_integer("num_gpus", 1,
                    "Total number of gpus for each machine."
                    "If you don't use GPU, please set it to '0'")
#在同步训练模型下，设置收集工作节点数量.默认工作节点总数
flags.DEFINE_integer("replicas_to_aggregate", None,
                    "Number of replicas to aggregate before parameter update"
                    "is applied (For sync_replicas mode only; default: "
                    "num_workers)")
flags.DEFINE_integer("hidden_units", 100,
                    "Number of units in the hidden layer of the NN")
#训练次数
flags.DEFINE_integer("train_steps", 200,
                    "Number of (global) training steps to perform")
flags.DEFINE_integer("batch_size", 100, "Training batch size")
flags.DEFINE_float("learning_rate", 0.01, "Learning rate")
#使用同步训练、异步训练
flags.DEFINE_boolean("sync_replicas", False,
                    "Use the sync_replicas (synchronized replicas) mode, "
                    "wherein the parameter updates from workers are aggregated "
                    "before applied to avoid stale gradients")
#如果服务器已经存在，采用 gRPC 协议通信；如果不存在，采用进程间通信
flags.DEFINE_boolean(
    "existing_servers", False, "Whether servers already exists. If True, "
    "will use the worker hosts via their GRPC URLs (one client process "
```

```
    "per worker host). Otherwise, will create an in-process TensorFlow "
    "server.")
#参数服务器主机
flags.DEFINE_string("ps_hosts","localhost:2222",
                    "Comma-separated list of hostname:port pairs")
#工作节点主机
flags.DEFINE_string("worker_hosts", "localhost:2223,localhost:2224",
                    "Comma-separated list of hostname:port pairs")
#本作业是工作节点还是参数服务器
flags.DEFINE_string("job_name", None,"job name: worker or ps")
FLAGS = flags.FLAGS
IMAGE_PIXELS = 28
def main(unused_argv):
  mnist = input_data.read_data_sets(FLAGS.data_dir, one_hot=True)
  if FLAGS.download_only:
    sys.exit(0)
  if FLAGS.job_name is None or FLAGS.job_name == "":
    raise ValueError("Must specify an explicit `job_name`")
  if FLAGS.task_index is None or FLAGS.task_index == "":
    raise ValueError("Must specify an explicit `task_index`")
  print("job name = %s" % FLAGS.job_name)
  print("task index = %d" % FLAGS.task_index)
  #读取集群描述信息
  ps_spec = FLAGS.ps_hosts.split(",")
  worker_spec = FLAGS.worker_hosts.split(",")
  #获取有多少个 worker
  num_workers = len(worker_spec)
  #创建 TensorFlow 集群描述对象
  cluster = tf.train.ClusterSpec({
     "ps": ps_spec,
     "worker": worker_spec})
  #为本地执行任务创建 TensorFlow Server 对象
  if not FLAGS.existing_servers:
    #创建本地 Sever 对象,从 tf.train.Server 这个定义开始,每个节点开始不同
    #根据执行命令的参数(作业名字)不同,决定这个任务是哪个任务
    #如果作业名字是 ps,进程就加入这里,作为参数更新的服务等待其他工作节点给它提交参数
    #更新的数据
    #如果作业名字是 worker,就执行后面的计算任务
    server = tf.train.Server(
        cluster, job_name=FLAGS.job_name, task_index=FLAGS.task_index)
    #如果是参数服务器,直接启动即可.这里,进程就会阻塞在这里
    #下面的 tf.train.replica_device_setter 代码会将参数批定给 ps_server 保管
    if FLAGS.job_name == "ps":
        server.join()
  #处理工作节点
  #找出 worker 的主节点,即 task_index 为 0 的点
  is_chief = (FLAGS.task_index == 0)
  #如果使用 GPU
  if FLAGS.num_gpus > 0:
    #避免 GPU 分配冲突:为每一台机器的 worker 分配任务编号
    gpu = (FLAGS.task_index % FLAGS.num_gpus)
    #分配 worker 到指定 GPU 上运行
    worker_device = "/job:worker/task:%d/gpu:%d" % (FLAGS.task_index, gpu)
  #如果使用 CPU
  elif FLAGS.num_gpus == 0:
    #把 CPU 分配给 worker
    cpu = 0
    worker_device = "/job:worker/task:%d/cpu:%d" % (FLAGS.task_index, cpu)
  #设备设置器自动将变量 ops 放在参数服务器中,非可变操作将放在 workers 工作节点上。
```

```
#参数服务器 ps 使用 CPU,工作节点服务器 workers 使用 GPU 显卡设备
#用 tf.train.replica_device_setter 将涉及变量操作分配到参数服务器上,使用 CPU。将
#涉及非变量操作分配到工作节点上,使用上一步 worker_device 值.
#在这个 with 语句之下定义的参数会自动分配到参数服务器上去定义.如果有多个参数服务器,
#就轮流循环分配
with tf.device(
    tf.train.replica_device_setter(
        worker_device = worker_device,
        ps_device = "/job:ps/cpu:0",
        cluster = cluster)):

    #定义全局步长,默认值为 0
    global_step = tf.Variable(0, name = "global_step", trainable = False)
    #隐层变量
    #定义隐层参数变量,这里是全连接神经网络隐层
    hid_w = tf.Variable(
        tf.truncated_normal(
            [IMAGE_PIXELS * IMAGE_PIXELS, FLAGS.hidden_units],
            stddev = 1.0 / IMAGE_PIXELS),
        name = "hid_w")
    hid_b = tf.Variable(tf.zeros([FLAGS.hidden_units]), name = "hid_b")
    #Softmax 层变量
    #定义 Softmax 回归层参数变量
    sm_w = tf.Variable(
        tf.truncated_normal(
            [FLAGS.hidden_units, 10],
            stddev = 1.0 / math.sqrt(FLAGS.hidden_units)),
        name = "sm_w")
    sm_b = tf.Variable(tf.zeros([10]), name = "sm_b")
    #定义模型输入数据变量
    x = tf.placeholder(tf.float32, [None, IMAGE_PIXELS * IMAGE_PIXELS])
    y_ = tf.placeholder(tf.float32, [None, 10])
    #构建隐层
    hid_lin = tf.nn.xw_plus_b(x, hid_w, hid_b)
    hid = tf.nn.relu(hid_lin)
    #构建损失函数和优化器
    y = tf.nn.softmax(tf.nn.xw_plus_b(hid, sm_w, sm_b))
    cross_entropy = -tf.reduce_sum(y_ * tf.log(tf.clip_by_value(y, 1e-10, 1.0)))
    #异步训练模式:自己计算完成梯度就去更新参数,不同副本之间不会去协调进度
    opt = tf.train.AdamOptimizer(FLAGS.learning_rate)
    #同步训练模式
    if FLAGS.sync_replicas:
        if FLAGS.replicas_to_aggregate is None:
            replicas_to_aggregate = num_workers
        else:
            replicas_to_aggregate = FLAGS.replicas_to_aggregate
            #使用 SyncReplicasOptimizer 作优化器,并且是在图间复制情况下
            #在图内复制情况下将所有梯度平均
            opt = tf.train.SyncReplicasOptimizer(
                opt,
                replicas_to_aggregate = replicas_to_aggregate,
                total_num_replicas = num_workers,
                name = "mnist_sync_replicas")
        train_step = opt.minimize(cross_entropy, global_step = global_step)
        if FLAGS.sync_replicas:
            local_init_op = opt.local_step_init_op
            if is_chief:
                #所有进行计算工作节点里一个主工作节点(chief)
                #主节点负责初始化参数、模型保存、概要保存
```

```
        local_init_op = opt.chief_init_op
        ready_for_local_init_op = opt.ready_for_local_init_op
        # 同步训练模式所需初始令牌、主队列
        chief_queue_runner = opt.get_chief_queue_runner()
        sync_init_op = opt.get_init_tokens_op()
    init_op = tf.global_variables_initializer()
    train_dir = tempfile.mkdtemp()
    if FLAGS.sync_replicas:
      # 创建一个监管程序,用于统计训练模型过程中的信息
      # lodger 保存和加载模型路径
      # 启动后去 logdir 目录,查看是否有检查点文件,有的话就自动加载
      # 没有就用 init_op 指定初始化参数
      # 主工作节点负责模型参数初始化工作
      # 过程中其他工作节点等待主节点完成初始化工作,初始化完成后,一起开始训练数据
      # global_step 值是所有计算节点共享的
      # 在执行损失函数最小值时自动加 1,通过 global_step 知道所有计算节点一共计算多少步
      sv = tf.train.Supervisor(
          is_chief = is_chief,
          logdir = train_dir,
          init_op = init_op,
          local_init_op = local_init_op,
          ready_for_local_init_op = ready_for_local_init_op,
          recovery_wait_secs = 1,
          global_step = global_step)
    else:
      sv = tf.train.Supervisor(
          is_chief = is_chief,
          logdir = train_dir,
          init_op = init_op,
          recovery_wait_secs = 1,
          global_step = global_step)
    # 创建会话,设置属性 allow_soft_placement 为 True
    # 所有操作默认使用被指定设置,如 GPU
    # 如果该操作函数没有 GPU 实现,自动使用 CPU 设备
    sess_config = tf.ConfigProto(
        allow_soft_placement = True,
        log_device_placement = False,
        device_filters = ["/job:ps", "/job:worker/task:%d" % FLAGS.task_index])
  # 主工作节点,task_index 为 0 节点初始化会话
  # 其余工作节点等待会话被初始化后进行计算
  if is_chief:
    print("Worker %d: Initializing session…" % FLAGS.task_index)
  else:
    print("Worker %d: Waiting for session to be initialized…" %
          FLAGS.task_index)
  if FLAGS.existing_servers:
    server_grpc_url = "grpc://" + worker_spec[FLAGS.task_index]
    print("Using existing server at: %s" % server_grpc_url)
    # 创建 TensorFlow 会话对象,用于执行 TensorFlow 图计算
    # prepare_or_wait_for_session 需要参数初始化完成且主节点准备好后才开始训练
    sess = sv.prepare_or_wait_for_session(server_grpc_url,
                                          config = sess_config)
  else:
    sess = sv.prepare_or_wait_for_session(server.target, config = sess_config)
  print("Worker %d: Session initialization complete." % FLAGS.task_index)
  if FLAGS.sync_replicas and is_chief:
      # 主工作节点启动主队列运行器,并调用初始操作
      sess.run(sync_init_op)
      sv.start_queue_runners(sess, [chief_queue_runner])
```

```
    #执行分布式模型训练
    time_begin = time.time()
    print("Training begins @ %f" % time_begin)
    local_step = 0
    while True:
        #读入 MNIST 训练数据，默认每批次 100 张图片
        batch_xs, batch_ys = mnist.train.next_batch(FLAGS.batch_size)
        train_feed = {x: batch_xs, y_: batch_ys}
        _, step = sess.run([train_step, global_step], feed_dict = train_feed)
        local_step += 1
        now = time.time()
        print("%f: Worker %d: training step %d done (global step: %d)" %
              (now, FLAGS.task_index, local_step, step))
        if step >= FLAGS.train_steps:
          break
    time_end = time.time()
    print("Training ends @ %f" % time_end)
    training_time = time_end - time_begin
    print("Training elapsed time: %f s" % training_time)
    #读入 MNIST 验证数据，计算验证的交叉熵
    val_feed = {x: mnist.validation.images, y_: mnist.validation.labels}
    val_xent = sess.run(cross_entropy, feed_dict = val_feed)
    print("After %d training step(s), validation cross entropy = %g" %
        (FLAGS.train_steps, val_xent))
if __name__ == "__main__":
  tf.app.run()
```

TensorFlow 作为深度学习领域最受欢迎的框架，因其支持多种开发语言，支持多种异构平台，提供强大的算法模型，被越来越多的开发者使用，但在使用的过程中，尤其是在 GPU 集群的时候，或多或少将面临以下问题：

资源隔离：TensorFlow（以下简称 TF）中并没有租户的概念，如何在集群中建立租户的概念，并做到资源的有效隔离成为比较重要的问题。

缺乏 GPU 调度：TF 通过指定 GPU 的编号来实现 GPU 的调度，这样容易造成集群的 GPU 负载不均衡。

进程遗留问题：TF 的分布式模式导致参数服务器会出现 TF 进程遗留问题。

训练的数据分发，以及训练模型保存都需要人工介入。

训练日志，以及保存、查看不方便。

因此，需要一个集群调度和管理系统，可以解决 GPU 调度、资源隔离、统一作业管理和跟踪等问题。

目前，社区中有多种开源项目可以解决类似的问题，例如 Yarn 和 Kubernetes。Yarn 是 Hadoop 生态中的资源管理系统，而 Kubernetes（以下简称 K8s）作为谷歌公司开源的容器集群管理系统，在 TF 加入 GPU 管理后，已经成为很好的 TF 任务的统一调度和管理系统。

下面就讲解一下 TensorFlow on Kubernetes 的集群实战。

18.3.9 分布式 TensorFlow on Kubernetes 集群实战

Kubernetes，简称 K8s，是用 8 代替 8 个字符"ubernete"缩写而成的。它是一个开源的，用于管理云平台中多个主机的容器化的应用，K8s 的目标是让部署容器化的应用简单并且高效(powerful)，K8s 提供了应用部署、规划、更新和维护的一种机制。传统的应用部署方式是通过插件或脚本来安装应用。这样做的缺点是应用的运行、配置、管理的生存周期将与当前操作系统绑定并不利于应用的升级、更新和回滚等操作，当然也可以通过创建虚拟机的方式来实现

某些功能，但是虚拟机非常重，并不利于提高其可移植性。新的方式是通过部署容器的方式实现，每个容器之间互相隔离，每个容器有自己的文件系统，容器之间进程不会相互影响，能区分计算资源。相对于虚拟机，容器能快速部署，由于容器与底层设施、机器文件系统是解耦的，所以它能在不同云、不同版本操作系统间进行迁移。容器占用资源少、部署快，每个应用可以被打包成一个容器镜像，每个应用与容器间形成的一对一关系也使容器有更大优势，使用容器可以在 build 或 release 的阶段，为应用创建容器镜像，因为每个应用不需要与其余的应用堆栈组合，也不依赖于生产环境基础结构，这使得从研发到测试、生产能提供一致环境。类似地，容器比虚拟机轻量、更"透明"，这也更便于监控和管理。

下面讲解一下在 K8s 上怎样操作 TF 框架。

1. 设计目标

将 TF 引入 K8s，可以利用其本身的机制解决资源隔离、GPU 调度，以及进程遗留的问题。除此之外，还需要面临以下问题的挑战：

(1) 支持单机和分布式的 TF 任务。

(2) 分布式的 TF 程序不再需要手动配置 clusterspec 信息，只需要指定 worker 和参数服务器的数目，能自动生成 clusterspec 信息。

(3) 训练数据、训练模型，以及日志不会因为容器销毁而丢失，可以统一保存。

为了解决上面的问题，就出现了 TensorFlow on Kubernetes 系统。

2. 架构

TensorFlow on Kubernetes 包含 3 个主要的部分，分别是 client、task 和 autospec 模块。client 模块负责接收用户创建任务的请求，并将任务发送给 task 模块。task 模块根据任务的类型（单机模式或分布式模式）来确定接下来的流程。

如果类型选择的是单机模式（single），对应的是 TF 中的单机任务，则按照用户提交的配额来启动容器并完成最终的任务；如果类型选择的是分布式模式（distribute），对应的是 TF 的分布式任务，则按照分布式模式来执行任务。需要注意的是，在分布式模式中会涉及生成 clusterspec 信息，autospec 模块负责自动生成 clusterspec 信息，以此减少人工干预。

1）client 模块

tshell 在容器中执行任务的时候，可以通过 3 种方式获取执行任务的代码和训练需要的数据：

(1) 将代码和数据做成新的镜像。

(2) 将代码和数据通过卷的形式挂载到容器中。

(3) 从存储系统中获取代码和数据。

前两种方式不太适合用户经常修改代码的场景，最后一种方式可以解决用户修改代码的问题，但是它也有下载代码和数据需要时间的缺点。综合考虑后，我们采取第三种方式。我们配置了一个 tshell 客户端，方便用户将代码和程序进行打包和上传。例如给自己的任务起名字叫 cifar10-multigpu，将代码打包放到 code 下面，并将训练数据放到 data 下面。最后打包成 cifar10-multigpu. tar. gz 并上传到 s3 后，就可以提交任务。在提交任务的时候，需要提前预估一下执行任务需要的配额：CPU 核数、内存大小，以及 GPU 个数（默认不提供），当然也可以按照我们提供的初始配额来调度任务。例如，按照下面的格式来将配额信息、s3 地址信息，以及执行模式填好后，执行 send_task. py，这样我们就提交了一次任务。

2）task 模块

（1）单机模式。

对于单机模式，task 模块的任务比较简单，直接调用 Python 的 client 接口来启动容器。容器主要做两件事情，初始容器负责从 s3 中下载事先上传好的文件，容器负责启动 TF 任务，最后将日志和模型文件上传到 s3 里，完成一次 TF 单机任务。

（2）分布式模式。

对于分布式模式，情况要稍微复杂些。先简单介绍一下 TF 分布式框架。TF 的分布式并行基于 gRPC 框架，client 负责建立会话，将计算图的任务下发到 TF 集群上。TF 集群通过 tf. train. ClusterSpec 函数建立一个集群，每个集群包含若干个 job。job 由好多个 task 组成，task 分为两种，一种是 PS(parameter server)，即参数服务器，用来保存共享的参数；另一种是 worker，负责计算任务。在执行分布式任务的时候，需要指定 clusterspec 信息，如下面的任务，执行该任务需要一个 PS 和两个 worker，我们需要先手动配置 PS 和 worker 才能开始任务，这样必然会带来麻烦。如何解决 clusterspec 成为一个必须要解决的问题，所以在提交分布式任务的时候，task 需要 autospec 模块的帮助，收集容器的 ip 后才能真正启动任务，所以分布式模式要做两件事情：按照 yaml 文件启动容器；通知 am 模块收集此次任务容器的信息后生成 clusterspec。

3）autospec 模块

TF 分布式模式的节点按照角色分为 PS 和 worker，PS 负责收集参数信息，worker 负责执行任务，并定期将参数发送给 worker。要执行分布式任务，涉及生成 clusterspec 信息模型的情况，clusterspec 信息通过手动配置，这种方式比较麻烦，而且不能实现自动化，我们引入 autospec 模型可以很好地解决此类问题。autospec 模块只有一个用途，就是在执行分布式任务时，从容器中收集 ip 和端口信息后生成 clusterspec，并发送给相应的容器。对于容器的设计，TF 任务比较符合 K8s 中种类为 job 的任务，每次执行完成以后这个容器会被销毁。我们利用了此特征，将容器都设置为 job 类型。K8s 中设计了一种 hook：poststart 负责在容器启动之前做一些初始化的工作，而 prestop 负责在容器销毁之前做一些备份之类的工作。可以利用此特点，在 poststart 阶段做一些数据获取的工作，而在 prestop 阶段负责将训练产生的模型和日志进行保存。

介绍了 TensorFlow on Kubernetes 的主要流程，下面将进入完整的工业级系统实战。

第19章

CHAPTER 19

自然语言处理项目实战

自然语言处理(NLP)作为人工智能技术领域中重要的分支,随着其应用范围不断扩大,在大数据及算法领域占有越来越重要的地位。在综合的人工智能项目中,NLP往往是系统中不可或缺的一部分,比如搜索引擎。搜索引擎是NLP最经典的核心应用之一,各种分词技术、文本索引、搜索相关度算法等都用到了NLP技术。再比如推荐算法系统的ContentBase文本挖掘策略,在没有大量用户行为数据的阶段,NLP基本上扮演了推荐算法系统的所有角色。对话机器人是真正的自然语言交互系统,这是NLP的主战场,各种NLP技术及算法在这里表现得淋漓尽致!

自然语言处理项目除了算法本身外,也需要和其他工程模块融合在一起才能实现一个高性能、高可靠性、高扩展性的系统,这种系统也就是我们所说的工业级别的系统。工业级一般指的是不仅要实现系统功能,并且系统的性能要足够好,比如能支撑互联网的平台几千万甚至几个亿用户的高并发访问;如果用户少的时候运作一切都正常,用户数量一多系统就崩溃了,这种系统只能说是一个演示版(demo),不能大规模应用,这叫作系统高性能。只有高性能还不够,还得保证稳定、可靠,用户访问速度快,频繁宕机的系统也不是一个好的系统。另外就是系统扩展性,在数据量和用户量都变多的情况下,可以不用修改程序,通过增加服务器或配置的方式解决问题,而且系统能够持续支撑,这就是系统的扩展性。所以对于这种系统或平台级别的产品,要保证高性能、高可靠性、高扩展性,简称三高。达到三高要求的就是工业级的系统。

大数据、机器学习、自然语言处理往往是整体系统和平台的一部分,同时也相互关联,自然语言处理的数据处理部分用到了大数据平台,算法部分用到了机器学习模型。

实际工作往往是大数据、机器学习、自然语言处理、在线Web系统、App客户端等相互配合实现一个完整的平台,来达到一个总体的工业级的在线系统。下面就从业界比较热门的对话机器人、搜索引擎、推荐算法系统3个项目来给大家详细讲解其实现过程。

19.1 对话机器人项目实战

对话机器人是一个用来模拟人类对话或聊天的计算机程序,本质上是通过机器学习和人工智能等技术让机器理解人的语言。它包含了诸多学科方法的融合使用,是人工智能领域的一个技术集中演练营。在未来几十年,人机交互方式将发生变革。越来越多的设备将具有联网能力,这些设备如何与人进行交互将成为一个挑战。自然语言成为适应该趋势的新型交互方式,对话机器人有望取代过去的网站、如今的App,占据新一代人机交互风口。在未来对话机器人的产品形态下，不再是人类适应机器，而是机器适应人类，基于人工智能技术的对话机器人产品逐渐成为主流。

对话机器人从对话的产生方式，可以分为基于检索的模型(retrieval-based model)和生成式模型(generative model)。基于检索的模型可以使用搜索引擎 Solr Cloud 或 Elasticsearch 的方式来做，生成式模型可以使用 TensorFlow 或 MXnet 深度学习框架的 Seq2Seq 算法来实现，同时可以加入强化学习的思想来优化 Seq2Seq 算法。

19.1.1 对话机器人原理与介绍

对话机器人可分为 3 种类型：闲聊机器人、问答机器人、任务机器人。

1. 闲聊机器人

闲聊机器人的主要功能是和用户进行闲聊对话，如微软小冰、微信小微，还有较早的小黄鸡等。与闲聊机器人聊天时，用户没有明确的目的，机器人也没有标准答案，而是以趣味性回答取悦用户。随着时间推移，用户的要求越来越高，他们希望聊天机器人能够具有更多功能——而不仅仅是谈天、唠嗑、接话茬儿。同时，企业也需要不断对聊天机器人进行商业化探索，以期实现更大的商业价值。

目前聊天机器人根据对话的产生方式，可以分为基于检索的模型和生成式模型。

1) 基于检索的模型

基于检索的模型有一个预先定义的回答集，我们需要设计一些启发式规则，这些规则能够根据输入的问句及上下文，挑选出合适的回答。

基于检索的模型具有如下优势：

(1) 答句可读性好；

(2) 答句多样性强；

(3) 出现不相关的答句，容易分析、定位错误(bug)。

它的劣势在于需要对候选的结果做排序，进行选择。

2) 生成式模型

生成式模型不依赖预先定义的回答集，而是根据输入的问句及上下文，产生一个新的回答。

生成式模型具有如下优势：

(1) 端到端的训练，比较容易实现；

(2) 避免维护一个大的 Q-A 数据集；

(3) 不需要对每一个模块额外进行调优，避免了各个模块之间的误差级联效应。

它的劣势在于难以保证生成的结果是可读的、多样的。

聊天机器人的这两条技术路线，从长远的角度看，目前还都处在山脚，两种技术路线共同面临的挑战有：

(1) 如何利用前几轮对话的信息，应用到当轮对话当中；

(2) 合并现有知识库的内容；

(3) 能否做到个性化，千人千面。这有点类似于信息检索系统，既希望在垂直领域做得更好，又希望对不同的人的问题有不同的排序偏好。

从开发实现上，基于检索的机器人可以使用 Solr Cloud 或 Elasticsearch，把准备好的问答对当成两个字段存到搜索索引中，搜索时可以通过关键词或者句子去搜索问题包含的字段，然后得到一个相似问题的答案候选集合。之后可以根据用户的历史聊天记录或者其他的业务数据得到用户画像数据，针对每个用户得到个性化的回答结果，把最相关的那个答案回复给用户。生成式模型可以使用 Seq2Seq＋注意力的方式来实现，Seq2Seq 全称为 sequence to sequence，是一个编码-解码结构的网络，它的输入是一个问题序列，输出是一个答案序列，编码是将一个可变长度的信号序列变为固定长度的向量表达，解码是将这个固定长度的向量变成可变长度的目标的信号序列。而将强化学习应用到 Seq2Seq 可以使多轮对话更持久。

2. 问答机器人

当下的智能客服是对话机器人商业落地的经典案例。各大手机厂商纷纷推出标配语音助手，金融、零售、通信等领域也相继引入智能客服辅助人工……

问答机器人的本质是在特定领域的知识库中，找到和用户提出的问题语义匹配的知识点。当顾客询问有关商品信息、售前、售后等基础问题时，问答机器人能够给出及时而准确的回复，当机器人不能回答用户问题时，就会通过某种机制将顾客转接给人工客服。因此，拥有特定领域知识库的问答机器人在知识储备上要比闲聊机器人更聪明、更专业、更准确，说它们是某一领域的专家也不为过。

针对具体情况选择相应的问答型对话解决方案，包括：

基于分类模型的问答系统；

基于检索和排序的问答系统；

基于句向量的语义检索系统。

基于分类模型的问答系统将每个知识点各分一类，使用深度学习、机器学习等方法，效果较好。但需要较多的训练数据，且更新类别时，重新训练的成本较高，因此更适合数据足够多的静态知识库。

基于检索和排序的问答系统能实时追踪知识点的增删，从而有效弥补基于分类模型的问答系统存在的问题。但仍然存在检索召回问题，假如用户输入的关键词没有命中知识库，系统就无法找到合适的答案。

更好的解决方案是基于句向量的语义检索。通过句向量编码器，将知识库数据和用户问题作为词编码输出，基于句向量的语义检索能实现在全量数据上的高效搜索，从而解决传统检索的召回问题。

3. 任务机器人

任务机器人在特定条件下提供信息或服务，以满足用户的特定需求，例如，查流量、查话费、订票、订餐、咨询等。由于用户需求复杂多样，任务机器人一般通过多轮对话明确用户的目的。想要知道任务机器人是如何运作的，我们需要引入任务机器人的一个重要概念——对话动作(dialog act)。

任务型对话系统的本质是将用户的输入和系统的输出都映射为对话动作，并通过对话状态来实现对上下文的理解和表示。例如，在机器人帮助预约保洁人员的场景下，用户与机器人的对话对应不同的动作。这种做法能够在特定领域降低对话难度，从而让机器人执行合适的动作。

另外，对话管理(dialog management)模块是任务机器人的核心模块之一，也是对话系统的大脑。传统的对话管理方法包括基于 FSM、Frame、Agenda 等不同架构的，适用于不同的场景。

基于深度强化学习的对话管理法，是通过神经网络将对话上下文直接映射为系统动作，这样更加灵活，可通过强化学习的方法进行训练，但需要大量真实的、高质量标注的对话数据来训练，只适用于有大量数据的情况。

4. 对话机器人的应用

对话机器人在人类的"苛求"下越来越智能,有人甚至预言在未来5～10年耗时耗力的沟通将会被对话机器人取代。对话机器人的应用实践正在逐步证明这一点。

目前,对话机器人主要适用于3类场景:

1) 自然对话是唯一的交互方式

车载、智能音箱、可穿戴设备。

2) 用对话机器人替代人工

在线客服、智能IVR、智能外呼。

3) 用对话机器人提升效率和体验

智能营销、智能推荐、智能下单。

可以通过在线营销转化需求度和在线交互需求度两个维度来考量适合对话机器人落地的领域。不过,从技术上来讲,让机器真正理解人类语言仍然是一个艰难的挑战。对于搭建对话机器人,也许可以参考以下建议:

(1) 选择合适的场景并设定产品边界;

(2) 积累足够多的训练数据;

(3) 上线后持续学习和优化;

(4) 让用户参与反馈;

(5) 让产品体现出个性化。

下面基于生成模型的Seq2Seq+注意力的方式来实现聊天机器人,框架使用TensorFlow。

19.1.2 基于TensorFlow的对话机器人

Seq2Seq+注意力的方式非常适合解决一问一答两个序列的场景,比如聊天机器人的问答对话、中文-英文的翻译等。项目地址: https://github.com/Conchylicultor/DeepQA。项目原始的训练数据是英文的,实际场景中更多的是处理中文对话,所以第一步是对中文的训练语料进行中文分词和数据处理,转换成项目需要的数据格式。第二步就是训练模型,训练模型可以使用CPU,也可以使用GPU,使用CPU的缺点就是非常慢,十几万对话的训练集大概需要半个月甚至一个多月。使用GPU就非常快了,这个量级大概几个小时就能出结果。第三步需要自己开发Web工程,对外提供问答接口的HTTP服务。

1. 安装过程

代码目录: chatbot中包含chatbot.py、model.py、trainner.py等核心模型源码,chatbot_website是基于Python的django的Web框架做的Web交互页面,data是要训练的数据,main.py是训练模型的入口,DeepQA代码目录如图19.1所示。

安装脚本代码如下:

```
#安装依赖包
pip3 install nltk
python3 -m nltk.downloader punkt
#如果报错:
ImportError: No module named '_sqlite3'
#就安装sqlite3
apt-get update
apt-get install sqlite3
pip3 install tqdm
#安装Python的Web框架Django
```

chatbot	Making compliant pathes for linux and windows OS
chatbot_website	fix for issue #183 (#184)
data	Update readme for migration instruction, load default idCount for bac...
docker	Fix link from previous commit
save	Testing mode, better model saving/loading gestion
.dockerignore	Some cleanup for the dockerfile, chatbot not loaded during django mig...
.gitignore	enh: ignore nvidia-docker-compose output
Dockerfile	Update Dockerfiles for tf 1.0
Dockerfile.gpu	Update Dockerfiles for tf 1.0
LICENSE	Initial commit
README.md	Clarifying need for manual copy of model to save/model-server/ (#147)
chatbot_miniature.png	Solve a tf 0.12 compatibility issue, use local screenshot miniature i...
main.py	Solve a tf 0.12 compatibility issue, use local screenshot miniature i...
requirements.txt	requirement.txt install GPU TF version
setup_server.sh	Interactive connexion between client-server-chatbot
testsuite.py	better website design and logging

图 19.1 DeepQA 代码目录

```
pip3 install django
#查看 Django 版本
django-admin --version
pip3 install channels
#安装 Python 的 redis 客户端工具包
pip3 install asgi_redis
```

如果不使用这个项目自带的 Web 框架就不用 redis，实际工程化时应使用更完善的机制。

2. 中文对话训练数据的准备和处理

在做中文对话数据训练的准备前，需要先了解英文的训练数据格式，项目已经给出了英文训练语料，有两个文件：

一个文件是问答对话数据/data/cornell/movie_conversations.txt，下面截取其中一小段：

```
L232290 +++$+++ u1064 +++$+++ m69 +++$+++ WASHINGTON +++$+++ Don't be ridiculous, of course that won't happen.
L232289 +++$+++ u1059 +++$+++ m69 +++$+++ MARTHA +++$+++ I can not allow the fortune in slaves my first husband created and what our partnership has elevated, to be destroyed...
L232288 +++$+++ u1064 +++$+++ m69 +++$+++ WASHINGTON +++$+++ I'm very aware of that.
L232287 +++$+++ u1059 +++$+++ m69 +++$+++ MARTHA +++$+++ Well, a very real expectation is the British will hang you!  They'll burn Mount Vernon and they'll hang you!  Our marriage is a business just as surely as...
L232286 +++$+++ u1064 +++$+++ m69 +++$+++ WASHINGTON +++$+++ The eternal dream of the disenfranchised, my dear:  a classless world.  Not a very real expectation.
L232285 +++$+++ u1059 +++$+++ m69 +++$+++ MARTHA +++$+++ My God, what?
```

另外一个文件是/data/cornell/movie_conversations.txt，存储的都是对话的 ID：

```
u1059 +++$+++ u1064 +++$+++ m69 +++$+++ ['L232282', 'L232283', 'L232284', 'L232285', 'L232286']
u1059 +++$+++ u1064 +++$+++ m69 +++$+++ ['L232287', 'L232288', 'L232289', 'L232290', 'L232291']
```

最原始的中文对话数据需要处理一下，原始的中文对话数据为：

```
E
M 今/天/吃/的/小/鸡/炖/蘑/菇
M 分/我/点/吧/,/喵/~
```

```
E
M 来/杯/茶
M 加/大/蒜/还/是/香/菜/?
E
M 大/葱
M 最/喜/欢/的/了
E
```

处理数据的思路大概是去掉斜杠(/),然后使用中文分词对语句做分词,因为使用分词的方式可以让生成的回答句子显得更通顺和自然。处理的代码根据个人的习惯可以选择用Python、Java、Scala。下例给出一个用Scala+Spark框架的处理方式,如代码19.1所示。

【代码 19.1】 ETLDeepQAJob.scala

```
def etlQA(inputPath: String,outputPath: String, mode: String) = {
val sparkConf = new SparkConf().setAppName("充电了么 App - 对话机器人数据处理 - Job")
  sparkConf.setMaster(mode)
//SparkContext 实例化
val sc = new SparkContext(sparkConf)
//加载中文对话数据文件
val qaFileRDD = sc.textFile(inputPath)
//初始值
var i = 888660
val linesList = ListBuffer[String]()
val conversationsList = ListBuffer[String]()
val testList = ListBuffer[String]()
val tempList = ListBuffer[String]()
  qaFileRDD.collect().foreach(line =>{
if (line.startsWith("E")) {
if (tempList.size > 1)
    {
val lineIDList = ArrayBuffer[String]()
        tempList.foreach(newLine =>{
val lineID = newLine.split(" ")(0)
          lineIDList += "'" + lineID + "'"
linesList += newLine
        })
        conversationsList += "u0 +++$+++ u2 +++$+++ m0 +++$+++ [" + lineIDList.mkString(", ") + "]"
tempList.clear()
    }
  }
else {
if (line.length > 2)
    {
//去除斜杠/字符,准备走中文分词
val formatLine = line.replace("M","").replace(" ","").replace("/","")
import scala.collection.JavaConversions._
//使用 HanLP 开源分词工具
val termList = HanLP.segment(formatLine);
val list = ArrayBuffer[String]()
for(term <- termList)
        {
          list += term.word
}
//中文分词后以空格分割,训练时就像把中文分词当英文单词来拆分单词一样
val segmentLine = list.mkString(" ")
val newLine = if (tempList.size == 0) {
          testList += segmentLine
"L" + String.valueOf(i) + " +++$+++ u2 +++$+++ m0 +++$+++ z +++$+++ " + segmentLine
        }
```

```
else "L" + String.valueOf(i) + " +++$+++ u2 +++$+++ m0 +++$+++ l +++$+++ " + segmentLine
        tempList += newLine
        i = i + 1
}
     }
  })
  sc.parallelize(linesList, 1).saveAsTextFile(outputPath + "linesList")
  sc.parallelize(conversationsList, 1).saveAsTextFile(outputPath + "conversationsList")
  sc.parallelize(testList, 1).saveAsTextFile(outputPath + "测试 List")
  sc.stop()
}
```

conversationsList 输出结果片段：

```
L888666 +++$+++ u2 +++$+++ m0 +++$+++ z +++$+++ 欢迎多一些这样的文章
L888667 +++$+++ u2 +++$+++ m0 +++$+++ l +++$+++ 谢谢支持!
```

说明：用户 z 和 l 的名字随便起就行，没有实际意义。

linesList 输出结果片段：

```
u0 +++$+++ u2 +++$+++ m0 +++$+++ ['L888666', 'L888667']
u0 +++$+++ u2 +++$+++ m0 +++$+++ ['L888668', 'L888669']
```

说明：前面的 u0 +++ $ +++u2 +++ $ +++m0 +++ $ +++可以固定不变，关键的是中括号中的问答的 ID 配对。

至此，数据处理就完成了，同时生成了一个测试集合，用来测试模型在测试集上的表现，这个测试可以是主观的手工测试，比如输入一个问句，看看回答的结果和测试集合的答句有哪些效果上的差异。当然对于这部分分类模型，答句不一定和以前的一样，有可能通过训练能得到一个更好的答句。

然后将对应的/data/cornell/movie_conversations. txt 和/data/cornell/movie_lines. txt 两个文件替换掉，就可以正式进入训练过程了。

3. 训练模型

切换到程序目录 cd /home/hadoop/chongdianleme/DeepQA 后，执行：

```
python3 main.py;
```

就开始训练了。如果想控制使用 GPU 显卡来训练，可以指定用哪个 GPU，前面加上一句

```
export CUDA_VISIBLE_DEVICES = 0;
```

main. py 的 Python 文件代码如下所示：

```
from chatbot import chatbot

if __name__ == "__main__":
    chatbot = chatbot.Chatbot()
    chatbot.main()
```

核心代码在 chatbot 里，因为代码太长，这里不展示，读者可以自己下载来看。因为训练模型时间会非常长，用 CPU 训练十几万对话大概需要半个月到一个月，用 GPU 训练则大概需要几十分钟到几个小时，所以最好以后台运行的方式来执行，不用等着看结果。后台运行方式的脚本代码如下所示：

```
vim 创建一个文件 vim main.sh,输入脚本
export CUDA_VISIBLE_DEVICES = 0;
python3 main.py;
#按:wq保存
```

```
#对 main.sh 脚本授权可执行权限
sudo chmod 755 main.sh
#然后再创建一个以后台方式运行的 shell 脚本:
vim nohupmain.sh
#输入:
nohup /home/hadoop/chongdianleme/main.sh > tfqa.log 2 > &1 &
#然后:wq 保存
#同样对 nohupmain.sh 脚本授权可执行权限
sudo chmod 755 nohupmain.sh
```

最后运行 sh nohupmain.sh 脚本。因为运行时间比较长，过程中有可能报错，所以开始的时候要观察日志，用命令"tail -f tfqa.log"可实时查看最新日志。

下面是 CPU 训练 30 次迭代的日志，要想达到比较好的效果，大概在 30 次迭代的时候就不错了，如果迭代次数太少，效果会非常差，回答的结果可能不通顺、不着边际。

CPU 训练的过程日志：

```
2019-10-09 19:28:36.959843: W tensorflow/core/platform/cpu_feature_guard.cc:45] The TensorFlow library wasn't compiled to use SSE4.1 instructions, but these are available on your machine and could speed up CPU computations.
2019-10-09 19:28:36.959910: W tensorflow/core/platform/cpu_feature_guard.cc:45] The TensorFlow library wasn't compiled to use SSE4.2 instructions, but these are available on your machine and could speed up CPU computations.
2019-10-09 19:28:36.959922: W tensorflow/core/platform/cpu_feature_guard.cc:45] The TensorFlow library wasn't compiled to use AVX instructions, but these are available on your machine and could speed up CPU computations.
2019-10-09 19:28:36.959982: W tensorflow/core/platform/cpu_feature_guard.cc:45] The TensorFlow library wasn't compiled to use AVX2 instructions, but these are available on your machine and could speed up CPU computations.
2019-10-09 19:28:36.960028: W tensorflow/core/platform/cpu_feature_guard.cc:45] The TensorFlow library wasn't compiled to use FMA instructions, but these are available on your machine and could speed up CPU computations.
Training:   0%|          | 0/624 [00:00<?, ?it/s]
Training:   0%|          | 1/624 [00:03<36:33,  3.52s/it]
Training:   0%|          | 2/624 [00:06<33:26,  3.23s/it]
Training:   0%|          | 3/624 [00:08<31:13,  3.02s/it]
Training:   1%|          | 4/624 [00:11<29:36,  2.87s/it]
Training:   1%|          | 5/624 [00:13<28:29,  2.76s/it]
Training:   1%|          | 6/624 [00:16<27:40,  2.69s/it]
...
Training:  16%|██        | 97/624 [04:05<22:07,  2.52s/it]
...
Training: 100%|██████████| 624/624 [26:17<00:00,  2.29s/it]
----- Step 11600 -- Loss 2.62 -- Perplexity 13.76
----- Step 11700 -- Loss 2.88 -- Perplexity 17.79
----- Step 11800 -- Loss 2.78 -- Perplexity 16.06
Epoch finished in 0:26:16.157353

----- Epoch 20/30 ; (lr=0.002) -----
Shuffling the dataset...
----- Step 11900 -- Loss 2.64 -- Perplexity 13.97
----- Step 12000 -- Loss 2.71 -- Perplexity 15.01
Checkpoint reached: saving model (don't stop the run)...
Model saved.
----- Step 12100 -- Loss 2.67 -- Perplexity 14.42
----- Step 12200 -- Loss 2.73 -- Perplexity 15.32
----- Step 12300 -- Loss 2.81 -- Perplexity 16.64
----- Step 12400 -- Loss 2.73 -- Perplexity 15.36
Epoch finished in 0:26:17.595209
```

```
----- Epoch 30/30 ; (lr = 0.002) -----
Shuffling the dataset...
----- Step 18100 -- Loss 2.14 -- Perplexity 8.47
----- Step 18200 -- Loss 2.24 -- Perplexity 9.44
----- Step 18300 -- Loss 2.29 -- Perplexity 9.84
----- Step 18400 -- Loss 2.35 -- Perplexity 10.49
----- Step 18500 -- Loss 2.33 -- Perplexity 10.25
----- Step 18600 -- Loss 2.30 -- Perplexity 9.93
----- Step 18700 -- Loss 2.31 -- Perplexity 10.07
Epoch finished in 0:26:17.225496
Checkpoint reached: saving model (don't stop the run)...
Model saved.
The End! Thanks for using this program
```

GPU 显卡训练的过程和 CPU 是一样的，只是性能方面有差异。

```
2019-10-09 01:36:22.502878: I tensorflow/core/platform/cpu_feature_guard.cc:137] Your CPU supports instructions that this TensorFlow binary was not compiled to use: SSE4.1 SSE4.2 AVX AVX2 FMA
2017-10-09 01:36:28.059786: I tensorflow/core/common_runtime/gpu/gpu_device.cc:1030] Found device 0 with properties:
name: Tesla K80 major: 3 minor: 7 memoryClockRate(GHz): 0.8235
pciBusID: 0000:06:00.0
totalMemory: 11.17GiB freeMemory: 11.11GiB
2019-10-09 01:36:22.059809: I tensorflow/core/common_runtime/gpu/gpu_device.cc:1120] Creating TensorFlow device (/device:GPU:0) -> (device: 0, name: Tesla K80, pci bus id: 0000:06:00.0, compute capability: 3.7)
2019-10-09 01:36:22.062862: I tensorflow/core/common_runtime/direct_session.cc:299] Device mapping:
/job:localhost/replica:0/task:0/device:GPU:0 -> device: 0, name: Tesla K80, pci bus id: 0000:06:00.0, compute capability: 3.7
...
```

训练完成以后会生成一个模型文件目录，位于 save/model 目录下，模型目录如图 19.2 所示。

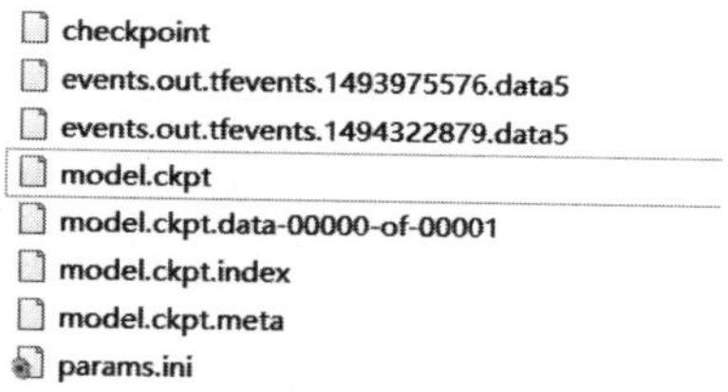

checkpoint
events.out.tfevents.1493975576.data5
events.out.tfevents.1494322879.data5
model.ckpt
model.ckpt.data-00000-of-00001
model.ckpt.index
model.ckpt.meta
params.ini

图 19.2　模型目录

模型训练好了以后，不需要每次重新训练，可以根据模型文件加载到内存，做成 HTTP 的 Web 服务接口。

4. Web 工程化的 HTTP 接口

Web 工程化的 HTTP 协议接口还是基于 Python 的轻量级 Web 框架 Flask 来实现，根据模型目录可以在 Web 项目初始化时加载模型文件，之后就可以在接口里面实时预测了，工程如代码 19.2 所示。

【代码 19.2】　chatbot_predict_web_chongdianleme.py

```
import sys
import logging
from flask import Flask
from flask import request
from chatbot import chatbot
#程序目录
chatbotPath = "/home/hadoop/chongdianleme/DeepQA"
sys.path.append(chatbotPath)
#模型加载初始化
chatbot = chatbot.Chatbot()
chatbot.main(['--modelTag', 'server', '--test', 'daemon', '--rootDir', chatbotPath])
```

```
app = Flask(__name__)
@app.route('/predict', methods=['GET', 'POST'])
def prediction():
#用户输入的话
sentence = request.values.get("sentence")
#记录用户访问信息并处理
device = request.values.get("device")
userid = request.values.get("userid")
#实时预测要回答的问题,sentence需要先把中文分词后以空格分隔的字符串,并且要保证中文分词
#训练和预测时保持一致
answer = chatbot.daemonPredict(sentence)
#因为是中文分词当单词用,所以返回的句子需要去掉空格后拼接成句子
answer = answer.replace(" ","")
return answer

if __name__ == '__main__':
#指定IP地址和端口号
app.run(host='172.17.100.216', port=8820)
```

然后,看一下如何部署和启动基于 Flask 的对话 Web 服务,脚本代码如下所示:

```
#创建shell脚本文件 vim qaService.sh
#输入:
python3 chatbot_predict_web_chongdianleme.py
#然后:wq保存
#对qaService.sh脚本授权可执行权限
sudo chmod 755 qaService.sh
#然后再创建一个以后台方式运行的shell脚本:
vim nohupqaService.sh
#输入:
nohup /home/hadoop/chongdianleme/qaService.sh > tfqaWeb.log 2 > &1 &
#然后:wq保存
#同样对nohupqaService.sh脚本授权可执行权限
sudo chmod 755 nohupqaService.sh
#最后运行sh nohupqaService.sh脚本启动基于flask的对话Web服务接口
```

启动完成后,就可以在浏览器地址里输入 URL 访问服务了。这个 HTTP 接口声明了同时支持 get 和 post 访问,在浏览器里输入地址就可以直接访问了。

http://172.17.100.216:8820/predict?sentence=欢迎多一些这样的文章

这就是一个接口服务,其他系统或者 php、Java Web 网站都可以调用这个接口,输入用户的问句,需要注意的是,sentence 是先把中文分词后再以空格分割的字符串,并且要保证中文分词训练用的分词工具和算法是一致的。

除了基于 TensorFlow 实现的聊天机器人,其他深度学习框架也有不错的开源实现,比如 MXNet,下面基于 MXNet 框架介绍一个聊天机器人的开源项目。

19.1.3 基于 MXNet 的对话机器人[64]

MXNet 深度学习框架也是非常优秀的,也非常支持 GPU,默认可以把资源分配在多个 GPU 上同时运行,并且资源利用是按需分配的,根据需求,GPU 资源需要多少就消耗多少,不像 TensorFlow 那样,默认先把 GPU 资源全占满。

与基于 TensorFlow 的聊天机器人 DeepQA 项目类似,基于 MXNet 也有一个不错的项目 sockeye,GitHub 开源地址:https://github.com/awslabs/sockeye。

1. 中文对话训练数据的准备和处理

中文对话训练数据需要准备两个文件:一个是问句文件,另一个是回答文件。例如,问句

文件“wen”中的内容如下：

```
举头望明月
哎,我说,劳驾问您个问题。
想起来了!
我跟您不一样。
这是什么饮料 ?
卖手绢的和您认识?
```

回答文件“da”中的内容如下：

```
低头思故乡。
嗯,好说。
想起什么来了?
怎么不一样?
一杯白开水。
不认识。
```

需要注意的是，问句和回答的记录行数必须一致，并且两个文件的同一行必须是配对的问和答，不能错位。对于中文来讲，可以做中文分词，也可以直接拆单字，以空格分隔。

2. 训练模型

训练脚本代码如下：

```
python3 -u -m sockeye.train --source data/wen --target data/da --validation-source data/wenv --validation-target data/dav --output model_dir --device-ids 3 --disable-device-locking --overwrite-output --num-words 66688866 --checkpoint-frequency 8866
```

参数说明：

--source 这个参数是训练数据的问句；

--target 这个参数是训练数据的答句；

--validation-source 这个参数是训练做校验的问句的测试集合；

--validation-target 这个参数是训练做校验的回答的测试集合；

--output 这个参数是训练模型的输出目录；

--device-ids 这个参数是指定使用哪个 GPU 显卡，若使用多个，则以逗号分隔；

--overwrite-output 这个参数表明训练时是否要覆盖上次的结果；

--num-words 这个参数是训练集合最大设置多少个单词作为上限；

--checkpoint-frequency 这个参数用于检查点频率。

训练模型的输出结果如下：

```
vocab.trg.json
vocab.src.json
version
symbol.json
log
config
args.json
params.0001
metrics
params.best
params.0002
params.0003
params.0004
params.0005
params.0006
```

随着迭代的进行，模型会选择一个最佳的模型参数文件 params.best，所以这个项目的好处是会根据测试集校验选择一个最好的模型,不会无限制地循环迭代而过拟合。实际上,训练的时候可以让它一直训练下去,如果最好的模型后面不太发生变化时,再结束(kill)训练进程就可以。

3. Web 工程化的 HTTP 接口

Web 工程化的 HTTP 协议接口还是基于 Python 的轻量级 Web 框架 Flask 来做,根据模型目录可以在 Web 项目初始化时加载模型文件,之后就可以在接口中实时预测了,工程如代码 19.3 所示。

【代码 19.3】 translate_chongdianleme_web.py

```
import argparse
import sys
import time
from contextlib import ExitStack
from typing import Optional, Iterable, Tuple
import json
import mxnet as mx
import sockeye
import sockeye.arguments as arguments
import sockeye.constants as C
import sockeye.data_io
import sockeye.inference
import sockeye.output_handler
from sockeye.log import setup_main_logger, log_sockeye_version
from sockeye.utils import acquire_gpus, get_num_gpus
from sockeye.utils import check_condition
import logging
from flask import Flask
from flask import request
import time

output_type = 'translation'
softmax_temperature = None
sure_align_threshold = 0.9
use_cpu = True
output = None
#训练模型的输出目录
models = ['modeldir20191006']
max_input_len = None
lock_dir = '/tmp'
input = None
ensemble_mode = 'linear'
beam_size = 5
checkpoints = None
device_ids = [-1]
disable_device_locking = False

output_handler = sockeye.output_handler.get_output_handler(output_type,
                                                            output,
                                                            sure_align_threshold)

context = mx.cpu()
totaln = "0"
#加载模型初始化
translator = sockeye.inference.Translator(context,
                                          ensemble_mode,
                                          *sockeye.inference.load_models(context,
```

```
                                        max_input_len,
                                        beam_size,
                                        models,
                                        checkpoints,
    softmax_temperature))


app = Flask(__name__)
@app.route('/transpredict', methods = ['GET', 'POST'])
def prediction():
    start = time.time()
    #解析用户输入的句子参数
    sentence = request.values.get("sentence")
    #用户信息
    device = request.values.get("device")
    userid = request.values.get("userid")
    #以空格分隔拼接单字的句子
    kgSentence = " ".join(sentence)
    print("newsentence: {0}".format(kgSentence))
    trans_input = translator.make_input(1, kgSentence)
    #实时预测回答的句子
    trans_output = translator.translate(trans_input)
    print("trans_input = {0}".format(trans_input))
    id = trans_output.id
    score = str(trans_output.score)
    #回答的句子是以单字为空格拼接的,返回给用户时需要把空格去掉。
    trans_output = trans_output.translation.replace(" ","")
    end = time.time()
    times = str(end - start)
    #返回回答的句子和对应的评分,以 json 格式返回
    result = {"da":trans_output,"id":id,"score":score,"times":times}
    out = json.dumps(result,ensure_ascii = False)
    print("out = {0}".format(out))
    return out

if __name__ == '__main__':
    #指定 IP 地址和端口号
    app.run(host = '172.17.100.216', port = 8821)
```

然后看看如何部署和启动基于 Flask 的对话 Web 服务,脚本代码如下所示:

```
#创建 shell 脚本文件 vim nohuptranService.sh
#输入:
nohup python3 -m sockeye.translate_chongdianleme_web > transWeb.log 2 > &1 &
#然后:wq 保存
#最后运行 sh nohuptranService.sh 脚本启动基于 flask 的对话 Web 服务接口。
```

启动完成后,就可以在浏览器地址里输入 URL 访问服务了。这个 HTTP 接口声明了同时支持 get 和 post 访问,在浏览器里输入地址就可以直接访问了。

这就是一个接口服务,其他系统或者 PHP、Java Web 网站都可以调用这个接口,输入用户的问句,sentence 不用分词,保留原始的即可。

19.1.4 基于深度强化学习的机器人

上面介绍的都是基于 Seq2Seq 的聊天机器人,这个方案存在一些问题,可以通过加入增强学习来解决。

1. Seq2Seq 聊天机器人存在的问题

使用 Seq2Seq 开发聊天机器人是比较流行的方案，但也存在一些问题。

1）万能回复问题

用 MLE 作为目标函数会导致容易生成类似于“呵呵”的万能回复、语法、安全等没有实际意义的对话。

2）对话死循环

用 MLE 作为目标函数容易引起对话死循环。

解决这样的问题需要聊天框架具备以下能力：一个是整合开发者自定义的回报函数，来达到目标；另一个是生成一个回复之后，可以定量地描述这个回复对后续阶段的影响。

2. Seq2Seq+增强学习

要解决以上问题，可以使用 Seq2Seq+增强学习的思路。

说到增强学习，就不得不提增强学习的四要素。

1）动作

动作是指生成的回复，动作空间是无限大的，因为可以回复，任意长度的文本序列。

2）状态

状态是指[pi,qi]，即上一轮两个人的对话表示。

3）策略

策略是指给定状态之后各个动作的概率分布。可以表示为：pRL(pi+1|pi,qi)。

4）奖励

奖励表示每个动作获得的回报，这里自定义了 3 种奖励。

(1) 易于回答。

这个奖励指标主要是说生成的回复一定是容易被回答的。

其实就是给定这个回复之后，生成的下一个回复是无效的概率大小。这里所谓的无效就是指一些类似“呵呵”的回复，如“I don't know what you are talking about”等。

(2) 回复多样性。

这个奖励主要是控制生成的回复尽量和之前的回复不要重复，增加回复的多样性。

(3) 语义连贯性。

这个指标是用来衡量生成的回复是否语义连贯。如果只有前两个指标，很有可能会得到更高的奖励，但是生成的句子并不连贯或者说不成为一个自然的句子。这里采用互信息来确保生成的回复具有连贯性。最终的奖励由这 3 部分加权求和计算得到。

介绍完增强学习的几个要素之后，接下来就是如何仿真的问题，我们采用两个机器人相互对话的方式进行。

步骤 1，监督学习。将数据中的每轮对话当作目的，将之前的两句对话当作来源进行 Seq2Seq 训练得到模型，这一步的结果作为步骤 2 的初值。

步骤 2，增强学习：因为 Seq2Seq 会容易生成无效回复，如果直接用 Seq2Seq 的结果将会导致增强学习这部分产生的也没有很多的多样性，从而无法产生高质量的回复。所以，这里用 MMI(maximum mutual information，最大互信息)来生成更加多样性的回复，然后将生成 MMI 回复的问题转换为一个增强学习问题，这里的互信息作为奖励的一部分(r3)。用第一步训练好的模型来初始化模型，给定输入[pi,qi]，生成一个候选列表作为动作集合，集合中的每个回复都计算出其 MMI 分数，这个分数作为结果反向传播回 Seq2Seq 模型中，进行训练。

两个机器人在对话，初始的时候给定一个输入信息，然后机器人 1 根据输入生成 5 个候选回复，依次往下进行，因为每一个输入都会产生5个回复，随着轮数的增加，回复数量会呈指数增长，在每轮对话中，通过取样选择出5个回复作为本轮的回复。

接下来就是评价的部分，自动评价指标一共两个：

(1) 对话轮数。

很明显，增强学习生成的对话轮数更多。

(2) 多样性。

强化学习生成的词、词组更加丰富和多样。

强化学习不仅仅能回答上一个提问，而且常常能够提出一个新的问题，让对话继续下去，所以对话轮数就会增多。原因是，强化学习在选择最优动作的时候会考虑长远的奖励，而不仅仅是当前的奖励。将Seq2Seq与强化学习整合在一起解决问题是一个不错的思路，很有启发性，尤其是用强化学习可以将问题考虑得更加长远，获得更大的奖励。用两个机器人相互对话来产生大量的训练数据也非常有用，在实际工程应用背景下数据的缺乏是一个很严重的问题，如果有一定质量的机器人可以不断地模拟真实用户来产生数据，将深度学习真正用在机器人中来解决实际问题就指日可待了。

强化学习解决机器人问题的文章在之前出现过一些，但都是人工给出一些特征来进行增强学习，随着DeepMind用Seq2Seq+RL的思路成功地解决video game的问题，这种Seq2Seq的思想与强化学习的结合就成为了一种趋势，朝着数据驱动的方向更进一步。

下面介绍一个Seq2Seq+RL的开源项目，名字叫tf_chatbot_seq2seq_antilm。最关键的核心代码是lib/seq2seq_model.py中的step_rf方法，如代码19.4所示。

【代码19.4】 seq2seq_model.py

```
def step_rf(self, args, session, encoder_inputs, decoder_inputs, target_weights,
        bucket_id, rev_vocab = None, debug = True):
#初始化
init_inputs = [encoder_inputs, decoder_inputs, target_weights, bucket_id]
  sent_max_length = args.buckets[-1][0]
  resp_tokens, resp_txt = self.logits2tokens(encoder_inputs, rev_vocab, sent_max_length,
reverse = True)
if debug: print("[INPUT]:", resp_txt)
#初始化
ep_rewards, ep_step_loss, enc_states = [], [], []
  ep_encoder_inputs, ep_target_weights, ep_bucket_id = [], [], []
#[Episode] per episode = n steps, 直到中断循环
while True:
# ----[Step]----------------------------------------
encoder_state, step_loss, output_logits = self.step(session, encoder_inputs, decoder_inputs,
target_weights,
                        bucket_id, training = False, force_dec_input = False)
#记住输入以便用调整后的损失再现
ep_encoder_inputs.append(encoder_inputs)
    ep_target_weights.append(target_weights)
    ep_bucket_id.append(bucket_id)
    ep_step_loss.append(step_loss)
    enc_states_vec = np.reshape(np.squeeze(encoder_state, axis = 1), (-1))
    enc_states.append(enc_states_vec)
#处理响应
resp_tokens, resp_txt = self.logits2tokens(output_logits, rev_vocab, sent_max_length)
if debug: print("[RESP]: (%.4f) %s" % (step_loss, resp_txt))
```

```
#准备下次对话
bucket_id = min([b for b in range(len(args.buckets)) if args.buckets[b][0] > len(resp_tokens)])
    feed_data = {bucket_id: [(resp_tokens, [])]}
    encoder_inputs, decoder_inputs, target_weights = self.get_batch(feed_data, bucket_id)
    # ---- [Reward] ---------------------------------------------
    #r1: Ease of answering 非万能回复: 生成的下一个 reply 是 dull"呵呵"的概率大小,越小越好
r1 = [self.logProb(session, args.buckets, resp_tokens, d) for d in self.dummy_dialogs]
    r1 = - np.mean(r1) if r1 else 0

#r2: Information Flow 不重复: 生成的 reply 尽量和之前的不要重复。
if len(enc_states) < 2:
      r2 = 0
else:
      vec_a, vec_b = enc_states[ - 2], enc_states[ - 1]
      r2 = sum(vec_a * vec_b) / sum(abs(vec_a) * abs(vec_b))
   r2 = - log(r2)
#r3: Semantic Coherence : 语句通顺
r3 = - self.logProb(session, args.buckets, resp_tokens, ep_encoder_inputs[ - 1])
#计算累计回报
R = 0.25 * r1 + 0.25 * r2 + 0.5 * r3
    rewards.append(R)
#整体评价: 对话轮数更多,第一个 diversity 更具多样性
    # ---------------------------------------------------------
if (resp_txt in self.dummy_dialogs) or (len(resp_tokens) <= 3) or (encoder_inputs in ep_encoder_
inputs):
break #结束对话

#按批奖励梯度递减
rto = (max(ep_step_loss) - min(ep_step_loss)) / (max(ep_rewards) - min(ep_rewards))
  advantage = [mp.mean(ep_rewards) * rto] * len(args.buckets)
  _, step_loss, _ = self.step(session, init_inputs[0], init_inputs[1], init_inputs[2], init_
inputs[3],
training = True, force_dec_input = False, advantage = advantage)
return None, step_loss, None
```

上面介绍的项目案例都是基于生成式模型的,生成式模型最大的问题是生成前后不一致的答案,或者生成的答案毫无意义,训练时间也比较长。与此相比,基于检索的模型相对简单,因为它依赖了预定义的语料,不会犯语法错误,但它可能没法处理语料库里没有遇到过的问题。

19.1.5 基于搜索引擎的对话机器人

基于检索的模型主要用于在问答对中搜索出与原始问题最为相近的 k 个问题。为了实现这个功能,首先需要将语料库的问和答拆分为两个字段,分别存储到搜索索引中,然后开发一个自定义相似度排序函数,从搜索引擎里查找与用户的提问相似度最高的几个答案,然后结合个性化的用户画像、二次排序算法,从这几个候选答案中筛选出最佳的回答。

搜索引擎可以使用 Solr Could 或者 Elasticsearch,它们都是基于 Lucene,但都做了封装,支持多台服务器分布式的计算和分片存储。如果有海量的知识库问答对,那么用它们来做存储是比较合适的。

自定义相似度函数可以有多种,比如余弦相似度、编辑距离、BM25 等,这些主要看文本匹配,可能匹配到的问题不一定代表那个语义,但如果问题知识库足够全,一般效果还不错。如

果不够全，可能搜索不到合适的结果，这种情况可以通过中文分词，然后通过 Word2Vec、《同义词词林》的方式扩展更多的近义词，接着再去尽可能地匹配出结果。另外一种就是做一个语义相似度，语义相似度的计算是比较复杂的。实际上我们可以自定义一个综合函数，把文本相似、语义相似都融合起来，然后算一个总分。

不管用哪种方式搜索都会产生一个候选集合，当然可以只取出第一个默认结果，但为了和用户画像结合起来，我们可以对候选集合做进一步的二次排序算法。考虑到回答问题的新鲜性，有必要做一些简单的业务处理，比如排重，对同一个问题，每次回复不一样。再就是捕捉用户的最近行为，找出和最近行为最相关的回答返回给用户。其实这个本质上和做推荐系统的二次排序是同样的道理。对于检索式模型可以使用搜索和个性化推荐算法相融合的思路来做。

19.1.6 对话机器人的 Web 服务工程化

对话机器人的 Web 工程化是基于 Python 的 Flask 框架来实现的，但这并不代表工程化只能用 Python。Web 工程化的思路是把训练阶段提供的模型加载到内存里，并且只加载一次，后面就根据 HTTP 接口的请求来实时预测。实际上训练和预测的代码可以分离，训练用 Python，预测用 Java 或者 C 也可以。

另外一点，整体项目的工程化不仅仅是预测这一步，实际上还需要配合其他部门或者工程师来实现一个完整的系统，比如网站是用 Java 来做的，需要 Java 来调用 Python 接口，也可以用 PHP 来调用接口。对于算法系统，除了基本预测外，还夹杂着其他许多业务规则，这个业务规则可以在 Java 的另外一个 Web 项目中实现。

对话机器人可以用多种策略组合完成，如基于检索的模型和生成式模型的融合，这就是比较复杂的工程，不再是一个简单的模型预测了。

19.2 搜索引擎项目实战

所谓搜索引擎，就是根据用户需求与一定的算法，运用特定策略从互联网检索出指定信息反馈给用户的一门检索技术。搜索引擎依托于多种技术，如网络爬虫技术、检索排序技术、网页处理技术、大数据处理技术、自然语言处理技术等，为信息检索用户提供快速、高相关性的信息服务。搜索引擎技术的核心模块一般包括索引更新、检索和排序等，同时可添加其他辅助模块，以便为用户创造更好的网络使用环境。

搜索引擎是全文搜索垂直搜索引擎。垂直搜索引擎是针对某一个行业的专业搜索引擎，是搜索引擎的细分和延伸，是根据特定用户的特定搜索请求，对网站(页)库中的某类专门信息进行深度挖掘与整合后，再以某种形式将结果返回给用户。垂直搜索是针对通用搜索引擎的信息量大、查询不准确、深度不够等而提出的新的搜索引擎服务模式，针对某一特定领域、某一特定人群或某一特定需求提供有特定用途的信息和相关服务。比如电商平台京东的搜索就是一个电商行业的垂直搜索引擎，搜索返回的都是商品信息，没有像百度那样抓取各种网页信息。再比如，充电了么在线教育平台上的搜索返回的统一都是课程信息。

搜索引擎在各大公司平台都是非常重要的项目，比如电商，用户想购买自己想要的商品，经常需要通过输入关键词来搜索找到自己想要的商品。搜索功能是必不可少的，假如没有这个功能，从分类导航里通过翻页的方式很可能找不到或者需要花费大量的时间寻找。搜索就是通过关键词查找的方式快速地找到想要的商品，从而节省大量时间！

在实际工作中，在公司的技术组织架构里，搜索引擎项目一般是由搜索推荐部门负责，主要原因是推荐系统会用到搜索技术，同时搜索技术想要做得更好，也需要用到推荐技术。搜索和推荐的联系非常紧密。比如搜索的个性化，需要结合个性化用户行为、结合推荐技术来达到输入相同关键词的不同用户得到不同的搜索结果。再比如，推荐系统的 ContentBase 文本挖掘策略，也需要利用搜索的文本相似度找到相关商品推荐结果。所以建议搜索和推荐安排在同一个部门，这样更适应公司的整体发展。

另外，搜索引擎除了有关键词搜索功能，还会围绕搜索项目开展一些相关的搜索项目，比如搜索 Query 意图识别、智能联想词、相关搜索关键词推荐、搜索综合排序算法、排序学习与 NDCG 搜索评价指标等，这些搜索项目都是为了用户得到更好的体验而做的更深入的探索工作。下面从系统架构、技术选型到各个搜索模块的实现进行具体介绍！

19.2.1 搜索引擎系统架构设计

公司做项目的一般流程是需求分析、产品设计、系统架构设计、各个模块详细设计、编码开发、测试、上线。需求分析和产品设计阶段，技术开发人员不会实质性介入，但会参与需求分析和产品设计的合理性评估讨论。产品设计出来后，产品经理一般会和技术开发人员讨论产品开发能否实现、工作量评估、产品细节是否合理等，一般在产品大方向不变的情况下会有适当调整，之后可能会再次讨论，几轮讨论后确定产品设计原型、大概的开发工作量及工期。接下来该系统架构师登场了，架构师会根据需求和产品设计文档做技术架构及选型、模块拆解及各个模块的详细设计。架构设计好之后会把相关模块分配给相应的开发工程师及算法工程师，之后编码开发、测试、上线。这是软件开发的一般流程。

那么做系统架构需要考虑哪些因素呢？首先是理解产品需求，知道实现产品需要哪些数据、技术框架、模块拆解以及各个模块之间相互依赖的关系及整个流程。对于电商平台的商品搜索功能，就需要商品数据，商品数据从哪里获取呢？比如业务数据库 MySQL 是有的，但对于商品搜索的索引数据需要初始化和增量更新量部分，初始化直接用 MySQL 不太容易在多台机器上分布式创建索引，再就是大规模创建索引，MySQL 数据库压力也会很大或者崩溃。所以可以考虑把 MySQL 的数据同步到 Hadoop 平台后再用 Spark 分布式地创建索引，这样就能很好地实现需求了。从这方面来讲，系统架构不仅要实现功能，还要考虑怎么设计更合理。了解了数据的流向，还要知道应设计几个模块子系统，每个系统用哪些技术框架更好等。下面通过架构图详细介绍，架构图如图 19.3 所示。

搜索和推荐算法系统是比较类似的，这个架构图包含了各个子系统或模块的协调配合、相互调用关系，从部门的组织架构看，目前搜索部门一般独立成组，有的会在搜索推荐部门里面，实际上比较合理的应该是分配在大数据部门，因为依托于大数据部门的大数据平台和人工智能优势可以使搜索效果再上一个新的台阶。

1. 搜索数据仓库搭建、数据提取部分

（1）将和搜索相关的 MySQL 业务数据库每天的增量提取到 Hadoop 平台，当然第一次的时候需要全部的数据来做初始化，数据转化工具可以用 Sqoop，它可以分布式地批量导入数据到 Hadoop 平台的 Hive 中。

（2）和搜索相关的 Flume 分布式日志可以从各个 Web 服务器实时收集，如搜索用户行为、埋点数据等，可以指定 source 和 sink 直接把数据传输到 Hadoop 平台。

2. 大数据平台、搜索数据集市分层设计、处理

在大数据平台上建设与搜索相关的数据集市，分层设计和系统大致相同。

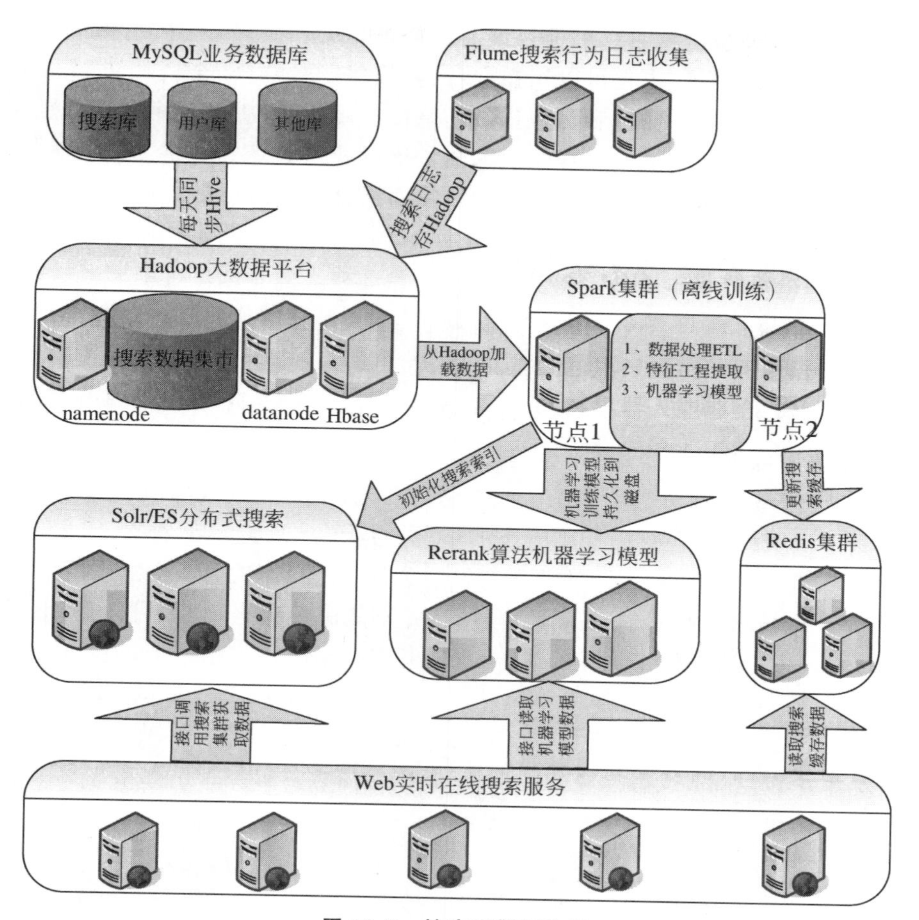

图 19.3 搜索引擎架构图

3. 离线算法部分

(1) 基于 Spark 平台分布式地创建搜索的索引数据库,后续的增量索引一般用消息队列的方式异步准实时更新。

(2) Spark 从 Hadoop 平台加载用户画像以及商品画像的特征数据,训练基于分类模型的二次排序算法模型,来预测搜索的候选商品被点击的概率,因为特征工程里加入了用户个性化的特征工程,所以搜索整体排序呈现个性化的特点。如果想提高个性化的程度,可以把搜索的候选集合适当扩大一些。

(3) 离线计算的部分结果可以更新到线上 Redis 缓存里,在线 Web 服务可以实时从 Redis 获取推荐结果数据,进行实时推荐。

4. 在线 Web 搜索接口服务

(1) 在线 Web 搜索接口服务,先从 Solr/Elasticsearch 搜索集群中获取和关键词相关的搜索结果,将其作为候选集合,然后从 Web 项目初始化加载好的二次排序算法模型中进行实时点击率预测,对搜索结果进行重排序,截取指定的搜索结果进行展示。这个过程会读取一部分 Redis 缓存数据。

(2) App 客户端、网站可以直接调用在线 Web 搜索接口服务进行搜索结果的实时展示。由于处理个性化搜索比普通搜索更复杂,所以在性能上会有所下降,但整体性能在可接受的范围内。一般可以单独开个搜索区域进行展示,不会替换之前的传统搜索。

从架构来看，一个完整的搜索引擎项目涉及的技术框架非常多，其中，个性化的因素涉及用户画像系统。用户画像系统不仅可以用在推荐、搜索中，它还是一个公司级别的通用系统，运营、推广、决策都会用到它。为了和其他部门的系统对接，同时适应多种应用场景，搜索引擎项目需要设计一个合理的架构系统。搜索引擎最关键的核心技术之一为垂直搜索引擎部分，即通过输入关键词进行检索的相关度搜索框架。下面结合业务需求对比几个搜索框架。

19.2.2 搜索框架技术选型

关于搜索引擎框架，Lucene、Solr Cloud 和 Elasticsearch 这几个框架对实现垂直搜索引擎都是非常不错的选择。但选择哪个更好一些呢？做这个选择需要综合考虑几点因素：第一要了解技术框架本身哪个更合适；第二考虑自己团队的开发人员对哪个框架更熟悉、研发成本更低；第三就是开发的工作量。这几个因素是需要综合衡量，权衡利弊的，相同的项目也要根据每个公司不同的情况分别对待。下面从纯技术角度来评估哪个搜索框架更合理。

Lucene 是单机版的，适合数据量比较小的情况。但在公司实际业务中，需要考虑到公司的发展因素，未来几个月、半年、一年的业务会发展到什么程度，如果能预见到数据量会快速增长，那么就需要考虑长远一些。Lucene 是单机版，并不能满足数据日益增长的需求，如果之后再切换到分布式搜索 Solr Cloud 或 Elasticsearch，开发成本就会成倍增加，而且代码需要再修改一遍。所以把公司业务发展因素考虑进去，一般不建议使用 Lucene，可以直接使用 Solr Cloud 或 Elasticsearch。分布式搜索支持多个节点的分布式，当然也支持单个节点。所以数据量小的时候部署单个节点或者比较少的节点，数据量增大后再根据情况增加节点扩展即可。下面对 Solr Cloud 和 Elasticsearch 做一个比较。

1. 历史比较

Apache Solr 是一个成熟的项目，拥有庞大而活跃的开发和用户社区，以及 Apache 品牌。Solr 于 2006 年首次发布到开源，长期以来一直在搜索引擎领域占据主导地位，是需要搜索功能时的首选。它有丰富的功能，而不仅仅是简单的文本索引和搜索，如分面、分组、强大的过滤、可插入的文档处理、可插入的搜索链组件、语言检测等。在 2010 年左右，Elasticsearch 成为市场上的另一种选择。那时候，它远没有 Solr 那么稳定，没有 Solr 的功能深度，没有思想分享、品牌等。Elasticsearch 虽然很年轻，但它有自己的优势。Elasticsearch 建立在更现代的原则上，针对更现代的用例，并且是为了更容易处理大型索引和高查询率而构建的。此外，由于它太年轻，没有社区可以合作，它可以自由地向前推进，而不需要与其他人（用户或开发人员）达成任何共识或合作。

因此，Elasticsearch 在 Solr 之前就公开了一些非常受欢迎的功能（例如，接近实时搜索(near real-time search，NRT)）。从技术上讲，NRT 搜索的能力确实来自 Lucene，它是 Solr 和 Elasticsearch 使用的基础搜索库。因为 Elasticsearch 首先公开了 NRT 搜索，所以人们将 NRT 搜索与 Elasticsearch 联系在一起，尽管 Solr 和 Lucene 都是同一个 Apache 项目的一部分，但是人们会首先选择 Solr。

2. 特征差异比较

这两个搜索引擎都是流行的、先进的开源搜索引擎。它们都是围绕核心底层搜索库——Lucene 构建的，但它们又是不同的。它们有各自的优点和缺点，都在快速发展。表 19.1 给出了二者的比较。

表 19.1 Solr Cloud 和 Elasticsearch 的比较

特　征	Solr/Solr Cloud	Elasticsearch
社区和开发者	Apache 软件基金和社区支持	单一商业实体及其员工
节点发现	Apache ZooKeeper,在大量项目中成熟且经过实战测试	Zen 内置于 Elasticsearch 本身,需要专用的主节点才能进行分裂脑保护
碎片放置	本质上是静态,需要手动工作来迁移分片,从 Solr 7 开始-Autoscaling API 允许一些动态操作	动态,可以根据群集状态按需移动分片
高速缓存	全局,每个段更改无效	每段,更适合动态更改数据
分析引擎性能	非常适合精确计算的静态数据	结果的准确性取决于数据放置
全文搜索功能	基于 Lucene 的语言分析,多建议,拼写检查,丰富的高亮显示支持	基于 Lucene 的语言分析,单一建议,API 实现,高亮显示重新计算
DevOps 支持	尚未完全,但即将到来	非常好的 API
非平面数据处理	嵌套文档和父-子支持	嵌套和对象类型的自然支持允许几乎无限的嵌套和父-子支持
查询 DSL	JSON(有限),XML(有限)或 URL 参数	JSON
索引/收集领导控制	领导者安置控制和领导者重新平衡甚至可以是节点上的负载	不可能
机器学习	内置-在流聚合之上,专注于逻辑回归和学习排名贡献模块	商业功能,专注于异常和异常值以及时间序列数据

3. 近几年的流行趋势

与 Solr 相比,Elasticsearch 具有很大的吸引力,但 Solr 仍然是最受欢迎的搜索引擎之一,拥有强大的社区和开源支持。

4. 安装和配置

与 Solr 相比,Elasticsearch 易于安装且非常轻巧,用户可以在几分钟内安装并运行 Elasticsearch。但是,如果 Elasticsearch 管理不当,这种易于部署和使用可能会成为一个问题。基于 JSON 的配置很简单,但如果要为文件中的每个配置指定注释,那么不适合。总地来说,如果应用使用了 JSON,那么 Elasticsearch 是一个更好的选择。否则,请使用 Solr,因为它的 schema. xml 和 solrconfig. xml 都有很好的文档记录。

5. 社区及成熟度

Solr 拥有更大、更成熟的用户、开发者和贡献者社区。Elasticsearch 拥有规模较小但活跃的用户社区以及不断增长的贡献者社区。Solr 是真正的开源社区代码。任何人都可以为 Solr 做出贡献,并且根据优点选出新的 Solr 开发人员(也称为提交者)。Elasticsearch 在技术上是开源的,任何人都可以看到来源,任何人都可以更改它并提供贡献,但只有 Elasticsearch 的员工才能真正对 Elasticsearch 进行更改。Solr 的贡献者和提交者来自许多不同的组织,而 Elasticsearch 的提交者来自单个公司。Solr 显然更成熟,但 Elasticsearch 增长迅速。

6. 文档

Solr 在这里得分很高,它具有清晰的示例和 API 用例场景。Elasticsearch 的文档组织良好,但它缺乏好的示例和清晰的配置说明。

那么,到底该选择 Solr 还是 Elasticsearch? 应考虑公司自身团队的情况,如果团队更熟悉 Solr 那就用 Solr,更熟悉 Elasticsearch 那就用 Elasticsearch。无论选择 Solr 还是 Elasticsearch,应记住以下几点:

(1) 由于易于使用，Elasticsearch 在新开发者中更受欢迎。但是，如果已经习惯了使用 Solr，可以继续使用它，因为迁移到 Elasticsearch 没有特定的优势。

(2) 如果除了搜索文本之外还需要处理分析查询，Elasticsearch 是更好的选择。

(3) 如果需要分布式索引，则需要选择 Elasticsearch。对于需要良好可伸缩性和性能的云和分布式环境，Elasticsearch 是更好的选择。

(4) 两者都有良好的商业支持(咨询、生产支持、整合等)。

(5) 两者都有很好的操作工具，Elasticsearch 因其易于使用的 API 而更多地吸引了 DevOps 人群，因此可以围绕它创建一个更加生动的工具生态系统。

(6) Elasticsearch 在开源日志管理用例中占据主导地位，许多组织在 Elasticsearch 中索引日志数据以使其可搜索，虽然 Solr 现在也可以用于此目的。

(7) Solr 仍然更加面向文本搜索。另一方面，Elasticsearch 通常用于过滤和分组，分析查询工作负载，而不一定是文本搜索。Elasticsearch 开发人员在 Lucene 和 Elasticsearch 级别上投入了大量精力使此类查询更高效(降低内存占用和 CPU 使用)。因此，对于不仅需要进行文本搜索，而且需要复杂的搜索时间聚合的应用程序，Elasticsearch 是一个更好的选择。

(8) Elasticsearch 更容易上手，一个下载和一个命令就可以启动。Solr 传统上需要更多的工作和知识，但 Solr 最近在克服这个缺点上取得了巨大的进步。

(9) 在性能方面，它们大致相同。这里用“大致”一词，是因为没有人做过全面和无偏见的基准测试。对于 95%的用例，任何一种选择在性能方面都会很好，剩下的 5%需要用它们的特定数据和特定的访问模式来测试。

(10) 从操作上讲，Elasticsearch 使用起来比较简单——它只有一个进程。Solr 在类似 Elasticsearch 的完全分布式部署模式 Solr Cloud 中依赖于 Apache ZooKeeper。ZooKeeper 具有非常成熟、使用非常广泛等优点，但它仍然是其他开源框架的一部分。也就是说，如果使用的是 Hadoop、HBase、Spark、Kafka 或其他一些较新的分布式软件，可能已经在组织的某个地方运行了 ZooKeeper。

(11) 虽然 Elasticsearch 内置了类似 ZooKeeper 的组件 Xen，但 ZooKeeper 可以更好地防止有时在 Elasticsearch 集群中出现的可怕的裂脑问题。公平地说，Elasticsearch 开发人员已经意识到这个问题，并致力于改进 Elasticsearch 的这个方面。

(12) 如果您喜欢监控和指标，那么使用 Elasticsearch。

总之，两者都是功能丰富的搜索引擎，只要设计和实现得当，它们或多或少都能提供相近的性能。

在分布式搜索框架中，Solr Cloud 和 Elasticsearch 在多数情况下是满足需求的，如果有更高的性能要求，一般是用 C++编写核心检索模块。

19.2.3 搜索相关度排序

当用户输入关键词进行搜索的时候，系统会根据用户输入的关键词与系统中的商品做匹配，并根据商品匹配程度和其他相关因素对商品进行排序，并将结果展示给用户。搜索引擎最核心的关键词匹配就是文本相关度搜索排序。文本相关度即商品的文本描述信息(包括商品标题、类目名称、品牌名、图书类商品的作者、出版社等)和搜索关键词是否相关或匹配。其中，商品标题和关键词的相关度最重要。

这里选择 Solr Cloud 并使用 Java 代码实战演示整个关键词相关度排序的过程。

以在线教育课程搜索为例，课程相当于商品，和电商网站的商品搜索是一个道理。完成一个相关度搜索过程需要创建 Solr 的 collection(相当于关系数据库的表)、初始化索引及更新、查询索引 Web 接口,App 客户端展示搜索结果。

1. 创建 Solr 的 collection

创建 Solr 的 collection(相当于关系数据库的表),需要定义有几个字段和字段类型,以课程为例,需要定义以下字段: kcid(课程 id 也是唯一主键)、title(课程标题)、title_py(课程标题的拼音搜索)、dateTime(课程发布时间)、author(课程的讲师作者)、imgUrl(展示课程列表封面的图片)、seconds(课程总时长)、price(课程价格)、discountPrice(课程折扣价)、kcUrl(课程视频的默认播放地址)。对应 Solr 的 schema.xml 文件内容如下:

```
<?xml version = "1.0" encoding = "UTF - 8" ?>
< schema name = "tk" version = "1.6">
< types >
        < fieldType name = " string" class = " solr. StrField" sortMissingLast = " true" docValues =
"true" />
        < fieldType name = " strings" class = " solr. StrField" sortMissingLast = " true" multiValued =
"true" docValues = "true" />
        < fieldType name = "boolean" class = "solr. BoolField" sortMissingLast = "true"/>
        < fieldType name = " booleans " class = " solr. BoolField " sortMissingLast = " true "
multiValued = "true"/>
        < fieldType name = " int" class = " solr. TrieIntField" docValues = " true" precisionStep = " 0"
positionIncrementGap = "0"/>
        < fieldType name = "float" class = "solr. TrieFloatField" docValues = "true" precisionStep = "0"
positionIncrementGap = "0"/>
        < fieldType name = "long" class = "solr. TrieLongField" docValues = "true" precisionStep = "0"
positionIncrementGap = "0"/>
        < fieldType name = " double " class = " solr. TrieDoubleField " docValues = " true "
precisionStep = "0" positionIncrementGap = "0"/>
        < fieldType name = " ints" class = "solr. TrieIntField" docValues = "true" precisionStep = "0"
positionIncrementGap = "0" multiValued = "true"/>
        < fieldType name = "floats"  class = " solr. TrieFloatField "  docValues = " true "
precisionStep = "0" positionIncrementGap = "0" multiValued = "true"/>
        < fieldType name = "longs" class = "solr. TrieLongField" docValues = "true" precisionStep = "0"
positionIncrementGap = "0" multiValued = "true"/>
        < fieldType name = "doubles"  class = " solr. TrieDoubleField "  docValues = " true "
precisionStep = "0" positionIncrementGap = "0" multiValued = "true"/>
        < fieldType name = "tint" class = "solr. TrieIntField" docValues = "true" precisionStep = "8"
positionIncrementGap = "0"/>
        < fieldType name = "tfloat"  class = " solr. TrieFloatField "  docValues = " true "
precisionStep = "8" positionIncrementGap = "0"/>
        < fieldType name = "tlong" class = "solr. TrieLongField" docValues = "true" precisionStep = "8"
positionIncrementGap = "0"/>
        < fieldType name = " tdouble " class = " solr. TrieDoubleField " docValues = " true "
precisionStep = "8" positionIncrementGap = "0"/>
        < fieldType name = "tints" class = "solr. TrieIntField" docValues = "true" precisionStep = "8"
positionIncrementGap = "0" multiValued = "true"/>
        < fieldType name = " tfloats " class = " solr. TrieFloatField " docValues = " true "
precisionStep = "8" positionIncrementGap = "0" multiValued = "true"/>
        < fieldType name = "tlongs" class = "solr. TrieLongField" docValues = "true" precisionStep = "8"
positionIncrementGap = "0" multiValued = "true"/>
        < fieldType name = " tdoubles " class = " solr. TrieDoubleField " docValues = " true "
precisionStep = "8" positionIncrementGap = "0" multiValued = "true"/>
        < fieldType name = "date" class = "solr. TrieDateField" docValues = "true" precisionStep = "0"
positionIncrementGap = "0"/>
        < fieldType name = "dates" class = "solr. TrieDateField" docValues = "true" precisionStep = "0"
positionIncrementGap = "0" multiValued = "true"/>
        < fieldType name = "tdate" class = "solr. TrieDateField" docValues = "true" precisionStep = "6"
```

```
positionIncrementGap = "0"/>
        < fieldType name = "tdates" class = "solr.TrieDateField" docValues = "true" precisionStep = "6"
positionIncrementGap = "0" multiValued = "true"/>
        < fieldType name = "binary" class = "solr.BinaryField"/>
        < fieldType name = "random" class = "solr.RandomSortField" indexed = "false" />
        < fieldtype name = "text_ch" class = "solr.TextField" positionIncrementGap = "100">
        < analyzer >
        < tokenizer class = " com.chenlb.mmseg4j.solr.MMSegTokenizerFactory" mode = " max - word"
dicPath = "/home/hadoop/software/solrcloud/dic"/>
        < filter class = "solr.StopFilterFactory" ignoreCase = "true" words = "dic/stopwords.txt" />
        < filter class = " solr.SynonymFilterFactory" synonyms = " dic/synonyms.txt" ignoreCase =
"true" expand = "true"/>
        </analyzer >
        </fieldtype >
        < fieldType name = "text_ws" class = "solr.TextField" positionIncrementGap = "100">
            < analyzer >
                < tokenizer class = "solr.WhitespaceTokenizerFactory" />
            </analyzer >
        </fieldType >
        < fieldType name = "text_ch_py" class = "solr.TextField" positionIncrementGap = "100"
autoGeneratePhraseQueries = "false" >
        < analyzer type = "index">
            < tokenizer class = "com.chenlb.mmseg4j.solr.MMSegTokenizerFactory" mode = "max - word"
dicPath = "/home/hadoop/software/solrcloud/dic"/>
            < filter class = "solr.StopFilterFactory"  ignoreCase  =  " true "  words  =  " dic/
stopwords.txt" />
            < filter  class  =  " com. ai. solr. analyzers. PinyinTransformTokenFilterFactory "
minTermLength = "2" />
                <!--
                < filter class = " com.chongdianleme.solr.analyzers.PinyinNGramTokenFilterFactory"
minGram = "2" maxGram = "20" /> -->
        </analyzer >
        < analyzer type = "query">
            < tokenizer class = "com.chenlb.mmseg4j.solr.MMSegTokenizerFactory" mode = "max - word"
dicPath = "/home/hadoop/software/solrcloud/dic"/>
            < filter class = " solr. StopFilterFactory "  ignoreCase  =  " true "  words  =  " dic/
stopwords.txt" />
          < filter class = " com.chongdianleme.solr.analyzers.PinyinTransformTokenFilterFactory "
minTermLength = "2" />
               <!--
               < filter class = " com.chongdianleme.solr.analyzers.PinyinNGramTokenFilterFactory"
minGram = "2" maxGram = "20" />
            -->
               </analyzer >
    </fieldType >
    </types >
    < fields >
        < field name = "kcid" type = "string" indexed = "true" stored = "true" required = "true"/>
        < field name = "title" type = "text_ch" indexed = "true" stored = "true" termVectors = "true"/>
        < field name = "title_py" type = "text_ch_py" indexed = "true" stored = "false"/>

        < field name = "dateTime" type = "string" indexed = "true" stored = "true"/>
        < field name = "author" type = "string" indexed = "true" stored = "true"/>
        < field name = "imgUrl" type = "string" indexed = "true" stored = "true"/>
        < field name = "seconds" type = "int" indexed = "true" stored = "true"/>
        < field name = "price" type = "double" indexed = "true" stored = "true"/>
        < field name = "discountPrice" type = "double" indexed = "true" stored = "true"/>
        < field name = "kcUrl" type = "string" indexed = "true" stored = "true"/>
        < field name = "_version_" type = "long" indexed = "true" stored = "true"/>
```

```
        <dynamicField name="random_*" type="random" />
    </fields>
    <uniqueKey>kcid</uniqueKey>
    <defaultSearchField>title</defaultSearchField>
    <solrQueryParser defaultOperator="OR"/>
</schema>
```

可以看到,除了配置字段信息,还配置了中文分词器工具 mmseg4j,对应配置部分如下:

```
<analyzer>
        <tokenizer class="com.chenlb.mmseg4j.solr.MMSegTokenizerFactory" mode="max-word"
dicPath="/home/hadoop/software/solrcloud/dic"/>
        <filter class="solr.StopFilterFactory" ignoreCase="true" words="dic/stopwords.txt" />
        <filter class="solr.SynonymFilterFactory" synonyms="dic/synonyms.txt" ignoreCase="true"
 expand="true"/>
</analyzer>
```

其中,dicPath="/home/hadoop/software/solrcloud/dic"/>是词典部分,每个的词典需要根据自己的业务来指定,也就是对于中文分词,有一个自带的通用词典,但为了搜索结果更加精准,各公司都是人工整理扩展词典,并且不定期和持续地更新词典。词典整理有多种方式,比较常用的方式是机器学习+人工确认的方式。如通过新词发现功能从课程标题、内容等识别出新词,然后人工确认是不是准确,最后添加到自定义词典里。如果在输入关键词的时候刚好命中,那么搜索结果就会很精准。如果没有这个词,会把词拆分成单字,单字的搜索结果不太精准,效果会差一些。

另外就是停用词的配置,如:words="dic/stopwords.txt"。停用词是指在信息检索中,为节省存储空间和提高搜索效率,在处理自然语言数据(或文本)之前或之后会自动过滤掉某些字或词,这些字或词即被称为停用词(stop words)。这些停用词都是人工输入、非自动化生成的,生成后的停用词会形成一个停用词表。但是,并没有一个明确的停用词表能够适用于所有的工具。甚至有一些工具是明确地避免使用停用词来支持短语搜索的。比如中文停用词:的、了、在、是、有、和、就、都、也,这些词参与关键词搜索没有太大意义,还会使搜索结果不精准。停用词一般不会太多,人工维护即可。

还有一个就是同义词词典 synonyms="dic/synonyms.txt",词存在多词同意的情况,假如输入一个关键词没有搜索结果,但是和这个关键词意思表达相同的词有搜索结果,就应该配置这两个词为同义词,同义词可以配置多个,以便能达到更好的搜索效果,提高搜索覆盖率。同义词也需要不定期维护,可以用 Word2Vec 算法发现更多的同义词,然后以人工确认的方式加入到同义词词典里。

对于 Solr 的每个 collection 都需要一个 solrconfig.xml 配置文件,很多参数调优和性能调优都需要修改这个配置文件。完整的 solrconfig.xml 配置文件内容如下:

```
<?xml version="1.0" encoding="UTF-8" ?>
<config>
  <luceneMatchVersion>8.7.0</luceneMatchVersion>
  <lib dir="${solr.install.dir:../../../..}/contrib/extraction/lib" regex=".*\.jar" />
  <lib dir="${solr.install.dir:../../../..}/dist/" regex="solr-cell-\d.*\.jar" />
  <lib dir="${solr.install.dir:../../../..}/contrib/clustering/lib/" regex=".*\.jar" />
  <lib dir="${solr.install.dir:../../../..}/dist/" regex="solr-clustering-\d.*\.jar" />
  <lib dir="${solr.install.dir:../../../..}/contrib/langid/lib/" regex=".*\.jar" />
  <lib dir="${solr.install.dir:../../../..}/dist/" regex="solr-langid-\d.*\.jar" />
  <lib dir="${solr.install.dir:../../../..}/contrib/velocity/lib" regex=".*\.jar" />
  <lib dir="${solr.install.dir:../../../..}/dist/" regex="solr-velocity-\d.*\.jar" />
  <dataDir>${solr.data.dir:}</dataDir>
```

```
<directoryFactory name="DirectoryFactory"
class="${solr.directoryFactory:solr.NRTCachingDirectoryFactory}"/>
<codecFactory class="solr.SchemaCodecFactory"/>
<indexConfig>
  <filter class="solr.LimitTokenCountFilterFactory" maxTokenCount="5000"/>
  <ramBufferSizeMB>100</ramBufferSizeMB>
  <maxBufferedDocs>1000</maxBufferedDocs>
  <lockType>${solr.lock.type:native}</lockType>
</indexConfig>
<jmx />
<updateHandler class="solr.DirectUpdateHandler2">
  <updateLog>
    <str name="dir">${solr.ulog.dir:}</str>
    <int name="numVersionBuckets">${solr.ulog.numVersionBuckets:65536}</int>
  </updateLog>
  <autoCommit>
    <maxDocs>80</maxDocs>
    <maxTime>60000</maxTime>
    <openSearcher>false</openSearcher>
  </autoCommit>
  <autoSoftCommit>
    <maxTime>60000</maxTime>
  </autoSoftCommit>
</updateHandler>
<query>
  <maxBooleanClauses>1024</maxBooleanClauses>
  <filterCache class="solr.FastLRUCache"
               size="1024"
               initialSize="1024"
               autowarmCount="0"/>
  <queryResultCache class="solr.LRUCache"
                    size="1024"
                    initialSize="1024"
                    autowarmCount="0"/>
  <documentCache class="solr.LRUCache"
                 size="1024"
                 initialSize="1024"
                 autowarmCount="0"/>
  <!-- custom cache currently used by block join -->
  <cache name="perSegFilter"
         class="solr.search.LRUCache"
         size="10"
         initialSize="0"
         autowarmCount="10"
         regenerator="solr.NoOpRegenerator" />
  <!-- Field Value Cache

     Cache used to hold field values that are quickly accessible
     by document id.  The fieldValueCache is created by default
     even if not configured here.
   -->
  <!--
   <fieldValueCache class="solr.FastLRUCache"
                    size="512"
                    autowarmCount="128"
                    showItems="32" />
   -->
  <enableLazyFieldLoading>true</enableLazyFieldLoading>
  <queryResultWindowSize>20</queryResultWindowSize>
```

```
    <!-- Maximum number of documents to cache for any entry in the
         queryResultCache.
      -->
    <queryResultMaxDocsCached>200</queryResultMaxDocsCached>
    <listener event="newSearcher" class="solr.QuerySenderListener">
      <arr name="queries">
        <!--
           <lst><str name="q">solr</str><str name="sort">price asc</str></lst>
           <lst><str name="q">rocks</str><str name="sort">weight asc</str></lst>
          -->
      </arr>
    </listener>
    <listener event="firstSearcher" class="solr.QuerySenderListener">
      <arr name="queries">
        <!--
        <lst>
          <str name="q">static firstSearcher warming in solrconfig.xml</str>
        </lst>
        -->
      </arr>
    </listener>
    <useColdSearcher>false</useColdSearcher>
  </query>
  <requestDispatcher handleSelect="false" >
    <requestParsers enableRemoteStreaming="true"
                    multipartUploadLimitInKB="2048000"
                    formdataUploadLimitInKB="2048"
                    addHttpRequestToContext="false"/>
    <httpCaching never304="true" />
  </requestDispatcher>
  <searchComponent name = " squeryComponent " class = " com. chongdianleme. component.
TransferComponent"/>
  <requestHandler name="/squery" class="solr.SearchHandler">
    <lst name="defaults">
      <str name="echoParams">explicit</str>
      <int name="rows">10</int>
      <str name="df">title</str>
        <str name="shards.tolerant">true</str>
    </lst>
     <arr name="components">
       <str>squeryComponent</str>
     </arr>
  </requestHandler>
  <requestHandler name="/select" class="solr.SearchHandler">
    <lst name="defaults">
      <str name="echoParams">explicit</str>
      <int name="rows">10</int>
      <str name="df">title</str>
        <str name="shards.tolerant">true</str>
    </lst>
  </requestHandler>
  <requestHandler name="/query" class="solr.SearchHandler">
    <lst name="defaults">
      <str name="echoParams">explicit</str>
      <str name="wt">json</str>
      <str name="indent">true</str>
    </lst>
  </requestHandler>
  <requestHandler name = "/browse" class = " solr. SearchHandler" useParams = " query, facets,
```

```
velocity,browse">
      <lst name="defaults">
        <str name="echoParams">explicit</str>
      </lst>
    </requestHandler>
    <initParams path="/update/**,/query,/select,/tvrh,/elevate,/spell,/browse">
      <lst name="defaults">
        <str name="df">_text_</str>
      </lst>
    </initParams>
    <requestHandler name="/update/extract"
                    startup="lazy"
                    class="solr.extraction.ExtractingRequestHandler" >
      <lst name="defaults">
        <str name="lowernames">true</str>
        <str name="fmap.meta">ignored_</str>
        <str name="fmap.content">_text_</str>
      </lst>
    </requestHandler>
    <searchComponent name="spellcheck" class="solr.SpellCheckComponent">
      <str name="queryAnalyzerFieldType">text_general</str>
      <lst name="spellchecker">
        <str name="name">default</str>
        <str name="field">_text_</str>
        <str name="classname">solr.DirectSolrSpellChecker</str>
        <!-- the spellcheck distance measure used, the default is the internal levenshtein -->
        <str name="distanceMeasure">internal</str>
        <!-- minimum accuracy needed to be considered a valid spellcheck suggestion -->
        <float name="accuracy">0.5</float>
        <!-- the maximum #edits we consider when enumerating terms: can be 1 or 2 -->
        <int name="maxEdits">2</int>
        <!-- the minimum shared prefix when enumerating terms -->
        <int name="minPrefix">1</int>
        <!-- maximum number of inspections per result. -->
        <int name="maxInspections">5</int>
        <!-- minimum length of a query term to be considered for correction -->
        <int name="minQueryLength">4</int>
        <!-- maximum threshold of documents a query term can appear to be considered for correction -->
        <float name="maxQueryFrequency">0.01</float>
        <!-- uncomment this to require suggestions to occur in 1% of the documents
          <float name="thresholdTokenFrequency">.01</float>
        -->
      </lst>
    </searchComponent>
    <requestHandler name="/spell" class="solr.SearchHandler" startup="lazy">
      <lst name="defaults">
        <!-- Solr will use suggestions from both the 'default' spellchecker
             and from the 'wordbreak' spellchecker and combine them.
             collations (re-written queries) can include a combination of
             corrections from both spellcheckers -->
        <str name="spellcheck.dictionary">default</str>
        <str name="spellcheck">on</str>
        <str name="spellcheck.extendedResults">true</str>
        <str name="spellcheck.count">10</str>
        <str name="spellcheck.alternativeTermCount">5</str>
        <str name="spellcheck.maxResultsForSuggest">5</str>
        <str name="spellcheck.collate">true</str>
        <str name="spellcheck.collateExtendedResults">true</str>
        <str name="spellcheck.maxCollationTries">10</str>
```

```
        <str name = "spellcheck.maxCollations"> 5 </str>
      </lst>
      <arr name = "last - components">
        <str> spellcheck </str>
      </arr>
    </requestHandler>
    <searchComponent name = "tvComponent" class = "solr.TermVectorComponent"/>
    <requestHandler name = "/tvrh" class = "solr.SearchHandler" startup = "lazy">
      <lst name = "defaults">
        <bool name = "tv"> true </bool>
      </lst>
      <arr name = "last - components">
        <str> tvComponent </str>
      </arr>
    </requestHandler>
    <searchComponent name = "terms" class = "solr.TermsComponent"/>

    <!-- A request handler for demonstrating the terms component -->
    <requestHandler name = "/terms" class = "solr.SearchHandler" startup = "lazy">
      <lst name = "defaults">
        <bool name = "terms"> true </bool>
        <bool name = "distrib"> false </bool>
      </lst>
      <arr name = "components">
        <str> terms </str>
      </arr>
    </requestHandler>
    <searchComponent name = "elevator" class = "solr.QueryElevationComponent" >
      <!-- pick a fieldType to analyze queries -->
      <str name = "queryFieldType"> string </str>
      <str name = "config - file"> elevate.xml </str>
    </searchComponent>

    <!-- A request handler for demonstrating the elevator component -->
    <requestHandler name = "/elevate" class = "solr.SearchHandler" startup = "lazy">
      <lst name = "defaults">
        <str name = "echoParams"> explicit </str>
      </lst>
      <arr name = "last - components">
        <str> elevator </str>
      </arr>
    </requestHandler>
    <searchComponent class = "solr.HighlightComponent" name = "highlight">
      <highlighting>
        <!-- Configure the standard fragmenter -->
        <!-- This could most likely be commented out in the "default" case -->
        <fragmenter name = "gap"
                    default = "true"
                    class = "solr.highlight.GapFragmenter">
          <lst name = "defaults">
            <int name = "hl.fragsize"> 100 </int>
          </lst>
        </fragmenter>
        <fragmenter name = "regex"
                    class = "solr.highlight.RegexFragmenter">
          <lst name = "defaults">
            <!-- slightly smaller fragsizes work better because of slop -->
            <int name = "hl.fragsize"> 70 </int>
            <!-- allow 50 % slop on fragment sizes -->
```

```
      <float name="hl.regex.slop">0.5</float>
      <!-- a basic sentence pattern -->
      <str name="hl.regex.pattern">[-\w ,/\n\&quot;&apos;]{20,200}</str>
    </lst>
  </fragmenter>
  <!-- Configure the standard formatter -->
  <formatter name="html"
             default="true"
             class="solr.highlight.HtmlFormatter">
    <lst name="defaults">
      <str name="hl.simple.pre"><![CDATA[<em>]]></str>
      <str name="hl.simple.post"><![CDATA[</em>]]></str>
    </lst>
  </formatter>
  <!-- Configure the standard encoder -->
  <encoder name="html"
           class="solr.highlight.HtmlEncoder" />

  <!-- Configure the standard fragListBuilder -->
  <fragListBuilder name="simple"
                   class="solr.highlight.SimpleFragListBuilder"/>

  <!-- Configure the single fragListBuilder -->
  <fragListBuilder name="single"
                   class="solr.highlight.SingleFragListBuilder"/>

  <!-- Configure the weighted fragListBuilder -->
  <fragListBuilder name="weighted"
                   default="true"
                   class="solr.highlight.WeightedFragListBuilder"/>

  <!-- default tag FragmentsBuilder -->
  <fragmentsBuilder name="default"
                    default="true"
                    class="solr.highlight.ScoreOrderFragmentsBuilder">
    <!--
    <lst name="defaults">
      <str name="hl.multiValuedSeparatorChar">/</str>
    </lst>
    -->
  </fragmentsBuilder>
  <!-- multi-colored tag FragmentsBuilder -->
  <fragmentsBuilder name="colored"
                    class="solr.highlight.ScoreOrderFragmentsBuilder">
    <lst name="defaults">
      <str name="hl.tag.pre"><![CDATA[
          <b style="background:yellow">,<b style="background:lawgreen">,
          <b style="background:aquamarine">,<b style="background:magenta">,
          <b style="background:palegreen">,<b style="background:coral">,
          <b style="background:wheat">,<b style="background:khaki">,
          <b style="background:lime">,<b style="background:deepskyblue">]]></str>
      <str name="hl.tag.post"><![CDATA[</b>]]></str>
    </lst>
  </fragmentsBuilder>

  <boundaryScanner name="default"
                   default="true"
                   class="solr.highlight.SimpleBoundaryScanner">
    <lst name="defaults">
```

```
        <str name="hl.bs.maxScan">10</str>
        <str name="hl.bs.chars">.,!? &#9;&#10;&#13;</str>
      </lst>
    </boundaryScanner>
    <boundaryScanner name="breakIterator"
                     class="solr.highlight.BreakIteratorBoundaryScanner">
      <lst name="defaults">
        <!-- type should be one of CHARACTER, WORD(default), LINE and SENTENCE -->
        <str name="hl.bs.type">WORD</str>
        <!-- language and country are used when constructing Locale object.  -->
        <!-- And the Locale object will be used when getting instance of BreakIterator -->
        <str name="hl.bs.language">en</str>
        <str name="hl.bs.country">US</str>
      </lst>
    </boundaryScanner>
  </highlighting>
</searchComponent>
<schemaFactory class="ClassicIndexSchemaFactory"/>
<updateRequestProcessorChain name="add-unknown-fields-to-the-schema">
  <!-- UUIDUpdateProcessorFactory will generate an id if none is present in the incoming
document -->
   <processor class="solr.UUIDUpdateProcessorFactory" />
   <processor class="solr.RemoveBlankFieldUpdateProcessorFactory"/>
   <processor class="solr.FieldNameMutatingUpdateProcessorFactory">
     <str name="pattern">[^\w-\.]</str>
     <str name="replacement">_</str>
   </processor>
   <processor class="solr.ParseBooleanFieldUpdateProcessorFactory"/>
   <processor class="solr.ParseLongFieldUpdateProcessorFactory"/>
   <processor class="solr.ParseDoubleFieldUpdateProcessorFactory"/>
   <processor class="solr.ParseDateFieldUpdateProcessorFactory">
     <arr name="format">
       <str>yyyy-MM-dd'T'HH:mm:ss.SSSZ</str>
       <str>yyyy-MM-dd'T'HH:mm:ss,SSSZ</str>
       <str>yyyy-MM-dd'T'HH:mm:ss.SSS</str>
       <str>yyyy-MM-dd'T'HH:mm:ss,SSS</str>
       <str>yyyy-MM-dd'T'HH:mm:ssZ</str>
       <str>yyyy-MM-dd'T'HH:mm:ss</str>
       <str>yyyy-MM-dd'T'HH:mmZ</str>
       <str>yyyy-MM-dd'T'HH:mm</str>
       <str>yyyy-MM-dd HH:mm:ss.SSSZ</str>
       <str>yyyy-MM-dd HH:mm:ss,SSSZ</str>
       <str>yyyy-MM-dd HH:mm:ss.SSS</str>
       <str>yyyy-MM-dd HH:mm:ss,SSS</str>
       <str>yyyy-MM-dd HH:mm:ssZ</str>
       <str>yyyy-MM-dd HH:mm:ss</str>
       <str>yyyy-MM-dd HH:mmZ</str>
       <str>yyyy-MM-dd HH:mm</str>
       <str>yyyy-MM-dd</str>
     </arr>
   </processor>
   <processor class="solr.AddSchemaFieldsUpdateProcessorFactory">
     <str name="defaultFieldType">strings</str>
     <lst name="typeMapping">
       <str name="valueClass">java.lang.Boolean</str>
       <str name="fieldType">booleans</str>
     </lst>
     <lst name="typeMapping">
       <str name="valueClass">java.util.Date</str>
```

```
        <str name="fieldType">tdates</str>
      </lst>
      <lst name="typeMapping">
        <str name="valueClass">java.lang.Long</str>
        <str name="valueClass">java.lang.Integer</str>
        <str name="fieldType">tlongs</str>
      </lst>
      <lst name="typeMapping">
        <str name="valueClass">java.lang.Number</str>
        <str name="fieldType">tdoubles</str>
      </lst>
    </processor>

    <processor class="solr.LogUpdateProcessorFactory"/>
    <processor class="solr.DistributedUpdateProcessorFactory"/>
    <processor class="solr.RunUpdateProcessorFactory"/>
  </updateRequestProcessorChain>
  <queryResponseWriter name="json" class="solr.JSONResponseWriter">
    <str name="content-type">text/plain; charset=UTF-8</str>
  </queryResponseWriter>
  <queryResponseWriter name="velocity" class="solr.VelocityResponseWriter" startup="lazy">
    <str name="template.base.dir">${velocity.template.base.dir:}</str>
    <str name="solr.resource.loader.enabled">${velocity.solr.resource.loader.enabled:true}
</str>
    <str name="params.resource.loader.enabled">${velocity.params.resource.loader.enabled:
false}</str>
  </queryResponseWriter>
  <queryResponseWriter name="xslt" class="solr.XSLTResponseWriter">
    <int name="xsltCacheLifetimeSeconds">5</int>
  </queryResponseWriter>
  <valueSourceParser name="cosine" class="com.ai.func.CosineFunction" />
</config>
```

下面是参数解释：

1）lib

<lib>标签指令可以用来告诉 Solr 如何去加载 Solr 插件（Solr plugin）依赖的 jar 包，在 solrconfig.xml 配置文件的注释中有配置示例，例如：

```
<lib dir="./lib" regex="lucene-\w+\.jar"/>
```

这里的 dir 表示一个 jar 包目录路径，该目录路径是相对于当前 core 根目录的；regex 表示一个正则表达式，用来过滤文件名，符合正则表达式的 jar 文件将会被加载。

2）dataDir

dataDir 用来指定一个 Solr 的索引数据目录，Solr 创建的索引会存放在 data\index 目录下，默认 dataDir 是相对于当前 core 目录（如果 solr_home 下存在 core），如果 solr_home 下不存在 core，那么 dataDir 就默认是相对于 solr_home，不过一般 dataDir 都在 core.properties 下配置。

```
<dataDir>/var/data/solr</dataDir>
```

3）codecFactory

codecFactory 用来设置 Lucene 倒排索引的编码工厂类，默认实现是官方提供的 SchemaCodecFactory 类。

4）indexConfig Section

在 solrconfig.xml 的<indexConfig>标签中有很多关于此配置项的说明：

```
<!-- maxFieldLength was removed in 4.0. To get similar behavior, include a
LimitTokenCountFilterFactory in your fieldType definition. E.g.
<filter class = "solr.LimitTokenCountFilterFactory" maxTokenCount = "10000"/>
```

maxFieldLength 配置项从 4.0 版本开始就已经被移除了，可以使用配置一个 filter 达到相似的效果，maxTokenCount 表示在对某个域分词的时候，最多只提取前 10000 个 Token，后续的域值将被抛弃。maxFieldLength 若表示 1000，则意味着只会对域值 0～1000 范围内的字符串进行分词索引。

```
<writeLockTimeout>1000</writeLockTimeout>
```

writeLockTimeout 表示 IndexWriter 实例在获取写锁时候的最大等待超时时间，超过指定的超时时间仍未获取到写锁，则 IndexWriter(写索引)操作将会抛出异常。

```
<maxIndexingThreads>8</maxIndexingThreads>
```

表示创建索引的最大线程数，默认是开辟 8 个线程来创建索引。

```
<useCompoundFile>false</useCompoundFile>
```

表示是否开启复合文件模式，启用了复合文件模式即意味着创建的索引文件数量会减少，这样占用的文件描述符也会减少，但这会带来性能的损耗，在 Lucene 中，默认是开启，而在 Solr 中，从 3.6 版本开始，默认是禁用。

```
<ramBufferSizeMB>100</ramBufferSizeMB>
```

表示创建索引时内存缓存大小，单位是 MB，默认最大是 100MB。

```
<maxBufferedDocs>1000</maxBufferedDocs>
```

表示在文档写入到硬盘之前，缓存文档的最大个数，超过这个最大值会触发索引的更新操作。

```
<mergePolicy class = "org.apache.lucene.index.TieredMergePolicy">
    <int name = "maxMergeAtOnce">10</int>
<int name = "segmentsPerTier">10</int>
</mergePolicy>
```

用来配置 Lucene 索引段的合并策略，里面有两个参数：

(1) maxMergeAtOne——一次最多合并的段个数。

(2) segmentPerTier——每个层级的段个数，同时也是内存缓冲区递减的等比数列的公比。

```
<mergeFactor>10</mergeFactor>
```

IndexWriter 的 mergeFactory 允许控制索引在写入磁盘之前内存中能缓存的文档数量，以及合并多个段文件的频率。默认这个值为 10 时表示向内存中存储了 10 个文档。此时 Lucene 还没有把单个段文件写入磁盘，mergeFactor 值等于 10 也意味着当硬盘上的段文件数量达到 10，Lucene 将会把这 10 个段文件合并到一个段文件中。例如，如果将 mergeFactor 设置为 10，那么当索引中添加 10 个文档时，一个段文件将会在硬盘上被创建，当第 10 个段文件被添加时，这 10 个段文件就会被合并到 1 个段文件，此时这个段文件中有 100 个文档，当 10 个这样的包含了 100 个文档的段文件被添加时，它们又会被合并到一个新的段文件中，而此时这个段文件包含 1000 个文档，以此类推。所以，在任何时候，在索引中不存在超过 9 个段文件的情况。每个被合并的段文件包含的文档个数都是 10，但这样有点小问题，还必须设置一个 maxMergeDocs 变量，当合并段文件的时候，Lucene 必须确保没有哪个段文件超过 maxMergeDocs 变量规定的最大文档数量。设置 maxMergeDocs 的目的是为了防止单个段文件中包含的文档数量过大，假定把 maxMergeDocs 设置为 1000，那么在创建第 10 个包含 1000 个文档的段文件的时候，这时并不会触发段文件合并(如果没有设置 maxMergeDocs 为 100，那么按理来说，这 10 个包含了 1000 个文档的段文件将会被合并到一个包含了 10 000 个文档的段文件中，但 maxMergeDocs 限制了单个段文件中最多包含 1000 个文档，所以此时并不会触发段合并操作)。还有一些参数会影响段合并，比如：

mergeFactor——当大小几乎相当的段的数量达到此值的时候，开始合并。

minMergeSize——所有大小小于此值的段，都被认为是大小相当，一同参与合并。

maxMergeSize——当一个段的大小大于此值的时候，就不再参与合并。

maxMergeDocs——当一个段包含的文档数大于此值的时候，就不再参与合并。

段合并分两个步骤：

(1) 首先筛选出哪些段需要合并，这一步由 MergePolicy(合并策略)类来决定。

(2) 然后就是真正的段合并过程了，这一步是交给 MergeScheduler 来完成的，MergeScheduler 类主要做两件事。

① 对存储域、项向量、标准化因子即 norms 等信息进行合并。

② 对倒排索引信息进行合并。

下面继续介绍 solrconfig.xml 中影响索引创建的一些参数配置。

```
<mergeScheduler class = "org.apache.lucene.index.ConcurrentMergeScheduler"/>
```

mergeScheduler 是用来配置段合并操作的处理类。默认实现类是 Lucene 中自带的 ConcurrentMergeScheduler。

```
<lockType>${solr.lock.type:native}</lockType>
```

是用来指定 Lucene 中 LockFactory 的实现，可配置项如下：

```
single = SingleInstanceLockFactory - suggested for a

  read-only index or when there is no possibility of

  another process trying to modify the index.

native = NativeFSLockFactory - uses OS native file locking.

  Do not use when multiple solr webapps in the same
  JVM are attempting to share a single index.
simple = SimpleFSLockFactory  - uses a plain file for locking
Defaults: 'native' is default for Solr3.6 and later, otherwise
   'simple' is the default
```

single——表示只读锁，没有另外一个处理线程会去修改索引数据。

native——即 Lucene 中的 NativeFSLockFactory 实现使用的是基于操作系统的本地文件锁。

simple——即 Lucene 中的 SimpleFSLockFactory 是通过在硬盘上创建 write.lock 锁文件实现。

Defaults——从 Solr 3.6 版本开始，这个默认值是 native，否则，默认值就是 simple，也就是说，如果配置为 Defaults，那么到底使用哪种锁实现，取决于当前使用的 Solr 版本。

```
<unlockOnStartup>false</unlockOnStartup>
```

如果这个设置为 true，那么在 solr 启动后，IndexWriter 和 commit 提交操作拥有的锁将会被释放，这会打破 Lucene 的锁机制，请谨慎使用。如果 lockType 设置为 single，那么这个配置是 true 还是 false 都不会产生任何影响。

```
<deletionPolicy class = "solr.SolrDeletionPolicy">
```

用来配置索引删除策略，默认使用 Solr 的 SolrDeletionPolicy 实现。如果需要自定义删除策略，那么需要实现 Lucene 的 org.apache.lucene.index.IndexDeletionPolicy 接口。

```
<jmx />
```

这个配置是用来在 Solr 中启用 JMX，有关这方面的详细信息，请参考 Solr 官方维基，访问地址为 http://wiki.apache.org/solr/SolrJmx。

```
<updateHandler class = "solr.DirectUpdateHandler2">
```

指定索引更新操作处理类，DirectUpdateHandler2 是一个高性能的索引更新处理类，它支持软提交。

```
<updateLog>
<str name = "dir">${solr.ulog.dir:}</str>
</updateLog>
```

<updateLog>用来指定上面的 updateHandler 的处理事务日志存放路径，默认值是 Solr 的 data 目录，即 Solr 的 dataDir 配置的目录。

<query>标签是有关索引查询相关的配置项。

```
<maxBooleanClauses>1024</maxBooleanClauses>
```

表示 BooleanQuery 最大能链接多少个子 Query。当不同的 core 下的 solrconfig.xml 中此配置项的参数值配置的不一样时，以最后一个初始化的 core 的配置为准。

```
<filterCache class = "solr.FastLRUCache"
size = "512"
initialSize = "512"
autowarmCount = "0"/>
```

用来配置 filter 过滤器的缓存相关的参数。

```
<queryResultCache class = "solr.LRUCache"
size = "512"
initialSize = "512"
autowarmCount = "0"/>
```

用来配置对 Query 返回的查询结果集，即 TopDocs 的缓存。

```
<documentCache class = "solr.LRUCache"
size = "512"
initialSize = "512"
autowarmCount = "0"/>
```

用来配置对文档中存储域的缓存，因为每次从硬盘上加载存储域的值都是很昂贵的操作，这里说的存储域指的是 Store.YES 的 Field。

```
<fieldValueCache class = "solr.FastLRUCache"
size = "512"
autowarmCount = "128"
showItems = "32" />
```

这个配置是用来缓存文档 id 的，以用来快速访问文档 id。这个配置项默认就是开启的，无须显式配置。

```
<cache name = "myUserCache"
```

```
class = "solr.LRUCache"
size = "4096"
initialSize = "1024"
autowarmCount = "1024"
regenerator = "com.mycompany.MyRegenerator"
/>
```

这个是用来配置自定义缓存的，用户的 Regenerator 需要实现 Solr 的 CacheRegenerator 接口。

```
<enableLazyFieldLoading> true </enableLazyFieldLoading>
```

表示启用存储域的延迟加载，前提是存储域在查询的时候没有显示指定需要返回这个域。

```
<useFilterForSortedQuery> true </useFilterForSortedQuery>
```

表示当查询没有使用 score 进行排序时，是否使用 filter 来替代查询。

```
<listener event = "newSearcher" class = "solr.QuerySenderListener">
        <arr name = "queries">
          <!--
            <lst><str name = "q"> solr </str><str name = "sort"> price asc </str></lst>
            <lst><str name = "q"> rocks </str><str name = "sort"> weight asc </str></lst>
            -->
        </arr>
</listener>
```

QuerySenderListener 用来监听查询发送过程，即用户可以在查询请求发送之前追加一些请求参数，如在上面的示例中，可以追加查询关键字以及排序规则。

```
<requestDispatcher handleSelect = "false" >
```

设置为 false 即表示 Solr 服务器端不接收 /select 请求，即当请求 http://localhost:8080/solr/coreName/select?qt=xxxx 时，将会返回一个 404 错误。

这个 select 请求是为了兼容先前的旧版本，已经不推荐使用。

```
<httpCaching never304 = "true" />
```

表示 Solr 服务器段永远不返回 304。http 响应状态码 304 表示什么呢？表示服务器端告诉客户端，你请求的资源尚未被修改过，返回给你的是上次缓存的内容。never304 即告诉服务器，无论访问的资源有没有更新过，都重新返回。这属于 HTTP 相关知识，可查询 Google HTTP 详细了解。

```
<requestHandler name = "/query" class = "solr.SearchHandler">
     <lst name = "defaults">
       <str name = "echoParams"> explicit </str>
       <str name = "wt"> json </str>
       <str name = "indent"> true </str>
     </lst>
</requestHandler>
```

这个 requestHandler 配置的是请求 URL /query 与请求处理类 SearcherHandler 之间的一个映射关系，即访问 http://localhost:8080/solr/coreName/query?q=xxx 时，会交给 SearcherHandler 类来处理这个 HTTP 请求，可以配置一些参数来干预 SearcherHandler 的处理细节，如 echoParams 表示是否打印 HTTP 请求参数，wt 即 writer type，即返回的数据的 MIME 类型，如 JSON、XML 等，indent 表示返回的 JSON 或者 XML 数据是否需要缩进。

其他的一些 requestHandler 说明不再详述，其实都大同小异，就是一个请求 URL 与请求处理类的一个映射，就好比 SpringMVC 中请求 URL 和 Controller 类的一个映射。

```
<searchComponent name="spellcheck" class="solr.SpellCheckComponent">
```

用来配置查询组件，比如 SpellCheckComponent 拼写检查。

```
<searchComponent name="terms" class="solr.TermsComponent"/>
```

用来返回所有的 term 以及每个文档中 term 的出现频率。

```
<searchComponent class="solr.HighlightComponent" name="highlight">
```

用来配置关键字高亮的，Solr 高亮配置的详细说明这里暂时略过，具体如何使用后续再深入研究。

有关 searchComponent(查询组件)的其他配置可以参考里面的英文注释。

```
<queryResponseWriter name="json" class="solr.JSONResponseWriter">
    <!-- For the purposes of the tutorial, JSON responses are written as
     plain text so that they are easy to read in *any* browser.
     If you expect a MIME type of "application/json" just remove this override.
    -->
    <str name="content-type">text/plain; charset=UTF-8</str>
</queryResponseWriter>
```

这个是用来配置 Solr 响应数据转换类，JSONResponseWriter 就是把 HTTP 响应数据转成 JSON 格式，content-type 即响应头信息中的 content-type，即告诉客户端返回数据的 MIME 类型为 text/plain，且字符集编码为 UTF-8。

内置的响应数据转换器还有 velocity，xslt 等，如果想自定义一个基于 FreeMarker 的转换器，那么需要实现 Solr 的 QueryResponseWriter 接口，模仿其他实现类，然后在 solrconfig.xml 中添加类似的 <queryResponseWriter>配置即可。

最后需要说明的是，solrconfig.xml 中有大量类似 <arr><list><str><int>这样的自定义标签，下面统一说明：

- arr 即 array 的缩写，表示一个数组，name 即表示这个数组参数的变量名；
- lst 即 list 的缩写，但注意它里面存放的是 key-value(键值对)；
- bool 表示一个 boolean 类型的变量，name 表示 boolean 的变量名。

同理，还有 int、long、float、str 等。

str 即 string 的缩写，唯一要注意的是 arr 下的 str 子元素是没有 name 属性的，而 list 下的 str 元素是有 name 属性的。

总的来说，solrconfig.xml 中的配置项主要分以下几部分：

(1) 依赖的 Lucene 版本配置，这决定了所创建的 Lucene 索引结构，因为 Lucene 各版本之间的索引结构并不是完全兼容的，这个需要引起注意。

(2) 索引创建相关的配置，如索引目录，IndexWriterConfig 类中的相关配置(它决定了索引创建性能)。

(3) solrconfig.xml 中依赖的外部 jar 包加载路径配置。

(4) JMX 相关配置。

(5) 缓存相关配置，缓存包括过滤器缓存、查询结果集缓存、文档缓存以及自定义缓存等。

(6) updateHandler 配置即索引更新操作相关配置。

(7) RequestHandler 相关配置，即接收客户端 HTTP 请求的处理类配置。

(8) 查询组件配置，如 HightLight、SpellChecker 等。

(9) ResponseWriter 配置即响应数据转换器相关配置，决定了响应数据是以什么格式返回给客户端的。

(10) 自定义 ValueSourceParser 配置，用来干预文档的权重、评分、排序。

下面再介绍几个常见的参数调优：

(1) 索引自动提交的频率设置：

```
<autoCommit>
    <maxDocs>100</maxDocs>
    <maxTime>60000</maxTime>
    <openSearcher>false</openSearcher>
</autoCommit>
<autoSoftCommit>
    <maxTime>60000</maxTime>
</autoSoftCommit>
```

这里配置的索引自动提交为一分钟，或者文档数量增加了 100 个后触发自动提交，上述两个条件满足其中一个即可。自动提交的频率不能太过频繁(比如几秒钟提交一次)，一分钟算是比较快的提交设置，如果对实时性要求不高一般可以几个小时提交一次，或者几十分钟。如果自动提交频率过高，高并发的查询索引可能导致 Solr 宕机。

(2) Solr 内存使用配置。

修改 Tomcat 的 catalina. sh 文件可增加 JVM 内存的配置，如果配置的内存太小，Solr 也非常容易宕机，应根据索引的数据量来设置。如果服务器内存资源充足，那么建议配置得大一些，比如 8GB 或 10GB 以上，这样可以保证 Solr 的稳定性。

```
-server -Xms10240m -Xmx10240m -XX:MaxDirectMemorySize=1024m -XX:MaxNewSize=1024m -XX:
MaxPermSize=1024m -XX:-UseGCOverheadLimit
```

solrconfig. xml 文件缓存的内存大小调优如下：

```
<ramBufferSizeMB>512</ramBufferSizeMB> 默认为 100m
```

索引时先刷到内存缓冲区，当缓冲区达到一定阈值时才会刷到磁盘。<maxBufferedDocs>512</maxBufferedDocs>这个配置同 ramBufferSizeMB，只不过 ramBufferSizeMB 是按照内存大小判断是否应该刷到硬盘，而 maxBufferedDocs 是按照文档数量来判断。

query 结果的缓存大小调优配置如下所示：

```
<queryResultCache class="solr.LRUCache"
                  size="1024"
                  initialSize="1024"
                  autowarmCount="1024"/>
```

文档的缓存大小调优配置如下所示：

```
<documentCache class="solr.LRUCache"
               size="1024"
               initialSize="1024"
               autowarmCount="1024"/>
```

(3) 如挂掉一个 Solr 分片仍要保证查询不报异常，可以修改 shards. tolerant 参数为 true，就能够在一部分分片挂掉后仍然能够查询索引，只是少一些数据而已，这样设置要比查询不到任何数据好很多。同时也要做好监控，当发现有分片挂掉后尽快恢复。更新索引时分片挂掉没有关系，会自动分配到其他分片。

修改 name="/select"的 requestHandler 配置部分的<str name="shards. tolerant">true</str>参数值为 true 即可，配置如下所示：

```
<requestHandler name="/select" class="solr.SearchHandler">
    <!-- default values for query parameters can be specified, these
         will be overridden by parameters in the request
      -->
    <lst name="defaults">
      <str name="echoParams">explicit</str>
      <int name="rows">10</int>
      <str name="df">title</str>
    <str name="shards.tolerant">true</str>
    </lst>
```

2. 初始化索引及更新

Schema创建好之后相当于有了数据表,下一步就是要写入数据了,也就是索引的初始化,如果有新增的数据还需要以增量方式更新索引。第一次做初始化时,数据量会非常大,假如有几千万或者几百万课程,建议分布式地更新索引。课程数据在Hadoop大数据平台上,使用Spark来分布式地更新索引。Spark使用Scala语言编写,Scala和Java可以相互调用,对Spark不熟悉的读者可以参阅《分布式机器学习实战(人工智能科学与技术丛书)》,这里使用Spark+Scala+Java方式来实现,Scala是分布式索引更新的入口,会调用Java代码来实现关键的索引更新功能。Java对Solr的操作使用solrj类库。Spark+Scala分布式索引更新如代码19.5所示。

【代码19.5】 FlushTKSolr.scala

```scala
package com.chongdianleme.solr
import com.chongdianleme.dataimport.entity.Store
import com.chongdianleme.dataimport.storage.Storage
import com.chongdianleme.entityClass.TK
import com.chongdianleme.solr.ParamsOp.{parseArgs, some}
import org.apache.spark.{SparkConf, SparkContext}
/**
  * Created by "充电了么"App - 陈敬雷
  * "充电了么"App官网: http://chongdianleme.com/
  * "充电了么"App - 专注上班族职业技能提升充电学习的在线教育平台
  * 课程搜索索引创始化更新 Spark + Scala 源码
  */
object FlushTKSolr {
  def main(args: Array[String]): Unit = {
    val sparkConfig = new SparkConf().setAppName("FlushSolr")
    val sc = new SparkContext(sparkConfig)
    val params = parseArgs(args)
    val input = some(params, "input")
    val output = some(params, "output")
    val partitions = some(params, "partitions").toInt
    sc.textFile(input, partitions)
      .mapPartitions(flushSolr(_)).saveAsTextFile(output)
    sc.stop()
  }
  def flushSolr(tkList: Iterator[String]) = {
    val list = scala.collection.mutable.ListBuffer[String]()
    tkList.foreach(tkStr => {
      try {
        val arr = tkStr.split("\001")
        val kcid = arr(0)
        if (!list.contains(kcid)) {
          list += kcid
          val title = arr(1)
          val datetime = arr(2)
```

```
            val author = arr(3)
            val imgUrl = arr(4)
            val playcount = arr(5)
            val seconds = arr(6)
            val kcUrl = arr(7)
            val tk = new TK()
            tk.setKcid(kcid);                                        //课程 ID
            tk.setTitle(title);                                      //课程标题
            tk.setDateTime(datetime);                                //发布时间
            tk.setAuthor(author);                                    //老师
            tk.setImgUrl(imgUrl)                                     //课程列表图片
            tk.setPlayCount(Integer.parseInt(playcount));
            tk.setSeconds(Integer.parseInt(seconds));                //课程时长
            tk.setKcUrl(kcUrl)
            val line = kcid + "\001" + title + "\001" + datetime + "\001" + author + "\001" +
imgUrl + "\001" + playcount + "\001" + seconds + "\001" + kcUrl
            list += line
            Storage.store(tk, Store.SOLR)
          }
        }
        catch {
          case e: Exception => {
            println(tkStr)
            e.printStackTrace
          }
        }
      })
      list.toIterator
    }
}
```

上面用到的 Storage 的 Java 类如代码 19.6 所示。

【代码 19.6】 Storage.java

```java
package com.chongdianleme.dataimport.storage;
import com.chongdianleme.dataimport.entity.Store;
import com.chongdianleme.entity.DataEntity;
import com.chongdianleme.util.ReflectUtil;
import com.google.common.collect.Lists;
import java.util.List;
/**
 * Created by "充电了么"App - 陈敬雷
 * "充电了么"App 官网: http://chongdianleme.com/
 * "充电了么"App - 专注上班族职业技能提升充电学习的在线教育平台
 * 更新索引
 */
public abstract class Storage {
    public Storage(Class<? extends DataEntity> clazz) {
    }
    protected abstract void execute(DataEntity data) throws Exception;
    protected void execute(List<DataEntity> data) throws Exception {
        if (data != null && data.size() > 0) {
            for (DataEntity d : data) {
                execute(d);
            }
        }
    }
    public static void store(DataEntity data, Store... stores) {
        store(Lists.newArrayList(data), stores);
    }
```

```
    public static void store(DataEntity data) {
        store(Lists.newArrayList(data));
    }
    public static void store(List<DataEntity> data, Store... stores) {
        if (data != null && data.size() > 0) {
            if (stores.length == 0) {
                stores = new Store[]{Store.HBASE, Store.VOLDEMORT, Store.REDIS, Store.SOLR};
            }
            Storage[] storages = storages(data.get(0).getClass(), stores);
            for (DataEntity d : data) {
                DataEntity entity = d.process();
                for (Storage storage : storages) {
                    try {
                        storage.execute(entity);
                    } catch (Exception e) {
                        e.printStackTrace();
                        break;
                    }
                }
            }
        }
    }
    private static Storage[] storages(Class<? extends DataEntity> cls, Store... stores) {
        Storage[] storages = null;
        Store.sort(stores);
        String pakage = Storage.class.getPackage().getName() + ".impl";
        if (stores.length > 0) {
            storages = new Storage[stores.length];
            for (int i = 0; i < stores.length; i++) {
                String clazz = pakage + "." + stores[i].getName() + "Storage";
                storages[i] = ReflectUtil.reflect(clazz, cls);
            }
        }
        return storages;
    }
}
```

上面用到的SolrStorage的Java类如代码19.7所示。

【代码19.7】 SolrStorage.java

```
package com.chongdianleme.dataimport.storage.impl;
import com.chongdianleme.dataimport.storage.Storage;
import com.chongdianleme.entity.DataEntity;
import com.chongdianleme.solr.common.SolrClientUtil;
import com.google.common.collect.Lists;
import org.apache.log4j.Logger;
/**
 * Created by 充电了么App - 陈敬雷
 * 充电了么App官网：http://chongdianleme.com/
 * 充电了么App - 专注上班族职业技能提升充电学习的在线教育平台
 * Solr更新索引
 */
public class SolrStorage extends Storage {
    private static Logger logger = Logger.getLogger(SolrStorage.class);
    public SolrStorage(Class<? extends DataEntity> clazz) {
        super(clazz);
    }
    @Override
    protected void execute(DataEntity data) throws Exception {
        logger.info("更新Solr索引");
```

```
            SolrClientUtil.add(Lists.newArrayList(data));
        }
    }
```

上面用到的 SolrClientUtil 的 Java 类如代码 19.8 所示。

【代码 19.8】 SolrClientUtil.java

```
package com.chongdianleme.solr.common;
import com.chongdianleme.entity.DataEntity;
import com.chongdianleme.exception.ConnectionException;
import com.chongdianleme.solr.query.Condition;
import com.chongdianleme.solr.query.QResponse;
import com.chongdianleme.util.PropsUtil;
import com.chongdianleme.util.ZooKeeperUtil;
import com.google.common.collect.Lists;
import com.google.common.collect.Maps;
import com.google.common.collect.Sets;
import net.sourceforge.pinyin4j.PinyinHelper;
import net.sourceforge.pinyin4j.format.HanyuPinyinCaseType;
import net.sourceforge.pinyin4j.format.HanyuPinyinOutputFormat;
import net.sourceforge.pinyin4j.format.HanyuPinyinToneType;
import net.sourceforge.pinyin4j.format.exception.BadHanyuPinyinOutputFormatCombination;
import org.apache.http.client.HttpClient;
import org.apache.log4j.Logger;
import org.apache.solr.client.solrj.SolrClient;
import org.apache.solr.client.solrj.SolrQuery;
import org.apache.solr.client.solrj.impl.HttpClientUtil;
import org.apache.solr.client.solrj.impl.LBHttpSolrClient;
import org.apache.solr.client.solrj.request.FieldAnalysisRequest;
import org.apache.solr.common.SolrDocument;
import org.apache.solr.common.SolrDocumentList;
import org.apache.solr.common.SolrInputDocument;
import org.apache.solr.common.cloud.ZkStateReader;
import org.apache.solr.common.params.ModifiableSolrParams;
import java.util.Iterator;
import java.util.List;
import java.util.Map;
import java.util.Set;
/**
 * Created by 充电了么 App - 陈敬雷
 * 充电了么 App 官网: http://chongdianleme.com/
 * 充电了么 App - 专注上班族职业技能提升充电学习的在线教育平台
 * 操作 Solr 类
 */
public class SolrClientUtil {
    private static String hl_simple_pre = "<font color='#ff0000'>";
    private static String hl_simple_post = "</font>";
    private static Logger logger = Logger.getLogger(SolrClientUtil.class);
    private static List<String> nodes = Lists.newArrayList();
    public static SolrClient getSolrClient(Core core) {
        LBHttpSolrClient.Builder builder = new LBHttpSolrClient.Builder();
        LBHttpSolrClient client = builder.withBaseSolrUrls(liveNodes(core.getName()))
                .withHttpClient(initHttpClient())
                .build();
        return client;
    }
    public static void main(String[] args) {
        Condition cond = Core.TK.buildCondition();
        cond.setReturnFields(new String[]{"title", "kcid"});
        cond.setK("充电了么");
```

```
        QResponse response = queryHighLight(cond, true, "title");
        List<Map<String, Object>> data = response.getData();
        for (Map<String, Object> obj : data) {
            System.out.println("课程标题: " + obj.get("title"));
        }
    }
    private static String replaceHighLight(String value, Set<String> words) {
        for (String word : words) {
            value = value.replaceAll(word, hl_simple_pre + word + hl_simple_post);
        }
        return value;
    }
    private static String processOurHighLight(boolean useOurHightLight, String value) {
        if (!useOurHightLight) return value;
        List<String> splitTag = Lists.newArrayList("。", "!", "?", "……", "!", "?", "\n");
        List<String> endTag = Lists.newArrayList(",", ",", "、", ";", ":");
        endTag.addAll(splitTag);
        int firstHighLightTag = value.indexOf(hl_simple_pre);
        int startTag = 0;
        for (int i = firstHighLightTag - 1; i > 0; i--) {
            if (splitTag.contains(value.substring(i, i + 1))) {
                startTag = i;
                break;
            }
        }
        int endTagIdx = startTag + 10;
        for (int i = firstHighLightTag; i < value.length(); i++) {
            if (endTag.contains(value.substring(i, i + 1))) {
                endTagIdx = i;
                break;
            }
        }
        return value.substring(startTag, endTagIdx);
    }
    public static QResponse queryHighLight(Condition condition, boolean useOurHighLight, String
fl, String anotherName) {
        QResponse qResponse = new QResponse();
        SolrClient client = getSolrClient(condition.getCore());
        List<Map<String, Object>> result = Lists.newArrayList();
        try {
            Set<String> returnSet = Sets.newHashSet(condition.getReturnFields());
            condition.setReturnFields(returnSet.toArray(new String[]{}));
            SolrQuery query = condition.toQuery();
            query.set("hl.simple.pre", hl_simple_pre);
            query.set("hl.simple.post", hl_simple_post);
            query.set("hl", true);
            query.set("hl.fl", fl);
            if (useOurHighLight) query.setHighlightFragsize(0);
            logger.info(query.toString());
            QueryResponse response = client.query(query);
            if (response != null) {
                SolrDocumentList docs = response.getResults();
                Map<String, Map < String, List < String >>> highlightResults = response
.getHighlighting();
                int docNum = docs.size();
                qResponse.setqTime(response.getQTime());
                qResponse.setTotal(docs.getNumFound());
                for (int i = 0; i < docNum; i++) {
                    SolrDocument doc = docs.get(i);
```

```
                    Map<String, Object> values = Maps.newHashMap();
                    Map<String, Object> fieldValueMap = doc.getFieldValueMap();
                    values.putAll(fieldValueMap);
                    String key = fieldValueMap.get(condition.getCore().getUnique()).toString();
                    Map<String, List<String>> highData = highlightResults.get(key);
                      values.put(anotherName, processOurHighLight(useOurHighLight, highData
.get(fl).get(0)));
                    result.add(values);
                }
                qResponse.setData(result);
                if (condition.isSpellcheck()) {
                    String k = condition.getK();
                    Map<String, String> suggestion = suggestion(response);
                    for (Map.Entry<String, String> entry : suggestion.entrySet()) {
                        String key = entry.getKey();
                        String value = entry.getValue();
                        String chinese = sugguestChinese(condition.getCore(), condition
.getField(), value);
                        k = k.replaceAll(key, chinese);
                    }
                    qResponse.setSuggestion(k);
                }
            }
        } catch (Exception e) {
            throw new ConnectionException(e);
        } finally {
            close(client);
        }
        return qResponse;
    }
    public static QResponse queryHighLight(Condition condition, boolean useOurHighLight, String fl) {
        QResponse qResponse = new QResponse();
        SolrClient client = getSolrClient(condition.getCore());
        List<Map<String, Object>> result = Lists.newArrayList();
        try {
            Set<String> returnSet = Sets.newHashSet(condition.getReturnFields());
            Set<String> highLightSet = Sets.newHashSet(fl);
            Set<String> inter = Sets.intersection(returnSet, highLightSet);
            condition.setReturnFields(Sets.difference(returnSet, inter).toArray(new String[]{}));
            SolrQuery query = condition.toQuery();

            query.set("hl.simple.pre", hl_simple_pre);
            query.set("hl.simple.post", hl_simple_post);
            query.set("hl", true);
            query.set("hl.fl", fl);
            if (useOurHighLight) query.setHighlightFragsize(0);
            logger.info(query.toString());
            QueryResponse response = client.query(query);
            if (response != null) {
                SolrDocumentList docs = response.getResults();
                Map<String, Map<String, List<String>>> highlightResults = response
.getHighlighting();
                int docNum = docs.size();
                qResponse.setqTime(response.getQTime());
                qResponse.setTotal(docs.getNumFound());

                for (int i = 0; i < docNum; i++) {
                    SolrDocument doc = docs.get(i);
                    Map<String, Object> values = Maps.newHashMap();
```

```
                Map<String, Object> fieldValueMap = doc.getFieldValueMap();
                values.putAll(fieldValueMap);
                String key = fieldValueMap.get(condition.getCore().getUnique()).toString();
                Map<String, List<String>> highData = highlightResults.get(key);
                values.put(fl, processOurHighLight(useOurHighLight, highData.get(fl).get(0)));
                result.add(values);
            }
            qResponse.setData(result);
            if (condition.isSpellcheck()) {
                String k = condition.getK();
                Map<String, String> suggestion = suggestion(response);
                for (Map.Entry<String, String> entry : suggestion.entrySet()) {
                    String key = entry.getKey();
                    String value = entry.getValue();
                    String chinese = sugguestChinese(condition.getCore(), condition
.getField(), value);
                    k = k.replaceAll(key, chinese);
                }
                qResponse.setSuggestion(k);
            }
        }
    } catch (Exception e) {
        throw new ConnectionException(e);
    } finally {
        close(client);
    }
    return qResponse;
}
private static Map<String, String> suggestion(QueryResponse response) {
    SpellCheckResponse spellCheckResponse = response.getSpellCheckResponse();
    List<SpellCheckResponse.Suggestion> suggestions = spellCheckResponse.getSuggestions();
    Map<String, String> suggest = Maps.newLinkedHashMap();
    if (suggestions.size() > 0) {
        for (int i = 0; i < suggestions.size(); i++) {
            SpellCheckResponse.Suggestion suggestion = suggestions.get(i);
            suggest.put(suggestion.getToken().trim(), suggestion.getAlternatives().get(0));
        }
    }
    return suggest;
}
public static QResponse query(Condition condition) {
    QResponse qResponse = new QResponse();
    SolrClient client = getSolrClient(condition.getCore());
    List<Map<String, Object>> result = Lists.newArrayList();
    try {
        SolrQuery query = condition.toQuery();
        logger.info(query.toQueryString());
        QueryResponse response = client.query(query);
        if (response != null) {
            qResponse.setqTime(response.getQTime());
            SolrDocumentList docs = response.getResults();
            if (docs != null) {
                int docNum = docs.size();
                qResponse.setTotal(docs.getNumFound());
                for (int i = 0; i < docNum; i++) {
                    SolrDocument doc = docs.get(i);
                    Map<String, Object> fieldValueMap = doc.getFieldValueMap();
                    Set<String> fields = fieldValueMap.keySet();
                    Map<String, Object> values = Maps.newHashMap();
```

```
                    for (String field : fields) {
                        values.put(field, fieldValueMap.get(field));
                    }
                    result.add(values);
                }
                qResponse.setData(result);
            }
        }
        if (condition.isSpellcheck()) {
            String k = condition.getK();
            Map<String, String> suggestion = suggestion(response);
            for (Map.Entry<String, String> entry : suggestion.entrySet()) {
                String key = entry.getKey();
                String value = entry.getValue();
                String chinese = sugguestChinese(condition.getCore(), condition.getField(),
value);
                k = k.replaceAll(key, chinese);
            }
            qResponse.setSuggestion(k);
        }
        //facet
        if (condition.isFacet()) {
            FacetField facetFields = response.getFacetDate(query.get("facet.field"));
            List<FacetField.Count> counts = facetFields.getValues();
            for (FacetField.Count count : counts) {
                qResponse.addFacetData(count.getName(), count.getCount());
            }
        }
        //group
        if (condition.isGroup()) {
            GroupResponse gresponse = response.getGroupResponse();
            List<GroupCommand> groupCommands = gresponse.getValues();
            List<QResponse.GroupData> groupResult = Lists.newArrayList();
            for (GroupCommand gc : groupCommands) {
                qResponse.setTotal(gc.getMatches());
                List<Group> groups = gc.getValues();
                for (Group group : groups) {
                    QResponse.GroupData groupData = new QResponse.GroupData();
                    groupData.setGroupName(group.getGroupValue());
                    SolrDocumentList sdl = group.getResult();
                    List<Map<String, Object>> dataMap = Lists.newArrayList();
                    for (int i = 0; i < sdl.size(); i++) {
                        groupData.setGroupNum(sdl.getNumFound());
                        String[] fields = condition.getReturnFields();
                        Map<String, Object> maps = Maps.newHashMap();
                        for (String field : fields) {
                            Object obj = sdl.get(i).getFieldValue(field);
                            maps.put(field, obj);
                        }
                        dataMap.add(maps);
                    }
                    groupData.setGroupDocs(dataMap);
                    groupResult.add(groupData);
                }
                qResponse.setGroups(groupResult);
            }
        }
    } catch (Exception e) {
        e.printStackTrace();
```

```
            throw new ConnectionException(e);
        } finally {
            close(client);
        }
        return qResponse;
    }
    public static String getById(Core core, String id) {
        SolrClient client = getSolrClient(core);
        SolrQuery query = new SolrQuery(core.getUnique() + ":" + id);
        query.set("fl", core.getUnique());
        query.setRows(1);
        try {
            QueryResponse response = client.query(query);
            SolrDocumentList docs = response.getResults();
            if (docs.size() > 0) {
                return docs.get(0).getFieldValue(core.getUnique()).toString();
            }
        } catch (Exception e) {
            throw new ConnectionException(e);
        }
        return "nothing";
    }

    public static void delete(Core core, String id) {
        delete(core, Lists.newArrayList(id));
    }
    public static void delete(Core core, List<String> ids) {
        SolrClient client = getSolrClient(core);
        try {
            client.deleteById(ids);
        } catch (Exception e) {
            throw new ConnectionException(e);
        } finally {
            close(client);
        }
    }
    public static <T extends DataEntity> void add(List<T> entitys) {
        if (entitys != null && entitys.size() > 0) {
            try {
                List<SolrInputDocument> docs = Lists.newArrayList();
                Core core = entitys.get(0).core();
                for (T t : entitys) {
                    SolrInputDocument doc = t.toDoc();
                    if (doc != null)
                        docs.add(doc);
                }
                add(core, docs);
            } catch (Exception e) {
                throw new ConnectionException(e);
            }
        }
    }
    public static void add(Core core, SolrInputDocument... docs) {
        add(core, Lists.newArrayList(docs));
    }
    public static void add(Core core, List<SolrInputDocument> docs) {
        if (docs != null && docs.size() > 0) {
            SolrClient client = getSolrClient(core);
            try {
```

```
                client.add(docs);
            } catch (Exception e) {
                throw new ConnectionException(e);
            } finally {
                close(client);
            }
        }
    }
    public static void close(SolrClient client) {
        try {
            client.close();
        } catch (Exception e) {
            throw new ConnectionException(e);
        }
    }
    private static String[] liveNodes(String core) {
        if (nodes == null || nodes.size() == 0) {
            try {
                nodes = ZooKeeperUtil.getChildren(ZkStateReader.LIVE_NODES_ZKNODE);
            } catch (Exception e) {
                e.printStackTrace();
                throw new ConnectionException(e);
            }
        }
        String[] liveNodes = new String[nodes.size()];
        for (int i = 0; i < nodes.size(); i++) {
            liveNodes[i] = "http://" + nodes.get(i).replace("_", "/") + "/" + core;
        }
        return liveNodes;
    }
    private static HttpClient initHttpClient() {
        ModifiableSolrParams params = new ModifiableSolrParams();
        params.set(HttpClientUtil.PROP_USE_RETRY, false);
        params.set(HttpClientUtil.PROP_SO_TIMEOUT, PropsUtil.getInt("solr.timeout"));
        params.set(HttpClientUtil.PROP_CONNECTION_TIMEOUT, PropsUtil.getInt("solr.timeout"));
        return HttpClientUtil.createClient(params);
    }
    private static boolean isChinese(String chinese) {
        char[] ch = chinese.toCharArray();
        for (char c : ch) {
            if (c < 0x4E00 || c > 0x9FA5)
                return false;
        }
        return true;
    }
    private static Set<String> analysis(SolrClient client, String fieldName, String text) {
        FieldAnalysisRequest request = new FieldAnalysisRequest("/analysis/field");
        request.addFieldName(fieldName);
        request.setFieldValue("text");
        request.setQuery(text);
        Set<String> analyse = Sets.newHashSet();
        try {
            FieldAnalysisResponse response = request.process(client);
            Iterator<AnalysisResponseBase.AnalysisPhase> it = response.getFieldNameAnalysis(fieldName)
.getQueryPhases().iterator();
            while (it.hasNext()) {
                AnalysisResponseBase.AnalysisPhase pharse = it.next();
                List<AnalysisResponseBase.TokenInfo> list = pharse.getTokens();
                for (AnalysisResponseBase.TokenInfo info : list) {
```

```
                analyse.add(info.getText());
            }
        }
    } catch (Exception e) {
        e.printStackTrace();
    }
    return analyse;
}
private static Map < String, Set < String >> analysisSynonym (SolrClient client, String
fieldName, String text) {
    FieldAnalysisRequest request = new FieldAnalysisRequest("/analysis/field");
    request.addFieldName(fieldName);
    request.setFieldValue("text");
    request.setQuery(text);
    Map < String, Set < String >> result = Maps.newHashMap();
    try {
        FieldAnalysisResponse response = request.process(client);
        Iterator < AnalysisResponseBase.AnalysisPhase > it = response.getFieldNameAnalysis(fieldName).
getQueryPhases().iterator();
        while (it.hasNext()) {
            AnalysisResponseBase.AnalysisPhase pharse = it.next();
            List < AnalysisResponseBase.TokenInfo > list = pharse.getTokens();
            for (AnalysisResponseBase.TokenInfo info : list) {
                String chinese = info.getText();
                String pinyin = pinyin(chinese);
                Set < String > analyse = result.get(pinyin);
                if (isChinese(chinese)) {
                    if (analyse == null) {
                        result.put(pinyin, Sets.newHashSet(chinese));
                    } else {
                        analyse.add(chinese);
                        result.put(pinyin, analyse);
                    }
                }
            }
        }
        return result;
    } catch (Exception e) {
        e.printStackTrace();
        return null;
    }
}
private static String sugguestChinese(Core core, String field, String py) {
    if (isChinese(py))
        return py;
    SolrClient client = SolrClientUtil.getSolrClient(core);
    SolrQuery query = new SolrQuery(field + ":" + py);
    query.set("fl", field);
    query.setRows(1);
    query.setStart(0);
    Map < String, Set < String >> synonym = Maps.newHashMap();
    try {
        QueryResponse response = client.query(query);
        SolrDocumentList result = response.getResults();
        if (result.size() > 0) {
            String text = (String) result.get(0).getFieldValue(field);
            synonym = analysisSynonym(client, field, text);
        }
    } catch (Exception e) {
```

```
            e.printStackTrace();
        }
        return synonym.get(py) == null ? "" : Lists.newArrayList(synonym.get(py)).get(0);
    }
    private static String pinyin(String chinese) {
        StringBuffer pybf = new StringBuffer();
        char[] arr = chinese.toCharArray();
        HanyuPinyinOutputFormat defaultFormat = new HanyuPinyinOutputFormat();
        defaultFormat.setCaseType(HanyuPinyinCaseType.LOWERCASE);
        defaultFormat.setToneType(HanyuPinyinToneType.WITHOUT_TONE);
        for (int i = 0; i < arr.length; i++) {
            if (arr[i] > 128) {
                try {
                    pybf.append(PinyinHelper.toHanyuPinyinStringArray(arr[i], defaultFormat)
[0]);
                } catch (BadHanyuPinyinOutputFormatCombination e) {
                    e.printStackTrace();
                }
            } else {
                pybf.append(arr[i]);
            }
        }
        return pybf.toString();
    }
}
```

上面用到的 com.chongdianleme.solr.query.Condition 的 Java 类如代码 19.9 所示。

【代码 19.9】 Condition.java

```
package com.chongdianleme.solr.query;
import com.chongdianleme.solr.common.Core;
import com.google.common.collect.Lists;
import com.google.common.collect.Maps;
import com.google.common.collect.Sets;
import org.apache.commons.lang.ArrayUtils;
import org.apache.commons.lang.StringUtils;
import org.apache.solr.client.solrj.SolrQuery;
import java.util.*;
/**
 * Created by 充电了么 App - 陈敬雷
 * 充电了么 App 官网: http://chongdianleme.com/
 * 充电了么 App - 专注上班族职业技能提升充电学习的在线教育平台
 * Solr 的检索条件类
 */
public abstract class Condition {
    private int start = 0;
    private int rows = 20;
    private String field = core().getDefaultField();
    private String k = "*";
    private Map<String, Object[]> filterMaps = Maps.newHashMap();
    private List<String> filterList = Lists.newArrayList();
    private SolrQuery.SortClause sort;
    private String[] returnFields = null;
    private boolean escape = true;
    private Map<String, String> params = Maps.newHashMap();
    private boolean spellcheck = false;
    private float spellcheck_accuracy = 0.5f;
    private boolean facet = false;
    private String facetField;
    private int facetLimit = 5;
```

```
    private boolean group = false;
    private String groupField;
    private int groupLimit = 1;
    private Core core = core();
    public SolrQuery toQuery() {
        SolrQuery query = new SolrQuery();
        query.setParam("shards.tolerant", "true");
        query.setStart(start > 1000 ? 0 : start);
        query.setRows(rows);
        if (sort != null) query.setSort(sort);
        if (escape && !"*".equals(k)) k = escapeQueryChars(k);
        if ("*".equals(k)) field = "*";
        query.setQuery(field + ":" + k);
        if (filterMaps.size() > 0) {
            Set<Map.Entry<String, Object[]>> sets = filterMaps.entrySet();
            for (Map.Entry<String, Object[]> filter : sets) {
                if (filter.getValue().length > 0) {
                    for (Object obj : filter.getValue())
                        query.addFilterQuery(filter.getKey() + ":" + obj.toString());
                }
            }
        if (filterList != null && filterList.size() > 0)
            filterList.forEach(fq -> query.addFilterQuery(fq));
        Set<String> fls = Sets.newHashSet(core().getUnique());
        if (returnFields != null && returnFields.length > 0) {
            fls.addAll(Sets.newHashSet(returnFields));
            String flStr = Arrays.toString(fls.toArray()).replace(" ", "");
            query.add("fl", flStr.substring(1, flStr.length() - 1));
        }
        if (spellcheck) {
            params.put("qt", "/spell");
            params.put("spellcheck.q", k);
            params.put("spellcheck", "true");
            params.put("spellcheck.build", "true");
            params.put("spellcheck.reload", "true");
            params.put("spellcheck.accuracy", spellcheck_accuracy + "");
        }
        if (facet) {
            params.put("facet", "true");
            params.put("facet.field", facetField);
            params.put("facet.limit", facetLimit + "");
        }
        if (group) {
            params.put("group", "true");
            params.put("group.field", groupField);
            params.put("group.limit", groupLimit + "");
        }
        if (params.size() > 0) {
            params.forEach((k, v) -> {
                if (StringUtils.isNotBlank(k)) query.set(k, v);
            });
        }
        return query;
    }
    public void addParams(String key, String value) {
        params.put(key, value);
    }
    public void addFilter(String key, String... value) {
        if (ArrayUtils.isNotEmpty(value))
```

```
            filterMaps.put(key, value);
    }
    public void addFilterQuery(String... fq) {
        if (fq != null && fq.length > 0)
            filterList.addAll(Lists.newArrayList(fq));
    }
    public void addRangeFilter(String key, String lowv, String defLowv, String highv, String
defHighv, boolean includeLow, boolean includeHigh) {
        String lowRange = includeLow ? "[" : "}";
        String highRange = includeHigh ? "]" : "}";
        String to = " TO ";
        if (StringUtils.isNotBlank(lowv) && StringUtils.isNotBlank(highv)) {
            addFilter(key, lowRange + lowv + to + highv + highRange);
        } else if (StringUtils.isBlank(lowv) && StringUtils.isNotBlank(highv)) {
            addFilter(key, lowRange + defLowv + to + highv + highRange);
        } else if (StringUtils.isNotBlank(lowv) && StringUtils.isBlank(highv)) {
            addFilter(key, lowRange + lowv + to + defHighv + highRange);
        }
    }
    private static String escapeQueryChars(String s) {
        StringBuilder sb = new StringBuilder();
        for (int i = 0; i < s.length(); i++) {
            char c = s.charAt(i);
            // These characters are part of the query syntax and must be escaped
            if (c == '\\' || c == '+' || c == '-' || c == '!' || c == '(' || c == ')' || c == ':'
                    || c == '^' || c == '[' || c == ']' || c == '\"' || c == '{' || c ==
'}' || c == '~'
                    || c == '*' || c == '?' || c == '|' || c == '&' || c == ';' || c == '/'
                    ) {
//              if (c == ':') {
                    sb.append('\\');
                }
                sb.append(c);
            }
            return sb.toString();
    }
    public abstract Core core();
    public int getStart() {
        return start;
    }
    public void setStart(int start) {
        this.start = start;
    }
    public int getRows() {
        return rows;
    }
    public void setRows(int rows) {
        this.rows = rows;
    }
    public String getK() {
        return k;
    }
    public void setK(String k) {
        if (StringUtils.isNotBlank(k))
            this.k = k;
    }
    public Map<String, Object[]> getFilterMaps() {
        return filterMaps;
    }
```

```
public void addFilterMap(Map<String, Object[]> filterMaps) {
    this.filterMaps.putAll(filterMaps);
}
public void setFilterMaps(Map<String, Object[]> filterMaps) {
    this.filterMaps = filterMaps;
}
public String[] getReturnFields() {
    return returnFields;
}
public void setReturnFields(String[] returnFields) {
    this.returnFields = returnFields;
}
public SolrQuery.SortClause getSort() {
    return sort;
}
public void setSort(SolrQuery.SortClause sort) {
    this.sort = sort;
}
public String getField() {
    return field;
}
public boolean isEscape() {
    return escape;
}
public void setEscape(boolean escape) {
    this.escape = escape;
}
public void setField(String field) {
    if (StringUtils.isNotBlank(field))
        this.field = field;
}
public boolean isSpellcheck() {
    return spellcheck;
}
public void setSpellcheck(boolean spellcheck) {
    this.spellcheck = spellcheck;
}
public float getSpellcheck_accuracy() {
    return spellcheck_accuracy;
}
public void setSpellcheck_accuracy(float spellcheck_accuracy) {
    this.spellcheck_accuracy = spellcheck_accuracy;
}
public boolean isFacet() {
    return facet;
}
public void setFacet(boolean facet) {
    this.facet = facet;
}
public String getFacetField() {
    return facetField;
}
public void setFacetField(String facetField) {
    this.facetField = facetField;
}
public int getFacetLimit() {
    return facetLimit;
}
public void setFacetLimit(int facetLimit) {
```

```
            this.facetLimit = facetLimit;
        }
        public boolean isGroup() {
            return group;
        }
        public void setGroup(boolean group) {
            this.group = group;
        }
        public String getGroupField() {
            return groupField;
        }
        public void setGroupField(String groupField) {
            this.groupField = groupField;
        }
        public int getGroupLimit() {
            return groupLimit;
        }
        public void setGroupLimit(int groupLimit) {
            this.groupLimit = groupLimit;
        }
        public Core getCore() {
            return core;
        }
        public void setCore(Core core) {
            this.core = core;
        }
    }
```

以上是分布式批量更新索引的核心代码实现，索引初始化之后可以通过 Solr 的 Web 管理界面查询，地址为 http://sl/solr/index.html#/tk/query，其中 sl 是添加到 hosts 文件的虚拟域名，使用时替换成实际的 IP 地址＋端口号即可，IP 地址＋端口的映射在 Nginx 代理中设置跳转。查询索引管理界面说明如下：

q——主查询条件。完全支持 Lucene 语法，还进行了扩展。

fq——过滤查询。是在主查询条件下得到的查询结果的基础上进行过滤。例如：product_price:[10 TO 20]。

sort——排序条件。排序的域 asc。如果有多个排序条件使用半角逗号分隔。

start，rows——分页处理。start 起始记录 rows 每页显示的记录条数。

fl——返回结果中域的列表。使用半角逗号分隔。

df——默认搜索域。

wt——响应结果的数据格式，可以是 JSON、xml 等。

hl——开启高亮显示。

hl.fl——要高亮显示的域。

hl.simple.pre——高亮显示的前缀。

hl.simple.post——高亮显示的后缀。

Solr Cloud 查询索引管理界面如图 19.4 所示。

虽然通过界面可以查询数据，但毕竟是做项目，需要为其他部门提供 HTTP 的查询接口，这时就需要写代码封装一个接口。对外提供接口地址和传入参数，返回 JSON 格式的搜索结果数据。下面用 Java 的 Spring MVC 的 Controller 来返回数据，查询索引用到的 SolrClientUtil 类和索引初始化是一样的，搜索查询 Web 接口的 Controller 的 Java 类如代码 19.10 所示。

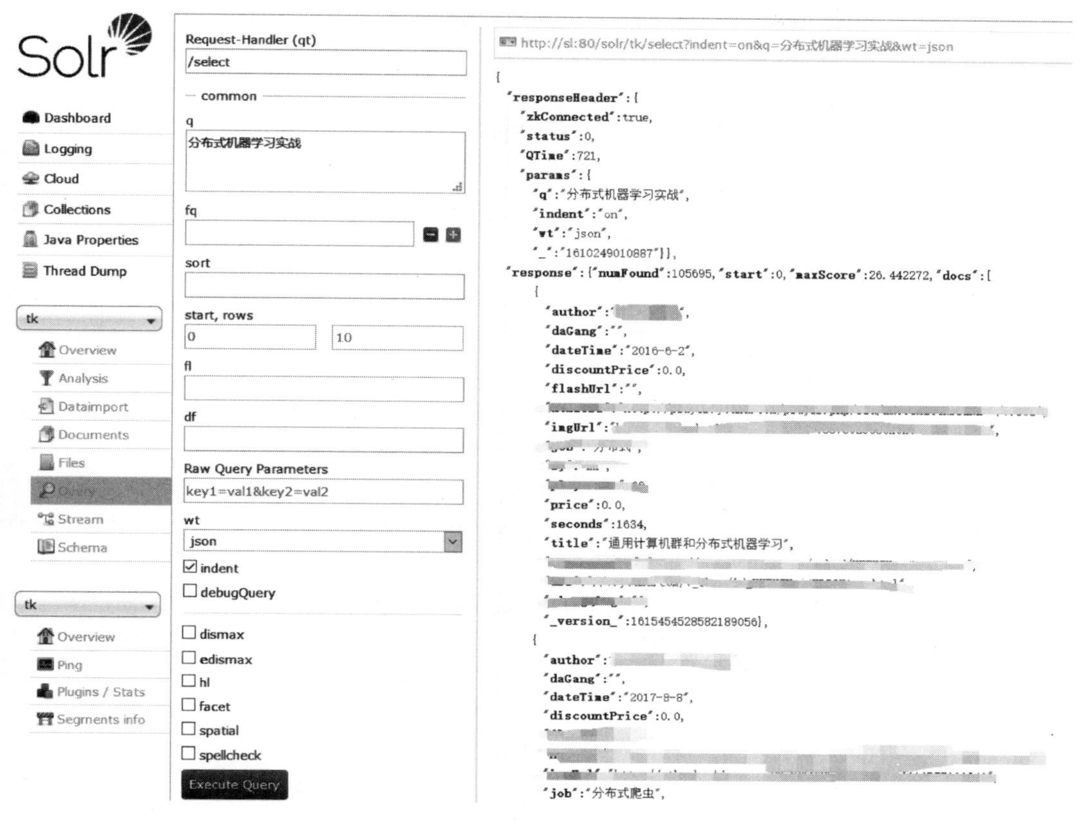

图 19.4　Solr Cloud 查询索引界面

【代码 19.10】　SearchController.java

```
package com.chongdianleme.search.controller;
import com.chongdianleme.search.entity.TingKeInfo;
import com.chongdianleme.search.entity.TingKeResult;
import com.chongdianleme.solr.common.Core;
import com.chongdianleme.solr.common.SolrClientUtil;
import com.chongdianleme.solr.query.Condition;
import com.chongdianleme.solr.query.QResponse;
import com.google.common.collect.Lists;
import org.apache.commons.lang.StringUtils;
import org.apache.solr.client.solrj.SolrQuery;
import org.springframework.stereotype.Controller;
import org.springframework.web.bind.annotation.RequestMapping;
import javax.servlet.http.HttpServletRequest;
import javax.servlet.http.HttpServletResponse;
import java.util.*;
/**
  * Created by 充电了么 App - 陈敬雷
  * 充电了么 App 官网：http://chongdianleme.com/
  * 充电了么 App - 专注上班族职业技能提升充电学习的在线教育平台
  * 搜索查询接口
  */
@Controller
@RequestMapping("/search/")
public class SearchController extends AbstractController {
    private static final String FIELD_PARAM = "f";
    private static final String EXCLUDED_PARAM = "ex";
    @RequestMapping("tk.json")
```

```
    public void tk(HttpServletRequest request, HttpServletResponse response) {
        QResponse result = new QResponse();
        try {
            final Map<String, String> dataMap = this.params(request);
            String device = dataMap.get(DEVICE);
            final Core core = Core.toCore("tk");
            Condition cond = core.buildCondition();
            String[] returnFields = {"kcid","title", "dateTime", "author", "imgUrl", "seconds",
"price", "discountPrice"};
            cond.setReturnFields(returnFields);
            String k = dataMap.get(KEY_PARAM);
            cond.setField(dataMap.get(FIELD_PARAM));
            boolean highLigh = true;
            cond.setK(k);
            if (StringUtils.isNotBlank(dataMap.get(START_PARAM)))
                cond.setStart(Integer.valueOf(dataMap.get(START_PARAM)));
            if (StringUtils.isNotBlank(dataMap.get(ROWS_PARAM)))
                cond.setRows(Integer.valueOf(dataMap.get(ROWS_PARAM)));
            cond.addRangeFilter("dateTime", dataMap.get(DATETIME1_PARAM), "0", dataMap
.get(DATETIME2_PARAM), "*", true, true);
            if (StringUtils.isNotBlank(dataMap.get(EXCLUDED_PARAM))) {
                String websiteName = dataMap.get(EXCLUDED_PARAM);
                String fq = Arrays.toString(websiteName.split(",")).replace("[", "")
.replace("]", "").replace(",", " AND -title:");
                cond.addFilter("-title", fq);
            }
            String sort = dataMap.get(SORT_PARAM);
            if (StringUtils.isNotBlank(sort)) {
                String[] sortClause = sort.split(" ");
                cond.setSort(SolrQuery.SortClause.create(sortClause[0], SolrQuery.ORDER
.valueOf(sortClause[1])));
            }
            if (highLigh && StringUtils.isNotBlank(k)) {
                result = SolrClientUtil.query(cond);   ///
            } else {
                result = SolrClientUtil.query(cond);
            }
            TingKeResult recomResult = new TingKeResult();
            recomResult.setSuccess("ok");
            List<TingKeInfo> data = getTKSolrResponse(result);
            recomResult.setResultList(data);
            returnJson(response, recomResult);
        } catch (Exception ex) {
            ex.printStackTrace();
            TingKeResult recomResult = new TingKeResult();
            recomResult.setSuccess("failed");
            recomResult.setErrMsg(ex.toString());
            returnJson(response, recomResult);
        }
    }
    private static List<TingKeInfo> getTKSolrResponse(QResponse result) {
        List<TingKeInfo> recomDtos = Lists.newArrayList();
        List<Map<String, Object>> dataList = result.getData();
        for (Map<String, Object> map : dataList) {
            TingKeInfo info = new TingKeInfo();
            info.setKcid(map.get("kcid").toString());
            info.setTitle(map.get("title").toString());
            info.setDateTime(map.get("dateTime").toString());
            info.setAuthor(map.get("author").toString());
```

```
                info.setImgUrl(map.get("imgUrl").toString());
                info.setSeconds(Integer.parseInt(map.get("seconds").toString()));
                info.setPrice(Double.parseDouble(map.get("price").toString()));

                info.setDiscountPrice(Double.parseDouble(map.get("discountPrice").toString()));
                recomDtos.add(info);
            }
            return recomDtos;
        }
    }
```

其中，AbstractController 的 Java 抽象类如代码 19.11 所示。

【代码 19.11】 AbstractController.java

```
package com.chongdianleme.search.controller;
import com.chongdianleme.util.JsonUtil;
import net.sf.json.JSONArray;
import net.sf.json.JSONObject;
import org.apache.log4j.Logger;
import javax.servlet.http.HttpServletRequest;
import javax.servlet.http.HttpServletResponse;
import java.util.Collection;
import java.util.Map;
public abstract class AbstractController {
    protected static Logger logger = Logger.getLogger(AbstractController.class);
    protected static final String DATETIME1_PARAM = "dt1";
    protected static final String DATETIME2_PARAM = "dt2";
    protected static final String EMOTION1_PARAM = "em1";
    protected static final String EMOTION2_PARAM = "em2";
    protected static final String SORT_PARAM = "st";
    protected static final String KEY_PARAM = "k";
    protected static final String PARAM_NAME = "input";
    protected static final String DEVICE = "device";
    protected static final String USER_ID = "user_id";
    protected static final String START_PARAM = "s";
    protected static final String ROWS_PARAM = "r";
    protected final void returnData(HttpServletResponse response, Object data) {
        try {
            response.setContentType("application/json;charset = UTF - 8");
            response.setCharacterEncoding("UTF - 8");
            response.setHeader("Access - Control - Allow - Origin", " * ");
            response.getWriter().write(data.toString());
            response.getWriter().flush();
            response.getWriter().close();
        } catch (Exception e) {
            throw new RuntimeException(e);
        }
    }
    protected final void returnJson(HttpServletResponse response, Object data) {
        String s = "";
        if (data instanceof Collection) {
            s = JSONArray.fromObject(data).toString();
        } else {
            s = JSONObject.fromObject(data).toString();
        }
        try {
            response.setContentType("application/json;charset = UTF - 8");
            response.setCharacterEncoding("UTF - 8");
            response.setHeader("Access - Control - Allow - Origin", " * ");
            response.getWriter().write(s);
```

```
                response.getWriter().flush();
                response.getWriter().close();
                System.out.println(s);
            } catch (Exception e) {
                throw new RuntimeException(e);
            }
        }
        protected final Map<String, String> params(HttpServletRequest request) {
            String json = request.getParameter(PARAM_NAME);
            logger.info("data => " + json);
            System.out.println("requestjson:" + request.getRequestURL().toString() + " data:" +
    json);
            return JsonUtil.toMap(json);
        }
    }
```

查询接口部署到 Tomcat 应用服务器上就可以用 http 地址访问了，地址是 http://172.172.0.11:8080/search/tk.json? input = {"device":"","user_id":"","s":0,"r":20,"k":""}，其中，代码中的 Mapming 映射会拼接到地址里。输入的是要传递的 JSON 格式的调用参数，关键参数 k 是在网站或 App 的搜索输入框里输入的关键词，调用这个接口就是相关度搜索排序方式。Solr 的相关度搜索也有两种：一种是 AND 精准匹配，一种是 OR 模糊匹配。AND 是“与”，也就是并且的关系，举例说明：用户输入关键词“分布式机器学习实战”，搜索的时候会中文分词，比如分成“分布式”、“机器学习”、“实战”3 个词，那么 AND 方式搜索出的课程标题需要同时包含这 3 个词。OR 是“或”，也就是搜索结果包含这 3 个词的任意一个即可，但这样用户可能担心结果不准确，一般来说，OR 方式的结果也是相关度很高的，因为对于相似度排序算法，虽然是 OR，但同时包含 3 个词的课程还是会优先排到前面，包含词数量少的课程排到后面，当然还有其他因素，比如课程标题文本太长会影响到排名，只是所包含词的数量很高的排序权重而已。AND 和 OR 两种相关度排序各有利弊，AND 更精确，但搜索结果会非常少，或者无结果，如果没有结果，用户的体验会比较差。使用 OR 方式，虽然很少会出现无结果的情况，但和用户搜索无关的结果可能会被搜索出来。实际的解决办法有多种，比如把两者结合一下，如果 AND 方式没有结果或比较少，再用 OR 方式搜索一次补充一下数据。这种方式比较简单，那么也可以用推荐算法的思路，猜测用户可能感兴趣的搜索结果进行推荐。

如此一来，创建 Solr 的 collection(相当于关系数据库的表)、初始化索引及更新、查询索引 Web 接口都完成了，App 客户端、小程序、网站其他部门的业务前端都可以调用这个查询接口。

19.2.4 搜索综合排序算法

还是以电商为例，搜索排序就是将匹配关键词的商品展示出来，但展示顺序有先后，比如文本相似度高的展示在前面，但用户购买商品还需要考虑很多因素，比如销量，如果很热销，那么用户购买的意愿会更强。再就是好评度，广受好评的商品提供给用户参考，也会刺激购买。那么简单来说，应该把文本相似度高，同时又热销且好评度高的商品排在前面，这样会减少用户选择商品的购买路径和时间，用户体验更好。再就是综合排序本身也会提高平台的竞争力，用户如果没有在这个平台找到合适的商品，可能会尝试去其他的平台寻找，造成用户流失，因为很多用户买东西会经常对比各大平台。除了文本相似度、销量、好评，还会有其他因素，比如搜索点击反馈、类目相关性、用户个性化偏好特征等。这就是一个综合排序算法，综合各种因素计算一个总分，总分越高则展示越靠前。下面分别介绍影响综合排序的各种因素。

1. 文本相关性

文本相关性就是相关度排序，即商品的文本描述信息（包括商品标题、商品标名、类目名称、品牌名、商品参数，图书类商品还有作者、出版社等）和搜索关键词是否相关或匹配。文本相关性的计算采用评分机制，即根据消费者搜索词和商品的匹配程度给予不同的评分，通过评分判断商品和搜索词的匹配程度。其中商品标题和关键词的相关度最为重要。对于商品标题，不要堆砌和自身商品完全无关的关键词，致使商品标题不规范，否则不仅会影响该商品的文本相关性得分，还会降低消费者体验，间接影响商品的搜索曝光率。

2. 类目相关性

在影响搜索排序的各项因素中，商品的所在类目（商品的分类）是否合理也将影响到商品的排序结果。所有商品都应放置在具体的类目下，例如，苹果放在"生鲜/水果"类目下，而小米手机则放在"手机/数码"类目下。在放置商品类目的时候，一定要注意防止放置在不恰当的类目中。关键词与类目也存在相关性，关键词与不同类目的相关性不同，通过搜索系统综合计算排序可以得到，关键词搜索排序规则是多个因素综合影响的结果，所以在其他排名因素相同的情况下，类目影响排序的综合得分。因此，放置或优化商品类目时，需确保放在正确且合理的类目下，才可保证商品在消费者进行精准搜索时得到有效曝光。

3. 商品综合人气

商品人气不仅影响商品的销量，还影响消费者对该商品所属店铺的信任度和认可度。

影响商品人气的因素如下：

1）商品销量

商品销量即近期商品销量，将不同时间的销量进行加权计算；虚假交易销量不计算在内（虚假销量查出后会依平台相关规则处理）。

2）销售额

为防止低质量商品占用重要展示位置，影响消费者体验，销售额作为其中一个因素参与商品人气分计算。

3）消费者评价

消费者评价反映了消费者对商品的满意程度；商品质量和好评率成正比。

4）商品属性

商品属性是消费者了解商品的重要渠道，商品属性信息和商品不匹配会降低消费者体验，商品属性信息和商品的一致性是影响商品排名的另一个重要因素。

5）消费者关注度

消费者关注度、加购次数、分享次数等也是影响商品人气的重要因素。当然，在影响商品人气的各项因素上作弊是会对商品有所降权的。

4. 用户搜索反馈

消费者通过搜索关键词后点击或购买商品的行为在消费者搜索反馈系统中计为该关键词与该商品的一次点击或购买数据。消费者搜索反馈数据反映了消费者对搜索结果的满意度，同时反映了对商品的满意度。用户搜索反馈包含搜索后的商品点击量、之后的购买数量、点击到加入购物车购买的转换率、搜索后点击某商品打开后的页面停留时间、主动分享次数、商品关注度等。

5. 用户个性化偏好特征

个性化排序是为满足各类消费者对同一搜索词的不同需求而上线排序的个性化服务，可实现搜索结果千人千面。个性化排序是指使用同一搜索词，不同用户可看到不同的搜索结果。个性化排序从技术手段来讲可以和推荐算法结合在一起融合到综合排序中，也可以单独增加一个猜你喜欢的推荐位进行展示。目前的逻辑可以综合计算前一天的用户浏览、加购、购买、搜索、咨询某些商品的行为权重并进行排序；没有访问过的店铺目前主要是利用商品本身的销量、评价、浏览量来进行综合排序。用户行为个性化是指把用户的浏览数据、购买数据使用到搜索排序中，当用户搜索时，可以快捷方便地找到这些商品。随后用户性别模型、用户购买力模型等数据也会被应用到搜索排序中，使排序多样化，满足不同用户的不同搜索需求。另外，为减少零库存商品对搜索体验的影响，搜索结果中该用户所在地区无货的商品在排序中将被做降权处理。个性化搜索排序需要不断进行优化，这样做不但能增加用户黏度，而且还能增加买卖匹配的精准性，在提升用户搜索体验的同时，为商家带来更精准的流量。

有了如上的算法思路后，从技术角度上实现可以开发 Solr 的自定义排序算法插件，也就是不按 Solr 的文本相关度排序，而是自定义一个综合排序函数。实际业务中每个因素的权重不太一样，这里以余弦相似度作为相关度排序函数来做 Solr 的自定义，余弦相似度在文本相似度中算是非常好的一种文本相似衡量方式。Solr 自定义排序需要通过自定义 ValueSourceParser 类和 ValueSource 类来实现。比如下面定义 public class CosineFunction extends ValueSourceParser 和 class CosineParse extends ValueSource 来实现。定义好 Function 后，需要在 solrconfig.xml 中定义该插件并引用。<valueSourceParser name="cosine" class="com.chongdianleme.func.CosineFunction"/>自定义排序如代码 19.12 所示。

【代码 19.12】 CosineFunction.java

```java
package com.chongdianleme.func;
import com.google.common.collect.Maps;
import com.google.common.collect.Sets;
import org.apache.commons.lang.StringUtils;
import org.apache.lucene.analysis.Analyzer;
import org.apache.lucene.analysis.TokenStream;
import org.apache.lucene.analysis.tokenattributes.CharTermAttribute;
import org.apache.lucene.index.*;
import org.apache.lucene.queries.function.FunctionValues;
import org.apache.lucene.queries.function.ValueSource;
import org.apache.lucene.queries.function.docvalues.FloatDocValues;
import org.apache.lucene.util.BytesRef;
import org.apache.solr.request.SolrQueryRequest;
import org.apache.solr.search.FunctionQParser;
import org.apache.solr.search.SyntaxError;
import org.apache.solr.search.ValueSourceParser;
import java.io.IOException;
import java.util.Map;
import java.util.Set;
/**
 * Created by 充电了么 App - 陈敬雷
 * 充电了么 App 官网: http://chongdianleme.com/
 * 充电了么 App - 专注上班族职业技能提升充电学习的在线教育平台
 * Solr 自定义排序
 */
public class CosineFunction extends ValueSourceParser {
    @Override
    public ValueSource parse(FunctionQParser fp) throws SyntaxError {
        String firstArg = fp.parseArg();
        SolrQueryRequest request = fp.getReq();
        return new CosineParse(request, firstArg);
```

```
    }
    class CosineParse extends ValueSource {
        private String fieldName;
        private SolrQueryRequest request;
        private String q;
        public CosineParse(SolrQueryRequest request, String str) {
            this.fieldName = str;
            this.request = request;
            q = request.getParams().get("q");
            if (q.indexOf(":") > 0)
                q = q.split(":")[1];
            this.q = q;
        }
        @Override
        public FunctionValues getValues(Map context, LeafReaderContext readerContext) throws
IOException {
            LeafReader reader = readerContext.reader();
            return new FloatDocValues(this) {
                private Map<String, Integer> termVector = Maps.newHashMap();
                @Override
                public float floatVal(int doc) {
                    try {
                        if ("*".equals(q) || StringUtils.isBlank(q)) {
                            return 0f;
                        }
                        termVector.clear();
                        Map<String, Integer> mat = readMatrix(request, fieldName, q);
                        Terms terms = reader.getTermVector(doc, fieldName);
                        TermsEnum te = terms.iterator();
                        BytesRef br = te.next();
                        while (br != null) {
                            String termText = br.utf8ToString();
                            PostingsEnum pe = te.postings(null);
                            pe.nextDoc();
                            termVector.put(termText, pe.freq());
                            br = te.next();
                        }
                        float distance = matrixDistance(termVector, mat);
                        return distance;
                    } catch (Exception e) {
                        return 0f;
                    }
                }
            };
        }
        @Override
        public boolean equals(Object o) {
            return true;
        }
        @Override
        public int hashCode() {
            return 0;
        }
        @Override
        public String description() {
            return "CosineParse";
        }
        private Map<String, Integer> readMatrix(SolrQueryRequest request, String field, String q) {
            Map<String, Integer> mat = Maps.newHashMap();
```

```
            Analyzer analyzer = request.getSchema().getQueryAnalyzer();
            TokenStream tokenStream = analyzer.tokenStream(field, q);
            CharTermAttribute cta = tokenStream.addAttribute(CharTermAttribute.class);
            try {
                while (tokenStream.incrementToken()) {
                    String term = cta.toString();
                    if (mat.get(term) != null) {
                        mat.put(term, mat.get(term) + 1);
                    } else {
                        mat.put(term, 1);
                    }
                }
            } catch (Exception e) {
                e.printStackTrace();
            }
            return mat;
        }
        private float matrixDistance(Map<String, Integer> mat1, Map<String, Integer> mat2) {
            Set<String> k1 = Sets.newHashSet(mat1.keySet());
            Set<String> k2 = Sets.newHashSet(mat2.keySet());
            Set<String> union = Sets.union(k1, k2);
            double sum = 0;
            double sumK1 = 0;
            double sumK2 = 0;
            for (String k : union) {
                Integer freq1 = mat1.get(k);
                Integer freq2 = mat2.get(k);
                sum += null2Zero(freq1) * null2Zero(freq2);
                sumK1 += Math.pow(null2Zero(freq1), 2);
                sumK2 += Math.pow(null2Zero(freq2), 2);
            }
            return (float) (sum / (Math.sqrt(sumK1) * Math.sqrt(sumK2)));
        }
        private int null2Zero(Integer freq) {
            return freq == null ? 0 : freq;
        }
    }
}
```

除了前面介绍的相关度排序、综合排序，还有按新品发布时间、好评度、销量排序等，这些都比较简单，但对用户的体验非常重要，所以各大电商网站也都有对应的排序功能。另外，搜索排序的结果固然重要，但是也要建立在用户输入关键词准确表达、是否多义、输入规范等基础之上，否则排序算法很好，搜索结果也可能不是用户想要的。这就需要搜索引擎更好地理解用户的意图。下面介绍搜索查询意图识别，以及在用户不能准确表达、输入错误等情况下如何进行关键词纠错。

19.2.5 搜索内容意图识别和智能纠错

获取信息是人类认知世界、生存发展的需要，搜索就是最明确的一种方式，其体现的动作就是“出去找”，找食物、找地点等，到了互联网时代，搜索引擎(search engine)就是满足找信息这个需求的最佳工具，输入想要找的内容(即在搜索框里输入查询词，也叫作关键词，或称为Query)，搜索引擎会快速地给出最好的结果。用户输入的关键词往往存在输入不规范、一词多义、时效性等问题，所以正确地识别用户意图对搜索结果的影响很大。

意图识别属于自然语言理解的范畴，自然语言理解简称为NLU。作为NLU的第一步，结果也会影响后续部分。商品在关键词索引召回之后，在第一轮海选粗排阶段通过类目相关性，可以优先选择更相关类目的商品进入第二轮精排中。一方面，保证排序的效率，使得排序在类目相关的商品集合中进行；另一方面，从最上层保证类目的相关性，保证用户的体验效果。

1. 意图识别的难点

由于查询具有简短、缺失、时效等多个特点，所以在识别意图时也会存在很多问题。下面给出一些常见问题。

1）输入不规范

每个人对问题的描述方法不同，输入具有多样化。有的使用交流的口吻，例如，“适合女朋友穿的红色的裙子”；有的使用关键词方法，例如，“裙子 女朋友 红”。

2）多意图问题

同样的查询对应了多个意图，如，搜索“水”是指矿泉水还是爽肤水；“苹果”（手机/水果）、“变形金刚”（玩具/电影）等也有多意图问题。

3）时效性

随着时间的推移，相同查询的意图会改变。例如，用户搜索“iphone X”，现在很大可能对应手机类目，再过 3 年，就可能对应手机配件或者维修，再过 5 年，可能对应的是 iphone X 回收相关类目。再如，夏天搜索“衣服 女”，可能对应的是“裙子”“T 恤”等类目，冬天搜索“衣服 女”，可能对应的是“外套”“衬衫”等类目，所以同一个查询会因为不同的时间对应不同的内容。

4）数据冷启动

对于一个刚刚新建立的业务，是很难拿到大量的点击数据以及用户日志的，所以冷启动比较困难。如果对应的物品类目本来就不是很明确，那意图识别就会更加困难。

2. 常见意图识别处理办法

1）词表穷举法

词表穷举法顾名思义是使用既有词表对查询做映射，将查询转化为固有模式的组合，便于匹配意图。这个过程首先是维护已有词表，将词表中的数据对应到不同的实体类型，例如，地名、品牌名、属性名、人名等，然后将查询中分词后的结果映射到对应的词表类型中；再匹配固定的查询模式，最后得到用户搜索意图。例如，

查询词语：澳洲[addr]cemony[brand]水乳[product]面霜[sub_product]

查询 pattern：[brand]+[product]；[addr]+[product]+[sub_product]

这种直接词表穷举的方式较为简单直接，在初期冷启动时可以用来负责规则的构建，以及查询匹配策略。在搜索查询中，也满足中长尾分布，头部查询一般占有 60%以上 QV（QV 全称 query view，用户输入一次 query 就算一个 QV），可以使用硬匹配规则解决。中尾部查询虽然占有 QV 量低，但是查询量大，需要的运营成本高，在无法全面覆盖查询时，词表穷举法的局限性就显露出来了。

2）规则解析法

这种方法比较适用于查询非常符合规则的类别，通过规则解析的方式来获取查询的意图。比如：

北京到上海今天的机票价格，可以转换为[地点]到[地点][日期][汽车票/机票/火车票]价格。

1 吨等于多少公斤，可以转换为[数字][计量单位]等于[数字][计量单位]。

这种靠规则进行意图识别的方式对规则性较强的查询有较好的识别精度，能够较好地提

取准确信息。但是,在发现和制定规则的过程中也需要较多的人工参与。

3) 实体识别分类方法

用户的搜索常常能够归结于对某些特定的实体词的搜索。一般有4类搜索:地址类(如香港)、品牌名(如苹果)、产品名称(如手机)、属性词语(如12红)。当用户输入一个查询后,首先对查询做实体识别,明确每一个词语代表的真实实体含义,就可以提前对查询做分类处理,得到目标类目,然后从目标类目中召回合适的结果。举个例子:用户搜索词语为“辣鸡面”,有一个商品为“AYAM BRAND 雄鸡标 辣椒金枪鱼”,商品类目为“熟食-其他熟食”,在使用单字召回时,是可以直接召回这个商品的,但是如果经过实体识别,知道用户的搜索词语中前面两个字是修饰最后一个字“面”,说明用户的主要目的是为了搜索与面相关的类目,那就可以在与面相关的类目中召回结果,而不用召回这个商品或者将这个商品的位置排得相对靠后。实体识别主要采用序列标注的方法来完成,现有的序列标注都会采用不同的特征提取,在模型的后面接一个CRF用于条件限制并将标注结果输出,工具可以使用前面介绍的CRF++。

4) 机器学习分类方法

对查询的意图识别实际可以看成是一个多分类问题。这个问题的分类标签是搜索的类目,特征可以用到不同类目对应的常见词语以及常见查询,在用户输入新的查询时,判断它属于不同类目的可能性大小。这里会遇到一个问题:类目很多时怎么构建?因为在多分类中类目越多越难以预测成功。这时就可以以多级类目的分类方式,先把查询分为多个大类目,然后在大类目中预测小类目,大类目预测成功后整体偏离也不会太大,在小类目中的要求也会小很多。与此同时,机器学习中的标注数据和模型更新也较为麻烦,需要大量的人工标注数据来训练,挖掘出来的正负样本以及特征需要清洗才能够得到较为干净的训练数据。一般使用适合多分类的算法分类,如:最大熵、FastText、TextCNN、BI-LSTM+注意力、BERT等算法。其中,FastText在面对文本多分类时具有容易实现、方便快速上线等优点,BERT文本分类前面已介绍过。

5) 基于用户行为的个性化挖掘意图识别

即使用户输入相同的关键词,每个用户的意图可能也是不一样的,所以可以根据用户历史行为,比如商品浏览、加入购物车、购买等构建用户画像,提前将查询映射到不同的类目中,并根据离线挖掘出的该查询更加可能的类目分布,在召回排序的时候按照类目来做区分效果会更好。如,用户搜索“李宁”,有可能是搜索“鞋子”,也有可能是搜索“衣服”,或者是搜索“名人”,在离线挖掘中能够发现搜索这个查询的用户更多的点击落在了鞋子上,少量落在了衣服上,由于没有名人相关的商品,所以这个查询对应的类目是鞋子>衣服>名人。在召回与排序的时候,可以根据类目情况来对结果做出反馈。

3. 查询改写(智能纠错,扩展,删除无效词,转换)

查询改写作为搜索引擎中较为重要的模块,一般包含有智能纠错、扩展、删除无效词、转换。

1) 智能纠错

智能纠错可以根据会话前后的点击情况,将先输入的查询纠正为后输入并单击的查询,这个方法可以离线完成。例如,用户首先输入“好用插线版”,发现召回的效果不佳,用户更改为“好用插线板”后,曝光了满意的结果且用户点进去后停留时间较长,说明用户对后者的结果满意,经过数据离线挖掘出这样的序列对,将前面的查询与最后一个查询匹配度较高的作为纠错对。智能纠错总体来说分为以下几类:英文纠错、URL纠错、中文纠错以及拆分纠错,下面分别介绍。

(1) 英文纠错。

英文最基本的语义元素是单词,因此拼写错误主要分为两种,一种是拼写错误,指单词本身就是拼错的,比如将 IPHONE 拼成 IHPONE,IHPONE 本身不是一个词。另外一种是真实词错误,是指单词虽拼写正确但是结合上下文语境却是错误的,比如 two eyes 写成了 too eyes,too 在这里是明显错误的拼写。在搜索引擎中,尤其是中文搜索引擎中,用户输入英文的比例是要远远低于输入中文的,对英文的纠错也基本上停留在拼写错误检查及自动纠正上,对于提到的词根变化以及短语实体的发现上,则一般很少涉及。英文纠错的算法核心,是如何快速寻找并确定与原查询相似的结果,利用基于位图变换的索引搜寻算法,可以巧妙地解决英文候选搜寻的问题。

所谓位图,是指对查询词中包含字母情况的统计,包括是否包含某个字母以及该字母在当前查询中出现的总次数这两方面信息。简单地说,我们可以认为位图就是一种类似数组的结构,其大小固定为 26(对应英文字母的个数,a～z,下标依次递增),数组中每个元素的值对应于查询中该字母出现的次数;这里,原查询中除了英文之外的数字、符号以及空格,并不对位图构成产生影响;例如,IPHONE4 16g,其中只有 I、P、H、O、N、E、G 这 7 个字母参与位图计算,而数字 4、1、6 以及空格并不参与位图的计算。在位图中计算由一个字符转换成另外一个字符所需要的最少操作次数,允许的操作包括字符替换、增加字符、删除字符、交换字符。有了位图的概念之后,常见的英文错误变换就可以和位图变换操作一一对应了。有了位图变换的概念,英文纠错的流程就比较清晰了;首先通过计算获取原查询的位图信息,然后在此基础上依次进行各种位图变换,得到一个候选集;再通过计算各个候选与原查询之间的相似度关系,同时结合候选词本身的查询热度,进行适度调权;最后,选出最优的纠错候选,并与原查询自身的热度进行对比,确定是否进行纠错。

(2) URL 纠错。

URL 纠错模块主要针对 URL 类型的错误进行检测和纠正,包括 URL 检测和 URL 纠错这两部分逻辑。其中,URL 检测逻辑是通过对原查询文本特征的(如是否包含 www,以及包含“.”的个数等条件)判断,来确定是否属于 URL 类型;而 URL 纠错逻辑部分,其算法核心思想是首先把用户输入的 URL 拆分成站点和子目录,分别对拆分的各个部分进行纠错,通过从用户日志中常见的错误 URL 形式的分析,从中挖掘整理出常见的用户输入错误形式,并用正确的形式将其替换,并重新进行拼接,得到正确的 URL 形式,并与原查询进行热度比较,确定最终是否需要纠错。该算法是基于历史数据整理出的规则为主,基本覆盖了所有常见的 URL 后缀形式(包括.com、.cn、.net、.org、.gov、.biz 等),具有较高的准确度和召回率。此外,我们还尝试对一些特殊的 URL 形式(如,非 www 开头的)进行探索性纠错尝试,通过比较去除 www 前缀前后查询的热度情况,来判断是否对其纠错,从而很好地改正了这类错误。

(3) 中文纠错。

中文与英文的构成有很大的差别,通常需要纠错的中文查询与正确的查询词数上相同,另外中文词语往往比较短,通常一个词的编辑距离也会产生大量的候选集,好在中文是以拼音作为发音,每个字都有固定的发音(除多音字外,可以利用上下文确定正确读音)。在中文查询中,由于当前拼音输入法的普及,大部分的查询输入错误都属于同音的情况;同时,由于不同地域用户自身发音的差异,汉语中多音字和一些易混淆汉字的存在,部分用户对汉语拼音构成的误用,以及键盘输入时的误操作等,实际搜索过程中往往会出现用户输入的查询词和对应的正确查询读音并不完全一致的现象。因此中文纠错主要是基于拼音的纠错。基于拼音的纠错算法的基本原理是首先通过对原查询进行注音并做相应的拼音扩展变换,进而在索引数据中进行检索,搜寻与拼音相同的查询集合,并从中挑选出最优的候选查询;最后通过对纠错前后的频率判断以及一系列规则的限制,确定是否纠错并给出最终的纠错结果。该算法的核心是对拼音变换扩展过程以及最优结果的选取策略。

拼音变换扩展:通过大量的用户历史会话日志,统计常见的用户拼音输入错误,整理出三大类问题,能覆盖绝大多数的错误输入形式。

第一类拼音扩展主要针对拼音构成错误,主要用来处理用户输入的不存在的拼音形式,并将其转换为正确形式,例如,iou-> iu、yie-> ye、uei-> ui、uen-> un,变换之前的读音都是用户误以为存在,但实际上在汉语拼音构成中并不存在的形式,变换后为其正确形式。

第二类拼音变换扩展主要针对模糊音类错误,即对不同地域用户自身发音的地域性特征进行调整,主要包括:

① 前鼻音和后鼻音韵母的变换,例如,an-> ang、en-> eng、in-> ing 等;

② 平舌音和卷舌音的变换,例如,z-> zh、c-> ch、s-> sh 等;

③ 一些特殊拼音的变化,例如,nu-> nv 等。

第三类拼音变换扩展主要是针对一些用户常见的拼音错误输入形式进行扩展,它可以覆盖前面所述的各种拼音错误形式,尤其是对同音词错误以及键盘输入误操作形式。通过上面几种拼音扩展方法,相当于对原查询进行了一系列拼音重写,最终获取了用户所需的正确查询所对应的所有潜在的拼音形式,为后面依据注音结果的检索做好了准备。

在通过对原查询注音以及拼音扩展后,得到了一系列正确查询可能对应的拼音形式;再以这批拼音为关键词,在索引数据中进行检索,便可得到与原查询读音相同(或者相近)的一系列候选;下一步需要做的就是从候选集中挑选最优的纠错结果,并与原查询做对比,判断是否需要进行纠错。最优纠错结果的选取策略主要参考以下方面:首先,是当前候选与原查询的拼音相似度,与原查询拼音越接近的纠错候选,其得分相应也越高,目前这种相似度主要依据纠错前后的拼音串的编辑距离来衡量;在编辑距离相同的情况下,则还需考虑对应拼音变换的概率,不同的拼音变换扩展也会对应不同的权值;例如,原查询为 jiyingongcheng,则由于与原查询拼音编辑距离不同,候选“基因工程”的优先级要高于“基因功臣”;其次,如果原查询是中文,还要考虑当前候选与原查询本身字面的距离,这里以原查询被替换掉的汉字数来衡量;一般来说,在一定范围内,用户真正需要的查询和原查询差异不会太大;因此当原查询中被替换掉的字数越多时,对应的候选的可信度也就相应越低;例如,原查询为“亿骑当千”,则考虑替换字的个数,候选“一骑当千”的优先级要高于“一姬当千”;最后,还要考虑原查询自身的信息。比如原查询的长度信息,一般来说,越短的查询,出错的概率相对就越低,反之则越高;例如,原查询为“黄缙”会有一个候选是“黄金”,考虑到原查询长度较短,则候选“黄金”的可信度应有所降低;再如,原查询中如果只包含一个汉字,其余部分皆为拼音,则正确纠错候选中最好也保留该汉字;例如,原查询为“嘻 youji”,则候选“嘻游记”由于包含了原查询中仅有的汉字,其优先级应高于候选“西游记”。通过综合考虑上述特征,从所有候选中选出最优的候选,再通过与原查询本身的热度作对比,就可以最终确定原查询是否需要纠错并给出最终的纠错结果。

(4) 拆分纠错。

对于搜索引擎中,用户的输入为长尾查询的情况来说,由于它对应的正确查询形式往往也并未被人完整地查询过,很难在索引库中找到并匹配,因此也就很难被前面提及的各种纠错算法所覆盖。此时,为了达到纠错的目的,就需要引入拆分纠错的概念。拆分纠错的核心思想,就是把原查询按照一定的规则进行拆分,进而对其中的每一段使用各种基础的纠错算法进行查询纠错，获得正确候选结果，最后将各段可能的候选结果进行拼接，并按照一定的评价标准与原查询进行比较，确定是否进行纠错并选取最优的纠错结果。拆分纠错算法的关键是需要解决两个问题：一是如何对原查询做划分；二是如何比较判断分段拼接后得到的新查询和原查询之间的关系。对于第一个问题，选择利用分词信息以及查询中的特殊符号（如空格、分隔符等）对原查询进行切分。这样做的好处是不会破坏原查询中一些有意义的实体部分（例如地名、人名等），从而避免在后续分段获取候选词时产生一些明显无用的候选结果，同时可以有效提高算法的效率。对于第二个问题，为了衡量原查询和纠错后各个候选结果之间的优劣关系，进而选取最优候选结果并判断是否需要进行纠错，可利用统计语言模型中 *N*-Gram 模型。*N*-Gram 的思想源于香农实验，即人们根据词的历史来对当前词进行预测。基于这个思想，*N*-Gram 又引入了马尔可夫性以简化建模难度。如果进一步限定词的历史长度为 2 或者 3，即可得到二元、三元模型，形式如下。

由于二元模型只对两个词之间的关系进行建模，所以不能充分挖掘训练语料中丰富的语言现象。作为对二元模型的直接扩展，三元模型能够捕获更多的句子信息。在语音识别、机器翻译等领域，三元模型都有很成功的应用。如前所述，在拆分纠错算法中，对于拆分后得到的原查询的每个片段，我们都会尝试寻找它可能的纠错候选；拆分纠错正是巧妙利用了这些基础算法的结果，将各个子段的纠错候选进行拼接，最终得到整体的纠错结果，并通过 *N*-Gram 模型进行判断，决定是否纠错以及最优的纠错结果。拆分纠错算法的这种化整为零、分而治之的纠错思想，是对传统纠错模型的一种很好的补充，有效地解决了长尾查询的纠错问题。

一个完善的搜索引擎系统会针对不同纠错需求设计不同的纠错子模块，如英文纠错、URL 纠错、中文整体纠错、拆分纠错等，用户提交的查询，通过各个纠错子模块，分别得到若干候选集，最终进入纠错检验终判模型，确定是否是纠错查询，并确定纠错结果。纠错检验终判模块主要根据 3 个方面的特征来对纠错行为进行终判：首先是纠错前后查询词的热度信息，一般来说，正确查询的热度要远远高于错误查询，如果发现纠错后所得结果的热度更低，则往往属于误纠；其次是查询纠错前后词的语言模型得分信息，正确的查询其模型得分会相对较高；最后是搜索结果信息，如果原查询的搜索结果已经很好，则此时往往是不需要进行纠错的；反之，如果纠错前结果很差而纠错后结果变得很好，则此时的纠错通常是合理的。通过以上特征，可以将误纠的查询予以屏蔽，提高查询纠错算法整体的效果。纠错功能是搜索系统的重要组成部分，对提升用户体验及用户满意度有很大的帮助，也能补救大量错误查询所带来的流量损失。

2）扩展

扩展是指将现有的商品描述扩展得更多一些。一般商品会有一个标题和描述，在搜索引擎召回时会根据文本匹配关键字，或者使用查询对应的类目去尽量召回合适的内容，如果有的商品具有多义性，就不容易召回到合适的商品。例如，商品标题为"瑜伽瘦身衣"，用户搜索"健美衣"，这两个通常是互相关联的，在用户搜索时，将查询扩展成"瑜伽健美衣"增加一路召回，就会召回更多具有多样性的结果。

3）删除无效词

删除无效词是指查询中有的词语是无效的。例如，"的"、空格、连续重复的无意义词，这些词语一般都不具有明确含义。在常见的搜索引擎中，会把这类词语称为非必留词，也就是可以将这些词语扔掉后再召回。

4）转换

查询转换是指对查询做常见的同义词切换，从而能够更好地召回合适的结果。因为每个人对于一个事物的形容是有偏差的，要使用同义词连接的方式把所有的同义词都映射为一个词语，再用这个词语去召回，就能够在整个平台中统一标准。例如，中英文切换（Apple-苹果）、特殊叫法切换（古奇-Gucci）等。

用户意图识别更多是侧重用户输入关键词之后的一个识别，如果在输入未完成之前给予正确引导和提示，可能就会减少用户误输入的概率，这个引导和提示就是下面要介绍的智能联想词功能。

19.2.6 搜索智能联想词

搜索智能联想词是一个提高用户体验度的功能，用户在使用检索功能时输入一个字母或者汉字时系统会自动给用户推荐相关词汇。此功能减少了用户输入时的敲击次数，同时加快了输入速度，还可以给用户提供更多的检索选择。联想词也叫自动补全，英文为autocomplete，现在很多应用都有搜索联想功能，百度，各大电商、新闻内容网站都有这种搜索智能提示功能，可以帮助用户尽快找到自己想要的内容，这个功能是比较常见的，目前来看前缀匹配是基本功能，但同时也会考虑联想词的个性化推荐，有前缀匹配，也有基于用户画像的个性化匹配。搜索智能联想词的京东截图如图 19.5 所示。

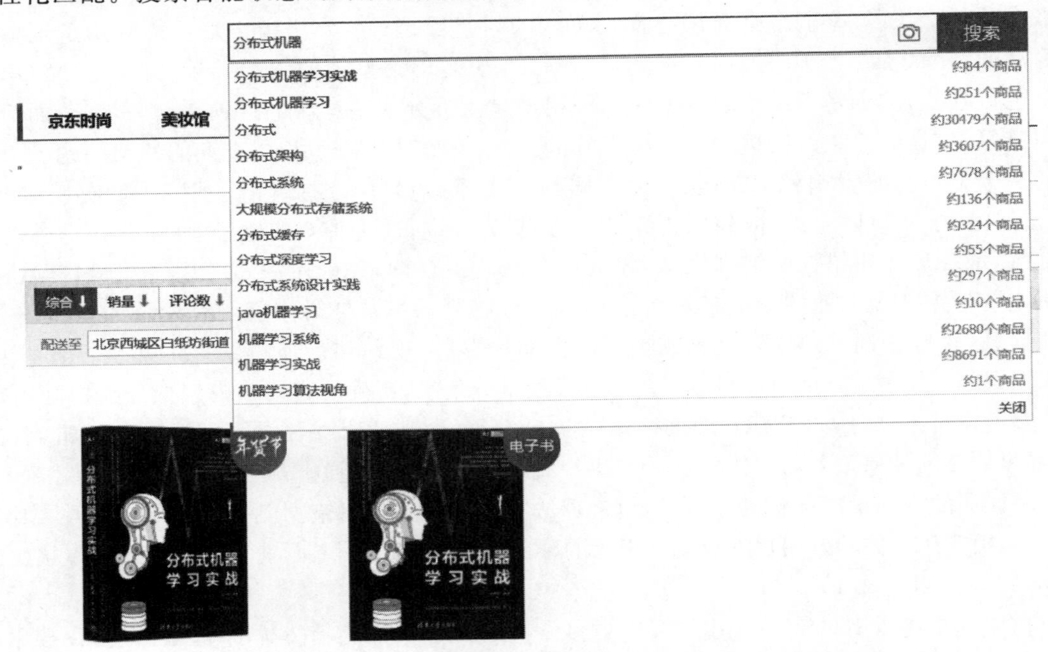

图 19.5 京东的搜索智能联想词截图（图片来源于京东）

当在京东输入关键词“分布式机器”的时候，会联想出很多提示词。有了候选词后就是排序问题，排序和用户画像的个性化因素有关，也和前缀匹配度及相关商品数量有关。联想词功能有如下几种实现方式。

1. 搜索索引＋用户画像综合方式

要实现联想词下拉推荐，首先要建立联想词的搜索索引库，一个最为重要的联想词来源就是用户搜索历史关键词，另外一个就是品牌词、商品名称等，或者根据业务特点加上用户经常输入的那些索引字段。这样联想词索引库简单地设置两个字段就可以了，比如联想词字段和对应大约搜索结果数字段。索引库初始化的时候，可以把所有的联想词通过电商网站上商品搜索的接口模拟调用一遍来获取搜索结果数。为什么叫大约数呢？因为商品在不断更新，每一时刻的结果数是有差异的，但一般不会相差太多。一般对历史联想词一周更新一次结果数就够了，当然也可以每天晚上全量更新一遍。对于新增的关键词，如果达到一定的用户数，就可以增量地更新索引。

创建联想词索引库后，就可以通过用户输入的部分关键词的前缀直接搜索联想词索引库了，可以用前缀匹配的方式查询前几个词，也可以用 AND 方式的相关度搜索，当然如果得不到任何结果，也可以尝试用 OR 方式的相关度搜索作为补充解决方案提高覆盖率。上面多种方案可以按权重来排序组合，比如前缀匹配优先展示，相关度搜索结果靠后展示。搜索结果返回字段可以直接把联想词和大约的结果数同时返回展示到前端。

除了基本的前缀和相关度搜索结果，还可以加入用户画像的特征，实现个性化的联想词推荐。比如，最简单的方式是根据输入的前缀关键词查询当前用户的历史搜索词是否包含这个前缀词，并且是否高频从而来选择性地展示，这是非常简单但非常有用的个性化处理方式。用户画像处理关键词偏好，还有其他的品类、品牌、价格预算、商品偏好等，根据这些用户偏好，联想词可以是某个商品的名称、完整的品类及品牌词等。还有就是根据协同过滤算法的思想给用户推荐可能喜欢的其他关键词（也叫相关搜索词，可以超出字面上是否包含字和词的范围的完全新的词），比如用户搜索“分布式机器学习实战”可以直接联想出作者的名字陈敬雷，把作者名字直接作为联想词推荐出来。反之亦然，用户输入陈敬雷，可以做人名识别，然后去查找对应书籍，把已出版所有书的名字都列出来推荐。

2. Solr Suggest 自带的联想词实现

可以用 Solr 自带的 Suggest 组件来实现输入联想，它的功能比较简单，只能实现最基本的前缀匹配，但性能比较高。实现方式是在 solrhome 下的 solrcong. xml 文件中加入如下配置：

```
<searchComponent name = "suggest" class = "solr.SpellCheckComponent">
    <str name = "queryAnalyzerFieldType"> string </str>
  <lst name = "spellchecker">
      <str name = "name"> suggest </str>
      <str name = "classname"> org.apache.solr.spelling.suggest.Suggester </str>
      <str name = "lookupImpl"> org.apache.solr.spelling.suggest.tst.TSTLookup </str>
      <str name = "field"> GOODSNAME </str>
      <float name = "threshold"> 0.0001 </float>
      <str name = "sourceLocation"> suggest.txt </str>
      <str name = "spellcheckIndexDir"> spellchecker </str>
      <str name = "comparatorClass"> freq </str>
      <str name = "buildOnOptimize"> true </str>
      <str name = "buildOnCommit"> true </str>
</lst>
</searchComponent>
<!--   <requestHandler name = "/suggest" class = "solr.SearchHandler">          -->
<requestHandler name = "/suggest" class = "org.apache.solr.handler.component.SearchHandler">
  <lst name = "defaults">
      <str name = "spellcheck"> true </str>
      <str name = "spellcheck.dictionary"> suggest </str>
      <str name = "spellcheck.count"> 11 </str>
      <str name = "spellcheck.onlyMorePopular"> true </str>
      <str name = "spellcheck.extendedResults"> false </str>
      <str name = "spellcheck.collate"> true </str>
      <!-- <str name = "spellcheck.build"> true </str>   -->
  </lst>
  <arr name = "components">
      <str> suggest </str>
  </arr>
</requestHandler>
```

配置名称解释：

queryAnalyzerFieldType——schema.xml 中的 fieldType 类型，如果加了这个选项，那么拼写检查时会调用这个 fieldType 的分词器，如果没有加，那么 Solr 会取 field 属性上面 filetype 的分词器，Solr 会创建一个按空格进行分词(SpellCheckComponent 需要一个分词器才能运行)，在这个项目中，我们现希望 Analyzer 不对查询做任何的改变，因此选择 string。

name——取个名字。

classname——org.apache.solr.spelling.suggest.Suggester(不要改动)。

lookupImpl——org.apache.solr.spelling.suggest.Suggester(不要改动)。

field——说明只在这个字段上面做拼写检查。

threshold——限制一些不常用的词出现，值越大过滤词就越多，取值范围为 0～1，官网默认是 0.005。

comparatorClass——ellchecker 组件中的 comparatorClass 参数可配置 Suggest 返回结果的排序，目前有如下几种可选方案：

(1) Empty——默认值；

(2) score——明确选择默认方案；

(3) freq——通过频率的第一排序，然后得分(开发时用这个)；

(4) A fully qualified class name——提供一个实现 Comparato 的自定义比较器；

buildOnCommit——取值 true 或者 flase，当提交的时候，对拼写检查索引进行构建(只有构建后，拼写检查才有效果)。

buildOnOptimize——当优化的时候，对拼写检查索引进行构建(只有构建后，拼写检查才有效果)。

<str name="spellcheck"> true </str>——开启检查建议。

<str name="spellcheck.dictionary"> suggest </str>——必须与 searchComponent 中 spellchecker 标签下 suggest 配置对应。

<str name="spellcheck.count"> 8 </str>——配置拼写检查提示结果的个数(可以根据需要适当加大)。

<str name="spellcheck.onlyMorePopular"> true </str>——等于 true，可以根据权重排序，开发时一般将它设置为 true。

<arr name="components"> <str> suggest </str> </arr>——handler 拥有的 components、first-components、last-components 这 3 个属性的剖析，Solr 的 handler 都是通过这 3 个属性来取其所依赖的组件。

备注：handler 在运行时，会加载 5 个默认的组件：(1)如果配置了 components，则 Solr 不会运行默认的 5 个组件。而且配置的 first-components、last-components 两个都是无效的。(2)如果配置了 first-components，Solr 会给 handler 添加 5 个默认的组件，同时会添加 first-components 配置的组件，而且这个组件最先工作。(3)同上，只不过放在最后工作。

按照上述配置后需要在 solrcong.xml 同级目录下放置一个 suggest.txt 文件。suggest.txt 文件内容必须是 utf-8 的字符格式，不能用 windows 的记事本编辑。可以用 notepad 一类工具编辑转换为 utf-8。

Suggest.txt 文本内容即为人工维护的热搜词，配置完成后重启 solr 服务器，访问 solrAdmin 管理界面，选择对应的索引库，单击 Query、qt 输入"/suggest"、单击 q 输入"分布式机器"(搜索词)、单击 Execute query 查看效果。实际在项目里是使用 Solrj 去连接 Solr 进行"/

suggest”查询，同时可以指定如下参数，代码如下所示：

```
public List < String > searchSuggest(String word) throws SolrServerException {
    SolrQuery params = new SolrQuery();
        params.set("qt", "/suggest");
        params.setQuery("GOODSNAME:" + word);          //word 为搜索词
        QueryResponse queryResponse = getSolrServer ( ResourceUtil. getConfigValueByName ( " solr.
url")).query(params);
        SpellCheckResponse suggest = queryResponse.getSpellCheckResponse();
        List < Suggestion > suggestionList = suggest.getSuggestions();
        List < String > suggestedWordList = new ArrayList < String >();
        for (Suggestion suggestion : suggestionList) {
            System.out.println("Suggestions NumFound: " + suggestion.getNumFound());
            System.out.println("Token: " + suggestion.getToken());
            suggestedWordList = suggestion.getAlternatives();
        }
        System.out.print("Suggested: " + queryResponse);
    return suggestedWordList;
}
```

上面都借助了 Solr 搜索索引方式，下面介绍一种不依赖于任何框架的轻量级内存实现方式，即字典树。

3. 字典树(trie)

字典树又称为单词查找树、tire 树，是一种树状结构，它是一种哈希树的变种，如图 19.6 所示。

字典树的基本性质是根节点不包含字符，除根节点外的每一个子节点都包含一个字符；从根节点到某一节点，将路径上经过的字符连接起来，就是该节点对应的字符串；每个节点的所有子节点包含的字符都不相同。

图 19.6　字典树

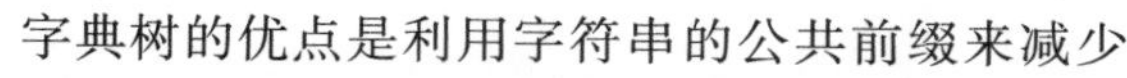

字典树的优点是利用字符串的公共前缀来减少查询时间，最大限度地减少无谓的字符串比较，查询效率比哈希树高。缺点是当词很多的时候，占用内存就比较多，不适合大规模联想词的情况。字典树实现的 Java 类如代码 19.13 所示。

【代码 19.13】　Trie.java

```
package com.chongdianleme.job;
/**
 * Created by "充电了么"App - 陈敬雷
 * "充电了么"App 官网: http://chongdianleme.com/
 * "充电了么"App - 专注上班族职业技能提升充电学习的在线教育平台
 * Trie 字典树
 */
public class Trie
{
    private int SIZE = 26;
    private TrieNode root;              // 字典树的根
    class TrieNode                      // 字典树节点
    {
        private int num;  // 有多少单词通过这个节点,即由根至该节点组成的字符串模式出现的次数
        private TrieNode[] son;         // 所有的子节点
        private boolean isEnd;          // 是不是最后一个节点
        private char val;               // 节点的值
        TrieNode()
```

```
        {
            num = 1;
            son = new TrieNode[SIZE];
            isEnd = false;
        }
    }
    Trie()                                          // 初始化字典树
    {
        root = new TrieNode();
    }
    // 建立字典树
    public void insert(String str)                  // 在字典树中插入一个单词
    {
        if (str == null || str.length() == 0)
        {
            return;
        }
        TrieNode node = root;
        char[] letters = str.toCharArray();         //将目标单词转换为字符数组
        for (int i = 0, len = str.length(); i < len; i++)
        {
            int pos = letters[i] - 'a';
            if (node.son[pos] == null)  //如果当前节点的子节点中没有该字符,则构建一个
//TrieNode 并赋值该字符
            {
                node.son[pos] = new TrieNode();
                node.son[pos].val = letters[i];
            }
            else  //如果已经存在,则将由根至该子节点组成的字符串模式出现的次数+1
            {
                node.son[pos].num++;
            }
            node = node.son[pos];
        }
        node.isEnd = true;
    }
    // 计算单词前缀的数量
    public int countPrefix(String prefix)
    {
        if(prefix == null||prefix.length() == 0)
        {
            return -1;
        }
        TrieNode node = root;
        char[]letters = prefix.toCharArray();
        for(int i = 0,len = prefix.length(); i < len; i++)
        {
            int pos = letters[i] - 'a';
            if(node.son[pos] == null)
            {
                return 0;
            }
            else
            {
                node = node.son[pos];
            }
        }
        return node.num;
    }
```

```
    // 打印指定前缀的单词
    public String hasPrefix(String prefix)
    {
        if (prefix == null || prefix.length() == 0)
        {
            return null;
        }
        TrieNode node = root;
        char[] letters = prefix.toCharArray();
        for (int i = 0, len = prefix.length(); i < len; i++)
        {
            int pos = letters[i] - 'a';
            if (node.son[pos] == null)
            {
                return null;
            }
            else
            {
                node = node.son[pos];
            }
        }
        preTraverse(node, prefix);
        return null;
    }
    // 遍历经过此节点的单词
    public void preTraverse(TrieNode node, String prefix)
    {
        if (!node.isEnd)
        {
            for (TrieNode child : node.son)
            {
                if (child != null)
                {
                    preTraverse(child, prefix + child.val);
                }
            }
            return;
        }
        System.out.println(prefix);
    }
    // 在字典树中查找一个完全匹配的单词
    public boolean has(String str)
    {
        if(str == null||str.length() == 0)
        {
            return false;
        }
        TrieNode node = root;
        char[]letters = str.toCharArray();
        for(int i = 0,len = str.length(); i < len; i++)
        {
            int pos = letters[i] - 'a';
            if(node.son[pos]!= null)
            {
                node = node.son[pos];
            }
            else
            {
                return false;
```

```
                }
            }
            //走到这一步,表明可能完全匹配,可能部分匹配,如果最后一个字符节点为末端节点,则是完
            //全匹配,否则是部分匹配
            return node.isEnd;
        }
        // 前序遍历字典树
        public void preTraverse(TrieNode node)
        {
            if(node!= null)
            {
                System.out.print(node.val + " - ");
                for(TrieNode child:node.son)
                {
                    preTraverse(child);
                }
            }
        }
        public TrieNode getRoot()
        {
            return this.root;
        }
        public static void main(String[]args)
        {
            Trie tree = new Trie();
            String[]strs = {"banana","band","bee","absolute","acm",};
            String[]prefix = {"ba","b","band","abc",};
            for(String str:strs)
            {
                tree.insert(str);
            }
            System.out.println(tree.has("abc"));
            tree.preTraverse(tree.getRoot());
            System.out.println("输出: ");
            for(String pre:prefix)
            {
                int num = tree.countPrefix(pre);
                System.out.println(pre + "频率:" + num);
            }
        }
    }
```

字典树的典型应用是用于统计、排序和保存大量的字符串(不仅限于字符串),经常被搜索引擎系统用于文本词频统计。

4. 基于 *N*-Gram 统计语言模型联想词

上面几种实现方式比较适合使用用户历史搜索关键词去构建对应的索引库或者字典树,但是当网站刚上线的时候还没有任何搜索历史,该怎么做呢?对于电商而言,可以把品牌词、分类、商品名称建库,但对于新闻内容类的平台就不是特别适合,当然也可以把新闻的标题加进去,但标题一般都特别长,不是很适合做联想词,这时就可以用语言模型的方式来构建。可以用已有的新闻内容文章或者爬取更多的文章作为训练模型,当用户输入一个字或词的时候预测一些出现概率比较高的词作为推荐。

5. 基于 LSTM 神经网络语言模型联想词

与 *N*-Gram 统计语言模型类似,神经网络语言模型也可以实现类似功能,神经网络语言模型的优点是可以无限联想更多的词,而 *N*-Gram 模型一般到三元语言模型就差不多了,神

经网络语言模型则可以联想更多。

上面讲到的是用户输入一部分字或词来联想推荐，这仍然有用户输入的工作量和成本，如果在输入之前就能够猜测到用户想要输入的关键词，那么对用户来说是一个非常好的体验，用户会感觉系统非常智能。下面就给大家讲解如何猜测用户可能喜欢的关键词。

19.2.7　搜索输入框默认关键词猜你喜欢

你可以认为这个功能是一个推荐功能，也可以认为这个功能是搜索外围的算法功能。从组织架构职责看，搜索和推荐联系非常紧密，有时很难界定是搜索还是推荐，所以在组织架构上建议搜索组和推荐组合并为一个大组，这样方便彼此沟通合作。搜索和推荐是相互依赖、相互补充的关系。这个功能从算法角度来讲可以认为是关键词推荐。不了解推荐算法系统的读者可以先看第19.3节，然后再看这里。

大家应该知道基于物品的推荐系统，这里可以把关键词当成物品，使用itembase协同过滤算法来给用户推荐关键词。首先需要收集所有用户的历史搜索关键词，使用布尔型的协同过滤算法，两列数据就够了，即用户ID和关键词。然后利用用户ID和关键词这两列训练可以得到关键词和关键词的相似推荐列表A，推荐列表A可以存到Redis缓存中，key就是关键词加_A后缀，比如"大数据_A"，value就是多个关键词和相似度以逗号拼接的字符串，如value是"分布式，0.9；机器学习，0.8；人工智能，0.7；数据挖掘，0.6；自然语言处理，0.5"等。然后以用户最近输入的关键词作为种子去找相似的关键词，比如用户最近输入了一个关键词"大数据"，我们就从Redis缓存中的key"大数据_A"中找到对应的value，按照相似度分值从高到低排序，依次轮询在搜索的输入框里展示推荐。如果用户输入了多个关键词，则可以对最近的前几个关键词截图（一般控制在前10个以内最佳），然后逐个从Redis缓存中寻找对应的关键词key对应的value，这样会有多个value推荐，这就涉及一个融合排序算法，也就是怎么对这些value做二次融合排序的问题，另外，用户最近输入的第一个关键词的权重肯定要高于第二个关键词，因为越是最近、最新的用户输入行为，越能代表用户最新的兴趣，所以权重也会高。所以在融合排序的时候就要考虑时间衰减因子。融合排序可以使用加权组合策略的公式，如下所示。

假如现在有3个商品，每个商品推荐6个商品，那么某被推荐商品R的综合得分如下：

$$\text{Sr}=\text{sum}(1/(Oi+C))$$

式中，$O1$～$O3$分别表示商品R在3个商品中的推荐次序；C为平衡因子，可设为0，也可大一些。最终从排序结果看，被推荐商品的Sr值的分值越高排序越靠前。

此公式同样适用于对多个推荐算法列表的整体聚合排序。

下面要实现的功能是给定多个推荐列表，将它们按不同权重混合成一个总的推荐列表，其中包括去重评分。

从SQL语句上应该好理解一些，将每个算法策略的推荐列表创建一个表。每个表的结构都一样，数据结果不同。其中表结构创建脚本代码如下：

```
CREATE TABLE '推荐列表 A' (
  'kcid' int(11) NOT NULL COMMENT '课程 ID',
  'tjkcid' int(11) NOT NULL COMMENT '推荐的课程 ID',
  'order' int(11) DEFAULT NULL COMMENT '推荐课程的优先顺序',
  PRIMARY KEY ('kcid','tjkcid')
) ENGINE = InnoDB DEFAULT CHARSET = utf8;
```

那么为课程ID为1推荐的相似课程的混合SQL语句代码如下：

```
SELECT rs.tjkcid AS 总的推荐出来的课程 id, IFNULL(SUM(1/(rs.order + 1.0)),0) AS 总分值
FROM
(
   SELECT a.tjkcid,a.order FROM 推荐列表 A a WHERE a.kcid = 1
   UNION ALL
   SELECT b.tjkcid,b.order FROM 推荐列表 A b WHERE b.kcid = 1
)
AS rs
GROUP BY rs.tjkcid ORDER BY 总分值 DESC
```

熟练 SQL 的读者很容易理解这个加权组合策略的含义。

下面通过 Java 代码演示如何实现为用户推荐关键词,也可以理解成为用户推荐商品,这里的代码和第 19.3 节的在线 Web 实时推荐引擎服务的代码是一样的,可以共用。如下是核心代码演示,实际应用时需要根据业务情况适当修改,如代码 19.14 所示。

【代码 19.14】 RecommendDemo.java

```java
package com.chongdianleme.job;
import com.google.common.collect.Lists;
import com.google.common.collect.Maps;
import java.util.HashMap;
import java.util.List;
import java.util.Map;
/**
 * Created by "充电了么"App - 陈敬雷
 * "充电了么"App 官网: http://chongdianleme.com/
 * "充电了么"App - 专注上班族职业技能提升充电学习的在线教育平台
 * 关键词猜你喜欢,商品猜你喜欢通用接口核心算法逻辑
 */
public class RecommendDemo {
    public static void main(String[] args) {
        recommend();
    }
    //个性化推荐引擎核心处理逻辑 - 详解
    public static String recommend() {
        //用户设备,安卓,苹果,PC
        String device = "aaaccaa112cvzaaaaaa";
        //"充电了么"App 推荐结果要展示的商品数量
        int count = 36;
        //控制翻页
        int fromIndex = 0;
        //要过滤的商品
        List<String> filterIds = Lists.newArrayList();
        //用户行为类型的后缀
        String clickRedisKey = "_ck";
        //获取用户最近行为数据
        Map<String, Long> clickItems = getTopUserItems(
                redisService.getJedisCluster(),
                device + clickRedisKey, 6, filterIds);
        // 根据最近用户行为的商品顺序位置和时间衰减公式来混合加权计算
        // 为每个商品算一个权重评分
        Map<String, Double> mixedItems = mixedScoredItems(clickItems);
        //根据算好权重评分的用户兴趣种子商品来获取与其相关的商品推荐结果
        List<RecommendDto> tuijianDtos = getTKItems(device, mixedItems);
        //对混合后的商品重新进行去重,二次排序,得到最终的推荐结果
        tuijianDtos = sortItemsByScore(tuijianDtos, count, filterIds, fromIndex);
        //如果以上推荐结果数量少于前端请求的数量,用基于用户画像的 contentbase 方式做候补策略
        //基于搜索的补充策略代码 todo
        //把要返回的商品集合转换为 json 字符串返回给前端网站或者"充电了么"App 客户端
```

```
        return json(tuijianDtos);
    }

    /**
     * 获取用户最近行为数据
     *
     * @param cluster
     * @param key
     * @param count
     * @param filterIds
     * @return
     */
    public static Map<String, Long> getTopUserItems(JedisCluster cluster, String key,
                                                   Integer count,
                                                   List<String> filterIds) {
        Map<String, Long> itemMap = Maps.newHashMap();
        List<String> items = cluster.lrange(key, 0, 88);
        int i = 0;
        for (String item : items) {
            try {
                String[] itemArray = item.split(",");
                String id = itemArray[0];
                if (i < count) {
                    itemMap.put(id, Long.valueOf(itemArray[1]));
                    i++;
                }
                if (!filterIds.contains(itemArray[0]))
                    filterIds.add(itemArray[0]);
            } catch (Exception ex) {
                ex.printStackTrace();
            }
        }
        return itemMap;
    }

    /**
     * 根据最近用户行为的商品顺序位置和时间衰减公式来混合加权计算
     * 为每个商品算一个权重评分
     *
     * @param items key : 商品 ID value : 权重评分
     * @return
     */
    public static Map<String, Double> mixedScoredItems(Map<String, Long> items)
    {
        HashMap<String, Double> map = Maps.newHashMap();
        long now = System.currentTimeMillis();
        int idx = 1;
        for (Map.Entry<String, Long> entry : items.entrySet()) {
            String jid = entry.getKey();
            long time = entry.getValue();
            //时间衰减评分
            double decayFactor = decayFactor(now, time);
            double score = 1.0 / ((idx++) + decayFactor + 1.0);
            if (map.containsKey(jid)) {
                map.put(jid, map.get(jid) + score);
            } else {
                map.put(jid, score);
            }
        }
```

```
        return map;
    }
    /**
     * 计算用户行为时间的衰减因子
     * 按天衰减,或按小时、按分钟等,根据商品业务特点选择衰减的粒度
     *
     * @param now
     * @param lastTime
     * @return
     */
    public static double decayFactor(long now, long lastTime) {
        //要实现的衰减粒度公式,比如: 按天衰减,按小时衰减
        return 0;
    }

    /**
     * 根据算好权重打分的用户兴趣种子商品来获取与其相关的商品推荐结果
     *
     * @param device
     * @param scoreItems
     * @param solrCore
     * @return
     */
    public List<RecommendDto> getTKItems(String device,
                                         Map<String, Double> scoreItems) {
        List<RecommendDto> returnItems = Lists.newLinkedList();
        try {
            int index = 0;
            String[] itemArray = new String[scoreItems.size()];
            String suffix = "_tk";
            for (String item : scoreItems.keySet()) {
                itemArray[index] = item + suffix;
                index++;
            }
            Map<String, String> recItems = redisService.mget(itemArray);
            if (!recItems.isEmpty()) {
                for (Map.Entry<String, String> entry : recItems.entrySet()) {
                    String[] simItems = entry.getValue().split(";");
                    String[] keysuf = entry.getKey().split("_");
                    String scoreItemId = keysuf[0];
                    for (String simItem : simItems) {
                        String[] itemValue = simItem.split(",");
                        RecommendDto dto = new RecommendDto();
                        dto.setRsId(itemValue[0]);
                        dto.setRsOrder(Integer.valueOf(itemValue[1]));
                        Double score = scoreItems.get(scoreItemId);
                        dto.setScore(score);
                        returnItems.add(dto);
                    }
                }
            }
        } catch (Exception e) {
            e.printStackTrace();
        }
        return returnItems;
    }
    /**
     * 对混合后的商品重新进行去重,二次排序,得到最终的推荐结果
     * 或者只做去重,用机器学习逻辑回归、GBDT、随机森林、神经网络做二次排序
```

```
     * 或者用基于 Learning to rank 排序学习思想做二次排序
     *
     * @param dtos
     * @param maxCount
     * @param filterIds
     * @param fromIndex
     * @return
     */
    public static List < RecommendDto > sortItemsByScore ( List < RecommendDto > dtos, Integer
maxCount, List < String > filterIds, Integer fromIndex) {
        Map < String, Double > scoredRsItems = Maps.newHashMap();
        if (filterIds == null)
            filterIds = Lists.newArrayList();
        for (RecommendDto rsJobInfo : dtos) {
            String rsJid = rsJobInfo.getRsId();
            if (!filterIds.contains(rsJid)) {
                int rsOrder = rsJobInfo.getRsOrder();
                double score = rsJobInfo.getScore() * (1 / (rsOrder + 1.0));
                if (scoredRsItems.containsKey(rsJid)) {
                    double lastScore = scoredRsItems.get(rsJid);
                    if (score > lastScore) {
                        scoredRsItems.put(rsJid, score);
                    }
                } else {
                    scoredRsItems.put(rsJid, score);
                }
            }
        }
        List < RecommendDto > returnItemDtos = Lists.newArrayList();
        List <
java.util.Map.Entry < String, Double >>
rsItems = new ArrayList < java.util.Map.Entry < String, Double >>(
                scoredRsItems.entrySet());
        Collections.sort(rsItems,
                new Comparator < java.util.Map.Entry < String, Double >>() {
                    public int compare(
                            java.util.Map.Entry < String, Double > o1,
                            java.util.Map.Entry < String, Double > o2) {
                        if (o1.getValue() > o2.getValue())
                            return - 1;
                        else if (o1.getValue() < o2.getValue())
                            return 1;
                        else
                            return 0;
                    }
                });
        Integer toIndex = fromIndex + maxCount;
        Integer start = fromIndex > rsItems.size() ? rsItems.size() : fromIndex;
        Integer end = toIndex > rsItems.size() ? rsItems.size() : toIndex;
        rsItems = rsItems.subList(start, end);
        if (rsItems != null && rsItems.size() > 0) {
            for (int i = 0; i < rsItems.size(); i++) {
                Map.Entry < String, Double > entry = rsItems.get(i);
                String rsId = entry.getKey();
                Double score = entry.getValue();
                RecommendDto dto = new RecommendDto();
                dto.setRsId(rsId);
                dto.setRsOrder(i + 1);
                dto.setScore(score);
                returnItemDtos.add(dto);
```

```
            }
        }
        return returnItemDtos;
    }
}
```

关键词和关键词相似度推荐列表使用协同过滤算法,协同过滤算法可以参见第 19.3 节。关键词和关键词相似度推荐列表本身也就是下面介绍的相关搜索关键词推荐。

19.2.8 相关搜索关键词推荐

什么叫相关搜索关键词?就是在搜索框里输入某个关键词,在下面给用户推荐的更多相关词或用户可能喜欢或可能还会输入的其他关键词。比如在京东输入“陈敬雷”后,搜索框下面推荐的这些词“陈敬雷自营|陈敬东|分布式机器学习实战|分布式机器学习|赵佳霓|清华大学出版社|陈延敬|机器学习|陈抟集”,就属于相关搜索关键词。再给出一个相关性的例子。比如,《分布式机器学习实战》是陈敬雷的书籍,这是一个相关性,“赵佳霓”是陈敬雷《分布式机器学习实战》这本书的责任编辑,“清华大学出版社”是这本书的出版社。从这里大家可以体会到相关搜索词的智能和意义,相信本书上市后,也会出现在相关搜索关键词里。相关搜索关键词体现了一种联想智能,能够帮助用户更快地找到商品和发现更多感兴趣的商品从而提高销量。那么这个功能的实现方式之一就是协同过滤算法,使用用户历史的搜索关键词来预测具有相同兴趣爱好的人还喜欢哪些关键词。京东上相关搜索关键词推荐的截图如图 19.7 所示。

图 19.7 相关搜索关键词推荐截图(图片来源于京东)

相关搜索关键词推荐可以使用 itembase 协同过滤算法来给用户推荐关键词,第一步需要收集所有用户的历史搜索关键词,可用布尔型的协同过滤算法,两列数据就够了,即用户 ID 和关键词,然后用用户 ID 和关键词这两列训练可以得到关键词和关键词的相似推荐列表,具体算法原理参见第 19.3.4 节。

协同过滤算法在有大量用户行为的前提下效果非常好,但是网站刚上线的时候,还没有积累用户行为,就无法使用这个方案。这时我们可以采用前缀词匹配、部分词是否包含或相似的方式来推荐,另外可以结合人工干预的方式对头部的热词人工维护词典来精准推荐。

搜索查询意图识别和智能纠错、搜索智能联想词、搜索输入框默认关键词猜您喜欢、相关搜索关键词推荐都是围绕搜索框的一些功能，这些功能都是围绕更好的搜索列表展示做的准备工作，搜索最终的目的还是给用户展示商品列表。接下来就围绕商品列表给大家讲一些相关算法及搜索推荐位。

19.2.9 排序学习与 NDCG 搜索评价指标

搜索相关度排序和综合排序是很常见的搜索排序方式，还有一种排序方式，可以根据用户搜索后的点击反馈来不断学习和训练模型、更新排序，此方式就是排序学习(learning to rank, LTR)算法，LTR 是推荐、搜索、广告的核心方法，排序结果的好坏在很大程度影响用户体验、广告收入等。LTR 可以理解为机器学习中用户排序的方法，是一个有监督的机器学习过程，对每一个给定的查询-文档对提取特征，通过日志挖掘或者人工标注的方法获得真实数据标注，然后通过排序模型，使得输入能够和实际的数据相似。

1. LTR 的出现背景

利用机器学习技术来对搜索结果进行排序，这是最近几年非常热门的研究领域。信息检索领域已经发展了几十年，为何将机器学习技术和信息检索技术相互结合出现得较晚？主要有两方面的原因。

一是因为，传统的信息检索模型对查询和文档的相关性进行排序，所考虑的因素并不多，主要是利用词频、逆文档频率和文档长度这几个因子来人工拟合排序公式。因为考虑因素不多，所以由人工进行公式拟合是完全可行的，此时机器学习并不能派上很大用场，因为机器学习更适合采用很多特征来进行公式拟合，若指望人工将几十种考虑因素拟合出排序公式是不太现实的，而机器学习做这种类型的工作则非常合适。随着搜索引擎的发展，对于某个网页进行排序需要考虑的因素越来越多，比如网页的 PageRank 值、查询和文档匹配的单词个数、网页 URL 链接地址长度等都会对网页排名产生影响。谷歌公司目前的网页排序公式会考虑 200 多种因子，此时机器学习的作用即可发挥出来，这是原因之一。

另一方面是因为对于有监督机器学习来说，首先需要大量的训练数据，在此基础上才可能自动学习排序模型，单靠人工标注大量地训练数据不太现实。对搜索引擎来说，尽管无法靠人工来标注大量训练数据，但是用户点击记录可以当作机器学习方法训练数据的一个替代品，比如用户发出一个查询，搜索引擎返回搜索结果，用户会点击其中某些网页，可以假设用户点击的网页是和用户查询更加相关的页面。尽管这种假设很多时候并不成立，但是实际经验表明，使用这种点击数据来训练机器学习系统确实是可行的。

简单来说，在信息检索领域一般按照相关度进行排序。比较典型的是搜索引擎中一条查询将返回一个相关的文档，然后根据它们之间的相关度进行排序，再返回给用户。随着影响相关度的因素变多，使用传统排序方法变得困难，人们就想到通过机器学习来解决这一问题，这就导致了 LTR 的诞生。

2. LTR 排序类型

常见的 LTR 将学习任务分为 3 种策略，即单文档方法、文档对方法、文档列表方法 3 类。其中单文档方法将其转化为多类分类或者回归问题，文档对方法将其转化为文档对分类问题，文档列表方法将查询下的一整个候选集作为学习目标，三者的区别在于损失函数不同。

1) 单文档方法(PointWise)

单文档方法的处理对象是单独的一篇文档，将文档转换为特征向量后，机器学习系统根据从训练数据中学习到的分类或者回归函数对文档打分，打分结果即是搜索结果或推荐结果。

2）文档对方法(PairWise)

对于搜索或推荐系统来说，系统接收到用户查询后，返回相关文档列表，所以问题的关键是确定文档之间的先后顺序关系。单文档方法完全从单个文档的分类得分角度计算，没有考虑文档之间的顺序关系。文档对方法则将重点转向对文档顺序关系是否合理进行判断。之所以被称为文档对方法，是因为这种机器学习方法的训练过程和训练目标，是判断任意两个文档组成的文档对< DOC1，DOC2 >是否满足顺序关系，即判断 DOC1 是否应该排在 DOC2 的前面。常用的文档对实现有 SVM Rank、RankNet、RankBoost。

3）文档列表方法(ListWise)

单文档方法将训练集里的每一个文档当作一个训练实例，文档对方法将同一个查询的搜索结果里任意两个文档对作为一个训练实例，文档列表方法与上述两种方法都不同，文档列表方法直接考虑整体序列，针对等级评价指标进行优化，如常用的 MAP、NDCG。常用的文档列表方法有 LambdaRank、AdaRank、SoftRank、LambdaMART。

3. LTR 评价指标

1）MAP(mean average precision，平均精度)

假设有两个主题：主题一有 4 个相关网页，主题二有 5 个相关网页。某系统对于主题一检索出 4 个相关网页，其等级分别为 1、2、4、7；对于主题二检索出 3 个相关网页，其等级分别为 1、3、5。对于主题一，平均准确率为(1/1＋2/2＋3/4＋4/7)/4＝0.83；对于主题二，平均准确率为(1/1＋2/3＋3/5＋0＋0)/5＝0.45，则 MAP＝(0.83＋0.45)/2＝0.64。

2）NDCG(normalized discounted cumulative gain，归一化折损累积增益)

NDCG 是用来衡量搜索引擎排序质量的指标，也可以用来评价推荐系统的排序，DCG 的英文全称是 discounted cumulative gain。搜索引擎一般采用 PI(per item)的方式进行评测，简单地说就是逐条对搜索结果进行分等级的评分。假设在谷歌网站上搜索一个词，然后得到 5 个结果。对这些结果进行 3 个等级的区分：Good(好)、Fair(一般)、Bad(差)，然后赋予它们分值分别为 3、2、1，假定通过逐条评分后，得到这 5 个结果的分值分别为 3、2、1、3、2。

使用 DCG 这个统计方法有两个前提：

(1) 在搜索结果页面，越相关的结果排在越前面越好。

(2) 在 PI 标注时，等级高的结果比等级低的结果好，即 Good 要比 Fair 好、Fair 要比 Bad 好。

DCG 这个概念是从累积增益(CG)这个概念发展起来的。

(1) CG

CG 并不考虑在搜索结果页面中结果的位置信息，它是在这个搜索结果列表中所有结果的等级对应的得分总和。如果一个搜索结果列表页面有 P 个结果，那么 CG 被定义为：

rel_i 是第 i 位结果的得分。CG 的统计并不能影响到搜索结果的排序，CG 得分高只能说明这个结果页面总体的质量比较高，并不能说明这个算法的排序效果好或差。什么是好的排序？也就是说，要把 Good 的结果排到 Fair 结果上面、Fair 的结果排到 Bad 的结果上面，如果有 Bad 的结果排在了 Good 的结果上面，那当然排序就不好了。到底排序好不好，需要一个指标来衡量，DCG 就是这样的一个指标。

上面的例子中 CG＝3＋2＋1＋3＋2＝11，如果调换第二个结果和第三个结果的位置，CG＝3＋1＋2＋3＋2＝11，并没有改变总体的得分。

(2) DCG

在一个搜索结果列表里面，比如有两个结果的评分都是 Good，但是有一个是排在第 1 位，还有一个是排在第 40 位，虽然这两个结果一样都是 Good，但是排在第 40 位的那个结果因为被用户看到的概率是比较小的，所以它对这整个搜索结果页面的贡献值相对排在第 1 位的那个结果更小。

DCG 的思想是当等级比较高的结果排到了比较靠后的位置，那么在统计分数时，就应该对这个结果的得分打个折扣。一个有 $P(P\geqslant 2)$ 个结果的搜索结果页面的 DCG 定义为：$\mathrm{DCG}_P=\mathrm{rel}_1+\sum_{i=2}^{P}\frac{\mathrm{rel}_i}{\log_2 i}$

为什么要用以 2 为底的对数函数？这并没有明确的科学依据，大概是根据大量的用户点击与其所点宝贝的位置信息，模拟出的一条衰减的曲线。

那么上例中的数字如下：

$$\mathrm{DCG}=3+(1+1.26+1.5+0.86)=7.62$$

DCG 公式的另外一种表达式是：$\mathrm{NDCG}_P=\frac{\mathrm{DCG}_P}{\mathrm{IDCG}_P}$

这个表达式在一些搜索文档中经常会被提到，它的作用和之前的那个公式一样，但是这个公式只适合打分分两档的评测。

(3) NDCG(normalize DCG)

因为不同搜索模型给出的结果有多有少，所以 DCG 值就没有办法来做对比。

定义：

IDCG(ideal DCG)就是理想的 DCG。IDCG 如何计算？首先要拿到搜索的结果，人工对这些结果进行排序，排到最佳的状态后，算出在这个排列下本查询的 DCG，就是 IDCG。

因为 NDCG 是一个相对比值，那么不同的搜索结果之间就可以通过比较 NDCG 来决定哪个排序比较好。

理想的排序应该是 3、3、2、2、1，那么

$$\mathrm{IDCG}=3+3+1.26+1+0.43=8.69$$

$$\mathrm{NDCG}=\mathrm{DCG}/\mathrm{IDCG}=7.62/8.69=0.88$$

从 NDCG 这个值可以看出算法存在的优化空间。

对于 MAP 和 NDCG 这两个指标来说，NDCG 更常用一些。排序算法和基于监督分类的思想做二次排序算法总体效果是差不多的，关键取决于特征工程和参数调优。

4. LTR 源码实战

下面使用 Spark＋Scala 的分布式实现 LTR，算法是文档对方法的 LambdaMART，评价指标采用 NDCG，如代码 19.15 所示。

【代码 19.15】 LearningToRankNDCG.scala

```
package com.chongdianleme.mail
import breeze.linalg.split
import org.apache.spark.mllib.linalg.{Vectors, Vector}
import org.apache.spark.mllib.regression.LabeledPoint
import org.apache.spark.mllib.tree.DecisionTree
import org.apache.spark.mllib.tree.configuration.Algo._
import org.apache.spark.mllib.tree.configuration.{FeatureType, Strategy}
import org.apache.spark.mllib.tree.impurity.Variance
import org.apache.spark.mllib.tree.model.{Predict, Node, DecisionTreeModel, GradientBoostedTreesModel}
import org.apache.spark.rdd.RDD
import org.apache.spark.storage.StorageLevel
```

```
import org.apache.spark.{SparkContext, SparkConf}
import org.apache.spark.SparkContext._
import scopt.OptionParser
import scala.beans.BeanInfo
import scala.collection.mutable.ArrayBuffer
/**
 * Created by "充电了么"App - 陈敬雷
 * "充电了么"App 官网: http://chongdianleme.com/
 * "充电了么"App - 专注上班族职业技能提升充电学习的在线教育平台
 * 关于 Learning to Rank 排序学习和 NDCG 搜索评价指标
 */
/*
第一列: Lablel: 有 bad,good,Perfect,excellent
第二列: qid:886,查询关键词的 ID,
第三列: doc 的 ID
后面的列是 feature
0 qid:1840 0 1:0.007364 2:0.200000 3:1.000000 4:0.500000 5:0.013158 6:0.000000 7:0.000000 8:
0.000000 9:0.000000 10:0.000000
0 qid:1840 1 1:0.097202 2:0.000000 3:0.000000 4:0.000000 5:0.096491 6:0.000000 7:0.000000 8:
0.000000 9:0.000000 10:0.000000
1 qid:1840 2 1:0.169367 2:0.000000 3:0.500000 4:0.000000 5:0.169591 6:0.000000 7:0.000000 8:
0.000000 9:0.000000 10:0.000000 */
object LearningToRankNDCG {
  case class Params(
                     inputPath: String = "file:///D:\\chongdianleme\\LearningToRankDataset\\
ltr.txt",
                     outputPath:String = "file:///D:\\chongdianleme\\LearningToRankData-
setndcgOut",
                     predictPath:String = "file:///D:\\chongdianleme\\LearningToRankDat-
aset\\predict.txt",
                     gamma:Double = 0.1,
                     numIterations:Int = 6,
                     maxDepth:Int = 8,
                     numClasses:Int = 0,
                     maxBins:Int = 100,
                     mode: String = "local"
                     )
  def main(args: Array[String]): Unit = {
    val defaultParams = Params()
    val parser = new OptionParser[Params]("充电了么 App - Learning to rank 排序学习") {
      head("充电了么 App - Learning to rank 排序学习算法 - LambdaMartJob: 解析参数.")
      opt[String]("inputPath")
        .text(s"inputPath 输入目录, default: ${defaultParams.inputPath}}")
        .action((x, c) => c.copy(inputPath = x))
      opt[String]("outputPath")
        .text(s"outputPath 输入目录, default: ${defaultParams.outputPath}}")
        .action((x, c) => c.copy(outputPath = x))
      opt[String]("predictPath")
        .text(s"predictPath , default: ${defaultParams.predictPath}}")
        .action((x, c) => c.copy(predictPath = x))
      opt[Double]("gamma")
        .text(s"gamma 学习率, default: ${defaultParams.gamma}}")
        .action((x, c) => c.copy(gamma = x))
      opt[Int]("numIterations")
        .text(s"numIterations 迭代次数, default: ${defaultParams.numIterations}}")
        .action((x, c) => c.copy(numIterations = x))
      opt[Int]("maxDepth")
        .text(s"maxDepth 深度, default: ${defaultParams.maxDepth}}")
        .action((x, c) => c.copy(maxDepth = x))
```

```
        opt[Int]("numClasses")
          .text(s"numClasses 类数, default: ${defaultParams.numClasses}")
          .action((x, c) => c.copy(numClasses = x))
        opt[Int]("maxBins")
          .text(s"maxBins 桶数, default: ${defaultParams.maxBins}")
          .action((x, c) => c.copy(maxBins = x))
        opt[String]("mode")
          .text(s"mode 运行模式, default: ${defaultParams.mode}")
          .action((x, c) => c.copy(mode = x))
        note(
          """
            |"充电了么"App - Learning to rank 排序学习算法 - LambdaMartJob 代码实战操作:
          """.stripMargin)
      }
      parser.parse(args, defaultParams).map { params => {
        println("参数值: " + params)
        run(params.inputPath,
          params.outputPath,
          params.predictPath,
          params.gamma,
          params.numIterations,
          params.maxDepth,
          params.numClasses,
          params.maxBins,
          params.mode
        )
      }
      } getOrElse {
        System.exit(1)
      }
    }
  def run(inputPath: String,
          outputPath:String,
          predictPath:String,
          gamma:Double,
          numIterations:Int,
          maxDepth:Int,
          numClasses:Int,
          maxBins:Int,
          mode:String) = {
    val conf = new SparkConf().setAppName("充电了么 App - L2R - ndcg 排序学习代码实战")
    if (mode.equals("local"))
      conf.setMaster("local[6]")
    val sc = new SparkContext(conf)
    //使用回归,而不是分类
    val treeStrategy = new Strategy(Regression, Variance, maxDepth, numClasses = 0,maxBins = 100)
    //加载训练数据
    val allData = loadQueryDoc(sc, inputPath).groupBy(_.qid).mapValues(_.toArray)
    //随机拆分数据,70%作为训练集,30%作为测试集
    val splits = allData.randomSplit(Array(0.7,0.3))
    val (trainingData,testData) = (splits(0),splits(1))
    trainingData.persist(StorageLevel.MEMORY_AND_DISK_2)
    val logList = ArrayBuffer[String]()
    val initNDCG = "用随机拆分的训练集 trainingData 开始的 NDCG 分值: " + ndcg(trainingData,
NDCG(20))
    println(initNDCG)
    logList += initNDCG
    val initTestNDCG = "用随机拆分的测试集 testData 开始的 NDCG 分值: " + ndcg(testData, NDCG(20))
    println(initTestNDCG)
```

```
    logList += initTestNDCG
    var model = ZeroRankModel
    for(ite <- 0 until numIterations) {
      val lrData = buildLambda(trainingData, model).persist(StorageLevel.MEMORY_AND_DISK_2)
      //基础算法使用的 Spark 的决策树回归模型
      val mi = new DecisionTree(treeStrategy).run(lrData.map(_.xy))
      val node2output = lrData.map { lr =>
        val node = NodeUtil.predictNode(mi.topNode, lr.xy.features)
        (node.id, (lr.xy.label, lr.w))
      }.reduceByKey { case ((y1, w1), (y2, w2)) => (y1 + y2, w1 + w2)}
        .map { case (nodeid, (sy, sw)) => (nodeid, sy / sw)}
        .collectAsMap.toMap
      NodeUtil.updateOutput(mi.topNode, node2output)
      model = model.ensemble(mi, gamma)
      lrData.unpersist(true)
      val itrNDCG = "第" + ite + " 迭代训练后的 ndcg 指标   =>" + ndcg(trainingData, model,
NDCG(20))
      println(itrNDCG)
      logList += itrNDCG
    }
    /*
    迭代越多,训练越准。好的 doc 都排到前面去了。假如用户对搜索结果只有 0 和 1,不喜欢和喜欢。
    那么为 1 的随着训练会逐步的排到前面。
    上面可以看做是训练过程。
    下面就可以预测了。
     */
    //下面是用指定测试路径的文件,使用最新的模型预测结果,看看排序结果如何。
    //通过和预知的测试样本对比发现,会发现用户喜欢的搜索结果都往前排了。
    val predictDataset = loadQueryDoc(sc, predictPath).groupBy(_.qid).mapValues(_.toArray)
    predictDataset.flatMap{ case (qid, items) =>
       val reSortedItems = items.sortBy(item =>{ - model.predict(item.x)})
       val result = ArrayBuffer[String]()
       var i = 0
       reSortedItems.foreach(item =>{
         i += 1
         val rank = item.rank
         //输出信息到 Hadoop 的分布式文件系统 HDFS
         val outLine = qid +"\t" + rank +"\t" + i
         result += outLine
       })
       result
    }.saveAsTextFile(outputPath)
    val predictNDCG = "随机拆分的测试集上的表现 testDataNDCG =>" + ndcg(testData, model,
NDCG(20))
    println(predictNDCG)
    logList += predictNDCG
    sc.parallelize(logList,1).saveAsTextFile(outputPath + "log")
  }
  def buildLambda(input: RDD[(String, Array[IndexItem])], model: RankModel): RDD[LambdaRank] =
input.flatMap { case (qid, items) =>
    val scoreys = items.toArray.map { item =>
      (item.x, model.predict(item.x), item.y)
    }
    val count = scoreys.map(_._3).sum
    val idealGCD = NDCG.idealDCG(count)
    val pseudoResponses = Array.ofDim[Double](scoreys.length)
    val weights = Array.ofDim[Double](scoreys.length)
    for(i <- 0 until pseudoResponses.length) {
      val (_, si, yi) = scoreys(i)
```

```
        for(j <- 0 until pseudoResponses.length if i != j) {
          val (_, sj, yj) = scoreys(j)
          if(yi > yj) {
            val deltaNDCG = math.abs((yi - yj) * NDCG.discount(i) + (yj - yi) * NDCG
.discount(j)) / idealGCD
            val rho = 1.0 / (1 + math.exp(si - sj))
            val lambda = rho * deltaNDCG
            pseudoResponses(i) += lambda
            pseudoResponses(j) -= lambda
            val delta = rho * (1.0 - rho) * deltaNDCG
            weights(i) += delta
            weights(j) += delta
          }
        }
      }
      for(i <- 0 until scoreys.length) yield {
        val (x, s, y) = scoreys(i)
        LambdaRank(LabeledPoint(pseudoResponses(i), x), weights(i))
      }
    }
    def ndcg(input: RDD[(String, Array[IndexItem])], ndcg: NDCG): Double = {
      val (total, count) = input
        .map { case (qid, items) =>
          (qid, RankList(qid, items.sortBy(_.rank).map(_.y)))
        }
        .map { case (qid, ranklist) =>
          (ndcg.score(ranklist), 1)
        }
        .reduce { case ((t1, c1), (t2, c2)) => (t1 + t2, c1 + c2)}
      total / count
    }
    def ndcg(input: RDD[(String, Array[IndexItem])], model: RankModel, ndcg: NDCG): Double = {
      val (total, count) = input
        .map { case (qid, items) =>
        (qid, RankList(qid, items.sortBy(item => -model.predict(item.x)).map(_.y)))
      }
        .map { case (qid, ranklist) =>
        (ndcg.score(ranklist), 1)
      }
        .reduce { case ((t1, c1), (t2, c2)) => (t1 + t2, c1 + c2)}
      total / count
    }
    def loadQueryDoc(sc: SparkContext, path: String): RDD[IndexItem] = loadQueryDoc(sc, path, -1)
    def loadQueryDoc(
        sc: SparkContext,
        path: String,
          numFeatures: Int): RDD[IndexItem] = loadQueryDoc(sc, path, numFeatures, sc.
defaultMinPartitions)
    def loadQueryDoc(
        sc: SparkContext,
        path: String,
        numFeatures: Int,
        minPartitions: Int): RDD[IndexItem] = {
      val parsed = sc.textFile(path, minPartitions)
        .map(_.trim)
        .filter(line => !(line.isEmpty || line.startsWith("#")))
        .map { line =>
          //1 qid:1840 2 1:0.169367 2:0.000000 3:0.500000
          val items = line.split(' ')
```

```
      val y = items(0).toInt                        //标签
      val qid = items(1).substring(4)               //关键词 ID
      val rank = items(2).toInt                     //显示顺序
      val (indices, values) = items.slice(3, items.length).filter(_.nonEmpty).map { item =>
        val indexAndValue = item.split(':')
        val index = indexAndValue(0).toInt - 1
        // 将基于 1 的索引转换为基于 0 的索引
        val value = indexAndValue(1).toDouble
        (index, value)
      }.unzip
      (y, qid, rank, indices.toArray, values.toArray)
    }
    // 确定特征的数量
    val d = if (numFeatures > 0) numFeatures else {
      parsed.persist(StorageLevel.MEMORY_ONLY)
      parsed.map { case (y, qid, rank, indices, values) =>
        indices.lastOption.getOrElse(0)
      }.reduce(math.max) + 1
    }
    parsed.map { case (y, qid, rank, indices, values) =>
      IndexItem(qid, rank, Vectors.sparse(d, indices, values), y)
    }
  }
  @BeanInfo
  case class IndexItem(qid: String, rank: Int, x: Vector, y: Int)
  case class RankList(qid: String, ys: Array[Int]) {
    override def toString: String = "%s: %s".format(qid, ys.mkString(","))
  }
  case class LambdaRank(xy: LabeledPoint, w: Double)
  case class NDCG(k: Int) {
    def score(ranklist: RankList): Double = {
      var sum = 0d
      var count = 0
      for(i <- 0 until ranklist.ys.length) {
        if(ranklist.ys(i) != 0) {
          sum += NDCG.discount(i)
          count += 1
        }
      }
      if(count > 0) sum / NDCG.idealDCG(count)
      else 0
    }
  }
  object NDCG {
    val maxSize = 1000
    val discount = {
      val LOG2 = math.log(2)
      val arr = Array.ofDim[Double](maxSize)
      for(i <- 0 until arr.length) arr(i) = LOG2 / math.log(2 + i)
      arr
    }
    val idealDCG = {
      val arr = Array.ofDim[Double](maxSize + 1)
      arr(0) = 0
      for(i <- 1 until arr.length) {
        arr(i) = arr(i-1) + discount(i-1)
      }
      arr
    }
```

```
    }
    trait RankModel extends Serializable {
      def predict(x: Vector): Double
      def ensemble(model: DecisionTreeModel, weight: Double): RankModel
    }
    case class TreeModel(model: DecisionTreeModel, weight: Double)
    class MART(trees: Seq[TreeModel]) extends RankModel {
      override def predict(x: Vector): Double = trees.foldLeft(0d) { case (sum, TreeModel(m, w)) =>
        sum + w * m.predict(x)
      }
      override def ensemble(model: DecisionTreeModel, weight: Double) = new MART(trees ++
  Seq(TreeModel(model, weight)))
    }
    case object ZeroRankModel extends RankModel {
      override def predict(x: Vector) = 0
      override def ensemble(model: DecisionTreeModel, weight: Double) = new MART(Seq(TreeModel
  (model, weight)))
    }
    object NodeUtil {
      def predictNode(node: Node, features: Vector): Node = if (node.isLeaf) node elseif (node.
  split.get.featureType == FeatureType.Continuous)
      if (features(node.split.get.feature) <= node.split.get.threshold) predictNode(node.
  leftNode.get, features)
      else predictNode(node.rightNode.get, features)
      else if (node.split.get.categories.contains(features(node.split.get.feature)))
  predictNode(node.leftNode.get, features) else predictNode(node.rightNode.get, features)
      def updateOutput(node: Node, node2output: Map[Int, Double]): Unit = {
        if(node.isLeaf) node.predict = new Predict(node2output(node.id), node.predict.prob)
        else {
          updateOutput(node.leftNode.get, node2output)
          updateOutput(node.rightNode.get, node2output)
        }
      }
    }
  }
```

可以对搜索结果排序优化以提高用户体验，也可以通过增加一个推荐位的方式给用户提供一个崭新的个性化搜索结果，这就是接下来要讲的个性化搜索猜你喜欢。

19.2.10 个性化搜索猜你喜欢

个性化搜索猜你喜欢如果作为一个推荐位来考虑，那么和其他推荐一个最大的不同就是要考虑和用户当前输入关键词的相关性，从整体结果来看，既要和关键词相关，也要和用户画像个性化特征相关。这里介绍几种实现策略。

1. 搜索和推荐结果融合取交集

用户输入关键词首先会有一个默认的搜索结果，这个搜索结果是分页展示的，实际这个关键词对应的结果很多，如几万条以上，这时不能取所有结果，原因有两个：一是如果一次性返回几万条结果会非常慢或者超时，服务端的压力也非常大，容易宕机；另一个是搜索后面的结果准确率会逐步降低，影响推荐候选集合的质量，数据量大也会影响搜索和推荐结果取交集的性能。所以综合考虑性能和质量，搜索结果应该取前面的少数结果，数量级建议控制在一千条以内为宜。搜索集合确定后，下一步就是获取用户的推荐结果。用户分登录和未登录两种状态，登录了就知道了用户 ID，通过 ID 可以获取用户画像数据，前提是已经有了用户画像系统。有了用户画像就可以通过 ContentBase 文本属性匹配商品画像的推荐结果，然后还可以融合最近用户行为的itembase协同过滤算法的推荐结果得到一个总的推荐列表。推荐和搜索列表确定后就可以取交集，得到的结果既和关键词有关，也和用户画像个性化特征有关。未登录状态下，可以通过cookieid获取用户最近的行为，基于协同过滤算法推荐，再和搜索列表取交集。

该策略具有如下优势：

(1) 比较简单，但是很有效，之前在电商平台实验的结果显示，该策略所得结果会比默认的搜索点击率高一倍以上。

(2) 推荐结果新鲜，对用户行为兴趣变化感知快。主要是融合了用户最近行为，如最近浏览商品行为，只要浏览商品发生变化，推荐结果马上就会变化，用户新鲜感很强。

该策略具有如下缺点：

性能比较差，主要是搜索结果和推荐结果的候选集合都多，会影响到带宽和性能。

2. 逻辑回归、决策树、随机森林、GBDT等分类监督学习算法

首先是获取搜索前几页的记录作为候选集合，或者可以把推荐结果集合加进来。收集用户搜索后的点击反馈数据作为监督数据来训练模型，然后对候选集合进行点击率的预测，最可能被点击的商品排到前面。数据特征可以包括搜索关键词和商品名称的相似度、商品画像和用户画像的交叉特征相关度、商品通用的销量、新品、好评率等影响销量及点击的因素特征数据等。

随机森林和GBDT是基于决策树的集成算法，比决策树的效果更好，也比逻辑回归的效果更好。随机森林和GBDT的效果接近。

3. LTR

LTR策略本身也可以作为猜你喜欢的推荐结果。和逻辑回归、决策树、随机森林、GBDT等分类算法的效果接近。

这几种策略都可以融合用户画像的个性化因素从而实现千人千面的推荐结果。还有一个推荐策略也可以作为猜你喜欢的结果，但不是千人千面，它就是下面介绍的搜索此关键词的用户最终购买算法，一般是作为单独的推荐位进行展示，并且带有百分比统计的友好解释数据。

19.2.11 搜索此关键词的用户最终购买算法

搜索此关键词的用户最终购买算法是指搜索同样关键词的用户最终购买了哪些商品，选择购买数量最多的前N个商品进行展示，推荐结果返回用户百分比的数据，比如10%的用户购买了A商品，8%购买了B商品，6%购买了C商品。算法的思想是基于协同过滤，和电商网站看过此商品的用户最终购买是一样的。从算法的计算数据源来讲，搜索此关键词的用户最终购买算法需要用户输入历史关键词数据和用户购买商品数据。看过此商品的用户最终购买需要用户浏览商品数据和用户购买商品数据。它们的共同点都是有两个数据源，此算法归类为跨数据源的协同过滤算法。

搜索此关键词的用户最终购买推荐位和个性化搜索猜你喜欢推荐位相比有更高的购买转换率，但缺点是并非每次搜索都有推荐结果。主要原因是算法需要大量用户历史关键词数据，假如某个关键词是第一次输入，或者较少输入，就会得不到推荐结果。搜索此关键词的用户最终购买更多是针对相对比较热的关键词的一个推荐结果。

每个推荐策略都有优点和缺点，在实际项目中，在推荐位展示位置和面积受限的情况下，可以将多个推荐策略做一个融合算法，得到的推荐效果会更好。

19.2.12 搜索大数据平台及数据仓库建设

介绍搜索引擎项目架构设计时讲到过 Hadoop 大数据平台模块，搜索项目的很多算法需要的相关数据都是存在 Hadoop 大数据平台里的，比如用户搜索历史数据、用户搜索后的反馈点击数据、加入购物车数据、购买数据、用户浏览商品数据、用户画像数据、商品画像数据等都需要存到 Hadoop 大数据平台里，同时会通过 Hive 数据仓库建模分析。这些数据一部分从业务数据库 MySQL 同步过来，一部分通过数据埋点采集而来，或者从公司的统一大数据平台 BI 集群上同步过来等。对于互联网公司，各种用户行为日志数据都是海量的，所以必然会搭建 Hadoop 大数据平台和 Hive 数据仓库，同时分布式机器学习算法如 Spark 也是基于大数据平台的。所以搜索引擎要想做得更好，搜索的大数据平台及数据仓库也是必须要做的。

大数据平台是团队自建还是用公司 BI 团队的大数据集群，取决于公司的业务。当公司有足够实力和规模且数据量足够大的时候，可以考虑把搜索单独建一个 Hadoop 集群，如果搜索和推荐是一个大组，那么也可以和推荐系统共用一个大数据平台。

从搜索团队职能划分上考虑，如果自建大数据平台，就需要有专门的大数据平台工程师来维护或者兼任。大数据平台有了，那么对应的 Hive 数据仓库建模工程师、数据 ETL 工程师也要配备。同时对搜索效果的分析也可以配备专门的搜索数据分析师。如果不自建，使用公司的 BI 大数据平台，则大数据平台工程师、数据仓库工程师、ETL 工程师、数据分析师等可以使用 BI 团队的人员，要什么样的数据提需求即可。然后他们会提供指定的数据表或文件。当然也可以搭建自己的大数据团队，申请 BI 大数据集群的使用权限，自己来实现数据处理与分析。

为搜索搭建的数据仓库也称为数据集市，用来专门分析搜索项目的应用场景。它和推荐系统的数据仓库集市搭建方法是类似的。数据流程、数据仓库分层设计、ETL 数据处理等详细方案参见第 19.3 节。

19.3 推荐算法系统实战

首先推荐系统不等于推荐算法，更不等于协同过滤。推荐系统是一个完整的系统工程，从工程上来讲是多个子系统有机的组合，比如基于 Hadoop 数据仓库的推荐集市、ETL 数据处理子系统、离线算法、准实时算法、多策略融合算法、缓存处理、搜索引擎部分、二次排序算法、在线 Web 引擎服务、AB 测试效果评估、推荐位管理平台等，每个子系统都扮演着非常重要的角色，而算法部分是核心。推荐系统是偏算法的策略系统，但要达到一个非常好的推荐效果，只有算法是不够的，例如设计的算法依赖于训练数据，数据质量不好，或者数据处理没做好，再好的算法也发挥不出作用。算法上线了，如果不知道效果如何，后面的优化工作也就无法进行。所以 AB 测试是评价推荐效果的关键，它指导着系统该何去何从。为了能够快速切换和优化策略，推荐位管理平台起着举足轻重的作用。推荐效果最终要应用到线上平台，在 App 或网站上毫秒级别地快速展示推荐结果，这就需要推荐的在线 Web 引擎服务来保证高性能的并发访问。因此，虽然算法是核心，但离不开每个子系统的配合，另外就是不同的算法可以嵌入到各个子系统中，算法可以贯穿到每个子系统。

从开发人员的角色来讲，推荐系统不是只需要算法工程师，还需要各种角色的工程师相配合才行。如大数据平台工程师负责 Hadoop 集群和数据仓库，ETL 工程师负责对数据仓库的数据进行处理和清洗，算法工程师负责核心算法，Web 开发工程师负责推荐 Web 接口对接各个部门，如网站前端、App 客户端的接口调用等，后台开发工程师负责推荐位管理、报表开发、推荐效果分析等，架构师负责整体系统的架构设计等。所以推荐系统是一个多角色协同配合才能完成的系统。

下面就对推荐系统的整体架构以及各个子系统分别介绍。

19.3.1 推荐系统架构设计

先看一个推荐系统的架构图，然后再根据架构图详细描述各个模块的关系以及工作流程，架构图如图 19.8 所示。

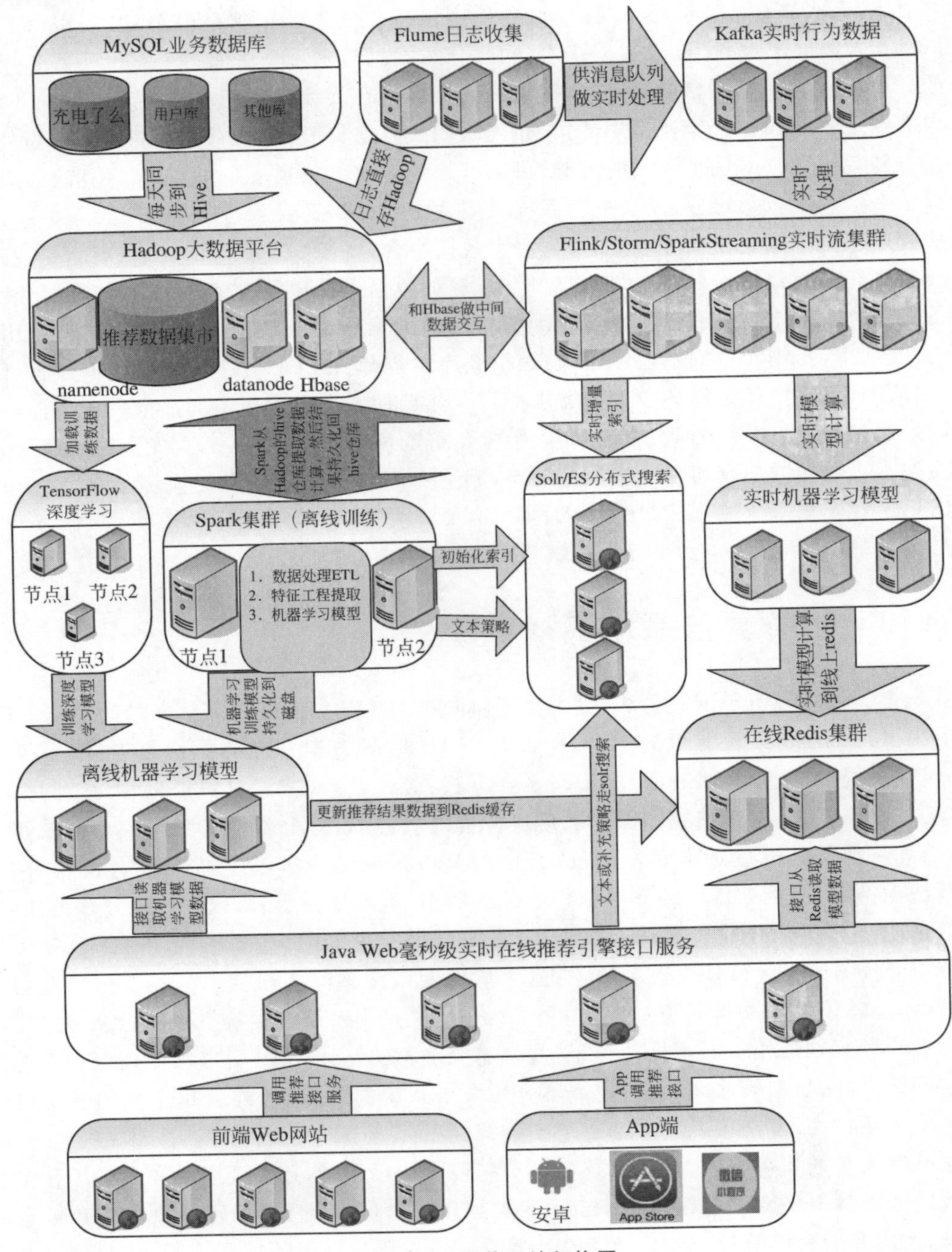

图 19.8 推荐系统架构图

1. 推荐系统架构图

这个架构图包含了各个子系统或模块的协调配合、相互调用关系，从部门的组织架构上来看，推荐系统主要是由大数据部门负责，或者是和大数据部门平行的搜索推荐部门来负责完成，其他前端部门、移动开发部门配合调用展示推荐结果来实现整个平台的衔接关系。同时这个架构流程图详细描绘了每个子系统具体的衔接内容。

2. 架构图详解

1）推荐数据仓库搭建、数据提取部分

基于 MySQL 业务数据库将每天增量提取到 Hadoop 平台，当然第一次的时候需要全量初始化，数据转化工具可以用 Sqoop，它可以分布式地将数据批量导入到 Hadoop 数据平台的 Hive 数据仓库中。

Flume 分布式日志收集可以从各个 Web 服务器实时收集比如用户行为、埋点数据等，一是可以指定 source 和 sink 直接把数据传输到 Hadoop 平台；二是可以把数据一条一条地实时送入 Kafka 消息队列，让 Flink/Storm/SparkStreaming 等流式框架去消费日志消息，然后可以做很多准实时计算的处理，处理方式根据应用场景有多种，一种是可以用这些实时数据做实时的流算法，如用它来做实时的协同过滤。什么叫实时的协同过滤呢？如 ItemBase，比如计算一个商品和那些相似商品的推荐列表，一般是一天算一次。但这样的推荐结果可能不太新鲜，推荐结果不怎么变化，用户当天新的行为没有融合进来。用这种实时数据就可以把用户最新的行为融合进来，反馈用户最新的喜好兴趣，那么每个商品的推荐结果是在秒级别上变化着，从而满足用户的一个新鲜感。这就是实时的协同过滤要做的。另外一种是可以对数据做实时统计处理，如网站的实时 PV、UV 等，然后还可以做很多其他的处理，如实时用户画像等。

2）大数据平台、数据仓库分层设计、处理

Hadoop 数据平台基本上是各大公司大数据部门的标配，Hive 基本上是作为 Hadoop 的 HDFS 之上的数据仓库，根据不同的业务创建不同的业务表，对于数据一般是分层的设计，如可以分为 ODS 层、mid 层、tp 层、数据集市层。

（1）ODS 层。

说明：操作数据存储（operational data store，ODS）用来存放原始基础数据，如维表、事实表。以下分为四级。

一级：原始数据层。

二级：项目名称（kc 代表视频课程类项目，read 代表阅读类文章）。

三级：表类型（dim 表示维度表，fact 表示事实表）。

四级：表名。

（2）mid 层。

说明：中间层（middle）的简称，从 ODS 层中关联表或某一段时间内的小表计算生成的中间表，在后续的数据集市层中频繁使用。用来一次生成多次使用，避免每次关联多个表重复计算。

（3）tp 层。

说明：临时层（temp）的简称，临时生成的数据统一放在这一层。系统默认有一个/tmp 目录，不要放在这个目录下，这个目录很多是 hive 本身自己存放数据的临时层。

（4）数据集市层。

说明：存放搜索项目数据，集市数据一般是中间层和 ODS 层关联表计算，或使用 Spark 程序处理开发算出来的数据。

比如，用户画像集市，推荐集市，搜索集市等。

Hadoop 平台本身的运维监控往往是由专门的大数据平台工程师来负责，规模小的公司可由大数据处理工程师兼任。毕竟当集群不是很大的时候，一旦集群运行稳定，后面单独维护和调优集群的工作量会比较小。除非是比较大的公司才需要专门的人做运维、调优和源码的二次开发等。

后面无论是基于 Spark 做机器学习，Python 机器学习，还是 TensorFlow 深度学习，都需要对数据做处理，这个处理可以用 Hive 的 SQL 语句 Spark SQL，也可以自己写 Hadoop 的 MR 代码、Spark 的 Scala 代码、Python 代码等。总体来说，能用 SQL 完成处理的尽量用 SQL，实在实现不了就自己写代码。总之，优先选用节省工作量的方法。

3）离线算法部分

推荐算法是综合性的，由多种算法有机有序组合在一起才会发挥最好的推荐效果，不同算法可以根据场景来选择算法框架，框架实现不了的，再自己造算法。多数场景下是使用现成的机器学习框架，调用它们的 API 来完成算法的功能。主流的分布式框架有 Mahout、Spark、TensorFlow、xgboost 等。

Mahout 是基于 Hadoop 的 MapReduce 计算运行的，是最早的成熟分布式算法，比如做协同过滤算法可以用的 Itembase 的 CF 算法，用到的类是 org. apache. mahout. cf. taste. hadoop. similarity. item. ItemSimilarityJob，这个类是根据商品来推荐相似的商品集合，还有一个类是根据用户来推荐感兴趣的商品的。

Spark 集群可以单独部署运行，就是用 Standalone 模式，也可以用 Spark On Yarn 的方式，如果有 Hadoop 集群，那么推荐用 Yarn 方式来管理，这样便于系统资源的统一调度和分配。Spark 的机器学习 MLlib 算法非常丰富，在推荐系统里面的有 Spark 的 ALS 协同过滤，做推荐列表的二次排序算法的逻辑回归、随机森林、BDT 等。这些机器学习模型一般都是每天训练一次，不是在线上网站实时调取的，所以叫作离线算法。对应的用 Flink/Storm/SparkStreaming 实时流集群是秒级别的算法模型更新，叫作准实时算法。在线 Web 服务引擎需要毫秒级别的快速实时响应，才可以叫作实时算法引擎。

深度学习离线模型，对于推荐系统来讲可以用 MLP 来做二次排序，如果对线上实时预测性能要求不高，那么可以替代逻辑回归、随机森林等。因为它做一次预测就需要 100ms 左右，比较慢。

对有 Solr 或者 Elasticsearch 这样的分布式搜索引擎，第一次可以用 Spark 来批量地创建索引。

对于简单的文本算法，比如通过一篇文章去找相似文章，就可以用文章的标题作为关键词从 Solr 或 Elasticsearch 里搜索前几个相似文章。复杂一点的话，也可以用标题和文章的正文以不同权重的方式去搜索。再复杂一点，可以自己写一个自定义函数，比如说计算标题、内容等的余弦相似度，或者说在电商里面根据销量、相关度、新品等做一个自定义的综合相似打分等。

离线计算的推荐结果可以更新到线上 Redis 缓存里，在线 Web 服务可以实时从 Redis 缓存获取推荐结果数据，进行实时推荐。

4）准实时算法部分——Flink/Storm/SparkStreaming 实时流集群

Flink/Storm/SparkStreaming 实时消费用户行为数据，可以用来做秒级别的协同过滤算法，可以让推荐结果根据用户最近的行为偏好变化实时更新模型，提高用户的新鲜感。计算的中间过程可以与 Hbase 数据库交互。当然一些简单的比如 PV、UV 等统计也可以用这些框架来处理。

准实时计算的推荐结果可以实时更新到线上 Redis 缓存中，在线 Web 服务可以实时从

Redis 缓存获取推荐结果数据。

5）在线 Java Web 推荐引擎接口服务

在线 Java Web 推荐引擎接口预测服务，实时从 Redis 缓存中获取用户最近的文章点击、收藏、分享等行为，不同行为使用不同权重，加上时间衰减因子，每个用户得到一个带权重的用户兴趣种子文章集合，然后拿这些种子文章去关联 Redis 缓存计算好的文章-to-文章数据，进行文章的融合，得到一个候选文章集合，再用随机森林和神经网络对这些候选文章做二次排序得到最终的用户推荐列表并实时向用户推荐。当推荐列表数据不够或没有使用 Solr 搜索引擎时应补够数据。

App 客户端、网站可以直接调用在线 Java Web 推荐引擎接口预测服务进行实时推荐并展示推荐结果。

上面大概介绍了推荐系统整体架构和各个子系统的衔接配合关系。接下来详细讲解每一个子系统。

19.3.2 推荐数据仓库集市

算法是推荐系统的核心，但没有数据也是“巧妇难为无米之炊”，而且还得有好米才行，有了好米，但好米里有沙子，我们也得想办法清洗掉。这是打了个比方，意思是除了算法本身，还要搭建数据仓库，把握好数据质量，对数据进行清洗、转换。那么为了更好地区分哪个是原始数据，哪个是清洗后的数据。最好做一个数据分层，以便快速找到想要的数据。另外，有些高频的数据不需要每次都重复计算，只需要计算一次放在一个中间层里，供其他业务模块使用，这样可以节省时间，同时也减少服务器资源的消耗。数据仓库分层设计还有其他很多好处，下面举一个实例看看如何分层，以及如何搭建推荐的数据集市。

1. 数据仓库分层设计

数据仓库英文名称为 data warehouse，可简写为 DW 或 DWH。数据仓库是为企业所有级别的决策制定过程提供所有类型数据支持的战略集合。它是单个数据存储，出于分析性报告和决策支持目的而创建的。为需要智能业务的企业，提供业务流程改进、监视时间、成本、质量以及控制的指导。

再看看什么是数据集市。数据集市(data mart)也叫数据市场，数据集市就是满足特定的部门或者用户的需求，按照多维的方式进行存储，包括定义维度、需要计算的指标、维度的层次等，生成面向决策分析需求的数据立方体。从范围上来说，数据是从企业范围的数据库、数据仓库，或者是更加专业的数据仓库中提取出来的。数据集市的重点就在于它迎合了专业用户群体的特殊需求，在分析、内容、表现以及易用方面，数据集市的用户希望数据是由他们熟悉的术语表现的。

上面介绍的是数据仓库和数据集市的概念，简单来说，在 Hadoop 平台上的整个 Hive 的所有表构成了数据仓库，这些表有时是分层设计的，可以分为四层，ODS 层、mid 层、tp 层、数据集市层。其中数据集市可以看作数据仓库的一个子集，一个数据集市往往是针对一个项目的，比如推荐的叫推荐集市，做用户画像的叫用户画像集市。ODS 是基础数据层，也是原始数据层，是最底层的，数据集市是最上游的数据层。数据集市的数据可以直接让项目使用，不需要再加工了。

数据仓库的分层体现在 Hive 数据表名上，Hive 存储对应的 HDFS 目录最好和表名一致，这样根据表名就能快速找到目录，当然这不是必需的。一般大数据平台都会创建一个数据字典平台，在 Web 界面上能够根据表名找到对应表的解释，比如表的用途、字段表结构、每个字段代表什么意思、存储目录等。而且能查询到表和表之间的“血缘关系”。在数据仓库里经常会提起血缘关系。下面会单独介绍。下面举例说明推荐的数据仓库。

首先需要和部门所有的人制定一个建表规范，大家统一遵守这个规则。

以下建表规范仅供参考，可以根据每个公司的实际情况来决定。

(1) 统一创建外部表。

外部表的好处是若不小心删除了这个表，数据还会保留下来，如果是误删除，能很快找回来，只需要把建表语句再执行一遍即可。

(2) 统一分 4 级，以下画线分隔。

分为几个级别没有明确的规定，一般分为 4 级的情况比较多。

(3) 列之间分隔符统一用“\001”。

用\001 分隔的目的是为了避免因为数据也存在同样的分隔符而造成列的错乱问题。因为\001 分隔符是用户无法输入的，之前用的\t 分隔符容易被用户输入，数据行中如果存在\t 分隔符，会和 Hive 表里的\t 分隔符混淆，这样这一行数据会多出几列，造成列错乱。

(4) location 指定目录统一以/结尾。

指定目录统一以/结尾代表最后是一个文件夹，而不是一个文件。一个文件夹下面可以有很多个文件，如果数据特别大，适合拆分成多个小文件。

(5) stored 类型统一 textfile。

每个公司实际情况不太一样，textfile 是文本文件类型，优点是方便查看内容，缺点是占用空间较多。

(6) 表名和 location 指定目录保持一致。

表名和 location 指定目录保持一致的主要目的是方便看见表名就知道对应的数据存储目录在哪里，便于搜索和查找。

创建 Hive 表脚本代码如下所示：

```
#下面列举一个建表的例子给大家做一个演示
create EXTERNAL table IF NOT EXISTS ods_kc_dim_product(kcid string, kcname string, price float,
issale string)
ROW FORMAT DELIMITED FIELDS
TERMINATED BY '\001'
stored as textfile
location '/ods/kc/dim/ods_kc_dim_product/';
```

数据仓库分层设计与第 19.3.1 节的类似，这里不再赘述。

2. 数据血缘分析

数据血缘关系，从概念来讲很好理解，即数据的全生命周期中，数据与数据之间会形成多种多样的关系，这些关系与人类的血缘关系类似，所以被称作数据的血缘关系。

从技术角度来讲，数据 a 通过 ETL 处理生成了数据 b，那么数据 a 与数据 b 具有血缘关系。不过与人类的血缘关系略有不同，数据血缘关系还具有一些个性化的特征。

1) 归属性

数据是被特定组织或个人拥有所有权的，拥有数据的组织或个人具备数据的使用权，实现营销、风险控制等目的。

2) 多源性

这个特性与人类的血缘关系有本质的差异，同一个数据可以有多个来源(即多个父亲)，数据是由多个数据加工生成，或者由多种加工方式或加工步骤生成。

3）可追溯性

数据的血缘关系体现了数据的全生命周期，从数据生成到废弃的整个过程，均可追溯。

4）层次性

数据的血缘关系是具备层级关系的，就如同传统关系型数据库中，用户是级别最高的，之后依次是数据库、表、字段，它们自上而下，一个用户拥有多个数据库，一个数据库中存储着多张表，而一张表中有多个字段。它们有机地结合在一起，形成完整的数据血缘关系。比如某学校学生管理系统后台数据库的ER图示例，学生的学号、姓名、性别、出生日期、年级、班级等字段组成了学生信息表，学生信息表、教师信息表、选课表之间通过一个或多个关联字段组成了整个学生管理系统后台的数据库。

无论是结构化数据，还是非结构化数据，都具有数据血缘关系，它们的血缘关系或简单直接，或错综复杂，但都是可以通过科学的方法追溯的。

以某银行财务指标为例，利息净收入的计算公式为利息收入减去利息支出，而利息收入又可拆分为对客户业务利息收入、资本市场业务利息收入和其他业务利息收入，对客户业务利息收入又可细分为信贷业务利息收入和其他业务利息收入，信贷业务利息收入还可细分为多个业务条线和业务板块的利息收入，如此细分下去，一直可以从财务指标追溯到原始业务数据，如客户加权平均贷款利率和新发放贷款余额等。如果利息净收入指标发现数据质量问题，就可以发现其根本原因。

数据血缘追溯不只体现在指标计算上，同样可以应用到数据集的血缘分析上。不管是数据字段、数据表，还是数据库，都有可能与其他数据集存在着血缘关系，分析血缘关系对数据质量的提升有帮助，同时对数据价值评估、数据质量评估以及后续对数据生命周期管理也有较大的帮助和提高。

从数据价值评估角度来看，通过对数据血缘关系的梳理，不难发现数据的拥有者和使用者，在数据拥有者较少且使用者（数据需求方）较多时，数据的价值较高。在数据流转中，对最终目标数据影响较大的数据源价值相对较高。同样，更新、变化频率较高的数据源，一般情况下，也在目标数据的计算、汇总中发挥着更大的作用，也就可以判断这部分数据源具有较高的价值。

从数据质量评估角度来看，清晰的数据源和加工处理方法，可以明确每个节点数据质量的好坏。

从数据生命周期管理角度来看，数据的血缘关系有助于判断数据的生命周期，是数据归档和销毁操作的参考。

考虑到数据血缘的重要性和特性，在进行血缘分析时，会关注应用（系统）级、程序级、字段级3个层次数据间的关系。比较常见的是，数据通过系统间的接口进行交换和传输。例如银行业务系统中的数据，由统一数据交换平台进行流转分发给传统关系型数据库和非关系型大数据平台，数据仓库和大数据平台汇总后，交流给各个应用集市分析使用。其中涉及大量数据处理和数据交换工作。

在分析其中的血缘关系时，主要考虑以下几方面：

1）全面性

数据处理过程实际上是程序对数据进行传递、运算演绎和归档的过程，即使归档的数据也有可能通过其他方式影响系统的结果或流转到其他系统中。为了确保数据流跟踪的连贯性，必须将整个系统集作为分析的对象。

静态分析法：

本方法的优势是，避免受人为因素的影响，精度不受文档描述的详细程度、测试案例和抽样数据的影响，本方法基于编译原理，通过对源代码进行扫描和语法分析，以及对程序逻辑涉及的路径进行静态分析和罗列，实现对数据流转的客观反映。

接触感染式分析法：

通过对数据传输和映射相关的程序命令进行筛选，获取关键信息，进行深度分析。

逻辑时序性分析法：

为避免冗余信息的干扰，根据程序处理流程，将与数据库、文件、通信接口数据字段没有直接关系的传递和映射的间接过程和程序中间变量，转换为数据库、文件、通信接口数据字段之间的直接传递和映射。

2）及时性

为了确保数据字段关联关系信息的可用性和及时性，必须确保查询版本更新与数据字段关联信息的同步，在整个系统范围内做到“所见即所得”。

数据治理工作离不开数据血缘分析，数据的血缘对于分析数据、跟踪数据的动态演化、衡量数据的可信度、保证数据的质量具有重要意义，值得深入探讨研究。

3. 数据平台工具

数据血缘关系，一般都会做数据平台 Web 工具，搭建一个 Web 项目，然后能在界面上查询任何表的字典解析，表是用来做什么的，每个字典是做什么的，表的存储目录，和其他关联表的血缘关系等。另外还有其他一些工具，如数据质量监控，当数据出现问题的时候，能否实时告警通知。

还有作业调度工具，数据仓库每天都会定时执行很多数据处理的任务，如数据清洗、格式转化、特征工程等，互联网常用的调度工具是 Azkaban，能定时触发执行任务的脚本，同时还可以设置任务的依赖关系。哪个任务先执行，哪个任务后执行，还要等几个任务都完成后才统一触发下一个任务，都可以用它来配置。

当然很多的大公司还有其他一些适合自己业务的工具。有了数据仓库和平台之后，日常很多工作都是在做数据处理，也就是 ETL。

19.3.3 ETL 数据处理

ETL 分全量和增量两种处理方式，在推荐系统占用的工作量是比较大的，做一个算法系统，ETL 数据处理也是必需的。

1. 全量数据处理

在数据仓库初始化时需要全量数据处理，如果原始数据存在 MySQL 关系型数据库中，用 Sqoop 工具可以分布式地一次性导入 Hadoop 平台。

除了初始化，在数据处理转换的时候有时也需要全量数据处理。举个例子，我们做协同过滤推荐的时候，做一个看了又看推荐列表，输入数据需要用户 ID 和课程 ID 两列数据，需要怎样来准备数据呢？可以使用 Mahout 的 itembase 算法来做。用户 ID 和项目 ID 是以\t 来分隔的。Hive 脚本代码如下所示：

```
#全量导入关联表 sql 结果到新表
create EXTERNAL table IF NOT EXISTS ods_kc_fact_etlclicklog(userid string,kcid string)
ROW FORMAT DELIMITED FIELDS
TERMINATED BY '\t
stored as textfile
location '/ods/kc/fact/ods_kc_fact_etlclicklog/';
#用 insert overwrite 来做全量处理，只提取在卖的课程，这样推荐出来的也能保证课程状态是可卖的。
```

```
insert overwrite table chongdianleme.ods_kc_fact_etlclicklog select a.userid,a.kcid,a.time from chongdianleme.ods_kc_fact_clicklog a join chongdianleme.ods_kc_dim_product b on a.kcid = b.kcid where b.issale = 1;
```

2. 增量数据处理

增量数据处理的一种情况是定时同步数据，比如每天夜间根据日期从业务端 MySQL 同步数据到 Hadoop 平台的 Hive 仓库。

同步表类型有：

(1) 按创建时间增量同步到 Hive 的分区表。

(2) 按修改时间增量同步到 Hive 临时表，然后再对之前的表做分区更新。

(3) 没有时间字段的全量同步一个快照表。一个是在数据仓库初始化时需要，如果原始数据存在 MySQL 关系数据库，那么用 Sqoop 工具可以分布式地一次性导入 Hadoop 平台。

另外一种情况可以通过 insert table 根据日期来增量插入新数据，不需要重写数据。参考 SQL 脚本代码如下所示：

```
insert table chongdianleme.ods_kc_fact_etlclicklog select a.userid, a.kcid, a.time from chongdianleme.ods_kc_fact_clicklog a join chongdianleme.ods_kc_dim_product b on a.kcid = b.kcid where b.issale = 1 and a.time >= '2020-01-16' and  and a.time < '2020-01-17';
```

3. 程序化写代码处理数据

上面的数据处理是通过 Sqoop 工具写脚本处理、Hive SQL 处理。很多情况用这种方式都能处理，但是有些复杂的处理逻辑脚本不太容易实现，这时就需要自己开发程序。可以使用 Spark+Scala 语言的方式，也可以用 Python 来处理。建议用分布式框架。因为数据都是在 Hadoop 分布式文件系统上，单机代码处理的能力有限。所以建议使用 Spark 框架来处理，Spark 同时支持多种语言，如 Scala、Java、Python、R 等。

19.3.4 协同过滤用户行为挖掘

协同过滤(collaborative filtering,CF)作为经典的推荐算法之一，在电商推荐系统中扮演着非常重要的角色，比如经典的推荐看了又看、买了又买、看了又买、买了又看等都是使用了协同过滤算法。尤其当网站积累了大量的用户行为数据时，基于协同过滤的算法从实战经验上对比其他算法，效果是最好的。基于协同过滤的算法在电商网站上用到的用户行为有用户浏览商品行为、加入购物车行为、购买行为等，这些行为是最宝贵的数据资源。拿浏览行为来计算的协同过滤推荐结果叫看了又看，全称是看过此商品的用户还看了哪些商品。拿购买行为来计算的叫买了又买，全称叫买过此商品的用户还买了哪些商品。如果同时用浏览记录和购买记录来计算的，并且浏览记录在前，购买记录在后，叫看了又买，全称是看过此商品的用户最终购买了哪些商品。如果是购买记录在前，浏览记录在后，叫买了又看，全称叫买过此商品的用户还看了哪些商品。在电商网站中，这几个都是经典的协同过滤算法的应用。

1. 协同过滤原理与介绍

1) 什么是协同过滤

协同过滤是利用集体智慧的一个典型方法。要理解什么是协同过滤，首先想一个简单的问题，如果你现在想看一部电影，但不知道具体看哪部，你会怎么做？大部分的人会问问周围的朋友有什么好看的电影推荐，倾向于从口味比较类似的朋友那里得到推荐。这就是协同过滤的核心思想。

换句话说，就是借鉴相关人群的观点来进行推荐。

2）协同过滤的实现

要实现协同过滤的推荐算法，要进行 3 个步骤：收集数据——找到相似用户和物品——进行推荐。

3）收集数据

这里的数据指的都是用户的历史行为数据，比如用户的购买历史、关注、收藏行为，或者发表了某些评论，给某个物品打了多少分等，这些都可以用来作为数据供推荐算法使用，即服务于推荐算法。需要特别指出的是，不同的数据准确性不同，粒度也不同，在使用时需要考虑到噪音所带来的影响。

4）找到相似用户和物品

这一步也很简单，其实就是计算用户间以及物品间的相似度。以下是几种计算相似度的方法：

欧几里得距离、余弦相似度、Tanimoto 系数、TFIDF、对数似然估计等。

5）进行推荐

在知道了如何计算相似度后，就可以进行推荐了。在协同过滤中，有两种主流方法：基于用户的协同过滤和基于物品的协同过滤。基于用户的协同过滤的基本思想相当简单，即基于用户对物品的偏好找到相邻邻居用户，然后将邻居用户喜欢的推荐给当前用户。在计算上，就是将一个用户对所有物品的偏好作为一个向量来计算用户之间的相似度，找到 K 邻居后，根据邻居的相似度权重以及他们对物品的偏好，预测当前用户没有偏好的未涉及物品，计算得到一个排序的物品列表作为推荐。对于用户 A，根据他的历史偏好，这里只计算得到一个邻居-用户 C，然后将用户 C 喜欢的物品 D 推荐给用户 A。

基于物品的协同过滤的原理和基于用户的协同过滤类似，只是在计算邻居时采用物品本身，而不是从用户的角度，即基于用户对物品的偏好找到相似的物品，然后根据用户的历史偏好，推荐相似的物品给他。从计算的角度看，就是将所有用户对某个物品的偏好作为一个向量来计算物品之间的相似度，得到物品的相似物品后，根据用户历史的偏好预测当前用户还没有表示偏好的物品，计算得到一个排序的物品列表作为推荐。对于物品 A，根据所有用户的历史偏好，喜欢物品 A 的用户都喜欢物品 C，得出物品 A 和物品 C 比较相似，而用户 C 喜欢物品 A，那么可以推断出用户 C 可能也喜欢物品 C。

6）计算复杂度

基于物品的协同过滤和基于用户的协同过滤是基于协同过滤推荐的两个最基本的算法，基于用户的协同过滤很早以前就提出来了，基于物品的协同过滤是从亚马逊公司的论文和专利发表之后（2001 年左右）开始流行，大家都觉得基于物品的协同过滤从性能和复杂度上比基于用户的协同过滤更优，其中的一个主要原因就是对于一个在线网站，用户的数量往往大大超过物品的数量，同时物品的数据相对稳定，因此计算物品的相似度不但计算量较小，同时也不必频繁更新。但我们往往忽略了这种情况只适用于提供商品的电子商务网站，对于新闻、博客或者微内容的推荐系统，情况往往是相反的，物品的数量是海量的，同时也是更新频繁的，所以单从复杂度的角度，这两个算法在不同的系统中各有优势，推荐引擎的设计者需要根据自己应用的特点选择更加合适的算法。

7）适用场景

在物品数量相对少且比较稳定的情况下，使用基于物品的协同过滤；在物品数量相对多且变化频繁的情况下，使用基于用户的协同过滤。

2. 类似看了又看、买了又买的单一数据源协同过滤

在这里介绍两种实现方式：一种是基于Mahout分布式的挖掘平台的实现，另一种用Spark的ALS交替最小二乘法来实现。下面先介绍Mahout的分布式实现。

我们选择基于布尔型的实现，比如买了又买，用户或者买了这个商品，或者没有买，只有这两种情况。没有用户对某个商品喜好程度的一个评分。这样的训练数据的格式只有两列：用户ID和商品ID，中间以\t分隔。运行脚本代码如下所示：

```
/home/hadoop/bin/hadoop jar /home/hadoop/mahout - distribution/mahout - core - job. jar org.
apache. mahout. cf. taste. hadoop. similarity. item. ItemSimilarityJob - Dmapred. input. dir = /ods/
fact/recom/log - Dmapred. output. dir = /mid/fact/recom/out -- similarityClassname SIMILARITY_
LOGLIKELIHOOD -- tempDir /temp/fact/recom/outtemp  -- booleanData true -- maxSimilaritiesPerItem 36
```

ItemSimilarityJob常用参数详解：

-Dmapred. input. dir/ods/fact/recom/log——输入路径。

-Dmapred. output. dir=/mid/fact/recom/out——输出路径。

--similarityClassname SIMILARITY_LOGLIKELIHOOD——计算相似度用的函数，这里是对数似然估计。

CosineSimilarity——余弦距离。

CityBlockSimilarity——曼哈顿相似度。

CooccurrenceCountSimilarity——共生矩阵相似度。

LoglikelihoodSimilarity——对数似然相似度。

TanimotoCoefficientSimilarity——谷本系数相似度。

EuclideanDistanceSimilarity——欧氏距离相似度。

--tempDir /user/hadoop/recom/recmoutput/papmahouttemp——临时输出目录。

--booleanData true——是否是布尔型的数据。

--maxSimilaritiesPerItem 36——针对每个物品推荐多少个物品。

输入数据的格式，第一列为userid，第二列为itemid，第三列可有可无，是评分，没有则默认1.0分，布尔型的只有userid和itemid：

```
12049056        189887
18945802        195142
17244856        199482
17244856        195137
17244856        195144
17214244        195126
17214244        195136
12355890        189887
13006258        195137
16947936        200375
13006258        200376
```

输出文件内容格式，第一列为itemid，第二列为根据itemid推荐出来的itemid，第三列是item-item的相似度值：

```
195368  195386  0.9459389382339948
195368  195410  0.9441653614997947
195372  195418  0.9859069433977395
195381  195391  0.9435764760714196
195382  195408  0.9435604861919415
195385  195399  0.9709127607436737
195388  195390  0.9686122649284619
```

ItemSimilarityJob 使用心得：

(1) 每次计算完再次计算时必须要手动删除输出目录和临时目录，该步骤太麻烦。于是对其源码做简单改动，增加 delOutPutPath 参数，设置为 true，每次运行会自动删除输出和临时目录，方便了不少。

(2) Reduce 数量只能是 Hadoop 集群默认值。Reduce 数量对计算时间影响很大。为了提高性能，缩短计算时间，增加 numReduceTasks 参数，在测试集群是 3～5 台集群的情况下，一个多亿的数据一个 Reduce 需要半小时，12 个 Reduce 只需要 19 分钟。

(3) 业务部门有这样的需求，比如看了又看，买了又买要加百分比，这样的需求 Mahout 协同过滤实现不了。这是 Mahout 本身计算 item-item 相似度方法所致。另外它只能对单一数据源进行分析，比如看了又看只分析浏览记录，买了又买只分析购买记录。如果同时对浏览记录和购买记录作关联分析，比如看了又买，那么这个只能自己开发 MapReduce 程序了。下面就介绍如何实现跨数据源的支持时间窗控制的协同过滤算法。

3. 类似看了又买的跨数据源的支持时间窗控制的协同过滤算法

简单来说，就是同时支持在浏览商品行为和购买行为两个数据源上进行关联分析。通过什么关联？是用户 ID 吗？不单纯是。首先，这个用户 ID 浏览过一些商品，也购买过一些商品。如果这个用户只看过，没有购买过，那么这个用户的数据就是脏数据，没有任何意义。另外一个关联就是和其他用户看过的商品有交集，不同的用户都看过同一个商品这才有意义，看过同一个商品的大多数用户都买了哪些商品，买得最多的那个商品就和看过同一个的那个商品最相关。这也是看了又买的核心思想。另外在细节上还是可以再优化的。比如控制一下购买商品的时间必须要发生在浏览之后，再精细点就是控制时间差，比如和浏览时间相差 3 个月之内等。

这个算法实现没有开源的版本，Mahout 也仅仅支持单一数据源，做不了看了又买。需要自己写代码实现，下面是基于 Hadoop 的 MapReduce 实现的一个思路，一共是用 4 个 MapReduce 来实现。

1) 第一个 MapReduce 任务——ItemJob

Map 的 setup 函数：从当前 Context 对象中获取用户 id、项目 id、请求时间 3 列的索引位置，在右数据源中要过滤的文章 itemid 集合，都缓存到静态变量中。

Map：通过 userid 列的首字符是“l”还是“r”来判断是左数据源还是右数据源，解析数据后以 userid 作为 key，左数据源“l”＋itemid＋请求时间作为 value，右数据源“r”＋itemid＋userid＋请求时间作为 value，这些 value 作为 item 的输出向量会以 userid 为 key 进入 Reduce。

Reduce 的 setup 函数：从当前 Context 对象中获取右表请求时间发生在左数据源请求时间的前后时间范围，都缓存到静态变量中。

Reduce：key 从这里以后就没用了。只需解析 itemid 的向量集合，接下来通过两个 for 循环遍历 item 向量集合中的左数据源 itemid 和右数据源 itemid，计算符合时间范围约束的项目，以左数据源 itemid 作为 key，右数据源 itemid＋userid 为 value 输出到 HDFS 分布式文件系统。顺便对有效 userid 进行 getCounter(计数)，得到总的用户数，为以后的 TF * IDF 相似度修正做数据准备 context. getCounter(Counters. USERS). increment(1)。

2) 第二个 MapReduce 任务——LeftItemSupportJob(计算左数据源 item 的支持度)

以第一个任务的输出作为输入。Map：key 值为左数据源 itemid，没有用。解析 value 得到右数据源 itemid，然后以它作为 key，整型 1 作为计数的 value 为输出。

Combiner/Reduce：就是累加计算 itemid 的个数，以 itemid 为 key，个数也就是支持度为

value 输出到分布式文件系统的临时目录中。

3) 第三个 MapReduce 任务——RightItemSupportJob(计算右表 item 的支持度)

以第一个任务的输出作为输入。Map: key 值为左数据源 itemid,没有用。解析 value 得到右表 itemid,然后以它作为 key,整型 1 作为计数的 value 为输出。

Combiner/Reduce: 就是累加计算 itemid 的个数,以 itemid 为 key,个数也就是支持度为 value 输出到分布式文件系统的临时目录中。

4) 第四个 MapReduce 任务——ItemRatioJob(计算左数据源 item 和右表 item 的相似度)

以第一个任务的输出作为输入。这个是最关键的一步。

Map: 解析第一个任务的输入,以左数据源 itemid 为 key,右数据源 itemid+userid 作为 value。

Reduce 的 setup 函数: 从当前 Context 对象获取针对每个 item 推荐的最大推荐个数、最小支持度、用户总数,从第二个任务中输出的临时目录中读取每个右数据源 itemid 的支持度放到 HashMap 静态变量中。

Reduce:

(1) 计算看过此左数据源 ID 并购买的用户数;

(2) 计算看过此左数据源 ID 下,每个文章被购买的用户数;

(3) 检查是否满足最小支持度要求;

(4) 计算相似度(百分比 TF);

(5) 计算 IDF: Math.log[用户总数/(double)(右表推荐文章 itemid 的支持度+1)]+1.0;

(6) 计算相似度 TF IDF、余弦距离、曼哈顿相似度、共生矩阵相似度、对数似然相似度、谷本系数相似度、欧氏距离相似度,它们的结果相似,我们选择一个就行,推荐使用 TFIDF,在实践中做过 AB 测试效果是最好的,并且它用在对称矩阵和非对称矩阵上都有很好的效果。尤其适合框数据源场景,因为浏览和购买肯定是不对称的。如果是做看了又看等单一数据源,肯定是对称的,在对称矩阵的情况下用对数似然相似度效果是最好的。相似度算好后,就是降序排序,提取前 N 个相关度最高的商品 ID,也就是 itemid,作为推荐结果并输出到 HDFS 分布式文件系统上,可以对输出目录建一个 Hive 外部表,查看和分析推荐结果就非常方便了。

说明: Mahout 里并没有 TFIDF 相似度的实现,但可以在它的源码中加上。另外,TFIDF 一般用在自然语言处理文本挖掘上,但为什么在基于用户行为的协同过滤算法上同样奏效呢?可以这样理解,TFIDF 是一种思想,思想是相同的,只是应用场景不同而已。不过最原始的 TFIDF 的提出还是自然语言处理中提出的,开始主要用在文本上。下面大概介绍一下什么是 TFIDF,然后引出在协同过滤中怎么去理解它。

4. TF-IDF 算法

TF-IDF(term frequency-inverse document frequency)是一种用于资讯检索与文本挖掘的常用加权技术。TF-IDF 是一种统计方法,用以评估一个字词对于一个文件集或一个语料库中的其中一份文件的重要程度。字词的重要性随着它在文件中出现的次数成正比增加,但同时会随着它在语料库中出现的频率成反比下降。TF-IDF 加权的各种形式常被搜索引擎应用,作为文件与用户查询之间相关程度的度量或评级。除了 TF-IDF 以外,互联网上的搜寻引擎还会使用基于链接分析的评级方法,以确定文件在搜寻结果中出现的顺序。

在一份给定的文件里,词频(term frequency,TF)指的是某一个给定的词语在该文件中出现的次数。这个数字通常会被归一化,以防止它偏向长的文件。同一个词语在长文件中可能会比在短文件中有更高的词频,而不管该词语重要与否。

逆向文件频率(inverse document frequency,IDF)是一个词语普遍重要性的度量。某一特定词语的IDF,可以由总文件数目除以包含该词语之文件的数目,再将得到的商取对数得到。

某一特定文件内的高词语频率,以及该词语在整个文件集合中的低文件频率,可以产生出高权重的TF-IDF。因此,TF-IDF倾向于过滤掉常见的词语,保留重要的词语。

那么在电商里面的协同过滤指的是什么呢?

TF就是原始相似度的值及购买某个商品的占比,文档频率(docFreq)就是每个商品的支持度,总的文档数(numDocs)就是总的用户数,代码如下所示:

```
public static double calculate(float tf, int df, int numDocs) {
return tf(tf)  *  idf(df, numDocs);
}
public static float idf(int docFreq, int numDocs) {
return (float) (Math.log(numDocs / (double) (docFreq + 1)) + 1.0);
}

public static float tf(float freq) {
return (float) Math.sqrt(freq);
}
```

5. 猜你喜欢——为用户推荐商品

上面介绍的看了又看、买了又买、看了又买是根据商品来推荐商品,是商品之间的相关性。在电商网站上有的推荐位是猜你喜欢,是根据用户ID来推荐商品集合,这时候可以用Mahout里面的RecommenderJob类,它可以直接计算出为每个用户推荐喜欢的商品集合,也是分布式的实现,脚本代码如下所示:

```
hadoop jar $MAHOUT_HOME/mahout - examples - job.jar
org.apache.mahout.cf.taste.hadoop.item.RecommenderJob
- Dmapred.input.dir = input/input.txt  - Dmapred.output.dir = output
-- similarityClassname SIMILARITY_LOGLIKELIHOOD -- tempDir tempout -- booleanData true
```

RecommenderJob的user-item原理的大概实现步骤如下:

(1) 计算项目ID和项目ID之间的相似度的共生矩阵;

(2) 计算用户喜好向量;

(3) 计算相似矩阵和用户喜好向量的乘积,进而向用户推荐。

对于源码实现部分,RecommenderJob实现的前面步骤就是用的基于商品来推荐商品的类ItemSimilarityJob,只是后面的步骤多了为用户推荐商品的步骤,整个过程在讲Mahout分布式机器学习平台的时候已经介绍过了,这里不再重复。这种方式的弊端是每天晚上离线批量为所有用户算一次推荐的商品,白天一整天的推荐结果不会变化,对用户来说缺少了新鲜感,后面介绍用户画像的时候会讲到如何换个推荐方式来解决用户新鲜感的问题。

协同过滤可以认为是推荐系统的一个核心算法,但不是全部。若网站刚上线,或者上线后由于缺乏大数据思维,而忘了记录这些宝贵的用户行为,那么推荐系统中发挥作用最大的就是基于ContentBase的文本挖掘算法。

19.3.5 ContentBase文本挖掘算法

ContentBase指的是以内容、文本为基础的挖掘算法,有简单的基于内容属性的匹配,也有复杂自然语言处理算法。

1. 简单的内容属性匹配

比如按上面协同过滤的思路计算的看了又看推荐列表，根据一个商品来推荐相关或相似的商品，也可以用简单的内容属性匹配的方式。这里提出一种简单的实现思路：

把商品信息表都存到 MySQL 表中的 product 里，有如下几个字段：

商品编号：62216878

商品名称：秋季女装连衣裙 2019 新款

分类：连衣裙

商品编号：895665218

商品毛重：500.00g

商品产地：中国内地

货号：LZ1869986

腰型：高腰

廓形：A 型

风格：优雅，性感，韩版，百搭，通勤

图案：碎花，其他

领型：圆领

流行元素：立体剪裁，印花

组合形式：两件套

面料：其他

材质：聚酯纤维

衣门襟：套头

适用年龄：25—29 周岁

袖型：常规袖

裙长：中长裙

裙型：A 字裙

袖长：短袖

上市时间：2019 年夏季

我们在找该商品的相似商品时，写个简单的 SQL 语句就可以了。代码如下所示：

```
select 商品编号 from product where 腰型 = '高腰' and 领型 = '圆领' and 材质 = '聚酯纤维' and 分类 =
'连衣裙' limit 36;
```

这就是最简单的根据内容属性的硬性匹配，也属于 ContentBase 算法的范畴。

2. 复杂一点的 ContentBase 算法：基于全文搜索引擎

比如对商品名称做中文分词，分词后拆分成几个词，在上面的 SQL 语句中加上模糊条件，代码如下所示：

```
SELECT 商品编号 FROM product WHERE 腰型 = '高腰' AND 领型 = '圆领' AND 材质 = '聚酯纤维' AND 分类 =
'连衣裙' AND (商品名称 LIKE '%秋季%' OR 商品名称 LIKE '%女装%' OR 商品名称 LIKE '%连衣裙%'
OR 商品名称 LIKE '%新款%') LIMIT 36;
```

加上这些条件后搜索会比之前更精准一些，但是商品名称模糊查询命中的那些商品的顺序是没有规则的，是随机的。应该是商品名称里包含秋季、女装、连衣裙、新款这几个词最多的那些商品排在前面，优先推荐。这时候用 MySQL 无法实现，这种情况下就可以使用搜索引擎来解决了。

商品信息表的数据都存到 Solr 或 Elasticsearch 的搜索索引里，然后用上例中的商品名称作为一个 Query 大关键词直接从索引里面做模糊搜索就可以了。搜索引擎会算一个得分，分词后命中率高的文档会排在前面。

这是基于简单的搜索场景，比用 MySQL 强大了很多。有一个问题，当商品名称比较短时，将其作为一个关键词去搜索是可以的，但是如果是一篇阅读类的文章，去找内容相似的文章，就不可能把整个文章的内容作为关键词去搜索。这时就需要对文章的内容做核心的有代表性的关键词提取，提取几个最重要的关键词以空格拼接起来，再作为一个 Query 大关键词去搜索就可以了。

3. 关键词提取算法

提取关键词也有很多种实现方式，TextRank、LDA 聚类、k 均值聚类等算法都可以。根据实际情况选择即可。

1）基于 TextRank 排序算法提取文章关键词

基于 TextRank 排序算法提取文章关键词是根据 Solr 搜索引擎的方式来计算文章-to-文章相似推荐列表 D，TextRank 排序算法基于 PageRank。

将原文本拆分为句子，在每个句子中过滤掉停用词（可选），并且只保留指定词性的单词（可选）。由此可以得到句子的集合和单词的集合。

每个单词作为 PageRank 中的一个节点。设定窗口大小为 k，假设一个句子依次由下面的单词组成：

$w1, w2, w3, w4, w5, \cdots, wn$

$w1, w2, \cdots, wk$，$w2, w3, \cdots, w(k+1)$、$w3, w4, \cdots, w(k+2)$ 等都是一个窗口。在一个窗口中的任两个单词对应的节点之间存在一个无向无权的边。

基于上面的节点构成图，可以计算出每个单词节点的重要性。最重要的若干单词可以作为关键词。

对于 TextRank 的代码实现，给大家推荐一个开源分词工具，就是 HanLP。HanLP 是由一系列模型与算法组成的工具包，目标是普及自然语言处理在生产环境中的应用。HanLP 具备功能完善、性能高效、架构清晰、语料时新、可自定义的特点；提供词法分析（中文分词、词性标注、命名实体识别）、句法分析、文本分类和情感分析等功能。HanLP 已经被广泛用于 Lucene、Solr、Elasticsearch、Hadoop、Android、Resin 等平台，有大量开源作者开发各种插件与拓展，并且被包装或移植到 Python、C#、R、JavaScript 等语言中。

HanLP 已经实现了基于 TextRank 的关键词提取算法，效果非常好。我们直接调用它的 API 就行了。代码如下所示：

```
String content = "程序员(英文 Programmer)是从事程序开发、维护的专业人员。一般将程序员分为程序设计人员和程序编码人员,但两者的界限并不非常清楚,特别是在中国。软件从业人员分为初级程序员、高级程序员、系统分析员和项目经理四大类。";
List<String> keywordList = HanLP.extractKeyword(content, 5);
System.out.println(keywordList);
```

关键词提取和文本自动摘要算法一样，HanLP 也提供了相应的实现，代码如下所示：

```
String document = "算法可大致分为基本算法、数据结构的算法、数论算法、计算几何的算法、图的算法、动态规划以及数值分析、加密算法、排序算法、检索算法、随机化算法、并行算法、厄米变形模型、随机森林算法。\n" +
        "算法可以宽泛地分为三类,\n" +
        "一,有限的确定性算法,这类算法在有限的一段时间内终止。可能要花很长时间来执行指定的任务,但仍将在一定的时间内终止。这类算法得出的结果常取决于输入值。\n" +
```

```
        "二,有限的非确定算法,这类算法在有限的时间内终止。然而,对于一个(或一些)给定的数值,算法的结果并不是唯一的或确定的。\n" +
        "三,无限的算法,是那些由于没有定义终止定义条件,或定义的条件无法由输入的数据满足而不终止运行的算法。通常,无限算法的产生是由于未能确定的定义终止条件。";
List<String> sentenceList = HanLP.extractSummary(document, 3);
System.out.println(sentenceList);
```

2）基于LDA(潜在狄利克雷分配模型)算法提取文章关键词

基于LDA算法提取文章关键词是根据Solr搜索引擎的方式来计算文章-to-文章相似推荐列表。

LDA(latent dirichlet allocation)是一种文档主题生成模型,也称为一个三层贝叶斯概率模型,包含词、主题和文档三层结构。所谓生成模型,就是说,我们认为一篇文章的每个词都是通过"以一定概率选择了某个主题,并从这个主题中以一定概率选择某个词语"这样一个过程得到。文档到主题服从多项式分布,主题到词服从多项式分布。

LDA是一种非监督机器学习技术,可以用来识别大规模文档集(document collection)或语料库(corpus)中潜藏的主题信息。它采用了词袋(bag of words)的方法,这种方法将每一篇文档视为一个词频向量,从而将文本信息转化为易于建模的数字信息。但是词袋方法没有考虑词与词之间的顺序,这简化了问题的复杂性,同时也为模型的改进提供了契机。每一篇文档代表了一些主题所构成的一个概率分布,而每一个主题又代表了很多单词所构成的一个概率分布。

3）k均值聚类提取关键词

k均值聚类算法(k-means clustering algorithm)是一种迭代求解的聚类分析算法,其步骤是随机选取k个对象作为初始的聚类中心,然后计算每个对象与各个种子聚类中心之间的距离,把每个对象分配给距离它最近的聚类中心。聚类中心以及分配给它们的对象就代表一个聚类。每分配一个样本,聚类的聚类中心会根据聚类中现有的对象被重新计算。这个过程将不断重复直到满足某个终止条件。终止条件可以是没有(或最小数目)对象被重新分配给不同的聚类,没有(或最小数目)聚类中心再发生变化,误差平方和局部最小。

提取关键词后,后面还是进行相关度搜索。但有些场景简单的相关度搜索不满足需求,所以需要更复杂的搜索算法。这时就需要自定义排序函数了。Solr和Elasticsearch都支持自定义排序插件开发。

4）自定义排序函数

不仅是标题和内容的相似,更多的是文本的比较,常见的有余弦相似度、字符串编辑距离等,涉及语义的还有语义相似度,当然实际场景比如电商的商品还会考虑到商品销量、上架时间等多种因素,这种情况是自定义的综合排序。

(1) 余弦相似度计算文章相似推荐列表。

余弦相似度又称为余弦相似性。用于计算文本相似度,通过计算两个向量的夹角余弦值来评估它们的相似度。

将向量根据坐标值绘制到向量空间中,如最常见的二维空间。求得它们的夹角,并得出夹角对应的余弦值,此余弦值就可以用来表征两个向量的相似性。夹角越小,余弦值越接近于1,它们的方向更加吻合,则越相似。

(2) 字符串编辑距离算法计算文章相似推荐列表。

编辑距离又称Levenshtein距离,是指两个字串之间,由一个转成另一个所需的最少编辑操作次数。许可的编辑操作包括将一个字符替换成另一个字符,插入一个字符,删除一个字符。

(3) 词语相似度。

词语相似度计算在自然语言处理、智能检索、文本聚类、文本分类、自动应答、词义排歧和机器翻译等领域都有广泛的应用,它是自然语言的基础研究课题,正在被越来越多的研究人员所关注。

我们使用的词语相似度算法是基于《同义词词林》。根据《同义词词林》的编排及语义特点计算两个词语之间的相似度。

《同义词词林》按照树状的层次结构把所有收录的词条组织到一起,把词汇分成大、中、小3类,大类有12个,中类有97个,小类有1400个。每个小类里都有很多的词,这些词又根据词义的远近和相关性分成了若干个词群(段落)。每个段落中的词语又进一步分成了若干行,同一行的词语要么词义相同(有的词义十分接近),要么词义有很强的相关性。例如,"大豆!""毛豆!""黄豆!"在同一行;"西红柿!"和"番茄!"在同一行;"大家!""大伙儿!""大家伙儿!"在同一行。

《同义词词林词典》分类采用层级体系,具备5层结构,随着级别的递增,词义刻画越来越细,到了第5层,每个分类里词语数量已经不多,很多只有一个词语,已经不可再分,可以称为原子词群、原子类或原子节点。不同级别的分类结果可以为自然语言处理提供不同的服务,例如,第4层的分类和第5层的分类在信息检索、文本分类、自动问答等研究领域得到应用。研究证明,对词义进行有效扩展,或对关键词做同义词替换可以明显改善信息检索、文本分类和自动问答系统的性能。

以《同义词词林》作为语义相似的一个基础,判断两段文本的语义相似度比较简单的方式是对内容使用 TextRank 排序算法提取核心关键词,然后分别计算关键词和关键词的语义相似度,最后按加权平均值法得到总的相似度分值。

5) 综合排序

其实在电商或者其他网站都会有一个综合排序、相关度排序、价格排序等。综合排序是最复杂的,它融合了很多种算法和因素,比如销量、新品和用户画像个性化相关的因素等,算出一个总的得分。用户画像本身可以单独成为一个子系统,下面具体介绍。

19.3.6 用户画像兴趣标签提取算法[50,51]

作为一种勾画目标用户、联系用户诉求与设计方向的有效工具,用户画像在各领域得到了广泛的应用。用户画像最初是在电商领域得到应用的,在大数据时代背景下,用户信息充斥在网络中,将用户的每个具体信息抽象成标签,利用这些标签将用户形象具体化,从而可为用户提供有针对性的服务。

1. 什么是用户画像

用户画像又称用户角色。在实际操作过程中,往往会以最为浅显和贴近生活的话语将用户的属性、行为与期待联结起来。作为实际用户的虚拟代表,用户画像所形成的用户角色并不是脱离产品和市场之外所构建出来的,形成的用户角色需要有代表性,能代表产品的主要受众和目标群体。

2. 用户画像的八要素

用户画像是真实用户的虚拟代表,首先它是基于真实情况的,它不是一个具体的人,是根据目标的行为观点的差异区分为不同类型,再迅速组织在一起,然后把新得出的类型提炼出来,形成一个类型的用户画像。一个产品大概需要4~8种类型的用户画像。

用户画像的八要素:

1) P代表基本性(primary)

指该用户角色是否基于对真实用户的情景访谈。

2) E代表同理性(empathy)

指用户角色中包含姓名、照片和产品相关的描述,该用户角色具有同理性。

3) R代表真实性(realistic)

指对那些每天与顾客打交道的人来说,用户角色是否看起来像真实人物。

4) S代表独特性(singular)

每个用户是否是独特的,是否彼此很少有相似性。

5) O代表目标性(objectives)

该用户角色是否包含与产品相关的高层次目标,是否包含关键词来描述该目标。

6) N代表数量性(number)

用户角色的数量是否足够少,以便设计团队能记住每个用户角色的姓名,以及其中的一个主要用户角色。

7) A代表应用性(applicable)

设计团队是否能使用用户角色作为一种实用工具进行设计决策。

8) L代表长久性(long)

用户标签的长久性。

3. 用户画像的优点

用户画像可以使产品的服务对象更加聚焦、更加专注。在行业里,我们经常看到这样一种现象:做一个产品,期望目标用户能涵盖所有人,男人女人、老人小孩、专家小白、文青屌丝……通常这样的产品会走向消亡,因为每一个产品都是为特定目标群的共同标准而服务的,当目标群的基数越大,这个标准就越低。换言之,如果这个产品是适合每一个人的,那么其实它是为最低的标准服务的,这样的产品要么毫无特色,要么过于简陋。

纵览成功的产品案例,服务的目标用户通常都非常清晰,特征明显,体现在产品上就是专注、极致,能解决核心问题。比如苹果的产品,一直都为有态度、追求品质、特立独行的人群服务,因而赢得了很好的用户口碑及市场份额。又比如豆瓣,专注文艺事业十多年,只为文艺青年服务,用户黏性非常高,文艺青年在这里能找到知音,找到归宿。所以,给特定群体提供专注的服务,远比给广泛人群提供低标准的服务更接近成功。其次,用户画像可以在一定程度上避免产品设计人员草率地代表用户。代替用户发声是在产品设计中常出现的现象,产品设计人员经常不自觉地认为用户的期望跟自己是一致的,并且还总打着"为用户服务"的旗号。这样的后果往往是:精心设计的服务,用户并不买账,甚至觉得很糟糕。

谷歌Buzz在问世之前,曾做过近两万人的用户测试,可这些人都是谷歌自家的员工,测试中他们对于Buzz的很多功能都表示肯定,使用起来也非常流畅。但当产品真正推出之后,却意外收到来自实际用户海量的抱怨。所以,我们需要正确地使用用户画像,小心地找准自己的立足点和发力方向,真切地从用户角度出发,剖析核心诉求,筛除产品设计团队自以为是的伪需求。

最后,用户画像还可以提高决策效率。在目前的产品设计流程中,各个环节的参与者非常多,分歧总是不可避免的,决策效率无疑影响着项目的进度。而用户画像是来自对目标用户的研究,当所有参与产品的人都基于一致的用户进行讨论和决策时,就很容易约束各方能保持在同一个大方向上,从而提高决策的效率。

4. 用户画像在推荐系统中的应用

和用户画像对应的一个概念就是商品画像，简单来讲，商品画像刻画商品的属性，一般来说，商品画像比用户画像要简单一些。比如，商品信息表就可以看作一个最简单的商品画像，有商品的各自字段属性。在推荐系统中，经典推荐场景就是“猜你喜欢”推荐模块，在每个网站上基本上都能看到它的身影。猜你喜欢和看了又看、买了又买、看了又买不同，它是根据用户的喜好来推荐商品，不是根据商品来推荐相似的商品。怎么做呢？举个例子，比如说用户喜欢“腰型=‘高腰’ and 领型=‘圆领’ and 材质=‘聚酯纤维’”的衣服，那么从商品表里查询匹配出对应字段的这些值的结果就行了，SQL 语句如下所示：

```
select 商品编号 from product where 腰型 = '高腰' and 领型 = '圆领' and 材质 = '聚酯纤维' and 分类 =
'连衣裙' limit 36;
```

这个 where 条件里的字段就是用户喜好的字段，这些字段就称为标签。给用户打标签，就是对用户的相关字段赋值。只是用户画像的标签比较复杂，很多情况下，一个标签的计算涉及很多算法，经过很多处理才能得到一个字段属性的值。

用户画像可以分为 4 个维度，即静态属性、动态属性、心理属性、消费属性。

1）静态属性

静态属性主要从用户的基本信息进行用户的划分。静态属性是用户画像建立的基础，最基本的用户信息记录有性别、年龄、学历、角色、收入、地域、婚姻等。依据不同的产品，选择不同信息的权重划分。如果是社交产品，那么静态属性通常是性别、年龄、收入等。

2）动态属性

动态属性指用户在互联网环境下的上网行为。信息时代用户的出行、工作、休假、娱乐等都离不开互联网。那么在互联网环境下用户会发生哪些上网行为呢？动态属性能更好地记录用户日常的上网偏好。

3）消费属性

消费属性指用户的消费意向、消费意识、消费心理、消费嗜好等，对用户的消费有个全面的数据记录，可对用户的消费能力、消费意向、消费等级进行很好的管理。这个消费属性是随着用户的收入等变量而变化的。在进行产品设计时，对用户是倾向于功能价值还是倾向于感情价值需要有更好的把握。

4）心理属性

心理属性指用户在环境、社会或者交际、感情过程中的心理反应或者心理活动。进行用户心理属性的划分，可以更好地依据用户的心理行为进行产品的设计和产品运营。上面这些属性，有些属性是数据库里的字段本来就有的，有些是需要经过复杂计算推演处理的。

（1）用户忠诚度属性

用户忠诚度可以用机器学习的分类模型来做，也可以基于规则的方式来做，忠诚度越高的用户越多，对网站的发展越有利。根据忠诚度可以分为忠诚型用户、投资型用户、浏览型用户等。

① 忠诚型用户：购买天数大于一定天数的为忠诚型用户；

② 投资型用户：购买天数小于一定天数，大部分是因为有优惠才购买的；

③ 浏览型用户：只浏览不购买的；

④ 其他类型：根据购买天数，购买最后一次距今时间，购买金额进行聚类。

（2）用户性别预测

在电商网站上，多数用户是不填写性别的，这个时候就需要根据用户的行为来预测性别。

可以用二分类模型来做，也可以经验的规则来做。如根据用户浏览和购买的商品的性别以不同权重来计算综合得分，根据最优化算法训练阈值，根据阈值判断等。

(3) 用户身高尺码模型

根据用户购买服装鞋帽等商品判断：

① 用户身高尺码：xxx-xxx身高段，-1未识别；

② 身材：偏瘦、标准、偏胖、肥胖。

(4) 用户马甲标志模型

① 马甲是指一个用户注册多个账号；

② 多次访问地址相同的用户账号是同一个人所有；

③ 同一台手机登录多次的用户是同一个人；

④ 所有收货手机号相同的账号为同一个人所有。

对用户画像有了解后，再回到推荐系统。刚才说到猜你喜欢，根据用户推荐商品，这个功能如何实现呢？总的来说，可以分为离线计算方式和实时计算方式。

5. 离线计算方式的猜你喜欢

简单来说，就是每天定时，一般在夜间某个时间点触发，全量计算出所有用户的画像，因为不是所有用户的行为都会变化，所以可以只计算那些行为有变化的用户来更新用户画像模型。全量计算完成后，可以用一个Spark处理程序分布式地为每个用户计算最可能感兴趣的商品，比如简单的方式是可以拿用户的属性去商品的MySQL表或者搜索引擎里去筛选前几个分值最高的商品作为推荐结果存到Hadoop的HDFS上，然后再用Spark处理把结果更新到Redis缓存里，用户ID作为key，商品ID集合作为value。前端网站展示推荐结果的时候直接调用推荐接口从Redis缓存获取提前计算好的用户推荐结果即可。

这是简单的匹配方式，当然也可以对这个结果进行粗筛选，然后使用二次排序算法，比如逻辑回归、随机森林等来预测商品被点击或购买的概率，把概率值最高的排到前面。这个过程也可以叫作精筛选。整体思路就是粗筛＋精筛。

上面的方式有两个弊端：一个是当用户数量达到几千万或者几个亿的时候，会占用大量的空间和内存；另一个是每天计算只有一次，当天的推荐结果在一整天都是不变的，这样对用户来讲就缺乏新鲜感，用户最新的行为兴趣偏好得不到实时跟踪和反馈。这也是下面讲在线计算方式的原因，在线计算方式能很好地弥补这两个缺陷。

6. 在线计算方式的猜你喜欢

在线计算方式不需要提前计算，而且另外一个特点是按需计算，如果这个用户今天没有访问网站，就不会触发计算，这样会大大减少计算量，节省服务器资源。一种简单有效的方式就是当某个用户访问网站的时候，触发实时获取用户最近的商品浏览、加入购物车、购买等行为，不同行为以不同权重(购买权重＞加入购物车＞浏览)，加上时间衰竭因子，每个用户得到一个带权重的用户兴趣种子商品集合，然后拿这些种子商品去关联Redis缓存中计算好的商品-to-商品数据，进行商品的融合，得到一个商品推荐结果并进行推荐。如果是新用户，还没有足够的行为或者推荐结果不够数量，则可以用离线计算好的用户画像标签实时地去搜索引擎里搜索匹配出更多的商品补充候选集合。

这种在线计算的好处是推荐结果会根据用户最新的行为变化而实时变化，反馈更为及时，推荐结果更新鲜，这就解决了离线方式为所有用户批量计算一次、推荐结果不新鲜的问题。

在用户画像中，还提到了心理属性，要想得到更好的推荐结果，需要了解用户的消费心理。

下面介绍基于用户心理学的模型推荐。

19.3.7 基于用户心理学的模型推荐

心理模型(mental model)是用于解释人的内部心理活动过程而构造的一种比拟性的描述或表示,可描述和阐明一个心理过程或事件,可由实物构成或由数学方程、图表构成。在知觉、注意、记忆等领域中,有影响的心理模型有:用于解释人类识别客体的"原型匹配模型",关于注意的"反应选择模型",关于记忆的"层次网络模型"和"激活扩散模型"等。

在推荐系统中,用到了心理学中态度与行为之间的关系模型。可用于用户对文章的隐式评分,进而用于带有评分的协同过滤算法。协同过滤算法的数据是布尔型的。

态度是个人对他人、对事物的较持久的肯定或否定的内在反应倾向。态度不是天生就有的,是在人的活动中形成的,是由一定的对象引起的,它是可以改变的。

行为是指人在环境的影响下,引起的内在心理变化和心理变化的外在反应。或者说,人的行为是个体与环境交互作用的结果。

一般情况下,态度决定行为,行为是态度的外部表现,态度决定着人们怎样加工有关对象的信息,决定着人们对于有关对象的体验,也决定着人们对有关对象进行反应的先定倾向。态度是行为的决定因素,也是预测行为的最好途径。但是态度和行为在特殊的个体和环境下也会相互冲突。然而个体的行为一旦形成也会对态度产生反作用,如一个人,先有某种行为(无论主动或被动),经过长时期的行为,养成了自然而然的习惯后,开始真正改变态度。

影响态度行为的 6 个可观测因素为:动机、行为经验、态度重复表达、信心、态度行为相关度、片面信息。

态度可达性、态度稳定性是不可观测的潜在因素。

在推荐系统中,以"充电了么"App 中的听课或者阅读文章为例,在用户对课程或文章的评分中,用户看文章是态度,阅读、收藏、分享、购买都是行为。

一个用户对课程或文章的评分来自文章点击次数、重复点击次数、播放次数、点击收藏占比、购买次数的相关计算得分。

那么如何进行代码实现?可以把这个心理模型用在基于评分的协同过滤上。比如上面提到用布尔型的协同过滤的输入数据只有两列:用户 ID 和商品 ID,现在通过心理学模型得到一个用户对某个商品的心理学评分,输入数据也就变成了 3 列:用户 ID、商品 ID、心理学评分,然后再利用基于评分的协同过滤就得到一个新的推荐结果,这个推荐结果可以作为多个推荐策略的其中一个,然后和其他的算法策略组合成一个大的新推荐结果。多个算法策略可以互补,互补的好处是可以增加推荐结构的多样性,同时基于多个策略的投票评分,也可以提高精准度。实际推荐算法策略可以高达上百种,如何组合多种策略,以便使推荐效果达到最佳呢?下面就介绍多策略融合算法。

19.3.8 多策略融合算法

由于各种推荐方法都有优缺点,所以在实际中,组合推荐(hybrid recommendation)经常被采用。

1. 组合策略介绍

组合策略研究和应用最多的是内容(ContentBase)推荐和协同过滤(CF)推荐的组合。当然内容推荐和协同过滤推荐又可以细分为很多种。大体上来讲,最简单的做法就是分别用基于内容的方法和协同过滤推荐方法产生一个推荐预测结果,然后用某方法组合它们的结果。

尽管从理论上有很多种推荐组合方法，但在某一具体问题中并不见得都有效，组合推荐一个最重要原则就是通过组合后要能避免或弥补各自推荐技术的弱点。

在组合方式上，有7种组合思路：

1）加权（weight）

加权多种推荐技术结果。

2）变换（switch）

根据问题背景和实际情况或要求决定变换采用不同的推荐技术。

3）混合（mixed）

同时采用多种推荐技术给出多种推荐结果为用户提供参考。

4）特征组合（feature combination）

组合来自不同推荐数据源的特征被另一种推荐算法所采用。

5）层叠（cascade）

先用一种推荐技术产生一种粗糙的推荐结果，再用第二种推荐技术在此推荐结果的基础上进一步作出更精确的推荐。

6）特征扩充（feature augmentation）

一种技术产生的附加特征信息嵌入到另一种推荐技术的特征输入中。

7）元级别（meta-level）

用一种推荐方法产生的模型作为另一种推荐方法的输入。

下面重点介绍加权组合策略，这种方式用得非常普遍。

2. 加权组合策略

一种用于加权组合策略的经典公式为：

假如现在有3个商品，对每个商品再推荐6个商品，那么某被推荐商品R的综合得分如下：

$$Sr = sum(1/(Oi + C))$$

其中，$O1 \sim O3$分别表示商品R在3个商品中的推荐次序；C为平衡因子，可设为0，也可更大。最终从排序结果看，被推荐商品的Sr值越高排序越靠前。

此公式同样适用于对多个推荐算法列表的整体聚合排序。

下面要实现的功能是给定多个推荐列表，按不同权重混合成一个总的推荐列表，其中包括去重评分。

从SQL语句上应该好理解一些，将每个算法策略的推荐列表建一个表。每个表的结构都一样，数据结果不同。其中表结构创建脚本代码如下：

```
CREATE TABLE `推荐列表 A` (
  `kcid` int(11) NOT NULL COMMENT '课程 ID',
  `tjkcid` int(11) NOT NULL COMMENT '推荐的课程 ID',
  `order` int(11) DEFAULT NULL COMMENT '推荐课程的优先顺序',
  PRIMARY KEY (`kcid`,`tjkcid`)
) ENGINE = InnoDB DEFAULT CHARSET = utf8;
```

那么为ID为1的课程推荐的相似课程的混合SQL语句代码如下：

```
SELECT rs.tjkcid AS 总的推荐出来的课程 id, IFNULL(SUM(1/(rs.order + 1.0)),0) AS 总分值
FROM
(
   SELECT a.tjkcid,a.order FROM 推荐列表 A a WHERE a.kcid = 1
   UNION ALL
```

```
    SELECT b.tjkcid,b.order FROM 推荐列表 A b WHERE b.kcid = 1
)
AS rs
GROUP BY rs.tjkcid ORDER BY 总分值 DESC
```

熟悉 SQL 语句的读者很容易理解这个加权组合策略的含义。

上面讲的协同过滤或者内容推荐更多的是离线算法策略，一般是每天定时计算一次。这种方式的缺点是不能将当天最新的用户行为实时地融合进去。用户最新的行为反馈比较滞后，下面介绍一种能够根据最新用户行为实时增量更新模型的准实时算法。

19.3.9 准实时在线学习推荐引擎

在推荐系统的架构图里提到了 Flink/Storm/SparkStreaming 实时流集群，它们都可以用来做准实时计算。

1. 准实时在线学习流程图

首先 Kafka 会有多个主题的用户和课程实时消息，以“充电了么”App 举例，有课程的实时查看消息流、听课时播放动作的消息流、新课程发布的消息流，然后 Flink/Storm/SparkStreaming 框架会实时消费这些信息流，分别进行计算，最终汇总混合每个实时策略的计算结果，如图 19.9 所示。

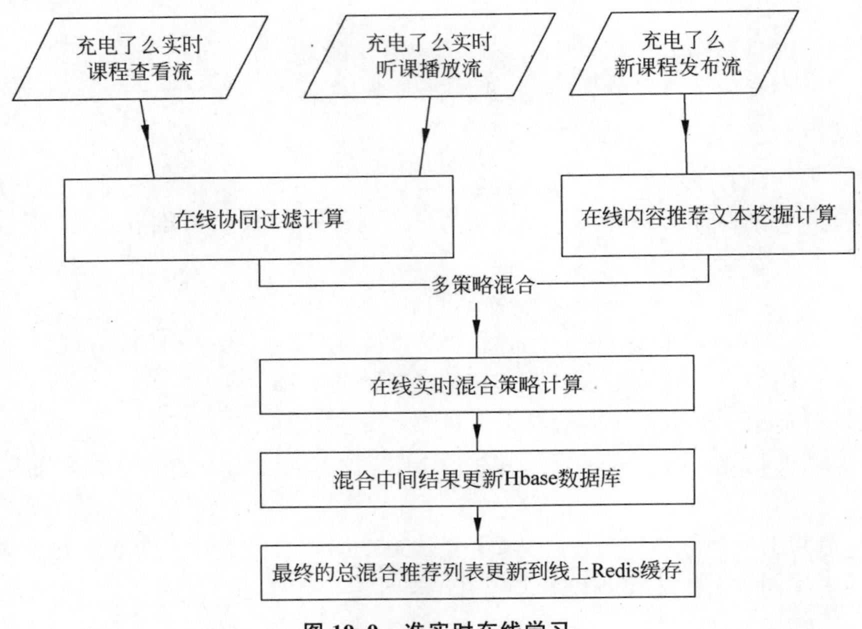

图 19.9 准实时在线学习

2. 详细计算原理

1）业务端实时发送消息到 kafka 的主题中

消息包含课程浏览查看数据、听课播放行为数据、新课程发布数据，其中课程浏览查看数据和听课播放行为数据发送到“cf”主题，新课程发布数据发送到“txt”主题中。

发送的数据格式如下。

（1）课程浏览查看数据

可以用来计算看过此课程的用户还看了推荐列表，简称“看了又看”，如表 19.2 所示。

表 19.2　看了又看

数据类型	用户 ID	文章 ID
看了又看	169659862	1_686956
看了又看	r69659862	1_686957

（2）听课播放行为数据

可以用来计算听过此课程的用户还听了推荐列表，简称“听了又听”，如表 19.3 所示。

表 19.3　听了又听

数据类型	用户 ID	文章 ID
听了又听	169659862	1_686958
听了又听	r69659862	1_686959

（3）新课程发布数据

包含课程画像的基本属性数据到主题中，当然也可以只发送课程 ID，消费数据的时候再根据课程 ID 获取自己想要的属性值，为后面做内容推荐粗筛＋精筛做准备。

2）实时协同过滤计算

由 Flink/Storm/SparkStreaming 消费 kafka 主题为“cf”的日志流，中间数据存储到 Hbase 进行计算。

3. 具体步骤

1）消费并处理每一批数据到 Hbase

（1）用户日志流数据存储

以数据类型＋userid 为 rowkey，课程 ID 为 value 存入近期用户日志表，列簇为 items，有两列：left 和 right，items/left 存储用户左数据源历史，items/right 存储用户右表历史。value 存储设置多个版本号，获取的时候把多个版本的数据取出来放到一个列表中。

（2）浏览相同左 item 的相关右表 item 的数据表

以数据类型和左 item(typeName ＋ "_LD_" ＋ itemid)为 rowkey，以用户 ID＋右表 item 为 value(userid.substring(1) ＋ "," ＋ rId)。value 存储设置多个版本号，获取的时候把多个版本的数据取出来放到一个列表中。

（3）累加计数总用户数存储到 Hbase。

（4）累加计数计算左数据源每个 item 的支持度并存储到 Hbase。

（5）累加计数右表每个 item 的支持度并存储到 Hbase。

2）计算准实时推荐列表

拿浏览相同左 item 的相关右表 item 数据表做计算。

（1）计算相关右表每一个相同 item 的用户数。

（2）计算相关右表所有 item 累加的总用户数。

（3）获取所有总用户支持度。

（4）获取右表每个 item 的支持度。

（5）根据以上数据计算相似度 TF-IDF、余弦距离、曼哈顿相似度、共生矩阵相似度、对数似然相似度、谷本系数相似度、欧氏距离相似度，当然选择一个相似度就行，推荐使用 TF-IDF，然后按分值大小降序排序。

（6）把左数据源 item 对应的推荐结果存储到 Hbase 表：推荐结果表。

（7）把数据类型＋左 itemid 信息发送到 kafka 的主题"cfmix"中，用于触发混合计算。

3）在线 ContentBase 文本挖掘

由 Flink/Storm/SparkStreaming 消费 kafka 主题为“txt”的日志流，按上面介绍的内容推荐的课程 ID 列表存储到推荐结果表中。

同时把这个策略的数据类型＋左 item 的信息发送到 kafka 的主题"cfmix"中，用于触发混合计算。

4）在线混合策略

从推荐结果表获取“看了又看”“听了又听”“相似内容推荐列表”等数据，以不同权重混合，生成混合后的推荐列表，并把结果更新到线上 Redis 缓存中。

不管是离线计算还是在线计算，最终都会更新 Redis 缓存，目的主要就是使用它来提高在线用户实时高并发的性能。

19.3.10 Redis 缓存处理

Redis 缓存基本是各大互联网公司缓存的标配，最新版本已经到了 Redis 4.0 以上，从 3.0 版本就开始支持分布式功能。

1. Redis 介绍

Redis 是一个 key-value 存储系统。和 Memcached 类似，它支持存储的 value 类型相对更多，包括 string（字符串）、list（链表）、set（集合）、zset（sorted set，有序集合）和 hash（哈希类型）。这些数据类型都支持 push/pop、add/remove 及取交集、并集和差集及更丰富的操作，而且这些操作都是原子性的。在此基础上，Redis 支持各种不同方式的排序。与 Memcached 一样，为了保证效率，数据都是缓存在内存中。不同的是 Redis 会周期性地把更新的数据写入磁盘或者把修改操作写入追加的记录文件，并且在此基础上实现了 master-slave（主从）同步。

Redis 是一个高性能的 key-value 数据库。Redis 的出现，在很大程度上补偿了 Memcached 这类 key/value 存储的不足，在部分场合可以对关系数据库起到很好的补充作用。它提供了 Java、C/C++、C＃、PHP、JavaScript、Perl、Object-C、Python、Ruby、Erlang 等客户端，使用很方便。

Redis 支持主从同步。数据可以从主服务器向任意数量的从服务器上同步，从服务器可以关联其他从服务器的主服务器。这使得 Redis 可执行单层树复制。存盘可以对数据进行写操作。由于完全实现了发布/订阅机制，使得从数据库在任何地方同步数据时，可订阅一个频道并接收主服务器完整的消息发布记录。同步对读取操作的可扩展性和数据冗余很有帮助。

离线和准实时的计算结果都存在 Redis 缓存模块中，主要目的是在高并发情况下提高性能。Redis 集群采用无中心节点方式实现，无须代理，客户端直接与 Redis 集群的每个节点连接，根据同样的哈希算法计算出 key 对应的位置，然后直接在位置对应的 Redis 上执行命令。在 Redis 看来，响应时间是最苛刻的条件，增加一层带来的开销是 Redis 不愿意接受的。因此，Redis 实现了客户端对节点的直接访问，为了去中心化，节点之间通过 gossip 协议互相交换各自的状态，以及探测新加入的节点信息。Redis 集群支持动态加入节点，动态迁移 slot，以及自动故障转移。

2. Redis 在推荐系统中需要存储哪些数据

从大体上来看，离线计算和准实时计算的推荐结果需要存储在 Redis，以方便在线 Web 网站能够快速读取推荐结果，并以毫秒级速度进行推荐结果的展示；另一个推荐最终解决的是一个业务问题，推荐系统相关的业务数据也需要存储。

1）推荐结果数据的 Redis 存储结构设计

用离线计算算好的看了又看、买了又买、看了又买等举例，这个结果是根据商品推荐相似的商品，那么对于 Redis 的 key 值商品 ID，为了区分是哪个推荐列表，在商品 ID 加一个后缀，比如看了又看 698979_a，买了又买 698979_b，看了又买 698979_c，对应的 value 的值因为有多个商品 ID 和对应的相关度评分，我们以列表的方式进行存储。还有一种存储方式，就是用最简单的字符串来处理，把推荐结果的多个商品结果拼成一个大的字符串，以分隔符作为分隔即可。比如推荐商品集合的 value 是：698901，0.9；698902，0.8；698903，0.7；698904，0.6；698905，0.5；698906，0.4；698907，0.3；698908，0.2；当然也可以用一个 JSON 字符串来存储，但不太建议这样做，主要原因是 JSON 序列化和反序列化会增加 CPU 的负载，尤其在大规模用户高并发访问的时候，通过监控系统可以看到 CPU 负载会明显升高。因为商品推荐结果集合非常简单，就是 ID 和分值，所以通过普通字符串设计性能更快，节省服务器资源。

如果是离线算好的简单的类似“猜你喜欢”的推荐结果，Redis 的 key 值就是用户 ID＋后缀，value 的结构和“看了又看”等是一样的。

2）业务数据 Redis 存储结构设计

上面计算的推荐结果都是 ID，实际上网站或 App 上显示的肯定是商品名称、课程名称，还有价格等一系列商品属性。所以还需要有一个保存商品属性的 Redis 结构，以商品 ID＋后缀作为 key，value 存储商品属性的一个 JSON 格式字符串。比如推荐 20 个商品，可以批量用这 20 个商品 ID 一次性获取这 20 个商品的属性。

当然实际上业务很复杂，比如这 20 个商品中有下架的商品，下架的商品是不能推荐出来的，就需要过滤掉。这就需要有缓存实时更新的机制，发现商品下架，要实时更新商品的缓存状态。

19.3.11 分布式搜索[52,53]

前面介绍内容推荐列表文本挖掘策略用到了搜索引擎，搜索引擎在推荐系统扮演着非常重要的角色，从某种意义上说，是文本策略的基础核心框架。对于分布式搜索引擎，主要介绍两个：一个是 Solr Could，一个是 ElasticSearch，它们都是基于 Lucene 的。

1. Solr Cloud 全文搜索引擎

Solr Cloud（Solr 云）是 Solr 提供的分布式搜索方案，当需要大规模、容错、分布式索引和搜索能力时使用 Solr Cloud。当一个系统的索引数据量少的时候是不需要使用 Solr Cloud 的，当索引量很大，搜索请求并发很高，这时需要使用 Solr Cloud 来满足这些需求。

Solr Cloud 是基于 Solr 和 Zookeeper 的分布式搜索方案，它的主要思想是使用 Zookeeper 作为集群的配置信息中心。

1）特色功能

Solr Cloud 有以下几个特色功能：

集中式的配置信息。使用 Zookeeper 进行集中配置。启动时可以指定把 Solr 的相关配置文件上传 Zookeeper，多机器共用。这些 Zookeeper 中的配置不会再拿到本地缓存，Solr 直接读取 Zookeeper 中的配置信息。所有机器都可以感知到配置文件的变动。另外，Solr 的一些任务也是通过 Zookeeper 作为媒介发布的，目的是容错。执行任务时崩溃的机器在重启后，或者集群选出候选者时，可以再次执行这个未完成的任务。

自动容错。Solr Cloud 对索引分片，并对每个分片创建多个复制。每个复制都可以对外提供服务。一个复制挂掉不会影响索引服务。更强大的是，它还能自动在其他机器上把失败机器上的索引复制重建并投入使用。

近实时搜索。立即推送式的复制(也支持慢推送),可以在以秒级别速度检索到新加入的索引。

查询时自动负载均衡。Solr Cloud 索引的多个复制可以分布在多台机器上,均衡查询压力。如果查询压力大,可以通过扩展机器,增加复制来减缓。

自动分发的索引和索引分片。发送文档到任何节点,它都会转发到正确节点。事务日志确保更新无丢失,即使文档没有索引到磁盘。

可以使用 HDFS 通过 MR 批量创建索引。

强大的 RESTful API。通常的管理功能都可以通过此 API 方式调用。这样写一些维护和管理脚本就方便多了。

优秀的管理界面。主要信息一目了然;可以清晰地以图形化方式看到 Solr Cloud 的部署分布;当然还有不可或缺的 debug 功能。

2) 概念

索引集:在 Solr Cloud 集群中逻辑意义上的完整的索引。它常常被划分为一个或多个分片,它们使用相同的 config set。如果分片数超过一个,它就是分布式索引,Solr Cloud 可通过索引集名称引用它,而不需要关心分布式检索时需要使用的和分片相关参数。

config set:Solr Core 提供服务必需的一组配置文件。每个 config set 有一个名字。至少需要包括 solrconfig. xml (SolrConfigXml)和 schema. xml (SchemaXml),除此之外,依据这两个文件的配置内容,可能还需要包含其他文件。它存储在 Zookeeper 中。config sets 可以重新上传或者使用 upconfig 命令更新,使用 Solr 的启动参数 bootstrap_confdir 指定可以初始化或更新它。

核心:也就是 Solr 核心,一个 Solr 中包含一个或者多个 Solr 核心,每个 Solr 核心可以独立提供索引和查询功能,每个 Solr 核心对应一个索引或者索引集的分片,Solr 核心的提出是为了增加管理灵活性和共用资源。在 Solr Cloud 中它使用的配置在 Zookeeper 中存储,传统的 Solr core 的配置文件是在磁盘上的配置目录中。

领导者:赢得选举的分片 Replicas。每个分片有多个 Replicas,这几个 Replicas 需要选举来确定一个领导者。选举可以发生在任何时间,但是通常它们仅在某个 Solr 实例发生故障时才会触发。当索引文档时,Solr Cloud 会传递它们到此分片对应的 leader,leader 再分发它们到全部分片的 Replicas。

副本:分片的一个副本。每个副本存在于 Solr 的一个 Core 中。一个命名为"test"的索引集以 numShards=1 创建,并且指定 replicationFactor 设置为 2,这会产生两个 Replicas,也就是对应会有两个 Core,每个在不同的机器或者 Solr 实例中。一个会被命名为 test_shard1_replica1,另一个被命名为 test_shard1_replica2。它们中的一个会被选举为 Leader。

分片:索引集的逻辑分片。每个分片被化成一个或者多个 Replicas,通过选举确定哪个是 Leader。

Zookeeper:Zookeeper 提供分布式锁功能,对 Solr Cloud 是必需的。它处理 Leader 选举。Solr 可以以内嵌的 Zookeeper 运行,但是建议用独立的,并且最好有 3 个以上的主机。

Solr Cloud 本身可以单独写成一本书,限于篇幅原因,这里对它仅做大致概括。

2. Elasticsearch 全文搜索引擎

Elasticsearch(简称 ES)是一个基于 Apache Lucene 的开源搜索引擎,无论在开源还是专有领域,Lucene 可以被认为是迄今为止最先进、性能最好、功能最全的搜索引擎库。但是,

Lucene只是一个库。想要发挥其强大的功能，需要使用Java并要将其集成到应用中。Lucene非常复杂，需要深入地了解搜索相关知识来理解它是如何工作的。ES也是使用Java编写并使用Lucene来建立索引并实现搜索功能，但是它的目的是通过简单连贯的RESTful API让全文搜索变得简单并隐藏Lucene的复杂性。不过，ES不仅仅是Lucene和全文搜索引擎，它还提供：①分布式的实时文件存储，每个字段都被索引并可被搜索；②实时分析的分布式搜索引擎，可以扩展到上百台服务器，处理PB级结构化或非结构化数据。而且，所有这些功能都被集成到一台服务器中，应用时可以通过简单的RESTful API、各种语言的客户端甚至命令行与之交互。ES非常简单，它提供了许多合理的默认值，并对初学者隐藏了复杂的搜索引擎理论。安装即可使用，只需很少的学习即可在生产环境中使用。ES在Apache 2 license下许可使用，可以免费下载、使用和修改。随着知识的积累，可以根据不同的问题领域定制ES的高级特性，其配置非常灵活。

ES有几个核心概念。理解这些概念会对整个学习过程有很大的帮助。

1）接近实时(NRT)

ES是一个接近实时的搜索平台。这意味着，从索引一个文档直到这个文档能够被搜索到有一个轻微的延迟(通常是1s)。

2）集群(cluster)

一个集群就是由一个或多个节点组织在一起，它们共同持有整个数据，并一起提供索引和搜索功能。一个集群由一个唯一的名字标识，这个名字默认就是“elasticsearch”。这个名字是重要的，因为一个节点只能通过指定某个集群的名字，来加入这个集群。在产品环境中显式地设定这个名字是一个好习惯，但是使用默认值来进行测试/开发也是不错的。

3）节点(node)

一个节点就是集群中的一台服务器，作为集群的一部分，它存储数据，参与集群的索引和搜索功能。与集群类似，一个节点也是由一个名字来标识的，默认情况下，这个名字是一个随机的漫威漫画角色的名字，这个名字会在启动时赋予节点。这个名字对于管理工作来说十分重要，因为在这个管理过程中，你会去确定网络中的哪些服务器对应于ES集群中的哪些节点。

一个节点可以通过配置集群名称的方式来加入一个指定的集群。默认情况下，每个节点都会被安排加入到一个叫作“elasticsearch”的集群中，这意味着，如果在网络中启动了若干个节点，并假定它们能够相互发现彼此，那么它们将会自动地形成并加入到一个叫作“elasticsearch”的集群中。

一个集群可以拥有任意多个节点。如果当前网络中没有运行任何ES节点，那么在启动一个节点时，会默认创建并加入一个叫作“elasticsearch”的集群。

4）索引(index)

一个索引就是一个拥有几分相似特征的文档的集合。比如说，可以有一个客户数据的索引，一个产品目录的索引，还有一个订单数据的索引。一个索引由一个名字来标识(必须全部是小写字母)，并且当要对对应于这个索引中的文档进行索引、搜索、更新和删除的时候，都要使用到这个名字。索引类似于关系型数据库中Database的概念。在一个集群中可以定义任意多个索引。

5）类型(type)

在一个索引中，可以定义一种或多种类型。类型是索引的一个逻辑上的分类/分区，其语义完全由自己来定。通常，会为具有一组共同字段的文档定义一个类型。比如说，假设运营一个博客平台并且将所有的数据存储到一个索引中。在这个索引中，可以为用户数据定义一个类型，为博客数据定义另一个类型，当然，也可以为评论数据定义另一个类型。类型类似于关系型数据库中 Table 的概念。

6) 文档(document)

一个文档是一个可被索引的基础信息单元。比如，可以拥有某一个客户的文档，某一个产品的一个文档，当然，也可以拥有某个订单的一个文档。文档以 JSON(javascript object notation)格式来表示，而 JSON 是一个到处存在的互联网数据交互格式。

一个目录中可以存储任意多个文档。注意，尽管一个文档在物理上存在于一个索引之中，但文档必须被索引/赋予一个索引的类型。文档类似于关系型数据库中 Record 的概念。实际上，一个文档除了用户定义的数据外，还包括_index、_type 和_id 字段。

7) 分片和复制(shards and replicas)

一个索引可以存储超出单个节点硬件限制的大量数据。比如，一个具有 10 亿个文档的索引占据 1TB 的磁盘空间，而任一节点都没有这样大的磁盘空间；或者用单个节点处理搜索请求时，响应速度太慢。

为了解决这个问题，ES 提供了将索引划分成多份的能力，这就叫作分片。当创建一个索引时，可以指定自己想要的分片的数量。每个分片本身也是一个功能完善并且独立的"索引"，这个"索引"可以被放置到集群中的任何节点上。

分片之所以重要，主要有两方面的原因：

(1) 允许水平分隔/扩展内容容量。

(2) 允许在分片(潜在地，位于多个节点上)之上进行分布式的、并行的操作，进而提高性能/吞吐量。

至于一个分片怎样分布，它的文档怎样聚合然后搜索请求，是完全由 ES 管理的，对用户来说，这些都是透明的。

在一个网络/云的环境里，失败随时可能发生，比如某个分片/节点不明原因就处于离线状态或者消失了。在这种情况下，有一个故障转移机制是非常有用并且是强烈推荐的。为此目的，ES 允许创建分片的一份或多份副本，这些副本叫作复制分片，或者直接叫复制。复制之所以重要，主要有两方面原因：

在分片/节点失败的情况下，提供了高可用性。基于这个原因，复制分片不与原始/主要(original/primary)分片置于同一节点上是非常重要的。应扩展搜索量/吞吐量，因为搜索可以在所有的复制上并行运行。

总之，每个索引可以被分成多个分片。一个索引也可以被复制 0 次(也就是没有复制)或多次。一旦复制了，每个索引就有了主分片(作为复制源原来的分片)和复制分片(主分片的副本)之别。分片和复制的数量可以在索引创建时指定。在索引创建之后，可以在任何时候动态地改变复制数量，但是不能改变分片的数量。

默认情况下，ES 中的每个索引被分片为 5 个主分片和 1 个复制，这意味着，如果集群中至少有两个节点，那么索引将会有 5 个主分片和另外 5 个复制分片(1 个完全拷贝)，这样每个索引总共就有 10 个分片。一个索引的多个分片可以存放在集群中的一台主机上，也可以存放在多台主机上，这取决于集群机器的数量。主分片和复制分片的具体位置是由 ES 内在的策略所决定的。

3. Solr Cloud 和 Elasticsearch 在推荐系统中扮演的角色

搜索无论是用在离线计算中，还是用在实时在线 Web 服务中，都是由两大块组成的，一个是数据更新,数据更新也叫索引更新;另一个叫索引查询。对于一个大型的推荐系统来说,在线的搜索服务和离线的计算服务最好分开部署。主要原因是对于离线计算场景,比如计算每个商品对应的文本相似,如果在线搜索,当商品数量很多时,计算量也特别大,而且肯定是分布式并行地去查询索引,集群的压力就会非常大,如果和在线的业务混在一起的话,必然会影响到网站或 App 用户的性能体验。所以建议分开部署。缺点是维护起来麻烦,索引更新同步需要维护两份。

索引的初始化在推荐系统的架构图中也有体现,可以使用 Spark 分布式地批量创建索引,增量的索引更新可以使用流处理框架,进行准实时的更新。也可以提供一个 Web 在线服务,有变化的时候让别人调用你的接口来被动地实时更新索引。

对于在线的索引查询,架构图也有显示。当存在冷启动,或者推荐结果稀少的时候,在线 Web 推荐引擎接口可以实时用搜索的方式作为商品推荐的一个补充策略,虽然不太精准,但至少提高了推荐的覆盖率。

19.3.12 推荐二次排序算法

推荐的二次排序有两种情况:一种是离线计算的时候为每个用户提前用二次排序算法算好推荐结果,另一种是在实时在线 Web 推荐引擎里做二次融合排序的时候。但无论哪一种用到的算法都是一样的。比如用逻辑回归、随机森林、神经网络等来预测这个商品被点击或者被购买的概率,用的模型都是同一个,预测时对特征转换做同样的处理。一般封装一个通用方法供离线和在线场景调用。

1. 基于逻辑回归、随机森林、神经网络的分类思想做二次排序

做二次排序之前首先要有一个候选结果集合,简单来说,为某个用户预测哪个商品最可能被购买,不会把所有的商品都预测一遍,除非数据库中所有商品总数只有几千个。实际上电商网站的商品一般都是万量级。所以一般处理的方法都是在一个小的候选集合上产生的。这个候选集合可以认为是一个粗筛结果。当然这个粗筛其实也是通过算法得到,精准度也很高。只是通过二次排序算法把精准度再提高一个台阶。至于推荐效果能提高多少,要看特征工程、参数调优方面是不是做得够好。一般来说,推荐效果能提升 10%以上,就认为优化效果非常显著了,甚至提升几倍也是有可能的。

逻辑回归、随机森林、神经网络这些算法前面已经介绍过,在广告系统里可以做点击率预估的二次排序,在推荐系统可以做被购买的概率预估。

2. 基于排序学习思想做二次排序

排序学习是推荐、搜索、广告的核心方法。排序结果的好坏会在很大程度上影响用户体验、广告收入等。排序学习可以理解为机器学习中用户排序的方法,是一个有监督的机器学习过程,对每一个给定的查询-文档对提取特征,通过日志挖掘或者人工标注的方法获得真实数据标注。然后通过排序模型,使得输入能够和实际的数据相似。

常用的排序学习分为 3 种类型:单文档、文档对和文档列表。

1) 单文档

单文档方法的处理对象是单独的一篇文档,将文档转换为特征向量后,机器学习系统根据从训练数据中学习到的分类或者回归函数对文档评分,评分结果即是搜索结果或推荐结果。

2) 文档对

对于搜索或推荐系统来说,系统接收到用户查询后,返回相关文档列表,所以问题的关键是确定文档之间的先后顺序关系。单文档方法完全从单个文档的分类得分角度计算,没有考虑文档之间的顺序关系。文档对方法则将重点转向对文档顺序关系是否合理进行判断。之所以称为文档对方法,是因为这种机器学习方法的训练过程和训练目标,是判断任意两个文档组成的文档对< DOC1,DOC2 >是否满足顺序关系,即判断是否 DOC1 应该排在 DOC2 的前面。常用的文档对实现有 SVM Rank、RankNet、RankBoost 方法。

3) 文档列表

单文档方法将训练集里的每一个文档当作一个训练实例,文档对方法将同一个查询的搜索结果中的任意两个文档对作为一个训练实例,文档列表方法与上述两种方法都不同,文档列表方法直接考虑整体序列,针对排序评价指标进行优化。比如常用的 MAP、NDCG。常用的文档列表方法有 LambdaRank、AdaRank、SoftRank、LambdaMART。

4) 排序学习指标介绍

(1) MAP(mean average precision)。

假设有两个主题:主题一有 4 个相关网页,主题二有 5 个相关网页。某系统对于主题一检索出 4 个相关网页,其序列分别为 1、2、4、7;对于主题二检索出 3 个相关网页,其序列分别为 1、3、5。对于主题一,平均准确率为(1/1+2/2+3/4+4/7)/4=0.83。对于主题二,平均准确率为(1/1+2/3+3/5+0+0)/5=0.45。则 MAP=(0.83+0.45)/2=0.64。

(2) NDCG(normalized discounted cumulative gain)。

一个推荐系统返回一些项并形成一个列表,我们想要计算这个列表有多好。每一项都有一个相关的评分值,通常这些评分值是一个非负数。这就是增益(gain)。此外,对于那些没有用户反馈的项,通常设置其增益为 0。现在把这些分数相加,也就是累积增益(cumulative gain)。我们更愿意看那些位于列表前面的最相关的项,因此,在把这些分数相加之前,将每项除以一个递增的数(通常是该项位置的对数值),也就是折损值,并得到 DCG。

在用户与用户之间,DCG 没有直接的可比性,所以要对它们进行归一化处理。最糟糕的情况是,当使用非负相关评分时 DCG 为 0。为了得到最好的 DCG,把测试集中所有的条目放置在理想的位置下,提取前 K 项并计算它们的 DCG。然后将原 DCG 除以理想状态下的 DCG 并得到 NDCG@K,它是一个 0~1 的数。你可能已经注意到,使用 K 表示推荐列表的长度,这个数由专业人员指定。可以把它想象成是一个用户可能会注意到的多少个项的一个估计值,如 10 或 50 这些比较常见的值。

对于 MAP 和 NDCG 这两个指标来讲,NDCG 更常用一些。排序学习和基于监督分类的思想做二次排序总体效果差不多,关键取决于特征工程和参数调优。

3. 基于加权组合的公式规则做二次排序

除了用上面的机器学习做二次排序外,也可以用比较简单的方式做二次排序。虽然这种方式简单,但不一定就代表这种方式的推荐效果差。对于推荐系统来讲,最终是看购买转换率,能带来更多的销量算法或者策略,就是好算法。

介绍 Redis 缓存的时候提到的“猜你喜欢”,为了满足用户新鲜感性,能够实时地反馈用户最近的兴趣变化,在线 Web 网站展示推荐结果的时候,会实时调用推荐的 Web 接口,根据最近看过、听过的课程 ID,然后再拿课程 ID 从“看了又看”类似的推荐结果对多个推荐列表融合二次排序。

二次排序就是把多个推荐列表按不同权重混合成一个总的推荐列表,其中包括去重评分。但除了基本的组合还会加入其他的一些因素进去,比如听课的权重大于看过课的权重,访问时间最新的权重大于旧的时间权重,最终算出一个评分排序。大概就是根据用户最近的行为,实时算出一个新的结果,实时地融合去重,实时地二次排序。

总体来看，在多个推荐列表融合二次排序的时候，多个列表重复投票推荐的那个商品会优先排到前面，越是和最近查看和购买的商品相关，越会优先排在前面，这是一个随时间衰减的权重的结果。

19.3.13 在线 Web 实时推荐引擎服务

首先这是 Web 项目，主要用来做商品的实时推荐部分，在架构图里有显示，触发调用的一般是前端网站和 App 客户端，这个项目可以认为是一个在线预测算法，实时获取用户最近的点击、播放、购买等行为，不同行为以不同权重，加上时间衰减因子，每个用户得到一个带权重的用户兴趣种子文章集合，然后用这些种子课程商品去关联 Redis 缓存中计算好的“看了又看”“买了又买”或者是提前算好的综合加权组合好的混合推荐列表数据，进行课程商品的推荐，如果这个候选集合太少则计算用户兴趣标签，到搜索引擎匹配更多的课程补充候选集合。

第二种方式可以在这个候选集合基础上再用逻辑回归、随机森林和神经网络做二次排序，取前几个最高得分的课程商品作为最终的用户推荐列表实时推荐给用户。

Web 项目可以是 Java Web 项目，可以是 Python Web 项目，也可以是 PHP Web 项目，这个和团队情况有关。如果团队是以 Java 为主，那么最好用 Java。也就是选择团队擅长的开发语言。Web 项目也需要和离线算法采取的框架有关。比如二次排序是用 Spark 的随机森林来做的，也是用 Scala 语言开发的，那么 Web 项目就比较适合用 Java。因为模型持久化存储和加载用的配套的框架必须保持一致。如果用 PHP 做 Web 也必须先提供一个 Java 的 Web 项目，让 PHP 再多调用一次 Java。但这样会多一次 HTTP 请求，性能会有所损失，开发维护工作量也会增加。

19.3.14 在线 AB 测试推荐效果评估[54]

AB 测试是检验推荐算法优化是否有效的一个手段，在各大互联网公司一般会有一个 AB 测试平台，通过数据买点、数据统计、可视化展现，来帮助团队做一个推荐效果好坏的评判。

1. 什么是 AB 测试

AB 测试是指为 Web 或 App 界面或流程制作两个(A/B)或多个(A/B/n)版本，在同一时间维度，分别让组成成分相同(相似)的访客群组(目标人群)随机地访问这些版本，收集各群组的用户体验数据和业务数据，最后分析、评估出最佳版本，正式采用。

2. AB 测试的作用

(1) 消除客户体验(UX)设计中不同意见的纷争，根据实际效果确定最佳方案；

(2) 通过对比试验，找到问题的真正原因，提高产品设计和运营水平；

(3) 建立数据驱动、持续不断优化的闭环过程；

(4) 通过 AB 测试，降低新产品或新特性的发布风险，为产品创新提供保障。

AB 测试与一般工程测试的区别：

AB 测试用于验证用户体验、市场推广等是否正确，而一般的工程测试主要用于验证软硬件是否符合设计预期，因此 AB 测试与一般的工程测试分属于不同的领域。

3. 应用场景

1) 体验优化

用户体验永远是卖家最关心的事情之一，但随意改动已经完善的落地页也是一件很冒险的事情，因此很多卖家会通过 AB 测试进行决策。常见的是在保证其他条件一致的情况下，针对某个单一的元素进行 AB 两个版本的设计，并进行测试和数据收集，最终选定数据结果更好的版本。

2）转化率优化

通常影响电商销售转化率的因素有产品标题、描述、图片、表单、定价等，通过测试这些相关因素的影响，不仅可以直接提高销售转化率，长期进行也能提高用户体验。

3）广告优化

广告优化可能是 AB 测试最常见的应用场景了，同时结果也是最直接的，营销人员可以通过 AB 测试的方法了解哪个版本的广告更受用户青睐，哪些步骤怎么做才能更吸引用户。

4. 实施步骤

1）现状分析

分析业务数据，确定当前最关键的改进点。

2）假设建立

根据现状分析作出优化改进的假设，提出优化建议。

3）设定目标

设置主要目标，用来衡量各优化版本的优劣；设置辅助目标，用来评估优化版本对其他方面的影响。

4）界面设计

制作两个（或多个）优化版本的设计原型。

5）技术实现

网站、App（安卓/iOS）、微信小程序和服务器端需要添加各类 AB 测试平台提供的 SDK 代码，然后制作各个优化版本。通过编辑器设置目标，如果编辑器不能实现，则需要手工编写代码。使用各类 AB 测试平台分配流量。在初始阶段，优化方案的流量可以设置得较小，根据情况逐渐增加流量。

6）采集数据

通过各大平台自身的数据收集系统自动采集数据。

7）分析 AB 测试结果

当统计显著性达到 95%或以上并且维持一段时间，实验可以结束；如果在 95%以下，则可能需要延长测试时间；如果用很长时间统计显著性都不能达到 95%甚至 90%，则需要决定是否终止实验。

5. 实施关键

在 App 和 Web 开发阶段，程序中添加用于制作 AB 版本和采集数据的代码引起的开发和 QA 的工作量很大，ROI（return on investment，投资回报率）很低。AB 测试的场景受到限制，App 和 Web 发布后，无法再增加和更改 AB 测试场景。额外的 AB 测试代码增加了 App 和 Web 后期维护成本。因此，提高效率是 AB 测试领域的一个关键问题。

如何高效实施 AB 测试？

在 App 和 Web 上线后，通过可视化编辑器制作 AB 测试版本、设置采集指标，即时发布 AB 测试版本。AB 测试的场景数量是无限的；在 App 和 Web 发布上线后，根据实际情况，设计 AB 测试场景，更有针对性，更有效；无须增加额外的 AB 测试代码，对 App 和 Web 的开发、QA 和维护的影响最小。

6. 实用经验

1）从简单开始

可以先在 Web 前端上开始实施。Web 前端可以比较容易地通过可视化编辑器制作多个版本和设置目标（指标），因此实施 AB 测试的工作量比较小，难度比较低。在 Web 前端获得经验后，再推广到 App 和服务器端。

2）隔离变量

为了让测试结果有用，应该每个实验只测一个变量（变化）。如果一个实验测试多个变量（比如价格和颜色），就不知道是哪个变量对改进产生了作用。

3）尽可能频繁、快速进行 AB 测试

要降低 AB 测试的代价，避免为了 AB 测试做很多代码修改，将 AB 测试与产品的工程发布解耦，尽量不占用太多工程部门（程序员、QA 等）的工作量。

4）要有一个“停止开关”

不是每个 AB 测试都会得到正向的结果，有些实验可能失败，要确保有一个“开关”能够停止失败的实验。

5）检查纵向影响

夸大虚假的 CTA（call to action，行动号召）可以使某个 AB 测试的结果正向，但长期来看，客户留存和销售额将会下降。因此，要时刻明确目标，事先就要注意到可能会受到负面影响的指标。

6）先设立“特区”再推广

先在一两个产品上尝试，获得经验后，再推广到其他产品中。

7. AB 测试的评价指标

AB 测试评价指标一般和业务挂钩，比如电商网站，最终是用推荐系统产生的销售额或者销量作为评判，具体指标是销售额占比或者销量占比。作为商家，其实最想看到的就是推荐系统为网站新增了多少销售额，这是最有效的。但是网站每天的销售额是不断变化的，如果策略和网站没有做任何更改，就很难判断总体销售额增加了多少。除非是新策略改动后销售总额出现非常大的变化。

举个销量占比的例子说明以下计算公式：

销量占比＝推荐产生的销售件数/网站总的销售件数

销量占比和销售额占比基本上差不多，成正比。

公式：

推荐位展示 PV×点击率×订单转化率＝销量

式中，推荐位展示 PV 就是推荐位展示的次数；点击率＝用户点击次数/推荐位展示 PV；

订单转化率＝推荐产生的销售件数/用户点击次数。

8. AB 测试平台

在大公司，一般都会把 AB 测试做成一个平台，分几个模块。

1）数据埋点、数据采集模块

比如对于网站来讲，一般主流的方式是通过访问地址的参数来区分来自哪个推荐策略，拿“充电了么”App 的官网举例，网站地址为 www.chongdianleme.com?ref＝tuijian_home_kecheng_a，这个地址通过 ref 参数来进行数据埋点，tuijian_home_kecheng_a 是埋点的值，这个值依据事先和各个部门统一制定的规范，以下画线_分隔分为四级，第一级代表是哪个项目，第二级代表来自哪个页面，第三级代表来自哪个页面的位置，第四级代表来自哪个算法策略。各个部门必须遵守这个规则，否则统计分析系统就无法跟踪到算法的实际效果。

网站嵌入一个 js 脚本，脚本会异步获取每一次的浏览器请求，把访问这个埋点的地址上传到服务器上。当然不仅仅上传这个地址，也会上传其他信息，比如客户端 IP 地址、用户的 cookie 唯一标识以及其他业务需要的信息等。

2）数据统计分析模块

服务器收到数据后，一般会存一份本地文件，然后以异步方式或者通过 Flume 日志收集、ELK 等方式上传到指定的存储系统里。最终会把数据存在 Hadoop 平台上，通过 Hadoop 的 Hive、Spark 等离线处理分析这些数据，形成一个可展示不同算法策略效果的报表数据。

3）数据可视化

通过大数据可视化技术对报表数据做一个直观的展示。可以自定义开发，也可以用百度之类的 echarts 图标控件。

当然这个 AB 测试平台，不仅仅是推荐系统会使用，搜索、其他业务也都会用这个平台。

那么什么叫在线 AB 测试呢？简单来说，我们每次做一个算法策略优化都需要把程序上线，同时让网站或 App 的用户看到新策略的推荐结果，但是老策略推荐结果也得让用户看到，通过一个随机策略，让 50%的用户看到新策略，50%的用户看到老策略，这样两个策略在同等出现概率的前提下做 AB 测试，A 策略可以代表新策略，B 策略代表老策略，然后对比 A 和 B 哪个推荐效果好。简言之，让线上用户能同时看到两个策略推荐结果，这就是在线 AB 测试。

当然两个策略不一定非得控制各占一半的出现概率。也可以是任意比例，比如 90%对 10%，这种测试后，把出现概率小的那个策略产生的销量乘以 9 就可以了。

另外，一次上线也可以对比两种以上的策略。比如 10 种策略各占 10%的概率，这样的好处是可大大缩短算法优化的周期，但也有一个前提，拆分了这么多种策略，每个策略的访问用户数得足够大才行。比如每个策略值只让几百或几千个用户看到了，则样本过于稀疏，得出的结果会有很大的随机性。访问的用户越多越精准。一般来讲，观察一周的数据为宜，当然如果一天的访问量非常大，那么一天的数据就足以判断到底哪个算法策略效果是最好的。

在线 AB 测试能够真实地反馈线上用户的情况，但也有一个风险，即如果加入新策略效果比较差，势必对看到这个策略的用户产生不好的用户体验。有没有办法在上线之前就大概推测效果的好坏呢？这就是下面要介绍的离线 AB 测试。

19.3.15 离线 AB 测试推荐效果评估

离线 AB 测试是在算法策略上线之前，根据历史数据推演预测的一个反馈效果。假如现在有大量用户浏览商品的行为数据，然后可以根据用户浏览时间拆分一个训练集和测试集，训练集是一个月之前的所有历史数据，测试集是最近一个月的数据。先用训练集为每个用户算一个推荐列表，再用计算得到的用户推荐列表和最近一个月的数据计算交集数量，交集越多说明推荐效果越好。实践检验这种方式很有效，通过这种离线 AB 测试方式得到的结论和在线 AB 测试的结果基本上是接近的。当然最终的方式还是以在线 AB 测试为准。

当在离线 AB 测试效果很差的时候，就需要反思算法到底哪里有问题，以避免每次上线带来的时间成本和较差的用户体验。如果离线效果还可以，就可以尽快上线进行 AB 测试。

19.3.16 推荐位管理平台

什么叫推荐位？拿电商网站举例，推荐位指的是网站上的一个推荐商品页面展示区域。

比如“猜你喜欢”、“热销商品推荐”、“看了又看”、“买了又买”、“看了又买”、“浏览此商品的顾客还同时浏览”等都是推荐位，亚马逊电商是推荐系统的先驱，来看看它的推荐位页面展示，如图 19.10 所示。

图 19.10　推荐位看了又看(图片来源于亚马逊电商)

热销推荐位如图 19.11 所示。

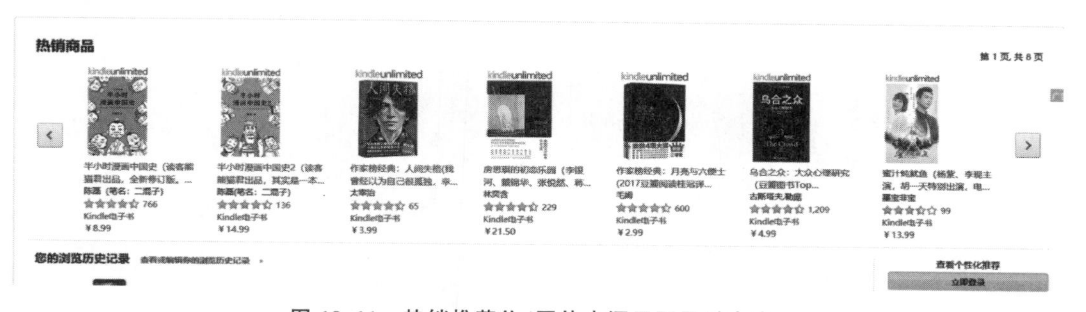

图 19.11　热销推荐位(图片来源于亚马逊电商)

推荐位管理是指对推荐位的商品展示通过后台管理系统控制前端页面显示推荐哪个算法策略的商品、策略如何组合。

推荐位后台管理系统的作用，简单来说就是通过它用可配置的方式控制前端页面显示的推荐结果、推荐策略，以便能够快速把算法优化后的新策略应用到线上，即配置立即上线，而不需要每次部署新代码。

另外，除了控制推荐哪些商品，还可以配置用于 AB 测试埋点的 ref 值跟踪，比如算法策略 A，给前端返回的商品带的 ref 值为 tuijian_home_kecheng_a，算法策略 b 返回的 ref 值为 tuijian_home_kecheng_b，如果有 C 策略，则返回 tuijian_home_kecheng_c。通过推荐位管理可以使 AB 测试平台无缝衔接，起到快速部署、快速进行 AB 测试、快速验证新算法策略效果的作用。

参考资料